Spezialitäten und Geheimmittel.

Ihre Herkunft und Zusammensetzung.

Eine Sammlung von Analysen und Gutachten

zusammengestellt von

Eduard Hahn und **Dr. J. Holfert.**

Sechste, vermehrte und verbesserte Auflage.

Bearbeitet von

G. Arends.

Springer-Verlag Berlin Heidelberg GmbH 1906

ISBN 978-3-662-40572-7 ISBN 978-3-662-41051-6 (eBook)
DOI 10.1007/978-3-662-41051-6
Softcover reprint of the hardcover 6th edition 1906

Vorwort zur sechsten Auflage.

Wenngleich seit Erscheinen der jüngsten Auflage dieses Buches vornehmlich in Deutschland und Österreich, aber auch noch in anderen Staaten den zu medizinischem Gebrauch bestimmten Geheimmitteln vermehrte Aufmerksamkeit von seiten der Medizinalpolizei gewidmet worden ist, kann von einer Unterdrückung derselben doch nicht gesprochen werden. Auch blüht die Geheimmittelfabrikation für die Technik, Kosmetik und die Nahrungsmittelindustrie nach wie vor. Das Bedürfnis eines weiten Interessentenkreises nach Aufklärung über Herkunft und Zusammensetzung solcher Präparate ist demzufolge noch ebenso vorhanden wie zu der Zeit, als die fünfte Auflage des Buches erschien. In gleicher Weise wünschen die einzelnen Gewerbetreibenden über die sog. „Spezialitäten" ihrer Branche unterrichtet zu werden. Einer freundlichen Aufforderung des Herrn Verlegers Folge leistend, habe ich deshalb das Buch sehr sorgfältig durchgesehen und bis auf die allerletzte Zeit ergänzt.

Von den in der fünften Auflage behandelten Präparaten konnte ein kleiner Teil gestrichen werden, teils weil die Präparate unterdessen populär und in ihrer Zusammensetzung allgemein bekannt geworden sind, teils weil sie für den Handel keine Bedeutung mehr haben. Hierdurch wurde Platz für Neuaufnahmen geschaffen, deren Zahl etwa 1600 beträgt. Dieselben verteilen sich fast gleichmäßig auf Präparate zu medizinischem, kosmetischem und technischem Gebrauch. Doch wurde bei den zu medizinischem Gebrauch bestimmten Spezialitäten insofern eine Auswahl getroffen, als nur solche Präparate Aufnahme fanden, von denen man annehmen durfte, daß sie allgemeine Anerkennung in medizinischen Kreisen kaum finden werden. Mit anderen Worten: es wurde unterschieden zwischen Spezialitäten, die eine allgemein anerkannte Bereicherung der Materia medica bedeuten (Gonosan, Hämatogen, Pertussin usw.), und solchen, deren Daseinsberechtigung oder Daseinsdauer bezweifelt werden darf. Nur letztere wird man, der Tendenz des Buches entsprechend, hier verzeichnet finden. Erstere gehören in die Handbücher über neue Arzneimittel und würden das vorliegende Buch nur unnötig belastet haben. Man kann aber natürlich in sehr vielen Fällen über die Zuteilung eines Präparates zu dieser oder jener Gruppe von Arzneispezialitäten verschiedener Meinung sein. Ich betone deshalb, daß die Aufnahme in dieses Buch nicht eine Verurteilung oder Geringschätzung des fraglichen Präparates bedeutet. Das Buch ist lediglich ein referierendes Sammelwerk von rein praktischer Bedeutung und steht der Bewertung der einzelnen Präparate ganz objektiv gegenüber.

Obgleich die Anzahl der besprochenen Präparate die Zahl von 4645 erreicht hat, wird man leider noch immer nach diesem oder jenem vergeblich suchen. Es sind das Spezialitäten oder Geheimmittel, über deren Zusammensetzung bisher nichts bekannt geworden ist. Alle einschlägigen Angaben der Literatur der letzten zwölf Jahre aber sind sorgfältig und wohl ziemlich lückenlos gesammelt und in diesem Buche niedergelegt worden. Nur eine Anzahl von Angaben über ausländische Präparate, die für uns praktische Bedeutung absolut nicht besitzen, wurde unberücksichtigt gelassen.

Von Literaturhinweisen ist in dieser Auflage des Buches abgesehen worden, weil der größte Teil der darin bisher enthaltenen Quellenangaben sich auf Zeitschriften bezog, die seit längerer Zeit nicht mehr erscheinen, und die eigentliche Originalmitteilung aus den früher angegebenen und mir zur Verfügung stehenden neueren Referaten vielfach mit Sicherheit auch nicht ersichtlich war. Es konnte demnach absolute Zuverlässigkeit in dieser Beziehung nicht gewährleistet werden. Dagegen wurde, wo immer es möglich war, der Name des Analytikers und die Adresse des Fabrikanten des fragliches Präparates angegeben.

Mit besonderer Sorgfalt ist das Register bearbeitet worden. Und so hoffe ich, alles getan zu haben, was die Brauchbarkeit und Zuverlässigkeit des Buches gewährleisten kann.

Friedrichshagen b. Berlin, im Mai 1906.

G. Arends.

I. Spezialitäten und Geheimmittel für medizinischen Gebrauch.

1. **Aachener Thermensalbe** soll bestehen aus Kal. jodati $15{,}_0$, Kal. bromati $7{,}_5$, Calc. sulfurati $36{,}_0$, Sapon. viridis $120{,}_0$, Ol. Lavandulae $1{,}_0$.
2. **Abbot's Saline Laxative** enthält Seidlitz' Salz in brausender Form. Fabrikant: The Abbott Alkaloidal Co. in Chikago, Ravenswood Station.
3. **Abführtabletten für Kinder** von Natterer enthalten Sennesblätter, Weinstein und einige Geschmacksverbesserer. Fabrikant: Wilh. Natterer in München.
4. **Abolene** oder **Aboline** ist ein der weißen Vaseline entsprechendes, aus amerikanischem, gereinigtem Erdöl hergestelltes Präparat.
5. **Abolene Oil** oder **Liquide Abolene** ist flüssiges Paraffin.
6. **Abolitionstropfen** von Abin Esra, Magenkrampftropfen, bestehen aus $15{,}_0$ Augsburger Lebenselixir, $7{,}_0$ Pomeranzentinktur, $7{,}_0$ saurer aromatischer Tinktur und 30 Tropfen Opiumtinktur. $15{,}_0$ = *M.* 0,50. (Quenzel.)
7. **Acetine,** zur Vertreibung der Hühneraugen, ist verdünnte Essigsäure, schwach mit Fuchsin oder Karmin gefärbt. $15{,}_0$ = 1 *M.* (Hager)
8. **Acetozon** ist Benzozon; es wird in 1 prozentiger Lösung als Präservativ gegen Infektion verwendet.
9. **Acetozon-Inhalant** besteht aus 1% Acetozon, 0,5% Chloreton, flüssigem Paraffin und einem Farbstoff. Fabrikant: Parke, Davis & Co., in Detroit (Michigan).
10. **Ackermanns Lungenheilmittel** von Oberpostassistent a. D. Ackermann in Freiburg i. B. bestehen aus einer Tinktur zum Einnehmen, einer zum Einreiben, einer Flasche Met und verschiedenen Teesorten. Diesen kommt bei wirklichen Lungenleiden irgend ein Heilwert nicht zu. (Ortsgesundheitsr. Karlsr.)

11. **Adélls Adlertropfen** (Örondroppar) bestehen nach Mörner (Svensk Fasm. Tidskr.) aus einem fetten Öl, Kampher und Zimtöl. Anwendung: gegen Rheumatismus.

12. **Adlerfluid** (Linimentum antihämorrhoïdale Adler) soll aus Hamamelis- und Hydrastisfluidextrakt, Benzoe- und Belladonnatinktur, sowie Karbolöl bestehen. Das Adlerfluid einer Apotheke in Frankfurt a. M. besteht aus einer Lösung von Seife, Kampher und Ammoniak in 50% Weingeist, sowie Essigäther, Senf-, Terpentin-, Wacholder- und anderen ätherischen Ölen. (Aufrecht).

13. **Adnephrin-Solution** enthält den wirksamen Bestandteil der Nebenniere. Fabrikant: Frederick Stearns & Co. in Detroit, Michigan U. S. A.

14. **Adrenalin-Inhalant** besteht aus einer Lösung von Adrenalinhydrochlorid in einem aromatisierten neutralen Öl (1:1000), versetzt mit 3% Chloreton. Fabrikant: Parke, Davis & Co. in London E. C., 111 Queen Victoria Street.

15. **Adsella** heißt eine alkoholfreie Champagnermilch, die aus pasteurisierter Kuhmilch bereitet wird. Fabrikant ist die Adsella-Vertriebs-Gesellschaft Berlin, G. m. b. H. in Berlin O. 27, Schillingstr. 12.

16. **Afrikanischer Tee** ist Herba Cyclopiae und wird von den Herrnhuter Missionaren aus den Kapgegenden eingeführt. Derselbe ist ein Ersatz für Kaffee oder Tee.

17. **Aglesia** ist nach Leipz. Popul. Zeitschr. f. Homöop. ein Extrakt aus Knoblauchknollen (Allium sativum). Anwendung: bei Tuberkulose.

18. **Agniadin,** ein Glukosid, das mit Plumierid identisch sein soll, wird gegen Intermittens in Dosen von 0,12 bis 0,25 g empfohlen.

19. **Agnin** ist ein unreines, **Agnolin** ein gereinigtes Wollfett.

20. **Agucarin** ist ein Synonym für Saccharin.

21. **Ague-Cure** von Ayer aus Nordamerika stellt $200{,}_0$ einer dunkelroten Flüssigkeit von Sirupkonsistenz mit einem geringen weißen Bodensatz von sehr bitterem Geschmack und dem Geruch nach Wintergreenöl dar. Sie besteht aus einem weingeistigen Auszuge der Chinarinde mit einem nachherigen Zusatz von etwa $1{,}_0$ Chinoidin und ebensoviel schwefelsaurem Cinchonin, mit Hilfe von Schwefelsäure gelöst. Der weiße Bodensatz ist schwefelsaurer Kalk. Die Mixtur ist mit Zucker versüßt und mit Wintergreenessenz parfümiert. (O. L. Churchill.)

22. **Ague-Cure** von Jayne ist eine nach Rhabarber, Löwenzahn und Melasse riechende und schmeckende Mixtur im Gewicht von $250{,}_0$, welche Chininsulfat und Spuren anderer Chinaalkaloide enthält. (O. L. Churchill.)

23. **Ague-Mixture** von Christie stellt $255{,}_0$ eines sehr dunkeln Sirups dar, zum vierten Teil aus Bodensatz bestehend, von sehr

bitterem und pfefferartigem Geschmack und dem Geruch nach gewöhnlicher Melasse. Der Bodensatz ist gepulverter spanischer Pfeffer mit einer geringen Menge einer harzartigen Substanz. Die Lösung besteht aus Chinatinktur mit schwefelsaurem Cinchonin und Melasse. (O. L. Churchill.)

24. **Alantolessenz** von G. Marpmann in Leipzig enthält Alantol und Alantsäure. Das Mittel wird gegen Phthisis und bei akuten Katarrhen zu 15 bis 20 Tropfen gebraucht.

25. **Alantol-Lebertran mit Kalk** von G. Marpmann in Leipzig. Einer Mischung halb verdauter oder peptonisierter Fette wird eine bestimmte Menge phosphorsaurer Kalk und taurocholsaure Salze zugesetzt und diesem Präparat noch eine Lösung von Alantol und Alantsäure (3:100) hinzugemischt.

26. **Alberts Remedy** soll nach Lorenzen (Pharm. Ztg.) bestehen aus: 7,5 g Tinctura Colchici, 7,5 g Tinctura Opii simplex, 10 g Kalium jodatum, 20 g Aqua destillata, 10 g Spiritus und etwas Tinctura Sacchari. Nach Weller: 29,47% Opium-Alkaloide und Colchicin enthaltendes Extrakt, 7,86% Kaliumjodid, 14,64% Kaliumazetat und 10,29 Gew.-Proz. Alkohol.

27. **Albrechtsche Pillen gegen Magenleiden** enthalten hauptsächlich basisches Wismutnitrat, Süßholzextrakt und -pulver.

28. **Albumol** ist ein aromatischer Eierlebertran, der aus frischen Eiern, Nährsalzen und Meyerschem Lebertran hergestellt wird. Nach Angabe des Darstellers besteht Albumol aus 1 Teil frischer Eier, 100 Teilen Dampftran, 3 Teilen Kognak, 0,5 Teilen Calciumphosphat, 0,5 Teilen Natron, 5 Teilen Zucker und 2 Teilen Zitronensäure. Fabrikant: Salomonis-Apotheke in Dresden-A.

29. **Allcocks Pflaster** besteht aus 10 T. Weihrauch, 5 T. Kampher, 30 T. Pech, 40 T. Colomboharz, 5 T. spanischem Pfeffer und 10 T. Kautschuk.

30. **Alcool de Menthe** von Riqulès, ist eine Lösung von 3,5 englischem Pfefferminzöl in $80,_0$ Weingeist. (Hager.)

31. **Aldthyform,** Desinfektionsmittel und Desodorans, soll 25% wasserlösliches Thymol und 10% Formaldehyd enthalten. Fabrikant: Chemische Werke Hansa, G. m. b. H. in Hemelingen, Bremen.

32. **Aletris Cordial** ist ein bekanntes amerikanisches Geheimmittel. Ein Ersatzmittel bietet nach Raubenheimer folgendes Präparat: Rad. Aletridis farinosae $60,_0$, Fol. Gaultheriae procumb. $60,_0$, Herb. Nepetae Catariae $30,_0$, Cort. Viburni Opuli $30,_0$, Rad. Caulophylli Thalictroid. $15,_0$, Cort. Cinnamomi Zeylanici 7,5, Cort. Aurantii amar. 3,75, Fruct. Carvi 1,875, Sacch. albi $300,_0$, Spiritus 94 Vol.-Proz. 312 ccm, Aquae q. s. ad 1000 ccm. Die mittelfein gepulverten Drogen werden in üblicher Weise mit einem Gemisch von 312 ccm Spiritus und 312 ccm Wasser, sowie zuletzt mit Wasser allein perkoliert, bis 800 ccm Perkolat erhalten sind. In diesem wird

der Zucker aufgelöst und genügend Wasser hinzugefügt, so daß 1000 ccm erreicht werden. Zuletzt wird filtriert.

33. **Algophon** von Apotheker Bernhard in Salzburg, ein Mittel gegen Schmerzen kariöser Zähne, ist eine Auflösung von $4{,}_0$ ätherischem Senföl in $30{,}_0$ Löffelkrautspiritus, durch Safran und Lackmus grün gefärbt. (Wittstein.)

34. **All-Heil-Tee** von Franz Gabler in Radebeul-Dresden, enthält Bucco, Sassafras, Bohnenschalen, Birkenblätter, Brennesselkraut, Sennesblätter, Löffelkraut, Hauhechel und Schafgarbe. Der Tee wird gegen Gicht, Rheumatismus und Nierenleiden empfohlen.

35. **Alpenhonig, Schweizer,** von Dr. Eschmann enthält in Prozenten: Feuchtigkeit 22, Honig 15, Malzextrakt 10, fremde Kohlehydrate 62; die letzteren bestehen aus Zucker, Dextrin und Stärke und sind jedenfalls gewonnen worden durch Einwirkung von Malzauszug auf Stärkekleister. (Amthor.)

36. **Alpenkräuter** von Dr. Schröder sind eine Mischung von Herb. Galeopsid. grandifl., Herba Thymi montan., Rad. Liquiritiae glabrae und Folia Sennae Alexandr. mit unbedeutenden Zusätzen.

37. **Alpenkräuter-Brust-Teig** des Apothekers Grablowitz in Graz besteht aus 48 Stück rhombenförmigen gelblichen Kuchen, zusammen $60{,}_0$ schwer, bestehend aus 100 T. Gummi Arab., 200 T. Zucker, 1 T. Extr. Liquirit. und $1/8$ T. Crocus mit Decoct. Althaeae zur Masse gemacht. Preis 1 *M.* (Hager.)

38. **Alpenkräuter-Eisen-Bitter** von Apoth. Dennler in Interlaken besteht aus 3,5 Aloe, 0,42 Eisenvitriol, $350{,}_0$ verdünntem Weingeist und einigen Tropfen Anisöl. (Wittstein.) — Rhabarber, Bitterstoffe, aber keine Aloe, Eisenzitrat mit 0,314 FeO in spirituöser Lösung. (Schwarzenbach.)

39. **Alpenkräuter-Gesundheits-Likör** Rudolf Bohls, besteht in $350{,}_0$ Liqueur mit den Auszügen aus Fruct. Anisi. stell., Cort. Cinnamom., Cort. Frangulae, Herb. Centaurii, Rad. Cichorii, Rad. Gentian. nebst wenig Aloe. Preis *M.* 4,10. (Hager.)

40. **Alpenkräuter-Magenbitter** von Hauber ist ein brauner Likör von bitterem, geistigem, schwach aromatischem Geschmack, in 100 T. enthaltend; 0,5 Anisöl und Nelkenöl, 1,5 Aloe, $40{,}_0$ Alkohol und $58{,}_0$ Wasser. (Wittstein.)

41. **Alpenkräutersaft** entspricht einem Gemisch aus ungefähr je 475 T. Sirup. Sennae und Sirup. Liquiritiae und 50 T. Tinct. amara.

42. **Alpenkräutertee,** von einem Wiener Branntweinschenker verkauft, besteht aus Skabiosenblättern, Sennesblättern, Scolopendriumkraut etc. (Innhauser.)

43. **Alpenkräutertee** von Dr. Schröder ist ein Gemisch aus Herb. Galeopsid., Herb. Thymi, Herb. Hederae, Fol. Sennae und Rad. Liquiritiae.

44. **Alpenkräutertee** von Dr. Schwarze besteht aus 40 T. Huflattigblättern, 20 T. Eibischwurzel, 8 T. spanischem Süßholz, 8 T. Sassafras, 4 T. Bittersüß, 4 T. Pfefferminze, 4 T. Rosenblättern, 4 T. Schafgarbenblüten, 4 T. kleinen Sennesblättern, 2 T. Ringelblumenblüten, 1 T. Kornblumenblüten, 1 T. Feldrittersspornblüten. (Böhmer.)

45. **Alpenkräutertee** Dr. E. Webers, bereitet nach Vorschrift des Herrn Hof- und Medizinalrats Dr. Schwarze in Dresden von Adolph Weber in Radebeul-Dresden, enthält 1 T. Flor. Acaciae, 5 T. Fol. Althaeae, 20 T. Fol. Sennae, 10 T. Fol. Farfar., 5 T. Fol. Millefolii, 10 T. Herb. Asperulae, 2 T. Flor. Calendul., 10 T. Rad. Althaeae, 5 T. Rad. Liquirit. russ., 5 T. Lign. Sassafras, 5 T. Lign. Guajaci und 1 T. Flor. Rhoeados. $70{,}_0 = 1\ M.$

46. **Alpenkräutertrank** des Zahnarkanisten Nikolaus Backé in Stuttgart ist eine filtrierte Tinktur aus 1,25 Aloe, 0,75 Rhabarber, 0,75 Enzian, 0,5 Nelken und $50{,}_0$ Weingeist von 0,917 spez. Gew. $50{,}_0 = M.$ 0,80. (Wittstein.)

47. **Alpenkräuterwasser** ist ein wässriger Auszug von Kiefernadeln, Heusamen und Kalmus. Preis 5 *M.* (Gscheidlen.)

48. **Alpentee** von Rohmann in Berlin ist eine Mischung aus Isländischem Moos, Sennesblättern, Walnußblättern, Schafgarbe, Sassafras- und Sandelholz, Faulbaumrinde, Johannisbrot, Fenchel, Coriander, Süßholz, Lavendel- und Hollunderblüten. (Bischoff.)

49. **Alpentee, Schweizer** von Feldmann in Berlin enthält Isländisches Moos, Sennesblätter, Walnußblätter, Schafgarbe, Sassafras- und Sandelholz, Faulbaumrinde, Johannisbrot, Fenchel, Coriander, Süßholz, Lavendel- und Hollunderblüten. (Bischoff.)

50. **Alpentee, Schweizer** von Manthe in Berlin enthält Sennesblätter, Huflattig, Isländisches Moos, Süßholz, Anis. (Bischoff.)

51. **Alpentee, Schweizer** von Otto in Berlin besteht aus Huflattig, Sennesblättern, Isländischem Moos, Altee, Süßholz und Anis. (Bischoff.)

52. **Alphozon** ist Di-Succinylperoxyd. Es ist in Wasser löslich, geruchlos, nicht giftig, reizt nicht und koaguliert Eiweiß nicht. Eine Lösung im Verhältnis 1:5000 tötet in einer Minute die Typhusbazillen. Angewendet wird es als innerliches und äußerliches Antiseptum.

53. **Alteschadensalbe** von Mathias Sachs in Berlin besteht aus einem Gemisch von Rüböl und Wachs. (Bischoff.)

54. **Alvatunder** ist eine 1 proz. Kokainlösung, die noch einige unbekannte Stoffe enthält. Sie wird zur örtlichen Betäubung in der Zahnheilkunde verwendet und kommt aus Amerika in den Verkehr.

55. **Amasira** von Andreas Locher in Stuttgart besteht nach Angabe des Fabrikanten aus Sinau $4{,}_0$, Bertramwurzel $4{,}_0$, Fenchel $5{,}_0$, Krullfarn $3{,}_0$, Abbißkraut $3{,}_0$, Akley $3{,}_0$, Paeonie $2{,}_0$, Basilienkraut $2{,}_0$, Sarsaparill $13{,}_0$, Rhabarber $22{,}_0$.

56. **Ameisenbalsam** Dr. Livingstones, von dem Afrikareisenden A. Ahnelt in Charlottenburg besteht aus $72,_0$ Rizinusöl, $2,_0$ Perubalsam und $5,_0$ Bergamottöl. Preis *M.* 3,50. (Hager.)

57. **American Consumption Cure** der Gebrüder Zenkner in Berlin, ein angeblich gegen Schwindsucht wirksames Mittel, besteht im Wesentlichen aus mit Zwiebelsaft eingekochtem Zuckersirup. Preis *M.* 2,50. (Bischoff.)

58. **American Coughing Cure** des Farmers Graudenz ist Zuckersirup mit Zwiebelsaft. (Bischoff.)

59. **American Coughing Cure** Lutzes soll außer anderen Stoffen eine Abkochung von Mohnköpfen (ob reif oder unreif ist nicht bekannt) enthalten.

60. **American Pills** von A. H. Boldt Lesington, Schutzmittel gegen ansteckende Krankheiten, bestehen aus Scammonium, Rhabarber und Seife. 72 Pillen = *M.* 2,40. (Schädler.)

61. **Amerikanischer Familien-Gesundheits-Kräutertee** besteht aus Blättern von Akazie, Lavendel, Achillea Millefolium, Calendula und Hollunder, ferner aus Koriander, Huflattich, Pfefferminze, Veronica, Thymian, Waldmeister, Kornblumen, Sassafrasholz, Sennesblättern, Sarsaparill- und Eibischwurzel. (Beythien.)

62. **Amerikanische Santel-Perlen,** Dr. Brandes'. Jedes Stück enthält 0,05 g Cambridgeöl und 0,25 g Sandelöl. Bezugsquelle: Salomonis-Apotheke in Dresden-A.

63. **Amerikanische Sarsaparill-Entfettungsessenz** ist eine Abkochung von 20 g Sarsaparillwurzel, 10 g Pomeranzen, 10 g Rhabarber, 10 g Santelholz zu 140 g Wasser versetzt mit 10 g Aloëwein und 10 g Sirup. Fabrikant: Salomonis-Apotheke in Dresden-A.

64. **Ampoules Bories** enthalten reines, sterilisiertes und durch eine Chamberlandkerze filtriertes Chaulmoograöl, das zu intramuskulären Einspritzungen Verwendung findet. Bezugsquelle: G. Desprez in Paris, 115 Rue Saint-Honoré.

65. **Amulet Elektrisches** oder **Voltakreuz** besteht aus einem Kupfer- und einem Zinkblechstreifen mit roter Flanelleinlage und gelbseidener Vernähung. (Thörner.) („Pharm. Ztg." 1891, 630.)

66. **Amykos-Aseptin** von Barnängen in Schweden, ein gegen alle denkbare Leiden empfohlenes Mittel, ist Borsäure mit oder ohne Alaunzusatz. Leinwand wird damit getränkt. (Nyström.)

67. **Amykos, Schwedisches Waschwasser,** besteht aus wässeriger Borsäurelösung, die mit Thymolalkohol versetzt ist, so daß der Weingeist das Thymol noch in Lösung hält, und geringen Mengen von Zinksalzen.

68. **Anaestheticum Bottwini** besteht aus: Menthol $3,_0$, kristallisierter Karbolsäure $3,_0$, salzsaurem Kokain $1,_0$.

69. **Anaestheticum** von Thom. Alva Edison besteht aus $30,_0$ Chloralhydrat, $110,_0$ Weingeist, $90,_0$ Chloroform, $60,_0$ Kampher,

$59,_0$ Nelkenöl, $59,_0$ Pfefferminzöl, $50,_0$ Äther, $5,_0$ Salizylsäure, $3,_0$ Amylnitrit, $2,_0$ Morphinsulfat.

70. **Andersons Pillen** sollen bestehen aus 1 g Aloe, 1,5 g Gummi Gutti, 0,1 g Anisöl und Honig soviel als nötig.

71. **Anditropfen** von Kirchner & Menge in Arolsen, gegen chronische Leiden der Verdauungsorgane, sind ein Digest von $20,_0$ Sennesblättern, $3,_0$ Rhabarber, $6,_0$ Jalape, $2,_0$ Zittwerwurzel, $2,_0$ Ingwerwurzel, $3,_0$ Galgant, $5,_0$ Soda, $15,_0$ Zucker, mit $300,_0$ Wasser und $65,_0$ Spiritus, gemischt mit der Kolatur eines Aufgusses aus $30,_0$ Schafgarbe mit Blüten und $300,_0$ heißem Wasser. (Hager.)

72. **Anker-Koniferen-Präparate:** 1. Anker-Fichtennadel-Extrakt zur Herstellung von Bädern. 2. Anker-Fichtenrinden-Extrakt zu Einatmungen. 3. Anker-Pinon-Tabletten enthalten Fichtennadel-Extrakt in fester Form. Eine 50 Pf.-Tablette genügt für ein bis zwei Bäder. Fabrikant: F. Ad. Richter & Co. in Rudolstadt i. Thür.

73. **Anodyn** von Ernst Müller in Berlin. Äußerlich gegen Rheuma, Zahnschmerzen etc., besteht aus Rosmarinöl 30 Tropfen, Thymianöl 10 Tropfen, Kampher, 1 Bohne groß, Salmiakgeist $12,_0$, Spiritus $60,_0$. $125,_0$ = 3 *M.* (Hager.)

74. **Anodyne Balm** von Bath, innerlich zu 20, 30 bis 50 Tropfen, äußerlich zu Einreibungen, besteht aus $30,_0$ Seifenspiritus, $5,_0$ Kampherspiritus, $5,_0$ Rosmarinspiritus, $10,_0$ Opiumtinktur.

75. **Anodyne Drops** von Grindel, gegen katarrhalischen, chronischen Husten, ist eine Lösung von 0,15 Morphinazetat in $5,_0$ Weingeist und $20,_0$ Wasser. (Hager.) — Morphinazetat 0,8, Essigsäure 4 Tropfen, Wasser $30,_0$, Weingeist $4,_0$. (Dorvault.)

76. **Anodynon** nennt Georg R. Bielitz in München, Schwantaler Straße 17, einen Wärmeapparat, der 10 bis 20 Stunden hindurch regulierbare Wärme abgeben und bei mit Wärme zu behandelnden Leiden, z. B. Rheumatismus, angewendet werden soll. (Pharm.C.-H.)

77. **Anosmin-Fußpulver** von Dr. Osc. Bernar in Wien, gegen Fußschweiß und üblen Geruch der Füße, besteht aus 21 T. pulverisiertem Alaun, gemischt mit 1 T. Maismehl. $60,_0$ = 4 *M.* (Hager.)

78. **Anosmin-Fußwasser** von Apoth. Koch, gegen übelriechende Fußschweiße, ist eine wässerige Lösung von Weinsteinsäure.

79. **Antarthritic Specific** von Reynold ist Vinum Colchici.

80. **Antepidemicum universale** von H. Müller in Kopenhagen besteht aus Brunnenwasser, in dem vielleicht 2—3 Tropfen reiner Karbolsäure gelöst wurden, und zu deren Verdeckung man wiederum einige Tropfen Essigäther zusetzte. $180,_0$ = 1 *M.* (Hager.)

81. **Anthosenz** von Dr. Heß in Berlin, Stärkungs-, Schmerzstillungs- und Heilbalsam, ist ein mit Alcanna rot gefärbtes Gemisch aus 50 T. Spiritus, 4 T. Gewürznelkenöl, 2 T. Palmarosaöl und 1 T. Ananasessenz. $20,_0$ = *M.* 0,50. (Hager.)

82. **Antiarthrin** von L. Sell in München besteht nach einer Analyse des Laboratoriums für angewandte Chemie der Universität München aus Salicin und Gerbstoffsaligenin im Verhältnis 1: 1.

83. **Antibakterikon** von Dr. Graf & Co. in Berlin ist ein aus wässeriger Ozonlösung mit etwas Kochsalz und Salzsäure bestehendes Desinfektionsmittel.

84. **Antibakterin** soll eine Mischung von Ruß mit rohem Aluminiumsulfat sein.

85. **Antibakterion** von Arwed v. Pistor in Wien ist eine wässerige Lösung von 40% Zinksulfat und 4% Alaun. 1 Liter = 75 kr.

86. **Antibilious Pills** von Barclay enthalten als wirksame Substanz Extract. Colocynthidis comp.

87. **Antibilious Pills** von Harvey haben Extract. Colocynth. comp. zur Grundlage.

88. **Antichlorpillen** enthalten nach Kahm je 0,05 g Eisenoxydulsulfat, Natriumkarbonat, Chininsulfat und Brechnußextrakt, sowie 0,002 g arsenige Säure. Anwendung: gegen Bleichsucht. Dosis: 2 Pillen täglich.

89. **Anticholerasäure** von H. Ludwig in Wien ist eine Mischung aus 1 T. Schwefelsäure, 5 T. Wein und 10 T. Wasser. $180,_0 = 3$ *M.* (Buchner und Wittstein.)

90. **Anticholerawasser** von Duboc in Paris, gegen Bleikolik, sowie als Präservativ gegen Cholera, ist Wasser mit etwas Branntwein und ½% Schwefelsäure. $400,_0 = 3$ *M.* (L. Gmelin.)

91. **Anticelta Tablets** von der Anticelta Association in London sollen als Verdauungsmittel genommen werden. Sie erwiesen sich nach J. Kochs als komprimierte Pastillen von 0,5 g Natriumbikarbonat mit Zusatz von etwa 1,25 p. c. eines Verdauungsferments.

92. **Anticolicum** von Oswald Wöldike in Mühlhausen i. Th., gegen Kolik und Harnverhaltung bei Pferden, sowie gegen Aufblähen bei Rindvieh, ist eine 4 prozentige Bleizuckerlösung in einem mit Zuckercouleur versetzten Baldrianauszuge. Preis *M.* 1,50. (Geißler.)

93. **Antidiabetikum (Glykosolvol)** von O. Lindner in Dresden-N. soll hergestellt werden „durch gegenseitige chemische Einwirkung der Oxypropionsäure, $C_6H_6O_3$, auf chemisch reines Pepton und von theobrominsaurem Natrium auf das Zymogen des Trypsins, welches aus den Bauchspeicheldrüsen von Hammel und Rind dargestellt wurde“. Nach Fleischer (Therap. Monatsh. 1905, No. 10) ist es als Diabetesheilmittel nicht zu empfehlen.

94. **Antidiftericon** von Dr. Bors besteht aus 2,5 Ol. Rusci, 1,5 Ol. Fagi, $45,_0$ Spirit. dilut., 0,5 Kal. carbon., 2,5 Kal. sulfurat. (A. Bokai.)

95. **Antidiphterin** der Antidiphteringesellschaft in Berlin (Tieckstr. 12/13) ist ein gelbes, pulverförmiges, in Glasröhren eingeschlossenes Gemisch aus 91 T. chlorsaurem Kalium und 4 T. Eisenchlorid. (A. Donner.)

96. **Antidiphteriticum für Hühner** aus der Hof-Apotheke zu Bockenheim von Apoth. L. Richard ist eine Mischung aus ca. 7,5 chlorsaurem Kalium, 1,5 Salizylsäure, 15,0 rohem Glyzerin und 130,0 mit Saftgrün gefärbtem Wasser. (Schwendler.)

97. **Antidipsintabletten** sind durstlöschende Tabletten, welche neben Zucker Zitronensäure, Apfelsäure und Fruchtaroma enthalten. Fabrikant: Apotheker P. Arauner in Kitzingen a. M.

98. **Antidipso** sind Pulver, die aus 25% Kaliumbromid und 75% Milchzucker bestehen. Anwendung gegen Trunksucht.

99. **Antidot** von Otto Kretzschmer in Berlin, gegen Zahnschmerzen, besteht aus einer Mischung von Alkohol, Chloroform und Essigäther, mit Fuchsin gefärbt. (Bischoff.)

100. **Antiepilepticum** oder **Krampfpulver** von W. Wepler in Berlin, sind dispensierte Pulver à 1,8 g, bestehend aus einem Gemisch von 5 T. Magnesium carbon., 15 T. Rad. Dictamni, 12 T. Rhiz. Zedoar., 8 T. Rad. Artemis., ½ T. Fuligo, ½ T. Ol. Valerian. ¼ T. Ol. Cajeput. 30 Stück Pulver in Wachspapier mit Konvolut = 6 *M.* exkl. des ärztlichen Honorars von 10—12 *M.* (Hager.)

101. **Antiépileptique Uten** oder **Elixir Uten** ist nach der chemischen Untersuchung lediglich eine grüngefärbte, mit Eukalyptusöl parfümierte 10 prozentige Bromkalilösung im Werte von etwa *M.* 1,20 pro Flasche. Preis: 10 Franken für 2 Fläschchen. Generaldepot: V. Böcca in Lüttich.

102. **Antifatmittel** gegen Fettsucht, enthält Jodkalium.

103. **Antiferment-Tabletten** enthalten Bismut. subnitr., Natr. bicarbonic., Magnes. carbon., Rad. Rhei und Elaeosacch. Menth. pip. Fabrikant: Dr. Müller & Cie. in Berlin.

104. **Antifloral,** Heilmittel gegen Erkrankung der Schleimhäute, weißen Fluß usw., soll ein Gemisch verdünnter Karbolsäure mit 4½% Wasserstoffsuperoxyd sein. (Dresdner chem. Untersuchungsamt.)

105. **Antifungin** von Friedländer. Enthält 20% Borax und 80% Borsäure nebst Spuren freier Schwefelsäure.

106. **Antifungin** von Dr. Oppermann in Bernburg ist eine wässerige Lösung von saurem Magnesiumborat und enthält 15% Borsäure.

107. **Antigichtpillen** des Apoth. Herbabny in Wien bestehen aus 25% Jodkalium, ferner aus Aloe, Jalapenwurzel und einem alkaloidhaltigen Extrakte mit den Reaktionen auf das Alkaloid der Herbstzeitlose oder der weißen Nieswurz. (v. Kletzinsky)

108. **Antigichtwein Duflots** soll Rotwein mit Meerzwiebelauszug und Jodkalium sein.

109. **Antigonorrhoicum** von Dr. med. W a n k e l in Köln a. Rh. besteht aus Tinct. amara mit 10% Tannin. 3 Fl. à $15,_0$ = 30 *M.* (H a g e r.)

110. **Antigrippepillen** oder **gelbe Pillen** von S t e a r n in Detroit sind überzuckerte und gelb gefärbte Pillen aus Chinin. salicylic. 0,06, Acid. arsenicos. 0,0675 und Extr. Belladonnae 0,08.

111. **Antihydropsin** von Dr. B ö d i k e r besteht aus einem alkoholischen Auszug von Liebstöckel-, Rhabarber-, Hauhechel-, Enzian-, Kalmus- und Galgantwurzel, Guajakharz, Sassafrasholz und Bärentraubenblättern. (Karlsruher Ortsges.-Rat.)

112. **Antikamnia,** a succedaneum for morphia, the American Antipyretic, Analgesic and Anodyne, ist nach Fr. H o f m a n n ein Gemisch von 22 T. Natriumkarbonat, 74 T. Azetanilid und 4 T. Koffein; nach William A. H a l l von 77,55 T. Azetanilid, 19,32 T. Natriumkarbonat, 1,3 T. Natriumchlorid, 0,33 T. Natriumsulfat; nach F. G o l d m a n n von 20 T. Natriumbikarbonat, 70 T. Azetanilid und 10 T. Koffein.

113. **Antimarin,** ein Mittel gegen Seekrankheit, stellt Tabletten mit 0,2 g Paraamidobenzoesäureäthylester (Anästhesin) pro dosi dar. Fabrikant: Chemisches Institut in Berlin SW., Königgrätzerstr.

114. **Antimiasmatischer Likör** von Dr. K o e n e in Gertruidenberg, Mittel gegen Cholera, Ruhr, Typhus, Diphteritis, Pocken, Röteln, Scharlach und Masern ist eine viel freie Salzsäure enthaltende Eisenchloridlösung. 1 Fl. = *M.* 0,75. (Karlsr. Ortsges.-Rat.).

115. **Anti-Migränegeist** von K r a u s s e r ist Guaranatinktur, mit dem doppelten Volum 60%igem Weingeist verdünnt.

116. **Antiobesitas** von L e h o u s s e l in Genf, Mittel gegen Fettleibigkeit, ist eine stärkezuckerhaltige Jodkaliumlösung.

117. **Antiperiodic Fever- and Ague-Cure** von W i l k o f t besteht aus 0,7 schwefelsaurem Chinin, gelöst in $150,_0$ eines wässerigen Chinaaufgusses nebst Tinct. arom. acid. (O. L. C h u r c h i l l.)

118. **Antiphthisic Capsules** oder **Antasthmatic Capsules** von W e r l sind Gelatinekapseln, mit einem Gemisch aus 1 T. Azeton und 9 T. Ol. Jecoris Aselli gefüllt.

119. **Antipositin** soll im wesentlichen eine Mischung aus etwa 30 T. Weinsäure, 16 T. Zitronensäure, 4 T. Weinstein, 14 T. Chlornatrium und 36 T. Natriumkarbonat sein. Nach Angabe des Fabrikanten enthält es auch Apfelsäure. (Z e r n i k.)

120. **Antirheumaticum fluidum** ist eine mit Chlorophyll grün gefärbte, stark alkalische, stechend riechende, aromatische Flüssigkeit vom spez. Gew. 0,835. A u f r e c h t fand in 100 ccm 87,73 g flüchtige Stoffe, die aus Petrol- und Essigäther, Weingeist, Wacholder- und Terpentinöl, Kampher und Ammoniak bestanden, während der Rückstand Rüböl zu sein scheint.

121. **Antirheumatismus-Salbe** von Frau H u n g e r f o r d, verkauft von W e d e c k e in Berlin, besteht aus ca. $1,_0$ Kampher, $1,_0$ Karbolsäure und $12,_0$ Wachssalbe. Preis *M.* 1,50. (S c h ä d l e r.)

122. **Antirin,** ein Schnupfenmittel, soll Kokain und Borsäure enthalten.

123. **Antiscorbuticum** von Spilsburg ist eine Tinktur aus 0,5 Sublimat, 0,3 Antimonsulfid, je 0,5 Enzian, Pomeranzenschalen, rotem Sandelholz mit je $25{,}_0$ Weingeist und Wasser.

124. **Antisepticin, Aqua cosmetica antiseptica,** von Wallstab und Gräger in Halle a. S. ist eine fast farblose, ziemlich klare, alkalisch reagierende Flüssigkeit ohne besonderen Geruch und von salzig bitterlichem Geschmack, bereitet durch Digestion und Filtration aus $100{,}_0$ Benzol, $15{,}_0$ kristallisiertem Natriumkarbonat und $950{,}_0$ Wasser und Auflösen von ca. $30{,}_0$ chlorsaurem Kalium, $10{,}_0$ phosphorsaurem Natrium und $15{,}_0$ Borax. 1 Kilo = 3 *M.*; $500{,}_0$ = 2 *M.* (Hager.)

125. **Antiseptischer Gesundheitsessig** von Apotheker Dr. A. Kopp in Straßburg soll eine 2 prozentige Lösung von Thymol in Alkohol und verdünnter Essigsäure sein. Der Verfertiger selbst gibt folgende Zusammensetzung an: $10{,}_0$ Acid. carbol. pur., $2{,}_0$ Acid. salicyl., $6{,}_0$ Acidum aceticum glaciale, $1{,}_0$ Menthol in 100 g Vinaigre de Belly gelöst. (Ortsgesundheitsrat Karlsruhe.)

126. **Antiseptische Sanitaskugeln,** ein hygienischer Frauenschutz, bestehen im wesentlichen aus Kakaobutter als Grundmasse und geringen Mengen Borsäure und Chinin. (Aufrecht.) Fabrikant E. Luigart in Stuttgart.

127. **Antiseptisches Wundpulver** besteht aus dem Engelhardtschen Diachylonpräparat, untermischt mit Lycopodium und Stärkemehl. (Untersuchungsamt Ulm.)

128. **Antisklerosin-Tabletten** enthalten 80 T. Natriumchlorid, 10 T. Natriumsulfat, 3,5 Calcium-, 3—5 T. Magnesium- und 3—5 T. Natriumphosphat.

129. **Antisudin,** Mittel gegen Fußschweiß etc., von A. Mandowski in Annaberg bei Oderberg in Schlesien ist gepulverter Alaun. $250{,}_0$ = 2 *M.* (Hager.)

130. **Antisudor** ist ein flüssiges, Salizylsäure enthaltendes Mittel gegen übelriechenden Schweiß. Fabrikant: Hausmann A.-G. in St. Gallen.

131. **Antisudorin** gegen Fußschweiß von A. Rollhäuser in Dresden-Altstadt ist eine Lösung von etwa $9{,}_0$ Chromsäure in $100{,}_0$ Wasser. (Karlsr. Ortsges.-Rat.)

132. **Antisudorin,** ein Heilmittel gegen Fuß- und Handschweiß, von Apoth. Hollwig in Berlin enthält: Wasser, Alkohol, Borsäure, Salizylsäure-Methyläther (Gaultheriaöl), vermutlich Salol, (Salizylsäurephenyläther) und wahrscheinlich Chromsäure.

133. **Antisyphilis** ist eine Flüssigkeit aus Kaliumjodid, Quecksilber, Chinin, Eisen, Coca und Strychnin bereitet. Fabrikant: Farmacia della Marina D. N. Mitarotonda in Neapel, via marina 90.

134. **Antitaenia,** Mittel gegen Bandwurm der Pharmacie internationale Sareme Vacchieri, ist eine starre Pasta in

Blechbüchse, bestehend aus 50,0 zerstoßenen großen Kürbissamen, 10,0 Zucker, 10,0 Glyzerin und etwas Orangenblütenwasser. Preis 10 *M.* (C. Slop, Edler von Cadenberg.)

135. **Antitaenin,** ein Bandwurmmittel, enthält nach Angabe des Fabrikanten 9,0 Extr. Filicis, 1,0 Koussoblüten und 0,05 g Podophyllin. Fabrikant: Chem. Fabrik Erfurt G. m. b. H. in Erfurt-Ilversgehofen.

136. **Antitranspirin,** ein Schweißmittel holländischer Herkunft, besteht aus einer 5 prozentigen Formaldehydlösung mit etwas Lavendelspiritus. (Ph. Weekblad.)

137. **Antituberkulin** nennt W. Kratz, Apotheker in Riehen bei Basel, eine wohlschmeckende, den Magen nicht belästigende Kreosot-Zubereitung, in der das Kreosot in emulgierter, feinst verteilter Form vorhanden ist. Außerdem enthält es Alboferin.

138. **Antivenereal Elixir** von Walker, Mittel gegen Gicht und Syphilis, entspricht einer Mischung aus 100,0 Guajakharztinktur, 1,0 Perubalsam und 10 Tropfen Fenchelöl.

139. **Antoniobalsam** wird bereitet aus 18,0 Aloe, 18,0 Myrrha, 108,0 Styrax calamita, 72,0 Rad. Angelicae, 8,0 Safran, 54,0 Perubalsam und 3000,0 Kornbranntwein. („Industriebl.“ 1890, 320.)

140. **Antorin,** Mittel gegen Schweißabsonderung, enthält 10% Bor- und 3% Weinsäure, 1% Gaultheriaöl, 2% Fruchtäther und 84% Rosenspiritus. Fabrikant: Apotheker Heinrich Noffke in Berlin SW.

141. **Äpfelsäure-Pastillen** von Apotheker Albrecht, gegen Katarrh, Heiserkeit etc., enthalten 1 g Äpfelsäure auf 25 g Zucker.

142. **Äpfelmalztee,** ein Ersatz für chinesischen Tee, soll dargestellt werden, indem man 7 T. geröstete und gemahlene Äpfelschnitte, 2 T. grob geschrotenes Malz und 1 T. Zitrone zu einem Brei verarbeitet, der getrocknet und gemahlen wird. (Pop. homoöp. Ztg.)

143. **Apicin,** dessen wirksamen Bestandteil Calcium phosphoro-guajacolicum bildet, wird zur Bekämpfung aller Krankheiten der Luftwege empfohlen und kommt in Form von Fondants in den Handel. Bezugsquelle: G. & R. Fritz in Wien.

144. **Apnol,** Dr. Cholewas, ein Asthmamittel, enthält Periplocin neben Glyzerin, Wasser, einer Spur Jodnatrium, Mentholspiritus und Pyridin. (Avellis.)

145. **Apozème purgative, Médecine noire, Black Draught,** ist ein Infusum aus 10,0 Sennesblättern, je 2,0 Kümmel und Koriander, 20,0 Manna und 80,0 Wasser, welchem noch 20,0 schwefelsaures Magnesium und 15,0 weingeistiges Zimtwasser zugesetzt werden.

146. **Aqua Ferri nervina** von Wolf & Calenberg enthält in 10000 T.: 1,5 Ferrum carbonic. oxydat., 20,57 Calc. phosphoric., 23,29 Natr. chlorat., 9,97 Natr. bicarbonic. („Pharm. Ztg.“ 1886, Nr. 69.)

147. **Aqua Vitae aromatico-amara** von Friedr. Bolle, vormals Jean Benjamin Claude in Berlin, ist ein Digest von Galgant und Ingwer, je 2 T., unreifen Pomeranzen, Tausendgüldenkraut, Enzian, Zimmt, Angelica je 1 T., mit Alkohol 30 T., und Wasser 26 T. $210{,}_0 = 1$ *M*. (Hager.)

148. **Aquozon** soll eine 2½ prozentige wässerige Ozonlösung sein, deren Haltbarkeit durch die Anwesenheit von Hypophosphiten gesichert ist. (New York Med. Journal.)

149. **Arboröl** soll ein verschiedene Kreosole, Phenole, Anthrazene etc. enthaltendes Produkt sein, welches in Mischung mit dem gleichen Volumen Äther bei den verschiedensten Hautkrankheiten, auch bei Rheumatismus, Nervenschmerzen etc. gute Dienste leisten soll. Fabrikant: Arbor-Oil in Mülhausen i. Els.

150. **Arnikatinktur, weiße verbesserte,** von Apoth. Apian-Bennewitz in Annaberg, ist der Destillation unterworfene Arnikatinktur. Preis *M*. 0,50. (Jacobsen.)

151. **Askolin** ist mit schwefliger Säure gesättigtes Glyzorin.

152. **Asphalintee** (Species antidiabeticae, Species Myrtilli comp., Kullock) soll eine Mischung aus Heidelbeerblättern und Bohnenfrüchten sein. Darsteller: Kolluck, Petrusapotheke in Wien.

153. **Asthma-Bronchial-Zigarren** der Bronchiol-Ges. m. b. H. in Berlin W. 8, enthalten Tabak, Cannabis ind., Datura Stram., Anisöl, Salpeter.

154. **Asthma-Cure, Green Mountain** von Guilt, Generalagentur von B. Walther in Dresden, besteht aus grob gemahlenem, staubfreiem Fenchel und Stechapfelkraut, mit einer Salpeterauflösung inprägniert. $20{,}_0 =$ *M*. 1,50. (Quenzel.)

155. **Asthma Cure,** Harald Hayes, besteht aus mehreren verschiedenen Arzneien, deren wichtigste eine Terpentinölemulsion ist (Flasche 12 *M*.), die als Expektorans wirkt und mit Jodkali versetzt ist. Auch Eisentropfen und Cinchoninkapseln gehören zu Hayes Asthma Cure. (Avellis.)

156. **Asthma Cure, Himrods,** besteht aus: Kalisalpeter, Stramonium, Lobelia, Tee, Fenchel etc. (Avellis.)

157. **Asthmakegel** und **-Zigaretten** von Bier Frères in Brüssel sollen bestehen aus: Datura 0,5, Hyoscyamus 0,2, Belladonna 0,2, Lobelia 0,1, Menthol 0,05.

158. **Asthmakraut, Holländisches,** des Apothekers Plönes in Weiskirchen bei Trier sind Stechapfelblätter, mit Salpeter imprägniert. Preis 3 *M*. (Karlsr. Ortsges.-Rat.)

159. **Asthmamittel, Elixir antiasthmatique,** von Apoth. Dr. Aubrée in Ferte Vidame (Eure et Loire), Frankreich, besteht a) in $250{,}_0$ einer Abkochung von $10{,}_0$ Senagawurzel mit $50{,}_0$ Jodkalium, $4{,}_0$ Opiumextrakt, $500{,}_0$ Zuckersirup, $200{,}_0$ schwachem Spiritus, ge

färbt mit etwas Cochenilletinktur. (H a g e r.) — b) Jodkalium 9 T., franz. Lactucarium 1 T., Wasser 288 T., Zuckersirup 48 T., Salzäther 1½ T. 6 Fl. à 200,$_0$ = 40 *M.* (50 Frcs.). (S c h r o e p p e l.)

160. **Asthmamittel** von Apoth. K u b a l e in Klitschdorf bei Bunzlau besteht aus einer Lösung von Jodkalium, Bromkalium und Zucker in Wasser, stark gefärbt mit alaunhaltiger Cochenilletinktur in progressiver Steigerung der Dosen, verteilt in 6 Flaschen, so daß Flacon 1 die kleinste Dosis Jod- und Bromkalium, Flacon 6 die größte Dosis enthält. Flasche 3 enthält z. B. 5,$_0$ Jodkalium, 2,5 Zucker, 0,3 Alaun, 0,5 Cochenillefarbstoff. 3 Flacons à 200,$_0$ Inhalt = 15 *M.* (H a g e r.)

161. **Asthmamittel** des Oberinspektors S c h ä f e r in Lindenau-Leipzig besteht aus einer Pulvermischung von Zucker, Süßholz und Pimpinellwurzel. Ein Paket in gewöhnlicher Papierkapsel wiegt 60,$_0$ und ist mit schriftlicher Gebrauchsanweisung versehen. Preis *M.* 3,50. (Q u e n z e l.)

162. **Asthmamixtur** von F o t h e r g i l l besteht aus: Ammon. jodat. 2,0, Ammon. bromat. 3,0, Tinct. Lobeliae 80,0, Sir bals. tolut. 48,0. (A v e l l i s.)

163. **Asthmapillen, Amerikanische,** aus Hamburg sind stark vergoldete Pillen aus Ammoniakgummi.

164. **Asthmapulver** von C l é r y ist ein Gemisch von Salpeter und Lobeliakraut. (Karlsr. Ortsges.-Rat.) — Nach einer anderen Analyse ist es eine Mischung von je 30 T. Stramoniumblättern und Belladonnablättern, 5 T. Salpeter, 2 T. Opium.

165. **Asthmapulver,** F i s c h e r s, besteht aus: Stechapfel 250,0, Salpeter 50,0, Schafgarbe 50,0. (A v e l l i s.)

166. **Asthmapulver,** Dr. G u i l d s von N e w b e r y u. S o n s in London, besteht aus gepulverten Kräutern unbekannter Abstammung, mit Salpeter gemischt. Wird selbst von Ärzten als wirksam gelobt.

167. **Asthmapulver,** M a r t i n d a l e s, besteht aus Kal. nitricum, Herba Lobeliae, Fol. Stramonii, Fol. Theae āā 240,0, Ol. Anisi 1,0, Aqua q. s. (A v e l l i s.)

168. **Asthmapulver, Reichenhaller,** von A. S c h m i d besteht aus: Eucalyptus, Grindelia robusta, Stechapfel, Salpeter, Benzoe. (A v e l l i s.)

169. **Asthmapulver,** S c h i f f m a n n s, besteht aus: Salpeter 34,9%, Datura arborea 51,1%, Symploc. foet. 14,$_0$%. Eine andere Analyse: Salpeter 25,$_0$%, Stechapfel 70,$_0$%, Tollkirsche 5,$_0$%. (A v e l l i s.)

170. **Asthmaräucherpulver** von O. F i s c h e r in Wolfenbüttel wird auf folgende Weise dargestellt: Folia Stramonii 250,$_0$ und Flores Millefolii 25,$_0$ werden scharf getrocknet und gepulvert. Das grobe Pulver wird dann mit einer Lösung von 50,$_0$ Kalisalpeter in 250,$_0$ Wasser gleichmäßig durchleuchtet und getrocknet. (S u ß.)

171. **Asthma Remedy** von L a n g e l l, ein nordamerikanisches Geheimmittel, besteht aus einem Gemisch von 10—12 T. grob gepulverten

Belladonnablättern und 1 T. Salpeter, zusammen getrocknet. Zum Gebrauch wird etwas von dem Pulver auf eine Platte geschüttet und angezündet, und während des Verglimmens werden die Dämpfe eingeatmet. $60{,}_{0}$ = *M.* 1,25.

172. **Asthmasalbe** von Stange in Berlin ist eine dünne Salbe aus Fetten und Wachs mit Terpentinöl, venetianischem Terpentin und Chloroform. (Bischoff 1888.)

173. **Asthmasalbe** von Sturzenegger in St. Gallen besteht aus Stearin und Schweinefett und ist durch Abkühlenlassen in dem kupfernen Kessel, in dem sie geschmolzen wurde, mit Kupfer verunreinigt. $30{,}_{0}$ = *M.* 2.

174. **Asthmatee** von Dr. Orleïn, verkauft von Christoph, besteht aus 8 T. Süßholz, 6 T. Eibischwurzel, 2 T. Isländischem Moos, 2 T. eines dem Bitterklee ähnlichem Krautes und 2 T. Andorn. $200{,}_{0}$ = *M.* 3. (Schädler und A. Selle.)

175. **Asthmatic** und **Fumigating Pastills** von Samuel Kidder & Co. in Charlestown, U. S., sind 5 cm lange und 6,5 mm dicke Kerzen, welche in einem Metallgefäß erhitzt werden, um die entwickelten Dämpfe einzuatmen. Die Kerzen bestehen aus Belladonnaextrakt, Belladonnapulver, Stramoniumblätterpulver, Kohle, Gummi, Stärke und Gewürzen mit 15% Salpeter. (Hager.)

176. **Asthmatic-Pastills** von Daniel White & Co. in New York, zum Anzünden bestimmt, bestehen aus Kalisalpeter $20{,}_{0}$, Scammoniumharz 3,5, Gummi und Zucker $35{,}_{0}$, Kohlenpulver, Pflanzenstielen und Blättern 40,7. (Fleck.)

177. **Asthmatropfen** des Grafen v. Schlieffen auf Schlieffenberg in Mecklenburg ist ein etwa 94% Alkohol mit etwas Anisöl. („Dtsch. Wochenbl. f. Gesundheitspfl. u. Rettungswesen". 1885, 78.)

178. **Asthma-Zigaretten** von Dr. Plaut bestehen aus 8 T. Fol. Stramonii, 8 T. Fol. Theae virid. pulv. und 7 T. Herb. Lobeliae, benetzt mit einer gesättigten Kaliumnitratlösung in Zigarettenform gewickelt.

179. **Asthma-Zigaretten, Wiener,** bestehen aus Stechapfelkraut, Fingerhut-, Bilsenkraut- und Tollkirschenblättern.

180. **Asthmol,** Dr. Eswirths, besteht aus: Stramon. $40{,}_{0}$, Grindelia robust. $10{,}_{0}$, Capit. Papaver. $10{,}_{0}$, Bolet. Laric. $10{,}_{0}$, Menthol $3{,}_{0}$, Kal. nitric. $20{,}_{0}$, Natr. nitric. $20{,}_{0}$. Fabrikant: Engel-Apotheke in Frankfurt a. M.

181. **Atherma,** ein Migränestirnband, wird an Stelle von Kompressen und Einreibungen gegen Kopfschmerzen empfohlen. Fabrikant: Apotheke zur Austria in Wien IX.

182. **Athlophorus,** ein in Amerika von Searle gegen Rheumatismus und Neuralgie empfohlenes Mittel, besteht aus Morphiumsulfat, Fluidextrakt von Herbstzeitlosesamen, Fluidextrakt von Guajakharz, Kaliumazetat, Kaliumsulfat, Alkohol und Meerzwiebelsirup. („Industriebl." 1886, 55.)

183. **Äthrole** werden wasserlösliche Antiseptika und Kosmetika gegenannt, welche zur Verstäubung in Zimmern, zu Waschungen, zur Händedesinfektion etc. Anwendung finden sollen und Eau de Cologne, Eukalyptol, Pfefferminzöl etc. enthalten. Es kommt auch ein Äthrolpulver als Desinfiziens und Waschpulver in den Handel. Fabrikant: Dr. H. Noerdlinger in Flörsheim a. M.

184. **Atrophor,** ein diätetisches Genußmittel für Korpulente von Mühlradt in Berlin NW. 23, enthält nach Aufrecht in der Hauptsache Zitronensäure und Zucker. („Pharm. Ztg.")

185. **Äther, anästhetischer** von Aran, ist ein Gemisch von Äthylidenchlorid mit höher gechlorten Äthern (Tri-, Tetra-, Penta- und Hexachloräther).

186. **Äther, ozonisierter,** von Richardson ist eine Auflösung von Wasserstoff superoxyd in Äther unter Beigabe von etwas Alkohol.

187. **Audiphon Bernard.** Der Ortsgesundheitsrat in Karlsruhe und der Berliner Polizeipräsident warnen wiederholt vor dem vom Institut National de la Surdité in Paris gegen Taubheit angepriesenen „unsichtbaren Audiphon Bernard" und den zugehörigen Medikamenten, einer 6 prozentigen Jodkaliumlösung und einem Schnupfpulver, welches aus Talkum, chlorsaurem Kalium, Borsäure und Zucker mit aromatischen Zusätzen besteht. Der Wert der Mittel nach der preuß. Arzneitaxe beträgt *M.* 3, der geforderte Preis Fr. 12.

188. **Aufrichtige Ballhäuser Schwarze Magen- und Gallentropfen** enthalten eine alkaholische Auflösung verschiedener Abführmittel, wie Rhabarber, Aloe, Jalapenharz, Sennesblätter und Koloquinten, welche mit Pomeranzentinktur parfümiert ist. (Beythien.)

189. **Augenamulete.** Gegen verschiedene Augenkrankheiten, werden in manchen Gegenden den Pferden teils in den Schopf, teils in die Mähne als sogenannte sympathetische Mittel kleine leinene runde Säckchen von der Größe einer Flintenkugel, in welchem sich pulverisierte Kräuter von aromatischem Geruche (Feldkamille, Schafgarbe etc.) befinden, eingeflochten und teuer bezahlt. (Bürchner.)

190. **Augenbalsam, Augsburger,** besteht aus 0,75 rotem Quecksilberoxyd, 0,5 Belladonnaextrakt, 0,5 Opiumtinktur und $7{,}_0$ Fettsubstanz. Preis *M.* 3,50. (Hager.)

191. **Augenbalsam** des Sattlers Müller in Berlin besteht aus 5 T. rotem Quecksilberoxyd, 3. T. Opium und 100 T. ungesalzener Butter. (Hager.)

192. **Augenbalsam** der Sattlermeisterswitwe C. Müller in Berlin enthält 0,2 rotes Quecksilberoxyd und $10{,}_0$ ungesalzene, gewöhnlich ranzige Butter. Preis *M.* 0,50. (Hager.)

193. **Augenbalsam** von Dr. P. M. Salomon in Berlin, als Heilmittel für jede Augenkrankheit empfohlen, ist eine Mischung aus 3½ T. weißem Quecksilberpräzipitat und 100 T. Ceratsalbe. 1 Töpfchen = *M.* 6. (Hager.)

194. **Augenbalsam** von Franz Schumacher in Köln ist ranziges Schweinefett. Dose *M.* 6.

195. **Augenessenz** zur Stärkung, Belebung und Erhaltung der Sehkraft von Dr. Müller ist schwacher Alkohol mit Lavendel-, Rosmarin- und Fenchelöl parfümiert. Preis *M.* 1,50. (Gscheidlen.)

196. **Augenessenz, Romershausensche,** von F. E. Geiß in Aken a. d. Elbe ist eine Tinktur aus Fenchelfrüchten und frischem jungen Fenchelkraut. $250,_0$ = 3 *M.* (Hager.)

197. **Augenheilbalsam, vegetabilischer,** von Martin Reichel in Würzburg besteht aus a) $4,_0$ in ein Säckchen aus Kälberblase gefüllter Salbe aus 5 T. Opium, 5 T. Quecksilberoxyd, 2 T. Kampher, 52 T. Wachssalbe. $4,_0$ = *M.* 3. (Hager.) — b) Salbe aus Wachs, Butter, Quecksilberoxyd, Zinkoxyd und Kampher. (Beyerlein.)

198. **Augenheilwasser** von J. C. Hoffmann in Köln ist eine Lösung von 1 T. Eisenvitriol in 50 T. Rosenwasser. $125,_0$ = *M.* 3. (Opwijrda.)

199. **Augenheilmittel** von Frau Dorothea Schmidt, geb. Heberle, in Berlin ist eine Abkochung gewürzhaft bitterer Pflanzenstoffe. Preis *M.* 1,50. (Bischoff 1888.)

200. **Augenpasta, antiseptische, Pasta cerata ophthalmica,** Dr. Radziejewskis, von S. Radlauer in Berlin besteht angeblich aus Schleichscher Wachspasta (siehe dort) mit 1% Hydrarg. oxyd. rubr., 2% Zinc. oxydat., 0,5% Kampher, 2% Acid. aseptinic. (???) und 2% Cocain. hydrochl. („Pharm. Ztg." 1892 Nr. 13.)

201. **Augenpulver, Odorous Powder** von B. Laeyson in Paris zur Stärkung, Wiederherstellung und Erhaltung des Gesichts, ist ein Pulver aus $100,_0$ gebranntem Kalk, $50,_0$ Salmiak, $6,_0$ Kohle, $2,_0$ Eisenoxyd und $2,_0$ Zimtrinde. $120,_0$ = *M.* 5. (P. L. Geiger.)

202. **Augensalbe** von St. Andrée in Bordeaux besteht aus $52,_0$ essigsaurem Bleioxyd, $6,_0$ Chlorammonium, $3,_0$ Zinkoxyd, $52,_0$ rotem Quecksilberoxyd und $300,_0$ Rosensalbe.

203. **Augensalbe** der Witwe Farnier vom Drogist A. Weisert in Metz besteht aus Wachssalbe mit Quecksilberoxyd und essigsaurem Bleioxyd. $7,_0$ = *M.* 3. (Karlsr. Ortsges.-Rat.)

204. **Augensalbe** der Witwe Sabine Fritsche, geb. Heinemann. in Roßla a. H. ist eine mit Zinkoxyd und rotem Quecksilberoxyd gemischte Wachssalbe. („Industriebl." 1887, 285.)

205. **Augensalbe, Pommade ophthalmique** von W. Jensen Vandiest in Mecheln besteht aus $16,_0$ rotem Quecksilberoxyd, $70,_0$ Palmöl und $14,_0$ japanischem Wachs. $25,_0$ = 6 *M.* (Gräger.)

206. **Augensalbe, rote,** von Kreickmeyer in Dresden ist Quecksilberoxydsalbe. (Richter.)

207. **Augenspiritus** von Negentind besteht aus einer Lösung von $95,_0$ Spiritus, $5,_0$ Rosmarinöl, 3 Tropfen Baldrianöl und 0,25 Kampher.

208. **Augenstarheilmittel** vom prakt. Arzt S. Fischer in Grub in Appenzell sind Augentropfen aus 2,5 prozentiger wässeriger Alaunlösung bestehend, Preis *M.* 1,50, **Augenpulver,** aus gebranntem tem Alaun bestehend, Preis *M.* 1,20, **Pulver zum Einnehmen,** bestehend aus 96 % Kalisalpeter und 4 % kohlensaurer Magnesium, Preis *M.* 1.90, und **Pillen,** welche Aloë und Rhabarber enthalten. (Karlsr. Ortsges.-Rat.)

209. **Augenwasser** von Bergmann ist Fenchelwasser. (Gscheidlen.)

210. **Augenwasser** von Biedermann in Annaberg ist eine Lösung von 0,2 Zinkvitriol in $60,_0$ destilliertem Wasser mit etwas Nelkenaufguß.

211. **Augenwasser** von Brun ist eine Auflösung von 4 T. Aloe in 32 T. Weißwein und 32 T. Rosenwasser nebst $1\frac{1}{2}$ T. Safrantinktur. (Hager.)

212. **Augenwasser** von Chantomelanus, welches den Gebrauch der Brillen entbehrlich machen soll, ist eine trübe gelbbraune Flüssigkeit, welche einen schwachen Auszug von Lavendelblüten mit verdünntem lavendelölhaltigen Weingeist darstellt. $10,_0$ = *M.* 0,50. (Opwijrda.)

213. **Augenwasser,** Dr. Graefes, von L. Roth in Berlin, besteht aus 1,5 Zinkvitriol und $100,_0$ Fenchelwasser, schwach gefärbt mit Fencheltinktur. Preis 3 *M.* (Schädler.)

214. **Augenwasser** von J. F. Gruis in Heilbronn besteht aus einer Lösung von Zinkvitriol und Zucker in Fenchelwasser, gemischt mit Zinkoxyd. (C. W. Stein.)

215. **Augenwasser** von J. P. H. Hette ist eine Auflösung von verschiedenen ätherischen Ölen (namentlich Lavendelöl, Bergamott- und Rosmarinöl) und Opiumtinktur in 50 Proz. Weingeist $60,_0$ = *M.* 1,70. (Wittstein.)

216. **Augenwasser** von Bernhard Kraft in Calbe a. S. besteht aus 0,5 rohem eisenhaltigen Zinkvitriol, aufgelöst in $7,_0$ eines unreinen, schlammig sedimentierenden Brunnenwassers. Preis *M.* 1. (Schädler.)

217. **Augenwasser,** Leschziners, besteht in einer 0,2 prozentigen Zinksulfatlösung. (Gscheidlen.)

218. **Augenwasser** von Liebmann wird erhalten durch Auflösen von 0,375 g eisenhaltigem Zinkvitriol in 10 Liter Wasser und Zumischen einer durch Einlegen einiger Nelken aromatisierten Lösung von 0,1 Tannin in 0,5 Weingeist. $10,_0$ = *M.* 0,85. (Wittstein.)

219. **Augenwasser,** Dr. C. Schachts, ist eine 3prozentige Zinksulfatlösung. (Gscheidlen.)

220. **Augenwasser** von Inspektor Stroinski in Neiße ist $1,_0$ Zinkvitriol in $500,_0$ gewöhnlichem Flußwasser gelöst. $40—50,_0$ = *M.* 1. (Schreiber.) — Eine Zeit lang versetzte Stroinski dieses Wasser mit einer Spur Patchouliparfüm. (Hager.)

221. **Augenwasser** Dr. Wagners ist ein 0,3 prozentige Zinksulfatlösung.

222. **Augenwasser,** Dr. Whites, aus der Fabrik von T. Ehrhard in Altenfeld in Thüringen. a) Gewürznelken 3 Stück, Zimt soviel wie eine große Erbse, Rosenwasser 2 Teelöffel, Essigsäure 1 Tropfen, Arnikatinktur 10 Tropfen. Nach einstündiger Digestion wird filtriert und in dem Filtrat weißer Vitriol eine Erbse groß gelöst. (Hager.) — b) Eine Auflösung von Zinkvitriol 3 T., Honig 4 T., in Wasser 80 T., parfümiert mit Nelkenöl und einer Spur Senföl. $50,_0$ = *M.* 1. (Wittstein.)

223. **Aurobromure Lefeuvre** enthält hauptsächlich Alkalibromide und 0,02% Goldbromid.

224. **Auszehrungs- und Lungenkräuter** von Dr. Redling, gegen Schwindsucht und Bluthusten, bestehen aus getrocknetem und geschnittenem Herb. Galeopsid. grandifl., vermischt mit einer sehr kleinen Menge Herb. Pulmonariae. (Hager.)

225. **Autoplast** ist eine kollodiumartige, antiseptisch und heilend wirkende Flüssigkeit, die bei Brandwunden und Verletzungen aufgepinselt werden soll. Ihre Zusammensetzung ist unbekannt. Fabrikant: E. Rothholz & Cie. in Berlin O. 27.

226. **Auxilion,** Mittel gegen Hühneraugen, aus Berlin. Zwei Päckchen mit je 6 Pflästerchen aus weichem Kalbleder, 4 qcm groß, an den Ecken abgestumpft und mit einer dünnen Lage eines Gemisches von 1 T. Fichtenharz und 2 T. Bleipflaster bestrichen. Preis *M.* 1,50. (Hager.)

227. **Auxilium Orientis** von Silvius Boas in Berlin gegen Epilepsie, Fallsucht, Tobsucht, Brust- und Magenkrämpfe besteht aus I. 5 Flaschen, jede ca. $200,_0$ 1,3—3 proz. Bromkaliumlösung enthaltend, versetzt mit einer Kleinigkeit Teeaufguß; II. 1 kleinen Flasche mit ca. $6,_0$ Baldriantinktur und III. 2 Schachteln Tee, je $45,_0$ eines Gemisches aus Süßholz, Eibischwurzel, Sennesblättern, Carragheen, Bittersüß, Baldrianwurzel und Torf. Zusammen *M.* 22,50. (Hager.)

228. **Ayer's Cathartic pills** enthalten die Extrakte von Aloe und Koloquinten, ferner Gutti, Capsicumfrüchte und Pfefferminzöl.

229. **Ayer's Compound concentrated Extract of Sarsaparilla** besteht aus einer 2% Kaliumjodid enthaltenden Süßholz- und Sarsaparillwurzelabkochung, die mit geringen Mengen ätherischen Öles (vermutlich Fenchelöl) versetzt ist. (Aufrecht.)

230. **Bahrs Sanolin,** ein Mittel gegen Schweißfuß, besteht aus: Alkohol, Salizylsäure, Glyzerin, Wasser und Veilchenwurzelöl.

231. **Balsam, Ätherischer,** von Kirchner, gegen Entzündung, Geschwulst und Ausschlag ist eine etwa 15 prozentige spirituöse Lösung ätherischer Öle. (Jacobsen.)

232. **Balsam, Berliner,** von H. Böhm in Berlin ist gewöhnliches, mit Chlorcalcium stark verunreinigtes Glyzerin. $60,_0$ = *M.* 1,50.

233. **Balsam-Bilfinger,** gegen Rheumatismus und Gicht, besteht aus 25,$_0$ schwarzer Seife, 40,$_0$ Wasser, 10,$_0$ Weingeist, 10,$_0$ Kampherspiritus, 20,$_0$ Salmiakgeist und 5,$_0$ spanischer Pfeffertinktur. Preis *M.* 2,25. (Schädler.)

234. **Balsam chinesischer, Baume Chinois,** von Dr. Mountain in London, gegen Taubheit, ist eine Mischung gleicher Teile Erdnußöl, Glyzerin und Weingeist. Preis *M.* 4,50. (Wynne.)

235. **Balsam de Maltha** soll ein alkoholischer Auszug aus Ratanhawurzel, Tolubalsam (oder Benzoe) und Weihrauch sein.

236. **Balsam, Jerusalemer, echter,** in Nazareth im goldenen Engel ist 28,$_0$ zusammengesetzte Benzoetinkttur in einer viereckigen Flasche. (Hager.)

237. **Balsam, Jerusalemitanischer,** von Antonio, in Österreich vielfach verbreitet, ist eine gelbe, klare Flüssigkeit im Gewicht von 23,$_0$, welche Spuren Myrrha, Safran, Aloe, Curcuma, flüchtige Öle, Äther und verdünnten Weingeist enthält. (Hager.) Nach dem Dresdener Chem. Unters.-Amte ist es ein alkoholisch-ätherischer Auszug von Benzoe, Safran, Curcuma und Aloe.

238. **Balsam, Lockwitzer,** von I. G. Leonhardt sel. Erben in Dresden besteht aus einer Mischung von ca. 30 T. Terpentin, 20 T. Wachs und 50 T. Fett oder fettem Öl, parfümiert mit etwas Anisöl. Preis *M.* 0,18. („Chem. Centralst.“ Dresden.)

239. **Balsam of Life, Lebensbalsam,** Prof. Cooks, gegen Zahnschmerz und Hautkrankheiten äußerlich, ist eine filtrierte Abkochung von 20,$_0$ Borax, 250,$_0$ Wasser und 1,5 gepulv. Kampher. (Hager.)

240. **Balsam of wild Cherry** enthält 1 Unze Fluidextract. Pruni virginian., 2 Drachmen Fluidextract. Ipecacuanh., 2 Drachm. Fluidextract. Scillae, 1 Drachme Tinct. Opii, 1,$_0$ Tartar. stibiat., 3 Tropfen Ol. Anisi, 1 Unze Alkohol, ½ Unze Sirup. commun., ½ Unze Tinct. Persionis comp., Aqua q. s. für 8 Volumunzen.

241. **Balsam, Oehmes,** ist zusammengesetzt aus 120,$_0$ Hoffmannschem Lebensbalsam, 3,$_0$ Safrantinktur, 60,$_0$ Hoffmannstropfen, je 5 Tropfen Kajeputöl, Angelikaöl, Zimtkassienöl, Pomeranzenöl, Kamillenöl, Bernsteinöl, Lavendelöl, Rosmarinöl und Muskatnußöl. 30,$_0$ = *M.* 1. (Quenzel.)

242. **Balsam, Posers,** von Ed. Groß in Breslau, gegen Rheumatismus, besteht aus 126,$_0$ einer gelben Flüssigkeit, bestehend aus ca. 1,$_0$ Rosmarinöl, 10,$_0$ Kampher, 15,$_0$ Ameisentinktur, 5,$_0$ Spanischfliegentinktur, 90,$_0$ Weingeist und 10 Tropfen Safrantinktur. Preis *M.* 4. (Hager.)

243. **Balsam, Potsdamer,** oder **Parfum aromatique balsamique.** Styrax liquida, 4,$_0$, Caryophyll. 2,$_0$, Ol. Caryophyll. 3,$_0$, Ol. Cassiae Cinnamomi 1,$_0$, Ol. Bergamott. 2,$_0$, Ol. Citri 2,$_0$, Ol. Lavandul. 2,$_0$, Ol. Menth. crispae 0,25,$_0$, Spirit. vini rectificatissimi 200,$_0$. Macera et filtra. 85,$_0$ = *M.* 1. (Hager.)

244. **Balsam, St. John Longs,** zum Einreiben der Brust Schwindsüchtiger, ist eine dickliche Emulsion aus Terpentinöl $25,_0$, Eigelb $50,_0$, konz. Essig $5,_0$, Rosenwasser $15,_0$ und einigen Tropfen Zitronenöl. (Hager.)

245. **Balsam, Schauers,** wird durch ein Gemisch aus 2 T. Spiritus balsamicus Fioraventi und 1 T. Spiritus Angelicae compositus repräsentiert. (Hager.)

246. **Balsam, Seehofer, ohne Aloe.** Turpetharz $100,_0$, Lärchenschwamm $15,_0$, Rhabarber $10,_0$, Galgant $20,_0$, Angelika $30,_0$, Enzian $15,_0$, Myrrhen $15,_0$, Theriak $15,_0$, Anis $5,_0$, Safran $5,_0$, Essigäther $10,_0$, Ätherweingeist $10,_0$, Rohrzucker $100,_0$, 70 proz. Alkohol $1300,_0$. („Pharm. Rundsch." 1887, 275.)

247. **Balsam, Sprangers,** enthält als wirksame Bestandteile ätherische Öle.

248. **Balsam, Venetianischer,** von J. F. Regenspurger in Berlin, gegen Rheumatismus etc. ist eine Auflösung von $15,_0$ Ölseife in $60,_0$ Branntwein, mit einigen Tropfen wohlriechenden Öls parfümiert. 7,5 g = *M.* 0,50. (Hager.)

249. **Balsam, Vetorinischer,** von Felix v. Mizersky, ist eine filtrierte Mischung aus $30,_0$ Arnikatinktur, $60,_0$ Spiritus, $2,_0$ Tolubalsam, $5,_0$ Elemiharz, je 24 Tropfen Macis- und Lavendelöl, je 12 Tropfen Rosmarin- und Wacholderöl, je 8 Tropfen Kajeput-, Pfefferminz-, Zitronen- und Bergamottöl, je 6 Tropfen Salbei-, Majoran- und Rautenöl. $100,_0$ = *M.* 3. (Hager.)

250. **Balsam, Wiener,** ist ein Gemisch aus gleichen Teilen Tinct. Aloës, Tinct. Myrrhae und Tinct. Benzoës comp.

251. **Balsam, Wiener,** der Königseer Olitätenhändler wird erhalten durch Digestion und Filtration von $200,_0$ Myrrha, $300,_0$ Rhabarber, je $125,_0$ Benzoe und Leberaloe, je $60,_0$ Lakritzensaft und Weihrauch und $15,_0$ Socotora-Aloë mit 4 Liter Alkohol. (Richter.)

252. **Balsamischer Manual** besteht aus 0,09 g Kajeputöl, 0,45 g Perubalsam, 0,45 g Storax, 0,5 g Schafgarbe, 0,25 g Benzoe, 2,05 g Rhabarber, 0,15 g Alkannawurzel, 0,35 g Weihrauch, 0,5 g Liebstöckelwurzel, 0,15 g Baldrianwurzel, 0,35 g Myrrhe, 10,5 g Weingeist, 4 g Wasser. Fabrikant: A. Neumann in Berlin, Rosenthaler Straße 50.

253. **Balsamum antarthriticum Indicum** ist Gurjunbalsam. $23,_0$ = *M.* 1. — Später wurden von Elnain & Co. in Frankfurt a. M. andere Substanzen (Mischungen) unter demselben Namen in den Handel gebracht.

254. **Balsamum St. Genevieri** ist ein Gemisch von $5,_0$ Terebinthina, $30,_0$ Ol. Olivar. Prov., $25,_0$ Cera flava, $5,_0$ Cetaceum, $1,_0$ Camphora und $4,_0$ Lign. Santali. rubr.

255. **Bandwurmmittel** von Bloch in Wien ist eine dunkelbraune, zusammenziehend und schwach nach Kousso schmeckende Flüssig-

keit: Grob gestoßene Granatwurzelrinde $125,_0$ kocht man mit gemeinem Wasser $800,_0$ ½ Stunde lang, fügt dann hinzu Ammoniakflüssigkeit $5,_0$, kocht wieder ¼ Stunde lang, gibt abermals hinzu Koussoblüten $25,_0$, läßt einmal aufwallen, setzt nach dem Erkalten noch hinzu Zitronensäure $1,_0$, Alkohol $30,_0$, seiht durch, preßt aus und stellt zum Absetzen hin. Das fertige Präparat soll $500,_0$ betragen. (Hager.) — Nach Klinger nur ein sehr konzentrierter Auszug der Granatwurzelrinde, welcher aber weder Ammoniak noch Zitronensäure enthält.

256. **Bandwurmmittel** von Max Böttger aus Altenburg, in der Apotheke zu Waldheim in Sachsen angefertigt, besteht aus $10,_0$ Farnkrautwurzelextrakt und $60,_0$ Rizinusöl. Preis inkl. Kurkosten *M.* 15.

257. **Bandwurmmittel** des Apoth. Bräutigam in Berlin besteht in Kousso, Rizinusöl und Zucker. (Bischoff.)

258. **Bandwurmmittel** des Apoth. Endruweit in Berlin ist ein Gemisch von Extr. Filic. aeth. und Extr. cort. Granati mit Zuckerlösung.

259. **Bandwurmmittel** von Otto Flohr in Freiberg besteht aus 2 Flaschen; die eine enthält $15,_0$ Extr. Filic. aeth., die andere, größere, Rizinusöl und Himbeersaft. (O. Quenzel.)

260. **Bandwurmmittel der Franziskaner-Brüder** in St. Mount besteht aus Kousso. (Wittstein.)

261. **Bandwurmmittel, Genfer,** des Apoth. Bernard in Berlin sind Gelatinekapseln mit Rizinusöl, Farnwurzelextrakt und Granatrindenextrakt. (Bischoff.)

262. **Bandwurmmittel, Genfer,** mit Marke Peschier vom Apotheker E. Rohn in Genf sind 23, ca. 0,47 g schwere, mit einer gelatineähnlichen Masse überzogene Pillen, welche das wirkende Prinzip aus der Kousso enthalten.

263. **Bandwurmmittel, Genfer,** von Apoth. Petzold in Leipzig-Reudnitz enthält $6,_0$ vollständig ätherfrei gemachtes Extr. Filicis aeth., 1,5 Extr. Granat. und $3,_0$ Ol. Ricini in 18 Gelatinekapseln eingeschlossen.

264. **Bandwurmmittel** von Hennig in Berlin ist ätherisches Farnwurzelextrakt. (Bischoff.)

265. **Bandwurmmittel** von C. Jacoby in Berlin ist 1 Schachtel mit $20,_0$ Koussopulver nebst Gebrauchsanweisung *M.* 6. (Hager.)

266. **Bandwurmmittel** von E. Karig in Berlin ist wie folgt zusammengesetzt: Cupri oxydati usti $1,_0$; Cass. Cinnam. 1,5; Sacch. Lact. $10,_0$ Divide in pt. aeq. 24. 24 Pulver = *M.* 3. (Schadler.)

267. **Bandwurmmittel** von Theodor Konetzky in Stein, Kanton Aargau bei Säckingen, ist eine Mischung gleicher Teile ätherischen Farnwurzelextrakts und Rizinusöls. $50,_0$ = *M.* 8,20.

268. **Bandwurmmittel** von L u t z e besteht aus 10,$_0$ ätherischem Wurmfarnextrakt und einer Mischung von 15—30,$_0$ Rizinusöl mit Himbeersirup. (H a g e r.)

269. **Bandwurmmittel** von L u t z e & C o. in Braunschweig besteht I. aus einem Paket Absinthiumkraut, 10,$_0$; II. aus einem Paket Bittersalz, 15,$_0$; III. aus einem Glas mit Extr. Filicis maris aethereum, 10,$_0$; IV. aus einem Glas mit rot gefärbtem Rizinusöl. Das ganze Mittel wird zu *M.* 15 verkauft, wozu noch *M.* 1 für Nachnahmespesen kommt. (C. G r o t h e.)

270. **Bandwurmmittel** des Direktors M i x. I. Eine Mixtur aus 3 dcg Chininsulfat mit einigen Tropfen Salzsäure in Lösung gebracht und 200,$_0$ Wasser. Ist in 3 Tagen zu verbrauchen. II. Eine Schachtel mit 12,$_0$ Koussopulver. Des Morgens einen Teelöffel in schwarzem Kaffee zu nehmen. Preis *M.* 4. (S c h ä d l e r.)

271. **Bandwurmmittel** des Heilgehilfen M o o k in Berlin besteht in 400,$_0$ einer Abkochung von ca. 110,$_0$ Granatwurzelrinde, versetzt mit 1,$_0$ Wurmfarnextrakt. Preis *M.* 6. (H a g e r.)

272. **Bandwurmmittel** des Webers M u t h in Chemnitz besteht aus 10,$_0$ Extr. Filix. mar. aeth. und 30,$_0$ Ol. Ricini. Preis je nach der Persönlichkeit *M.* 6—15.

273. **Bandwurmmittel** von R a d l a u e r s Kronenapotheke in Berlin enthält in Gelatinekapseln Koussin, Filixextrakt und Rizinusöl.

274. **Bandwurmmittel** des Dr. S t o j in Wien gegen Einsendung von *M.* 15; S t o j empfiehlt brieflich Kousso und, wenn Kousso nicht hilft, Granatwurzelrinde.

275. **Bandwurmmittel** von W e n d e in Berlin besteht aus Gelatinekapseln mit Extract. Filicis. (B i s c h o f f.)

276. **Bandwurmpastillen** Dr. F i r c k i n g s in Berlin sind Boli von Kousso, Rizinusöl, Wachs, Zucker und etwas Farnkrautwurzelextrakt.

277. **Bandwurmpillen** von L a f f o n bestehen aus dem ätherischen Extrakt der Wurzel des Aspidium Lonchitis. Aspid. Helveticum und Aspid. Filic. mar., ferner dem alkoholischen Extrakt der Blüten von Achillea mutellina und moschata und dem Pulver der Blüten von Arnica Doronicum. 120 Pillen = *M.* 9. (W i t t s t e i n.)

278. **Bandwurmpillen** von P e s c h i e r in Genf, fabriziert von R o h n, sind 30 Pillen aus 0,25 Kalomel, 0,6 Stann. praecipitat., 4,$_0$ Extr. Filic. aeth. und der nötigen Menge Rhizom. Filicis pulv. Preis *M.* 8,90.

279. **Barellas Universal-Magenpulver** besteht nach Angabe des Darstellers aus 71,9 g Natriumbikarbonat., 9,4 g Weinstein, 7,9 g gebrannter Magnesia, 4,7 g 800 proz. Pepsin Witte, 3,8 g Calciumkarbonat, 2,3 g Ammoniumchlorid. Fabrikant: P. F. W. B a r e l l a in Berlin SW.

280. **Barnagau's antiseptisches Vademekum** von der chemischen Fabrik Barnagau-Stockholm. Die Untersuchung ergab, daß das Mittel neben geringen Mengen Saccharin und Ol. Menth. pip. im wesentlichen aus Eugenol, Menthol, Seife, Alkohol und Wasser besteht; andere Bestandteile waren mit Sicherheit nicht nachzuweisen.

281. **Bassorin, flüssiges Pflanzensedativ** von Apotheker W i l h e l m in Neunkirchen bei Wien, ein Mittel gegen Nervenschwäche, Nervenleiden, Körperschwäche, rheumatische Schmerzen, Gliederreißen, Gicht etc., besteht aus einer schwach alkoholischen, etwa 40 proz. Lösung von Schmierseife mit einer größeren Zahl von ätherischen Ölen parfümiert, deren Geruch an flüssigen Storax erinnert. (J a c o b s e n.)

282. **Bauers Antidiabetikum** vom chem. Laboratorium B a u e r in Kötzschenbroda b. Dresden besteht nach Angabe des Fabrikanten aus Extract. Condurango 15 g, Jambulfrucht 15 g, Jambulrinde 15 g, Extract. Arthante 10 g, Leinsamen 60 g, Lorbeerblätter 2 g. Extract. Gentian 15 g, Rosmarinblüten 5 g, Extract. Calami 15 g, Stern-Anis 3 g, Kochsalz 30 g, Extract. Chinae, weingeistiges, 15 g, Salizylsäure (frei) 3 g. Preis *M.* 12 die 2 Literflasche.

283. **Beaume antizymique,** Präservativ gegen syphilitische Ansteckung, besteht aus 6 T. Chloralhydrat, Salizylsäure, Glyzerin und Natriumsulfat, 16 T. Wasser und 4 T. Weingeist.

284. **Beinschäden-Indian** von H e r m. B o h n e r t in Delitzsch besteht nach Angabe des Verfertigers aus 35 T. Terpentin, 15 T. Olivenöl, 15 T. gelbem Wachs, 10 T. Hammeltalg, 10 T. Schweinefett, 10 T. Kolophonium, 5 T. Karbolöl (mit Drachenblut angerieben).

285. **Benediktiner Abtey-Pillen** enthalten als wirksamen Bestandteil Chininsulfat.

286. **Benediktiner Gallen-Pillen** enthalten Aloe, Gutti und Jalape.

287. **Benediktiner-Heilpflaster** von H a u b e r besteht aus $35{,}_0$ eines dunkelbraunen, durch Kochen von 1 T. Bleiglätte mit 2 T. Olivenöl bis zum Schwarzbraunwerden, Zusatz von 4 T. gelbem Wachs, kurze Zeit fortgesetztes Erhitzen und Ausgießen bereiteten Pflasters. (W i t t s t e i n.)

288. **Benedictusöl** von J. H e i n r. Z a p p in Köln besteht aus Baumöl mit etwas Birkenteeröl und brenzligem Wacholderöl. (H a g e r).

289. **Benesol,** ein Betäubungsmittel in der Zahnheilkunde, soll aus β-Eukain und Kokainsaccharat bestehen. Bezugsquelle: Ph. K o r n i t z e r, Wien I., Graben 11.

290. **Bergbalsam** von G. S c h m i d t in Berlin, gegen Hämorrhoiden, Verschleimung, Verstopfung, Schleimerbrechen, Mangel an Appetit, Kopfweh wird dargestellt, indem 2 T. Rhabarber, 10 T. Faulbaumrinde, 1 T. Schafgarbenblüte, 1 T. Rainfarnkraut und 1½ T. krist. Soda mit Wasser einige Stunden warm behandelt, ausgepreßt, die Flüssigkeit auf 26 T. eingedampft, darin 30 T. Zucker auf-

gelöst und schließlich noch 17 T. rektifizierter Weingeist zugemischt werden. (H a g e r).

291. **Bergers Flechtensalbe** soll aus 2 g Perubalsam, 2 g Zinkoxyd, 10 g Lanolin, 20 g Karbolvaselin und 0,5 g Quecksilberpräzipitat bestehen. Darsteller: S a l o m o n i s - A p o t h e k e in Dresden-A.

292. **Bergöl, schwarzes,** der Königseer Olitätenhändler ist Ol. Rusci oder rohes Petrolsum.

293. **Bergöl, weißes,** der Königseer Olitätenhändler ist Ol. Petrac.

294. **Berners Symphiton** soll eine Tinktur aus Radix Symphiti 1: 5, mit Myrrhen- und Benzoetinktur zu je 2% versetzt, sein.

295. **Bernhardiner Alpenkräuter-Magenbitter, echter,** vom Königl. Hofdestillateur W a l l r a d O t t o m a r B e r n h a r d in München ist ein stark mit Fenchel und Anis aromatisiertes Getränk, welches eine große Menge aromatischer Pflanzenstoffe gelöst enthält. (J a c o b s e n.)

296. **Bertons verbesserte Hühneraugentinktur** besteht aus einer Lösung von Salizylsäure in Kollodium.

297. **Beruhigungsmittel für zahnende Kinder** von M a r i e v. S c h a c k in Berlin sind Kräuterzahnsäckchen aus farbigem Stoff, gefüllt mit etwa $2,_0$ eines gröblichen aromatischen Pflanzenpulvers, hauptsächlich Steinklee. 2 Säckchen = *M.* 1. (Karlsr. Ortsg.-Rat.)

298. **Bettnässen-Heilmittel** vom Spezialisten F r a n z B a u e r in Wertheim bestehen 1. aus $60,_0$ Milchzucker und 2. $60,_0$ Kampherspiritus. Preis *M.* 3,70. (O. S i e m e r i n g.)

299. **Bettnässen.** Mittel für Bettnässer männlichen Geschlechts, von B l a t z in Rohrberg (Baden), besteht aus einem um die Harnröhre zu legenden Ringe von Guttapercha, der mittelst einer hin und her schiebbaren Metallvorrichtung verengert und erweitert werden kann. Preis 4 *M.* (W i t t s t e i n.)

300. **Bettnässen.** Mittel des Dr. K i r c h h o f f e r in Kappel bei St. Gallen sind 1. 30 Pulver, jedes bestehend aus 0,2 Ferrum carbonic., 0,4 Secale cornut. pulv. und 0,03 Extr. Sem. Strychni aquos. 2. Das Rezept zur Einreibung lautet: Spirit. Serpylli 120, Tinct. Strychni $60,_0$, Liq. Ammon. caust. $15,_0$. Preis für Pulver und Rezept *M.* 15. (H a g e r.)

301. **Bettnässen.** Mittel des Apothekerwarenhändlers A d o l p h T h u r m a y r in Stuttgart besteht aus zwei kleinen gleich großen Flaschen: 1. gefüllt mit Mandelöl, zum Einreiben in die regio pubis, 2. zum Einnehmen (5 20 Tropfen morgens und abends) besteht aus gleichen Teilen eines am Tage gelassenen Harns und wässerigem Spiritus. $50,_0$ des Öls = *M.* 2. (H a g e r.) — Nach Angabe des Verfertigers bestehen die Tropfen aus: Aqua communis, Spiritus und Extractum Belladonnae 0,1—0,2 pro $50,_0$ Vehikel. (H a g e r.)

302. **Bickmores Wundkur** nennt die Firma Bickmore Gall Cure Co. in Old Town eine Salbe, welche als zuverlässiges Heilmittel für

Wunden aller Art bei Pferden, Rindern und anderen Tieren angepriesen und vertrieben wird. Nach den Ergebnissen der qualitativen und quantitativen Analyse dürfte die Zusammensetzung von Bickmores Wundkur etwa folgende sein: Borsäure $10_{,0}$, Schwefel $15_{,0}$, Indigo $1_{,0}$, Schweinefett $84_{,0}$. (Aufrecht.) Nach Beythien ist die Salbe ein mit Ultramarin gefärbtes Gemisch von Vaselin mit Borsäure, Schwefel und Alaun.

303. **Bierhefeextrakt** wird gewonnen durch wässerige Mazeration von Hefe, die durch 24stündigen Aufenthalt in absolutem Alkohol abgetötet wurde. Es enthält den wirksamen Bestandteil der lebenden Hefe und hat sich zur Bekämpfung der Eiterung bewährt. Dargestellt wird es im Pasteurschen Institut in Paris.

304. **Birkenbalsam** besteht aus verdünntem, mit Teerfarbstoff rot gefärbtem, parfümiertem Alkohol. (A. Reinsch.)

305. **Birkenbalsam, ostindischer,** aus Wien, ein Heilmittel gegen Brust- und Lungenkrankheiten, ist ein mit Fuchsin gefärbter Erdäpfelsirup. (Innhäuser.)

306. **Biscuits dépuratifs** von Olivier sind aus Mehl, Milch und Zucker bereitet, im Gewicht von $16_{,0}$ g. Ein Biskuit enthält 1 cg Hydrarg. bichlorat. corros. (Foy.) — Nach dem Verfertiger A. Pillet in Paris werden verschiedene leicht abführende vegetabilische Stoffe und Kalomel in eigens hierzu konstruierten Apparaten durch mehrere Stunden bis zur vollständigen chemischen Verbindung mit Eiweiß behandelt; es wird ihnen Kleber und Zucker einverleibt, worauf sie in geschlossenen Formen bei 210° gebacken werden; jedes Biskuit enthält ¼ cg von in ein Albuminatpräparat umgebildetem Kalomel.

307. **Biscuits purgatifs** von Caroz enthalten pro Stück 2 dg Scammonium.

308. **Biscuits purgatifs** von Sulot enthalten pro Stück 6 dcg Scammonium.

309. **Biscuits purgatifs et vermifuges** von Ferd. Graf in Aschbach enthalten pro Stück 0,25 g Scammonium.

310. **Biscuits purgatifs et vermifuges au Calomel** von Sulot enthalten pro Stück 3 dg Kalomel. (Reveil.)

311. **Biscuits vermifuges à la Santonine** von Sulot enthalten pro Stück 5 cg Santonin. (Reveil.)

312. **Bitterklee, schwedischer,** von Backer, besteht aus 1 T. Stern-Anis, 2 T. Quassiaholz und 2 T. Cardobenediktenkraut.

313. **Blähsuchtwasser** von Eduard Walch in Kolmar ist verdünnter Salmiakgeist mit etwas Tierol.

314. **Blähungsheilmittel** der Gebr. Menard in Thonars, Frankreich, Liquide météorifuge, besteht aus Asafötidatinktur und Salmiakgeist. (Bischoff.)

315. **Blasenkatarrhtropfen** von Edlefsen sollen ein Gemisch aus gleichen Teilen Ol. Terebinth. und Balsam. Copaiv. sein. Vier bis fünfmal täglich zwanzig Tropfen.

316. **Blasensteinmittel** von dem praktischen Arzt Bremicker in Glarus besteht in Tropfen aus verdünntem Weingeist mit einem sehr geringen Zusatz irgend eines Pflanzenauszuges und in Pulvern, welche außer Zucker keine chemisch nachweisbaren Bestandteile enthalten.

317. **Bleichsucht-Latwerge** ist ein grünlich schwarzer dicker Sirup, bestehend aus Zucker, Lorbeerpulver, kohlensaurem Eisenoxydul, Eisenfeilspänen und Wasser. (Buchner.)

318. **Bleichsuchtmittel** von Wollahn und Schuch in Berlin ist eine mit Zucker versetzte Auflösung von schwefelsaurem Chinin mit ätherischer essigsaurer Eisentinktur. (Bischoff.)

319. **Bleichsuchtpulver** von Fräulein M. A. Gerzabeck, Dresdener Bleichsuchtpulver von den sächsischen Behörden konzessioniert. Besteht aus einem Gemisch von Anis, Zucker und 14% Eisenfeile. $40{,}_0$ = *M.* 0,80. (Wittstein.)

320. **Bleichsuchtpulver** von Krüsi-Altherr in Gais, Kanton Appenzell ist a) eine Mischung von Veilchenwurzel, Gummi arabicum und einem geschmacklosen grünen Pulver mit 33,3% Eisenfeile. $15{,}_0$ = *M.* 4,10. Scholt & Streuk. — b) 2 T. Ferrum pulv. gemischt mit 3 T. Kalmuswurzelpulver. $30{,}_0$ = *M.* 4,50. (Hager.)

321. **Bleichsuchtpulver** von Kruse besteht aus je 1 T. Eisenpulver, Stärkemehl und Vogelknöterich und 4 T. Florentiner Veilchenwurzelpulver.

322. **Bleichsuchtpulver** von Thrusi ist ein Gemisch aus 1 T. Eisenpulver und 2 T. organischem Pulver, wie Gummi arabicum, Rhiz. Irid. Florentin., Polygon. aviculare etc. $40{,}_0$ = 4 *M.* (Egb. Hoyer.)

323. **Bleichsuchtwasser** von Dr. Ewich enthält in 10000 T. 11 T. kohlensaures Natrium, 9 T. Chlornatrium, 1,5 T. schwefelsaures Natrium, 7 T. kohlensaure Kalkerde und 1,2 T. kohlensaures Eisenoxydul nebst reichlicher Kohlensäure. (Hager.)

324. **Blister Essence** des Veterinär-Hydropathen C. Simon in Berlin, empfohlen durch den Pferdedecken- und Teppichfabrikanten C. L. Schwerdtmann in Berlin als Unterstützungsmittel für das Restitutionsfluid, hat eine ähnliche Zusammensetzung wie dieses. Preis *M.* 3,50. (Bürchner.)

325. **Blistering Ointment** von Leutnant James, für Pferde bei Spat, veralteten Stollbeulen, Überbeinen etc. ist eine weiche, schmierige, grünlichbraune Salbe von starkem Geruch, bestehend aus $3{,}_0$ Kantharidenpulver, 2,5 Euphorbium, $10{,}_0$ Elemisalbe und je 20 Tropfen Wacholder-, Rosmarin- und Terpentinöl. Preis *M.* 3. (Hager.)

326. **Blood Mixture** von Clark enthält 4,$_0$ Jodkalium, 0,5 Ätzkalilauge, 0,8 Chloroform, 15,$_0$ Weingeist, 225,$_0$ Wasser und 5,$_0$ Zuckerkouleur.

327. **Blutandrang und Luftröhrenverschleimung,** herausgegeben vom Erfinder C. Tänzer, Berlin, Kesselstr. 18, ist der Titel eines 12 Seiten langen Schriftchens, welches für *M.* 2 eine Flüssigkeit und einen Apparat für M. 0,50 anbietet. Beim Stockschnupfen wird der Apparat, welcher aus einem kleinen, um den Mund zu bindenden Leinwandkissen besteht, mit 10—15 Tropfen der Flüssigkeit befeuchtet. Die Flüssigkeit (150,$_0$) ist mit Weingeist versetzter Essigsprit, in welchem etwas Arnika, Millefolium etc. mazeriert ist. (Hager.)

328. **Blütenharz** von Kwizda in Korneuburg, gegen Unfruchtbarkeit der Haustiere ist eine Mischung aus 9 T. Fichtenharzpulver und 1 T. Fichtenblütenstaub. 25,$_0$ = *M.* 1. (Hager.)

329. **Blutreinigungs-Bienen-Pustel-Fettstoff** von Wilhelm Kornpointner, Reisender aus Arndorf, enthält Crotonöl, Canthariden, Euphorbium, Mezereum, Senf und Veratrin. 1 kleines Tiegelchen = *M.* 3.

330. **Blutreinigungs-Kräuterdekokt** des Sanitätsrats Dr. Bahrs ist eine gelbbraune Flüssigkeit mit einem Bodensatz im Gewicht von 12,$_0$ aus vegetabilischen Rudimenten und Fasern. Erstere ist ein Aufguß von Faulbaumrinde, Rhabarber, Sennesblättern, Stiefmütterchen, Sassafras und anderen Spezies, nebst starken Spuren (1—1,2) Bittersalz. 700,$_0$ = *M.* 3,60. (Hager.)

331. **Blutreinigungsmittel** der Witwe Sabine Fritsche, geb. Heinemann in Roßla a. H. ist eine Lösung sehr geringer Mengen bitterer Pflanzenstoffe.

332. **Blutreinigungspillen, Burkespahn's,** sind Pillen aus Aloe, Rhabarberpulver und Pflanzenextrakten, anscheinend Extract. Gentianae. (Bischoff.)

333. **Blutreinigungspillen der heiligen Elisabeth** von Apoth. Neustein in Wien sind zum größten Teil aus Aloe und Jalapenharz Rhabarber und Tamarindenextrakt zusammengesetzte, mit Zucker kandierte Pillen.

334. **Blutreinigungspillen, muskauer,** von Apotheker Maas bestehen aus Aloe, Sennesblätterpulver, wahrscheinlich Rad. Gentianae, Stärkemehl und Bindemittel. (Bischoff.)

335. **Blutreinigungspillen, deutsche,** von Apoth. Rottwitt in Ziegenrück enthalten in 100 Pillen 2,5 Aloe und je 5,$_0$ Rhabarberpulver, Ferrosulfat und Pottasche nebst einigen Tropfen Pfefferminzöl. (Hager.)

336. **Blutreinigungspillen** von Dr. Matthias Lang, früher fabriziert von Wilderich Lang in Rohrschach, enthalten Kalomel, Kohle und Stärkemehl und sind mit Florentiner Rot gefärbt. (Gscheidlen.)

337. **Blutreinigungspulver Dr. J. U. Hohls** besteht nach Angabe des Fabrikanten aus $1,_0$ Guajakharz, $2,_0$ Stiefmütterchen, 1,5 Ringelblumen, 0,5 Goldschwefel, $1,_0$ Sarsaparillwurzel, $2,_0$ Schafgarbe, $12,_0$ Zucker in 10 Pulver geteilt. Bezugsquelle: Apotheker W. Kratz in Basel.

338. **Blutreinigungspulver** von M. Schütze aus der Engelapotheke zu Köstritz besteht nach Angabe des Fabrikanten aus $10,_0$ Magnes. carbon., $5,_0$ Natriumchlorid, $65,_0$ Magnesiumsulfat, $25,_0$ Natriumbikarbonat, $35,_0$ Kaliumsulfat, 0,3 Wismutsalicylat, 0,3 Lithiumkarbonat, 0,15 Weinsäure.

339. **Blutreinigungstabletten** von Fritz Großmann in Düsseldorf sollen Cortex Frangulae, Folia Sennae und Herba Tanaceti enthalten.

340. **Blutreinigungstabletten** von Apoth. Schultheiß sollen 0,2 Cort. Rhamni pursh. und 0,05 Extr. Rhamni purshiani enthalten.

341. **Blutreinigungstee, antiarthritischer, antirheumatischer,** von Franz Wilhelm in Neunkirchen. a) Gleiche Teile Sennesblätter, Sarsaparillwurzel, Süßholz, Queckenwurzel, rotes Sandelholz, Bittersüßstengel in geschnittenem Zustande gemischt. Ein gelbes Paket in Zylinderform enthält $250,_0$ Tee in 8 Portionen. (Hager.) — b) Spezies aus Fol. Sennae, Stip. Dulcamarae, Rad. Taraxaci, Rad. Bardanae, Rad. Liquiritiae, Rad. Sarsaparillae, Rad. Cichorii sylvestris, Rhiz. Imperatoriae, Rhiz. Graminis, Rhiz. Chinae, Sem. Colocynthidis, Fruct. Foeniculi, Cort. Juglandis nucum, Cort. Salicis, Lign. Santali, Fol. Farfarae, Fol. Cynoglossi. (Bischoff.) („Pharm. Ztg." 1890, 370.)

342. **Blutreinigungstee** von Balke in Berlin besteht aus Sennesblättern, Lavendel, Süßholz, Huflattich, Isländischem Moos, Sassafrasholz und Faulbaumrinde. (Bischoff.)

343. **Blutreinigungstee** der Frau Broscó in Berlin besteht aus Sennesblättern, Faulbaumrinde und Koriander. (Bischoff).

344. **Blutreinigungstee** der Konkordia-Apotheke in Plauen i. V. besteht aus je 10 g Birkenblättern, Bohnenhülsen und Sarsaparillwurzel, je 5 g Hollunderrinde, Carcara Sagrada und Bittersüßstengel, sowie 2 g Sternanis.

345. **Blutreinigungstee** von F. Köller in Graz besteht aus 32 T. Sennesblättern, 10 T. Guajakholz, je 8 T. Wachholderholz, Hauhechel, Quecken, Löwenzahnwurzel, Cichorienwurzel, 3 T. Ellernrinde, 2 T. Sassafras und 5 T. Sternanis. $100,_0 = M.$ 1,50. (Hager.)

346. **Blutreinigungstee** Lallemands von Apoth. Bernard in Berlin besteht aus Herba Genistae, Rad. Althaeae, Rad. Rhei, Cort. Frangulae, Lichen Islandicus, Fruct. Foeniculi, Fruct. Anisi, Fruct. Carvi, Fol. Farfarae, Lign. Guajaci, Flor. Verbasci.

347. **Blutsaft,** Dr. Scotts als Lebenspanacee ist eine trübe, graubraune, halb durchscheinende Flüssigkeit im Gewicht von $220,_0$ bestehend aus $22,_0$ Weingeist, $60,_0$ Zucker, 1,2 Pflanzensäuren

(Apfelsäure, Essigsäure, Zitronensäure), 1,5 gummösen Stoffen, 1,3 fettem Öl, 0,8 grauem Bodensatz (Schmutz) und $130,_0$ Wasser und ist wahrscheinlich Apfelwein, versetzt mit Weingeist, Zucker, Mandelsirup, Stiefmütterchenaufguß und möglicherweise etwas Kirschsaft. Preis *M.* 3. (Hager.)

348. **Blutspeien-Heilmittel** von Wortmann in Berlin ist eine Mischung von Kartoffelmehl, Leguminosen- und Getreidemehl mit Zucker, Kochsalz und anscheinend Kakao.

349. **Bochet purgatif** von Pètrequin ist ein durch einstündige Digestion bereitetes Infusum aus Sennesblättern, Bittersalz, Manna, und Holztee in wechselnden Mengen, je nachdem der Trank für Kinder oder für Erwachsene bestimmt ist.

350. **Bol d'Arménie** von Dr. Charles Albert sind Pillen aus Copaivabalsam, gebrannter Magnesia und armenischem Bolus. (Dorvault.)

351. **Bolemans Sal purgans** soll bestehen aus 100 g Magnesiumsulfat, 5 g Natriumkarbonat und 0,5 g Natriumchlorid.

352. **Bonbons vermifuges** von Caroz sind Zuckerbonbons, deren jedes 0,15 Scammonium und 0,1 Santonin enthält. (Reveil.)

353. **Boonekamp of Maagbitter** wird dargestellt, indem unreife getrocknete Pomeranzenschalen $100,_0$, süße Pomeranzenschalen $30,_0$, Enzianwurzel $60,_0$, Cascarillrinde $30,_0$, Curcuma $15,_0$, Zimt $25,_0$, Gewürznelken $15,_0$, Rhabarber 7,5, 90prozentigen Spiritus $750,_0$, Wasser $1650,_0$, Sternanisöl 40 Tropfen und Zucker $250,_0$, digeriert, ausgepreßt und filtriert werden. $120,_0$ = *M.* 0,75. (Hager.)

354. **Bormelin,** eine Nasensalbe, besteht aus Borsäure, Menthol und Vaselin.

355. **Borneolin** ist eine Mischung ätherischer Öle mit Borneokampfer. Fabrikant: Giuseppo Lenta in Triest.

356. **Börners Stomachicon** besteht aus gleichen Teilen Kalmus- und Chinatinktur, Kognak und 2 Tropfen Zimtöl für 100 g.

357. **Boro-Chloretone,** ein lokales Anästhetikum und Antiseptikum, ist eine Kombination von Chloretone und Borsäure. Fabrikant: Parke, Davis & Co., London.

358. **Böttgers Spezialitäten** von M. L. Böttger in Straubing: Gehöröl: Rautenöl, Majoranöl, Sassafrasöl, Cajeputöl, Kampferöl je 1 T., Glyzerin 5 T.

Hustentropfen: Anisöl 2 Tropfen, Salmiakgeist 0,5, Wasser $3,_0$, Arnikatinktur $3,_0$, Lakritzen 0,5, Pimpinelltinktur $3,_0$, Kampher 0,05.

Kinder-Krampfpulver: Magnesia 5, Rheum 2, Süßholz 2, Saccharum 5, Baldrian 1, Conchae 5, Weinstein 10.

Lebensessenz: Pomeranze, Wermut, Bitterklee, Pfefferminze, Kalmus, Chinarinde, Rheum, Baldrian, Aloe je 2 g mit 10 g verdünntem Weingeist und 10 g Wein ausgezogen.

Magen- und Blutreinigungspulver: Magnesia 5, Chlornatrium 20, Natriumbikarbonat 40, schwefelsaures Natrium 20, Ingwer 1, Rhabarber 1, Senna 3.

Zahntropfen „Ira": Kampher 0,5, Cajeputöl 0,5, Pfefferminzöl 0,3, Äther 3,0, Nelkenöl 0,5, Hopfenöl 0,5, Paprika 0,01, Spiritus $3,_0$.

Flechtensalbe: Perubalsam 1, Olivenöl 1, Wachs 5, Vaselin 40, Lanolin 2, Benzoe 1.

Universal-Aloesalbe: Bleipflaster 20, Wachs 20, Vaselin 40, Zinkweiß 4, Aloe 1.

Drusen- und Kehlsuchtspulver für Pferde: Wacholder 50, Fenchel 50, Salmiak 20, Chlornatrium 30, phosphorsaurer Kalk 50, Stibium 30, Enzian 30, Kalmus 30, Foenum graecum 50, Natriumsulfat 50.

Präparat gegen Maul- und Klauenseuche. Dieses wird in den Prospekten des Fabrikanten als „Chlorcalcium pyoctaninum" bezeichnet.

359. **Brachynin,** ein Mittel gegen Rheumatismus etc., soll angeblich ein Extrakt aus Bombardierkäfern sein.

360. **Brain-Salt,** amerikanischer Abstammung, ist ein Gemisch von $40,_0$ Bromnatrium und $60,_0$ Seignettesalz. (Schweissinger.)

361. **Brama-Elixier, asiatischer Magenbitter,** von Ch. Rama Ayen in Hamburg, besteht aus Cardamom, Zimt, Gewürznelken $15,_0$, Galgant, Ingwer, Zittwer, Pfeffer $30,_0$, Wermutöl 15 Tropfen, 90prozentigen Spiritus $830,_0$ und Wasser $330,_0$. $180,_0 = M.\ 0,80$. (Hager.)

362. **Brama-Livs-Elixir** oder **Gesundheits-Tafelbitter** von Mansfeld-Büllner und Lassen in Kopenhagen, ist eine dunkelgoldgelbe Flüssigkeit, bestehend aus 4 T. Leberaloe und 90 T. Weingeist. $110,_0 = M.\ 3$. (Wittstein.)

363. **Brandol** besteht nach Angabe des Darstellers aus 93% einer Brennnesselabkochung, 2% Pikrinsäure und 5% Glyzerin und soll gegen Brandwunden Verwendung finden, ist aber wegen des Pikrinsäuregehaltes mit Vorsicht zu brauchen. Fabrikant: Karl Hoffbauer in Dortmund.

364. **Brandsalbe** von H. Bohnert in Delitzsch besteht nach Angabe des Fabrikanten aus 50 T. Leinöl, 15 T. Hammeltalg, 30 T. gelbem Wachs und 5 T. Karbolöl.

365. **Brandsanal,** ein Brandwundenmittel, besteht nach Angabe des Fabrikanten aus Acid. carbolic. 0,01, Acid. picrinic. 0,07, Aqua destill. $10,_0$ und Glyzerin 0,23. Fabrikant: Laboratorium Brandsanal in Berlin W. 57, Gödenstr. 21.

366. **Brandwundenöl** von Hladky in Wien, ist ein gewöhnliches Öl mit empyreumatischen Stoffen.

367. **Brassicon,** ein russisches Mittel gegen Kopfschmerz, besteht aus $2,_0$ Pfefferminzöl, 6 Tropfen ätherischem Senföl, 0,6 Kampher, $1,_0$ Äther, $10,_0$ 10prozentigen Spiritus und soviel Melissen- oder Pfefferminztinktur, als zur Färbung hinreicht.

368. **Bräune-Einreibung** von Netsch in Rauschau, zum Einreiben des Kehlkopfs, ist a) ein Gemisch aus 3 T. Ol. Caryophyllor. und 1 T. Kreosot. (Hager.) — b) eine Flüssigkeit aus 1 T. Kreosot und 3 T. eines weingeistigen, mit Nelkenöl parfümierten Auszuges von Cochenille 2,5 g = *M.* 1.

369. **Breakfast Tee** besteht aus Sennesblättern, Süßholz, Zucker und schwarzem Tee.

370. **Brechzucker** der Königseer Olitätenhändler. 1 T. Brechweinstein und 9 T. Zucker mit Wasser gekocht und zu Zuckerplätzchen, deren jedes etwa 0,2 Brechweinstein enthält, geformt. (Richter.)

371. **Brennesselspiritus** von Häusner ist ein durch Digerieren von „Brennessel etc.“ mit Alkohol dargestelltes Haarwasser. Bezugsquelle Carl Hunnius in München.

372. **Brockhaus Mittel gegen Lungenschwindsucht** besteht aus den Blättern und Blüten der Galeopsis ochroleuca. Der Ortsgesundheitsrat in Karlsruhe warnt vor dem Mittel.

373. **Brockmanns Futterkalk,** Marke B, besteht nach Angaben Brockmanns aus Calc. phosphoric. crud. 60 T., Sem. Foeniculi, Bacc. Juniperi, Rad. Calami je 4 T., Rad. Liquirit. 6 T., Sem. Faenugraeci 7 T. (Benade.)

374. **Bromelin** ist ein in dem Saft der frischen Ananas vorkommender enzymartiger Stoff, der in seiner Wirkung dem Pepsin und dem Papaïn ähnlich ist und auch wie diese Anwendung findet. Fabrikant: Parke, Davis & Co in Detroit (N.-A.)

375. **Bromidia** von Battle & Co. in St. Louis. Jede Fluiddrachme enthält 15 Gran Bromkalium, 15 Gran Chloralhydrat, $\frac{1}{8}$ Gran Extract. Cannab. Ind. und $\frac{1}{8}$ Gran Extr. Hyoscyami. (Fr. Hoffmann.) Vorschriften zu Ersatzmitteln für Bromidia finden sich in Arends' Neue Arzneimittel und Spezialitäten, Berlin 1905, Julius Springers Verlag.

376. **Bromopyrine** ist eine amerikanische Spezialität in Form eines gekörnten Brausepulvers, welches in einem Teelöffel 0,06 Coffein. hydrobromic., 0,18 Antipyrin und $1,_0$ Bromnatrium enthalten soll.

377. **Bromo-Soda** sind Granules, die Natriumbromid und Koffein enthalten. Fabrikant: Wm. R. Warner & Co. in London E. C.

378. **Bromtee** ist eine Mischung aus 5 T. Flor. Tiliae c. bracteis, 5 T. Fol. Sennae, 5 T. Flor. Acaciae, 8 T. Cort. Frangulae und 2 T. Lign. Sassafras. (Hager.)

379. **Bromwasser** von Erlenmeyer ist eine Auflösung von je $4,_0$ Bromkalium und Bromnatrium, $2,_0$ Bromammonium und 1 Tropfen Ammoniakflüssigkeit in 600 ccm Sodawasser oder einem natürlichen kohlensauren Mineralwasser.

380. **Bronchialpastillen** von Asche sind 54 graue, 14 mm breite, 2—3 mm dicke, 0,57 g schwere, glatte Pastillen, zusammengesetzt aus ca. $20,_0$ Zucker, 2,5 Chokoladenmasse, $1,_0$ Tragacanth, 0,8 Copaivabalsam, 5 Tropfen Pfefferminzöl und wahrscheinlich 0,1 Opium. Preis *M.* 1. (Hager.)

381. **Bruchbalsam,** nach Dr. Tanzer, von J. K. Rainer. a) Rosmarinsalbe, Muskatbalsam, rotes Johannisöl, gelbes Wachs, je 1 T., Fett 5 T. — b) Gemisch aus Muskatbalsam 50 T., Talg, Butter, je 10 T., geschmolzen und gemischt mit 24 T. stärkster Ätzkalilauge. — c) Rosmarinsalbe, Lorbeeröl je 2 T., Muskatbalsam 4 T., rotes Johannisöl 6 T., gelbes Wachs 3 T., Myrrhentinktur und Aloetinktur je ½ T., Opiumtinktur ¼ T. Geschmolzen und erhitzt bis zur Verdampfung des Spiritus. $30—40,_0$ = *M.* 2. (Hager.)

382. **Brüche,** Heilung derselben ohne Medizin, ohne Operation und Schmerzen durch Chemiker Lavedan. Eine Pelotte, innen mit Zink- und Kupferblech, in welche öfters eine Lösung von **Poudre électrochimique** (Kochsalz) eingetröpfelt wird. Preis *M.* 15—18. (Hager.)

383. **Bruchpflaster,** Krüsi-Altherrs, ist ein gestrichenes Pflaster aus einer Masse von 5 T. Fichtenharz und 2 T. Terpentin. Ein 0,4 m langes und 0,16 m breites Stück kostet *M.* 5,10 (3 fl.) Walz u. Hager.)

384. **Bruchpflaster,** Caspar Menets, ist ein mit dünner Gaze überzogenes, und dünn mit einer Masse aus 9 T. Wachs, 3 T. Terpentin und 1 T. Elemi bestrichenes Papier. (Hager.)

385. **Bruchleiden, Heilmittel** von Otto Mück, angeblich praktischem Arzt in Glarus, bestehen in Pflaster, Tropfen und Pulver. I. Das erstere ist gewöhnliches Bleipflaster, mit Eisenoxyd rot gefärbt. II. die Tropfen erweisen sich als eine spirituöse, gelbliche Flüssigkeit, in der sich Spuren organischer Substanzen finden, während III. in dem Pulver sich außer Zucker keine wirksamen Bestandteile nachweisen lassen. (Karlsr. Ortsges.-Rat.)

386. **Bruchsalbe** des pharmaceutischen Bureaus Valkenberg ist eine Mischung von Schweineschmalz und Talg, versetzt mit einem Teerpräparat.

387. **Bruchsalbe** von Gottlieb Sturzenegger in Herisau, Kanton Appenzell, ist ein Gemisch aus $50,_0$ Fett und $1,_0$ Lorbeeröl. $30,_0$ = *M.* 5. (Hager.)

388. **Brustbonbons** von Gebr. Stollwerck in Köln. Carragheen 3 T., Isländisches Moos 2 T., Klatschrosen 1½ T., Huflattich 1 T., Süßholz 2 T., Althaeawurzel 2 T., Bellis perennis 1½ T., Souchongtee 1 T. werden mit 25 T. Wasser zur Hälfte eingekocht und die Flüssigkeit mit Raffinade weiter verarbeitet. 24 Stück $(80,_0)$ = *M.* 0,40.

389. **Brustgelée** von Daubitz in Berlin ist eine gelbbraune, ziemlich klare, süße, schwach anisartig, hinterher etwas bitter schmeckende Gallerte, bereitet aus 12,$_0$ Leim, 60,$_0$ Zucker und 120,$_0$ eines Teeaufgusses aus Anis, Sternanis, Isländischem Moos etc. 210,$_0$ = *M.* 1. (Hager.)

390. **Brustkrankheitsmittel,** Freitags, hat die Form einer Latwerge. Es besteht aus der zum Teil von ihrer schwarzen Rinde befreiten Schwarzwurzel mit kleinen linsen- und haselnußgroßen Wurzelschnitten, umhüllt von einem bräunlichen, gallertartigen Schleime. (Hager.)

391. **Brustpastillen** von Leonhard Sperber sind ein Gemisch von Zucker und gummösen Pflanzenstoffen (Gummi arabicum und Althee.)

392. **Brustpillen** vom Apoth. Reichelt in Breslau enthalten Lakritzensaft, Zucker, Tolubalsam und Brechwurzel. (Gscheidlen.)

393. **Brustpulver, Poudre pectorale,** von Beliol in Paris, gegen chronische Brustleiden ist eine Mischung von 75,$_0$ Milchzucker, 20,$_0$ Gummi Arab., 5,$_0$ Tartar. natronatus. 60,$_0$ = *M.* 8. (Mayer.)

394. **Brustsaft, präparierter,** von Rudolph Büttner in Berlin ist ein mit Zucker verkochter Aufguß und Brusttee mit Mohnblumen. (Hager.)

395. **Brustsirup, weißer,** von G. A. W. Mayer in Breslau, besteht aus Sirupus simplex, mit Zwiebel- oder Rettigsaft versetzt. 250,$_0$ = *M.* 1,50. (Hager.)

396. **Brustsirup** von Dr. Moth ist eine Mischung aus Sirupus Althaeae 1000,$_0$ Extr. Marrubii 30,$_0$, Oxymel Scillae 50,$_0$, Aq. Amygd. am. 25,$_0$ Aq. Foeniculi 100,$_0$, Sprit. äther. 10,$_0$.

397. **Brusttee, Hamburger,** Dr. Aug. Königs Familienmedizin, soll ein Gemisch aus Altheewurzel, Süßholz, Mohnblumen, Malvenblüten, Eibischblüten und den gelben Blüten einer Stellaria-Art sein. 50,$_0$ = *M.* 1,10.

398. **Brust- und Blutreinigungstee** von Zöffel besteht aus Malvenblättern, Kümmel, Süßholzwurzel, Sassafras- und Guajakholz. (Gscheidlen.)

399. **Brust- und Hustenpastillen** von Spitzlay sind ca. 1,$_0$ schwere Pastillen (ursprünglich Tabletten) aus 10,$_0$ höchst fein gepulvertem Anis, 1,$_0$ Opiumextrakt, 10,$_0$ Süßholzextrakt, 5,$_0$ Traganth, 100,$_0$ arabischem Gummi und 1000,$_0$ Zucker.

400. **Brust- und Lungentee, Zeehischer** ist eine Mischung von Vegetabilien, darunter Süßholz, Kümmel, Sassafrasholz, Malvenblätter. (Gscheidlen.)

401. **Brustwarzenbalsam, Rigaer** ist ein Gemisch aus einem Eigelb mit mit 10—12,$_0$ Perubalsam. (Hager.)

402. **Brustwarzenbalsam** von C. Schelling in Sensheim ist eine weißliche, ziemlich steife Salbe von ranzigem Fettgeruch, in sehr

primitiver Verpackung, bestehend in einem Bratenfett, vielleicht von Wild (Hirsch oder Reh) $37,_0 = M. 3$. (Hager.)

403. **Bunsenlikör** von Hensler in Maubach, Mittel gegen Fettleibigkeit, ist eine Tinktur aus Rad. Gentianae, Fol. Sennae, Fruct. Aurant. immat. Gutti, Kalium carbonic. und Acid. salicylic. (Techner.)

404. **Burkhardts Kräuterpillen** sollen aus $^{17}/_8$ g Alraun, $^{15}/_{16}$ g Aloeextrakt, $^1/_{12}$ g spanischem Pfeffer, $^1/_{32}$ g Frauenmünze, $^1/_{32}$ g Engelwurz, $^1/_{16}$ g Stachelesche und $^3/_8$ g Zucker bestehen. Fabrikant: Adlerapotheke Berlin N. 39.

405. **Cactinapillen** enthalten pro Dose 0,00065 g des wirksamen Bestandteils von Cereus grandiflora. Sie werden zur Anregung der Herztätigkeit empfohlen. Fabrikant: Sultan Drug Co. in St. Louis N.-A.

406. **Caffeolpastillen** enthalten Kaffeeextrakt und Apfelsäure. Dieselben werden als Anregungs- und Erfrischungsmittel empfohlen. Fabrikant: Dr. Schütz und Dr. v. Cloedt in St. Vith.

407. **Calaya** ist eine Spezialität in Sirupform, welche als ein vorzügliches Mittel bei Malaria gerühmt wird. Nach den Angaben des Fabrikanten, der Calaya-Gesellschaft in Bordeaux, soll den wirksamen Bestandteil das alkoholische Extrakt des Rhizoms von Annesleya febrifuga bilden. Wahrscheinlich ist diese Pflanze identisch mit dem bekannten Pambotano (Calliandra Houstoni Bth.). (Mercks Bericht.)

408. **Calcalith,** ein harnsäurelösendes Mittel, ist ein aromatisches Gemisch, das Calcium, Lithium und Colchicin enthält. Fabrikant: The Abbott Alkaloidal Co. in Chikago, Ravenswood Station.

409. **Calcidin** ist Calciumjodid, welches gegen Halsbräune als Pulver oder als Tabletten zu $^1/_3$ grain angewendet wird. Fabrikant: The Abbott Alkaloidal Co. in Chikago, Ravenswood Station.

410. **Calciumresinat** ist nach Mitteilung des Karlsruher Ortsgesundheitsrates eine in Wasser gelöste Harzkalkseife. Dieselbe wird von dem Apotheker O. Lindig in München gegen offene Füße, Flechten, Geschwüre usw. angepriesen.

411. **Califig,** ein Feigensirup der California Fig Sirup Cie, soll bestehen aus Sir. Fici Californ. (Speciali Modo California Fig Sirup Co. parat.) 75, Extr. Senn. liquid. 20, Elix. Caryophyllorum comp. 5.

412. **California Vegetable Vinegarbitters** von Dr. J. Walker gegen Magenschwäche, träge Verdauung, Durchfall, Schwindsucht etc. besteht aus $420,_0$ niner mit dünnem Essig bewirkten Abkochung von Guajakholz, Sarsaparille, Chinawurzel, Sassafras, Hydrastis-Rhizom etc. Preis *M.* 4,20. (Hager.)

413. **Calming Pastills,** Dr. Airys von F. Ad. Richter & Co. in Nürnberg sind dicke, harte Tabletten aus Zucker und Anisöl, mit Lakritzensaft. Preis *M.* 1. (Hager.)

414. **Cama** gegen Ohrverkühlung von Ed. Müller in Asch in Böhmen, besteht aus zwei eiförmigen Drahtringen, welche mit Tuch übernäht und durch zwei mittelst Schieber verstellbare Uhrfederbügel verbunden sind. Man legt den Bügel so über den Kopf, daß die eiförmigen, mit Tuch übernähten Klappen die Ohren bedecken.

415. **Camomile Pills** von Norton in Beccles in England, Heilmittel gegen Verdauungsstörungen, allerhand Magenbeschwerden u. a. m., sind 30 Pillen à 0,23 g, bestehend aus gleichen Teilen Rhabarberpulver, Jalapenpulver und Kamillenextrakt. Preis *M.* 3. (Schädler.)

416. **Camphar,** ein Mittel gegen Cholera von Ed. Müller in Asch in Böhmen, besteht aus $55,_0$ verdünntem 50prozentigem Alkohol und $5,_0$ Kampher, welcher zum Teil als lockeres Kristallpulver einen Bodensatz in der gesättigten Lösung bildet. Das Mittel soll sowohl eingenommen, wie auch in den Krankenzimmern verdunstet werden. (Schneider.)

417. **Camphermilch** von Coler, Mittel gegen Hautkrankheiten, besteht aus $10,_0$ reinem Zinkoxyd, $180,_0$ Rosenwasser und $5,_0$ Kampherspiritus. Preis *M.* 1. (Schädler.)

418. **Candol** wird ein hoch diastatisches, trockenes Malzextrakt genannt. Fabrikant: Hauser & Sobotka, Werke Stadlau bei Wien.

419. **Capitol** ist ein Mittel gegen Seekrankheit unbekannter Zusammensetzung, das von Dr. G. Thoma empfohlen wird.

420. **Capsules à l'huile de Gabion** von Apoth. Gardy enthalten rohes Petroleum.

421. **Capsules de Goudron** von Guyot in Paris sind erbsengroße Gelatinekapseln mit 1—2 Tropfen flüssigem Teer gefüllt. 60 Kapseln = *M.* 2.

422. **Capsules du Docteur Herby von Toussaint** sind Teerkapseln.

423. **Capsules Indiennes** sind mit Santelöl gefüllte Kapseln.

424. **Capsules de Mothes** sind Gelatinekapseln mit Copaivabalsam gefüllt.

425. **Capsules Lehubi** sind Gelatinekapseln von verschiedener Größe, aus 2 Hälften bestehend, von denen die eine zum Verschluß der anderen auf diese geschoben wird.

426. **Capsules de Raquin** bestehen aus Copaivabalsam mit gebrannter Magnesia zur Masse gebracht und mit Gelatine überzogen.

427. **Capsules de Vial** sind erbsengroße elastische Gelatinekapseln, welche mit einem Gemisch aus ätherischem und empyreumatischem Wacholderöl gefüllt sind.

428. **Capsules Sérafon de Gaïacol iodoformé.** Jede Kapsel enthält 0,02 g Jodoform und 0,05 g Guajakol. Anwendung bei akutem und chronischem Bronchialkatarrh. Fabrikant: Adrian & Co. in Paris, 9 rue de la Perle.

429. **Carbon-Genitalien-Douche** zur Ausführung der Therapie nach Prof. Dr. Werthheim gegen Mannesschwäche ist ein Blechgefäß, an welchem ein Sack aus Guttaperchaleinwand befestigt ist. Zugegeben sind zwei Pulver, welche aus Weinsteinsäure und doppeltkohlensaurem Natrium bestehen. Preis *M.* 10.

430. **Carignano-Pulver.** Besteht nach einem angeblich von der Prinzessin Carignano an die Herren Pyat u. Deyeux übergebenen Rezept aus Gummi Gutti 250,$_0$, Bernstein 375,$_0$, roter Koralle 125,$_0$, Siegelerde 125,$_0$, Zinnober 12,$_0$, Mineralkermes 12,$_0$ und Beinschwarz 12,$_0$. Das gemischte Pulver wird in Portionen à 0,1 geteilt.

431. **Carminative Elixier** von Dalby ist eine Mischung von 20,$_0$ Tinct. Opii, 10,$_0$ Tinct. Asae foet., 30,$_0$ Tinct. Castor. Canad., 10,$_0$ Ol. Menth. pip., 5,$_0$ Ol. Carvi, 100,$_0$ Spiritus, 150,$_0$ Sirup. simpl. und 5,$_0$ Magnes. usta, in Flaschen zu 30,$_0$.

432. **Cascara-Aromat „Bell“** ist aus alter Sagradarinde dargestellt, frei von Bitterstoff und enthält außer den abführenden Körpern unschädliche, aromatische Stoffe. Fabrikant: John Bell & Co. in London W., 225 Oxford Street.

433. **Cascara Bitters,** ein Abführmittel, ist ein Auszug aus 4,$_0$ Cascara Sagrada, 2,$_0$ Rad. Taraxaci, 4,$_0$ Rad. Gentianae, 2,$_0$ Flor. Chamom. Roman., 2,$_0$ Rad. Stillingiae silvat., 1,$_0$ Cort. Aurantii mit 32,$_0$ Spiritus unter Zusatz von 0,25 Spirit. Caryophyll., 1,$_0$ Spirit. Naphae, 8,$_0$ Sir. simplex und 88,$_0$ Wasser. (Hager.)

434. **Cascara Cordial,** ein amerikanisches Präparat, wird in der Weise bereitet, daß man 50,$_0$ Berberiswurzel, 15,$_0$ Coriander, 5,$_0$ Angelicawurzel mit 250,$_0$ Kognak, dem man zur Aromatisierung eine Mischung von 25,$_0$ Anisöl, 25,$_0$ süßem Pomeranzenöl und 1,$_0$ Zimtöl zusetzt, in einem Perkolator auszieht, mit 12,$_0$ Süßholzextrakt, 20,$_0$ Sagradafluidextrakt und 250,$_0$ Zucker versetzt und mit gutem Wein zu 1000,$_0$ auffüllt.

435. **Cascara Evacuant** ist ein Abführmittel, bei welchem ohne Beeinträchtigung der Wirksamkeit der Bitterstoff ausgeschieden wird, während das nicht bittere Glykosid den aktiven Grundbestandteil des Präparates bildet. Dosis für Erwachsene 0,3—1,3 g, Dosis für Kinder 0,06—0,3 g. Fabrikant: Parke, Davis & Co.

436. **Cascara Midy** sind Pillen, die ein wässerig-weingeistiges Extrakt der Cascara sagrada enthalten. Fabrikant: Pharmacie Midy in Paris, 113 Faubourg St. Honoré.

437. **Catarrh Shnuff** von Dr. Marshall ist ein dunkelfarbiges Pulver, bestehend aus den Blüten einer Nicotiana-Art, sowie von Glechoma heder., Asarum Europ. u. a., parfümiert mit Eukalyptusöl und Spuren anderer ätherischer Öle. 30,$_0$ = *M.* 2,20.

438. **Cathartic Elixir,** Daffys blutreinigendes Elixir, ist eine Tinktur aus je 20,$_0$ Jalapenknollen und Sennesblättern, 30,$_0$ Frangularinde, je 10,$_0$ Anis, Kümmel, Koriander, Süßholz, 5,$_0$ Galgant, 40,$_0$ Ro-

sinen, 280,$_0$ Weingeist und 180,$_0$ Wasser. — Nach einer anderen Angabe wird es bereitet aus je 20,$_0$ Jalapenknollen und Sennesblättern, 10,$_0$ Anis, je 5,$_0$ Fenchel, Kümmel, Koriander, Lakritzensaft, 30,$_0$ Zucker, 220,$_0$ Weingeist und 150,$_0$ Wasser.

439. **Cathartic Pills** von Ayer. Jede Schachtel enthält 30 überzuckerte Pillen, von denen jede nahezu 0,25 g wiegt. Dieselben bestehen aus Aloe, zusammengesetztem Coloquintenextrakt, Gutti, Capsicum und Pfefferminzöl. (Hager u. Hoffmann.)

440. **Cathartogen** sind Abführpillen, die aus den Extrakten von Cascara sagrada, Enzian, Koloquinten, Evonymus, Sennesblättern, Podophyllum und Aloe bestehen.

441. **Catramina,** von Prof. Casati, ein Specificum gegen den Tuberkelbazillus, ist Terpentinöl, welches aus den trockenen Destillationsprodukten der Abies Canad. balsam. nach einem besonderen Verfahren gewonnen werden soll.

442. **Cattle Medicine** von J. H. Cuff in London gegen Klauenseuche der Schafe und Rinder und Hufgeschwüre der Pferde besteht aus einer farblosen Flüssigkeit I und einem roten Pulver II. I. ist eine Auflösung von Sublimat in 2 T. starker Salzsäure, II. enthält ziemlich viel Jodkalium mit einer geringen Spur freien Jods und jodsaurem Salz, ferner Brechweinstein, arsenige Säure und Schwefelarsen. 100,$_0$ Flüssigkeit = 6 *M.*; 35,$_0$ Pulver in Wachspapier = *M.* 4,60. (Geißler.)

443. **Causticatabletten** enthalten je 0,001 g arsenige Säure oder 0,003 g Kobalt. Sie dienen zur Ätzung der Zahnpulpa. Fabrikant: Chemische Industrie-Aktien-Gesellschaft in St. Margarethen (St. Gallen.)

444. **Causticum** von Plunkett, Pasta gegen Krebs, besteht aus 4,$_0$ arseniger Säure, 30,$_0$ Schwefel, 30,$_0$ Stinkasant und dem Saft von Ranunculus acris.

445. **Cordial-Drink** oder **Lebenstrank** des Dr. Cherwy, besteht aus 115,$_0$ Wasser, 15,$_0$ Spiritus, 2,$_0$ Jodkalium, 5,$_0$ Bittermandelwasser 10,$_0$ Zucker und 3,$_0$ gebranntem Zucker. Preis *M.* 1,75. (Hager.)

446. **Cedern-Essenz** von Sommer, ist eine wenig spirituöse rumhaltige Tinktur aus Sennesblättern, Rhabarber, Dreiblatt, Safran und Spuren von Gewürzen. 50,$_0$ = *M.* 1,50. (Hager.)

447. **Celerine** besteht aus je 5,$_0$ Selleriefluidextrakt, Kokafluidextrakt, Kolafluidextrakt und Fluidextrakt von Viburn. prunifol., je 10 T. Alkohol, Zucker und Pomeranzenessenz und 30,$_0$ Wasser.

448. **Cherry pectoral** von Ayer besteht aus 93,3 Sirup. Pruni Virgin., 11,7 Vin. Ipecac., 11,7 Vin. Antimonii, 7,8 Tinct. Sanguinariae und 0,2 Morphin. hydrochl. (Fr. Hoffmann.)

449. **Chimogen,** ein örtliches Anaestheticum, ist Petroläther.

450. **China-Eisen-Sirup, Sirop de Quinquina rouge ferrugineux,** von Grimault & Co. in Paris, gegen Verdauungsbeschwerden und chronische Dysenterie, wird dargestellt, indem 1,$_0$ Ferro-Ammon.

pyrophosphorico-citric. in $22{,}_0$ Wasser gelöst und filtriert mit $40{,}_0$ Zucker und $5{,}_0$ China-Tinktur versetzt werden. — Oder man löst $10{,}_0$ pyrophosphorsaures Eisennatrium in $300{,}_0$ Wasser und fügt dann noch mit Hilfe von Wärme $800{,}_0$ Zucker hinzu. Andererseits löst man $5{,}_0$ spirit. Extrakt der roten Chinarinde in $100{,}_0$ schwachem Alkohol, filtriert die Lösung und mischt sie zu dem erkalteten Sirup. (Hager.)

451. **China-Eisen-Sirup, Sirop de Quinquina ferrugineux** von Lefort entspricht einem Sirup aus $40{,}_0$ Chinawein und $70{,}_0$ Zucker, in welchem $1{,}_0$ Ferrum citric. ammoniat. aufgelöst ist.

452. **China-Kola-Coca Oberwegner** wird als Schutzmittel gegen Influenza, sowie gegen Kopfschmerzen und Nervenleiden von der Engel-apotheke in Worms a. Rh. empfohlen.

453. **Chinatrocin,** ein Asthmamittel, enthält im wesentlichen die Bestandteile des Onaway. Die Lösung besteht aus: Kokaextrakt 50 g, Belladonnaextrakt 0,015 g, Kalisalpeter, Extr. Stramonii, Extr. Grindeliae, Glyzerin, Wasser, Karbolsäure. (Preis *M.* 8.) (Avellis.)

454. **Chinese Medecine** oder **Médecine chinoise** besteht aus $12{,}_0$ zusammengesetztem Lavendelspiritus, $15{,}_0$ Kampherspiritus, $15{,}_0$ Salmiakgeist, 1,5 Sassafrasöl, $36{,}_0$ Weingeist und $20{,}_0$ Wasser. Preis *M.* 4. (Hager.)

455. **Chionia** wird eine Tinktur aus Chionanthus virginica genannt. Dieselbe dient zur Anregung der Leber und ist durch die Firma G. & R. Fritz in Wien zu beziehen.

456. **Chloralyde,** Dr. Barr Mitchells von Blutler u. Grispe ist eine Lösung von Chloralhydrat in gleichen Teilen Wasser nebst anderen Zusätzen.

457. **Chloranodyne** von Parke, Davis & Co. in Detroit Mich. U. S. besteht aus $12{,}_0$ Morf. hydrochl. $160{,}_0$ Tinct. Cannab. Ind., $270{,}_0$ Chloroform, $5{,}_0$ Ol. Menth. pip. $5{,}_0$ Tinct. Capsici, $34{,}_0$ Acid. hydrocyanici dil., $600{,}_0$ Alkohol und $914{,}_0$ Glyzerin.

458. **Chloretone-Inhalant** dient zu Inhalationszwecken, bei Wundsein und Reizzuständen des Halses, Husten und Dyspnoe. 100 g enthalten: Chloreton 1 g, Kampher und Menthol je 2,5 g, Oleum Cinnamomii 0,5 g, Liquor Petrolati puriss. 93,5 g. In Flaschen zu 4, 8 und 16 fl. ozs. Fabrikant: Parke, Davis & Co., London.

459. **Chlorodyne,** Dr. Brownes besteht aus $5{,}_0$ Acid. hydrochl., je $10{,}_0$ Äther, Chloroform, Tinct. Cannab. Indicae und Tinct. Capsici annui, je $2{,}_0$ Morphin. hydrochl. und Acid. hydrocyanici, $1{,}_0$ Ol. Menth. pip., $50{,}_0$ Sirup. simpl. und je $3{,}_0$ Tinct. Hyoscyami, und Tinct. Aconiti. (Hager.)

460. **Chlorodyne, englische** ist eine filtrierte Mischung aus $5{,}_0$ Tinct. aromatic., $4{,}_0$ Tinct. Opii simpl., 0,1 Morphin. hydrochl. $10{,}_0$ Aq. Amygdalar. amar., $80{,}_0$ Sirup. Liquiritiae, $1{,}_0$ Extract. Liquiritiae.

$40,_0$ Spiritus, 5 Tropfen Ol. Menth. pip., 10 Tropfen Äther, 30 Tropfen Chloroform. — Oder: Tinct. aromat., Tinct. Opii simpl., Aquae Amygd. amar., Chloroform., Spiritus, Glyzerin je $10,_0$, Ol. Menth. pip. gtts. X (L o r e n z e n). — Oder: Tinct. aromatica, Tinct. Opii, Aq. Amygdalar. amar., Chloroform, Spiritus, Glyzerin, je $10,_0$ Ol. Menth. pip. 5 Tropfen. Dosis 30—40 Tropfen. (H a g e r.)

461. **Chloroformic Anodyne** von G e o r g H a r l e y soll eine weingeistige Opiumlösung sein mit Blausäure und Chloroform.

462. **Chlorolphenol-Pasta** besteht aus Lanolin, Vaselin, Amylum Tritici und Parachlorphenol zu gleichen Teilen. Sie wird bei Lupus angewendet.

463. **Chloromenthol** besteht aus: Menthol $10,_0$, Liqu. ammonii caust. spirit. $30,_0$, Chloroform $70,_0$. Zum Gebrauch verreibt man einige Tropfen in den Handflächen und zieht die entstehenden Dämpfe durch Nase und Mund ein.

464. **Chlorphenol** von A. T a c c h i n i in Como soll eine Mischung von 60—70% Chloroform mit Alkohol, Thymol und Menthol sein. (Bericht des Kantonchemikers in Bern.)

465. **Chocolat à la Magnésie** von D e s b r i e r r e s besteht aus $44,_0$ Schokoladenmasse und $15,_0$ Magnesia usta zu 2 Tafeln geformt. (R e v e i l.)

466. **Chocolat au Fer réduit** von M i q u e l a r d u. Q u é v e n n e sind $40,_0$ schwere Tafeln mit je 0,2 Eisengehalt.

467. **Chocolat digestif, Vichy-Schokolade** ist eine Zucker und etwas Natriumkarbonat enthaltende Schokolade.

468. **Chocolat rétablière** aus Wien ist ein Gemenge von reduziertem Eisen, getrocknetem Fleische, Erbsen und Weizenmehl, Zucker und Kakaopulver.

469. **Cholagogue, Osgoods,** oder **Celebrated Ague Cure,** ein Abführ- und Fiebermittel, besteht aus $3,_0$ Chinin. sulfuric., $3,_0$ Extr. fluid. Veronicae virginic., $6,_0$ Extr. fluid. Stillingiae silvaticae, 4,5 Extr. fluid. Podophylli peltat., 0,2 Ol. Sassafras, 0,3 Ol. Wintergreen und Sirup. simpl. ad 100.

470. **Cholera-Essenz** von Ed. K a n t o r o w i c z in Berlin und Posen ist ein filtrierter Auszug aus $15,_0$ Herb. Centaurii minoris, $15,_0$ Rhiz. Zingiberis mit $500,_0$ Alkohol und $250,_0$ Wasser, versetzt mit zirka 20 Tropfen Ol. Absinth. aeth. $50,_0$ = *M.* 0,50. (H a g e r.)

471. **Choleralikör Abdallah** M e y e r s ist ein spirituöser, gezuckerter Auszug aus Pflanzenstoffen, Ingwer, Kalmus und bitteren Drogen.

472. **Choleramedizin** des Gutsbesitzers S c h n e i d e r in Chrostowo bei Uscz ist der ausgepreßte Saft von Löwenzahn und Schafgarbe mit Spiritus gemischt. (H o r n.)

473. **Choleramittel** von K a i n z in Wien ist ein kampherhaltiger, weingeistiger Auszug von Wacholderbeeren und Fichtensprossen. (v. K l e t z i n s k y.)

474. **Choleratropfen** von A. B a s t l e r in Wien bestehen aus je 4,$_{0}$ Ol. Anisi., Ol. Cajeputi, Ol. Fruct. Juniperi, 20,$_{0}$ Spirit. aether., 24,$_{0}$ Tinct. Cinnamomi und 1,$_{0}$ Mixt. sulfur. acid. (W i t t s t e i n.)

475. **Christisons Pillen** enthalten Koloquinte, Aloe und Skammonium.

476. **Christofia,** ein Magenwein, wird bereitet aus 2,$_{0}$ Zimt, 1,$_{0}$ Nelken, 6,$_{0}$ bittern Mandeln, 30,$_{0}$ Zucker, 50,$_{0}$ Spiritus und 150,$_{0}$ Weißwein. (H a g e r.)

477. **Chromwasser** nach Dr. G ü n t z von O. L i s c h e in Plauen bei Dresden ist ein kohlensaures Wasser, welches in 600 ccm 0,03 Kal. bichromic., je 0,1 Kalium nitric. und Natr. nitric. und 0,1 Natr. chlorat. gelöst enthält.

478. **Cigaretten, indische,** bestehen aus Papier, getränkt mit einer Tinktur aus Cannabis Indica, Opium und Lobelia.

479. **Cigarettes Indiennes** von G r i m a u l t & Co. in Paris bestehen aus 0,3 Belladonnablättern, 0,15 Bilsenkrautblättern, 0,15 Stechapfelblättern und 0,1 indischen Hanfblättern, welche mit einer Lösung von 0,013 Opiumextrakt in 0,5 Kirschlorbeerwasser befeuchtet sind. (D o r v a u l t.)

480. **Cinchonatabletten** von Apoth. P e t z o l d enthalten in Prozenten 4,36 Feuchtigkeit, 65,84 Rohrzucker, 3,54 Koffein, 16,66 halbentfetteten Kakao, einschließlich 0,24 Theobromin, 9,6 Chinarinde, einschließlich 1,25 Cinchonin. Eine Tablette enthält 0,042 Koffein und 0,016 Cinchonin.

481. **Citril.** Unter diesem Namen kommt ein geklärter Zitronensaft als Citril s a u e r, und mit einem Süßstoff versetzt als Citril s ü ß, in den Handel. Fabrikant: G e o r g S c h n a b e l in Limbach i. S.

482. **Citronalpillen,** gegen Gicht und Rheumatismus. 100 Stück enthalten nach Angabe des Fabrikanten 0,5 g salzsaures Chinin, 10 g Zitronensäure, 6 g Frangulaextrakt, 4 g Heidelbeerblätterextrakt, sowie Süßholzpulver und Süßholzsaft qu. s. zu gleichen Teilen. Fabrikant: Chemisch-pharmazeutisches Laboratorium B a v a r i a in München.

483. **Clarissima** von Dr. W a l b e r e r, ein unfehlbares Mittel für jedes Zahnleiden, welches auch Ohrenschmerzen lindert, ist ein weingeistiger Auszug der Parakresse. (J a c o b s e n.)

484. **Clavaethyl,** Hühneraugenvertilgungsmittel, erfunden von K o n c z A n d r á s in Ungarn, ist Kollodium mit etwas venetianischem Terpentin und Salizylsäure 12,$_{0}$ = *M.* 2. (G e i ß l e r.) („Pharm. Zentralh." 1881, 113.)

485. **Clavalinpflaster** ist ein Guttaperchapflaster gegen Hühneraugen. Fabrikant: C. Fr. H a u s m a n n in St. Gallen.

486. **Cloridro albuminato di ferro** von M a l e s c i in Florenz ist eine Flüssigkeit von gelbgrünlicher Farbe und soll in 100 T. 12 T. Eisen und 2 T. Salzsäure enthalten.

487. **Cocapillen** von Dr. Alvares, sind von ähnlicher Zusammensetzung wie die Cocapillen von Dr. Sampson in New-York. (Quenzel.)

488. **Cocapillen** des Dr. Sampson aus New-York. — I. Coca No. 1. = 85 Pillen zu 0,06 g mit Lycopodium bestreut, bestehend aus Coca-Extrakt, Morphin und Cocapulver. Eine Pille enthält zirka 0,006 g Morphinsalz. (Hager.)

489. **Cold Cure Tablets** sind mit Schokolade überzogene Tabletten, welche u. a. Chinin, Ammoniumkarbonat und Kampher enthalten. Sie sollen frei von giftigen Stoffen sein. Fabrikant: Arthur H. Cox & Co. in Brighton.

490. **Collyre de Marinier** wird durch Lösung von 0,5—$1,_0$ g der nachstehenden Zusammensetzung in $100,_0$ Wasser erhalten: $10,_0$ Cupr. aluminat., 0,5 Extract. Opii und 1,5 Mucilago Gummi Arab. zu 0,5—$1,_0$ schweren, dem Gewicht nach abgeteilten Tabletten geformt. (Hager.)

491. **Commercial Carbonate of Zinc,** in Nordamerika verkauft, erwies sich als ausschließlich aus präzipitiertem, schwefelsaurem Kalk bestehend mit einer Spur Tonerde. (Henry B. Parsons.)

492. **Compensations-Extrakt** zu C. Simons Fluid-Heilmethode vom Tierarzt Carl Simon in Poln. Lissa (Rheumatismusmittel) besteht aus $30,_0$ Kochsalz, $8,_0$ Salmiakgeist, $15,_0$ Kampherspiritus, $35,_0$ einer nur kolierten Tinktur aus Arnikablüten mit schwachem Spiritus bereitet, $2,_0$ Äther, $160,_0$ Wasser. Preis *M.* 3. — Neuerdings besteht dasselbe Mittel aus $40,_0$ Kochsalz, $40,_0$ Salmiakgeist, $40,_0$ Brunnenwasser und $10,_0$ Hoffmanns Lebensbalsam. (Hager.)

493. **Complexionsbalsam** aus Paris, gegen rauhe und rissige Haut, besteht aus gleichen Teilen Glyzerin und Eieralbumin, schwach parfümiert. $250,_0$ = *M.* 16. (20 Frcs.)

494. **Compound Oxygen** existiert in mehreren im Handel vorhandenen Sorten. 1. Im Dunkeln aufzubewahren: Eine farblose wässrige Lösung von Ammoniumnitrat und Bleinitrat, beide Salze in fast gleichen Mengen zusammen etwa 3% der Lösung bildend. — 2. Für Verdauung: Eine Flüssigkeit ohne Farbe, Geruch und Geschmack, aus sehr reinem Wasser bestehend. — 3. von Dr. Green: Eine wässerige Lösung von Ammoniumnitrat mit sehr wenig Bleinitrat. — 4. weiße feste kristallinische Substanz: Ammoniumnitrat. — 5. aus Boston: eine farbige, stark riechende Flüssigkeit, bestehend aus Alkohol, Chloroform und Tolubalsam. — 6. von Dr. O. Leavy: enthält Alkohol, Chloroform, Bittermandelöl, Tolubalsam und Farbstoff

495. **Compound Sugar coated May-Apples Pills** von Dr. Scott, sind 21 mit Zucker überzogene Pillen, bestehend aus bitterem Extrakt, Podophyllumwurzelpulver, Rhabarber, Jalapenwurzel und Pfeffer. (Hager.)

496. **Compressed Tablet No. 406.** Jedes mit Zucker überzogene Stück enthält etwa 0,001 g Strychninsulfat, 0,006 g Ipecacuanha, 0,015 g Capsicum, 0,015 g Rhabarber-, 0,03 g Enzianextrakt, 0,12 g Natriumbikarbonat. Anwendung: bei Verdauungsstörung.

497. **Compressed Tablet No. 407 (Helonias Adstringent).** Jede Tablette enthält etwa 0,03 g Bilsenkraut-, 0,008 g Opium-, 0,03 g Hamamelis- und 0,015 g Heloniasextrakt, 0,03 g Tannin, 0,001 g Thymol, 0,03 g Salizyl- und 0,15 g Borsäure, 0,03 g Alaun, 0,002 g Eukalyptol. Anwendung bei weißem Fluß an Stelle von Vaginal-Suppositorien. Fabrikant: Parke, Davis & Co. in Detroit (Michigan).

498. **Compresses désinfectantes** von Le Perdriel bestehen aus Papier mit inkorporiertem Kohlenpulver.

499. **Comprimés Bretonneau** enthalten Ammoniumbenzoat. Anwendung gegen Jodismus, Bromismus und Quecksilberkrankheit. Gegeben werden 6—8 Stück auf drei Tageszeiten verteilt. Fabrikant: Maison Lancelot & Co. in Paris, 26 und 28 rue St. Claude.

500. **Coniferen-Zigaretten** von L. Wolff in Dresden sind Cigaretten, welche in dem hinteren Teile des Mundstücks einen kleinen Pfropfen aus grüner Pflanzenfaser haben, angeblich aus Fasern einer Coniferenart der Hochalpen. Dieses Pfröpfchen soll die Eigenschaft haben, aus dem Rauche das Nikotin und alle anderen schädlichen Stoffe zu beseitigen. (Schweissinger.)

501. **Coniferengeist** von Apotheker Radlauer ist eine 5prozentige Auflösung eines guten Terpentinöls (Waldwollöls) in absolutem Alkohol.

502. **Constitution-Balls, vegetabilische,** von A. H. Bôldt, sind zwei parallelepipedische, harte, braune Stücke, von welchen jedes $58,_0$ g wiegt und aus 2 T. Aloe und 1 T. grobem Enzianpulver zusammengesetzt ist. Preis *M.* 0,80. (Hager.)

503. **Contrataeniam** besteht aus konzentriertem Fluidextrakt der Granatwurzelrinde und einer Rizinusölemulsion. Fabrikant: Hofapotheke in Dresden.

504. **Contratussim** ist ein Fluidextrakt aus den Blättern der Edelkastanie und des Gartenthymian. Fabrikant: Hofapotheke in Dresden. Nicht zu verwechseln mit Contratussin Bayer.

505. **Contratussin,** ein Keuchhustenmittel, wird aus Thymus vulgaris in der Weise bereitet, daß es frei von dem ihm sonst eigenen scharfen Geruch und Geschmack ist. Außerdem enthält das Elixir etwas Natriumbromid. Fabrikant: Antal Bayer in Budapest.

506. **Convulsin,** ein Keuchhustenmittel, ist ein gezuckertes Eukalyptusextrakt. Fabrikant: E. B. Kowalewski in Berlin O. 27.

507. **Copahine** ist Copaivabalsam mit Wachs und Cubebenpulver zur Pillenmasse gebracht, in eiförmige 0,5 g schwere Pillen geformt und kandiert.

508. **Copaine Mège de Jozeau** wird dargestellt aus mit Salpetersäure oxydiertem und mit Wasser rein ausgewaschenem Copaivabalsam, von welchem $16,_0$ mit 1,6 Cubebenpulver, 1,6 Natriumbikarbonat und $1,_0$ gebrannter Magnesia zur Masse angestoßen und daraus ovale Pillen geformt werden, welche mit gefärbtem Zucker überzogen werden.

509. **Corassa-Mischung** des Priesters J o s. J. J u m a n n in New-York, welche alle von Jugendsünden herrührenden Krankheiten heilen soll, soll aus $35,_0$ Fluidextrakt von Corassa apimis, $18,_0$ Extrakt von Selarmo umbellifera, $14,_0$ gepulv. Alkermes latifolia, $26,_0$ Extrakt von Carsadoi herbalis bestehen. (?) Rezept gratis, das Mittel selbst zum Selbstkostenpreise von $3\frac{1}{2}$ Doll. (13 Mark.)

510. **Cordial** von G o d f r e y entspricht einer Zusammensetzung aus $10,_0$ Tinct. kalina, $10,_0$ Spir. Melissae, $1,_0$ Tinct. Opii crocat. und 5 Tropfen Ol. Sassafras.

511. **Cordialtinktur** von R y m e r , ist eine Tinktur aus $10,_0$ Aloe, $10,_0$ Rhabarber, $10,_0$ Cardamomen, $1,_0$ Kampher, $1,_0$ Spanischem Pfeffer, $4,_0$ Bibergeil und $500,_0$ verdünntem Weingeist, versetzt mit $1,_0$ Schwefelsäure.

512. **Corizzino,** ein Schnupfmittel, ist ein Gemisch aus $10,_0$ Natriumsalicylat, $10,_0$ gepulverten Rosenblumenblättern und $70,_0$ eines guten etwas grobkörnigen Schnupftabaks dargestellt.

513. **Cornein** ist ein salizylsäurehaltiges Hühneraugenpflaster.

514. **Cornicide,** Hühneraugenmittel, aus: Extr. Cannabis 1 Teil, Acidum salicylicum 10, Oleum Terebinthinae 5, Kollodium 82, Acidum aceticum 2 Teilen.

515. **Cornilin** ist ein Hühneraugen-Guttaperchapflaster-Mull mit Salizylsäure und Extractum Cannabis.

516. **Corpulin** von Apotheker H e n k e in Berlin W., ein Mittel gegen Fettsucht, enthält 40% Extrakt des Meertangs und 10% Extrakt des Marienrösleins. Außerdem soll es Tamarindenmus enthalten.

517. **Cosmetisches Causticum** von P o l l a u oder K l u g e , gegen Warzen, Muttermäler und andere Flecken auf der Haut, ist ein Gemisch von je 1 T. geschmolzenem Ätzkali und medizinischer Seife mit 8 T. gelöschtem Kalk.

518. **Cough-Lozenges** von K e a t i n g sind Pastillen von 1,25 Gewicht aus $15,_0$ Lactucarium, 7,5 Ipecacuanhawurzel, $0,_0$ Meerzwiebel, $15,_0$ Süßholzextrakt und $360,_0$ Zuckerpulver mit Tragacanthschleim bereitet. Nach einer Analyse des Hamburger Staatslaboratoriums enthalten die Lozenges noch 0,002 g Morphinhydrochlorid.

519. **Cough-Mixture, Hustensaft** von D u n c a n , P o w e l l & C o. in Leith (England) ist eine gelbliche, nicht ganz klare Flüssigkeit mit starkem Pfefferminzgeschmack, aus Meerzwiebelhonig und einer Auflösung von arabischem Gummi in Pfefferminzwasser bestehend. $150,_0 = M.\ 1,50$. (J a c o b s e n.)

520. **Cozapulver** oder **Cojapulver** des Cozainstituts in London, gegen Trunksucht empfohlen, besteht nach einer Analyse der Lebensmittelprüfungsstation in Karlsruhe aus Natriumbikarbonat mit etwas Enzian und Kalmus. 15 Pulver = *M.* 20. Nach einer Mitteilung der k. k. allgemeinen Untersuchungsanstalt für Lebensmittel in Wien ist es nichts anderes als doppeltkohlensaures Natrium, dem etwas Anis, Zimt und Neugewürz beigemengt ist.

521. **Crême de Céléri (Sellerielikör)** wird bereitet durch Destillation von 2,25 l Selleriesamen, 2,25 l Wasser und 5 l Weingeist; im Destillat werden 4 Kilo Zucker gelöst.

522. **Crême de phosphate de chaux** ist ein Lebertranersatz, der besonders bei der Rachitis empfohlen wird. Ein Eßlöffel enthält 0,25 g saures Calciumphosphat ($CaHPO^4$). Zu beziehen ist es von der Drogerie Cartier & Jörin in Genf.

523. **Crescentpillen und -Tee** der Firma „Tisania" bestehen aus Calamintha Acinos Clairr. $40,_0$, Polygonum aviculare $20,_0$, Polygonum Persicaria $10,_0$, Polygonum Convolvulvus $10,_0$, Anthemis arvensis $20,_0$. Bezugsquelle: E. Zimmer in Weingarten, Württemberg.

524. **Curbitin-Schokolade,** ein Wurmmittel, ist eine Mischung von Kürbiskernpulver und Schokolade.

525. **Curo** sind eigenartig geformte Vaginalscheiben, die aus 1,72 g Kakaoöl, 0,01 g Borsäure und 0,025 g Chininsulfat bestehen. Als Antiseptikum und zum Frauenschutz angewendet.

526. **Cutoline.** Unter diesem Namen werden aus Aluminiumbiborat bestehende Ätzstifte zur Stillung kleinerer Blutungen empfohlen. Bezugsquelle: Dr. Max Lehmann in London, 68 Basinghall-Street.

527. **Dalloff-Tee** gegen Fettleibigkeit von Dr. Dalloff in Paris, Bezugsquelle: Maximilian Naumann in München, besteht nach Thoms und Gilg aus Flor. Anthyll. vulner., Fol. Sennae tot., Fol. Uvae ursi tot. und Fol. Lavandul. Spärlich beigemischt waren Follic. Sennae, Fruchtstände einer Juncusart, Plantago-Blütenstände und eine Frucht von Schinus molle. Preis 80 g = *M.* 4,50.

528. **Damenpillen, amerikanische,** von Dr. R. Brown befinden sich in eleganter Blechschachtel, sind groß, fast weiß, stark säuerlich schmeckend und bestehen wahrscheinlich aus Cremortartari, Eisen vitriol und der Wurzelrinde von Gossypium herbaceum. Preis *M.* 6. (Quenzel.)

529. **Damenseife, „Matrimonio secreto",** soll, äußerlich angewendet, angeblich die Konzeption verhindern und ist gewöhnliche Toilettenseife. (B. Fischer.)

530. **Damholid** ist ein Hämoglobinpräparat, das nach Evers gegen Blutharnen der Rinder angewendet wird. Es gibt drei Handelssorten: 1. Damholid liquidum enthält 40% reines Hämo

globin und einen Zusatz von Phenol. Gabe: 25 ccm. Aufbewahrung am kühlen Orte, womöglich im Eisschrank. 2. Damholid I. ein körniges, schwarzbraunes, geruchloses Pulver, löst sich in kaltem Wasser fast vollständig in kurzer Zeit im Verhältnis 1:8 auf. 3. Damholid II ist ein feines, braunrotes Pulver, das sich etwas schwerer als Damholid I löst. Die Lösung beider hat in kaltem destillierten Wasser zu erfolgen. Die Gabe von beiden beträgt 50 ccm einer 20- bis 25 prozentigen Lösung. Fabrikant: Chemisches Laboratorium Felix Wecker jun. in Rostock.

531. **Damps Lungenheilmittel,** von Ed. Damp in Berlin gegen Lungen- und Kehlkopfleiden empfohlen, besteht nach dem Berliner Polizeipräsidium aus Leinsamen und Spartiumtee. Letzterer wirkt giftig!

532. **Dandelion and Quinine Billous and Liver Pills** von King bestehen aus Rhabarber, Aloe und bitteren aromatischen Extrakten. (Geißler.)

533. **Davids-Tee** von B. Fragner in Prag, ist ein Gemenge von gleichen Teilen Tausendgüldenkraut, Ysop, wohlriechendem Kälberkropf (Scandix odorata), weißem Andorn, Schafgarbenblüten, Isländischem Moos und Kardobenediktenkraut. $10{,}_0 = M.\ 0{,}40$. (Th.)

534. **Davids-Tee, echter Karolinenthaler,** von Kràl, ist ein Gemisch aus weißem Andorn, Schafgarbenblüten, Isländischem Moos, Tausendgüldenkraut und Gundermann. (A. Selle.) Die Originalvorschrift soll lauten: Hb. Cerefolii (Scandicis), Hb. Centaurii minoris, Hb. Marrub., Flor. Millefol., Lichen. Isl. je 6 T., Hb. Hyssopi 3 T., Hb. Cardui bened. 2 T. (Kiczka.)

535. **Decoct der Franziskaner-Brüder in St. Mount** ist ein mit Wasser bereiteter Auszug von Enzian, Angelika, Kalmus, Süßholz, Schafgarbe und Tausendgüldenkraut. (Wittstein.)

536. **Decoctum Parai,** Dr. Cherwys **Klostermittel** von Kietz & Co. in Duisburg a. Rh. ist das bekannte Zittmannsche Decoct, starkes und schwaches zusammengemischt und dadurch zu einem Likör gemacht, als im Liter $115{,}_0$ Zucker und $265{,}_0$ Spiritus enthalten sind; außerdem ist die Quantität der Sennesblätter auf die Hälfte herabgedrückt, das Quantum des Süßholzes etwas vermehrt. 1 Liter $= M.\ 7{,}50$, die dazu gehörige Broschüre $= M.\ 0{,}75$. (Hager.)

537. **Decoctum Pollini.** 4 Teile grüne Nußschalen, 1 T. Chinawurzel, je ½ T. Sarsaparillwurzel, Bimstein und Schwefelantimon (letztere beiden in einem Säckchen eingebunden) werden in 64 T. Wasser in einem zugedeckten Gefäße bis auf 32 T. eingekocht.

538. **Dentalon** ist eine gesättigte Lösung von Chloreton in einer Mischung von Nelken-, Gaultheria- und Zimtöl. Anwendung: in der Zahnheilkunde. Fabrikant: Parke, Davis & Co. in Detroit (Michigan.)

539. **Derby Condition Powders** von Simpson J. Tobias, New-York, bestehen aus $2{,}_0$ Brechweinstein, $20{,}_0$ schwarzem Spieß-

glanz, 10,0 Schwefel, 10,0 Salpeter, 40,0 Sem. Foenu graeci und 20,0 Wacholderbeeren. Preis *M.* 1,05 (25 Cents). (S c h ä d l e r.)

540. **Derivol** wird gegen rheumatische Leiden empfohlen und soll aus Senföl, Terpentinöl und Chlorammon bestehen.

541. **Dermasot** des Apoth. B e r t s c h i n g e r in Baden (Schweiz), gegen profusen Fußschweiß, besteht aus 7,5 essigsaurer Tonerde, 120,0 destilliertem Wasser, 2 Tropfen Buttersäure-Äther und etwas Rosanilin zur Färbung. Preis = *M.* 2. (2,5 Frcs.) (W e b e r.)

542. **Dermocrucin** ist ein 50% Kreuznacher Mutterlauge enthaltendes Salbenpräparat. Fabrikant: Dr. K. A s c h o f f, Schwanen-Apotheke in Bad Kreuznach.

543. **Diabetes-Mittel,** von Medizinalrat Dr. M ü l l e r, besteht I. aus einem Salizylsäure, Salpeter, Glaubersalz und Glyzerin enthaltenden Decoct von mehr oder weniger indifferenten Pflanzenstoffen mit Zimtwasser, und II. aus einer Lösung von 2 T. Perubalsam in 98 T. Spiritus mit etwas Essigäther. (B i s c h o f f.)

544. **Diabetico** ist ein champagnerartiges Getränk für Diabetiker.

545. **Diabetikerbrot und -Zwieback** erhält man nach S. R u d i c h auf folgende Weise: Man gibt einen entsprechenden Teil Weizenmehl in einen Leinenbeutel und wäscht ersteres unter Wasser derart aus, daß es keinen Stärkegehalt mehr besitzt. Es zeigt sich dies dadurch, daß das Wasser nicht mehr trübe wird. Aus der auf diese Weise gewonnenen Substanz, Gluten oder Kleber, läßt sich nun unter Benutzung gehackten Fleisches und einiger Eier Fleischzwieback herstellen, dessen Geschmack sich durch Zutun von Fenchel äußerst angenehm gestalten läßt. Ein Zusatz von feingemahlener Kleie zu diesem Kleber mit Eiern und etwas Butter gibt sodann ein ebenfalls gutes Kleberbrot.

546. **Diamanttropfen** von Dr. A l l i n h e a d sind angeblich zusammengesetzt aus den Säften der geheimnisvollen Kräuter des tropischen Klimas und sollen die Eigenschaft besitzen, den ganzen Menschen durchsichtig zu machen. 5 Tropfen = *M.* 80. (20 Dollars).

547. **Diaphoretic Liquor** von S t a n d i s h, ist eine konzentrierte Abkochung der Spezies Lignorum mit Rosinen versetzt, mit Rum.

548. **Diastasin-Präparate** sind diastase- und eiweißreiche Malzextraktpräparate der Firma Hauser-Sobotka in Stadlau b. Wien.

549. **Digestivpillen Groddeks** enthalten in 900 Pillen 52,5 Aloepulver, 52,5 trocknes Ferrosulfat, 5,2 Coloquintenextrakt und 3,1 Strychnosextrakt. Die Pillen sind glänzend wie Pilulae aloet. ferrat.

550. **Digestylin** aus New-York, ein Verdauungspulver, besteht nach Angabe der Verfertiger aus 10,0 Pepsin, 6,0 Pancreatin, 3,0 Ptyalin und 0,25 chlorsaurem Natrium.

551. **Djoeat Bauers,** ein Mittel gegen Diabetes, soll nach A u f r e c h t u. a. Diuretin enthalten. Der Fabrikant gibt folgende Bestandteile an: Djoedat. Jambulfrucht, Djoedat. Jambulrinde, Matico

extrakt, Leinsamen, Lorbeerblätter, Rosmarinblüten, Kalmusextrakt, Enzianextrakt, Chinaextrakt, Sternanis, Kochsalz und Salizylsäure. Fabrikant: Bauers Institut für Diabetesheilungen in Dresden-Plauen.

552. **Diphtheriekräutersaft, Succus Antidiphtheritini** von Strehler & Co. in München soll dargestellt werden, indem $100,_0$ der jüngeren Teile des Blattrasens von Sempervivum tectorum mit ebenso viel Wasser fein zerstoßen, der Pflanzenbrei ausgepreßt und $100,_0$ der Kolatur mit $2,_0$ chlorsaurem Kalium und $20,_0$ rohem Honig versetzt werden. Von dem Mittel wird stündlich ein Kaffeelöffel voll gegeben unter gleichzeitiger Anwendung 5 prozentiger Quecksilberoxydsalbe um den ganzen Hals.

553. **Diphtheriemittel** von Dr. Lieszkovszky in Wien besteht aus Kalium chloric., Liq. Ferri sesquichlor., Sublimat, Aq. dest. und Sirup.

554. **Diphtheritismittel** von O. Friedel in Braunschweig besteht aus 2 Lösungen, die abwechselnd eingenommen werden sollen. Die eine enthält Cyanquecksilber in Wasser; die andere ist ein weingeistiger Auszug indifferenter Pflanzenstoffe.

555. **Diphtheriemittel** des Vertreters der Naturheilmethode C. Drescher in Breslau, besteht aus Alkohol 30%, Birkenteer 43%. Aus den 43 T. Birkenteer wurden 0,83 T. Phenole (Kreosot) abgeschieden (B. Fischer.)

556. **Diphtheriemittel** des Drogisten Bruno Nierling in Breslau ist eine Auflösung von 3 T. festem Kalihydrat in 97 T. einer Mischung von Wasser und Glyzerin zu gleichen Teilen. Die Lösung soll zum Aufpinseln auf die diphtheritischen Membranen benutzt werden. (B. Fischer.)

557. **Diphtheriemittel** von Löffler ist eine Mischung von 4 T. Eisenchloridlösung, 36 T. Toluol, 60 T. Spiritus und etwas Menthol. Die erkrankten Stellen werden alle 3—4 Stunden mit einem in der Lösung getränkten Wattebausch betupft.

558. **Diphtheritismittel** von Apoth. Herbabny in Wien, besteht aus $60,_0$ Spiritus, 0,6 Salizylsäure, $14,_0$ Zucker, 2,54 Thymol, Kalk, Sirup, ätherischen Ölen und Wasser. (Innhauser.)

559. **Diphtheritismittel** von Lehmann in Berlin besteht aus Milchzucker mit einer Spur eines Quecksilbersalzes und einer geringen Menge eines Pflanzenpulvers. (Bischoff.)

560. **Diphtheritismittel** des prakt. Arztes Heinr. Lobenstock in Mitterndorf (Ober-Steiermark) besteht aus einem Gurgel- bezüglich Umschlagwasser, einer ziemlich dünnen Lösung von Kupfervitriol in Zimtwasser (ca. $100,_0$), und Tropfen zum Einnehmen. Diese (ca. $50,_0$) stellen eine bräunlich grüne Tinktur von starkem, aber nicht charakteristischem Geruch dar, enthalten 6,2% Kochsalz und die in Spiritus löslichen Teile von Millefolium oder Pyrethrumarten. (Geißler.)

561. **Diphtheritismittel** des Schuldieners A. Noortwyck in Berlin besteht in der Hauptsache aus Spiritus, Birkenteer und Kreosot. (Tinct. Rusci comp.) 50 g = *M.* 2. (Karlsr. Ortsges.-Rat.)

562. **Diphtheritismittel** des Grafen von der Recke ist Mercurius cyanatus in homöopathischer Verdünnung. (Pharm. Ztg.)

563. **Diphtheritismittel** vom Heilschäfer Rieger in Glogau i. Schles. sind nach dem Bericht des städt. Unters.-Amts Breslau: 1. eine Mixtur, bestehend aus Fenchelwasser und Honig, bzw. Fenchelhonig und Wasser; 2. Tropfen, bestehend aus Liquor Ammonii anisatus; 3. eine andere Mixtur, bestehend aus Rum und Himbeersaft; 4. ein anderes Fläschchen enthielt einen Rest von 3—4 Tropfen fetten Öles, in demselben war weder Phosphor, noch durch Einreiben in die Haut Krotonöl nachweisbar.

564. **Diphtheritismittel** von Ch. Smith in Berlin ist a) eine Lösung von chlorsaurem Kalium in Zuckersirup, sowie b) eine Lösung von Chloralhydrat und Zucker in Wasser. (Bischoff.)

565. **Diphtheritistinktur, Dr. Doms,** von Max Fabian in Berlin, 2 viereckige Fläschchen von je $4{,}_0$ Inhalt. I) „Tinct. Diphtheritica" enthält Zitronensaft, II) ist ein Gemisch aus Öl, Vaseline und Kaliumchlorat als feines Pulver gemischt mit einer weißlichen organischen Substanz kohlehydratischer Natur (Dextrin?). Preis *M.* 1. (Hager.)

566. **Diphtheritistinktur zum Pinseln** von E. Karig in Berlin ist ein Gemisch aus $15{,}_0$ Acid. carbolic., $8{,}_0$ Tinct. Jodi, $60{,}_0$ Wasser. Die Mischung ist unvollständig, denn der größere Teil Karbolsäure bildet die untere Schicht der Flüssigkeit. *M.* 3. (Schädler.)

567. **Diplin** ist eine wasserlösliche Viehwaschessenz, welche durch Harzseife löslich gemachtes Teeröl enthält. Fabrikant: Dr. H. Noerdlinger in Flörsheim a. M.

568. **Discretin** ist ein Trippermittel unbekannter Zusammensetzung. Fabrikant: Pharmazeutisches Laboratorium, Landau (Pfalz).

569. **Divinal** wird ein Zusatz zu heilkräftigen Bädern genannt, die bei Gicht, Rheumatismus, Nerven- und Frauenleiden, Stoffwechselstörungen usw. gebraucht werden sollen. Eine Analyse des Prof. Wittstein ergab folgende Zusammensetzung des Präparates: Kieselsäure berechnet als SiO_2 31,12%, Tonerde ber. als Al_2O_3 4,39%, Eisen ber. als Fe_2O_3 7,20%, Kalk ber. als CaO 29,99%, Kalk ber. als kohlensaurer Kalk 3,41%, Magnesia ber. als MgO 1,85%, Magnesia ber. als kohlensaure Magnesia 3,87% = 100,02%. Fabrikant: Carl Bader in München, Zweibrückenstr.

570. **Dobells Solution** besteht aus 15 Teilen Borax, 15 T. Natriumbikarbonat, 3 T. Phenol, 35 T. Glyzerin und Wasser bis zur Gesamtmenge von 1000 T.

571. **Dog-Balls** oder **Hundepillen** des Drogist A. H. Böldt in Genf sind 0,15 g schwere, harte Pillen von schlechter Form und un

gleicher Größe aus Aloe mit $\frac{1}{3}$ Enzianpulver, bestreut mit einem braunen, mit Süßholzwurzel versetztem Pulver. 30 Pillen = *M.* 0,80. (Hager.)

572. **Dolorifuge, Elixir anti-odontalgique** ist eine Mischung von $2,_0$ Essigäther, $1,_0$ Chloroform und $1,_0$ Kreosot.

573. **Domestic Liniment** besteht aus 2 Teilen Salmiakgeist, 2 T. Sassafrasöl, 2 T. Chloroform, 2 T. Terpentinöl, 1 T. Nelkenöl, 4 T. Kampherspiritus und 7 T. Weingeist.

574. **Doping** ist eine Mischung aus 0,25 g Strychninarseniat, 0,5 g Koffein und 1 g Kokain. Dasselbe wird Rennpferden in einer ausgehöhlten Rübe, 40 Minuten vor dem Rennen, eingegeben, um ein schnelleres Laufen zu erzielen.

575. **Doppel-Kräuter-Magenbitter-Essenz, Benediktiner,** von C. Pingel in Göttingen ist eine Mischung von Wasser und Alkohol, in welcher Süßholzextrakt und Aloe aufgelöst sind und welche durch Zusatz von ätherischen Ölen, wie Pfefferminzöl und Anisöl aromatisiert ist. 1 Flasche = *M.* 6,75. (Birnbaum.)

576. **Dormal** soll Orangenblütenwasser sein.

577. **Double Chloride of Gold Cure** von Keeley zur Entwöhnung von dem Opium-, Morphium- und Branntweingenuß besteht aus 0,75 Auro-Natr. chlor., 0,4 Ammon. chlor., 0,065 Strychnin. nitr., 0,015 Atropin. sulf. $90,_0$ Extr. fluid. Chinae, $30,_0$ Extr. fluid. Cocae, $30,_0$ Glyzerin und $30,_0$ Aq. dest. Zweistündlich einen Teelöffel unter Vermehrung der Dosen bis zum vierten Tage.

578. **Drachentod,** ein Mittel gegen Leistenbrüche von A. Nagel in Braunschweig, besteht aus einem feinen Pflanzenpulver, das hauptsächlich Thymian und Stärkemehl enthält, sowie einer Salbe aus grünlich gefärbtem Fett. (Pharm. C.-H.)

579. **Dragées au Lactate de Fer** von Gélis & Conté. $100,_0$ g Ferrum lacticum mit Altheeschleim und Altheepulver zu 2000 sehr kleinen Pillen geformt und mit Elaeosacch. Anisi überzogen. (Reveil.)

580. **Dragées de Copahu** von Fortin. $30,_0$ Copaivabalsam und 1,2 Magnesia usta zu Pillen geformt, welche zuerst mit Gummi arab., dann mit Zucker überzogen sind. (Reveil.)

581. **Dragées de Cubèbe au Copahu** oder **Cubébines** von Labelonye. 2 T. Copaivabalsam, 2 T. Cubebenextrakt, 1 T. Eigelb werden mit so viel Süßholzpulver gemischt, daß eine Pillenmasse entsteht, aus welcher 7 dg schwere längliche Pillen geformt werden; diese werden getrocknet und mit weißem oder gefärbtem Zucker überzogen. (Hager.)

582. **Dragées Demazière** enthalten in jedem Stück 0,125 g Cascara Sagrada (Extrakt?). Fabrikant: van Tubergen, Apotheker in Haarlem.

583. **Dragées de Pougues** nach Garnier. Zur Darstellung werden $50,_0$ Chlorcalcium, $50,_0$ Chlormagnesium und $10,_0$ Eisenchlorür in

Wasser gelöst, durch kohlensaures Natrium gefällt, der Niederschlag ausgewaschen, gepreßt und mit 100,0 Natriumbikarbonat gemischt. Von dieser Mischung werden 25,0 mit 475,0 eines Teiges aus Zucker, Pfefferminzöl und Schleim zu einer Masse angestoßen und daraus 0,5 g schwere Körper geformt, welch edurch Gummi- und Zuckerüberzüge in Dragées verwandelt werden. (Reveil.)

584. **Dragées, wurmtreibende,** von Fougéra sind kandierte Pillen, deren jede 0,03 Santonin und 0,015 Gutti enthält.

585. **Dressels Nervenfluid** ist nach dem Ortsgesundheitsrat in Karlsruhe ein mit Menthol versetzter alkoholischer Arnikablütenauszug; nach dem Berliner Polizeipräsidium eine Mischung aus Arnikatinktur, Hoffmannstropfen und Menthol.

586. **Dungs Rhabarberelixir** ist ein Elixir Rhei aromaticum, welches in 5 T. die wirksamen Stoffe von 1 T. Rhabarber enthält. Fabrikant: Apotheker A. C. Dung in Freiburg i. B.

587. **Duotonol** besteht aus gleichen Teilen Calcium- und Natriumglycerophosphat. Fabrikant: Schering und Glatz in New-York.

588. **Durplast.** Unter diesem Namen bringt die Chemische Fabrik Helfenberg A.-G. in Helfenberg ein englisches Pflaster in verschiedenen Packungen in den Handel.

589. **Dutch Drops** ist der gefärbte Destillationsrückstand des ohne Wasser destillierten Terpentinöls. (Hager.)

590. **Dwerstegs Zitronen-Malzhonig** wird aus 50% Malzextrakt, 25% Honig, 15% Zitronensaft und 10% Kristallzucker hergestellt. Anwendung findet er gegen Husten usw. Fabrikant: Ludwig Dwersteg jun. in Borghorst in W.

591. **Dynamon** des Physikers Momma in Düsseldorf, galvanoelektrischer Heilapparat, ist eine kleine Kapsel aus Horn, in derselben eine an einer Stange befestigte Scheibe, auf der eine Anzahl spitziger Nadeln aufgeheftet ist; bei gelinder Bewegung des Apparats nach unten treten dieselben heraus, erzeugen in der Haut nicht sehr schmerzhafte Stiche, künstliche Poren, die vermittelst eines wahrscheinlich kantharidenhaltigen Öls eingerieben werden. Preis *M.* 18 (Wittstein.)

592. **Eastons Pills (Pilulae Trium Phosphatum).** Jede Pille enthält etwa 0,06 g Eisenphosphat, 0,06 g Chininsulfat, 0,002 g Strychnin und 0,00 ccm starke Phosphorsäure. Gabe: 1—2 Pillen.

593. **Easton's Sirup,** ein in England sehr gangbares Präparat, wird dargestellt, indem 4,86 oxydfreier Eisendraht in 58,56 Phosphorsäure vom spez. Gew. 1,5 durch Erwärmen gelöst, dann 0,32 Strychnin. und 7,77 Chinin. phosph. zugesetzt werden, die entstandene Lösung in 370 ccm Sirup. simpl. filtriert und auf 508 ccm mit Wasser unter gleichzeitigem Auswaschen des Filters nachgefüllt wird.

594. **Eau antineuralgique** von Baër in Paris ist eine Mischung von Alkohol, in welcher mit kochendem Wasser ausgezogener Tabak mazeriert war, mit etwas Kognak und einer Spur Indigo zur Färbung.

595. **Eau de Charbon** Dr. Chattamis von dem Afrikareisenden A. Ahnelt in Charlottenburg, Präservativ gegen Syphilis, besteht in $150,_0$ einer schwach rötlich gefärbten Flüssigkeit, welche aus Karbolsäurewasser durch Anilin gefärbt besteht, aromatisiert durch einen Tropfen Pfefferminzöl und 8 Tropfen Chloroform, aufgelöst in $20,_0$ Spiritus. Preis *M.* 4,50. (Hager.)

596. **Eau de Dardel** kann erhalten werden durch Mischen von $30,_0$ Eau de Mélisse des Carmes, je $20,_0$ Pfefferminz- und Rosmarinspiritus und je $15,_0$ Salbei- und Thymianspiritus.

597. **Eau de Java anticholérique** ist eine Lösung von je 1 T. Kampher und Karbolsäure in 20 T. verdünntem Spiritus. (Casselmann.)

598. **Eau de la Duchesse** von Lamballe ist ein Augenwasser aus $1,_0$ schwefelsaurer Tonerde, 0,5 Bleizucker und $250,_0$ Rosenwasser.

599. **Eau de Léchelle** wird ersetzt durch eine filtrierte Mischung und Lösung von $200,_0$ Aq. aromatica, $300,_0$ Aq. destillata, $10,_0$ Acid. carbolic. $10,_0$ Ol. Thymi und $20,_0$ Acid. tannic. (Hager.)

600. **Eau de Madame de la Vrillière,** als Odontalgicum, Stomaticum, Gingivale mit Wasser verdünnt anzuwenden, ist ein Destillat aus $16,_0$ frischem Löffelkraut, $16,_0$ frischer Brunnenkresse, $4,_0$ Zimt $3,_0$ frischer Zitronenschale, $2,_0$ roten Rosenblättern, 1,5 Gewürznelken und $96,_0$ verd. Weingeist. (Guibourt.)

601. **Eau de Mélisse des Carmes,** ein im Jahre 1611 aufgetauchtes Arcanum, welches in Frankreich ein beliebtes Hausmittel geworden ist, ist ein Destillat aus $180,_0$ frischer Melisse, $30,_0$ frischer Zitronenschale, je $16,_0$ Ceylon-Zimt, Nelken und Muskatnüssen, je $8,_0$ Koriander, Angelikawurzel und $1000,_0$ Weingeist vom 0,864 spez. Gewicht nach vorhergegangener viertägiger Mazeration.

602. **Eau de Notre Dame des Neiges** ist ein Gemisch von gleichen Teilen aus der frischen Pflanze bereiteter Arnikatinktur und verdünntem Weingeist.

603. **Eau de Suez** von Gustav Lohse in Berlin, gegen Zahnschmerz, ist eine mit Cochenille gefärbte ätherisch-alkoholische Ammoniaklösung. (Bischoff.)

604. **Eau divine de Lavande** der Königsseer Olitätenhändler, ist ein Gemisch aus 0,4 Moschus, 12 Tropfen Thymianöl, 2,5 Zimtöl, $4,_0$ Rosmarinöl, $6,_0$ Nelkenöl, 22,5 Zitronenöl, $8,_0$ Lavendelöl, 67,5 Bergamottöl, $2700,_0$ 90prozentigem Weingeist und 2,5 Essigäther. (Richter.)

605. **Eau hémostatique de Monterosi, Eau stagnotique de Naples** besteht aus einer Mischung von 20 T. spirituösem Wundwasser und 4 T.

Essig, welche mit 1 T. Schiffspech und 2 T. Schiffsteer mazeriert worden sind.

606. **Eau sédative** zum Waschen der Schweine bei Rotlauf besteht aus $6{,}_0$ Kochsalz, $94{,}_0$ Wasser, $12{,}_0$ Ammoniak und $1{,}_0$ Kampherspiritus.

607. **Eau tonique** von Chalmin ist eine parfümierte Tanninlösung.

608. **Eau virginale** von Chable besteht aus einem filtrierten Gemische von je $1{,}_0$ Plumb. acetic. und Zinc. sulfur., $25{,}_0$ Aq. destillat. und $12{,}_0$ Aq. Coloniens. (Reveil.)

609. **Edelenzianwurzelsaft, Enzianextrakt** der Gebr. Hagspiel in Oberstaufen ist ein Schnaps, stark fuselhaltig, welcher über die Enzianpflanze destilliert wurde. 750 g = *M.* 5,25. (Hager.)

610. **Ediromy,** ein Universalmittel gegen Hämorrhoidalleiden und Verstopfung, von der verwitweten Frau Dr. Laskowska in Breslau, besteht aus 0,5 g Belladonnaextrakt und 100 g Glyzerin. Die Anwendung erfolgt als Clysma mit Hilfe einer beigegebenen Spritze. (Breslauer Untersuchungsamt.)

611. **Eggers Naturheilmittel,** durch welches Rheumatismus geheilt werden soll, besteht in vier Leinwandsäckchen, welche gepulverten Schwefel enthalten. (Chemn. Untersuchungsamt.)

612. **Einreibung für Frauen, stärkende,** von v. Loosberg in Berlin ist eine wässerig-alkoholische Lösung von kohlensaurem Ammoniak mit Zimtöl, Nelkenöl, und Perubalsam. (Bischoff.)

613. **Einreibung gegen den Rotlauf der Schweine** von dem Apoth. Gerlach in Rhinow ist eine Mischung von 12 T. Bilsenkrautöl mit 88 T. Terpentinöl. (Kaiser.)

614. **Eisen, durch Elektrizität reduziertes,** von Collas in Paris. Leimkapseln von der Größe einer 0,12 g schweren Pille, mit gepulvertem Eisenhammerschlag gefüllt. 100 Kapseln, je ca. 0,07—0,08 g enthaltend, *M.* 2,40. (Hager.)

615. **Eisenbonbons** von Rob. Freygang in Leipzig sind 18 Stück viereckige Bonbons, mit einer Spur zitronensaurem Eisenoxyd. Preis *M.* 0,40. (Hager.)

616. **Eisenbranntwein** von Rob. Freygang in Leipzig ist ein gewöhnlicher, klarer, gelbbräunlicher Branntwein, sehr schwach mit Tinct. amara und mit ca. 1% Zucker versetzt. Er enthält in 10000 T. 1,5 T. Eisenoxyd, an Zitronensäure gebunden. 470 g = *M.* 0,60. (Hager.)

617. **Eisenkalksirup, milchsaurer,** von Apoth. Reeb in Straßburg. $40{,}_0$ Calc. ferrolactophosphoric. und $4{,}_0$ Acid. citric. werden in $360{,}_0$ Wasser gelöst und in dem Filtrat $600{,}_0$ Zucker und 2 Tropfen Zitronenöl gelöst.

618. **Eisenkognak** von Golliez enthält in 100 ccm 0,5 g Eisenoxyd und 18,5 g Alkohol. (Unters.-Amt Breslau.)

619. **Eisenlikör** von B. Hertl in Kremsier (Kromerizi) ist eine blaßgelbe, klare Flüssigkeit von eisenartigem und schwach bitterem Geschmack, bestehend aus 2,22 reinem Eisenvitriol, 0,055 schwefelsaurem Chinin, $100,_0$ Zucker, $82,_0$ Wasser, 3 Tropfen verdünnter Schwefelsäure und einer Spur verschiedener aromatischer Substanzen. Preis *M.* 1,60. (Hager.)

620. **Eisenlikör** von Rob. Freygang in Leipzig ist ein himbeerroter und Himbeersaft enthaltender, klarer, angenehm schmeckender Likör, in 10 000 T. neben 1200 T. Zucker 1 T. Eisenoxyd in Form von zitronensaurem Salz enthaltend. 515 g = *M.* 1,50.

621. **Eisen-Magenbitter** von Rob. Freygang in Leipzig ist gewürzreicher als der Eisenbranntwein, sonst diesem ähnlich. Er enthält in 10000 T. $^2/_3$ T. an Zitronensäure gebundenes Eisenoxyd. 470 g = *M.* 1.

622. **Eisenmagnesiapillen** von W. Kirchmann in Ottensen-Hamburg sind mit Vanillezucker überzogene Pillen aus $30,_0$ Ferr. sulfuric. und $5,_0$ Magnesia usta, zu 240 Pillen geformt. 240 Pillen = *M.* 1,50.

623. **Eisenmilch, Solutio Ferri lactiformis,** von Emil Peltzer & Co. in Beuel bei Bonn, enthält neben geringen Mengen (0,007%) Kochsalz 1,83% Calciumphosphat und 0,97% Eisenphosphat in äußerst feiner Verteilung und sehr leicht löslicher Form. (Beckurts.)

624. **Eisenpillen mit Anker** von Richter bestehen aus Enzianextrakt, schwefelsaurem Eisenoxydul, schwefelsaurem Kalium und Tragant.

625. **Eisenpulver, Dernehl's** von H. Schröder in Berlin besteht aus Ferrum pulv. $16,_0$, Amylum $20,_0$, Saccharum 65. Pro Schachtel *M.* 1. (Hager.)

626. **Eisensirup** von Rob. Freygang in Leipzig, enthält in 10 000 T. 1¼ T. Eisen in Form von zitronensaurem Eisenoxyd nebst den Bestandteilen der Chinarinde. 370 g = *M.* 1,50.

627. **Eisen-Vitellin** (englisch: Iron-Vitellin) ist eine organische Eisenverbindung, die ein rotes in Wasser vollkommen leicht lösliches Pulver darstellt. Anwendung findet es bei Blutarmut und Bleichsucht.

628. **Eisenwein** von Gustav van Lipp in Cleve ist eine Auflösung von Extractum Ferri pomatum in 25—30 T. Wein. (Hager.)

629. **Electricum** ist nach Angabe von Otto Reichel in Berlin, Eisenbahnstraße 4, der dasselbe in den Handel bringt, Tiroler Kiefernadel-Waldwollöl. Es wird gegen Gliederreißen und dergleichen empfohlen.

630. **Elektranodyn** von Chemiker A. Lipowitz dient zum Auflegen bei nervösem Zahnschmerz, Kopfschmerz, Lähmungen etc. Ein Seidenpapier, welches durch Einweichen in einer Mischung aus Salpetersäure und Schwefelsäure pergamentiert ist und außerdem noch eine unbedeutende Menge Wachs und Harz enthält. (Hager.)

631. **Elektrizität, rote.** Die von S c h ü t z e s homöopathischer Anstalt in Frankfurt a. M. als Heilmittel versandte rote Salbe, welche angeblich rote Elektrizität enthalten soll, besteht nach dem Korrespondenz-Blatt der ärztlichen Kreis- und Bezirksvereine im Königreich Sachsen 1900, 168, aus einem Gemisch von Paraffin mit Fett oder Öl und ist (wahrscheinlich mit Cochenille) rot gefärbt.

632. **Elektro-homöopathische Arzneimittel** des Grafen M a t t e i sind wahrscheinlich aus Pflanzen bereitet und werden zum innerlichen Gebrauch in Form von kleinen Pillen angewendet, zum äußerlichen Gebrauch in Flüssigkeiten, welche „Elektrizitäten" genannt werden. Die innerlichen Arzneimittel, bis jetzt 19, können in 7 Mittel unterschieden werden: 1. Brustmittel, 2. Fiebermittel, 3. Gefäßentzündungsmittel, 4. Krebsmittel, 5. Psoramittel, 6. Syphilismittel, 7. Wurmmittel. Äußerliche Mittel sind 5: rote Elektrizität positiv; gelbe negativ; weiße, in beiden Arten wirksam; blaue für Gefäßentzündungsleidende; grüne negativ.

633. **Elektromagnetische Kissen und Pulver,** Dr. C a r r e y s, aus der Sternapotheke in Straßburg i. E., gegen Gicht und Rheumatismus etc. Ein 135,$_0$ schweres Säckchen und eine 40,$_0$ schwere Schachtel, beide mit Schwefelblumen gefüllt. Das erstere *M.* 3, die zweite *M.* 1. (Karlsr. Ortsges.-Rat.)

634. **Elektromotor** von W. R o s i n in Berlin für Rheumatismusleidende besteht aus einer 7,5 cm langen und 3 cm breiten, doppelten, in ihrer Mitte etwas buckelig aufgetriebenen Zinkplatte, verwickelt mit einem 30 cm langen, 1,2 mm dicken Kupferdraht, welcher an den beiden Enden der Zinkplatte zu Ösen zusammengedreht ist. An der einen Öse ist ein 110 cm langer, gewundener, verzinnter Messingdraht befestigt. Wird um den bloßen Leib gelegt. Preis *M.* 3. (H a g e r.)

635. **Elektro-vegetabilische Homöopathie** von J u l e s D e l a r n e in Genf, gegen alle möglichen Krankheiten angepriesen, kennt sieben farbige Elektrizitäten, nämlich neben roter, blauer, grüner, weißer und gelber auch noch rosa gefärbte und braune; außerdem eine echte universelle Elektrizität, welche alle anderen in sich vereinigt, am häufigsten anwendbar ist und diese meistens ersetzt. Es sind schwach gelblich grüne, stark verdünnte weingeistige Tinkturen von Pflanzen, von denen die universelle am wenigsten pflanzliche Stoffe enthält. Die dazu gehörigen Streukügelchen bestehen aus Zucker. (Karlsr. Ortsges.-Rat.)

636. **Elementaröl** von W e n d t in Berlin gegen Gicht und Rheumatismus ist ein Gemisch von Terpentinöl, fettem Öl und Petroleum. (B i s c h o f f.)

637. **Elepizone** enthält Ammonium-, Natrium- und Kaliumbromid, Brechnußtinktur, Karamel, Mistel- sowie Wintergrün-Wasser.

638. **Elixir antiasthmatique** von A u b r é e besteht aus 4,5 Jodkalium, 0,5 Lactucarium gallic., 120,$_0$ Wasser, 1,$_0$ Spir. Aether. chlorati und 25,$_0$ Zuckersaft. (S c h r ö p e l l.)

639. **Elixir antibilieux** von E t i e n n e ist ein Macerat aus $5,_0$ Rhabarber, 2,5 Ipecacuanha, 4,5 Scammonium, $1,_0$ Safran, $15,_0$ Jalape, $1,_0$ Fliederbaumrinde, $200,_0$ Wasser, vermischt mit $100,_0$ Sirup aus Rosenblumenblättern.

640. **Elixir anticolicum** von L e b a s, gegen Kolik der Pferde etc. ist eine durch eintägige Digestion bereitete Tinktur aus $100,_0$ Aloetinktur, $20,_0$ Opiumtinktur, je $50,_0$ Pomeranzenschalentinktur und Enziantinktur, $80,_0$ Theriak, $100,_0$ Weingeist, $100,_0$ Wasser, welcher noch $50,_0$ Äther zugesetzt werden. — Nach einer anderen Vorschrift wird dieses Elixir bereitet aus Aloe, Enzian, inländischem Rhabarber, Pomeranzenschalen je $20,_0$, Safran $10,_0$, Theriak, Mohnkapselextrakt je $30,_0$, Äther $60,_0$, Branntwein $640,_0$, Dosis: 100 bis $120,_0$, verdünnt mit der 8—9 fachen Menge Wasser oder Bier.

641. **Elixir antifébrile d'Evangelista** ist ein Gemisch aus Tinct. Aloes comp., Tinct. Chinae regiae und Sirupus simpl.

642. **Elixir antigoutteux** von V i l e t t e ist ein Auszug von $100,_0$ brauner Chinarinde, $50,_0$ Klatschrosen, $25,_0$ Sassafras und $50,_0$ Guajakharz in $4000,_0$ Rum, welchem $2000,_0$ Sarsaparillsirup zugesetzt werden. (H a g e r.)

643. **Elixir Cinchonae peptonatae** ist ein wohlschmeckendes, Pepton enthaltendes Chinarindenpräparat, das auch mit Eisen von der Dr. H o f schen Rathausapotheke in. Pforzheim dargestellt wird.

644. **Elixir de Lydia,** gegen alle möglichen Leiden empfohlen, ist Baldriantinktur. Preis *M.* 5.

645. **Elixir de Pepsine digestif** von G r i m a u l t & C o. in Paris ist Pepsinwein. 120 g = *M.* 4.

646. **Elixir de Pepsine digestif** von H o t t o t - B o u d a u l t ist eine Lösung von $2,_0$ deutschem Pepsin in einer Mischung aus $1,_0$ Milchsäure, je $20,_0$ destilliertem Wasser, rotem Johannisbeersirup und Zuckersirup, sowie $40,_0$ Spiritus Gari.

647. **Elixir de Radcliffe,** ein englisches Geheimmittel, ist ein filtriertes Mazerat von $23,_0$ Aloe, $4,_0$ Rhabarber, $2,_0$ Zimt, $2,_0$ Zittwerwurzel, $2,_0$ Cochenille, $60,_0$ Kreuzdornbeerensirup, $150,_0$ Weingeist und $155,_0$ Wasser. (D o r v a u l t.)

648. **Elixir de Santé** von B o n j e a n ist zusammengesetzt aus $50,_0$ Catechutinktur, $25,_0$ Pomeranzenschalentinktur, je $16,_0$ Pfefferminzölzucker, Kümmelölzucker, Anisölzucker, $100,_0$ Aufguß von chinesischem Tee, $15,_0$ Ätherweingeist und $150,_0$ weißem Zuckersirup.

649. **Elixir de St. Hubert pour les Chasseurs** ist eine Lösung von ca. 2 T. Karbolsäure in 50 T. Spiritus. (C a s s e l m a n n.)

650. **Elixir de Virginie** enthält die wirksamen Bestandteile der Blätter und Rinde von Hamamelis virginiana im Verein mit denen des Capsicum brasiliense. Anwendung findet es innerlich bei Krampfadern, Hämorrhoiden und Venenentzündung. Fabrikant: Pharmacie M o r i d e in Paris, 2 rue de la Tracherie.

651. **Elixir für sexuelle Schwäche bei Männern** von Apoth. Dr. Ludwig Tiedemann, **Chinesische Pen-tsao-Präparate,** nach eigener Methode dargestellt aus der echten Ginsengwurzel, soll eine dunkelbraune, weinartige und gewürzhafte Flüssigkeit, aus einem Auszuge unreifer Pomeranzen und Wein bestehend, sein. 135 g = *M.* 4. — Die Einreibung II ist eine gelbliche, angenehm riechende Flüssigkeit in gleich großem Glase und besteht aus Spiritus mit kleinen Mengen wohlriechender Öle und einem Storaxauszuge. 125 g = *M.* 2. — Zusammen inkl. Verpackung, ausführlicher Gebrauchsanweisung, medizinischen Urteilen und Broschüre von Medizinalrat Dr. J. Müller. *M.* 7. (Hager.)

652. **Elixir Glaßer** wird nach Angabe des Darstellers, Apotheker J. Glaßer in Türkheim, aus 25 T. Condurango- und 25 T. Chinarinde, 5 T. Ferriammoniumzitrat, 5 T. Orangenschalen, 5 T. Hoffmannschem Elixir, 1000 T. Malagawein und einigen Gewürzen bereitet.

653. **Elixir Godineau** soll sich nach der Analyse wie ein mit 2% Fleischextrakt versetzter Zuckersirup verhalten. Der Berliner Polizeipräsident warnt vor dem Ankauf des Elixirs.

654. **Elixir of Celery, Sellerie-Elixir** Dr. Wilkinsons zur Stärkung, Erhaltung und Erzeugung der Manneskraft, besteht aus einem Destillat von Wacholderbeeren, Angelikawurzel, Liebstöckelwurzel je 1 T., Spiritus 12 T., Pomeranzenblütenwasser und Rosenwasser je 4 T. Es werden 20 T. abdestilliert und das Destillat mit 12 T. gereinigtem Honig gemischt. 250 g = *M.* 6.

655. **Elixir of Life Bitter** von Jacob Wolff in New-York wird bereitet aus 1 Aloe, 10 Zimt, 2,5 Kalmus, 5 Angelikawurzel, 0,6 falschem Safran, 10 Zuckercouleur, 215 Glyzerin, 190 Weingeist und $350,_0$ Wasser. Preis *M.* 2. (Hager.)

656. **Elixir, Petersburger** von Dr. Rottmann, vertreten durch Hangliks Adlerapotheke in Graz ist ein weingeistiger Auszug aus Bitterklee, Cardobenediktenkraut, Tausendgüldenkraut, unreifen Pommeranzen, Anis und Zimt. 90 g = *M.* 1,25. (E. Geißler.)

657. **Elixir pour les Fourrures Karolys** ist eine Lösung von Kampher und Karbolsäure in starkem Spiritus, gemischt mit einer hellbräunlichen scharfen Tinktur (Tinctura Pyrethri rosei?). (Casselmann.)

658. **Elixir purgatif officinal** von Lavolley entspricht der Tinctura Jalapae composita der französischen Pharmacopöe.

659. **Elixir Salutis, Harlemer Gesundheitselixir,** entspricht in seiner Zusammensetzung dem Daffyschen blutreinigenden Elixir.

660. **Elixir toni-fébrifuge au Quinquina et Café** von Deslauriers. $20,_0$ grob gestoßene Königschinarinde und $8,_0$ braune Chinarinde werden nebst $16,_0$ schwach gerösteten gestoßenen Kaffeebohnen mit $250,_0$ Wein, $15,_0$ Zucker und 2,5 Zitronensäure einmal nach

längerem Stehen in der Wärme aufgekocht und der durchgeseihten Flüssigkeit $85{,}_0$ Zucker und $15{,}_0$ Spiritus zugesetzt.

661. **Elixir tonique antiglaireux** von Guillé, ein magenstärkendes Elixir gegen Verschleimung, besteht aus Rad. Colombo $90{,}_0$, Rhiz. Irid. Flor. $60{,}_0$ Rad. Gentian. $8{,}_0$, Tub. Jalap. $1500{,}_0$, Aloe $13{,}_0$, Croci $60{,}_0$, Chinin sulfuric. $16{,}_0$, Tart. stibiat. $2{,}_0$, Kalium nitric. $16{,}_0$, Lign. Santali citrini $30{,}_0$, Sirupi simpl., Spiritus und Aq. destillat. je 11 l. Die Vegetabilien werden mit dem Spiritus einen Teig digeriert, dann mit den in Wasser gelösten Salzen und zuletzt mit dem Sirup versetzt.

662. **Elixir trijodurée** von Dr. Livingstone in Paris ist eine wohlschmeckende, süße Lösung von 2% Jodkalium, 20% Zuckersirup und verschiedenen aromatischen Stoffen. Etwa 250 g = 10 Frcs.

663. **Elixir und Sirop balsamo-diurétique** enthalten Buccoextrakt. Fabrikant: Pharmacie Swann in Paris, 12 rue Castiglione.

664. **Elixir Valerianatis ammonici** von Goddard. Zur Darstellung werden $3{,}_0$ Baldriansäure in $40{,}_0$ destilliertem Wasser gelöst und mit kohlensaurem Ammonium gesättigt. Nach Zusatz von $35{,}_0$ Weingeist, $50{,}_0$ Zuckersirup, 1 Tropfen Bittermandelöl, 2 Tropfen Pomeranzenöl, $30{,}_0$ Kirschwasser, $12{,}_0$ Tinktur aus rotem Sandelholz, $3{,}_0$ Pomeranzenschalentinktur und $2{,}_0$ gebranntem Zucker wird die Mischung filtriert.

665. **Ellimans Embrocation.** Eine in England beliebte Einreibung. Als Ersatz werden folgende Gemische empfohlen: I. Camphor. trit. $20{,}_0$, Ol. Papaveris $460{,}_0$, Liqu. Amm. caust. $120{,}_0$, Tinct. Arnicae $75{,}_0$, Ol. Rosmarini, Acid. carbol. je 12,5. Der Luxemb. Ap.-V. empfiehlt folgende Vorschriften: a) für Menschen: Albumin. recent. ovi $25{,}_0$, Acet. pyrolign. dep. $50{,}_0$, Ol. Terebinth. $50{,}_0$. M. f. emulsio. b) für Pferde: Album. recent. ovi $25{,}_0$, Acet. pyrolign. depur. $50{,}_0$, Ol. Terebinth. $75{,}_0$. — Ferner soll bei Pferdebesitzern folgende Mischung sehr beliebt sein: Camphor. trit. $20{,}_0$, Ol. Papaveris $460{,}_0$, Liqu. Amm. caust. $120{,}_0$, Tinct. Arnicae $75{,}_0$, Ol. Rosmarini, Acid. carbol. je 12,5.

666. **Ellis Kopfwehpulver** enthalten je 0,6 g Acetanilid. (Chemnitzer Unters.-Amt.)

667. **Embrocation refraichissante** gegen Stoß, Schlag, Verrenkung der Haustiere von Hibon & Smith. Das Eiweiß von zwei Hühnereiern wird in einer Flasche mit $165{,}_0$ Wasser gemischt, dem man vorher 15—$30{,}_0$ Holzessig (oder auch gewöhnlichen Essig) zugesetzt hat. Nach dem Durchschütteln setzt man $100{,}_0$ Spiritus und $24{,}_0$ Terpentinöl hinzu und schüttelt recht kräftig durcheinander. 200 g = *M.* 2. (Hager.)

668. **Embrocation Questionan** ist ein Gemisch aus je 1 T. Acid. sulfuric. und Spiritus, sowie je 8 T. Ol. Olivar. und Ol. Terebinth. (Hager.)

669. **Emocascara** wird ein Extract. fluid. Cascar. sagrad. genannt, welches das Emodin in Form eines Salzes enthält (welches Salz ist leider nicht gesagt. Ref.) und demzufolge sehr zuverlässig wirken und verhältnismäßig angenehm schmecken soll. Fabrikant: Hegemann & Co. in New-York.

670. **Emplastrum Fodicatorium Paracelsi** von Johann Christoph Neubeck in Rohrbach Schwarzb.-Rudolst. Eine längliche weiße Holzschachtel enthält 20,0 einer braunen Masse aus ca. 8,0 kampherfreiem Mutterpflaster, 6,0 Harzpflaster, 3,0 Terpentin und 3,0 Baumöl. (Hager.)

671. **Emplâtre contre les cors** ist ein Pflaster aus 20,0 Wachs, 10,0 Harzcerat, 10,0 Galbanum, 10,0 Grünspan, 1,0 Terpentinöl und 3,0 Kreosot. (Réveil.)

672. **Emplâtre révulsif de Thapsia** Dr. Boulleau's von Le Perdriel ist auf Leinwand gestrichene Pflastermasse, enthaltend die resinösen Bestandteile der Wurzel von Thapsia Garganica.

673. **Empyroleum Pini** ist ein aus Fichtenteer dargestelltes farbloses Präparat, welches an Stelle anderer Teerpräparate Anwendung finden soll. Fabrikant: R. Köhler in Moskau.

674. **Emulgen** ist ein Mittel zur Darstellung von Lebertran- und anderen Emulsionen. Fabrikanten: Gebr. Hanning in Hamburg. Eine im Emulsionsmörser bereitete Mischung von 8 g Tragantpulver, 5 g Gummi arabicum, 10 g Spiritus und 55 g destilliertem Wasser soll nach W. Riebe das Emulgen gut zu ersetzen geeignet sein.

675. **Emulsin,** von Frankreich aus in den Handel gelangend, soll ein unter hohem Druck oxydiertes Paraffin sein, und zur Herstellung haltbarer, neutraler Emulsionen dienen.

676. **Emulsion Clin** enthält 0,5 g Phosphotal (Kreosotphosphorigsaureester) auf einen Kaffeelöffel. Fabrikant: Clin & Co. (F. Comar & Fils) in Paris.

677. **Endermol** ist eine neutrale, geruchlose Salbengrundlage, die aus Stearinsäureamid und Paraffinen dargestellt wird. Sie soll nicht ranzig werden. Auch vermag sie 20% Wasser aufzunehmen. Fabrikanten: Schering & Glatz in New-York.

678. **Energetene (Energétènes)** werden die frischen Säfte verschiedener Arzneipflanzen genannt, welche ohne jede Zuhilfenahme von Alkohol oder Wärme gewonnen werden und die wirksamen Prinzipien der betreffenden Pflanzen in unverändertem Zustande enthalten sollen. Sie bilden bräunliche Flüssigkeiten mit dem Geruch und Geschmack der Pflanze und enthalten in 1 g (= 36 Tropfen) die wirksamen Stoffe aus 1 g der frischen Pflanze. Bisher hat man solche „Energetene" aus Convallaria, Colchicum, Digitalis und Valeriana hergestellt. Leider ist nicht angegeben, von wem und auf welche Weise.

679. Dr. **Engels Nektar** besteht nach Angabe von Hubert Ullrich in Leipzig aus 300 g Malagawein, 50 g Weinsprit, 200 g Rotwein, 100 g Ebereschen- und 200 g Kirschsaft, 30 g Schafgarbenblüte, 30 g Wacholderbeeren, 30 g Wermutkraut und je 10 g Fenchel, Anis, Helenen-, Enzian- und Kalmuswurzel, sowie Kamillen. Ist also ein abgeänderter Ullrichscher Kräuterwein.

680. **English breakfast-tea** soll aus Folia Sennae, Radix Liquiritiae, Flores Calendulae, Flores Centaurii cyan, Folia Theae und Saccharum bestehen.

681. **Ensemin** von Zahnarzt Rosenberg und Wohlauer zum schmerzlosen Zahnziehen ist eine etwa 1 prozentige Kokainlösung mit Adrenalin- und Chloretinzusatz. Vertrieb: Victor Pappenheim, Berlin. Fabrikant: Pharm. Laboratorium Rosenberg.

682. **Entbakterin**, ein Gemisch aus Oliven-, Sesam- und Pfefferminzöl mit Salmiakgeist, wurde von der Firma Herba, G. m. b. H. in München, gegen ansteckende Krankheiten angepriesen.

683. **Epilepsiekräuter** von Buchholz in Berlin sind eine klein geschnittene Mischung aus je $30,_0$ Beifußkraut und Pomeranzenblättern und je $10,_0$ Sennesblättern und Guajakholz.

684. **Epilepsiemittel** von Dr. Albert in Paris ist identisch mit dem Auxilium orientis des Dr. Boas. (H. Gusenberger.)

685. **Epilepsiemittel** von Arnim. Brotwürfel werden mit einer Lösung von 100—$160,_0$ Schwefelleber mit und ohne Birkenteer in ½ l Spiritus benetzt. Bei Nichterfolg ist noch eine Mischung aus $500,_0$ Milchzucker und $15,_0$ Schwefelblüte zu nehmen. Die Broschüre, worin dieses Mittel mitgeteilt wird, kostet *M.* 3. (Hager.)

686. **Epilepsiemittel** von Dir. D. Besser in Berlin besteht aus $30,_0$ rotgefärbtem Kampherspiritus. Preis *M.* 1,50. (Schädler.)

687. **Epilepsiemittel** von Buchholz in Berlin bestehen aus einer Mixtur und einem Tee (Epilepsiekräuter). Einen nahekommenden Ersatz der Epilepsiemixtur liefern folgende Mischungen: $250,_0$ Abkochung von je $15,_0$ Beifußwurzel und Päonienwurzel wird mit $15,_0$ Beifußtinktur und $30,_0$ Zimtsirup gemischt (Waldenburg und Simon.) — Oder: Je $40,_0$ frische Beifußwurzel und frische Päonienwurzel werden mit je $120,_0$ Zimtwasser und Rotwein und $60,_0$ Weingeist digeriert und zu $330,_0$ der filtrierten Kolatur $40,_0$ Zucker und $20,_0$ Beifußtinktur zugesetzt. (Hager.)

688. **Epilepsiemittel** von Durand besteht in 600 Pillen, deren Hauptbestandteil ein Extrakt aus Galium palustre ist, dann einigen Purgierpulvern, welche bei Eintritt des Vollmondes gebraucht werden, und aus einem Tee von getrockneten zerschnittenen Eschenblättern (Fol. Fraxini excelsior.). (Hager.)

689. **Epilepsiemittel** von Fröndhoff in Warendorf besteht in einem 6 Monate lang auf der Herzgrube zu tragenden Leinwandsäckchen,

enthaltend Bernsteingrus $2,_0$, Krebsaugen, rote Korallen, Päoniensamen, zerquetscht und zerkleinert, je $1,_0$ und 7 Stück ganze Päonienkerne. Preis *M.* 1. (Hager.)

690. **Epilepsiemittel** von Gadeen ist dem Arnimschen Epilepsiemittel ähnlich.

691. **Epilepsiemittel** des Fräuleins K. Gotzkow in Garnen bei Goldapp in Ostpr. besteht aus 7 aschgrauen, ca. 0,5 g schweren Patronen, welche aromatisch riechen, süßlich schmecken, zur Hälfte aus Zucker und zur anderen Hälfte aus gleichen Teilen Zimt, Beifußwurzel und schwarz gebrannten Knochen zusammengemischt sind. 7 Pulver = *M.* 3,50. (Wittstein.)

692. **Epilepsiemittel** von St. J. Gursch in Dresden besteht aus 6 Flaschen, jede mit ca. $172,_0$ einer Flüssigkeit angefüllt, die sich als eine mit Safran gefärbte 4,7 prozentige Auflösung von Bromkalium erweist. Preis *M.* 20. (Wittstein.)

693. **Epilepsiemittel** von J. H. Hoesch in Köln a. Rh. ist eine Mischung aus $1750,_0$ Olivenöl, $250,_0$ Zucker, $15,_0$ Pfeilwurzelmehl, je $5,_0$ Eichenmistelpulver, Veilchenwurzel, Zitwerwurzelpulver. $750,_0$ für unbemittelte Leute das erstemal *M.* 2,80, jedes folgende Mal *M.* 6.

694. **Epilepsiemittel** von Moritz Holtz in Berlin besteht aus 12 Flaschen, von denen jede $5,_0$ Bromkalium in $150,_0$ Wasser gelöst enthält. Preis *M.* 30. (Hager.)

695. **Epilepsiemittel** von C. Jacoby besteht aus zwei Schachteln mit je 60 Pillen, die einen mit Veilchenwurzel bestreut, die anderen versilbert, erstere zur Kur, die anderen zur Nachkur, beide bestehend aus je $3,_0$ Zinkoxyd, $2,_0$ phosphorsaurem Kalk, 0,5 Rhabarber und 0,5 Beifußwurzel. Preis *M.* 9. (Kranier.)

696. **Epilepsiemittel** von Dr. Killisch in Dresden, früher in Berlin, enthält in $200,_0$ Wasser, 7,5 Bromkalium und 0,03 schwefelsaures Atropin. Letzteres fehlt zuweilen. Kommt auch mit Indigolösung oder Anilinfarben schwach blau gefärbt vor. 12 Gl. à 200 g = *M.* 60. (Himly u. Hager.)

697. **Epilepsiemittel** der Frau Pauline Krügler in Nieder-Langseiffersdorf, Kreis Reichenbach, besteht in Pulvern, die je $2,_0$ Bromkalium, verunreinigt mit Kochsalz, enthalten und aus einem Tee aus Sennesblättern, Pfefferminze, Huflattich, Lindenblüten und Schafgarbenblüten. (Oswald.)

698. **Epilepsiemittel** vom Arbeiter Lüdicke in Berlin sind Leinwandstreifen in Blut eingetaucht. (Bischoff.)

699. **Epilepsiemittel** der Frau Großherzogin von Mecklenburg-Schwerin, angefertigt in der Hofapotheke zu Schwerin, besteht aus 91,23 T. Päonienwurzelpulver und 8,77 T. kohlensaurem Kalk, auf 24 Pulver verteilt, und einem Glas Maiblumenwasser. (Himly.)

700. **Epilepsiemittel** von Dr. und Prof. G. Paoli in Rom, vertrieben durch Apoth. Rigotti in Fiume, besteht aus 10 T. Rad. Valerian., 2 T. Rad. Paeon., 2 T. Rad. Asari, 2 T. Tub. Ari, 2 T. Rad. Artemis., 1 T. Cort. Cinn., 30 T. Sacch., 1 T. Ammonvalerianat (wahrscheinlich durch Einwirkung von ammonhaltiger Luft auf gepulverte Baldrianwurzel erzeugt.) 125 g = *M.* 20. (Hager.)

701. **Epilepsiemittel** von Franz Anton Quante in Warendorf ist rektifiziertes mit Alcanna gefärbtes Petroleum, dem eine unbedeutende Quantität stinkendes Tieröl zugesetzt ist. Hierzu noch ein gedrucktes Rezept, worauf sich ein Teegemisch aus gleichen Teilen Lindenblüten- und Stiefmütterchentee verordnet findet. $15,_0$ nebst Rezept *M.* 15. Andere Rezepte desselben gegen Epilepsie sind: I. Rp. Kalii bromati, Ammonii bromati je 0,045, Zinci valerianic. 0,06, Rad. Artemisiae 0,62, II. Olei Succini rectific. $11,_0$. (Hager.) — Besteht aus zwei Flüssigkeiten, die eine aus Terpentinöl, Cajeputöl, Olivenöl und Bibernellextrakt zusammengesetzt, die andere eine Mischung von Bernsteinöl und Spiritus. (Kopp.)

702. **Epilepsiemittel** von Riebschläger in Berlin ist eine wässerige schwach gefärbte Lösung von Bromkalium. Preis *M.* 10. (Bischoff.)

703. **Epilepsiemittel** von Roller aus der Diakonissenanstalt in Dresden besteht aus nicht vollständig verkohlter und gepulverter Hornsubstanz. Das Mittel wird durch Verkohlen von Elstern hergestellt, welche in den 12 auf Weihnachten folgenden Nächten geschossen worden sind. (Dragendorff.)

704. **Epilepsiemittel** von Dr. P. M. Salomon in Weißensee bei Berlin bestehen: I. aus 3 l einer 4prozentigen wässerigen Lösung von Bromkalium, II. aus einem Tee, der aus verschiedenen grob zerkleinerten Pflanzenteilen, darunter Zitwerblüten, Krauseminze und Baldrian zusammengesetzt ist. Preis *M.* 9,90. (Karlsr. Ortsges.-Rat.)

705. **Epilepsiemittel** von Dr. Stark in Liebau i. Schles. bestehen in **Krampftee** und **Krampfpulver (Antispasmodicum).** Ersterer ist zusammengesetzt aus Baldrianwurzel, Veilchenwurzel, Engelsüß, Faulbaumrinde, Arnikablüten, römischen Kamillen und Sennesblättern. Das Pulver enthält hauptsächlich Baldrianwurzel, reichlich mit Zucker untermischt. Preis *M.* 11,45. (Karlsr. Ortsges.-Rat.)

706. **Epilepsiemittel** der Strauß-Apotheke in Berlin besteht aus einer Mixtur, einem Tee und einer Einreibung. Die Mixtur ist ein Bierauszug von Beifußwurzel, der Tee St. Germaintee ohne Zusatz von Tartar. dep., die Einreibung ein Gemisch aus Spirit. Angelic. comp., Tinct. Opii., und Spirit. Serpylli. (Hager.)

707. **Epilepsiepillen** von Heim in Effelder i. Sachsen. Zur Darstellung werden aus 0,6 Höllenstein, $2,_0$ Enzianextrakt, $2,_0$ Lakritzensaftpulver und 0,06 Opium, 0,1 g schwere Pillen formiert. (Wittstein.)

708. **Epilepsiepulver Cassarinis** enthält 95% Bromkalium neben wenig Eisenoxyd und Enzianpulver.

709. **Epilepsiepulver** des Grafen Duplessix-Parseau ist zu Kohle gerösteter Maulwurf, nach Gauger wahrscheinlich getrocknete, halb verkohlte und gepulverte Ratten.

710. **Epilepsiepulver,** von Godernaux in Paris, **Poudre unique,** ist präzipitierter Kalomel (Braconnot). Graues Antimonoxyd (Alyon). Kalomel und metallisches Quecksilber (Planche). 12 Pulver zu je 5 g = *M.* 18.

711. **Epilepsiepulver,** Mittel gegen Krämpfe der Säuglinge von E. Karig in Berlin, bestehen aus 8 Pulvern, jedes enthaltend 0,25 Zinkoxyd, 0,25 Beifußwurzel und 0,5 Zucker. Preis *M.* 3. (Schädler).

712. **Epilepsiepulver** von L. Krohn in Berlin besteht aus gepulverten Wurzeln, Rinden und Blättern von Pflanzen, die eine spezifische Wirkung gegen Fallsucht nicht besitzen.

713. **Epilepsiepulver,** von Pleis, **Fit-Powders,** sind 24 abgeteilte, aber im Gewicht unter sich sehr abweichende braune Pulver, jedes bestehend aus ca. 0,4 Bromkalium und $1{,}_0$ eines braunen, organischen, bitteren, mit Zucker gemischten und eine Spur Eisenoxyd enthaltenden Pulvers (Enzianpulver). (Miller.)

714. **Epilepsiepulver** von Ragolo, anfänglich in Nürnberg fabriziert, dann in Lübeck, später in Hamburg von Eckhorst. Nach Knopf: Baldrianwurzel 60 T., Pomeranzenblätter 20 T., Salmiak 2 T., Kajeputöl 3 T. — Nach Sundelin: Baldrianwurzel 12 T., weiße Magnesia 3 T., Salmiak, Kajeputöl je 1 T. — Nach Gmelin und Feuerstein: Baldrianwurzel 60 T., Salmiak 6 T., weiße Magnesia 6 T., Kajeputöl 3 T. — Nach Radius: Baldrianwurzel 18 T., Pomeranzenblätter 6 T., weiße Magnesia, Kajeputöl je 1 T. — Nach Hager: Kreide 20 T., weiße Magnesia 10 T., Päonienwurzel 30 T., Pomeranzenblätter 30 T., Eichenmistel 30 T., kohlensaures Ammoniak 3 T., Salmiak ¼ T. Der ursprüngliche Preis von 3 Louisdor sank allmählich auf einige Taler herab.

715. **Epilepsiepulver** von Rindscheidler besteht aus je 5 T. Rad. Dictamni pulv., Rad. Paeoniae pulv. und Lign. Visci pulv., sowie 1 T. Castoreum pulv.

716. **Epilepsiepulver** von Sloet van Oldruitenborgh in Holland besteht aus Diptamwurzelpulver 8 T. und Zitwerwurzelpulver 1 T. Täglich 2,5 in Lindenblütenwasser auf einmal zu nehmen. (Aldis.)

717. **Epilepsiepulver** von Wepler in Berlin ist verkohlter und gepulverter Hanfzwirn. $3{,}_0$ in 7 Kapseln verteilt kosten *M.* 5. (Hager.)

718. **Epilepsiepulver** von Wiedebach u. Schlemüller in Arensdorf sind mit I, II und III bezeichnete graue Pulver, die sämtlich miteinander übereinstimmen und je aus etwa einem

Teelöffel voll halbverkohlter Knochenmasse bestehen. Wird gratis abgegeben. (Hager.)

719. **Epilepsie- und Krampfmittel** von W. Taylor in Boston ist eine Flüssigkeit, bestehend aus Bromkalium, Bromammonium, Baldrianwurzelextrakt, Rum und Wasser.

720. **Erasin** ist Sirupus Kalii sulfoguajacolici compositus cum Aethylmorphino hydrochlorico (gleichwertig dem Dionin). Fabrikant: Reichhold & Co. in St. Ludwig in Els.

721. **Ergoapiol** sind Gelatinekapseln mit Apiol, Ergotin, Sadebaumöl und Aloin. Ein amerikanisches Mittel gegen Störungen des weiblichen Geschlechtskreises.

722. **Ergone** ist ein Mutterkornextrakt, das frei von Ergotinsäure und Mannan, einem Kohlenhydrat des Mutterkorns, sein, aber die Gesamtmenge der Sphazelinsäure und des Mutterkornalkaloides enthalten soll. Als Antiseptikum ist Chloreton zugefügt. Fabrikant: Houghton in Amerika.

723. **Ergot Aseptic** für subkutane Injektionen, kommt in verschlossenen Ampullen in den Handel und ist ein physiologisch geprüftes und eingestelltes Präparat von Secale cornutum. Jede Ampulle enthält 1 ccm, was 2 g bestwirkender Rohdroge entspricht. Fabrikant: Parke, Davis & Co., London.

724. **Ernis, Dr., Tuberkulosepillen** oder **Ferro-Guaja-Cinnamylpillen** enthalten Natriumcinnamylat, Natriumorthosulfoguajakolat und gezuckertes Eisenkarbonat. Bezugsquelle: C. Fr. Hausmann in St. Gallen.

725. **Ernis, Dr., Tuberkulosepulver** oder **Ferro-Guaja-Cinnamylpulver** entspricht in seiner Zusammensetzung den Pillen; nur ist ihm noch etwas Pfefferminzöl beigefügt. Ein halber Kaffeelöffel entspricht 1 g der Guajakol-Zimtsäure-Eisenkarbonatmischung. Bezugsquelle: Schweizer Medizinal- und Sanitätsgeschäft, Aktiengesellschaft, vormals C. Fr. Hausmann, Hecht-Apotheke in St. Gallen.

726. **Ernsts deutsches Trunksuchtspulver** besteht aus Natriumbikarbonat und einem Pflanzenpulver. (Ortsgesundheitsrat Karlsruhe.)

727. **Esanofelin** wird eine den Esanofele-Pillen entsprechend zusammengesetzte Flüssigkeit genannt, die für die Malariabehandlung der Kinder bestimmt ist und in drei Stärken salzsaures Chinin, Eisenzitrat und arsenige Säure enthält.

728. **Esprit de Hanneton, Maikäferspiritus** von Franz Groß in Landsberg a. W. ist eine trübe, gelbliche, spirituöse Flüssigkeit, dargestellt aus 80 T. Spanischer Seife, 20—25 T. Kampher, 400 T. Wasser, 600 T. Alkohol und 80—100 T. frischen Maikäfern, durch Mazeration und Kolieren. 60 g = *M.* 1,50. (Hager.)

729. **Esprit de Menthe** von M. Schultze in Berlin gegen Kopfreißen ist Weingeist mit Pfefferminzöl und Essigäther. (Bischoff.)

730. **Essence of Burdock** von Hill soll eine mit 50prozent. Weingeist bereitete Guajakharztinktur sein.

731. **Essence** von Wilson gegen Gicht und Rheuma entspricht einer Mischung von 1 T. Vinum Colchici und 2 T. verdünntem Weingeist.

732. **Essentia amara** der Königseer Olitätenhändler wird erhalten durch 12stündige Digestion von je $30{,}_0$ Wermut, Schafgarbe, Bitterklee, Rainfarrn, Scordium, Enzian, unreifen Pomeranzenfrüchten und Salmiakgeist in 2 l 60prozentigem Weingeist. (Richter.)

733. **Essentia antiphthisica** des Dr. Lobethal in Breslau ist eine 15prozentige Kochsalzlösung mit Spuren Jod. 160 g = *M.* 5. (Wittstein.)

734. **Essentia dulcis** der Königseer Olitätenhändler wird auf folgende Weise dargestellt: Je $15{,}_0$ Terpentinöl und Schwefelsäure werden über Feuer erhitzt bis zur Sirupdicke. Diesem Gemisch (corpus pro essentia dulce genannt) werden nach dem Erkalten zugemischt $300{,}_0$ Weingeist von 60%, $200{,}_0$ Salpeteräther und je $20{,}_0$ Nelken- und Zimtöl. (Richter.)

735. **Essentia lignorum, Hölzertinktur** der Königseer Olitätenhändler, wird erhalten durch Digestion von je $500{,}_0$ Guajak- und Santelholz mit 8 l 80 prozentigen Alkohol unter Zusatz von $4{,}_0$ Sassafrasöl. (Richter.)

736. **Essenz, antiphthisische** von Lobethal, ist 15 prozentige Kochsalzlösung mit einer Spur Jod.

737. **Essenz, elektromotorische,** von Romershausen zur Herstellung der unterdrückten Hauttätigkeit, resp. der vital-elektrischen Strömungen und ihrer nervösen Funktionen ist eine Auflösung von Terpentinöl und Rosmarinöl in der neunfachen Menge Alkohol, mit einem roten vegetabilischen Farbstoff gefärbt. 50 bis 60 g = *M.* 0,50. (Roithner.)

738. **Essenz gegen Kopfschmerzen** von Fräulein Clara Meyer in Berlin ist eine Art Eau de Cologne. (Bischoff.)

739. **Essenz, Hamburgische wundersame,** von Jenny, mit allergnädigst kaiserlichem Privilegium v. Jahre 1782, gegen alle Krankheiten heilsam, ist ein in der Wärme dargestellter und noch warm durchgeseihter Aufguß von ungefähr je 1 T. Aloe, Gutti, Bdellium, Benzoe, Ammoniakgummi, Opoponax, Coloquinten, Myrrhen, Safran, Sandelholz mit 100 T. aromatischem Wasser. $10{,}_0$ der Flüssigkeit ergeben 1,1 Verdampfungsrückstand. 33 g = *M.* 1,25. (Hager.)

740. **Essenz, lebensmagnetische,** von Behr, für Schwerhörende und Taubgeborene ist Wasser, welches ein wenig Salpetersäure enthält, worin sich eine Spur Kupfer gelöst befindet. Der Stöpsel der Flasche enthält ein Stück Kupferdraht, das bis auf den Boden durch die Flüssigkeit reicht und am anderen Ende mit einem Zinkplättchen bedeckt ist. 1 Flasche = *M.* 3. (L. F. Bley.)

741. **Essenzöl** von Eleonore und Johann Bauer in Hietzing, gegen Gichtleiden. 65 g einer gelblichen Flüssigkeit, aus zwei Schichten bestehend, welche sich weder durch Schütteln noch durch Wärme vereinigen lassen. Die obere, ca. 40,$_0$ wiegende Flüssigkeitsschicht ist Sonnenblumenöl, die untere ein Gemisch von Wasser, 6,$_0$ Äther und Saft von Ornithogalum caudatum.

742. **Essigbitter** ein nordamerikanisches Geheimmittel, enthält Aloe, Glaubersalz, Gummi arabicum, Guajakharz, Essigsäure, Kohlensäure, Alkohol und etwas Anisöl. (Eberbach.)

743. **Ethérolé antiseptique** von Penniès, ist eine weingeistige Lösung von Salizylsäure mit Eukalyptusöl.

744. **Eukalyptus-Bonbons,** Schlossareks gegen Husten und Heiserkeit, bestehen aus: 2,5 Eukalyptusöl, 7,5 Weinsäure, 12,$_0$ Gerstenextrakt, 50,$_0$ Kakao, 1,2 Pfefferminzöl, 1070 Bonbonmasse zu 700 Bonbons. Bezugsquelle: G. Ackermann, Berlin, Oranienstr. 144.

745. **Eukalyptushonig** von Thomas Christy ist gewöhnlicher mit Eukalyptusöl parfümierter Honig, welcher zum Teil wohl aus Eukalyptusblüten von den Bienen gesammelt ist, aber keine Spur Eukalyptol, geschweige denn, wie angegeben wird, 17% davon enthält.

746. **Eukalyptusmittel Heß'** ist lediglich Ol. Eucalypti.

747. **Eulyptol** von Dr. Schmaltz besteht aus je 1 T. Karbolsäure und Eukalyptusöl und 6 T. Salizylsäure.

748. **Eurener Frau,** Mittel derselben: **Mischaltheesalbe** besteht aus Ungt. flavum und Ol. Lauri; **Purgativ** ist die sog. Limonade purgatif; **Brustwasser** ist eine Mischung von Elix. e succo Liquir. 30,$_0$ mit 270,$_0$ Aqu. Foeniculi.

749. **Eutrophia-Tabletten** bestehen aus Schokolade, welcher geringfügige Mengen eines im geringen Maße die Auflösung des Nahrungseiweißes fördernden Fermentes zugesetzt sein soll.

750. **Exibards abyssinisches Heilmittel gegen Asthma.** Die Bestandteile dieser französischen Spezialität gibt die Annonce einer großen deutschen Tageszeitung wie folgt an: Plantae selectae: Azot. Kali 60, Datur. Stram. 5, Atrop. Bell. 5, Lobel. Infl. 5, Digit. purp. 5, Oenanth Phell. 5, Balsamod. Opo. 10, Bos Carter 5. — Dem Laienpublikum dürften diese Angaben ganz unverständlich sein und auch der Fachmann wird lange überlegen müssen, ehe er „Bos Carter" in Boswellia Carteri Burdw., eine der Stammpflanzen des Weihrauchs, übersetzt.

751. **Exodyne der** Orange Chemical Co. in Orange, Mass., besteht aus 18 T. Azetanilid, 1 T. Natriumsalizylat und 1 T. Natriumbikarbonat. (Goldmann.)

752. **Exsudol** ist eine Ichthyol, Schmierseife und schmerzlindernde Stoffe enthaltende angenehm riechende Salbenmasse.

753. **Extern Embrocation,** Dr. Airy's, ist ein weingeistiger Auszug von Cortex Mezerei und Cortex Cascarillae, worin eine bedeutende Portion Kampher aufgelöst ist. Wird auch für innerliche Krankheitsfälle, wie für Cholerine, Indigestion, Influenza etc. empfohlen.

754. **Extrait de Malte Francaise de Dejardin** (ein sogenanntes Malzbier) soll in 100 ccm 11,87 g Extrakt, 6,5 g Alkohol, 0,57 g Eiweiß, 0,32 g Milchsäure, 5,18 g Maltose, 0,386 g Asche und 0,124 g Phosphorsäure enthalten. Fabrikant: E. Déjardin in Paris, (Aufrecht.)

755. **Extrakt, Indischer,** von G. Bäuchler in Berlin, ein Zahnwehmittel, besteht aus Nelkenöl, Kampher, Äther und Spiritus mit vorwiegendem Nelkengeruch. Preis *M.* 0,50 und *M.* 1.

756. **Extrakt of red bone marrow** wird aus rotem Knochenmark dargestellt und besonders bei Tuberkulose empfohlen. Fabrikant: Armour and Company in Chikago.

757. **Extrakt-Radix,** Zahnmittel von Schott in Frankfurt a. M., ist ein Branntweinauszug aus Sturmhutkraut und Einbeerkraut. 4 g = *M.* 1,25. (Hager.)

758. **Eye-Salf** Genuine American J. Petits ist Zinksalbe.

759. **Fakirtee** vom Hygienischen Institut von Klappenbach & Co. in Leipzig als Mittel gegen Schwindsucht vertrieben, ist nach gerichtlicher Feststellung gewöhnlicher Tee. (Probebeutel *M.* 1), Palliativkur (Besserung) *M.* 6, Radikalkur (Heilung) *M.* 12.

760. **Familien-Medizinen** von Dr. August König, alleinige Niederlage für Amerika bei A. Vogeler & Co. in Baltimore, bestehen aus Hamburger Tropfen, Hamburger Brusttee und Hamburger Pflaster. — Der Brusttee, das beste Mittel gegen die verschiedenen Angriffe der Lunge, ist ein Gemisch von Althee- und Süßholzwurzel, Klatschrosen, gemeinen Malvenblüten, Altheekraut und den safranartig gefärbten Blüten einer Stellaria; den gut bereiteten Spezies ist noch gröblich gestoßener Kandiszucker, mit Anis- und Fenchelöl parfümiert, zugesetzt. 50 g = 25 Cents (*M.* 1,10). — Die Tropfen — bisher ist angeblich noch keine Arznei erfunden worden, die in den meisten und schwersten Krankheiten so schnelle und augenscheinliche Hilfe leistet, — ähneln der schwedischen Lebensessenz, enthalten aber mehr Lärchenschwamm und sind durch Wacholderbeersaft dickflüssiger gemacht. 30 g = 50 Cents (*M.* 2,20).

761. **Familiensalbe** von Göring. In einem runden Schächtelchen befinden sich $16,_0$ einer steifen, gelben Salbe, welche sich als ein Gemisch von 9 T. Wachs, 3 T. Fett, 2 T. Terpentin und 2 T. eingedicktem Saft von Ornithogalum scilloides Jacquin oder von Ornithogalum caudatum Aiton erwies. Preis *M.* 0,50. (Hager.)

762. **Fascol-Hämorrhoidal-Kapseln** enthalten je 1,25 g einer weichen, grünlichen Masse, die aus 5,65 Wollfett, 8,2 Eibischsalbe, 0,4 Olivenöl, 0,45 Resorcin, 0,3 basisch gallussaurem Wis-

mut, 0,45 Sennesblätterpulver und 14,4 Fascol besteht. Fascol ist ein bituminöses Mineral, das im wesentlichen 46,5% Calciumoxyd, 41,56% Kohlensäure, 1,09% Eisenoxydul, 0,74% Kieselsäure, sowie Stickstoff und Schwefel enthält. Fabrikant: Apoth. Wimmer in Merchingen (Baden).

763. **Favorite Prescription** von Dr. Pierce, besteht aus 280,0 einer trüben, grünbraunen Flüssigkeit, mit einem ähnlich gefärbten, starken Bodensatz, welche nach folgender Vorschrift erhalten wird: Summitat. Sabin. rec. 10,0, Bolet. Laricis, Cort. Cinnamom. je 5,0, Cort. Chinae 10,0, coque c. Aqua ad colatur. 220,0, in qua solve Gummi arab. 10,0, Sacchari albi 5,0, et adde Tinct. Digitalis, Tinct. Opii simpl. je 2,0, Ol. Anisi stellat. gutt. VIII, Spiritus 45,0. Preis *M.* 6,30.

764. **Feldau-Kiefer-Moor,** ein an ätherischen und harzigen Stoffen reiches Naturprodukt, wird als nervenstärkender und -beruhigender Badezusatz bei Frauenleiden, Rheumatismus usw. verwendet. Bezugsquelle: Dr. Hugo Münzer in Berlin N. 4, Chausseestraße 48.

765. **Fellers Elsa-Fluid** wird aus Pflanzen gewonnen. Es wird gegen Nerven- und Hüftgelenkschmerzen sowie Muskelerkrankungen angewendet. Fabrikant: Hofapotheker Eugen V. Feller in Stübica (Kroatien).

766. **Felkes Pflanzentonicum** stellt nach Zernik im wesentlichen eine mit Alkohol und dem Auszug einer emodinhaltigen Droge versetzte stark versüßte, etwa 15prozentige wässerige Lösung von Ferrum oxydatum sacchar. dar.

767. **Female Pills** von Hooper. Jede Schachtel enthält 36—40 Pillen, welche im ganzen 2,5 g wiegen und aus 4 T. Aloe, 2 T. Eisenvitriol, 1 T. Myrrhe, 2 T. Schwarznießwurzelextrakt, 1 T. weißer Seife und ½ T. weißem Zimt bestehen. (U. S. Dispensatory.)

768. **Fenchelhonigextrakt, schlesischer,** von L. W. Eggers in Breslau besteht aus 500,0 gereinigtem Honig, 1000,0 Malzsirup und 5 Tropfen Fenchelöl. 160 g = *M.* 1, 300 g = *M.* 1,80. (Hager.)

769. **Fenchelhonigextrakt, sizilianischer,** besteht aus Fenchelöl, Stärkesirup und geringen Mengen eines vegetabilischen roten Farbstoffes. (Gscheidlen.)

770. **Fer Bravais** ist eine nahezu 4prozentige Lösung von dialysiertem Eisenoxydhydrat.

771. **Fermaltin** nennt Apotheker Fr. Klöckler in Prag VIII einen Maltose-China-Eisenwein.

772. **Fermangol,** ein von Apotheker A. Meyer in St. Goar a. Rh. hergestelltes Eisenpräparat, dürfte im wesentlichen als eine wässerig-alkoholische, aromatisierte Lösung von etwa 5% Eisenmangansaccharat, 1,5% glyzerinphosphorsaurem Kalk und 14% Rohrzucker anzusehen sein. (Aufrecht.)

773. **Ferridine** enthält unter anderem Eisen, Jod und Arsen. Fabrikant: The Gramm Speciality Co. in Winchester, Tenn.

774. **Fer Robin** ist ein französisches Eisenpeptonat.

775. **Ferrochinol** ist eine mit Zimt versetzte schwach weingeistige Chininferrozitrat-Lösung.

776. **Ferrozonpillen** enthalten nach Angabe der Bezugsquelle „Pharmako" in Lippspringe Ferrum oxydulatum saccharatum vanadinicum.

777. **Fettsuchtmittel** von Josef Hensler-Maubach in Baden-Baden besteht aus 3 Teilen: I. ¾ l eines mit Weingeist versetzten wässerigen Auszuges aus Fol. Sennae, Cort. Frangulae, Rad. Gentianae und Aloe 1,5. II. Gleiche Teile Glaubersalz, Kochsalz und Natriumbikarbonat in drei Schachteln. (Techmer.)

778. **Fever- and Ague-Cure** von Rhode oder **Antidote to Malaria.** $400{,}_0$ einer schwarzen, trüben Flüssigkeit von süßem, adstringierendem Geschmack. Der Bodensatz, welcher nach dem Absetzen über den dritten Teil der Flasche füllt, ist gepulverte Tierkohle, während das Flüssige nur versüßtes Wasser mit einer Kleinigkeit Eisenchloridtinktur und etwas Eisenvitriol ist. (O. L. Churchill.)

779. **Feytona** oder **amerikanisches Blütenöl,** Mittel gegen Zahnschmerz, ist eine Lösung von 1 T. Kampher in 2 T. Kajeputöl und 4 T. Chloroform nebst einer Spur Nelkenöl. 6 g = *M.* 0,75. (Hager.)

780. **Fib,** Mittel gegen Magerkeit. Bestandteile unbekannt. Bezugsquelle: Wallbrecht & Co., Hygienisches Institut in Berlin, Karlsbadstr. 21.

781. **Fichtelgebirgs-Heidelbeer-Heilextrakt** ist ein mit ca. 0,05% Salizylsäure und reichlichen Mengen Kapillärsirup versetzter eingedickter Heidelbeersaft. (Beythien.)

782. **Fichtennadelbrustzucker, Kiefernadelbrustzucker** von L. Morgenthau in Mannheim gegen Katarrh etc. sind in Stanniol gehüllte Stängelchen aus Bonbonmasse, mit sehr wenig Opium versetzt. 60 g = *M.* 0,75. (Hager.)

783. **Fichtennadeltabak** von L. Morgenthau, angeblich in England patentiert, ist gewöhnlicher Tabak, der mit einer schwach weingeistigen Lösung des Waldwollextrakts und Waldwollöls getränkt oder angefeuchtet und getrocknet, in die Form von Rauchtabak und Zigarren gebracht ist. (Hager.)

784. **Fieberliniment,** St. Barthélemys besteht aus 3 T. Kampher, 5 T. Opiumtinktur, 60 T. Olivenöl und 125 T. Terpentinöl.

785. **Fiebermittel für Kinder** von Happe in Berlin ist ein alkoholischer Auszug aus Rhabarber, Safran, Süßholz und indifferenten Bitterstoffen. (Bischoff.)

786. **Fieberpulver** von Rob. James in England, auch **Jamespowder** oder **Jacobspulver, Pulvis Jacobi** genannt, ist im wesentlichen

ein Gemenge von phosphorsaurem Kalk, antimonsaurem Kalk und freier antimoniger Säure. 30 g = *M.* 5—7.

787. **Fieberstein, Lapis antifebrilis,** ist aus 54 T. Bleioxyd und 46 T. arseniger Säure zusammengeschmolzen. (W i n c k l e r.)

788. **Fiebertropfen, vegetabilische** von C. W a r b u r g in London bestehen aus Kampher 1,$_0$, Aloe 2,5, Cort. Aurant. expulpat. conc. 10,$_0$, Rad. Helenii 12,$_0$, digeriert mit Spiritus 240,$_0$, Acid. sulfuric. dil. 24,$_0$ adde Chinin. sulfuric. 9,$_0$, Tinct. Opii crocatae 2,5. (R a g s k y.)

789. **Fincks komprimierte Hefetabletten** sind aus untergäriger Hefe, die nach einem besonderen Verfahren eingetrocknet ist, hergestellt. Fabrikant: Pharmazie F i n c k in Genf.

790. **Five Minute fragrant Pain Curer** von Dr. W a l t e r S c o t t in New-York ist eine farblose klare Flüssigkeit, enthaltend 6,$_0$ Äther, 21,$_0$ Glyzerin, 3,4 Kochsalz und 170,$_0$ destilliertes Wasser. Preis *M.* 4 (1 Dollar). (H a g e r.)

791. **Dr. Flattens Universal-Tierseife** von Apotheker M a x D o e n h a r d t in Köln a. Rh., wirkt stark desodorierend und desinfizierend und soll zur Reinigung der Hunde sowie zu prophylaktischen Zwecken (bei Hauterkrankungen usw.) Anwendung finden.

792. **Flechtenkapseln, Antiherpetic Capsules** von Dr. B e r k e l e y sind Teerkapseln. 30 Stück = *M.* 3, 65 Stück *M.* 6, 100 Stück *M.* 9. (H a g e r.)

793. **Flechtenmittel** von J o s e p h K u l l a in Elberfeld bestehen aus Tee, Pulver und Salbe. Der Tee ist eine Mischung von gröblich geschnittener Enzianwurzel, Faulbaumrinde und Pomeranzenschale. Das Pulver enthält zur Hälfte Schwefelblumen, außerdem Sennesblätter, Süßholzwurzel und etwas Aloe. Die Salbe ist Wachssalbe mit Holzteer. (Karlsr. Ortsges.-Rat.)

794. **Flechtenmittel** von Buchdrucker E d. P a d b e r g in Dortmund ist stark verdünnter Liquor Kalii arsenicosi.

795. **Flechtenmittel, untrügliches,** von J. C. N e e f in Einsiedeln in der Schweiz besteht aus einer Salbe und einem Tee. Die Salbe ist aus Fett, Wachs, Terpentinöl und Kadeöl, der Tee aus Kamillenblüten, Malvenblüten, Pomeranzenblättern, Walnußblättern, Sennesblättern, Guajakholz, Sandelholz, Sassafrasholz, Queckenwurzel, Süßholz, Seifenwurzel, Kalmus und Fenchel zusammengesetzt. Preis *M.* 6,88. (Karlsr. Ortsges.-Rat.)

796. **Flechtenpomade** von R. L e n z in Danzig, Dr. B u l w e r s Flechtentod, besteht aus Öl, Wachs, rotem Zinnober und etwas Eisen.

797. **Flechtenpulver** aus St. L u b e s in Frankreich enthält 10 T. Salpeter, 1 T. Antimonchlorid und 20 T. Antimonoxyd. Jede Dosis zu 1,5. (W i t t s t e i n.)

798. **Flechtensalbe** der A p o t h e k e i n W e i n b ö h l a i. S. besteht nach Angabe des Fabrikanten aus 3 T. Benzoefett, Naphthalan, Eigelb je 20, Wachs, Walrat, Ven. Terpent. je 5, Epikarin 2.

799. **Flechtensalbe** der Frau B r o s é e in Berlin ist weiße Präzipitatsalbe mit Opiumpulver. (B i s c h o f f.)

800. **Flechtensalbe** von F o n t a i n e in Paris besteht aus Olivenöl, weißem Wachs und $^{1}/_{16}$ weißem Quecksilberpräzipitat. 30 g = *M.* 0,40. (H a g e r.)

801. **Flechtensalbe** von J ü r g e n s e n in Herisau (Schweiz) soll bestehen aus Acid. salicyl. 1—$2{,}_0$, Acid. boric. 1,5, Pyoktanin. aur. qu. s. bis zu lebhaft gelber Farbe (in Spiritus gelöst), Zinc. oxyd. $66{,}_0$, Ol. Jecoris $33{,}_0$.

802. **Flechtensalbe** der M a r i e n d r o g e r i e in Danzig, besteht aus gelbem Wachs, Öl (zumeist Oleum Cacao), Hydrargyrum oxydatum rubrum und einem Parfüm, anscheinend Perubalsam. (S ü ß.)

803. **Flechtensalbe** von B r u n o R e i c h e l in Apolda ist eine grüngefärbte Mischung aus Wachs und Schweinefett. 30 g = *M.* 1,20. (S c h ä d l e r.)

804. **Flechtensalbe** von Frau K. S c h m i d t in Berlin ist weiße Präzipitatsalbe mit Opiumpulver. Preis *M.* 2,50. (B i s c h o f f.)

805. **Flechtensalbe** von F. S c h w a r z l o s e in Berlin und S. G. S c h w a r z in Breslau besteht aus 1 T. Perubalsam, 2 T. Karbolsäure, 10 T. gelbem Wachs und 30 T. Schweinefett. 100 g = *M.* 2. (S c h ä d l e r.)

806. **Flechtensalbe** von S u r b i in Paris gegen alle Arten von Hautkrankheiten ist zusammengesetzt aus 30 T. Rindstalg, 10 T. Olivenöl, 2 T. Zinkoxyd, 2 T. Speckstein. 30 g = *M.* 8. (W i t t s t e i n.)

807. **Flechtenseife,** Dr. B e r k e l e y s, ist gewöhnliche Teerseife. 1 Stück = *M.* 1,50. (H a g e r.)

808. **Flechtenseife Delphin** von D e l p in Elmshausen i. O. Bestandteile 3½% Chelladrinium (?), 1½% Harze, 95% Seife.

809. **Flechtentod, Hebras,** der M a r i e n d r o g e r i e in Danzig, besteht aus Öl, Wachs, rotem Zinnober, rotem Quecksilberoxyd und Parfüm; nach B e n s e m e r aus rotem Quecksilberoxyd mit Kakaoöl in Stangenform, mit etwas Perubalsam parfümiert. Durch Gutachten des Danziger Kreisphysikus und eines Chemikers war 1894 festgestellt worden, daß der von G r o p p l e r vertriebene Hebras Flechtentod aus reiner Kakaobutter besteht. (S ü ß.)

810. **Flechtenwasser, wunderbar heilsames, mineralisch-vegetabilisches,** von Dr. A. von S. besteht aus 0,25 Quecksilberchlorid, $180{,}_0$ Wasser und $6{,}_0$ Benzoetinktur. (W e b e r.)

811. **Fleischextraktlikör** von A. H e n s e l in Berlin, **Aqua Vitae incarnativa, Eau de vie alimenteuse,** $180{,}_0$ eines schön roten, gewürzhaften Likörs, welcher 32% Verdampfungsrückstand hinterließ; dieser Rückstand ergab neben roter Anilinfarbe ¼% harzartige

und extraktive, teils dem Ingwer, teils dem Zimt angehörige Stoffe, 27½% Zucker und 1¼% Fleischextrakt. Preis *M.* 1. (H a g e r.)

812. **Fleischextraktsirup,** M e y e r - B e r k scher ist Blutwasser (Blutserum) mit Zucker zum Sirup bereitet. 100 g = *M.* 4,50. (Hager.)

813. **Floroline** nach Dr. Joh. V a t e s , ein Mundwasser, von A l b. M ü l l e r in Brünn ist ein verdünnter alkoholischer Auszug aus Bertramwurzel und anderen medizinischen Kräutern und Gewürzen, gefärbt mit einem alaunisierten Cochenilleauszug.

814. **Flucol** gegen Rheumatismus, Fieber, Husten, Schnupfen usw. von F. L e i t m e y e r & C o. wird als 100 prozentiges australisches Eukalyptusöl bezeichnet.

815. **Fluid gegen dicke Sehnen bei Pferden** ist eine aus Kampherspiritus, Salmiakgeist, wenig Cantharidentinktur und Wasser bestehende Flüssigkeit, welche mit anderen harmlosen Tinkturen etwas aufgefärbt ist. (J a c o b s e n.)

816. **Fluid-Lightning, flüssiger Blitz,** aus Nordamerika zur Linderung rheumatischer und anderer Schmerzen besteht aus $100{,}_0$ Alkohol mit etwa 10 Tropfen Senföl, etwas Sassafrasöl und Pfefferminzöl.

817. **Fluid-Ozon** von J. K r o h n in München, ein Mund- und Waschwasser, ist eine wässerige 10 prozentige Lösung von übermangansaurem Natrium, verunreinigt mit Spuren von schwefelsaurem Natrium und Chlornatrium. 60 g *M.* 0,42, 85 g *M.* 0,70. (W i t t s t e i n.)

818. **Fluinol,** früher **Fluorpinol** genannt, ist ein mit ätherischen Ölen versetztes, alkoholisches Kiefern- und Fichtennadelfluidextrakt, welches als Zusatz zu Bädern, Gurgel- und Waschwässern, zu Inhalationen und Verstäubungen bei den verschiedensten Erkrankungen Anwendung finden soll. Fabrikant: Apotheker A l f r e d S c h m i d t in Basel.

819. **Fluotal** ist Fluorbromphenylwismut, welches als starkes Antiseptikum Anwendung finden soll.

820. **Flüssigkeit, antiseptische,** von C l i f f ist eine mit Karbolsäure versetzte spirituöse Lösung grüner Seife.

821. **Flüssigkeit Condys** ist eine schwache Auflösung von übermangansaurem Natrium. (W i t t s t e i n.)

822. **Flußtinktur, allgemeine,** von S u l z b e r g e r in Salzungen, ist eine Auflösung von 1 T. Aloe in 2 T. Weingeist. 15 g = *M.* 0,70. (S p a n.)

823. **Formagnol Bouty,** ein Nervenmittel, enthält Natriumformiat. (Z e r n i k.)

824. **Formalinseife, flüssige,** der Firma H a h n in Schwedt a. d. O., besteht aus Olivenöl oder Leinöl mit 10% Formaldehyd und wird als Mittel gegen Nachtschweiß der Phthisiker empfohlen.

825. **Formol géranié,** ein Zahnmittel, enthält 40 Teile Formaldehyd, 20 T. Geraniumessenz, 40 T. 80 prozentigen Weingeist.

826. **Formophen-Tabletten** bestehen vermutlich aus einem Verdichtungsergebnis von Formaldehyd und Phenol. Anwendung: zur Desinfektion bei Genickstarre etc. als Verdunstung. Fabrikant: Wagner & Wiebe in Leipzig. (Zernik.)

827. **Formysol,** ein Desinfektionsmittel, ist nach Schlieben eine klare, leicht gelblich gefärbte, flüssige Glyzerin-Kaliseife, welche mit einem Zusatze von 10% Formalin und einem solchen von 25% hergestellt wird.

828. **Franzes Kräutersalmiakeinreibung.** Liqu. Ammon. caustic. $30,_0$, Spiritus denaturat. $60,_0$, Chlorophyll. bis zur satten Grünfärbung gibt nach Löffler ein Präparat, welches von dem echten nicht zu unterscheiden sein soll. Von anderer Seite wurde folgender Analysenbefund angegeben: 29,28 Weingeist, 10,03 Ammoniak, 0,069 Kupferazetat, 0,095 Bockshornsamen- und Wiesenpflanzenabguß. Bezugsquelle: Salomonis-Apotheke in Dresden-A.

829. **Frauen-Elixir** von Dr. Legab, Apotheker in Bojanowo, ist eine grünlich-braune Flüssigkeit mit geringem Bodensatz, einen schwach spirituösen Auszug verschiedener Pflanzen darstellend, welcher stark mit Fenchel- und Anisöl parfümiert ist.

830. **Fricol** werden Einreibungsmittel für Pferde genannt, über deren Zusammensetzung nichts verlautet. Dem blauen Fricol sollen sowohl heilende als auch diagnostische Wirkungen innewohnen, das gelbe Fricol soll die Wirkung des blauen verstärken. Generalvertreter: A. Weinholtz, Berlin C., Dirksenstr. 105.

831. **Frisonis Gichtheiler** von Brandts Apotheke in Riedlingen a. D. (Württbg.) enthält: Tongaextrakt in Amerika frisch hergestellt $21,_0$, amerik. Schlangenwurzelextrakt (Cimicifug. racemos.) 0,35, Salizylsäure $8,_0$, Zimtessenz $20,_0$, Orangeblütenwasser $70,_0$.

832. **Frog-Ointment** oder **Thrush-Mixture**, Schmiere für Strahlfäule oder Drosselmixtur, besteht aus $90,_0$ braunem Sirup, $6,_0$ Grünspanpulver, $10,_0$ konzentrierter Essigsäure, $2,_0$ Eisenchloridflüssigkeit. 25 g = *M.* 3. (Hager.)

833. **Frostbalsam** von Doepp ist ein Gemisch aus gleichen Teilen Oleum camphoratum, Oleum Rosmarini und Liq. Plumbi. subacet.

834. **Frostbalsam** des Dr. Kepes ist ein Gemisch aus 10 T. Jodtinktur und 25 T. Kollodium.

835. **Frostbalsam** von Richardin ist eine Lösung von $2,_0$ Kampher, $3,_0$ Wacholderöl und $3,_0$ Thymianöl in $4,_0$ Salmiakgeist und $32,_0$ Weingeist.

836. **Frostbeulenelixir** von Dr. Oken ist eine Jodlösung in Alkohol, welcher eine harzartige Masse und Salpetersäure zugemischt sind.

837. **Frostmittel nach Dr. Hedenus** besteht aus 3 T. Borax, 3 T. Chlorkalk, 40 T. Benzoefett und ¼ T. Rosenöl. Fabrikant: Salomonis-Apotheke in Dresden-A.

838. **Frostpomade** einer Wiener Hühneraugenausschneiderin ist ein Gemenge aus Ungt. cereum, Alaun und Rosmarinöl.

839. **Frostsalbe** von Brefeld ist ein Gemisch aus $6,_0$ Ferrum oxydatum fuscum, $3,_0$ Bolus Armen., $6,_0$ Terebinthina, $50,_0$ Sebum, $50,_0$ Adeps suillus und 15 Tropfen Oleum Bergamottae.

840. **Frostsalbe** von Wahler in Kupferzell. 24 T. Hammeltalg, 24 T. Schweinefett und 4 T. Eisenoxyd kocht man in einem eisernen Gefäß unter Umrühren mit einem eisernen Stabe so lange, bis das Ganze schwarz geworden ist, und setzt dann hinzu 4 T. venezianischen Terpentin, 2 T. Bergamottöl, 2 T. armenischen Bolus, welcher mit etwas Olivenöl fein abgerieben ist.

841. **Frostschutzpomade** der Baronin Stempel ist ein Gemisch von 25 T. Äther mit einer auf 30 Grad erwärmten Mischung aus 3 T. Bleipflaster, 1 T. Wachs, 10 T. Fett und 40 T. Talg. (Hager.)

842. **Früchte-Säfte-Essenz** von V. Trippmacher ist ein durch Auflösen von Zucker im Safte der Preiselbeere und der Hagebutte hergestellter Pflanzensirup. (Karlsr. Ortsges.-Rat.)

843. **Fruchttafelzucker** von E. Wiele in Magdeburg ist ein etwas grünlich gefärbter, mit Spuren Fruchtäther parfümierter Kartoffelstärkezucker, in Schokoladenformen gepreßt. 85 g = *M.* 0,10. (E. Heintz.)

844. **Fruit Salt,** Enos, ein in England und Amerika sehr verbreitetes Präparat, ist ein granuliertes Pulver, bestehend aus 168 T. doppeltkohlensaurem Natrium, 150 T. Weinsteinsäure und 110 T. Weinstein.

845. **Fucol,** ein Lebertranersatz der Fucol-Werke in Bremen, ist ein olivgrünes Öl mit den Konstanten und Reaktionen des Sesamöles. Jod war darin nicht oder nur in äußerst geringen Spuren nachweisbar. Die grüne Farbe und das schwache Aroma dürfte auf die Behandlung des Öles mit gerösteten Fucus-Arten zurückzuführen sein. (Aufrecht.)

846. **Fucolglycine du Dr. Gressy** ist ein Jod-Brom-Phosphor-Sirup, der aus den wirksamen Bestandteilen frischer Meeresalgen und Fucusarten bereitet und als Lebertranersatz angewendet wird. Fabrikant: Le Perdriel & Co. in Paris, 11 rue Milton.

847. **Fukusin-Entfettungstabletten.** 50 Stück enthalten 9 g Fukusin (wirksamer Bestandteil von Fucus vesiculosus) und 4 g zusammengesetztes Rhabarberextrakt. Fabrikant: Königliche Hofapotheke in Dresden-A.

848. **Fullers Earth,** Streupulver aus England, ist weißer Ton und Talkum.

849. **Fumigateurs pectorales** von Grimault & Co. in Paris bestehen aus sehr klein geschnittenen Blättern von Atropa Belladonna, Cannabis sativa Indica und einer Art Epilobium. (Herm. Braun.)

850. **Fumigatio antiasthmatica Vorländers** besteht aus: Stramonium $15,_0$, Herb. Lobeliae $8,_0$, Flor. Arnicae $8,_0$, Natr. nitricum $3,_0$, Kal. jodatum 0,3, Naphtholi 110. (A v e l l i s.)

851. **Fumigator** Dr. P e r r i n s besteht aus Zimt, Nelken, Piment, Sägemehl und etwas Salpeter. (H a g e r.)

852. **Fürstenbalsam, Bamberger, für Frauen.** Eine Einreibung zur Kräftigung der Frauen vor und nach der Niederkunft, entspricht einer filtrierten Mischung aus gleichen Teilen zusammengesetztem Lavendelspiritus und Seifenspiritus, versetzt mit wenig Kampher und Salmiakgeist. Preis *M.* 1. (H a g e r.)

853. **Fußschweißmittel** von L e g o u x besteht aus $10,_0$ Glyzerin, $30,_0$ Liq. Ferri sesquichlorati und 20 Tropfen Ol. Bergamott.

854. **Fußwasser** von K o c h ist eine parfümierte 3—5 prozentige Borsäurelösung. (G s c h e i d l e n.)

855. **Galazyma** ist eine Art Kefir (gegohrene Milch).

856. **Galène-Einspritzung** von J. F. S c h w a r z l o s e S ö h n e in Berlin. a) Arabisches Gummi $25,_0$, Wasser 65,5, Bleizucker 4,5, Opiumtinktur mit Safran $5,_0$. (H a g e r.) — b) Sulfokarbolsaures Zink $3,_0$, arabisches Gummi $3,_0$, Opiumtinktur $2,_0$, Wasser $100,_0$. 100 g = *M.* 6. (S c h ä d l e r.)

857. **Gallabführende Pillen** von D i x o n sind 0,15 g schwere Pillen aus $10,_0$ Aloe, $10,_0$ Scammonium, $10,_0$ Rad. Rhei, 0,5 Tart. stibiat., $15,_0$ Extract. Gentian.

858. **Gallen-Magentropfen** der Königseer Olitätenhändler werden bereitet aus $400,_0$ Fruct. Aurantii, je $250,_0$ Rad. Rhei und Tub. Jalapae, $450,_0$ Aloe, $200,_0$ Rad. Gentian., $150,_0$ Fol. Sennae, $125,_0$ Bolet. Laricis, $100,_0$ Fruct. Colocynthid., $50,_0$ Kalium carbonic. mit 5 l Weingeist von 80% durch Digestion, Filtration und Zusatz von Zuckertinktur. (R i c h t e r.)

859. **Gallenmixtur für Pferde** von F. B a r t h , Tierarzt in Freibach bei Altenhofen in Kärnten ist eine klar abgegossene Lösung von 8 T. Holzteer in 92 T. schlechtem Kienöl. 42 g = *M.* 2,80. (H a g e r.)

860. **Gallenmixtur** von P h. B a r t h in Marburg in Steiermark ist dasselbe Präparat wie das vorige, aber mit ¾ % Drachenblut rot gefärbt. (W i t t s t e i n.)

861. **Gallensteinmittel des Dr. med. Franke** besteht aus 4 Flaschen mit Gebrauchsanweisung. Nr. 1 enthält nach Z o r n i k vermutlich eine niedrige homöopathische Verdünnung einer vegetabilischen Tinktur; Nr. 2 enthält einen versüßten Auszug einer emodinhaltigen Droge (Frangula, Senna?); Nr. 3 dürfte Nr. 2 gleich sein; Nr. 4 enthält ein rotgefärbtes Öl, wahrscheinlich Olivenöl.

862. **Gallensteinmittel von Vinnai** in Bretten bestehen aus einem Tee und einem Öle unbekannter Zusammensetzung. Der Ortsges.-Rat in Karlsruhe warnt vor Vinnai.

863. **Gallensteinpastillen** enthalten Natrium choleinicum, Carduus marianus, Taraxacum, Nasturtium, China u. a. Anwendung bei Leberkolikanfällen. Fabrikant: „Z y m a“, A.-G. für industrielle Bakteriologie in Montreux (Schweiz.)

864. **Gallentinktur** des Dr. G. K r i e g e r in Graz besteht aus 5,0 Holzteer, 10,0 Wasser, 30,0 Spiritus, 1,0 Quecksilbersublimat und 0,05 Rosanilin unter gelinder Erwärmung gemischt und filtriert. 30 g = *M*. 2,50. (H a g e r.)

865. **Gallentinktur** von R i c h t e r ist eine Tinktur aus 90,0 Canthariden, 45,0 Kampher, 20,0 Salpetersäure, 90,0 Äther und 1100,0 Spiritus.

866. **Gallin,** ein von B. D e i c h m a n n in Mannheim in den Handel gebrachtes Gallensteinmittel, besteht aus 3 Flaschen, deren eine aus einer Abkochung von Fenchel und Anis 12: 200,0 besteht, in der gelöst sind resp. sein sollen: Natr. bicarbon. 14,0, Natr. sulfuric. 16,0, Natr. chlor. 3,0, Extr. Rhei 13,0. Die beiden anderen Flaschen enthalten eine Emulsion aus: Extr. Absinthii 15,0, Ol. Amygdal. 240,0, Glyzerin 55,0, Aqua dest. 45,0, Mucilago 25,0, aromat. mit Ol. Arnicae und Ol. Iridis aa gtts. III. (H u p k e.)

867. **Gall- und Magentropfen** von Z ö l f e l sind eine alkoholische Lösung verschiedener Bitterstoffe, unter denen Rhabarber nachgewiesen werden konnte. (G s c h e i d l e n.)

868. **Galvanisches Suppositorium** von Dr. G l a ß in Philadelphia soll eine passende Regulierung des Stuhlgangs bei bestehender Verstopfung bezwecken. Es besteht aus einem an einem Stiel befestigten Spatel, der aus Silber ist und auf die Zunge gelegt wird, worauf der Mund geschlossen werden muß, und einem die Form eines Suppositoriums habenden Messingstück, welches in den Anus eingeführt wird. Der Spatel ist mit dem Suppositorium mittelst eines isolierten Drahtes verbunden, so daß der vermeintliche Strom durch den Körper geschlossen wird. Man benützt dieses Suppositorium 5—10 Minuten lang einmal oder zweimal am Tag.

869. **Gasaltabletten** von C. B o n a v i a e F. di Bologna dienen zur Darstellung von künstlichem Vichy-Wasser. 50 Tabletten genügen zur Bereitung von 10 l. Bezugsquelle: F r. M e l l in Triest.

870. **Gastricin,** gegen Magenleiden empfohlen, besteht aus 1 g Ammoniumkarbonat, 1 g Ammoniumchlorid, 6 g Weinstein, 2 g Seignettesalz, 5 g Krebsstein, 3 g Magnesiumkarbonat, 10 g Magnesiumzitrat, 5 g Magnesiumlaktat, 3 g Natriumchlorid, 3 g Natriumsulfat und 60 g Natriumbikarbonat. Fabrikant: S a l v a t o r - A p o t h e k e in Preßburg.

871. **Gastrin,** Kräuter-Magenpulver von Apoth. A. K u r t z w i g in Berlin NW., besteht aus Leberkraut, Kreuzwurzel 20, Sagrada, Lindkraut 10, Leinkraut 40.

872. **Gastrophan** des Apoth. J. Fürst in Prag, zur Stärkung der Verdauung und Förderung des Appetits besteht aus Quassiaholz $30,_0$, unreifen Pomeranzen $15,_0$, Galgant $4,_0$, Cardamomen $2,_0$, Sternanisöl 10 Tropfen, Pomeranzenschalenöl 10 Tropfen, Spiritus $180,_0$ und Wasser $120,_0$ digeriert und filtriert. 60 g = *M.* 1,40. (Hager.)

873. **Gastrophile** von Dr. Borchard existiert in mehreren Nummern und ist kochsalzhaltiges Sodawasser, in einzelnen Nummern vielleicht versetzt mit Glaubersalz.

874. **Gebirgstee, Harzer,** von Paul Heider in Berlin, ist eine Mischung von Schafgarbe, Lavendelblüten, Schlehdornblüten, Sassafrasholz, Sennesblättern, Pfefferminze, Huflattich, Süßholz und vereinzelten Bruchstücken von 3 anderen Pflanzen. 50 g = *M.* 0,50. (Bischoff.)

875. **Gebirgstee, Harzer, Lauers** enthält Flor. Acaciae, Calendulae, Lavandulae, Millefolii, Sambuci, Fol. Sennae, Herb. Farfarae, Majoranae, Matrisylviae, Menth. pip., Veronicae, Lgn. Sassafras, Rad. Liquiritiae.

876. **Gedächtnis-Limonade** von G. M. Raufer in Wien ist ein Gemisch aus 15 T. Acid. phosphoric., 15 T. Glyzerin und 70 T. Wasser. 80 g = *M.* 3. (Schädler.)

877. **Gehörbalsam** von Böhm gegen Schwerhörigkeit ist ein Gemisch aus $50,_0$ Zwiebelsaft, $50,_0$ Balsam. tranquillans, $3,_0$ Perubalsam, $1,_0$ ätherischem Kamillenöl, $1,_0$ Stinkasanttinktur und $1,_0$ Bibergeiltinktur.

878. **Gehör-Instrument** des Apoth. F. Brunner in Troppau (Abrahams **Porte-voix en miniature** à Paris) ist ein 2 cm langes, strohhalmdickes Röhrchen von Silberblech, am Ende mit einer kleinen, muschelförmigen Erweiterung, mit etwas Baumwolle umhüllt ins Ohr zu stecken. *M.* 12, vergoldet *M.* 16,50.

879. **Gehörlikör, Schweizer,** von Raudnitz ist mit wenig fuseligem Branntwein versetztes Wasser. Preis *M.* 2. (Wittstein.)

880. **Gehöröl** der Adler-Apotheke in Frankfurt a. M. gegen Taubheit, Ohrenfluß, Ohrensausen und Schwerhörigkeit besteht aus $20,_0$ Ol. Amygd. dulc., $4,_0$ Ol. Cajeputi, $3,_0$ Ol. Chamomill., $3,_0$ Ol. camphorat.

881. **Gehöröl** von Bauressis besteht aus $20,_0$ Kampheröl und $1,_0$ Kajeputöl. Preis *M.* 0,50. (O. Quenzel.)

882. **Gehöröl** des C. Brackelmann in Soest ist mit Sonnenblumenöl verfälschtes Olivenöl, versetzt mit Spuren Kajeputöl, Sassafrasöl, Rosmarinöl und Kampher. 50 g = *M.* 15. (Hager.)

883. **Gehöröl** von Apotheker C. Chop in Hamburg ist ein in Staniol gehülltes Fläschchen mit $18,_0$ einer Mischung aus $2,_0$ Kajeputöl und $16,_0$ Provenceröl. (Schädler.) — Nach anderweitigen Untersuchungen Kampheröl mit 2% ätherischem Ysopöl. Preis *M.* 1,80.

884. **Gehöröl** vom prakt. Arzt S. Fischer in Grub in Appenzell ist eine Mischung aus Kajeputöl und süßem Mandelöl. Preis *M.* 2. (Karlsr. Ortsges.-R.)

885. **Gehöröl, Huile acustique** des Dr. Mène Maurice ist ein mit Alkanna gefärbtes Gemisch aus 30,0 Provenzeröl, 0,3 Kampher, 8 Tropfen Zimtöl und 15 Tropfen Essigäther. Preis *M.* 6. (E. Hoyer.)

886. **Gehöröl** von Dr. John Robinson besteht aus 1000 T. Speiseöl (Sonnenblumenöl mit Mohnöl), 15 T. Kampher, 6 T. Kajeputöl, 1 T. Sassafrasöl, 1 T. Bergamottöl, 1 T. Pelargonienöl. 90 g = *M.* 15. (Hager.)

887. **Gehöröl** des Oberstabsarztes Dr. G. Schmidt, verbessert von Dr. M. Deutsch, aus dem Generaldepot von Julius Krätz in Wien ist Kampheröl mit geringen Mengen von Nelken- und Kajeputöl. 20 g = *M.* 5. (Jacobsen.) — Die Fabrikanten geben als Bestandteile an: Ol. Amygd. dulc., Ol. Chamomill. Germ. aeth. Ol. Cajeput. und Ol. camphorat.

888. **Gehöröl** von Dr. Seydler ist ein mit Kampher und Kajeputöl parfümiertes mohnölhaltiges Olivenöl, mit Alkanna rot gefärbt. Daneben etwas gekampherte Wollwatte.

889. **Gehörölextrakt** Dr. Schipecks von F. Giaconelli in Wien Fünfhaus, Stadiongasse 1 gegen Ohrensausen ist eine Mischung verschiedener Öle. (Karlsr. Ortsges.-Rat.)

890. **Geist, Bredfelder,** wird nach verschiedenen Vorschriften bereitet. 30,0 Ambratinktur, 240,0 Lavendelspiritus, je 4,0 Nelken-, Bergamott-, Thymian- und Lavendelöl. (Heinr. Kral.) — 300,0 Kölnisches Wasser, 50,0 Rosenwasser, 1,0 Moschustinktur. (Hager.) — Man digeriert 1000,0 Veilchenwurzelpulver mit 17 l Weingeist von 95% einen Monat lang und setzt zu dem filtrierten Auszug eine Mischung folgender Öle: Rosenöl 4,5, Zitronen- und Neroliöl je 13,5, Moschus 2,2. Nach nochmaliger einmonatlicher Mazeration wird filtriert. — Bergamottöl, Nelkenöl, Thymianöl, Lavendelöl je 17,5 T., Neroliöl, Zimtöl je 2,2 T., Moschus 0,07 T. werden mit 1700 T. 95 prozentigem Weingeist 14 Tage lang digeriert und filtriert. — 230,0 Veilchenwurzel und 2000,0 Weinspiritus werden 3 Tage digeriert, mit einer Mischung von 300,0 Weinspiritus, 70 Tropfen Zitronenöl, 60 Tropfen türkischem Rosenöl, 70 Tropfen Neroliöl und 0,15 Moschus zusammengegossen und filtriert. (Vomácka.)

891. **Gelatino-plastique,** eine Salbengrundlage, besteht aus 15 g Gelatine, 60 g Wasser und 50 g Glyzerin.

892. **Gelée antidiarrhéique** ist eine bei 120° im Autoklaven sterilisierte 10prozentige Gelatinelösung.

893. **Gelée de Baume de Copahu** von Caillot ist eine gewöhnlich mit etwas Pfefferminzöl parfümierte Gallerte aus 60,0 Copaivabalsam, 20,0 Zucker, 40,0 Wasser und 5,0 Hausenblase.

894. **Genickstarre-Heilmittel** von dem Kaufmann B. Rochow ist eine stark wasserhaltige, locker aufgerührte Seife, welche mit Kampher und etwas Nelkenöl versetzt ist. Preis *M.* 3. (Bischoff.)

895. **Géraudelpastillen** gegen Husten, Schnupfen, Asthma usw., enthalten je 25 mg gereinigten norwegischen Teer. Bezugsquelle: Noris, Zahn & Co. in Köln a. Rh.

896. **Gerbintabletten** von Apotheker Dietel sollen zur Bereitung des Paraguaytee- oder Maté-Getränkes dienen.

897. **Germicidal-Soap, Quecksilber-(Mercurijodid-)Seife,** dient zur Desinfektion sowohl der Hände, als auch der Instrumente. Die Seife soll fünfmal wirksamer als Sublimat und Karbolsäure sein. Fabrikant: Parke, Davis & Co., London.

898. **Gesichtssalbe,** Grolichs, von C. F. Dahms in Berlin ist weiße Präzipitatsalbe mit Wismutweiß gemischt und mit Rosenöl parfümiert. (Bischoff.)

899. **Gesundheitskörner,** weiße, von Didier in Paris sind gewöhnlicher abgesiebter weißer Senfsamen. 500 g = *M.* 1,40. (Hager.)

900. **Gesundheitskräuter** von Lieber in Creußen bestehen aus Herba Galeopsid. grandiflor. conc. 375 g = *M.* 5,15. (Wolf.)

901. **Gesundheitskräuter,** Schneebergs, gegen Auszehrung, Husten etc. von Apoth. Julius Bittner in Gloggnitz, bestehen aus ca. $100{,}_0$ Isländischem Moos, je $50{,}_0$ Eibischwurzel und Spanischem Süßholz, je $5{,}_0$ Feigen, Johannisbrot, Graupen, kleinen Rosinen, Eibischkraut, Eibischblüten, Malvenblüten, Wollkrautblumen, Gundermann, Leberkraut, Huflattich, Lungenkraut und Klatschrosen. (Hager.)

902. **Gesundheitskräuter-Bitter** von Gottschlich enthält in $100{,}_0$ annähernd das Lösliche aus 0,8 Opium. 3 Flaschen mit je 25 g = *M.* 3,80. (Hager.)

903. **Gesundheitskräuterhonig** von C. Lück in Kolberg ist ein Gemisch von rohem Honig und frischem Vogelbeersaft vom spez. Gew. 1,23, mit 1% Alkohol und 0,11% Salizylsäure. (K. Thümmel.) — Der Fabrikant gibt dazu folgende Vorschrift: Mel. germ. opt. $575{,}_0$, Succ. Sorbor. recent. $115{,}_0$, Aq. dest. $155{,}_0$ werden aufgekocht und abgeschäumt. Der Kolatur fügt man hinzu Vin. generos. alb, $155{,}_0$, der vorher digeriert wurde mit Rad. Gentian. conc. $10{,}_0$, Rhiz. Irid. flor. conc. $10{,}_0$, Rad. Carlinae conc. $30{,}_0$, Herb. Mercurial. conc. $15{,}_0$, Herb. Amchusae conc. 7,5, Herb. Pulmon. arbor. conc. 7,5.

904. **Gesundheitslikör** von Pavel & Co. in Berlin ist schwedisches Lebenselixir ohne Aloe, dafür mit Rhabarber, dann mit Zucker und Spiritus zu einem Likör gemacht. (Hager.)

905. **Gesundheitspillen** oder **Lebenspillen** von Frank sind versilberte Pillen, welche 1 T. Gummi Gutti und 4 T. Aloe enthalten. 60 Stück = *M.* 1,60. (Hager und Wittstein.)

906. **Gesundheits-Ratafia** von F. W. Krafft in Berlin, gegen Magen-, Brust- und Unterleibsbeschwerden, ist ein hellbräunlicher Schnaps im Gewicht von $250,_0$, bestehend aus $75,_0$ Zucker, $105,_0$ Wasser, $100,_0$ starkem Weingeist, je $4,_0$ Pomeranzenschalentinktur und Tinktur aus unreifen Pomeranzen, je 2,5 Gewürztinktur und Wermuttinktur, 1 Tropfen Pfefferminzöl, 5 Tropfen Essigäther und einigen Tropfen Zuckercouleur. Preis *M.* 1. (Horn.)

907. **Gesundheits-Speise-Gewürz** von J. H. Redeke, gegen Hämorrhoidalbeschwerden, Hypochondrie, Rheumatismus, Drüsen, Skrofeln, Augenentzündung, Bleichsucht, Verdauungs- und Magenbeschwerden etc., besteht aus 3,4 Schwefelblumen, 2,5 Enzianpulver und 3,1 gepulvertem schwarzen Senf. Preis *M.* 1.80. (Hager.)

908. **Gesundheitstrank für Schwangere** von Lenhard in Quedlinburg besteht im wesentlichen aus einem Aufguß von Sennesblättern, Ysop, Minze etc., worin Bittersalz aufgelöst ist. (Wittstein.)

909. **Gesundheitszuckerkuchen** von Pavel & Co. in Berlin sind Zuckerplätzchen mit einer konzentrierten Rhabarbertinktur und Gesundheitslikör (siehe S. 79) besprengt. (Hager.)

910. **Getreideextrakte,** welche durch Mazeration und Eindampfen im Vakuum, also ohne Anwendung von großer Hitze gewonnen wurden, empfiehlt L. Adrian zu arzneilichen Zwecken. Dieselben besitzen säuerlichen Geschmack und angenehmen Geruch und werden gern genommen. Sie sollen als Salzbildner Anwendung finden und überall da, wo man in neuerer Zeit Lecithin zu geben geneigt ist.

911. **Gibsons Anaemia Jujubes** enthalten Hämoglobin. Fabrikant: Robert Gibson & Sons, Limited in Manchester und London.

912. **Gichtbalsam** von Apotheker Kadig in Berlin ist ein mit Birkenteer geschütteltes Gemisch aus Rüböl und Kienöl, welches nach dem Absetzen klar abgegossen ist. 15 g = *M.* 1,25. (Hager.)

913. **Gichtbalsam** nach Dr. Laville von Albin Müller besteht aus $5,_0$ Canth=aridentinktur, $5,_0$ Salmiakgeist, $40,_0$ Spiritus, $35,_0$ Spanischer Seife, 0,5 Kampher und 0,25 Rosmarinöl. Preis *M.* 0,60. (Hager.)

914. **Gichtbalsam, indischer,** von Reichelt ist eine Mischung von Alkohol, Rizinusöl und Kajeputöl. (Gscheidlen.)

915. **Gichtbalsam** von Seewald in Hochholz ist eine, auf einer kleinen Menge einer farblosen wässerigen Flüssigkeit schwimmende, blaß grünlichgelbe, einem ätherischen Öle gleichende Flüssigkeit, zwischen den beiden Schichten befindet sich ein gelblichweißes Häutchen einer festen Substanz (Schwefel). Die Bereitung geschieht vermutlich durch Destillation von 4 T. Terpentinöl und 1 T. konzentrierter Schwefelsäure. 30 g = *M.* 1,10. (Trautwein.)

916. **Gichtelixir** von J. Gulielmo in Landau besteht aus einer Lösung von 1,5 Chininsulfat und 7,5 Chloralhydrat in 30 prozentigem Weingeist, mit Pomeranzenschalensirup gefärbt. 130 g = *M.* 8. (Hager.)

917. **Gichtelixir** von Herlikofer in Gmünd in Württemberg ist ein Gemisch aus 1 T. Tinct. Sem. Colchici, 1 T. Tinct. Bulbi Colchici und 2 T. Spirit. dilutus. 80 g = *M.* 6. (Hager.)

918. **Gichtessenz,** Battleys **Liquor antineuralgicus,** ist ein Digest aus $100,_0$ Cortex Chinae regiae, $15,_0$ Saccharum, $15,_0$ Glyzerin, $100,_0$ Weingeist und $800,_0$ Wasser, welches bis auf $45,_0$ eingedampft und mit $5,_0$ Weingeist versetzt ist.

919. **Gichtgeist** von V. Franz in Holoubkau in Böhmen, ist eine gelbliche ziemlich klare Flüssigkeit, bestehend aus einem Gemisch aus ca. $10,_0$ Chloroform, $10,_0$ Salmiakgeist, $90,_0$ Spiritus, gemischt mit $15,_0$ eines wässerigen oder schwach spirituösen, $1,_0$ Soda haltenden Auszuges aus $3—4,_0$ entweder flüssigem Storax oder eines mit flüssigem Storax verfälschten Perubalsams. Preis *M.* 2,50. (Hager.)

920. **Gichtheilmilch** von C. Ulbrich in Niederlößnitz bei Dresden ist eine Auflösung von Sapo terebinthinatus in Wasser. 1 Flasche = 2 *M.*, ½ Flasche (ca. 100 g) = *M.* 1,20. (Hahn.)

921. **Gichtkette mit Flußableitung** von Winter in Berlin, besteht aus 70 zusammengefügten Gliedern von Zink-, Kupfer- und Messingdraht in gleichmäßiger Anordnung, ist geschlossen mit einem Ornamente aus Zink- und Kupferdraht, an welchem eine flache Kapsel aus eben diesen Metallen von der Größe eines Zweimarkstückes hängt, reicht um den Hals und ungefähr bis auf die Magengrube, wo die Kapsel mittelst einer um den Leib geschlungenen Baumwollschnur festgebunden werden soll. Preis *M.* 10.

922. **Gichtliniment,** Homes, besteht aus $3,_0$ Kampher, $10,_0$ Terpentinöl, $20,_0$ Nervensalbe, $35,_0$ schwarzer Seife, $10,_0$ gepulvertem Mutterkümmel und $1,_0$ Ammonkarbonat.

923. **Gichtmittel** von Béjean in Besançon besteht aus $5,_0$ Extr. Gentian., je $4,_0$ Kalium jodat. und Natr. salicylic. (spätere Analysen geben Natriumbenzoat an) $80,_0$ Wasser, $20,_0$ Spiritus und 5 Tropfen Ol. Gaultheriae. Preis *M.* 8. — Nach Pruys besteht es aus Ol. Gaulth. gtts. V, Spiritus $20,_0$, Aqua $80,_0$, Extr. Gentian. $5,_0$, Kal. jodat., Natr. salicylic. je $4,_0$.

924. **Gichtmittel** von Pistoia, Polveri antigottose delle R. R. Madri Benedictine di Pistoia, bestehen aus einem Gemisch von gepulverter Colombowurzel mit Patschuliblättern. (Zernik.)

925. **Gichtmittel** von Reinold, **Antarthritic Specific, Spécifique antigoutteux,** wird durch 8 tägige Mazeration von 500 T. frisch zerschnittenen Colchicumzwiebeln und 15 T. Mohnblumen mit 950 T. Sherry und 100 T. Rum erhalten. (Engl. Patent.)

926. **Gichtmittel,** W a n t s **Medicinal Water,** wird durch 14 tägige Mazeration von frischen Colchicumzwiebeln mit der zweifachen Menge Weingeist gewonnen.

927. **Gichtmittel** von G i p p e r t besteht aus nicht ausgetrockneter Seife mit gleichviel schwachem, mit Alkanna rot gefärbtem Spiritus unter Zusatz von etwas Salmiakgeist und Rosmarinöl kunstlos durchmischt. 80 g = *M.* 3. (H a g e r.)

928. **Gichtmittel** von Jg. S c h u l t h e i ß N a c h f. in Gütenbach besteht aus $10,_0$ ätherischem Wacholderbeeröl und $5,_0$ Wasser. Preis *M.* 2.

929. **Gichtöl** von J. E g e n e r & F r e y in Mainz und Rotterdam, besteht aus $35,_0$ Wasser, worin Guanobestandteile befindlich sind, $60,_0$ Petroleum, $20,_0$ Terpentinöl, $15,_0$ Salmiakgeist und $10,_0$ Spiritus. Preis *M.* 4. (S c h ä d l e r.)

930. **Gichtpapier** von V. F r a n z in Holoubkau in Böhmen ist durchscheinend, mit englischer Firma versehen und enthält keinerlei reizende Stoffe. Vergl. unter Gichtgeist. (H a g e r.)

931. **Gichtpflaster** des Dr. B l a u in Langenberg bei Gera besteht aus gewöhnlichem Terpentin auf 8 handgroße Tafeln grünen papiernen Wachstaffet gestrichen. Preis *M.* 3. (H a g e r.)

932. **Gichtpillen** von L a r t i g u e in Bordeaux sind 0,15 g schwere, mit Lycopodium bestreute Pillen, welche aus 4 T. gepulvertem Herbstzeitlosensamen und 1 T. Zucker bestehen. 24 Stück = *M.* 8 (10 Frcs.). (W i t t s t e i n.)

933. **Gichtpillen** Dr. L a v i l l e s sind kieselsaures und kohlensaures Natrium enthaltende Pillen von Extr. Physalis baccarum und Pflanzenpulver. Das Extrakt soll aus den reifen, von den Samen befreiten Beeren durch Kneten mit etwas Kalkwasser und Extraktion der Masse mit Weingeist dargestellt werden.

934. **Gichtpomade, amerikanische,** von M e i n e & L i e b i g, Hannover, ist eine aus Vaseline hergestellte braune Mischung, die einen starken Geruch nach Teer oder einem ähnlichen brenzlichen Öl besitzt. Nach dem Gebrauch stellt sich ein schmerzhafter hartnäckiger Ausschlag ein, der wahrscheinlich von einem Gehalt an Krotonöl herrührt. 25 g = *M.* 3. (L. H a u s m a n n.)

935. **Gichtpulver,** L o u i s W u n d r a m s. 3 Pulver, je aus $1,_0$ Schwefelblüte und 0,3 Zucker bestehend. Preis *M.* 2,25. (H a g e r.)

936. **Gichtringe** sind eiserne Ringe, deren Enden mit einem Kupfer- und einem Zinkstreifen versehen sind. (H a g e r.)

937. **Gichtsalbe** von L. B l ü h e r in Plagwitz, auch bei Brust- und Kreuzschmerzen dienlich, nur auf gewöhnliches Schreibpapier gestrichen von Erfolg, ist ein Gemisch von 2 T. Terpentin und 1 T. Schiffspech. 60 g = *M.* 3. (W i t t s t e i n.)

938. **Gichtsalbe** von C. P ü t t m a n n in Cöln besteht aus 88 T. Terpentin, 10 T. Schwarzpech und 2 T. Holzteer. 50 g = *M.* 3. (H a g e r.)

939. **Gichtspiritus** von Dr. Blau in Langenberg bei Gera. Gestoßener Pfeffer und Kochsalz je 15,0, Spiritus 180,0, Essig 50,0, Rosmarinspiritus, Quendelspiritus je 25,0 werden digeriert und durch Leinwand geseiht. Preis *M*. 3. (Hager.)

940. **Gichttinktur** von Cocheux ist Colchicumtinktur mit ihrem halben Volumen Weingeist verdünnt.

941. **Gichttropfen, Medicinal-Water** von Husson, ist Vinum Colchici.

942. **Gicht- und Blutreinigungspulver** von Siemens soll aus gleichen Teilen Süßholzstielen, Liebstöckelwurzelpulver und Scammoniumpulver bestehen.

943. **Gicht- und krampfstillender Balsam** von Lampert. 45,0 einer rosenroten, schwach seifenartig und aromatisch schmeckenden Flüssigkeit, in 100,0 enthaltend 1,0 Thymianöl, Bergamottöl, Nelkenöl und Zimtöl, 6,0 Ölseife und Spuren von Anilinrot. (Wittstein.)

944. **Gicht- und Rheumasalbe** von Georg Krätz, Scharfrichtereibesitzer in Zeitz, besteht aus 60,0 Schweinefett, 5,0 Kienöl und 1,0 Kampher. Preis *M*. 2. (Schädler.)

945. **Gicht und Rheumatismus,** deren sichere Heilung durch Sympathie in einer dreistündigen Kur, ohne Anwendung innerer oder äußerer Mittel. Selbstverlag des bisherigen alleinigen Besitzers des Geheimnisses, Kriete in Berlin. Das außerordentliche Mittel besteht darin, daß der frische Urin des Kranken in einem irdenen Topfe unter verschiedenen Manipulationen an einem Freitage drei Stunden gekocht wird, hierauf die dabei gebrauchten Gegenstände unter genau beschriebenem Hokuspokus in einem möglichst feuchten Keller stillschweigend vergraben werden. Die 18 Oktavseiten lange Schrift kostet *M*. 3. (H. Ihlo.)

946. **Gicht- und Rheumatismusbalsam** von Gustav Becker in Berlin enthält Kampherspiritus, Hoffmannschen Lebensbalsam und in nicht gerade untergeordneter Menge Chloroform. 100 g = *M*. 0,50. (Jacobsen.)

947. **Gicht- und Rheumatismusbalsam** von Goldstein in Berlin ist eine Mischung von Ammoniak, Alkohol, Chloroform, Kampher, Terpentin, fettem Öl und wahrscheinlich etwas Cannabisextrakt. (Bischoff.)

948. **Gicht- und Rheumatismusfluid, irländisches,** von Narewski in Berlin ist ein Gemisch von Kampher, Terpentinöl, Kalisalpeter, verdünntem Spiritus und Ameisensäure.

949. **Gicht- und Rheumatismuslikör** Latons besteht aus Tinct. Colchici, Caryophyll., Capsici und Benzoes. (Aufrecht.)

950. **Gicht- und Rheumatismusmittel** von Dir. D. Besser in Berlin, besteht aus einem groben Pulver aus Bernstein, Weihrauch, Lavendelblumen, Kamillen und Wacholderbeeren. Preis *M*. 2. (Schädler.)

951. **Gicht- und Rheumatismusmittel** des Agenten Klein in Berlin ist ein Gemisch von Sennesblättern, Sarsaparillwurzeln, Queckenwurzel, Bittersüßstengel, Sandelholz, Sassafrasholz, Guajakholz, Hauhechelwurzel mit einigen anderen unwesentlichen Bestandteilen.

952. **Gicht- und Rheumatismusmittel** des Dr. Laville in Paris. I. Gichtlikör, Liqueur antigoutteuse. Siehe unter Liqueur de Laville. II. Gichtpillen. Extrakt aus den von den Samen befreiten Judenkirschen 15,$_{0}$, Wasserglas 5,$_{0}$, Pflanzenpulver so viel als nötig ist, um 0,3 g schwere Pillen zu formieren (das Judenkirschenextrakt soll man in der Art darstellen, daß man die reifen Alkengifrüchte mit Kalkwasser zerquetscht, mit Weingeist extrahiert und den Auszug eindampft.) Preis *M.* 21. (Hager und O. Henry.)

953. **Gicht- und Rheumatismusmittel** Albert Mertens, von Chemiker G. Merkel in Frankfurt a. M., besteht in einer Einreibung, **Embrocation,** einem Gemisch von Seifenspiritus, Öl, Kampher und Terpentinöl, und in einer Schachtel Pillen mit harzhaltigen Pflanzenteilen, insbesondere Aloe. Preis *M.* 8.

954. **Gicht- und Rheumatismusmittel** von L. G. Moessinger in Frankfurt a. M. bestehen in I. zwei Flaschen Gicht- und Rheumatismustropfen, jede mit 66,$_{0}$ einer klaren rotbraunen Flüssigkeit, einer Tinktur aus Rhabarber und Enzian mit anderen kleinen aromatischen Zusätzen. II. 1 Flasche Einreibung mit 45,5 Flüssigkeit, welche aus einer klaren bräunlichen und einer gelblichen öligen Schicht besteht. Das Öl ist Sesamöl und das andere ein Quodlibet aus Salmiakgeist, narkotischen Tinkturen, Thymianöl, Rosmarinöl. — III. 1 Töpfchen Pflaster, ein Gemisch aus Mutterpflaster und Holzteer. Zusammen *M.* 12,85. Hiervon weicht wesentlich folgende Angabe ab, I. Tropfen, eine 2 prozentige weingeistige Aloelösung (*M.* 3), II. Einreibung, eine Lösung von 5 T. Schwarzpech, 5 T. Kampher in 40 T. Weingeist und 50 T. Terpentinöl (*M.* 3,50), III. Pflaster, bestehend aus 1 T. Schwarzpech und 2 T. Terpentin (*M.* 3,50). (Wittstein.)

955. **Gicht- und Rheumatismusspiritus** von Dr. Hoffmann besteht aus 9 T. Petroleumäther und 1 T. französischem Terpentinöl. Preis *M.* 3. (Hager.)

956. **Gicht- und Rheumatismustinktur** von Wolff ist Kampherspiritus. *M.* 1. (Gscheidlen.)

957. **Gicht- und Rheumatismustropfen** von Carl Arndt in Bromberg bestehen aus 50,$_{0}$ Salmiakgeist, 5 Tropfen Pfefferminzöl, je 3 Tropfen Thymian- und Kajeputöl, 50,$_{0}$ Kampherspiritus und 5 Tropfen Opiumtinktur. 30 g = *M.* 1. (Bering.)

958. **Gicht- und Rheumatismustropfen** von Dr. Hoffmann bestehen aus 45,$_{0}$ Herbstzeitlosenwein und 10,$_{0}$ verdünntem Weingeist. Preis *M.* 2. (Schädler.)

959. **Gichtwasser** des Dr. E w i c h enthält in 10 l die nachstehenden wasserfreien Salze: $5,_0$ Calciumchlorid, $10,_0$ Magnesiumchlorid, $20,_0$ Natriumchlorid, $5,_0$ Lithiumchlorid, 2,5 Natriumsulfat, $40,_0$ Natriumkarbonat, gesättigt mit 3 Vol. Kohlensäure.

960. **Gichtwasser,** J. F u n k s von M e t z g e r in Mainz, besteht aus 2 T. Rosmarinöl, je 1 T. Spiköl, Feldkümmel- und Thymianöl, 10 T. Essigsäure und 110 T. 70prozent. Spiritus. (H a g e r.)

961. **Gichtwasser** von M e t z g e r in Bingen, gegen Gicht und Rheumatismus, ist ein Gemisch von $120,_0$ Quendelgeist oder gewöhnlichem Spiritus mit 4—$7,_0$ empyreumatischer Essigsäure.

962. **Gichtwasser, Wiesbadener,** ist eine Auflösung von 7,5 Natriumbikarbonat in 1 l Wiesbadener Kochbrunnen.

963. **Gichtwatte** des Dr. P a t t i s o n gegen Gicht, Rheuma etc. ist schlecht geleimte Watte, auf der einen Seite mit einem weingeistigen Sandelholzauszuge, welcher mit wenig Perubalsam und Benzoeharz parfümiert ist, rot gefärbt. Preis für ein ca. 20 cm langes, 13 cm breites Stück *M.* 0,50. (H a g e r.)

964. **Gichtwatte, aromatische,** von C. G. A l t g e l t in Krefeld, ist ein Stück schlechter Watte, auf der einen Seite mit einer höchst schwachen, spirituösen Teerauflösung, welche mit violettroter Lackfarbe (Kugellack) versetzt ist, bestrichen. Preis für 1 großes Paket (32 cm lang, 5 cm Durchmesser) *M.* 0,80, 1 kleines Paket (24 cm lang, 4 cm Durchmesser) *M.* 0,50. (H a g e r.)

965. **Gichtwein** von J. M. M ü l l e r in Koburg ist schlechter Weißwein, dem etwa 0,02% Brechweinstein und Meerzwiebelaufguß zugesetzt sind. 4 Flaschen *M.* 34; 3 Weinflaschen *M.* 36. (H a g e r.)

966. **Gichtwolle** von Apoth. N a u e n b u r g in Neu-Gersdorf ist Kammwolle mit Kampher und wohlriechendem Öl parfümiert. (S c h ä d l e r.)

967. **Gileadbalsam,** ein Aphrodisiacum, wird erhalten durch Digestion von je $30,_0$ Cardamomen und Zimtkassie, $3,_0$ Mekkabalsam, 1,5 Cantharidentinktur, $350,_0$ Weingeist, $250,_0$ Zucker, $150,_0$ Wasser.

968. **Ginsa** von Dr. J. C. F. R o m u n ä, Regenerations-Extrakt gegen die Folgen der Onanie etc., als örtliches Waschmittel empfohlen, ist eine Mischung aus ca. $5,_0$ Thymianöl, $10,_0$ Rosmarinöl, $3,_0$ Lavendelöl, $2,_0$ Wacholderöl und $400,_0$ 90prozentigem Spiritus. Preis *M.* 10. (H a g e r.)

969. **Gliadinpflaster** von A. L. K l o s e in Berlin gegen Rheumatismus, ist ein mit einer weingeisthaltigen Leimlösung, welcher verschiedene scharfe Stoffe, wie Canthariden- oder Euphorbiumtinktur beigemischt sind, überstrichenes dünnes Papier. (H a g e r.)

970. **Gluten-Stuhlzäpfchen** der H e a l t h F o o d - C o. in New-York sind etwa 1 g schwere Stuhlzäpfchen der gewöhnlichen Projektilform aus Kakaobutter mit 10% Weizenmehl. (V u l p i u s.)

971. **Gloria Tonic.** Der Ortsgesundheitsrat in Karlsruhe warnte vor diesem Präparat, welches im wesentlichen aus Jod und Eisen enthaltenden Tabletten bestehen soll.

972. **Glycerin** von S i c h e l, eine französische Spezialität gegen aufgesprungene Haut, ist eine parfümierte Mischung gleicher Teile Eiweiß und Glycerin.

973. **Glycerin-Eisenlikör, Wiener, Tinctura Ferri phosphorici Viennensis** von H. R o s e n t h a l, enthält 5 T. pyrophosphorsaures Eisen, 15 T. pyrophosphorsaures Natrium, 10 T. Zitronensäure, 250 T. Wasser, 250 T. Glycerin. Nach der Digestion werden zugemischt 500 T. Zimtwasser, 750 T. Glycerin, 1000 T. Spiritus, ein Sirup aus 600 T. zur Tafelkonsistenz gekochtem Zucker und 400 T. Wasser, je 5 T. Ingwertinktur, Zitronenschalentinktur, Galganttinktur, Cardamomtinktur. 500 g = *M*. 4. (H a g e r.)

974. **Glycérophosphate granulé Robin** enthält in Granules die Glycerophosphate des Natrium und Calcium.

975. **Glycoarnicin,** gegen Krebs und Tuberkulose, von Z e l l e r, ist $40{,}_0$ gereinigter Honig mit $35{,}_0$ eines schwachen Branntweins versetzt, mit welchem frisches Wohlverleihkraut ausgezogen ist. Preis *M*. 3. (H a g e r.)

976. **Glyconin** von M. E. S i c h e l besteht aus 4 T. Eidotter und 5 T. Glycerin.

977. **Gocce Doriche** enthält die Hypophosphite von Eisen, Mangan, Strychnin und Arsen.

978. **Göttertrank gegen Magenleiden etc.** von E m m e r i c h in Berlin ist ein spirituöser, stark mit Zucker versetzter Auszug aromatischer Pflanzen, speziell Ingwer.

979. **Goldbalsam, roter,** der Königseer Olitätenhändler wird bereitet aus je $180{,}_0$ Galgant, Zedoaria und Nelken, $90{,}_0$ Salbei und rotem Sandelholz, $60{,}_0$ Muskatnuß, weißem Senf und Alkanna, $45{,}_0$ Drachenblut, $30{,}_0$ Kalmus, 12 Liter 80 prozentigem Alkohol, $10{,}_0$ Kampher und Zitronenöl. (R i c h t e r.)

980. **Goldcure,** Mittel gegen Trunksucht von K e e l e y, besteht aus 0,75 Auro-Natr. chlorat., 0,4 Ammon. chlorat., 0,065 Strychnin. nitric., 0,015 Atropin., $90{,}_0$ Extr. fluid. Chinae, $30{,}_0$ Extr. fluid. Cocae, $30{,}_0$ Glyzerin, $30{,}_0$ Aq. dest.

981. **Goldkur gegen Trunksucht** besteht aus subkutanen Injektionen von Daturin oder Atropin und Strychnin. Innerlich erhält der Kranke Goldchlorid $^1/_{20}$ g, Ammoniumchlorid 1 g, Aloin $^1/_{25}$ g, Extr. fluid. Viburni gtts. X und Tinct. Cinchonae gtts. 40. Diese Medizin wird zweistündlich am Tage und Abend genommen. Sollte der Kranke (der in der Anstalt Alkohol ad libit. erhält) nach 5 Tagen noch Verlangen nach Alkohol haben, so wird der Medizin Ipecacuanha zugesetzt. Daneben gehen hydropathische Behandlungsmethoden, sowie fortwährender Zuspruch von seiten

des Arztes und der Pflegerin einher. Meist genügen vier Wochen zur Heilung, seltener sind fünf bis sechs erforderlich. (Bl. Fenn, Münch. Med. Wschr.)

982. **Golden Liquid Beef Tonic** von Chs. N. Crittenton in New-York besteht aus Fleischextrakt, Kognak, Eisenzitrat, Chinarindenextrakt und anderen Bitterstoffen. (Fr. Hoffmann.)

983. **Goldmagnesid,** Dr. John Blake Whites, Mittel gegen Tuberkulose, dargestellt von C. F. Lord in New-York 482 VII. Avenue, ist eine klare, granatrote Lösung von Natriumgoldchlorid und Magnesiumjodid.

984. **Gonoryltabletten gegen Gonorrhöe** enthalten als wirksamen Bestandteil 33% Ranjan. Unter diesem Namen ist nach Hartwich Ixora coccinea L., eine vorderindische Rubiacee, bekannt, deren Wurzel und Zweige als Mittel gegen Dysenterie, Fieber und Gonorrhöe gebraucht werden. Fabrikant: Chem. Fabrik, Erfurt G. m. b. H. in Erfurt-Ilversgehofen.

985. **Gördels Tee** soll russischer Knöterich sein.

986. **Goudron Guyot,** eine Pariser Spezialität, besteht im wesentlichen aus einem wässerigen Auszuge von Buchenholzteer. Um dem Wasser eine größere Oberfläche zu bieten, wird der Teer mit gut ausgewaschenen und wieder getrockneten Sägespänen gemischt, mit kochendem Wasser übergossen und 1—2 Tage stehen gelassen. Das Filtrat wird mit etwa 1% Codein und einigen Aromaticis versetzt. Von anderen französischen oder schweizerischen Teerauszügen unterscheidet sich der Goudron Guyot durch das Nichtvorhandensein von Zucker.

987. **Gout- and Rheumatic-Pills** von W. Cross in Cardiff sind 25 Stück 0,2 schwere, mit Bärlapp bestreute Pillen, welche als wesentliche Bestandteile schwefelsaures Chinin, Gutti, Jalapaharz und etwas Rhabarber enthalten. Preis *M.* 3. (Hager.)

988. **Gouttes Japonaises** sind identisch mit dem Menthaöl, welches als Poho in den Verkehr kommt.

989. **Gracilen** ist ein diätisches Präparat unbekannter Zusammensetzung, welches zur Entfettung angewendet wird. Fabrikant: Joseph Klimek in Eggenberg bei Graz. Bezugsquelle G. und R. Fritz in Wien I.

990. **Grains de Beauté** von Dr. Penelle in Paris. Die mit einem starken Silberüberzug versehenen Pillen bestehen aus Hülsenfruchtmehl und Zucker und enthalten Eisenoxydhydrat, Gerbstoff und Drachenblut versetzt mit einigen aromatischen Pflanzenstoffen. 100 Pillen im Gewicht von 13 g = *M.* 8.

991. **Grains de Santé** von Dr. Franck, **Francksche Pillen,** sind 0,12 g schwere, versilberte Pillen, aus Aloe und Succus Liquiritiae zu gleichen Teilen bestehend. (Guibourt.)

992. **Granular effervescent Preparation Acetanilide compound** enthält Acetanilid und Natriumbromid. Fabrikant: Parke, Davis & Co. in London EC, 111 Queen Victoria Street.

993. **Granules d'Arseniate d'Or dynamité,** Dr. Addisons, von der Pharmacie Gelin, Paris, rue Rochechouart 38, sind kandierte Pillen mit je 0,0005 Goldarseniat.

994. **Great Remedy,** Dr. Radcliffes, **Seven Seals** oder **Golden Wonder** von Kennedy & Co. in Pittsburg P. A. In einer viereckigen Flasche befinden sich ca. $95,_0$ einer bräunlich-orangegelben klaren Flüssigkeit, welche einen spirituösen Auszug aus spanischem Pfeffer, versetzt mit Äther, Chloroform, amerikanischem Pfefferminzöl und etwas Kampher darstellt. Das Verhältnis ihrer Bestandteile ist annähernd $4,_0$ Äther, $6,_0$ Chloroform, 0,4 Kampher oder kampherähnliches Öl, $2,_0$ amerik. Pfefferminzöl, $35,_0$ Spanischpfeffertinktur, $50,_0$ 90 prozentiger Spiritus. Preis *M.* 4,20 (1 Dollar). (Hager.)

995. **Grindpulver** von Mahon in Paris sind 3 Pulver, welche vielleicht wie folgt dargestellt sind: Tierischer kohlensaurer Kalk (Austerschalen, Eierschalen, Krebsschalen etc.) wird mit etwas Gips, Holzkohlenpulver und mehr oder weniger Ziegelmehl pulverisiert und gemischt, in einem bedeckten Tiegel einer angemessenen Glühhitze ausgesetzt, wodurch sich der Kalk zum Teil ätzend brennt und der Gips durch das Kohlenpulver zu Schwefelcalcium reduziert wird, aus welchem allmählich an der Luft wieder unterschwefligsaurer Kalk hervorgeht. Alle 3 Pulver werden aus denselben Materialien bereitet, nur mit dem Unterschiede, daß zu Nr. I mehr Gips und Kohlenpulver, zu Nr. II weniger Kohle und dagegen mehr kohlensaurer Kalk, endlich zu Nr. III mehr Ziegelmehl verwendet wird. (Buchner.)

996. **Grindsalbe,** der Gebr. Mahon, wird in Frankreich gewöhnlich aus 2 T. Kalkhydrat, 5 T. kristall. Soda und 25 T. Fett gemischt. Vergl. auch Grindpulver. (Hager.)

997. **Grindwasser** von Barlow, bestand aus 10 T. Natriumsulfhydrat, $10,_0$ Seife, $8,_0$ Weingeist und $220,_0$ Kalkwasser.

998. **Griserin,** der Griserinwerke G. m. b. H. in Berlin, ein zur Behandlung der Schwindsucht und anderer Infektionskrankheiten angepriesenes Mittel, ein hell schwefelgelbes Pulver, ist ein Gemisch von Loretin (m-Jod-o-oxychinolin-anasulfosäure) mit 6,75% Natriumbikarbonat. (Zernik.)

999. **Großmanns Nasenwatte** ist eine mit Menthol imprägnierte Verbandwatte. (Beythien.)

1000. **Gut-Heil** von Aust ist ein Likör Rhiz. Calami, Rad. Rhei, Cort. Cinnamom., Cort. Aurantii etc. mit 35% Zucker (Hager.)

1001. **Guttacuratabletten,** der Radlauerschen Kronenapotheke in Berlin W., bestehen aus Chinasäure und Hexamethylentetramin und werden gegen Gicht und Harnsäurediathese empfohlen.

1002. **Guttae antasthmaticae Bamberger** bestehen aus: Tinct. Lobeliae, Tinct. Digitalis, Aqua Laurocerasi je 10,0. Ähnlich zusammen- 'gesetzt sind die **Guttae antasthmaticae Oppolzer,** während die

1003. **Mixtura antiasthmatica Hooper** fast nur Lobeliatinktur enthält. (Avellis.)

1004. **Guttmanns Roncegno-Pillen.** Jedes Stück enthält 0,0015 g Arsensäure, ferner von den Sulfaten des Kobalts, Nickels, Mangans, Kupfers, Calciums, Aluminiums und Eisenoxyds je 0,04 g, den trockenen Sulfaten des Natrium, Kalium, Magnesium und Eisenoxydul, Natriumchlorid, Eisenphosphat und Kieselsäure in dem Verhältnis, wie sie durch Analyse des Roncegnowassers gefunden worden sind. Fabrikant: Georg Guttmann, Tragheim-Apotheke in Königsberg i. Pr.

1005. **Haarzucker** von Dr. W., welcher innerlich genommen den Haarwuchs kräftigen, das Ausfallen und Ergrauen der Haare verhindern, zur Verschönerung der Haut dienen und dem Körper Elastizität verleihen soll, ist Milchzucker. 80 g = *M.* 10.

1006. **Haematic Hypophosphites.** In je 30 ccm sind enthalten: Kal. hypophosphorosum 0,097 g, Mangan. hypophosphorosum 0,065 g, Strychn. hypophosphorosum 0,008 g, Ferr. hypophosph. 0,081 g, Calc. hypophosph. 0,065 g, Chinin. hypophosph. 0,028 g. Dieses Präparat würde besser bezeichnet werden mit „Sirupus hypophosphites compositus c. ferro, chinin,, mangan., strychnin.“ Fabrikant: Parke, Davis & Co., London.

1007. **Haferkakao** wird hergestellt aus Sacch. Vanillae 25,0 Amyl. Tritici et Marantae je 150,0 löslicher Kakao 2,5 kg, Zucker 3,2 kg, präpariertes Hafermehl (Weibezahn) 4,5 kg. Verkaufspreis: *M.* 2,80 pro kg.

1008. **Hämaticum Glausch** von Apoth. Glausch in Bremen ist eine Lösung von Eisenlactosaccharat mit aromatischen Tinkturen, Wein und Zucker.

1009. **Hämaton** von Apoth. Haitzema (Berend Haitzema Enuma) in Amsterdam, erfolgreiches Universalmedikament gegen Gicht und Rheumatismus, ist eine mit indifferenten organischen Substanzen versetzte salzsaure Lösung von Eisenchlorid und Kochsalz. (Karlsr. Ortsges.-Rat.)

1010. **Haemo-Lecithintabletten.** Jede Tablette enthält das natürliche Bluteisen aus 1 Teelöffel Blut und 0,1% reinen Lecithin. Fabrikant: Dr. Karl Aschoff, Schwanen-Apotheke in Kreuznach.

1011. **Haemolor** gegen Verstopfung, Hämorrhoiden, Kongestionen etc., ist ein darmanregender Likör. Bezugsquelle: Schützen-Apotheke in München.

1012. **Hämoprotagon,** als Tonikum empfohlen, ist ein Hämo-Lecithin, das Eisen und Phosphor in organischer Verbindung enthält. Fabrikant: Chemisches Institut in Berlin SW.

1013. **Hämorrhoidaltropfen** bestehen aus: 1 g Tinctura Hydrastis, 1 g Tinctura Viburni, 2,5 g Tinctura Hamamelid. und 2,5 g Tinctura Castaneae vescae.

1014. **Hämorrhoidalsalbe** von Bell besteht aus gepulverten Galläpfeln 1 T. und Fett 3 T. (Hager.)

1015. **Hämorrhoidalsalbe** von Ziegler-Sequin in St. Gallen ist Schweinefett, mit Kreide vermischt und durch Kohlenpulver grau gefärbt. 78,5 g = *M*. 4. (Karlsr. Ortsges.-Rat.)

1016. **Hämorrhoidalwasser** von Dr. Ewich besteht aus 0,75 wasserfreiem Chlormagnesium, $3,_0$ trocknem kohlensaurem Natrium, 0,6 Chlornatrium und einer mäßigen Menge freier Kohlensäure in $600,_0$ Wasser gelöst. (Hager.)

1017. **Hämorrhoidenmittel** ist im wesentlichen Rhabarbertinktur. (Gscheidlen.)

1018. **Hämorrhoidenmittel** bestehen aus je einer Düte gepulverter Gerbsäure und geraspeltem Holz, beides zum Bade. (Gscheidlen.)

1019. **Hämorrhoidenmittel** von Richard Berger in Meißen besteht aus 3 Schachteln Pulver, von denen zwei gleich groß und kleiner als die dritte sind. III enthält $10,_0$ Milchzucker mit einer Spur Kohle; I ca. $5,_0$ Milchzucker mit einer Spur bitterer Materie (Strychnossamen oder Ignatiusbohnen), II Milchzucker mit einer kleinen Menge Schwefel. Preis zusammen *M*. 8. (Wittstein.)

1020. **Hämorrhoidenpillen** von Collas in Paris bestehen aus 1 T. Spanischpfefferextrakt, 9 T. Queckenextrakt und Althaepulver. 90 versilberte Pillen = *M*. 4. (Hager.)

1021. **Hämorrhoidenpulver** von Wolf ist eine Schachtel mit 10 abgeteilten Pulvern, jedes Pulver zu $4,_0$, bestehend aus 65 T. Schwefelblumen, 15 T. weißer Magnesia und 10 T. österreich. Rhabarberwurzel. Preis *M*. 3,50. (Hager.)

1022. **Hämorrhoidenpulver** von Wolff sind 12 Pulver im Gewicht von je $10,_0$, gemischt aus 50 T. Schwefelblumen, 12 T. kohlensaurer Magnesia, 1 T. kohlensaurem Kalk, 10 T. Lorbeeren, 12 T. Jalape, 8 T. Sennesblättern, 6 T. inländischem Rhabarber und 1 T. unechten Safran. Preis *M*. 3. (Hager.)

1023. **Hämorrhoiden-Specificum** Dr. Beachs, ist ein Weißblechbüchschen, enthaltend ca. $160,_0$ eines schwefelgeben feinen Pulvers und in demselben verpackt ein Fläschchen mit $40,_0$ einer braunen klaren Flüssigkeit. Das Pulver I ist ein Gemisch aus 7 T. gewaschenen Schwefelblumen, 2½ T. Cremor-Tartari, $^1/_7$ T. einer geringen fein gepulverten Sorte Rhabarber. Die Tropfen II bestehen aus einem braunen Zucker in stark spirituöser Lösung und mit Spuren von verschiedenen Äthern versetzt. Preis *M*. 6. (Hager.)

1024. **Hämorrhoidentod, Alpenkräuter-Likör** von Dr. Fritz. 1000 T. enthalten 1 T. Gutti und 8 T. Aloe, ferner Rhabarber, Enzian, Zimt und 25% Zucker mit Kartoffelbranntwein. (Hager.)

1025. **Hämorrhoisin,** Tabletten gegen Hämorrhoiden, enthalten nach Angabe des Fabrikanten Extr. Pantjason. (?) 6,45, Cacao sine oleo 3,55 und Sacchar. 5,0. Fabrikant: Chem. Fabrik Erfurt G. m. b. H. in Erfurt-Ilversgehofen.

1026. **Hämostatische Pillen** von H u c h a r d. Aus je 2 g Ergotin und Chininsulfat, je 0,2 g Digitalisblätterpulver und Hyoscyamusextrakt werden 20 Pillen geformt. 5 bis 8 bis 10 Pillen sind täglich zu nehmen.

1027. **Halsband gegen Kropf** von M o r a n d ist eine Halskravatte, gefüllt mit einem Gemisch aus gleichen Teilen Salmiak, dekrepitiertem Kochsalz und geröstetem Badeschwamm.

1028. **Halspastillen** nach Dr. Z e u n e r bestehen pro dosi aus je 2 g Resina Guajaci und Saccharum album mit einem geringen Zusatz von Anästhesin, Menthol und Rosenöl. Fabrikant: Viktoria-Apotheke in Berlin SW., Friedrichstr.

1029. **Hamburger Universal-Gesundheitsmagensalz** ist doppeltkohlensaures Natrium.

1030. **Hamburgisches Universallebensöl** erwies sich als eine mit Nelken-, Kassia-, Bergamottöl und anderen Riechstoffen parfümierte, mit Zuckercouleur und Safran gefärbte Auflösung von Styrax und Benzoe in Alkohol. (B e y t h i e n.)

1031. **Dr. Hamiltons Pillen** enthalten Koloquinten- und Bilsenkrautextrakt.

1032. **Handwasser gegen aufgesprungene Hände** von E. K r e p l i n ist ein mit $25,_0$% Spiritus versetzter schwacher Aufguß von Seifenwurzel oder Quillajarinde, welcher kleine Mengen Salmiak, Alaun, Rosmarinöl, Lavendelöl und eine kleine Spur Kampher enthält. 190 g = *M.* 1. (H a g e r.)

1033. **Harnorganleiden-Heilmittel** von E. K a r i g in Berlin sind 24 Pulver aus $10,_0$ Natriumsulfat, $4,_0$ Kochsalz und $4,_0$ gebrannter Magnesia bereitet. Preis *M.* 3. (S c h ä d l e r.)

1034. **Haugks Rotlaufschutz** ist ein Freßmittel, welches die Verdauung der Schweine fördern und gleichzeitig als Schutzmittel gegen Rotlauf dienen soll. Fabrikant: Adolph H a u g k in Triebes, Reuß.

1035. **Hauptpulver, Poudre capitale,** von S a i n t - A n g e, ist ein Nießpulver aus 50 T. Haselwurz, 1 T. weißer Nießwurzel, je 10 T. Rautenblättern, Betonienblättern und Majoran.

1036. **Haupt-, Wund-, Brand-, Frost- und Heilpflaster** von S c h ä f f e r ist Emplastrum fuscum camphoratum. Eine längliche Holzschachtel mit 8 g des Pflasters = *M.* 0,25.

1037. **Hausbalsam** von H e r b s t in Augsburg besteht aus Cochenillenpulver $2,_0$, Melissengeist $600,_0$ und Eau de Cologne $100,_0$ mazeriert und filtriert. 25 g = *M.* 0,70. (F r i c k h i n g e r.)

1038. **Hausessenz** von R o h r ist ein mit gewöhnlichem, mit Spiritus versetztem Wein bewirkter Auszug aus den trockenen äußeren Nußschalen, nebst einer Spur Zimt, englischem Gewürz, Ingwer. 175 g = *M*. 1,25. (H a g e r.)

1039. **Hausmittel gegen Blasenkatarrh** von A. E x n e r in Warnsdorf in Böhmen ist Wasser, in welchem Krebsaugenpulver fein zerteilt wurde, sowie Wacholderbeerentee, Bärentraubentee, sowie Wacholder- und Hollundersaft.

1040. **Hauspflaster** des Pastors C h r i s t wird durch eine Mischung von 50 T. Emplastrum fuscum camph. und 1 T. Perubalsam ersetzt. (H a g e r.)

1041. **Hauspillen** nach Dr. S t r a h l in Berlin, Nr. 0. Extr. Rhei simpl., Sapon. medicati, Rad. Rhei, je 5,5, Bismuti subnitrici, Rad. Ipecacuanhae, je 0,3. M. f. pilulae 120, consperg. Rhizom. Irid. pulv. — Nr. 1. Extr. Aloes 3,75, Extr. Rhei simplic. 2,5 Extr. Rhei comp., Rad. Rhei, je 6,25, Bismut. subnitric., Rad. Ipecacuanhae, je 0,3. M. f. pilulae 120, consperg. Lycopod. — Nr. II. Extr. Aloes 2,0, Extr. Rhei simpl. 3,75, Extr. Rhei comp. 7,5, Fol. Sennae 3,75, Bismut. subnitric., Rad. Ipecacuanhae, je 0,3. M. f. pilul. 120, consperg. Rad. Liquiririt. pulv. — Nr. III. Extr. Aloes 5,0, Extr. Rhei comp. 9,5, Extr. Colocynthid. 0,3, Rad. Rhei 5,0, Bismut. subnitric., Rad. Ipecacuanhae, je 0,3. M. f. pilulae 120, consperg. Rhizom. Irid pulv. — Nr. IV. Extr. Colocynthid. 2,5, Scammon. 2,0, Extr. Aloes 2,5, Extr. Rhei comp. 5,0, Rad. Rhei pulv. 2,0, Bismut. subnitric. praec., Rad. Ipecacuanhae, je 0,3 M. f. pilulae 120, consperg. Rhizom. Irid. pulv. 120 Pillen = *M*. 2. (M ü l l e r.) — Originalrezepte von Dr. S t r a h l s eigner Hand, welche in vielen Familien noch aufbewahrt werden, weichen von diesen Angaben erheblich ab, differieren aber auch unter sich nach Art und Menge der einzelnen Bestandteile, so daß Dr. S t r a h l feststehende Formeln für seine Hauspillen überhaupt nicht gehabt hat. (H a h n.)

1042. **Hauspillen** von W e i k a r d sind 0,15 g schwer und zusammengesetzt aus 30 T. Aloe, 20 T. Eisenpulver, 10 T. Kalomel, 5 T. Stib. sulfur. aurat. und 4 T. ätherischem Sabinaöl.

1043. **Hauspillen** von W e r c h a u sind 0,06 g schwere, versilberte Pillen aus 30 T. Aloe, 12 T. Mastix und 9 T. Agaricus.

1044. **Hazeline**, eine amerikanische Spezialität, besteht aus Destillat und Fluidextrakt von Hamamelis Virginiana.

1045. **Hefetabletten und Hefeseife** aus untergäriger Bierhefe, die nach einem besonderen Verfahren getrocknet ist, bringt die Grande Pharmacie F i n c k in Genf in den Handel. Die Tabletten eignen sich besonders zur inneren Darreichung der Hefe, während die Seife bei der Behandlung der Acne etc. Anwendung finden soll.

1046. **Heftpflaster, galvanisches,** von J. W. S c h u l t s in Wichita, ist eine Vorrichtung, mit deren Hilfe die Leitung eines elektrischen

Stromes durch den menschlichen Körper mittelst zweier in Heftpflaster eingebetteten galvanischen Elementen und den zu beiden Seiten des zu behandelnden Körperteiles an dem Körper mittelst eines Klebstoffes zu befestigenden Elektroden bewirkt werden soll.

1047. **Heilbitterer** von C. Rowland in Philadelphia wird bereitet aus Eschenwurzelrinde, Weidenrinde, sowie der Rinde von Andira Aubletii nebst Neroliöl, Chloroform, Alkohol und Glyzerin.

1048. **Heiligenwasser** besteht aus $150{,}_0$ Eau de Cologne, 150 T. Weingeist, je 1 T. Zimtkassienöl, Gewürznelkenöl, Rosmarinöl und Moschustinktur.

1049. **Heilkräuterextrakt** von Morawitz gegen Lungenkrankheiten etc. ist gereinigter Honig mit einer kleinen Menge eines konzentrierten und filtrierten Auszuges aus Bittersüßstengeln, Mohnkapseln und einigen bitteren Kräutern wie Dreiblatt, Gundermann etc. 300 g = *M.* 3. (Hager.)

1050. **Heilmittel** von Dr. Geißer in Appenzell, bestehend in Blutreinigungsmittel, Magentee, Medizin für Engbrüstigkeit, Universallebensöl, enthalten größtenteils unschädliche, als Hausmittel viel gebrauchte Stoffe, z. B. Chloroformöl, allerhand Wald- und Wiesenkräuter, Safran, Myrrhen etc., daneben aber auch in großen Mengen Aloe.

1051. **Heilmittel** von Dr. Hartmann in Wien zur brieflichen Behandlung aller geheimen Krankheiten, insbesondere der Nerven-, Rückenmarks-, Haut-, Nieren- und Blasenleiden. Die bei einem Rückenmarkleiden gelieferten Medikamente bestanden in einer Flüssigkeit zum Einreiben, parfümierter Seifenspiritus, in Pulvern zum Einnehmen, reines Bromkalium, Tropfen, aus gleichen Teilen apfelsaurer Eisentinktur und aromatischer Tinktur, und Pulvern zu Sitzbädern, doppeltkohlensaures Natrium, mit einem stark eisenhaltigen Farbstoff gefärbt. Die Behandlung sollte 2—3 Monate dauern und jeden Monat im voraus zu zahlende *M.* 50 kosten. (Karlsr. Ortsges.-Rat.)

1052. **Heilmittel** des Lehrers Krätke in Berlin, gegen Nervenleiden, Krämpfe und nervöse Gicht, besteht aus drei kleinen Fläschchen, von welchen jedes ca. $6{,}_0$ Flüssigkeit, Nr. I. eine braungelbe, Nr. II eine blaue, Nr. III eine rote Flüssigkeit enthält. Alle 3 Flüssigkeiten sind Arnikatinktur, durch Zusatz von Farbstoffen verändert. Nr. I enthält noch eine kleine Menge Jodtinktur. Innerlich zu 6—9, bis zu 12 Tropfen nach Gebrauchsanweisung. Preis *M.* 3,25. (Schädler.)

1053. **Heilmittel** des Kurpfuschers Selle: Nr. I mit Alkohol und Zucker versetztes Baldriandekokt. Nr. II mit Zucker versüßte weinige Aloe- und Rhabarbertinktur.

1054. **Heilpflaster** von Lorrain ist ein Gemisch von $60{,}_0$ gelbem Wachs, $30{,}_0$ Kolophonium, $30{,}_0$ Baumöl, $15{,}_0$ Rindstalg und $15{,}_0$ Terpentin. 15 g = *M.* 0,35. (Wittstein.)

1055. **Heilpflaster** von Richards in Sommerville (Mass.) besteht aus Belladonna, Pech und Kautschuk.

1056. **Heilpflaster** der Witwe Schulz in Berlin ist mit Rotholzpulver versetztes Harzpflaster. (Bischoff.)

1057. **Heilsalbe** Dr. Sprangers ist eine Mischung von Mutterpflaster, Kampher, Harz und Wachs. (B. Fischer.)

1058. **Heilsalbe** von Stehmann in Potsdam ist ein Gemisch aus Königssalbe und Teer. 15 g = *M.* 0,50. (Leydolt.)

1059. **Heilsalbe** der Witwe Wurff in Berlin besteht I. aus einer grünen Salbe nach Art der zusammengesetzten Rosmarinsalbe, und II. einer gelben Salbe, aus Talg, Wachs, Bleipflaster und Lavendelöl. (Bischoff.)

1060. **Heilschnaps, Bitterer,** von Johanna Gerlitz in Philadelphia wird bereitet aus Kümmelsamen, Fenchelsamen, Maiblumenwurzel, Wermut, Rinde der Vogelkirsche, Orangenschalen, Lavendel, Spiritus und Wasser. — Vergl. auch Heilbitterer.

1061. **Heilstein** von Kallenberg in Klein-Furra b. Nordhausen gegen Satteldruck, Aufgeriebensein, Kronentritt, Mauke etc. ist gebrannter Alaun in Stücken, der mit einer Eisenchlorürlösung getränkt und dann getrocknet wurde. 30 g = *M.* 0,50. (Hager.)

1062. **Dr. Heils Urethralkapseln** gegen Erkrankungen der Harnröhre bestehen aus Methylenblau 0,05, Santelöl 0,2, Copaivabalsam 0,2, Zimtöl 0,05.

1063. **Heil- und Wundpflaster** von Michael Lauer in Nürnberg, jetzt verfertigt von Thekla Brenner in Erfurt. Gegen Cholera, Zahnschmerzen, Stein, bösartige Geschwüre, entzündete Brüste, Kopfschmerz etc. Ein hellschokoladenbraunes, ziemlich weiches Pflaster aus Mennige, Baumöl, Kampher und Wachs oder Talg. Eine ovale Holzschachtel mit 15 g = *M.* 0,25.

1064. **Heil- und Wundpflaster** von Mohrenthal aus der Mohrenapotheke in Dresden ist Empl. fusc. camphoratum.

1065. **Heil- und Wundpflaster** von Walther im Königreich Sachsen ist ein dem Emplastrum fuscum ähnliches, braunes Bleipflaster mit Kampher.

1066. **Heil- und Zugpflaster** von Lampert. Eine Schachtel mit $38,_0$ eines hellbraunen Pflasters, dargestellt durch Erhitzen von 5 T. einfachem Bleipflaster, 2 T. gelbem Wachs und 1 T. Talg bis zum Braunwerden, Zusatz von 1 T. Terpentin und Ausgießen. (Wittstein.)

1067. **Heil- und Zugpflaster** von Mathilde Ringelhardt, geb. Glöckner in Leipzig, ist eine durch Schmelzung erzeugte Mischung aus 65 T. Emplastrum fuscum und 35 T. Baumöl. Eine ovale Holzschachtel mit 18 g = *M.* 0,25. (Hager.)

1068. **Heil-Universalsalbe** von Th. Brugier in Karlsruhe ist Sublimatsalbe. 1 kleines Töpfchen = *M.* 3,20.

1069. **Heilverfahren,** Dr. Pedro Ritsios, von Apoth. O. Siemering in Tilsit gegen veralteten Schleimfluß bei Männern und Frauen, chronischen Blasenkartarrh und Schwächezustände besteht aus $34{,}_0$ eines Pulvers, aus $5{,}_0$ Eisenpulver, $5{,}_0$ Zimt, $12{,}_0$ doppeltkohlensaurem Natrium, $12{,}_0$ Milchzucker und einigen Tropfen Anisöl. Preis *M.* 6. (Schädler.)

1070. **Heilverfahren** von Paul Weidhaas in Dresden-A. beruht auf der Anwendung eines Inhalationsapparats, aus dem durch eine schwache Lösung von übermangansaurem Kalium und ein Wattefilter angeblich desinfizierte Luft eingeatmet werden soll. Der Apparat kostet *M.* 16,80. (Karlsr. Ortsges.-Rat.)

1071. **Heil-Wundpflaster** von Georg Krätz, Scharfrichtereibesitzer in Zeitz, besteht aus Pix nigra, Resina Pini und Empl. fuscum. (Hager.)

1072. **Heinrichs Tee gegen Magenleiden** setzt sich aus Senna-, Schafgarben- und Eibischblättern, Kümmelsamen, Tausendgüldenkraut, Stiefmütterchen, Petersilie und Waldmeister zusammen. (Chemn. Unters.-Amt.)

1073. **Helenin de Korab** der Pharmacie Chapés in Paris, gegen den Bazillus der Lungentuberkulose, sind 30 Gelatinekapseln mit zusammen 2,5 g Alantpulver. Preis *M.* 2,80 (Frcs. 3,50). (Lehmann.)

1074. **Helenol de Korab** der Pharmacie Chapés in Paris besteht aus einer alkoholischen Lösung von Helenin.

1075. **Hells antiseptisches Diachylon-Streupulver** enthält Borsäure, Zinkoxyd und Diachylonpflaster in feinster Verteilung.

1076. **Helso-Salt, Gesundheitssalz,** von Heymann Bloch & Co. in Kopenhagen, besteht aus ca. 14 T. Natriumbikarbonat, 1 T. Magnesiumkarbonat und 1 T. Pfefferminzzucker.

1077. **Hemaboloids arseniated** (mit Strychnin) soll eine Lösung von eisenhaltigen Nukleoalbuminen, die aus eisenreichen Pflanzen gewonnen werden, sein. Anwendung findet dieses Präparat gegen das Sumpffieber. Fabrikant: The Palisade Manufacturing Co. in Yonkers (New-York). J. Herb, der die Hemaboloids-Präparate untersucht hat, erklärt dieselben für alkalische 1 prozentige Lösungen von Eisenpeptonat.

1078. **Hémogène Tailleur,** Tabletten gegen Menstruationsbeschwerden etc. Jede Tablette enthält 0,2 g Petrosolin verbunden mit Menthol. Es werden halbstündlich 2 Tabletten, für gewöhnlich im ganzen 6 Stück gegeben.

1079. **Henriettenbalsam** gegen Zahnschmerzen und Skorbut wird angeblich bereitet durch Extraktion der Caroba de Giudea mit der dreifachen Menge Weingeist. (Wittstein.)

1080. **Henrys Three Chlorides** (Liquor Ferrisenic Henry) enthalten in einer Fluidunze Calisaya-Cordial (29,57 ccm), $\frac{1}{8}$ grain Eisenchlorür,

$^1/_{128}$ grain Quecksilberchlorid, $^1/_{280}$ grain Arsenchlorid. Verwendung soll es bei Blutarmen und Bleichsüchtigen, sowie Genesenden finden. Fabrikant: Henry Pharmacal Co. in Louisville, Ky.

1081. **Henrys Tri-Jodides** (Liquor Sali-Jodide Henry). Dieses Präparat enthält $^1/_{20}$ grain Colchicin, $^1/_{10}$ grain Decandrin, $^1/_3$ grain Solanin, 10 grains Natriumsalicylat, Jodsäure (entsprechend $^1/_{32}$ grain Jod), in zwei Fluiddrachmen Aromatic Cordial gelöst. Anwendung findet es als Gicht- und Rheumatismusmittel, sowie gegen Syphilis. Fabrikant: Henry Pharmacal Co. in Louisville, Ky.

1082. **Henschels Mittel gegen Epilepsie.** Die Pulver bestehen aus der Wurzel von Artemisia vulgaris, die Salbe enthält außer Fett Kampher und Zimtpulver. (Ortsges.-Rat in Karlsruhe.)

1083. **Hensels Nährsalz.** Der Analysenbefund war: 105 T. Kaliumoxyd, 40 T. Eisenoxyd, 130 T. Schwefelsäure, 390 T. Natriumoxyd, 2 T. Manganoxyd, 455 T. Salzsäure, 583 T. Calciumoxyd, 2 T. Fluor, 780 T. Kieselsäure, 29 T. Magnesiumoxyd, 70 T. Phosphorsäure und 390 T. Kohlensäure. Fabrikant: Julius Hensel Nachf. in Stuttgart.

1084. **Hensels Nährsalz Makrobion** von Julius Hensel in Stuttgart besteht zu etwa $^3/_4$ aus Kochsalz, Kieselgur, Glaubersalz und Natriumkarbonat, zu etwa $^1/_5$ aus Phosphaten der Alkalien und Erden und 7,5% Feuchtigkeit. Der Preis für 1 kg des Mittels ist *M.* 11 bei einem wirklichen Wert von höchstens *M.* 0,50. (Beythien.)

1085. **Hensels tonische Limonaden-Essenz (Aurum potabile)** von Jul. Hensel in Stuttgart wird als hygienisch-diätetisches Getränk angepriesen und dürfte nach den angestellten Ermittelungen im wesentlichen ein Gemisch einer wässerig-alkoholischen Lösung einer organischen Säure (vermutlich Zitronensäure) und Zucker mit ätherischer Eisenacetattinktur vorstellen. (Aufrecht.)

1086. **Herba Salona** besteht aus einer Mischung von geschnittenem Huflattich und zerriebenem Weizenschrot. (Gscheidlen 1886.)

1087. **Herbaseife, Obermeiers,** gegen Hautkrankheiten, von Gioth in Hanau. Besteht aus 90% Seife, 3% Arnika, 2% Salbei, 1,5% Wasserbecherkraut, 3,5% Harnkraut.

1088. **Herbal Embrocation for the Hooping Cough, Keuchhusten-Einreibung,** von Roche in London. 2,5 Asa foetida werden mit 60,0 Olivenöl einige Stunden digeriert, das Öl abgegossen und letzteres mit 2,0 Kümmelöl, und Terpentinöl nebst einigen Tropfen Bergamottöl vermischt. 60 g = *M.* 4,10. (W. Müller.)

1089. **Hermitine** wird eine Spezialität französischer Herkunft genannt, welche durch Elektrolyse einer Chlornatrium- und Chlormagnesiumlösung erhalten sein soll. Das Präparat soll antiseptisch wirken.

1090. **Hernuvapastillen Korwill** enthalten die Extrakte von Herniaria und Bärentraubenblättern. Sie werden auch mit je 0,5 g Natriumsalicylat, Salol oder Urotropin geliefert. Fabrikant: Korwills Mohrenapotheke in Wien, I.

1091. **Herophosphites** besteht aus unterphosphorigsauren Salzen und Heroin. Angewendet soll es bei Lungenschwindsucht etc. werden. Fabrikant: Schieffelin & Co. in New-York.

1092. **Herztinktur** der Königseer Olitätenhändler, in Thüringen auch einfach „Elixir" genannt, ist eine Art Tinct. aromatica mit schwächerem Weingeistgehalt, die mit Hilfe von violettem Sandelholz gefärbt ist.

1093. **Heuschkels Kolkodin.** Das gegen Pferdekolik empfohlene Mittel setzt sich aus zwei Präparaten zusammen: einem ca. 100 g wiegenden weißen Pulver und einer bräunlichen Flüssigkeit. Die letztere besteht aus einer mit denaturiertem Spiritus hergestellten Tinktur von Arnika, Zittwerwurzel etc. und besitzt die ungefähre Zusammensetzung der käuflichen Windtinktur (Tinct. carminativa); das Pulver enthält neben 40 g Rohrzucker 60 g Arsenik. (Beythien.)

1094. **Hexenschußpflaster** von H. Scholinus in Flensburg ist gestrichenes Mutterpflaster. (Karlsr. Ortsges.-Rat.)

1095. **Hidrosin** gegen Achselschweiß von A. Kollheuser in Dresden-Altstadt sind 2 Flaschen, von denen I mit der offizinellen Aluminiumacetatlösung gefüllt ist, während II eine 10prozentige Chromsäurelösung enthält. 1 Flasche Antisudorin und 2 Flaschen Hidrosin je mit Pinsel und Gebrauchsanweisung *M.* 8,73. (Karlsr. Ortsges.-Rat.)

1096. **Hienfong-Essenz,** 1. Folia Lauri, Fructus Lauri je $1,_0$, Äther $80,_0$, Camphora $15,_0$, Oleum Menthae pip. $15,_0$, Oleum Anisi 2,5, Oleum Menthae crisp. $10,_0$, Oleum Foeniculi, Oleum Lavandulae, Oleum Rosmarini je 2,5, Spiritus 90 proz. $2000,_0$. Zum Grünfärben nimmt man im Winter Grünkohl, im Sommer Gras, falls man kein Chlorophyll hat. 2. Nach Hager besteht Dr. Schöpfers Hienfong-Essenz aus einer sehr dünnen Tinktur von Fructus und Folia Lauri mit 8% Äther, 1½% Kampher, 1% Krauseminzöl und je ¼% Anis-, Fenchel-, Lavendel- und Rosmarinöl. — Die verdünnte Tinktura Foliorum et Fructuum Lauri wird aus je 5 T. dieser auf 200 T. Spirit. und 15 T. Äther bereitet. 3. Nach Kaupitz: Oleum Carvi $10,_0$, Balsamum peruvianum $20,_0$, Äther $80,_0$, Oleum Menthae pip. $32,_0$, Camphora $24,_0$, Oleum Anisi gtts. 80 (= $4,_0$), Spiritus 90proz. $3200,_0$. Chlorophyll. q. s. Diese Vorschrift soll der echten Essenz entsprechen und wird in einer Apotheke Sachsens als viel begehrter Handverkaufsartikel vertrieben.

1097. **Dr. Hinzes brausendes Novozon** zeigt im wesentlichen folgende Zusammensetzung: Zitronensaure Magnesia 65%, Magnesiumsuperoxyd 8%, Zucker 25%, Eiweiß (Tropon?) 2%. Fabrikant: Novavita, G. m. b. H., Berlin N. (Aufrecht.)

1098. **Dr. Hinzes Novozon-Eiweiß,** ein Präparat mit angeblich hohem Gehalt an aktivem Sauerstoff, enthält Eiweiß 50,39%, lösliche Kohlehydrate (Milchzucker) 12,55%, unlösliche Kohlehydrate (Reisstärke) 19,71%, Magnesiumkarbonat 14,80%, Magnesiumsuperoxyd 2,50%, außerdem geringe Mengen Phosphorsäure, Kalk und Eisen. Novozon-Eiweiß dürfte somit ein Gemisch sein aus 50% Eiweiß (Tropon?), 12% Milchzucker, 20% Reisstärke, 15% Magnesiumkarbonat, 3% Magnesiumsuperoxyd. Fabrikant: Novavita, G. m. b. H. in Berlin. (Aufrecht.)

1099. **Dr. Hinzes Novozon-Pepsin** enthält Feuchtigkeit 6,85%, Gesamt-Stickstoff 0,49%, auf Pepsin berechnet 3,06%, Milchzucker 78,34%, Mineralstoffe 11,75%, letztere bestehen aus Magnesiumsuperoxyd 5,42% und Magnesiumkarbonat 6,33%. Novozon-Pepsin dürfte demnach ein Gemisch sein aus ca. 3% Pespin, 85% Milchzucker, 5,5% Magnesiumsuperoxyd, 6,5% Magnesiumkarbonat. Fabrikant: Novavita, G. m. b. H. in Berlin. (Aufrecht.)

1100. **Hive-Sirup, Keuchhustensaft,** von Coxe, ist ein Infusum aus je 10 T. Serpentaria und Scilla und 100 T. Wasser mit je 50 T. Zucker und Honig zu einem Sirup gemacht und darin 0,025 T. Brechweinstein gelöst.

1101. **Hjernes Testament,** ein in Finnland sehr beliebtes Volksmittel, welches mit Branntwein und Spiritus angesetzt als Magenelixir gebraucht wird. Die Vorschrift lautet: 30 T. Rad. Gentian. minut. conc., 4 T. Rhiz. Zingiber. conc., 30 T. Aloe cont., 4½ T. Myrrha cont., 9 T. Kalium carbonic. crud., 9 T. Fuligo splendens in feiner Speziesform. (Hager.)

1102. **Hofmanns Verdauungspulver,** von Georg Hofmanns Storchapotheke in Dresden besteht aus Pepsin, Bismut. subnitr., Magnes. barb., Natr. chlor., Calc. phosphor., Calc. carbon. je 3,0 Natr. hydrocarb. 60,0. (Kreytschy.)

1103. **Hofschneiders Heilmittel gegen Flechten** besteht aus Bleipflaster mit Bleiweiß, Zinkoxyd oder kohlensaurem Zinkoxyd (Galmei) und einem Eisenfarbstoff, höchstwahrscheinlich armenischem Bolus. (Das Pflaster steht also dem Emplastrum consolidans bezw. Unguentum exsiccans nahe.)

1104. **Homeriana** des Paul Homero, von J. Kirchhöfer in Triest vertrieben, gegen Bronchial- und Lungenkatarrhe, sowie gegen beginnende Lungentuberkulose empfohlen, ist ein Gemisch von 57 T. Polygonum aviculare und 3 T. Lepidium ruderale. 60 g = *M.* 2,20. (1 Fl. 20 Kr.)

1105. **Homerianatee** von Ernst Weidemann in Liebenwerda a. E. ist Herba Polygon. avicular. 60 g = *M.* 1. (Karlsr. Ortsges.-Rat.)

1106. **Honigbalsam** von Hill, gegen Husten und Katarrh, besteht aus Balsam. Tolut. 10 T., Styrax liquid. 2 T., Opium 1 T., Honig

100 T. und rektifiziertem Weingeist 300 T. digeriert und filtriert. (Hager.)

1107. **Honigtrank** des wirklichen Gesundheitsrats Karl Jacobi. Der Trank bildet sieben Mittel, nur wenig von einander abweichend, je nach der Krankheit. 350 g Flüssigkeit bestehen in der Hauptsache aus einer Tamarindenabkochung mit Zucker, Weinstein, Spiritus und Himbeersaft. I enthält außerdem etwas Frangulaabkochung, VII etwas Baldrian und Myrrhen. Preis je *M.* 1,50. (Schädler und Hager.)

1108. **Hop Bitters,** in Amerika gebräuchlich, besteht aus Pomeranzenschale 4 T., Kalmuswurzel 2 T., Pimpinellwurzel 2 T., Hopfen 1 T., Zucker 8 T., Alkohol 32 T. und Wasser 48 T.

1109. **Hopeïn** des Dr. Bernard in Berlin ist Malzextrakt mit Morphium.

1110. **Hopeine Hydrochlorate** der Concentrated Produce Co. in London besteht aus einem Gemenge von 2,75% Atropinum sulfuricum und 97,25% narkotinhaltigem Morphin. hydrochloricum, mit Hopfendestillaten parfümiert. (H. Warnecke.)

1111. **Hoppes Mittel gegen Rheumatismus,** braunrote aromatische Tinktur, die Myrrhe, Perubalsam und ähnliche harzige Drogen, auch Spuren von Kreosot und Aloe enthält.

1112. **Hühneraugenessenz,** welche Tiroler Quacksalber verkaufen, und welche eine steife, dunkelbraune, extraktähnliche, schwach saure, nach schwefliger Säure riechende Masse bildet, kann erhalten werden durch Erwärmen von 2 T. Schweinefett und 1 T. konz. Schwefelsäure bis zum Braunwerden und Ausstoßen eines Geruchs nach schwefliger Säure. (Wittstein.)

1113. **Hühneraugenextrakt** von Laßwitz in Berlin ist eine unreine, acetonhaltige, etwa 65 prozentige Essigsäure. (Bischoff.)

1114. **Hühneraugenmagnete,** durch deren Anwendung Hühneraugen in 5 Minuten schmerzlos weggebracht werden sollen, sind dünne Stifte, in eine Blechhülse eingelegt, aus mit Graphit dunkel gefärbtem Schwefel bestehend, welche angezündet werden; ein Tropfen wird alsdann auf das zu beseitigende Hühnerauge gebracht. Preis *M.* 0,50.

1115. **Hühneraugenmittel** aus Rußland stellt eine schwarze, nahezu kautschukartige Masse von stark saurer Reaktion dar, wahrscheinlich durch Einwirkung von Schwefelsäure auf Leinöl und Zusatz von Kupfervitriol dargestellt. (Scheibe.)

1116. **Hühneraugenpflaster,** Hebras, ist Bleipflaster. (Gscheidlen.)

1117. **Hühneraugenpflaster** von Keilholz besteht aus $24{,}_0$ Galbanum, $12{,}_0$ Schwarzpech, $6{,}_0$ Bleipflaster, je $1{,}_0$ Salmiak und Grünspan und 0,75 feinem Kantharidenpulver. (Hager.)

1118. **Hühneraugenpflaster** von Laroche besteht aus $3{,}_0$ Ol. Olivar., $1{,}_0$ Cera, $9{,}_0$ Farin. Tritici, $6{,}_0$ Acid. acetic., $3{,}_0$ Acid. boric., 0,4 Ol. Lavandul. und $3{,}_0$ Acetum.

1119. **Hühneraugenpflaster** von Leutner besteht aus gewöhnlichem Harzpflaster, das auf ein Stückchen weitmaschige Gaze von 25 qmm 3—4 mm dick gestrichen ist.

1120. **Hühneraugenpflaster** von Dr. Smith sind Filzringe mit Klebpflaster bestrichen.

1121. **Hühneraugenpflaster** von H. Thieme besteht aus Quecksilber, Quecksilberoxydul, Harzpflaster und Seife. (Wittstein.)

1122. **Hühneraugenpulver, japanisches,** von Kessel ist geschabte Natronseife, Calciumkarbonat u. Sand. Preis *M.* 1. (Gscheidlen.)

1123. **Hühneraugensalbe** von Haase besteht aus Wachs und Grünspan. (Gscheidlen.)

1124. **Hühneraugentinkturen oder -Mittel** von Esser, Kranich, Würfling, Golienski, Barkowski, Bongartz, Radlauer etc. sind Mischungen von Kollodium, Salizylsäure und Cannabisextrakt.

1125. **Hühneraugentod,** Siegels, ist Wachssalbe mit Salizylsäure.

1126. **Huile de Marrons d'Inde** von Génevoix, **Antigoutteux Génevoix** wird dargestellt, indem das Mehl der Roßkastanien mit Äther ausgezogen und der Ätherauszug abdestilliert wird. Gewöhnlich ist das im Handel vorkommende Öl ein anderes fettes Öl, meist nur mit Kastanienmehl gekochtes Erdnußöl.

1127. **Huile jodée** von Berthé oder Personne ist eine wenig gefärbte Lösung von 1 T. Jod in 220 bezw. 150 T. Mandelöl.

1128. **Huile jodo-phosphorée** von Berthé besteht aus 100 T. Huile jodée de Berthé und 1 T. Ol. phosphoratum.

1129. **Huile Protojodure de Fer** von Gille wird dargestellt aus 2,25 Jod, $5,_0$ Eisenpulver und $800,_0$ Mandelöl. (Dorvault.)

1130. **Hundepulver** von Blaine gegen Staupe und Hundeseuche soll ein Gemisch aus $1,_0$ mineralischem Turpith und $5,_0$ Schwefelzinn sein, in 20 gleiche Teile geteilt.

1131. **Hundswutmittel** von Anton Patkiewicz ist in 2 Gläsern enthalten. In dem I. Glase befinden sich drei in Wachspapier gehüllte, je 3 g schwere und mit 1, 2, 3 bezeichnete Täfelchen von weißgelblicher Farbe, gleichend einem Gebäck aus Weizenmehl mit wenig Zucker und einer fettreichen Substanz, wie es scheint, einem mit Kraut von Anagall. arvens. und Samen von Euphorb. Lathyris gekochten Öl. Das II. Glas enthält ein Salbengemisch aus Bleipflaster, Terpentin und einem wahrscheinlich mit Gauchheilkraut gekochten Öle. Die Täfelchen werden nüchtern, alle halbe Stunden eines, genossen. Preis *M.* 6. (Hager.)

1132. **Hundswutmittel** von Thömer besteht aus 1 T. Myrrhapulver, 2 T. rotem Bolus, 4 T. Enzianwurzelpulver und 4 T. Krebsaugenpulver. An drei aufeinanderfolgenden Morgen drei Messerspitzen mit Warmbier zu nehmen. (Hager.)

1133. **Hustenbalsam** von Oskar Toepfer ist ein Kunstwein mit einigen Proz. Glyzerin und möglicherweise versetzt mit etwas Brustteeaufguß. 300 g = *M.* 1,50. (Hager.)

1134. **Huste-Nicht** von L. H. Pietsch & Co. in Breslau, **Honig-Kräuter-Malzextrakt,** ist ein sehr süß schmeckender, dunkelmadeirafarbener Saft von 1,325 spez. Gew. und schwach saurer Reaktion, bestehend in einer konz. Abkochung von Brusttee mit Früchten, mit Malzextrakt und Honig bis zur gewünschten Konsistenz versetzt. In $^1/_1$, $^2/_3$ und $^1/_3$ Flaschen. Eine $^2/_3$ Flasche (300 g) = *M.* 1,75. (Geißler.)

1135. **Hustenmittel** vom Rittergutsbesitzer N. Freytag in Bromberg besteht aus 333 g einer durch Eindampfen verdickten Abkochung von Malz, schleimigen Pflanzenstoffen und Obst. (Karlsr. Ortsges.-Rat.)

1136. **Hustenmittel** Prof. Kochs ist Süßholzabkochung. Preis *M.* 5.

1137. **Hustenmittel** von Mayen in Friedeberg i. d. Nmk. ist ein Trank aus Malz, Meerrettig und Schwarzwurzel.

1138. **Hustenmittel** des Graf v. Schlieffen auf Schliffenberg in Mecklenburg besteht aus Sternanis, Sennesblättern, Kandiszucker etc.

1139. **Hustenpulver** des Dr. Pogacnig in Wien ist ein Gemisch aus Zucker, Weinsäure und Natriumbikarbonat. (Innhauser.)

1140. **Hustensaft, Cough-Sirup,** Bulls, ist gewöhnlicher brauner Zuckersirup mit 1—2 cg Morphinsulfat in 30 g.

1141. **Hustensaft** von Fothergill besteht aus 4 T. Sirup. Scillae, 2 T. verdünnter Bromwasserstoffsäure, 2 T. Chloroformspiritus und 4 T. Wasser.

1142. **Hustensaft,** Friedorfers, von A. Egger in Klagenfurt soll eine Mischung von Zuckersaft mit einer alkoholischen Lösung von ameisensaurem und essigsaurem Eisen sein.

1143. **Hustensirup** von Neubecker in Berlin ist ein Gemisch von Sirup und Rum.

1144. **Hustentropfen,** Dr. Böttgers: Acid. benzoic. $5{,}_0$, Alcohol. absolut. $30{,}_0$, Liqu. ammon. cst. q. s. bis zur Wiederauflösung des zuerst entstehenden Niederschlags, Tinct. Opii benz. $25{,}_0$, Elix. e Succo Liquirit. $20{,}_0$, Aqu. destill. q. s. ad $120{,}_0$. Dreimal täglich 15—20 Tropfen.

1145. **Hüte, elektrische,** sind die Nachahmung der Goldbergerschen Rheumatismusketten seitens eines spekulativen Hutmachers. Um Kopfschmerz und andere Leiden, die durch das Tragen hoher, fester Hüte hervorgerufen werden, zu beseitigen, läßt derselbe eine Vorrichtung, die aus zwei ineinander geflochtenen Metallbändchen von Zink und Kupfer besteht, leicht in das Hutleder einsetzen. Die Berührung soll genügen, um durch die Ausdünstung und natürliche Wärme des Kopfes eine fortdauernde Elektrizität zu entwickeln, welche sich einem leichten Lüftchen gleich bemerkbar machen soll.

1146. **Hydrocidin** ist ein Fußbalsam unbekannter Zusammensetzung, der gegen Fußschwitzen, Brennen und Wundwerden der Füße von M. Wirz-Löw empfohlen wird.

1147. **Hygiea-Präparate** des früheren Schneiders Wilh. Heinr. Nicolas-Remmé in Wiesbaden, Mittel gegen Lungen-, Hals- und Magenleiden, sind eine Kochsalzlösung in Branntwein. Preis *M.* 1,50 bis *M.* 3.

1148. **Hymettin,** Injektion gegen Schleimflüsse, besteht aus $10{,}_0$ Gummi arab., $2{,}_0$ Alumen, 0,5 Zinkoxyd, $2{,}_0$ Eau de Cologne, $200{,}_0$ Wasser. Früher bestand es aus 7,5 Honig, 2,5 Zinksulfat, Eau de Cologne und Wasser. Preis *M.* 4. (Hager.)

1149. **Hyomei** ist eine Mischung aus rohem Eukalyptusöl und Vaselinöl.

1150. **Hypnophor,** Dr. Lacroix's, von G. Poenicke in Leipzig, Mittel gegen Schlaflosigkeit, besteht aus 50 T. Himbeersaft und 100 T. mit Cochenille gefärbtem weißem Sirup nebst 2 T. Weinsteinsäure. 125 g = *M.* 3.

1151. **Jacobis Heiltränke** sollen folgende Zusammensetzung besitzen: **Honigtrank:** Tamarindenabkochung und indifferente Stoffe. **Königstrank:** Apfelwein, Stärkesirup, arabischer Gummi und Pflaumenmus, versetzt mit saurer Aloetinktur. **Nektartrank:** Vergorener Fruchtsaft, der mit einer aromatischen Tinktur versetzt ist.

1152. **Jacobis Touristenpflaster** besteht aus 2 T. Kautschuk, 1 T. Harz, 1 T. Öl und 1 T. Salizylsäure. Fabrikant: Apoth. Gustav Jacobi in Elberfeld.

1153. **Jamaika-Ginger-Essence** von Oxley ist eine Tinktur aus 10 T. Ingwer, 5 T. frischer Zitronenschale und 100 T. verdünntem Weingeist.

1154. **Jatrevin** ist ein Kondensationsprodukt von Mentholkampher und Isobutylphenol, das bei Lungenaffektionen Anwendung finden soll. Fabrikant: P. Kerkow & Co.

1155. **Icas** von August Schweingruber in Berlin gegen Rheumatismus und Krämpfe kann erhalten werden durch Extraktion von $20{,}_0$ Lorbeeren, $20{,}_0$ Lorbeerblättern, $20{,}_0$ Gewürznelken, $20{,}_0$ englischen Gewürzkörnern, $20{,}_0$ Kampher, $20{,}_0$ Salmiakgeist mit $200{,}_0$ Spiritus. 140 g = *M.* 1,50. (Hager.)

1156. **Ichthol** (nicht zu verwechseln mit Ichthyol!) besteht aus 420 g Lanolin, 420 g Vaselin, 45 g Jodoform, 32 g Glyzerin, 24 g Karbolsäure, je 12 g Lavendel- und Eukalyptusöl. Es wird gegen Jucken und Entzündungen der Haut angewendet.

1157. **Jeyes Fluid,** das von der Firma Jeyes' Sanitary Compounds Company Limited in London, 64 Cannon Street dargestellt wird, ist ein dem Creolin ähnliches Desinfektionsmittel.

1158. **Idiaton** von Dr. Breslauer in Berlin, Mittel gegen Zahnschmerz, besteht aus 1 T. Terpentinöl, je 2 T. Nelkenöl und Chloroform und 4 T. spirituösem Salmiakgeist. Nach anderen Angaben aus 4,0 Kolophonium, 12,0 Chloroform, je 8,0 Terpentinöl und spirituöser Salmiakgeist, 1 Tropfen Senföl. 4 g = *M.* 3. (Hahn.)

1159. **Jeckels Salbe** gegen Krampfadern etc. ist eine Mischung von Schweinefett, Perubalsam, Zinkoxyd und Quecksilberjodid. Preis *M.* 6.

1160. **Jecorolbutter** besteht aus einem unbekannten, weichen Fett, 2% phosphorsauren Salzen und 0,005% Jod. Sie dient als Lebertranersatz. Fabrikant: F. Thanisch in Altona.

1161. **Jerusalemitanischer Balsam** von Antonius ist eine alkoholisch-ätherische Lösung von Benzoe, Safran, Kurkuma und Aloe. (Beythien.)

1162. **Illodin-Zahnwasser** nach Törber besteht aus Ol. Menth. pip. 1,5, Ol. Caryophyllor, 2,0, Ol. Rosar. 0,3, Ol. Anisi vulg. 0,55, Mentholi 1,5, Saloli 1,0, Coccinoll. 1,0, Alkohol 180,0.

1163. **Indian-Pflaster** vom Apotheker Schrader in Feuerbach-Stuttgart, gegen die verschiedensten Leiden, besonders Flechten, ist ein mit etwas Perubalsam versetztes Mutterpflaster. (Karlsr. Ortsges.-Rat.)

1164. **Influenzin** der Chininfabrik Auerbach in Hessen, als Mittel gegen die Influenza und eine ganze Reihe anderer Krankheitserscheinungen empfohlen, soll ein bisher noch nicht beschriebener, aus Chinarinde hergestellter, neutral reagierender Körper sein, welcher aus 60 T. Kohlenstoff, 12 T. Wasserstoff, 16 T. Stickstoff, 12 T. Sauerstoff besteht, in kochendem Wasser leicht, schwerer in kaltem löslich ist und aus wässeriger Lösung sich in weißen Kristallen abscheidet.

1165. **Ingapillen** von Ad. Richter in Rudolstadt werden nach folgender Vorschrift dargestellt: Extr. Liquiritiae 14,0, Sacch. alb. 7,0, Acid. benzoic. 0,3, Rhiz. Iridis pulv. 3,0, Ol. Anisi, Ol. Foeniculi 0,2, Tragacanth q. s. ut. f. pilul. 80.

1166. **Ingluvin** von Warner & Co. besteht aus 3,30% Kochsalz, 10,20% Rohrzucker, 7,83% Wasser und 78% einer in Wasser unlöslichen Substanz; letztere schien eine fein gepulverte tierische Membran zu sein, ob gerade Hühnermagen, konnte nicht entschieden werden. (Müller.)

1167. **Inhalations-Patrone „Frigidus“** entwickelt Salmiakdämpfe, die mit Menthol, Eukalyptol und Terpineol versetzt sind. Fabrikant: Max Retemeyer, Berlin, Linkstraße 23.

1168. **Inhalationspräparate** des Apoth. Friedrich Koltscharsch in Wiener Neustadt zur Heilung von Kehlkopf-, Hals-, Brust- und Lungenleiden bestehen in I. einem Inhalationsapparat (*M.* 7), II. 1 Flasche „balsamisch-vegetabilischem Inhalationspräparat“, einem Gemisch von 33,0 Olivenöl und 4,5 Kiefernnadelöl oder einem guten Terpentinöl, welches durch Zusatz einiger Tropfen Thymianöl oder sonst eines gut riechenden Öls im Geruch modifiziert ist (*M.* 2), III. 1 Schachtel eines weißen grobkörnigen Salzes, bestehend aus 88,0 eines Ammon haltenden Kalialauns und 162,0 eines grobkörnigen Kochsalzes. (Hager.)

1169. **Inhalier-Schnupfenkapseln** des Chemischen Laboratoriums von Hesse & Goldstaub in Hamburg sollen als wirksamen Bestandteil Methylpropylphenolmenthol enthalten.

1170. **Inhalon** ist eine Mischung ungenannter, spezifisch wirkender Öle, die zur Ozonisierung der Zimmerluft, wie auch zu Einatmungen bei Nasen-, Kehlkopf- und Lungenerkrankungen empfohlen wird. Bezugsquelle: Speyer & Grund in Frankfurt a. M.

1171. **Injectio antigonorrhoica Szymanski** enthält als wirksamen Bestandteil Bismutum naphthoglycerinicum.

1172. **Injection Brou hygiénique** besteht aus Aq. dest. 180,0, Zinc. sulf. 1,0, Plumb. acet. 2,0, Tinct. Catechu 4,0, Tinct. Opii croc. 4,0. Nicht filtriert. — In Deutschland durch ein Frankfurter und ein Berliner Haus verkaufte Inj. Brou besteht aus 3,0 Zinkvitriol, 1,5 Bleiacetat und 200,0 eines wässerigen Aufgusses von 0,5 Opiumpulver, 1,0 Safran und 0,5 Katechu. Preis *M.* 4. (Hager.)

1173. **Injection refraîchissante** von Chable ist eine filtrierte Lösung von je 1,0 Zinc. sulfuric. und Plumb. acetic. in 200,0 Aq. destillat.

1174. **Injection végétale au Matico** von Grimault & Co. in Paris enthält 0,2 essigsaures Kupferoxyd in 140,0 destilliertem Maticowasser. Preis *M.* 2,40. (Hager.)

1175. **Injektion** No. I aus dem ärztlich-polytechnischen Institut von J. G. Druschke in Berlin besteht aus 0,5 Zinkoxyd, 1,0 Bleisulfat, 150,0 Wasser und 10 Tropfen Tinct. Opii croc. Preis *M.* 3. (Schädler.)

1176. **Injektion** Nr. II gegen Gonorrhöe, Apoth. Krauses, aus dem medizinisch-polytechnischen Institut von J. G. Druschke in Berlin besteht aus 0,5 Zinkoxyd, 2,0 Bleisulfat, 50,0 Brunnenwasser und 30 Tropfen Tinct. Opii croc. Preis *M.* 4. (Schädler.)

1177. **Injektion sous-cutanée Bretonneau** enthält in 1 ccm 0,01 g Quecksilberbenzoat. Anwendung gegen Syphilis. Fabrikant: Lancelot & Co. in Paris, 24 u. 28 rue St. Claude.

1178. **Injektion** von Marinier hat eine ähnliche Zusammensetzung wie das Collyre de Marinier. (Hager.)

1179. **Injektion** von Dr. R. Richard besteht aus Zinc. sulfur. 0,25, Aq. destillat. 240,0, Tinct. Opii croc. 0,5. Preis *M.* 2,50. (Hager.)

1180. **Injektion** von Sampso ist eine Lösung von 1,0 Cupr. aluminat. in 200,0 Wasser. (Reveil.)

1181. **Injektion** von Dr. Vardy besteht aus 1,0 Zinkacetat, 30,0 Rautenessig, 15,0 Gummi arab. und 90,0 Brunnenwasser, das Ganze rötlich gefärbt. Hierzu noch eine Holzschachtel mit 15 Pillen aus Seife und Eibischpulver. Preis *M.* 2,75. (Schädler.)

1182. **Injektion** Dr. Vespers, von Harmuth in Berlin enthält $3,_0$ Bleizucker, $90,_0$ Gummischleim und $2,_0$ Opiumtinktur in $100,_0$ Wasser. Preis *M.* 9. (Schädler.)

1183. **Injektion** von Vetters gegen Gonorrhöe ist eine starke Lösung von Opium und Opiumtinktur in Wasser und Gummischleim, welche 0,02% Schleimzucker enthält. (Hoff.)

1184. **Injektion** von Prof. Dr. Wagner, besteht aus $1,_0$ Plumb. acet., $1,_0$ Zinc. sulf. und $180,_0$ Wasser. Preis *M.* 5. (F. Scriba.)

1185. **Injektion** von Young besteht aus $800,_0$ Rosenwasser, $200,_0$ Weinessig und $8,_0$ Bleizucker.

1186. **Insufflatio mentholatis composita** nennen Burroughs, Wellcome & Co. in London ein Schnupfenmittel, welches aus Menthol, Kokain, Salmiak, Kampher und Lykopodium besteht.

1187. **Jod-Blister** von J. Hibbon & Smith in Piccadilly, London, ist eine hauptsächlich Jodquecksilber enthaltende Einreibung gegen Knochenkrankheiten der Pferde. (J. Golcher.)

1188. **Jod-Zigarren** von J. D. Tormin in Stettin enthalten keine Spur Jod. 100 Stück *M.* 9—12. (Marquardt.)

1189. **Jodia** von Battle & Co. in St. Louis. Jede Fluiddrachme enthält 5 Gran Jodkalium, 3 Gran Ferriphosphat und geringe Mengen der Auszüge von Stillingia, Helonias und Menispermum. (Fr. Hoffmann.)

1190. **Jodine** von Churchill ist eine Lösung von 0,5 Jod und 2,5 Kaliumjodid in $28,_0$ verdünntem Weingeist.

1191. **Jodine** aus der Apotheke von Josef Riesenfeld in Groß-Strehlitz in O.-S. gegen Krankheiten der Pferde besteht aus $15,_0$ Hydrarg. bijodat. rubr. und $55,_0$ Adeps suillus. Preis *M.* 6. (B. Hirsch.)

1192. **Jodineliniment** von Bourke besteht in einer Lösung von $1,_0$ Jod, $8,_0$ Kampher, je $4,_0$ Lavendel- und Rosmarinöl in $250,_0$ Alkohol und $30,_0$ Ammoniak.

1193. **Jodipalme** nennt man in Frankreich flüssige Jodfettpräparate mit 10, 20 und 30% reinem Jod. Das Präparat soll bei Asthma, Arteriosklerose, Syphilis und Skrophulose Anwendung finden und zwar innerlich unvermischt oder mit Lebertran.

1194. **Jodlithionwasser** von Dr. Ewich enthält 0,5 Lithium chlorat., $1,_0$ Kal. jodat., 0,5 Calcium chlorat. und 0,75 Natr. carbonic. in $1250,_0$ Wasser mit Kohlensäure.

1195. **Jodo-Bromide-Calcium Compound** von J. R. Blach, M. D., New-York, besteht aus Chlorcalcium, Chloraluminium, Chlormagnesium, Chlor-, Brom- und Jodnatrium, Natriumsulfat, Natriumphosphat, Natriumsilikat, Kaliumnitrat etc. (Goddefroy.)

1196. **Jodoleate** sind Verbindungen von Jod und Ölsäure; sie zersetzen sich jedoch schon nach wenigen Tagen. Zusatz von etwas Ammoniak erhöht die Haltbarkeit. H. Skinner empfiehlt die Oleate an Stelle weicher Seifen, insbesondere Kaliumoleat, welches sicherer neutralisiert werden kann als das Ammoniumoleat. 1 T. Lanolin, 1 T. Kaliumoleat und 2 T. Wasser geben eine haltbare Creme.

1197. **Jodophenollösung** zu Hauteinspritzungen besteht aus 0,3 g Kaliumjodid, 0,06 g Jod, 2 g Karbolsäure, 5 g Glyzerin und destilliertem Wasser bis zur Gesamtmenge von 100 ccm. Sie wird in Mengen von 5—10 ccm zu Einspritzungen verwendet.

1198. **Jod-Ratanhiasirup** von Th. Kupfer, enthält 0,2% Jod an organische Stoffe gebunden und zur Verbesserung des Geschmackes Extr. Chinae und Extr. Aurantii corticis.

1199. **Jodpasta** aus Paris, **Pâte jodée,** zum Töten der Zahnnerven ist ein mit Berliner Blau gefärbtes und mit Glyzerin in Teigform gebrachtes Gemenge von 1 T. arseniger Säure und 3 T. salzsaurem Morphin. 1 g = *M.* 4,50. (5½ Frcs.) (Leimbach.)

1200. **Jodure Souffron.** Unter diesem Namen wird sowohl ein chemisch reines Kalium-, wie Natriumjodid in den Handel gebracht. — Die **Dragées Souffron** enthalten entweder je 0,25 g chemisch reines Kalium- oder Natriumjodid. Bezugsquelle ist die St. Leonhards-Apotheke in Basel.

1201. **Johannistee** der Firma Brockhaus & Co. in Berlin-Halensee besteht aus den Blättern und Blüten von Galeopsis ochroleuca. (Karlsr. Ortsges.-Rat.)

1202. **Ira,** ein Zahnschmerzmittel von M. L. Böttcher, besteht aus Kampher 0,5, Kajeputöl 0,5, Pfefferminzöl 0,3, Äther 3,0, Nelkenöl 0,5, Hopfenöl 0,5, Span. Pfeffer 0,01, Spiritus $3,_0$. Hauptversand: Geyer & Schumann in Leipzig.

1203. **Isländisch-Moos-Pasta** von Karl Engelhard in Frankfurt a. M. besteht aus 50% Gummi, 40% Zucker und 10% einer Isländisch-Moos-Abkochung.

1204. **Jugendspiegel,** zuverlässiger Rat und sichere Hilfe für Geschwächte und Impotente, von B. Bernhardi in Berlin. Eine Broschüre in Duodezformat, welche im 8. Kapitel die unfehlbare Kurmethode des Verfassers empfiehlt: Zwei halbe Literflaschen, welche mit Wasser verdünnten Honig enthalten, gewöhnlich schon in Gährung begriffen. Preis *M.* 60. (Schädler.)

1205. **Jungclaussens Bandwurmmittel** ist ein Kürbiskernpräparat. Fabrikant: Caesar & Loretz in Halle a. S.

1206. **Juniperin,** eine von einem praktischen Arzte in Wien um einen sehr hohen Preis verkaufte Salbe, ist ein Gemisch verschiedener Fette mit Wacholderbeerenpulver.

1207. **Junol** von Willi Schulze in Olbernhau (Erzgebirge) ist ein Gebirgs-Wacholder-Extrakt.

1208. **Jurtz' Gehörapparate** von C. Jurtz in Weferlingen (Prov. Sachsen) bestehen aus je einem Gehördetrusor, Gehörbähapparat und Gehörrestitutor. Der Gehördetrusor z. B. ist nichts anderes als der von den Ohrenärzten zur Anwendung der sog. Pollitzerschen Luftdouche häufig gebrauchte Apparat, nur mit dem Unterschiede, daß sich Jurtz für denselben *M.* 16 bezahlen läßt, während der sonstige Ladenpreis ca. *M.* 8 beträgt. (Ortsgesundheitsrat Karlsruhe.)

1209. **Izalöl** ist ein Oxydationsprodukt der Kohlenwasserstoffreihe, dessen Prozentgehalt an Wasserstoff in der Mitte steht zwischen den Verbindungen der Phenolreihe und jenen der Karbinole. Es ist in Wasser unlöslich und wird in Form einer 4prozentigen Emulsion in den Handel gebracht.

1210. **Kafirpillen** sind mit Kakao überzogene Pillen aus Salzsäure und Pepsin.

1211. **Kaiserbalsam,** Antirheumaticum von J. Zimmermann in Berlin besteht aus 35,0 einer der Rosmarinsalbe ähnlichen Fettmischung nebst 2,0 Kampher und 2,0 Jodkalium. Preis *M.* 3. (Schädler.)

1212. **Kaiserpillen, Wiener** oder **Augustinerpillen.** 25,0 Koloquintenmark werden mit 400,0 schwachem Weingeist 3 Tage lang digeriert, der filtrierten Tinktur 50,0 Leberaloe und 16,0 Scammonium zugesetzt, das Ganze zum Extrakt verdunstet, 4,0 Kardamompulver hinzugefügt und zur Pillenkonsistenz verdickt. 3 Gewichtsteile dieser Masse werden mit 1 Gewichtsteile Kalomel vermengt und daraus 0,12 g schwere Pillen geformt, so daß also jede Pille 0,03 g Kalomel und 0,09 g des obigen Extrakts enthält. (Paasch.)

1213. **Kaiserpillen** der Königseer Olitätenkrämer existieren in zwei Nummern. I. **feine braune Pillen,** bestehend aus 13 T. Jalapenharz, 12 T. Kalomel, 6 T. Koloquinten, 4 T. Aloe, 2 T. Gummigutt, 2 T. Rhabarber, 1 T. venezianische Seife, mit etwas Zinnober und Ruß gefärbt, durch Tragant zu Pillen geformt. Unbestreut. — II. **braune Pillen** bestehen aus 20 T. Jalapenharz, 12 T. Kalomel, 14 T. Aloe, 6 T. Gummigutt, 4 T. Koloquinten, 2 T. Weinstein, etwa $^1/_{12}$ T. Krotonöl mit Zinnober, Ruß und Tragant zu Pillen geformt. Je 13 Pillen wiegen 2 g. (Richter.)

1214. **Kaisertropfen** von Herzig in Berlin ist eine spirituöse Tinktur aus Aloe, Safran, Galgant u. a. m. (Bischoff.)

1215. **Kalkeisensirup, Herbabnys** enthält angeblich Calciumhypophosphit, dialysiertes Eisen, Fluidextrakte von Sonnentau, Gundelrebe und Hirschzunge, sowie Kochenille-, Orangen- und Tausendguldenkrautsirup. Fabrikant: Apotheke „Zur Barmherzigkeit", Wien.

1216. **Kalksirup, unterphosphorigsaurer,** von Grimault & Co. in Paris, besteht aus 1 T. unterphosphorigsaurem Kalk gelöst in einer Zuckerlösung aus 30 T. destilliertem Wasser, 6 T. Kalkwasser und 64 T. Zucker, rötlich gefärbt mit etwas Cochenille. (H a g e r.)

1217. **Kaloderma (Glycerine- und Honey-Jelly)** soll bestehen aus Gelatin. 2,5, Mellis $10,_0$, Glycerini $60,_0$, Aq. dest. 27,5. Das Glyzerin wird mit dem Wasser gemischt und in dieser Mischung unter Erwärmen zuerst der Honig und dann die Gelatine gelöst. Man parfümiert am besten mit Rosenöl. Die noch warme Lösung wird in Zinntuben ausgegossen. Kaloderma von W o l f f & Sohn in Karlsruhe wurde im Dresdener Chem. Unters.-Amte als aus Glyzerin, Zucker und etwas Kaliseife bestehend gefunden.

1218. **Kamakosin** ist ein Bandwurmmittel der Firma Dr. H u g o R e m m l e r in Berlin N., dessen wirksame Bestandteile Kamala und Koussin darstellen.

1219. **Kamekameha** von H a r n i s c h in Berlin gegen Kopfschmerzen ist ein Gemisch von Pfefferminzöl und Alkohol. (B i s c h o f f.)

1220. **Kampher-Zigarren** von R a s p a i l in Paris gegen verschiedene Arten von Brustleiden, ferner gegen Magenkrampf empfohlen, indem man beim Gebrauch den Speichel verschlucken soll, bestehen entweder aus mit zerbröckeltem Kampher gefüllten Strohhalmen bezw. Federkielen, oder es sind Mundstücke von Elfenbein, Horn etc., am äußeren Ende mit einer kleinen Kapsel für den Kampher versehen. (W i t t s t e i n.)

1221. **Kamphermilch** von C o l e r, Mittel gegen Hautkrankheiten, besteht aus $10,_0$ präzipitiertem Zinkoxyd, $180,_0$ Rosenwasser und $5,_0$ Kampherspiritus. Preis *M.* 1. (S c h ä d l e r.)

1222. **Karlsbader Mineralbier** ist eine Lösung alkalischer Salze, besonders von Glaubersalz in Bier.

1223. **Karrakpflaster** wird von dem Institut M a r p m a n n in Leipzig eine in Tuben verpackte geleeartige Auflösung von Hydro-Azetylzellulose genannt. Der Geruch erinnert sehr an Azeton. Es soll, weil es keinen Alkohol oder Äther enthält, nicht so rasch eintrocknen wie Kollodium und eine feste elastische Haut bilden.

1224. **Kasein-Albumoseseife** ist eine neutrale überfettete Seife, die auch bei der Hydrolyse neutral bleibt, da durch die ihr beigemengte Laktalbumose das in der Seifenlösung etwa frei werdende Alkali gebunden wird. Die Kasein-Albumoseseife wurde von D e l b a n c o als Grundlage für andere medizinische Seifen sowie auch rein bei verschiedenen Hautkrankheiten angewendet. Fabrikant: P a u l H o r n in Hamburg.

1225. **Kasena** besteht aus einem besonders hergestellten Sennasirup und aus Kaskaraelixier (aus Cascara Sagrada hergestellt) und dient als Abführmittel. Fabrikant: S q u i r e & S o n s, London, Oxford-Street.

1226. **Kaskine,** in Amerika als Chininersatz angekündigt, ist granulierter Zucker. (F r. H o f f m a n n.)

1227. **Kastanien-Brustextrakt und -Bonbons** sind Keuchhustenspezialitäten. Fabrikant: Apotheker Ph. Stenger in Edenkoben.

1228. **Kastoreum-Bromid, Sal bromat. effervescens cum Castoreo et Valeriana.** Brausendes Baldriansalz mit Kastoreum wird von Emil Weigerts Äskulap-Apotheke in Breslau in den Handel gebracht. Es ist ein brausendes Bromsalz, das Baldrian und Kastoreum enthält und deren Wirkung besitzt. Die Zusammensetzung ist eine derartige, daß 6 g desselben 2,5 g Erlenmeyerscher Brommischung, 12 Tropfen Biebergeil- und 20 Tropfen Baldriantinktur entsprechen.

1229. **Katamenien-Essenz,** Mittel gegen Blutungen und Gebärmutterleiden, hergestellt von der Mohrenapotheke in Leipzig, ist ein alkoholischer Auszug einer chlorophyllhaltigen Substanz, wie solche in den Blättern und jungen Rinden der Eichen auftreten, welchem vielleicht zur Verdeckung der Abstammung einige Tropfen Zimt- und Nelkenöl, sowie geringe Mengen Stärkesirup und Salmiak zugesetzt sind. (Müller.)

1230. **Katarrhbrötchen** von Dr. H. Müller sind 1½ cm im Durchmesser haltende Pastillen, bestehend aus gepulvertem Zucker mit $2{,}_0$ Salmiak, mit Süßholzextraktlösung angerührt, mit etwas Sternanisöl und Fenchelöl aromatisiert, erhitzt und zu Pastillen geformt. 30 Stück = *M.* 0,60. (Hager.)

1231. **Katarrh-Dragées Dr. Roos** gegen Katarrh der Luftwege usw. von Dr. J. Roos in Frankfurt a. M. bestehen aus: Menthol 0,03, Zitrophen $3{,}_0$, doppelt borsaurem Natrium 0,6 und Zucker.

1232. **Katarrhmittel** von Dr. Simpson in Berlin ist mit Maismehl verunreinigtes Reismehl, durchrührt mit Veilchenwurzelmehl und Süßholzsaft. (Bischoff.)

1233. **Katarrhpastillen** stellt „Zyma", A.-G. für industrielle Bakteriologie in Montreux (Schweiz), aus Althaea, Thymian, Huflattich und Gundermann dar.

1234. **Katarrhpastillen, Emser,** bestehen aus 2000 T. Zucker, 1000 T. arabischem Gummi, 20 T. Emser Quellsalz und 10 T. Isländischem Moos.

1235. **Katarrhpillen** von Ap. Dr. Voß in Frankfurt a. M. sind den Hagerschen Katarrhpillen nachgeahmte Pillen, welche an Stelle anderer Chinaalkaloide Cinchoninsulfat enthalten, mit einem Überzug von Kakao. Preis M. 1.

1236. **Katarrhpillen** von Dr. Hager: Chinidin. sulfur., Cinchonid. sulfuric. je $20{,}_0$, Tragacanth. $20{,}_0$, Rad. Althaeae $5{,}_0$, Rad. Gentian. $27{,}_0$, Lign. Santal. rubr. $4{,}_0$, Glyzerin $30{,}_0$, Acid. muriat $25{,}_0$, Aq. dest. $5{,}_0$, M.fiant pilul. 800. Cinnam. consp.

1237. **Katarrhpulver** von Simpson ist ein mit etwas Maismehl verunreinigtes, mit Veilchenwurzelpulver und Süßholzsaft vermischtes Reismehl.

1238. **Katarrh-Remedy,** Dr. Sages, von R. V. Pierce, gegen Lungenleiden ist ein Pulvergemisch aus 0,5 Karbolsäure, 0,5 Kampher und 10,0 Kochsalz, welches in $^{4}/_{7}$ l Wasser aufgelöst und in die Nase eingeschlürft oder injiziert werden soll. Preis *M.* 2. (Schädler.)

1239. **Katarrh- und Hustentropfen** von Werner in Berlin bestehen in einer Lösung von Salmiak, mit Glyzerin und Zucker versetzt, gemischt mit Anistinktur. (Bischoff.)

1240. **Katertropfen,** Dr. Worms von Worm & Schönau in Oberweißbach, sind eine mit Ammoniak und Essigäther versetzte aromatische Tinktur. Mit Broschüre, gerühmt als eine Humoreske von einem bedeutenden Schriftsteller. Zusammen *M.* 3. (Jacobsen.)

1241. **Kaubalsam „Sahîr"** enthält die wirksamen Bestandteile der Betelnuß, frei von den färbenden und sonstigen Nebenwirkungen, eingebettet in eine unlösliche Kaumasse, aus der sie sich beim Kauen herauslösen. Anwendung: bei verschiedenen Krankheiten des Zahnfleisches, zur Erhaltung gesunder Zähne und zur Säuberung der Mundhöhle. Fabrikant: Chemisch-pharmazeutisches Laboratorium „Sahîr" Ludwig Seysburg in München, Herzog-Rudolfstr. 11.

1242. **Kaw turc** von Ch. Guillemain, Chemiker in Ferté-Vidame, Mittel gegen asthmatische Beschwerden, besteht aus einem Stückchen Feuerschwamm und einem Pulvergemisch aus Kalisalpeter und Stechapfelkraut. 30 g = *M.* 3. (O. Schweißinger.)

1243. **Keimol** besteht aus Phenylsalizylat, Thymus vulgaris, Gaultheria procumbens und Mentha piperita und wird als innerliches und äußerliches Antiseptikum angewendet. Eine 40- bis 50 prozentige Verdünnung soll Diphtherie- und Typhusbazillen, sowie Streptokokken in einer Minute töten. Fabrikant: Keimol Chemical Company, Baltimore.

1244. **Kemps Emulsion of Cod Liver Oil** enthält 50% Lebertran. Fabrikanten: Ayrton, Saunders & Kemp in Liverpool, Hannover Street.

1245. **Kephalgine** gegen Migräne, besteht aus 0,5 Antipyrin, 0,5 Sem. Coffeae tost. pulv. und 0,2 Koffein. Natrio-salizylic. pro dosi.

1246. **Kepler-Solution** ist Malzextrakt mit Lebertran; derselbe wird auch mit Hypophosphiten geliefert. Fabrikant: Burroughs, Wellcome & Co., London. Bezugsquelle: Linkenheil & Co., Berlin W.

1247. **Kernleß-Tee** von P. Garms in Leipzig besteht aus Hagebuttensamen und wird bei Harngries empfohlen. (Ph. C.-H.)

1248. **Keuchhustenmittel** des Apothekers Fraas in Hannover besteht aus 160,0 eines sehr groben Pulvers von Resina Pini. Zwei Teelöffel sollen dreimal am Tage in dem von den Kindern bewohnten Raume auf einer heißen Schaufel verqualmt werden. Preis *M.* 3. (Hager.)

1249. **Keuchhustenmittel** der Frau Ant. Keferstein in Ilfeld a. H. ist ein Saft, welcher ohne Wasser auf kaltem Wege und ohne Gährung aus schwarzen Waldschnecken und Raffinade bereitet sein soll.

1250. **Keuchhustenmittel** von Runde ist eine Tinktur aus 1 T. Herb. Lobeliae inflatae und 20 T. Weingeist. 4 g = *M.* 0,75. (Wittstein.)

1251. **Keuchhustenpräservativ** besteht aus einer Mischung von 0,03 Moschus und 0,6 Zimtölzucker, welche in Wachspapier eingeschlagen, in etwas Taffet eingenäht, auf der Herzgrube getragen werden soll. (Klenke.)

1252. **Keuchhustensaft,** Dr. Becks, ist Himbeersaft mit Chloralhydrat.

1253. **Keuchhustensaft** von Apotheker Bernard in Berlin ist ein Gemisch von Altheesirup mit einem Dekokt indifferenter Pflanzenstoffe. (Bischoff.)

1254. **Keuchhustensirup** nach L. de Almeida enthält 0,25 Kreosot 0,2 Sulfonal. und 150 Sirupus Balsami Tolutan.

1255. **Kinderpillen** der Königseer Olitätenhändler sind 0,15 g schwere Pillen, von denen jede 0,05 Opiumpulver, etwas Lakritzensaft und Altheepulver enthält. (Hager.)

1256. **Kindertinktur, schmerzstillende,** von Pasquale Caterinusi in Hamburg besteht aus $8,_0$ einer dunkelbräunlich gelben, aromatisch schmeckenden Flüssigkeit, welche den Kindern für den innerlichen Frais, Darmgrimmen, weiße und rote Ruhr zu 3—4 Tropfen gegeben werden soll. Sie enthält die löslichen Bestandteile aus ca. $1,_0$ Jalapenwurzel 0,4 Safran, 0,05 Muskatnuß 0,01 Zimt, 0,1 Pfefferminze, 0,1 Kümmel in einem Gemisch aus je $4,_0$ Weingeist und Wasser. (Hager.)

1257. **King of the Earth,** Masseys Blood, Liver and Kidney Pills, New-York, sind Abführpillen von länglicher Gestalt in Gelatinekapseln. Preis 1 Dollar.

1258. **Kitranide** enthält Bestandteile einer norwegischen Konifere und der Tolupflanze. Empfohlen wird dies Präparat bei Katarrhen der Lunge sowohl, als auch der Harnblase. Fabrikant: Pharmacia Monico in Venedig.

1259. **Klempers Salizyltalg** besteht aus 2½ T. Salizyl- und 1½ T. Benzoesäure, sowie 96 T. Hammeltalg.

1260. **Klingers Heilmittel** von der Kurpfuscherin Klinger in Großgraupa. Die den Patienten überlassenen Rezepte lauten: 1. Gallenextraktpillen 60 Stück. Früh 2 Stück zu nehmen. 2. Pulver: Rhabarber 10 g, Schwefelblume 10, Brustpulver 10, Cremor tartari 10. Um 9, um 3 und um 7 Uhr eine Messerspitze voll mit Wasser zu nehmen. 3. Tropfen: Rhabarbertinktur 30 g, Wermutessenz 10, Kalmusessenz 10, Windtropfen 10, Orangensaft 20, Baldriantropfen 10 g, Pfefferminzöl 10 Tropfen.

1261. **Klöcklers Ferrmaltin** ist ein Eisenchina-Maltosewein. Fabrikant: F r. K l ö c k l e r in Prag VIII.

1262. **Klosterbitter** von P i n g e l ist ein angenehm und gewürzhaft schmeckender Likör, welcher frei von drastischen Bestandteilen ist. (H a g e r.)

1263. **Klosteressenz, Spanische,** mit Broschüre von Dr. V e n u s , gegen Nervenschwäche, Hysterie etc. ist Hoffmannscher Lebensbalsam mit dem gleichen Volumen Weingeist verdünnt und mit 2% Perubalsam versetzt. (H a g e r.)

1264. **Klostergeist der Elisabethinerinnen** ist eine Mischung von $50{,}_0$ Melissenöl, $100{,}_0$ Pfefferminzöl, $30{,}_0$ Zimtöl, $20{,}_0$ Nelkenöl, $30{,}_0$ Pomeranzenöl, $20{,}_0$ Zitronenöl, $10{,}_0$ Kalmusöl, $10{,}_0$ Korianderöl, $10{,}_0$ Ingweröl, $1{,}_0$ Rosenöl, $1{,}_0$ Orangenblütenöl, $100{,}_0$ Essigäther, $150{,}_0$ Rosinenessenz, $100{,}_0$ Kognakessenz, $50{,}_0$ Vanilleessenz und $300{,}_0$ Weingeist, mit Chlorophyll gefärbt.

1265. **Klostertrank, Paraischer,** von Apotheker C a r l T h e l e n in Köln a. Rhein, besteht nach Angabe des Fabrikanten aus Sarsaparille $40{,}_0$, Quebracho $12{,}_0$, Chinarinde $8{,}_0$, Süßholz $20{,}_0$, Zimt $4{,}_0$, Nelken $2{,}_0$, Muskatblüte 1,2, Kalmus $2{,}_0$, Jamaikapfeffer 0,8, Ingwer 1,2, Pomeranzen $2{,}_0$, Kardamomen 0,8, Wermut 0,8, Manna $4{,}_0$, Altheesirup $30{,}_0$, Himbeersirup $160{,}_0$, Marasquino $120{,}_0$, Tokayerwein $160{,}_0$, verdünnter Weingeist zu 1 l. Preis 1 l *M.* 7,50, ½ l *M.* 4.

1266. **Knightsche Pillen,** in Amerika gebräuchlich, sind 27 cg schwere Pillen aus 6 T. Aloe, 3 T. Scammonium und 1 T. Gutti.

1267. **Knöterichtee, russischer, Weidemanns,** ist Herba et Radix Polygoni avicularis.

1268. **Kochs Schwindsuchtskur, Kochsches Inhalationsfluidum** oder **Tuberkulin.** Unter diesen Namen wird von Amerika aus ein einfach rotgefärbtes Petroleum, dem mitunter etwas Thymian-, Eukalyptus- oder Zimtöl zugesetzt ist, in den Handel gebracht.

1269. **Dr. Köhlers Antidysentericum** besteht aus den Fluid-Extrakten von Cortex Granati, Cortex Simarubae und Campecheholz versetzt mit etwas Silbernitrat. Fabrikant: Chemisches Laboratorium R. S p i e g e l b e r g in Berlin SW. 47.

1270. **Kolkodin,** ein Heilmittel gegen Pferdekolik von E r n s t H e u s c h k i l in Dresden, besteht aus 60% arseniger Säure und 40% Rohrzucker.

1271. **Konetzkys Bandwurmmittel** von T h. K o n e t z k y in Post Säckingen (Baden) soll aus den Fluidextrakten von Embelia Ribes, Absinthium, Granati, ferner aus Extractum spinolosum, Oleum Palmae Christi und etwas Vanillin bestehen.

1272. **Kongopillen, Richters** enthalten Aloeextrakt, medizinische Seife, Rhabarber, Wermutextrakt, Kalmusextrakt und Rhabarberextrakt.

1273. **Pastor Koenigs Nervenstärker (Nerventonic)** soll bestehen aus Kal. bromat. $30{,}_0$, Natr. bromat. $30{,}_0$, Ammon. bromat. $10{,}_0$, Extr. Viburni prunifol. $10{,}_0$, Tinct. Valerian. comp. $130{,}_0$, Glyzerin $30{,}_0$, Aqu. destill. $430{,}_0$ gelöst und nach 24 Stunden filtriert.

1274. **Königstee, holländischer,** besteht aus Rhizoma Graminis, Radix Liquiritiae, Radix Althaeae, Stipites Dulcamarac und Lignum Quassiae. (Innhauser.)

1275. **Kopfschmerzen- und Sommersprossenmittel** von Amthor in Berlin sind I. Faulbaumrinde, II. Cold-cream und III. Benzoeharz.

1276. **Kopf- und Zahnschmerzableiter** von Engel ist eine Lösung von ätherischem Senföl in Schwefelkohlenstoff. Preis *M.* 1. (Jacobsen.)

1277. **Kopfwehmittel** von W. Hollou in Skaneateles (N.-Y.) besteht aus einem ammoniakalisch-spirituösen Auszug von Enzian und aromatischen Stoffen, Bromnatrium und Lupulintinktur.

1278. **Körbers Heilmittel gegen Lungentuberkulose** von Stephan Körber besteht nach J. Kochs vornehmlich aus Butterfett und Honig mit etwas Katechu und Teerwasser. (Apoth.-Ztg.)

1279. **Koryl,** auch als **„Heilsäure"** und „Acidum ortho-phenolsulfonborosalicylicum mit 1% Jodolmenthol" bezeichnet, von Apotheker W. Lakemeier in Köln a. Rhein, soll bei Diphtherie, Nasen- und Halsleiden messerspitzenweise eingeblasen werden und die Beläge, sowie die übermäßige Schleimabsonderung zum Schwinden bringen.

1280. **Koseckym** nennt die Malzfabrik Küstrin ein aromatisiertes Malzpräparat, welches vorzugsweise gegen katarrhalische Affektionen empfohlen wird. Es unterscheidet sich von gewöhnlichem Malzextrakt in der Hauptsache nur durch den hohen Gehalt an Dextrin. (Aufrecht.) — Koseckym enthält nach einer Untersuchung von Dr. Uffelmann 26,19% Wasser, 4,38% Eiweiß, 55,85% Zucker (Maltose), 12,21% Zucker (Dextrin), 1,04% Asche, davon 0,48% Phosphorsäure.

1281. **Krämpfemittel für Säuglinge** sind 8 Pulver, jedes bestehend aus 0,25 Zinkoxyd, 0,25 Beifußwurzel und 0,5 Zucker. Preis *M.* 3. (Schädler.)

1282. **Krampf und Tobsuchtmittel** von Krannich sind vier Flaschen mit einer Lösung aus je $5{,}_0$ Bromkalium und $150{,}_0$ Wasser, die vierte derselben mit Indigokarmin blau gefärbt. Preis *M.* 10. (Schädler.)

1283. **Krätzpomade** von Willau ist eine alkalische Schwefelsalbe, mit etwas Zinnober gefärbt und mit Bergamottöl aromatisiert.

1284. **Krätzsalbe, Salve against the Itch,** von B a i c y, besteht aus Salpeter, Alaun, Zinksulfat je 5 T., Zinnober 1,5 T., Anisöl, Majoranöl, Lavendelöl je 0,5 T., Schweinefett 90 T. und Lorbeeröl 10 T.

1285. **Krätzseife** von L u g o l besteht aus einem Gemisch von 1 T. Seife, gelöst in 2 T. Wasser und 1 T. Schwefelblumen, aromatisiert mit etwas Bergamottöl.

1286. **Krätztinktur** ist aromatisierter Alkohol, worin Quecksilberchlorid und Salpeter gelöst sind. (V a u q u e l i n.)

1287. **Kräuter gegen Gallensteine** von M. T r o s t in Cleve sind Herba Orthosyphon. Staminei.

1288. **Kräuter-Allop** S c h n e e b e r g s der Apoth. J u l. B i t t n e r in Gloggnitz und F r a n z W i l h e l m in Neunkirchen, gegen Lungenkrankheiten, ist Sirupus Capillorum Veneris. 185 g = *M.* 2,50. (H a g e r.)

1289. **Kräuterbalsam, antirheumatischer persischer,** von K a u f f m a n n & M o h r in Rotterdam ist eine Mischung aus Schmierseife und Terpentin mit Eukalyptusöl und Zimtöl. (J a c o b s e n.)

1290. **Kräuterbier** von E m m e r i g in Berlin gegen chronische Leiden der Respirationsorgane besteht aus Gundermann, Huflattich, Ehrenpreis, Lachenknoblauch, Lakritzen, Darrmalz, von jedem ca. 2 T., übergossen mit 100 T. warmen Wassers, und der kolierte Aufguß mit 200 T. eines gewöhnlichen Braunbiers gemischt, worin ca. 1 T. Salmiak gelöst ist. 375 g = *M.* 0,75. (H a g e r.)

1291. **Kräuterbonbons** des Kreisphysikus Dr. A u g u s t W i l h e l m K o c h in Heiligenbeil, von R a y m o n d & C o. in Berlin sind purpurviolette Bonbons aus Zucker, einem Auszuge der bitteren Pomeranzen und einer violetten Lackfarbe. 18 Stück = *M.* 0,50. (W i t t s t e i n.)

1292. **Kräuter-Brustsirup** von F r i e d r i c h D i e t z e in Grimma ist eine Lösung von 13 T. braunem Farinzucker in 10 T. Eibischaufguß. 360 g = *M.* 1,50.

1293. **Kräuter-Brustsirup** des Dr. A. L a z a r o w i t s, von A l b i n M ü l l e r in Brünn ist ein Gemisch aus konzentrierter Zuckerlösung und Kartoffelstärkesirup zu gleichen Teilen, versetzt mit etwas Brustteeaufguß. 170 g = *M.* 0,60. (H a g e r.)

1294. **Kräuteressenz, balsamisch-weinige,** B a r t h e l e m y s, von Dr. P a u l G e r h a r d t in Dresden, früher in Bahia, ist eine zusammengesetzte alkoholisch wässerige Rhabarbertinktur. Preis *M.* 4. (R i c h t e r.) — Nach Angaben anderer eine gewürzhaltige Tinktur aus Paraguaytee.

1295. **Kräuteressenz** von F r. D i e t z e in Grimma ist ein mit Zucker versetzter Auszug aus je 1 T. Angelikawurzel, Enzianwurzel, Kalmuswurzel, je 3 T. unreifen Pomeranzen und Wermut mit 240 T. Branntwein. 300 g = *M.* 1. (H a g e r.)

1296. **Kräuterextrakt** von Mayer ist Honig mit einer starken Abkochung von Zichorienkaffee und vielleicht auch gerösteten Mohrrüben versetzt. 170 g = *M.* 1. (Hager.)

1297. **Kräuter-Heilmittel** des weiland Schuster Lampe in Goslar. I. Trank zu 2 Weinflaschen: Rhabarber 4,0, Sennesblätter 2,0, Frangularinde 15,0, Enzian, Karduibenediktenkraut, Wermut, Tausendguldenkraut je 1,0, Ellernrinde 15,0, geschnitten mit 1500,0 Wasser aufgekocht und durchgeseiht. Nach Umständen wird zugesetzt: 8,0 Glaubersalz oder Bittersalz. Preis *M.* 3. — II. Lampetropfen: Frangularinde 50,0, Enzian, Karduibenediktenkraut, Wermut, Tausendguldenkraut, Galgant je 8,0 mit 620,0 Wasser abgekocht, durchgeseiht und mit 125,0 Spiritus versetzt. — III. Salbe: Elemisalbe. (Hager.) — IV. Kräuter-Elixir: Tinktur aus 60,0 unreifen Pomeranzen, 20,0 Kalmuswurzel, je 15,0 Enzian und Kaskarillrinde, 8,0 Kurkuma, 4,0 Rhabarber, 2,5 gebrannter Zucker und 300,0 Weingeist, 660,0 Wasser. (Ihlo.)

1298. **Kräuter-Heilpulver,** De la Cruz' von W. Becker in Braunschweig, ist Le Beau-Brinckmeyers blutreinigendes Kräuterpulver mit oder ohne Bittersalz. (Leube.)

1299. **Kräuter-Heiltee,** De la Cruz' von W. Becker in Braunschweig, ist ein Gemisch aus Bittersalz und höchst fein zerschnittenem Le Beau-Brinkmeyerschen Kräutertee. (Leube

1300. **Kräuterhonig** von C. Lück in Kolberg siehe unter Gesundheits-Kräuterhonig.

1301. **Kräuterlikör** von Daubitz in Berlin hat verschiedene Zusammensetzungen gehabt, aus welchen zeitweise Aloe und Lärchenschwamm weggelassen wurden. 1 T. Anis, 1 T. Fenchel, 4 T. Pfefferminze, 8 T. Faulbaumrinde, $\frac{1}{3}$ T. Essigäther, 6 T. aromatische Tinktur, 80 T. Lebenselixir, 100 T. Wasser werden digeriert, filtriert und in der Kolatur 30 T. Zucker gelöst mit wechselnden Mengen Aloe (und Lärchenschwamm). (Hager.)

1302. **Kräuterlikör** von F. Sorge in Crossen a. O. hat ähnliche Zusammensetzung wie Nr. 1301 aber ohne gesundheitsschädliche drastische Stoffe, an deren Stelle Sennesblätter treten. (Hager.)

1303. **Kräuter-Magenbitter-Elixir** von Knauer besteht in 135,0 eines braunen, bitteren, geistig und schwach aromatisch schmeckenden Likörs in 100 T. enthaltend 0,2 Anisöl, 1,8 in verdünntem Weingeist lösliche Bestandteile von Rhabarber, 3,0 Aloe, 41,0 Alkohol und 54,0 Wasser. (Wittstein.)

1304. **Kräuter-Magenbitteressenz** von Pingel in Göttingen soll Süßholzextrakt, Aloe und verschiedene Gewürze sowie Pfefferminz- und Anisöl enthalten.

1305. **Kräuter-Magen-Elixir** von L. Wundram ist eine dunkelgelbe, sehr bitter, geistig und pfefferminzartig schmeckende

8*

Flüssigkeit aus 4 T. Aloe, 96 T. Weingeist und etwas Pfefferminzöl. 15 g = *M.* 0,75. (Wittstein.)

1306. **Kräutermagenlikör** von Heymann in Berlin gegen Trunksucht ist ein schwach spirituöser Auszug von Bitterstoffen, wesentlich Enzian. (Bischoff.)

1307. **Kräuter-Maikur** von Dr. Brandes soll bestehen aus frischen Kräutersaft 150, Sarsaparill 20, Pomeranze 5, Aloewein 10. Preis pro Fl. *M.* 1. Fabrikant: Salomonis-Apotheke in Dresden.

1308. **Kräuter-Malz-Brustsaft** von Dr. Heß in Berlin gegen Husten etc. ist Kartoffelstärkesirup, schwach mit Lakritzensaft gefärbt. 200 g = *M.* 1. (Hager.)

1309. **Kräutermehl** von Reinhold Retzlaff in Dresden, gegen Trunksucht empfohlen, ist Enzianwurzelpulver. (Hager.)

1310. **Kräutermittel,** Le Rois von G. Germann in Braunschweig. I. Kräuterpulver. Doppeltkohlensaures Natrium mit Fuchsin schwach gefärbt. 100 g = *M.* 1,50. — II. Kräutertee. Je $5,_0$ Schafgarbenblüten, Sennesblätter, je $4,_0$ Frangularinde, Huflattich, Stiefmütterchen, Walnußblätter, Eibischwurzel, Quecken, Süßholz, Tausendguldenkraut, je $2,_0$ Klatschrosen, Wollblumen, geschnitten und gemischt. Preis *M.* 1,50. — III. Kräuterpillen. Aloe $1,_0$, Enzianextrakt, Rhabarberpulver je 2,5, Sennesblätterpulver soviel als hinreicht, um 60 Pillen zu formen. Preis *M.* 0,75. (Hager.)

1311. **Kräuterpulver** des Prof. Boerhave besteht aus Altheekraut-, Sennesblätter- und Süßholzpulver.

1312. **Kräuterpulver** von R. v. W. in Stettin ist grobes Sennesblätterpulver mit wenig Wermut. 160 g = *M.* 3. (Hager.)

1313. **Kräuterrheumatismuslikör** von Schreiber in Köthen ist a) eine mittelst 90 prozentigem Alkohol dargestellte grüne Tinktur von brennendem Geschmack in Gläsern zu $50,_0$ Inhalt. Wahrscheinlich ein Auszug von Tanacetum oder Absinthium. (Geißler.) (Pharm. Ztg.) — b) eine Tinktur aus 5 T. Flores et Herba Tanaceti, je 1 T. Rad. Angelicae und Herb. Absinthii und 50 T. Weingeist. (Vielleicht wird auch Rad. Hellebori zur Herstellung verwendet.) (Hager.)

1314. **Kräutersaft, orientalischer,** von Oberstabsarzt Dr. Beck in Berlin gegen Krampf- und Keuchhusten, ist Fruchtsaft mit etwas Chloralhydrat.

1315. **Kräutersaft** von B. Sprengel in Hannover besteht aus $30,_0$ Tub. Jalap. pulv. in $150,_0$ eines Infusumus aus $6,_0$ Succus oder Rad. Liquiritiae und $0,_0$ Cort. Frangulae nebst $15,_0$ Weingeist. (Pharm. Ztg.)

1316. **Kräutersaft,** Steyerscher, für Brustleidende von Apoth. Purgleitner in Graz ist Kartoffelstärkesirup. Preis = *M.* 1,75. (Hager.)

1317. **Kräutersaft** von V e l n o , ein englisches Geheimmittel, empfohlen als Antisyphiliticum, war ein Sirup, bereitet aus Rad. Bardan., Rad. Taraxac., Fol. Sennae, Fol. Menth. pip., Fruct. Coriandr., Rad. Liquirit. und auf $100{,}_0$ versetzt mit 0,02 Sublimat.

1318. **Kräutersirup, weißer,** von Dr. med. H o f f m a n n in Dresden, ist eine klare, blaßgelbliche, wie Sirup dickflüssige, süße Flüssigkeit, welche aus weißem Zucker und einem wahrscheinlich mit Kartoffelstärkesirup vermischten gereinigten Honig besteht und in 100 T. $^1/_5$ T. Salmiak enthält. (H a g e r.) — Ein farbloser Sirup von reinstem Zuckergeschmack bestehend aus einer mit einer homöopathischen Dosis Benzoesäure versetzten Zuckerlösung. 125 g = *M.* 0,80. (A. S p a u.)

1319. **Kräutertee** von Prof. B o e r h a v e ist zusammengesetzt aus Veilchenwurzel, Liebstöckelwurzel, Quecken, Anis, Fenchel, Wasserfenchel, Klatschrosen, Schafgarbe, Schlehenblüten, Ringelblumen, Sennesblättern, Pomeranzenblättern, Nußblättern, Stiefmütterchen, Malven etc.

1320. **Kräutertee** von C. L ü c k in Kolberg besteht nach Angabe des Fabrikanten aus Herb. Veronic., Lichen Pulmon. arbor., Stipit. Dulcamar., Caragheen, Flor. Tiliae je $18{,}_0$. Preis *M.* 0,50.

1321. **Kräutertee, karpathischer,** von A l b e r t M e r v a y in Pest ist ein Gemisch aus dem Kraute von Marrubium vulgare und Helianthemum vulgare nebst ungeschälter Süßholzwurzel. (A. S e l l e.)

1322. **Kräutertee** von P r o b s t gegen Magenschwäche, böse Säfte, Blähungen etc. besteht in einem Gemisch aus Sennesblättern mit kleineren Mengen Pfefferminzkraut, Kornblumenblüten und Bittersüßspitzen.

1323. **Kräutertee** von L. W u n d r a m in Braunschweig besteht aus 1 T. schlechtem Rhabarber mit 3 4 T. Bittersalz gemischt und mit Thymianöl parfümiert (F r. B o d e n s t a b.) — Ein grobes Pulver, bestehend aus 5 T. Aloe, 40 T. Rhabarber, 60 T. Magnesiumsulfat und 10 T. Thymian. (H a g e r.) — Ein Gemenge gleicher Teile Lindenblüten und Stiefmütterchenkraut. 1 Paket = 75 g. (W i t t s t e i n.)

1324. **Kräutertee, spanischer,** in zylindrischen Paketen zu 450 und $90{,}_0$ verpackt, ist eine Mischung aus je 25 T. Fruct. Anisi stellat. und Foeniculi, 20 T. Anisi vulg., 10 T. Coriandr., 25 T. Cort. Cinn. Cass., 50 T. Caricae, 20 T. Flor. Rhoeados, je 100 T. Herb. Hederae terrestris und Herb. Hepaticae, 80 T. Fol. Farfarae, je 50 T. Rhiz. Chinae und Rhiz. Galangae, 75 T. Rhiz. Iridis, 60 T. Rad. Liquiritiae, 50 T. Rhiz. Calami, 100 T. Rhiz. Graminis, 20 T. Rad. Sarsaparillae, je 50 T. Rhiz. Caricis, Lign. Sassafras, Siliqua dulc., 5 T. Passul. minor., 70 T. Cornu Cervi rasp., 100 T. Flor. Chamomill. Rom. und 35 T. Flor. Primulae. (H a g e r.)

1325. **Kräuter- und Gesundheitssaft,** Baron v. F's, fabriziert von Apotheker Höhne in Berlin, ist ein schwach weiniges Malzextrakt, versetzt mit einem Dekokt indifferenter Pflanzenbitterstoffe, Enzian etc. (Bischoff.)

1326. **Kräuterwein** von Hubert Ulrich enthält 0,27% Mineralbestandteile, 8% Weingeist, 9% Glyzerin, 3,5% Traubenzucker, 0,5% freie Säure und Spuren von Essigsäure und Eisen, außerdem vermutlich Jalapenharz. (Chem. Zentralstelle f. öff. Gesundheitspflege in Dresden.) — Nach anderen Angaben soll er ein Auszug aromatischer Pflanzenstoffe sein, der mit Hilfe von Alkohol, Glyzerin, Ebereschensaft, Malaga und Rotwein bereitet wird.

1327. **Kra** besteht nach Angabe ges Darstellers (Adlerapotheke in Frankfurt a. M., Trierische Gasse 20) aus 1,5 spanischen und $2,_0$ Cayennepfeffer, je $230,_0$ Senf-, Kampher- und Seifenspiritus, 7,5 Ammoniak, $1,_0$ Essigäther, sowie je $2,_0$ Lavendel-, Nelken- und Kajeputöl.

1328. **Kraftäther, deutscher,** von Ed. Groß in Breslau ist eine Einreibung, bestehend aus 5 T. Äther, 15 T. Ameisenspiritus, 25 T. Kampherspiritus, 25 T. Rosmarinspiritus, 50 T. Salmiakgeist, 5 T. Wasser und etwas Glaubersalz. 500 g = *M.* 3. (Hager und Hulwa.)

1329. **Kraftbalsam** von Adolf Gaul, ehem. in Gnoyen, ist ein spirituöser Auszug aus Rindsgehirn.

1330. **Kraftbrustmalz** von Joh. Hoff in Berlin ist gepulvertes und mit Anisöl aromatisiertes Gerstenmalz. (Wittstein.)

1331. **Kraftessenz** von Stanley, gegen Impotenz, Keuchhusten, Ruhr etc., ist eine spirituöse Tinktur aus Vanille, Galgant, Zitwer und ähnlichen Gewürzen.

1332. **Kraftlikör** von J. E. Engelhofer in Graz ist ein Likör durch Digestion bereitet aus 1 T. Anis, 2½ T. Sternanis, 2½ T. Ingwer, 1 T. Zimt, ¼ T. Gewürznelken, 4 T. Enzianwurzel, 3 T. Pomeranzenschalen, 30 T. Spiritus von 90%, 10 T. Honig, 13 T. Zucker, 50 T. Wasser. 500 g = *M.* 3. (Hager.)

1333. **Kraftpulver** von Dittmann in Charlottenburg, früher in Altona, besteht in 50 T. trockenem Eichenrindenextrakt in 150 T. Wasser gelöst, mit 80 T. Gerstenkraftmehl und 40 T. Dextrin gemischt, erwärmt, zur Trockne eingedampft und dann noch 50 T. des genannten Extrakts hinzugefügt, scharf getrocknet und gepulvert. (Hager.)

1334. **Kraftsirup, Sirop reparateur,** Ersatz des Lebertrans von H. Krombach, Apoth. in Ettelbrück, Großherzogt. Luxemburg, ist ein gelblicher, süßer Sirup, welcher $1,_0$ wasserfreies Eisenoxyd als Pyrophosphat und gelöst in Natriumpyrophosphat, ferner Pomeranzenschalen und Pomeranzenblütensirup zu gleichen Teilen enthält. Preis *M.* 2,20. (Hager.)

1335. **Krampftinktur** besteht aus 15,0 Wacholderspiritus, 12,0 Zuckersirup und 20 Tropfen Zimttinktur. 60 g = *M.* 1,50. (Overbeck.)

1336. **Krampftinktur, homöopathische,** von J. Gottschlich, Canther Bahnhof in Schlesien. Man erhält als kleinste Sendung dieses Tierheilmittels 3 Flaschen, deren Inhalt je aus einem Gemisch von 5,0 Opiumtinktur mit 14,0 Wasser und 11,0 Weingeist besteht. Preis *M.* 1,20. (Hager.)

1337. **Krampftropfen** der Königseer Olitätenhändler bestehen aus 12 T. Ätherweingeist, 4 T. Salpeterätherweingeist und je 2 T. Bibergeiltinktur, Baldriantinktur und Opiumtinktur. (Richter.)

1338. **Kräuterwein Salus** „mit der Nonne", erhältlich in der Ludwigs-Apotheke in München, soll aus: Tarrag.-Portwein 3333,0, Weingeist 166,0, Zitronenschalen 2,5, Pomeranzenschalen 2,0, Flieder 1,0, Kümmel, Anis, Wacholderb., Karduibenediktenkraut, Rosmarin, Melissenbl. je 0,75, Angelika, Enzian, Galgantw., Kamillenbl., Koriander, Pfefferminzbl., Kanehl je 0,5, Quendel 0,25 bestehen.

1339. **Krelution** und **Kremulsion** sind Kresolseifenpräparate. Ersteres ist eine Lösung mit 66% Kresolen, welche aus Derizinseife hergestellt wird und grüne wässerige Mischungen gibt. Krelution soll als Wundantiseptikum Anwendung finden. Kremulsion ist ein mit Harzseife emulgierbar gemachtes Kresolpräparat, welches mehr in der Tierpraxis als Waschmittel, Räudebad etc., gebraucht werden soll. Fabrikant: Dr. H. Noerdlinger in Flörsheim a. M.

1340. **Kreuznacher Katarrhpastillen** enthalten neben Kreuznacher Salz noch Menthol und Anästhesin. Sie dienen zur Behandlung leichter Halsentzündung, Schluckbeschwerden, Atemnot und Schwellungen der Pharynx, auch gegen Bronchial- und leichten Magenkatarrh.

1341. **Kreuznacher moussierender Quellzusatz** besteht in der Hauptsache aus schwefelsauren und zitronensauren Alkalien. Er dient als mildes Abführmittel, Schleim- und Harnsäure lösend, bei Magen- und Darmkatarrh. Fabrikant: Apoth. A. Müller in Kreuznach.

1342. **Kreuznacher Seifen** enthalten die natürlichen Salze der Kreuznacher Mutterlauge und zwar gibt es a) Basisseife (Kinderseife), welche für sehr empfindliche Haut ganz milde ist und vielfach als Toiletteseife gebraucht wird. Außer den Bestandteilen der Mutterlauge enthält b) Nr. I 1,5% Jodsalze, c) Nr. II 1,5% Jodsalze und 3% Schwefel in feinster Verteilung, d) Nr. III 1,5% Jodsalze und freies Ätznatron, e) Nr. IV 1,5% Jodsalze und Teer, f) ist eine flüssige Seife und g) Nr. V enthält die Bestandteile von Nr. 1 und 25% Ichthyol. Fabrikant: Dr. Karl Aschoff, Schwanen-Apotheke in Kreuznach.

1343. **Kriets Lebenselixir** ist ein Gemisch von Rhabarbertinktur, Arnika, Zitwerwurzel, Safranextrakt, Zucker und Alkohol. (Chemnitzer Unters.-Amt.)

1344. **Kronenessenz** wird eine deutsche Spezialität genannt, welche in ungemein großen Mengen nach Südamerika exportiert wird und zu deren Bereitung nachstehende als die Original-Vorschrift gilt: Rhiz. Zedoariae, Rad. Rhei., Rad. Gentian., Rhiz. Galangae, Rad. Angelicae je 4,$_0$, Agaric. alb. 3,$_0$, Myrrha 5,$_0$, Camphor. 4,$_0$, Aloe 30,$_0$, Theriak. 4,$_0$, Succus Liquir. 20,$_0$, Hb. Cardui Benedict. 10,$_0$, Alkohol 80% q. s. ad 1000,$_0$ Kolatur.

1345. **Kronenessenz, Altonaer** (auch Kronenessenz oder Menadiesche oder Altonaische Wunder-Kronessenz) besteht im wesentlichen aus einem alkoholisch-wässerigen Auszug von Aloe, Myrrha, Enzian, Safran und einigen anderen indifferenten Aromaticis. (Aufrecht.)

1346. **Kropfmittel** der Wwe. Elise Büchner, geb. Groscurth in Arnstadt besteht aus 28 g eines groben grauen Pulvers, welches auf 6 Monde oder 42 Abende gewisser Tage (bei abnehmendem Monde) ausreichen soll. Die chemische Analyse ergab Schwammkohle 40%, Zucker 33% und Steinmark 27%. (Hager.)

1347. **Kropfpulver** von F. W. Gruse in Berlin besteht aus 100,$_0$ Kochsalz, 40,$_0$ Schwefelblumen, 100,$_0$ Sem. Foenugraec., 100,$_0$ Wacholderbeeren, 20,$_0$ Enzianwurzel und 20,$_0$ Fenchel. 400 g = *M.* 0,75. (Hager.)

1348. **Kropfwasser** ist eine durch Zucker versüßte und mit Zimt und Pomeranzenschalenöl aromatisierte Lösung von 1 T. Jodkalium in 200 T. Wasser. (X. Schmidt.)

1349. **Küchenmeisters Bandwurmkapseln** enthalten 0,2 g Koffein, 1 g Pelletierin, 5 g Kamala und 5 g Rizinusöl. Bezugsquelle: Salomonis-Apotheke in Dresden.

1350. **Kugloids** sind Gelatinekapseln, welche Kreosotbenzoat, Eukalyptolbenzoat und glyzerinphosphorsaures Chinin enthalten.

1351. **Kühlwachs,** Ed. Hegers in Jauer, **Hegersalbe,** ist eine Mischung aus Fett, Wachs und Fichtenharz in Holzschachtel. Preis *M.* 0,25. (Hager.)

1352. **Kuhnkes Kälberruhrmittel** scheint nach einer Untersuchung von F. Zernik ein Gemisch von Tannalbinum veterinarium oder ähnlichem Tannineiweißpräparat und Roggenmehl zu sein. Fabrikant: R. Kuhnke in Rudolfsfelde bei Soldau, O.-Pr.

1353. **Kulmbacher Milliose** wird ein diastase- und peptasereiches Malzextrakt genannt. Fabrikant: A. Ruckdeschel in Kulmbach.

1354. **Kutnows Pulver** enthält die Sulfate des Natrium und Kalium sowie die Karbonate des Calcium, Lithium und Strontium. Fabrikant: S. Kutnow & Co., Limited in London E. C., 41 Farringdon Rood.

1355. **Labpulver** von Witte soll ein dem Pepsin analoges Extrakt aus Labmagen sein.

1356. **Lactated Pepsine** von Parke, Davis & Co. in Detmold besteht aus 500 T. Pepsin, 50 T. Pankreatin, 25 T. Maltose, 50 T. Milchsäure, 7 T. Diastase und 10 T. Salzsäure.

1357. **Lacticin** von Apoth. A. Bohuß in Jaroslau, Mittel gegen Migräne, ist eine weißlichgelbe trübe Flüssigkeit, vermutlich Alaunmolken. Preis *M.* 2.

1358. **Lactopepsin** besteht aus 240 T. Milchzucker, 48 T. Pepsin, 36 T. Pankreatin, 3 T. Diastase, 4 T. Milchsäure und 4 T. Salzsäure, ein sowohl auf Eiweiß wie auf Stärke nur schwach verdauend einwirkendes Pulver englischer Abstammung.

1359. **Lahrs Santalol** sind Kapseln, von denen jede 0,15 g Santolol und 0,1 g Kawaharz enthalten soll. Fabrikant: E. Lahr, Apoth. in Würzburg.

1360. **Lahusens Jodeisen-Lebertran.** Hierzu veröffentlichte C. Hamscher folgende Vorschrift: Ferr. pulv. $1,_0$, Alkohol $1,_0$, Jodi puri 2,05 werden gelinde erwärmt, nach der Reaktion werden zugefügt: Alkohol $3,_0$, worauf man in Ol. Jecor. Aselli $1000,_0$ hineinfiltriert.

1361. **La-Kama** ist ein Wurmmittel, das in Kapseln in zwei Stärken in den Handel gebracht wird. 1. Schwach: jede Kapsel enthält 1,25 g Kamala und 0,1 g trockenes Granatwurzelrindenextrakt. 2. Stark: jede Kapsel enthält 1,5 g Kamala und ebenfalls 0,1 g trockenes Granatwurzelrindenextrakt.

1362. **Laktoserum** oder **Blondels Serum** wird Milchserum genannt, welches aus Kuhmilch gewonnen wird, indem man dieselbe durch eine Säure koaguliert, das Filtrat mit Soda neutralisiert, durch Porzellanfilter filtriert und unter Kohlensäuredruck in kleine sterile Gläschen abfüllt. Subkutan injiziert setzt es den Blutdruck herab. Man wendet es in Dosen von 10 ccm ein- bis zweimal täglich an, kann aber auch bis zu 50 und 60 ccm täglich steigen.

1363. **Lämmerlähme-Mittel** Seers Nr. I ist ein grobes Pulver, bestehend aus Kalmuswurzel $50,_0$, Angelikawurzel $100,_0$, Kamillenpulver $160,_0$, schwefelsaurem Kalium $60,_0$, Eisenvitriol $120,_0$, rotem und weißem Bolus $60,_0$, grauem Schwefel $120,_0$, Kräuterpulver $200,_0$ und Hagebuttenkörner $15,_0$. Nr. II ist ein feines Pulver aus 1 T. Kampher und 8 T. Aloe gemischt. (Peters.)

1364. **Landsbergers Gichtwasser** enthält pro dosi (1 Wasserglas voll) 2 g Citarin in kohlensaurem Wasser gelöst. Fabrikant: Dr. Landsberger & Dr. Lublin in Berlin SW.

1365. **Dr. Landsbergers Hämatogen-Pralinés** enthalten 50% Hämoglobin-Eiweiß. Fabrikant: Dr. Landsberger & Dr. Lublin in Berlin SW.

1366. **Langbeins Symphonbalsam** besteht im wesentlichen aus parfümiertem Schwefelbalsam, d. h. einem Gemisch von Schwefel und Leinöl. (Beythien.)

1367. **Lapsasalbe** gegen Krätze besteht aus 1 g Karbolsäure, 2 g weißem Quecksilberpräzipitat, 2 g Perubalsam, 5 g Lanolin, 50 g gelber Vaseline.

1368. **Dr. Latons Remedy** gegen Gicht und Rheumatismus besteht hauptsächlich aus Herbstzeitlosen-, Nelken-, Spanischpfeffer- und Benzoetinktur.

1369. **Laurineen** des Chemikers Blumenthal in Berlin gegen rheumatische Leiden enthält 4 T. Seife, 1,5 T. Kampher, 0,5 T. Rosmarinöl und 94 T. 75 gräd. Spiritus.

1370. **Lausers Hustentropfen** von Lauser in Regensburg bestehen aus 3 Tropfen Anisöl, 3 g Senegaaufguß (8 : 100), 3 g Arnikatinktur, 3 g Lakritzensaft, 3 g Pimpinelltinktur und 0,07 g Kampher. Nach J. Kochs dürften die Tropfen in der Hauptsache aus einer wässerigen Lösung von Süßholzsaft, einer Abkochung der Senegawurzel, aus etwas Liqu. Ammon. anisatus und wenig Salmiak bestehen.

1371. **Dr. Lausers Magenpulver,** dargestellt im Chem. Laboratorium Lauser (Inh. Dr. med. Lauser) in Regensburg, enthält nach Angabe des Fabrikanten: Wismutnitrat 20,$_{0}$, gepulverte Ingwerwurzel 5,$_{0}$, Schwefelnatrium 10,$_{0}$, Calciumkarbonat 10,$_{0}$, kohlensaure Magnesia 15,$_{0}$, Kochsalz 8,$_{0}$, gepulverte Lindenkohle 10,$_{0}$, doppeltkohlensaures Natrium 40,$_{0}$, sibir. Bibergeil 0,2. — Nach J. Kochs besteht das Magenpulver aus Natrium bicarbonic. 23,62%, Natrium sulfuricum sicc. 18,08%, Magnesium carbonicum 22,25%, Calcium carbonic. praecip. 22,38%, Carb. Ligni pulv. 3,34%, Rhiz. Zingiberis pulv. 3,09%, Gummi arabic. pulv. etwa 0,81%, Bismutum subnitricum 0,42%, Natrium chloratum 0,48%, Wasser 4,15% (wahrscheinlich als Kristallwasser vorhanden), Eisenoxyd und wenig Tonerde 0,87% (Verunreinigung?).

1372. **Laxan** besteht aus Tabletten mit 0,1 Phenolphthalein und 0,3 vanillierter Kakaomasse.

1373. **Laxatol** besteht im wesentlichen aus Phenolpthaleïn. Es wird als Abführmittel angewendet. Fabrikant: Apotheker Franz X. Linde in Melk, Niederösterreich.

1374. **Laxiertropfen** der Königseer Olitätenhändler werden erhalten durch Digestion und Filtration von 750,$_{0}$ g Jalape, 250,$_{0}$ Aloe, 50,$_{0}$ Lakritzensaft und 15,$_{0}$ venezianischer Seife in 10—11 l 60 prozentigem Weingeist. (Richter.)

1375. **Lazarus-Gicht- und Rheumatismusseife** von K. Fritsch in Dresden 6 ist nach Zernik parfümierte Natronseife. (Apoth.-Zeitung.)

1376. **Lebensbalsam** oder **Wiener Balsam** von Lelièvre, ein Volksheilmittel, ist eine Mischung aus ungefähr 100,0 Tinct. Aloe comp. und je 5,0 Myrrhentinktur und Guajaktinktur.

1377. **Lebensbalsam** Dr. Rosa's, aus der Apotheke Zum schwarzen Adler in Prag, ist eine Tinktur aus 10,0 Aloe, 4,0 Myrrhen, 2,0 Rhabarber, 2,0 Enzian, 2,0 Zitwerwurzel, 2,0 Galgant, 2,0 Lärchenschwamm, 2,0 Safran, 1,0 Anis, 1,0 Wacholderbeeren, 5,0 Theriak und 3,0 Zucker mit 200,0 Spiritus und 100,0 Wasser. (Hager.)

1378. **Lebensbitter** von A. Hellmich in Dortmund ist eine dem Lebenselixir ähnliche Flüssigkeit mit einem Gehalt von 16—18% Aloe.

1379. **Lebenselixir** von Sijbille ist ein Auszug abführender Drogen, Frangularinde, Sennesblättern oder Rhabarber, mit Zimttinktur und Eau de Cologne gemischt.

1380. **Lebensessenz, Augsburger,** von Kiesow in Augsburg, besteht aus einem Mazerat von je 6 T. Rhabarber, Enzian, Safran, je 8 T. Zitwerwurzel, Lärchenschwamm, Myrrha, Theriak und 32 T. Aloe mit 860 T. Franzbranntwein. 50 g = *M.* 1,20. (Etti.) — Drescher gab in der Pharm. Ztg. folgende Vorschrift: 15,0 Quassiaholz, 15,0 Pomeranzenfrüchte, 10,0 Pomeranzenrinde, 10,0 Rhabarber, 10,0 Aloe, 5,0 Zedoarienwurzel, 5,0 Enzianwurzel, 5,0 Alantwurzel, 5,0 Lärchenschwamm, 2,5 Safran, 2,5 Myrrhen, 320,0 Malagawein, 480,0 Sprit von 80% werden 14 Tage in einer mit Blase verbundenen Flasche an einem mäßig warmen Orte stehengelassen, abgeseiht, ausgepreßt und filtriert. Dem Filtrat fügt man 20,0 Sirupus simplex und 50,0 Ananasessenz zu.

1381. **Lebensessenz** von Dr. med. V. Condory ist ein sehr süßer Wein mit Zimtpulver. 1 Weinflasche = *M.* 21. (Geißler.)

1382. **Lebensessenz** des Apoth. Dunkel in Kötzschenbroda ist ein mit Wasser verdünnter Rum, in welchem ein Pflanzenextrakt aufgelöst ist. Preis *M.* 5. (Karlsr. Ortsges.-Rat.)

1383. **Lebensessenz,** Dr. Fernests von C. Lück in Kolberg wird nach Angabe des Verfertigers in folgender Weise dargestellt: 75,0 Aloe, 120,0 Rad. Rhei, 75,0 Flor. Cinae, 65,0 Ammoniacum 65,0 Agaricus, 80,0 Elect. Theriac., 85,0 Rad. Gentian. und 7,5 Krokus werden mit 1500,0 Spiritus 14 Tage lang digeriert, ausgepreßt und der Kolatur so viel Wasser zugesetzt, daß die Essenz 30 Volumprozente Spiritus enthält. In Gläsern zu *M.* 0,50, 1, 1.50 und 3.

1384. **Lebensessenz** der Königseer Olitätenhändler wird in 3 Arten bereitet. I. **Gewöhnliche Lebensessenz** aus 125,0 Aloe, je 30,0 Myrrha, Zedoaria, Enzian und Safran, je 40,0 Rhabarber und Galgant durch Digestion mit 4½ l 80prozentigem Weingeist und

1 l Wasser und Zusatz von 1½ l weißem Sirup. — II. **Lebensessenz mit Kampher** ist vorstehende Essenz mit 22,5 Kampher. — III. **Feine Lebensessenz:** 250,$_0$ Aloe, 320,$_0$ Rhabarber, je 75,$_0$ Galgant und Theriak, je 60,$_0$ Myrrha, Zedoaria, Enzian und Safran, 1200,$_0$ weißer Sirup, 1 l Rum, 8 l Weingeist von 80% und 3 l Wasser werden digeriert und filtriert. (R i c h t e r.)

1385. **Lebensessenz, schwedische,** aus dem Inseratenkontor in Leipzig, Neumarkt 9, ist Tinct. Aloes comp. 30 g = *M.* 3. (H a g e r.)

1386. **Lebensessenz, schwedische,** von A. C. W e r n e r, Arzt in Schweden, besteht aus 60,$_0$ Perubalsam, je 20,$_0$ flüssigem Styrax, Weihrauch, Safran, je 30,$_0$ Zimtkassie und Macis, 10,$_0$ Myrrha, 2,5 Mastix, je 5,$_0$ Ammoniakgummi, Aloe, Galgant, Angelika und Alcanna, je 10,$_0$ Rosmarin, Majoran und Lavendel, 15,$_0$ kohlensaurem Kalium, je 1,$_0$ Ambra und Moschus mit 300,$_0$ Ätherweingeist und 1000,$_0$ Weingeist zwei Tage mazeriert und filtriert. 1 Flasche = *M.* 3. (H a g e r.)

1387. **Lebensessenz,** T r e f f e n s c h e i d t s ist verdünnte Tinct. Aloes comp. (H a g e r.)

1388. **Lebensessenz, weiße,** von Apoth. J u l i u s S c h r a d e r in Munderkingen a. d. D., ist ein spirituöses Destillat aus Melissenkraut, Pfefferminze, Gewürzen, versetzt mit etwa 6% Zucker und einer solchen Menge Quassiatinktur, daß es einen bitterlichen Nachgeschmack erkennen läßt. Der Weingeistgehalt beträgt 35%. (H a g e r.) — 10 T. Melissenöl, 5 T. Pfefferminzöl, 50 T. Weingeist, 600 T. Arrak, 100 T. Pepsinessenz und 100 T. weißer Wein. 50 g = *M.* 1. (S t ä n g l e n.)

1389. **Lebensextrakt** von K w i e t in Berlin ist eine bittere Rhabarbertinktur. (B i s c h o f f.)

1390. **Lebensöl, Hamburger gelbes,** der Königseer Olitätenhändler wird erhalten durch Digestion von 24,$_0$ Benzoetinktur, 8,$_0$ flüssigem Storax, 6,$_0$ Perubalsam, 4,$_0$ Kassiaöl, 3,$_0$ Nelkenöl, 0,3 Kardamomöl, 4,$_0$ Bergamottöl, je 1,$_0$ Macis, Rosmarin, Lavendel, Sassafras mit etwa 64,$_0$ Alkohol, 32,$_0$ ordinärem Lebensöl und 6,$_0$ Safrantinktur nebst etwas Zuckertinktur. (R i c h t e r.)

1391. **Lebensöl, ordinäres,** der Königseer Olitätenhändler besteht aus 12,$_0$ Perubalsam, je 8,$_0$ Bergamott- und Zitronenöl, 6,$_0$ flüssigem Storax, 4,$_0$ Lavendelöl, 3,$_0$ Nelkenöl, 340,$_0$ Zimttinktur, 12,$_0$ Zuckertinktur und 1600,$_0$ Weingeist. (R i c h t e r.)

1392. **Lebenspillen** von Dr. H u e n t a sollen den Blaudschen Pillen entsprechen.

1393. **Lebenssalz, aromatisches,** von G e h r i g u. G r a n z i g in Berlin, stellt man dar, indem man ein Pulvergemisch aus 150 T. Natriumbikarbonat, 6 T. Kochsalz und 4 T. Glaubersalz mit einem zweiten Gemisch aus 10 T. Zucker und 10 T. Natriumbikarbonat, welches mit einer Tinktur aus 5 T. Florentinischer

Veilchenwurzel, 1 T. Zimt, 1 T. Pomeranzenschale, 1 T. Kardamom und ca. 10 T. Weingeist durchtränkt hat, innig vereinigt, trocknet und pulvert. 500 g = *M.* 1. (H a g e r.)

1394. **Lebensschmiere** oder **Magnetische Ölessenz,** A n d e r s s e n s, von E n g e l k r a u t in Berlin, besteht in $55{,}_0$ g Mohnöl mit einigen Tropfen Thymianöl und einer Spur Kampher. Preis *M.* 1,50. (H a g e r.)

1395. **Lebenstee** von K w i e t in Berlin besteht aus Stiefmütterchenkraut, Hollunderblüten, Sennesblättern, Koriander, Fenchel, Anis und Weinstein. (B i s c h o f f.)

1396. **Lebenstrank,** Heilmittel gegen Schwindsucht von Frau N e u m a n n in Berlin ist eine Abkochung von Karagheenmoos und entbittertem Isländischem Moos mit geringen Mengen anderer Pflanzenstoffe, wahrscheinlich Schafgarbe.

1379. **Lebenstropfen,** H e ß s c h e von A l b. W o l f f s k y in Berlin, bestehen in einer der Eau de Cologne ähnlichen spirituösen Lösung ätherischer Öle mit Essigäther. (B i s c h o f f.)

1398. **Lebenstropfen, Thorner,** von R o b e r t S t ö r m e r sind gewöhnlicher Bitterlikör. (B i s c h o f f.)

1399. **Lebenswecker** von C. B a u n s c h e i d t in Bonn besteht aus einem Zylinder von Holz, worin eine gewisse Anzahl feiner Nadeln angebracht ist, welche in die Haut geschnellt werden können und darin kleine Wunden erzeugen. In diese Wunden wird dann eine gewisse Quantität eines ebenfalls beigegebenen fetten Öles gerieben. Dieses Öl wird erhalten durch Digestion von 1 T. Euphorbium, 3 T. Seidelbastrinde, 1 T. Weingeist und 20 T. Olivenöl. (H a g e r.) — Oder aus 5 T. Euphorbium, 3 T. Canthariden und 100 T. Olivenöl. (H o f f m a n n.) — Oder durch Mischung von 1 T. Krotonöl mit 100 T. Olivenöl.

1400. **Lebenswecker,** Dr. H u f n a g e l s, von E. K r e p l i n in Lehrte, ist eine nicht ganz klare, gelbliche Flüssigkeit mit einem Gehalt von 10% Weingeist, welche gegen 4% Glaubersalz und einen Auszug aus unschuldigen Vegetabilien, wie Gundermann, Süßholz, Quecken, kleine Spuren Pfeffer, Ingwer, Zimt etc. in Lösung enthält. 200 g = *M.* 1,25. (H a g e r.)

1401. **Leberleiden und Wassersucht, Heilverfahren** von Dr. v. N e e s in Altona. Ein Tee aus 24 T. Hagebuttensamen, 40 T. Baldrianwurzel, 8 T. Pfefferminze, 55 T. Vogelknöterich. (M i r u s.)

1402. **Leberleidenmittel** von S e l l e in Berlin bestehen I. in unreinem Weinstein und II. in einem trüben Dekokt von Aloe und Rhabarber mit Zuckersirup. (B i s c h o f f.)

1403. **Lebertran-Albumin** ist ein 60—80% reinen, unzersetzten Lebertran enthaltendes, trockenes Pulver. Chemische Fabrik L. P i n k, Apotheker in Berlin O. 27.

1404. **Lebertran-Albumose** ist ein pulverförmiges, wohlschmeckendes Lebertranpräparat. Fabrikant: Apotheker Mr. C. Raupenstrauch in Wien II.

1405. **Lebertran-Emulsion** nach Tonneau: 430 g Kalkwasser werden mit 500 Lebertran tüchtig geschüttelt; man fügt darauf 50 Glyzerin und nachher 20 Zimttinktur hinzu.

1406. **Lebertran-Gelee,** N. Jolys, von der Pharmacie Leroy in Paris wird dargestellt, indem 46 T. Lebertran, 15 T. Zucker und 30 T. Eiweiß emulgiert und durch Gelatine steif gemacht werden. 1 Glasbüchse mit 330 g des Gelees = *M.* 3,20. (Hager.)

1407. **Lebertran, gezuckerter,** von Thière in Paris, soll nichts als gepulverter Milchzucker sein. 60 g = *M.* 3. (Attfield.)

1408. **Lebertran,** Joungs, ist ein guter Lebertran, dem noch etwas Jod zugesetzt ist.

1409. **Lebertran, ozonisierter,** ist klarer Dampflebertran. (Hager.)

1410. **Lecithcerebrin** und **Lecithmedullin** sind Lecithinpräparate, die aus Gehirn- bezw. Knochenmark dargestellt werden.

1411. **Lecithin-Perdynamin** von Barkowski in Berlin wird gegen nervöse Leiden, Chlorose, Anämie, Skrophulose, Rhachitis und Tuberkulose empfohlen. Erwachsene nehmen täglich 3 Eßlöffel, Kinder 3 Teelöffel voll rein oder in Milch.

1412. **Lecithogen,** auch **Jaffés Lecithen-Kakao** genannt, enthält in einer Originaldose 3 g Lecithin aus Ei, vermischt mit reinem Kakao. Nach Aufrecht ist es ein 0,96% Lecithin enthaltender Kakao. Fabrikant: H. Barkowski, Berlin.

1413. **Lecithol-Malzextraktpulver.** Ein gehäufter Teelöffel enthält 0,05 g Lecithol. Fabrikant ist die Firma J. D. Riedel A.-G. in Berlin.

1414. **Leipziger Kinderpulver oder -Honig** wird beim Brechdurchfall der Kinder empfohlen. Zusammensetzung ist unbekannt. Bezugsquelle: Apotheker W. Steinmetz in Leipzig.

1415. **Leubes Magenpulver.** Als Leubesches Pulver wird für die Klinik des Herrn Prof. Dr. Leube in Würzburg folgende Mischung angefertigt: Rad. rhei pulv., Natr. sulf. sicc. je 7,5, Natr. bicarb. 5,0.

1416. **Leukrol** wird nach F. Kapp „aus einer tropischen, in dem Handel sowohl, als auch botanisch unbekannten Pflanze“ in Form von Fluidextrakt und Pastillen dargestellt und soll innerlich gegen Fluor albus angewendet werden. Fabrikant: Chem. Fabrik Erfurt G. m. b. H. in Erfurt-Ilversgehofen.

1417. **Dr. Liebers Nervenkraftelixir** ist ein mit 30 prozentigem Weingeist hergestellten Auszug aus Aloe, Rhabarber, Tausendguldenkraut, Kalmus, Enzian und andren Pflanzenstoffen.

1418. **Liebes Brusttee** ist wie Tschernichs Lungentee zusammengesetzt.

1419. **Likör** von Mme. Amphoux ist ein Zimt enthaltender Likör, etwa eine Mischung aus 400 T. weingeistigem Zimtwasser, 1 T. Zimtöl, 150 T. Weingeist und 450 T. weißem Zuckersirup.

1420. **Dr. Lindenmeyers Salusbonbons** enthalten 10% Alliumsaft. Bezugsquelle: Salomonis-Apotheke in Dresden-A.

1421. **Liniment, englisches,** besteht aus 3 T. starkem Salmiakgeist, 2 T. Chloroform, 3 T. Kampher, 1 T. Opiumtinktur und 12 T. Weingeist. (Mayet.)

1422. **Liniment der Franziskaner-Brüder** in St. Mount ist eine Mischung von $20{,}_0$ g Kampherspiritus, $20{,}_0$ Ammoniakflüssigkeit und $40{,}_0$ Aufguß von schwarzem Kaffee. (Wittstein.)

1423. **Liniment** von Roche, ein englisches Arcanum gegen Husten und Keuchhusten zum Einreiben von Brust- und Magengegend, besteht aus 100 T. Olivenöl, 8 T. Nelkenöl, 2 T. Kümmelöl und 1 T. Bergamottöl.

1424. **Linimentum Bourget** besteht aus Acid. salicyl. 4, Methyl. salicyl. 10, Ol. Eucalypt. 5, Ol. Nucist. 6, Ol. Salviae 3, Ol. camphorat. 30, Spirit. Juniperi 120. Es wird zu Einreibungen bei Grippe angewendet.

1425. **Linimentum Parai** besteht aus einem mit altem Terpentinöl verfälschten Oleum Juniperi empyreumaticum. (Hager.)

1426. **Lipanin** nach von Mering von C. A. F. Kahlbaum in Berlin als Lebertranersatz empfohlen, ist Olivenöl mit einem Gehalt von etwa 6% freier Ölsäure.

1427. **Lipanin-Malzextrakt** ist eine Mischung von 1 T. Lipanin und 2 T. Malzextrakt.

1428. **Lipanin-Schokolade** ergab bei der Analyse folgende Werte: Fett 42,38, Proteinsubstanz 8,07, Stärke 2,70, Zucker 31,44, sonstige N-freie Substanzen 18,19, Asche 0,68%, Aromatica (Vanillin und Perubalsam). (Aufrecht.)

1429. **Lippspringer Tee** besteht aus je 20 T. Folia Farfarae, Fructus Phellandrii, Lichen Islandicus, Herba Millefolii, Radix Helenii, -Liquiritae, -Althaeae und je 10 T. Flores Rhoeados, -Malvae und -Verbasci.

1430. **Liqueur antiseptique** von Pennes, gegen Stich und Biß giftiger Tiere und bei Verletzung bei Leichensektionen, soll ein Gemisch von ca. $20{,}_0$ Karbolsäure, $5{,}_0$ Hydrobromsäure und $500{,}_0$ verdünntem Weingeist sein.

1431. **Liqueur de Goudron concentrée** von Guyot wird durch Mazeration von 22 T. Natriumbikarbonat, 25 T. Holzteer und 1000 T Wasser dargestellt. (Jeannel.)

1432. **Liqueur de Laville** ist ein Colchicin enthaltendes Gichtmittel des Dr. Laville-Paris. Als Ersatz für diese französische Spezialität ist folgende Mischung empfohlen worden: Chinin. basic. 1,5 g, Extr. Colocynthid. spirituos. $1{,}_0$ g, Spiritus 95 proz. $10{,}_0$ g, Vin. Malacens. $80{,}_0$ g. Zu demselben Zwecke, d. h. als Mittel gegen Gicht und Rheumatismus, empfiehlt Korn einen **Liquor**

Colchici compositus nach folgender Vorschrift: Vin. hispan. 800,$_0$, Spirit. conc. 100,$_0$, Aqu. dest. 85,$_0$, Extr. colocynth. 1,$_0$, Extr. colchici 2,5, Calc. chlor. 4,5, Chinin. hyrochlor., Cinchonin. salicyl. je 5,$_0$.

1433. **Liqueur de Saint-Remy** gegen Lungenleiden etc. ist eine Mischung von gleichen Teilen Honig und 45 proz. Weingeist.

1434. **Liqueur de van Swieten** besteht nach Walter Bloch aus 1 g Sublimat und 1 g Weinsäure in 1 Wasser gelöst, nach L. Wernher aus 1 g Sublimat, 900 g Wasser und 100 g 80 proz. Weingeist. Verwendung findet er als Desinfektionsmittel.

1435. **Liqueur prophylactique contre la Syphilis** von Jeannel ist eine Lösung von 15,$_0$ Alaun, 1,$_0$ Ferrosulfat und 1,$_0$ Kupfersulfat in 1 Liter Wasser, aromatisiert mit 20—30 Tropfen Eau de Cologne.

1436. **Liquid Rennet** von Apotheker Shinn in Philadelphia ist eine Labessenz.

1437. **Liquor acidi chromo-acetico-osmici Flemming** besteht nach der Pharm. Praxis aus 15 T. 1 proz. Chromsäurelösung, 4 T. 2 proz. Osmiumsäurelösung und 1 T. Eisessig.

1438. **Liquor antihydrorrhoicus** von Brandau und Spener gegen Fußschweiß ist nach Angabe der Fabrikanten konzentrierte Salzsäure, in der 15% eines gechlorten Äthers aufgelöst sind und die durch Lackmus rot gefärbt ist. Eine 25 proz. Salzsäure mit 25% Alkohol, ca. 1% Glyzerin, etwas Chloral und Spuren von Ammoniaksalzen. (Bischoff.)

1439. **Liquor anthracis compositus,** Dr. Fischel, wird nach einer Originalmitteilung des Erfinders wie folgt dargestellt: 100 g Pix anthracis werden in 200 g Benzol gelöst, mit 200 g Spiritus (90 proz.) versetzt und dies Gemisch unter häufigem Umschütteln längere Zeit einer Temperatur von 35^0 ausgesetzt. Anderseits werden 50 g (frisch bereitetes) Schwefelkalium in 40 g heißer Natronlauge (15 proz.) gelöst und mit 200 g Spiritus längere Zeit erhitzt. Diese letztere Lösung, sowie eine andere Lösung von 100 g Resorcin und 20 g Salizylsäure in 200 g Spiritus werden der obigen Teerlösung zugefügt, die ganze Menge gut durchgeschüttelt und zum Absetzen beiseite gestellt. Zum Schluß werden noch wenige Tropfen Rizinusöl hinzugesetzt zum Zwecke der Geschmeidigerhaltung der Haut, und das Ganze durch Zusatz einiger Tropfen ätherischen Öls desodoriert.

1440. Der **Liquor anthracis simplex** wird in derselben Weise hergestellt, nur bleiben das Resorcin, die Salizylsäure und das Schwefelkalium fort und werden durch die gleichen Mengen Alkohol ersetzt. Fabrikant: Chemische Fabrik von M. Hellwig in Berlin NO.

1441. **Liquor antisepticus Volkmann** ist eine Lösung von 1,$_0$ Thymol in 10,$_0$ Alkohol, 20,$_0$ Glyzerin und 100,$_0$ Wasser.

1442. **Liquor desodorans,** ein Fußschweißmittel, ist eine nach dem Erkalten filtrierte Mischung von je 500,$_0$ rohem Zinkvitriol und schwefelsaurer Tonerde, 2500,$_0$ heißem Wasser, 1,5 Naphthol und 1,$_0$ Thymianöl.

1443. **Liquor Colchici comp.** von Dr. Mylius in Leipzig besteht in 66,$_0$ einer hellgelbroten trüben Flüssigkeit von weinartigem gewürzhaftem Geruch und von süßlichem, hinterher bitterem Geschmack mit einem Gehalt von 0,089% Colchicin und 0,082% verschiedenen Chinaalkaloiden. Siehe auch unter Liqueur de Laville.

1444. **Liquor Ferri albuminati aromaticus Aschoff** enthält 0,2% Eisen in Form des natürlichen Bluteisens und 0,04% natürliche Blutsalze. **Liquor Ferri jodo-albuminati aromaticus** enthält außer den Bestandteilen des vorstehenden Präparates 0,3% organisch gebundenes Jod. **Liquor Ferri albuminati cum Lecithino** enthält außer den Bestandteilen des einfachen Eisenliquors 1% Lecithin. Fabrikant: Apotheker Aschoff in Kreuznach.

1445. **Liquor Ferri Riesa Original,** ein Eisenpräparat von Apotheker B. Nake in Riesa a. E., enthält 0,5% Eisen in Form von zitronensaurem Eisenoxydnatriumsaccharat, 10% Weingeist, 14% Zuckersirup, Aromatika und Wasser.

1446. **Liquor Ferro-Mangani aromaticus Urban** ist eine Lösung der Peptonate von Eisen (0,42%) und Mangan (0,07%) mit aromatischen Stoffen. Fabrikant: Kremers & Urban Co. in Milwaukee, Wis.

1447. **Liquor Formalini saponatus** ist ein billiger Lysoformersatz der Firma H. Peschken, Schwan-Apotheke in Bremen.

1448. **Liquor sedans** von Parke Davis & Co. in Detroit ist eine aromatisierte Mischung der Fluidextrakte von Hydrastis Canadensis, Viburnum prunifolium und Piscidia erythrina.

1449. **Liquozone,** ein in England und Amerika mit großer Reklame angepriesenes Allheilmittel, soll freien Sauerstoff und Ozon enthalten, besteht aber nach verschiedenen englischen Analytikern lediglich aus einer wässerigen Lösung von etwa 1% Schwefelsäure und 0,2% schwefliger Säure mit Spuren von Formaldehyd.

1450. **Liquozone,** eine amerikanische Spezialität, die gegen ein Dutzend Krankheiten helfen soll, erwies sich als Wasser, dem geringe Mengen (im ganzen 1,33%) Schwefelsäure, schweflige Säure und Salzsäure zugesetzt sind.

1451. **Listerine** soll bestehen aus 6 Grains Thymol, 30 Grains Borsäure 4 Tropfen Eukalyptusöl, 1 Tropfen Wintergreenöl, 4 Fluiddrachmen Alkohol, ebensoviel Glyzerin und soviel Wasser, daß das Ganze 10 Fluidunzen beträgt. Eine Lösung von je 1,$_0$ Eukalyptusöl, Wintergreenöl, Menthol und Thymol, nebst 100,$_0$ Borsäure in 864,$_0$ Weingeist, verdünnt mit 3 Liter Wasser. (Tscheppe.)

1452. **Listerine** von Lambert & Co. in St. Louis besteht aus Benzoesäure und Borax je 8,$_0$, Borsäure 16,$_0$, Thymol 2,4, Eukalyptol 0,1.

Gaultheriaöl 10 Tropfen, Pfefferminzöl 6 Tropfen, Thymianöl 2 Tropfen, Weingeist 180,$_0$ und Wasser zu einem Liter.

1453. **Litholydium mixtum** von Dr. Zacharias ist eine Pulvermischung von 15 T. Chlornatrium, 70 T. borsaurer Magnesia, 20 T. Lithiumoxyd, 24 T. Lithiumcitrat und 88 T. Zucker.

1454. **Liton** gegen Zahnschmerz, ohne Angabe des Fabrikanten, ist eine Tinktur aus 1 T. Gelsemiumkraut und 8—10 T. verdünntem Weingeist. (Hager.)

1455. **Liton** des Chemikers Horn gegen Zahnschmerz besteht in 4 g Branntwein, in welchem 0,05 g phosphorsaures Lithion gelöst sind. Preis *M.* 1,40. (Hildwein.)

1456. **Lobessenz, Lobtropfen,** ist eine Tinktur aus 100 T. Rosmarinblättern, 75 T. rotem Sandelholz, 50 T. Salbei, je 25 T. Ingwer, Gewürznelken, Muskatnuß, Pomeranzenschalen, Fenchel, Anis, Polypodiumrhizom, Süßholz und 7500 T. verdünntem Weingeist.

1457. **Lobtinktur** der Königseer Olitätenhändler wird bereitet aus je 125,$_0$ Lavendelblüten, Iriswurzel, Rosmarin, 200,$_0$ rotem Sandelholz, je 30,$_0$ Muskatnüssen, Gewürznelken, Ingwer, weißem Kanehl, Pomeranzenschalen, Salbei, Fenchel, Anis, Engelwurz, 8,$_0$ Safran durch Digestion und Filtration mit 6 Liter 60 proz. Weingeist. (Richter.)

1458. **Lohekur** von Dittmann in Charlottenburg besteht in dem Baden in Gerberlohe und im Einnehmen des sogenannten unter Nr. 1333 aufgeführten Kraftpulvers.

1459. **Looch solide** von Gallot ist ein Teig aus 100,$_0$ geschälten süßen, 12,5 bitteren Mandeln, 200,$_0$ Gummi arabic., 200,$_0$ Zucker und 15,$_0$ Orangenblütenwasser.

1460. **Loomis' Tonic** besteht aus 1 g Chininsulfat, 7,5 g Eisenchloridtinktur, 11,25 g Chloroformspiritus, 30 g Wasser und Glyzerin bis zur Gesamtmenge von 60 ccm.

1461. **Lotion gegen Leiden des Gehörgangs** von Dr. Simpson in Berlin ist ein Gemisch von Alkohol, Äther und Glyzerin. Preis *M.* 4,50. (Bischoff.)

1462. **Lotions contre les Affections herpétiques** von Chable ist eine Lösung von 1,$_0$ Sublimat in 10,$_0$ Weingeist und 190,$_0$ Wasser. Einen Teelöffel mit einem Glase Wasser gemischt zu den Waschungen zu gebrauchen.

1463. **Löwenzahn-Extrakt** von Petrykowski in Berlin gegen Stockungen im Pfortadersystem etc. besteht aus 100 T. Kartoffelstärkesirup, 50 T. Honig, 2 T. Lakritzensaft, 3 T. Salpeter und 2 T. Salmiak. 125 g = *M.* 1. (Hager.)

1464. **Loxapillen, Richters,** bestehen aus Chinin. sulfur., Cinchonidin, Rad. Althaeae und Rad. Gentianae.

1465. **Lublins Keuchhustentabletten** enthalten pro dosi 0,1 g Aristochin. Fabrikant: Dr. Landsberger & Dr. Lublin in Berlin SW.

1466. **Luftäther** von H. S c h ö n e, Heilmittel gegen Kopfschmerz, ist eine Mischung von alkoholischem Ammoniak mit Pfefferminzöl und Essigäther.

1467. **Luftsalz** oder **Philosophisches Goldsalz** des Baron H i r s c h ist saures schwefelsaures Kalium.

1468. **Luftwasser** des Apoth. F ü r s t in Prag gegen alle möglichen körperlichen Leiden ist eine Lösung von 1 T. Bittersalz in 11½ T. kalkhaltigem Brunnenwasser. 400 g = *M.* 0,75. (W i t t s t e i n.)

1469. **Lungenleiden-Heilmittel** des Heilgehilfen H ö p n e r ist Zuckersirup mit Zwiebelsaft und Schafgarbendekokt. (B i s c h o f f.)

1470. **Lungenleidenmittel** aus Nordamerika besteht in Tolubalsamtinktur, soviel als möglich mit Wasser verdünnt, und soll mittelst eines Zerstäubers gebraucht werden. (H e n r y B. P a r s o n s.)

1471. **Lungenleidenmittel** von G a d c z i k a in Berlin ist Oleum Terebinth. sulfuratum. (B i s c h o f f.)

1472. **Lungenleidenmittel** von L ü t z o w in Berlin sind I. Tropfen aus Liquor Ammonii anisatus und Tinct. Opii benzoica und II. ein Dekokt bitterer Pflanzenstoffe mit Zucker und Bitterwasser, Fenchel- und Anissirup. enthaltend. (B i s c h o f f.)

1473. **Lungenleidenmittel** von R. S e l l e, Drogist in Berlin. Zwei Flaschen mit gelbbrauner Flüssigkeit gefüllt. Die kleinere, I. aus welcher zuerst eingenommen werden soll, enthält $30,_0$ einer bitteren Flüssigkeit, bestehend aus einem konzentrierten Aufguß aus Rhabarber, Enzian und den Bestandteilen der zusammengesetzten Aloetinktur. Sie enthält ferner $5,_0$ Spiritus und 5,5 nicht kristallisierenden Zucker und schleimähnlichen Stoff. Da auch Spuren Äpfel- und Essigsäure nachweisbar waren, so liegt die Vermutung nahe, daß der Rhabarber-Enzian-Aufguß mit Äpfelwein bereitet ist. Die II. Flasche mit $123,_0$ Inhalt faßt eine an Farbe und Gehalt der vorerwähnten ähnliche Flüssigkeit, in welcher jedoch nur ⅓ so viel Rhabarber vertreten ist. Der Spiritusgehalt ist ein etwas größerer, der Zuckergehalt derselbe. Preis zusammen *M.* 6,75. (H a g e r.)

1474. **Lungenleidenmittel** des Zuckerbäckers P o c z t a in Wien stellt Tabletten dar, bestehend aus Süßholz, Soda und gefärbtem Zucker. (I n n h a u s e r.)

1475. **Lungenschwindsuchtsmittel** von E r n s t R i c h a r d B e r g e r in Dresden wird aus Schafgarbenblüten und -Blättern, weißem Sirup, Senegawurzel, Sumpfkraut, Sennesblättern, Stiefmütterchen, Meerzwiebeln, Huflattich, Fieberkraut, Honig, Ingwer etc. von der Apotheke in Kötzschenbroda angefertigt. *M.* 10,50 bis *M.* 40.

1476. **Lungenseuchemittel für Rinder** von einer Pfarrersfrau in Baden ist eine wasserhelle geruch- und geschmacklose Flüssigkeit, aus Brunnenwasser bestehend. 1 Selterwasserkrug = *M.* 4. (H a g e r.)

1477. **Luperin,** ein Mittel gegen Trunksucht, ist ein Gemisch von Enzian, Colombowurzel- und Quassiaholzpulver.

1478. **Lutein-Tabletten** enthalten je 0,3 g der Trockensubstanz der gelben Körper der Eierstöcke von Kühen.

1479. **Mackedanz' Heilmittel gegen Bleichsucht und Hämorrhoidalleiden:** 1. Tee aus Fol. Sennae, Lignum Sassafras, Lignum Guajaci, Radix Liquiritiae, Radix Ononidis; 2. Flüssigkeit: wässerig-spirituöse Lösung von offizineller Schwefelleber.

1480. **Magenbitter, Hamburger,** von Franz Oskar Wundram, stellen eine klare braune Flüssigkeit dar, zusammengesetzt aus 10,$_0$ Gewürztinktur, 11,$_0$ bitteren Magentropfen, 2,$_0$ Hoffmannstropfen und 12 Tropfen Pfefferminzöl. Preis *M.* 0,60. (Hager.)

1481. **Magenbitter** von Bergel. 300,$_0$ Pomeranzenschalen, 300,$_0$ getrocknete Heidelbeeren, 140,$_0$ Zitronenschalen, 30,$_0$ Enzianwurzel, 20,$_0$ Paradieskörner, 20,$_0$ Kardamomsamen, 20,$_0$ Muskatnüsse, 25,$_0$ Nelken, 25,$_0$ Galgant, 70,$_0$ Kassiablüten werden mit 8 l Wasser und 90 l Spiritus digeriert, dem Filtrat 8—10 kg Zuckersirup zu gemischt, das Ganze mit 56 l Wasser verdünnt und mit Zuckerkouleur dunkelrot gefärbt.

1482. **Magen-Capsules,** Dr. med. Lüddeckens, von Apoth. L. Fahrenkrug gegen schwache Verdauung, Appetitlosigkeit, chronischen Magenkatarrh, Blutarmut, Schwächezustände, chronische Brustleiden. 10 und 20 Gelatinekapseln mit einem grünlich grauen Pulver, in welchem benzoesaure Magnesia, milchsaures Eisen und etwas Zucker nachgewiesen werden kann. Preis *M.* 1 und *M.* 2. (Jacobsen.)

1483. **Magendrops, Hamburger,** von Franz Oskar Wundram, bestehen aus 10,$_0$ Gewürztinktur, 11,$_0$ bitteren Magentropfen, 2,$_0$ Hoffmannstropfen und 12 Tropfen Pfefferminzöl. Preis *M.* 0,60 (Hager.)

1484. **Magenelixir** von Warner wird bereitet aus 30,$_0$ Rhabarber, 15,$_0$ Sennesblättern, 1,$_0$ Safran, 15,$_0$ Süßholz, 500,$_0$ Rosinen und 1500,$_0$ 50 prozentigem Weingeist.

1485. **Magenessenz** oder **Aqua vitae stomachica Cujavica.** Fruct. Aurant. immatur. 8,$_0$, Cort. Aurant. expulp. 3,$_0$, Rad. Gentian., Rhiz. Zedoariae, Rhiz. Galangae, Cort. Cinnamom. je 2,$_0$, Caryophyll. 1,5, Herb. Cardui benedicti, Herb. Melissae, Herb. Centaurii minoris, Cardamomi min. je 0,5, Fruct. Anisi stellati 1,$_0$, Fruct. Foeniculi 0,5. Contusis concisisque affunde Spirit. Vini rectificatiss. 200,$_0$, Aq. destillatae 60,$_0$. Digere per aliquot dies, dein exprime. Liquori admisce Sirup. Sacchari 80,$_0$, deinde Aquae destillat. 240,$_0$. (Hoyer.)

1486. **Magenessenz** von E. Pearce in London besteht aus Tinct. amara gemischt mit ¼ einer Tinktur aus Pomeranzen und einigen Tropfen Pomeranzenschalenöl. (Hager.)

1487. **Magengedärmekatarrhmittel** von Popp in Heide (Holstein) ist ein Schwefeleisen enthaltendes Eisenpulver. 72 Pulver zu 2 bis 3 g = *M.* 60, oder 12 Pulver zu 7,5 g = *M.* 15. (Hager.) — Das Magengedärmekatarrhmittel ist ein mit Schwefeleisen stark verunreinigtes reduziertes Eisen; daneben bei Stuhlverstopfung Karlsbader Salz, Aloepillen oder Faulbaumrindenabkochung. 72 Pulver im Gewicht von je 2—3 g = *M.* 60. (Kolosser.)

1488. **Magenkrampfelixir** von Pauline Seidl in Wien ist ein Auszug mittelst 88 prozentigem Spiritus aus Beifuß, Eibischkraut, Eibischwurzel, Tausendgüldenkraut, Ehrenpreis, Melisse und etwas Kochsalz. (Innhauser.)

1489. **Magenkrampfmittel** von Fr. Doek in Barnstorff (Hannover) enthält auf 2 Liter Wasser 48 Tropfen römisches Kümmelöl. 2000 g = *M.* 18—21. (Opwijrda.)

1490. **Magenkrampfmittel** vom Arbeiter Speer besteht aus Aqua Menthae piperitae spirituosa mit etwas Aqua Carvi.

1491. **Magenkrampftropfen** von Milter ist im wesentlichen Rhabarbertinktur. (Gscheidlen.)

1492. **Magen- und Lebenslikör** ist eine alkoholische Flüssigkeit mit 16,04% Extrakt, darunter eine nicht unbeträchtliche Menge Aloe. (Gscheidlen.)

1493. **Magen- und Lebenslikör** von Eduard Sachs ist eine gezuckerte, spirituöse Tinktur, welche einen Auszug von Nelken, Zimt und verschiedenen Bitterstoffen enthält. (B. Fischer.)

1494. **Magenleiden-Heilmittel** des gewesenen Bürgermeisters Meyer: Nr. I. Spirituöse Arzneitinktur indifferenter Bitterstoffe, anscheinend homöopathische Tinktur. Nr. II. Homöopathische Kamillentinktur.

1495. **Magenleiden-Heilmittel** von W. Bahre ist eine homöopathische Tinktur, anscheinend Spuren von Strychnin enthaltend. (Bischoff.)

1496. **Magenleidenmittel** der Witwe Sabine Fritsche, geborene Heinemann in Roßla a. H. enthält außer Alkohol eine sehr geringe Menge pflanzlicher Extraktivstoffe.

1497. **Magenleidenmittel** von Frau Grinot ist eine homöopathische, stark verdünnte Tinktur einer pflanzlichen Substanz. (Bischoff.)

1498. **Magenleidenmittel** der Hygiea-Officin Breslau von Parlaghy bestehen aus Pulver, Tee und einem Elixir. Das Pulver I ist eine Mischung von Bismut. subnitr., Weinstein und doppeltkohlensaurem Natrium, der Tee II ist St. Germaintee, die Flüssigkeit III enthält Pomeranzentinktur, Wermuttinktur und Chinatinktur mit Zuckersirup versüßt. (Karlsr. Ortsges.-Rat.)

1499. **Magenleidenmittel** des Bürgermeisters a. D. Müller bestehen in einer spirituösen Tinktur indifferenter Stoffe, anscheinend homöopathischer Kamillentinktur. (Bischoff.)

1500. **Magenlikör** von K r o m b h o l z ist eine Tinktur von unreifen Pomeranzen 200,$_0$, Kalmustinktur 100,$_0$, Zimttinktur 100,$_0$, Weingeist 400,$_0$, aromatischem Wasser 400,$_0$, Zucker 100,$_0$, Karminativöl 0,4, Cochenille 0,4, kohlensaurem Kalium 0,1, Wasser 1400,$_0$. (W i t t s t e i n.)

1501. **Magenmittel** der Frau F r i t z s c h e in Berlin. Nr. I. Salbe aus Wachs, Fett, Zinkoxyd und Quecksilberoxyd nebst einem Tee aus meist unwirksamen Kräutern und Blüten. Nr. II. Spirituöse bittere indifferente Tinktur. Nr. III. Spezies aus Turiones Pini, Fol. Fragariae, Fol. Rubi Idaei, Fol. Thymi, Flor. Centaureae Cyani, Flor. Potentillae, Flor. Stellar., Flor. Agrimoniae, Fol. Plantaginis, Flor. Arnicae. (B i s c h o f f.)

1502. **Magenpastillen** von Dr. S c h i n c k e in Hamburg bestehen nach Angabe des Fabrikanten aus Karlsbader Salz, Pepsin, Rhabarber, Thymol und Pfefferminzöl. 60 g = *M.* 1,50.

1503. **Magenpillen, Tachts,** enthalten Aloe, Goldschwefel, Eisen, Pflanzenextrakte, Chinin und Pepsin. (A u f r e c h t.)

1504. **Magenpulver** von H e r m a n n B o h n e r t in Delitzsch besteht nach Angabe des Verfertigers aus 25 T. Kaliumsulfid, 65 T. Magnesiumsulfid, 0,3 T. Lithiumkarbonat, 15 T. Weinsäure, 25 T. Natriumbikarbonat, 5 T. Natriumchlorid, 0,5 T. Wismutsalicylat. (Kaliumsulfid und Magnesiumsulfid sind zweifellos Druckfehler, indem es Kaliumsulfat und Magnesiumsulfat heißen soll.)

1505. **Magenpulver** von R. T ü l t gegen Verschleimung, Drüsenleiden etc. besteht aus 5 T. Salmiak, 1 T. Alaun, 3 T. Eisenoxyd, 3 T. Eisenvitriol, 3 T. Schwammkohle, 3 T. Knochenkohle, 5 T. Alantwurzel, 5 T. geröstetem Rhabarber, 10 T. Bittersüß, 15 T. Sennesblätter, 5 T. Meisterwurzel, 5 T. Zimt, 30 T. Galanga. 25 g = *M.* 1,50. (H a g e r.)

1506. **Magensalz** von N a u m a n n ist Natrium- und Magnesiumsulfat enthaltendes Natriumbikarbonat. 125 g = *M.* 1,50.

1507. **Magensalz,** S c h a u m a n n s, fabriziert in der landwirtschaftlichen Apotheke in Stockerau, besteht zum großen Teil aus Natr. bicarbonic. mit Zusatz von etwas Natr. sulfuric. und Spuren Magnesia. 125 g = *M.* 1,50.

1508. **Magensalz-Verdauungspulver** der Apotheke in S t o r k a u besteht aus 27,$_0$ Tartar. dep., 6,$_0$ Calcar. carbonic. und 66,$_0$ Natr. bicarbonic. 100 g = *M.* 1,50. (B e r i n g.)

1509. **Magentropfen** von E r n s t i n g entsprechen einem Gemisch aus 10,$_0$ Tinct. aromatic., 5,$_0$ Tinct. Calami, 5,$_0$ Tinct. Capsici, 5,$_0$ Liq. Kalii acetici und 50,$_0$ Spirit. dilutus. (H a g e r.)

1510. **Magentropfen, hannoversche,** von S p e l m a n n sind ein gewöhnlicher Magenbitterschnaps. (B i s c h o f f.)

1511. **Magentropfen, Leipziger,** sind ein Gemisch aus 1,$_0$ Tinct. aromatic., 5,$_0$ Tinct. amar., 5,$_0$ Liq. Ammon. caust. und 50,$_0$ Spiritus, gefärbt mit Lign. Santali rubr.

1512. **Magentropfen, Mariazeller,** nach dem Rezept von Dr. Steinschneider vom Apoth. Carl Brady in Kremsier bereitet. a) 15,0 Aloe, je 1,75 Cort. Cinnam., Fruct. Foenicul, Fruct. Coriandri, Fruct. Anisi vulg., Myrrha, Lign. Santal. rbr., Rhiz. Calami, Rhiz. Zedoar. rot., Rad. Enzian., Rad. Rhei werden mit 750,0 60grädigem Spiritus digeriert und filtriert. — b) Angebliche Originalvorschrift: Königschinarinde 15,0, Zimtkassia, Pimpinellrinde, Weidenrinde, Fenchel, Myrrha, rotes Sandelholz, Kalmus, Zedoar, Gentian, Rhabarber, von jedem 1,75, werden 8 Tage lang mit 750,0 60prozentigem Weingeist unter öfterem Umrühren digeriert. — c) Vorschrift der Budapester Apotheker: 5,0 Aloe, 8,0 Benzoe, 10,0 Kalmus, 10,0 Gentian, 10,0 Rhabarber, 10,0 Zedoaria, 10,0 Anis, 10,0 Fenchel, 600,0 60 prozentigem Sprit werden 8 Tage lang digeriert.

1513. **Magentropfen,** St. Jacobs, sind ein alkoholischer Auszug verschiedener Vegetabilien, darunter Anis, Ingwer, Baldrian, Nelken, Zimt, Pomeranzen und eine chrysophansäurehaltige Droge (Rhabarber oder Faulbaumrinde, wahrscheinlich erstere.) (B. Fischer.)

1514. **Magentropfen** von Dr. Spranger bestehen in einem schwach alkoholischen Auszug von Aloe, Rhabarber und Gutti. (D. van der Weerd.)

1515. **Magentropfen,** Dr. Sprangers, von Apoth. Bernard in Berlin sind ein alkoholischer Auszug aus Rhabarber, Zitwerwurzel, Aloe und anscheinend auch Sennesblättern.

1516. **Magenwasser** des Leibmedikus Dr. Krebs von Brumby ist ein gewöhnlicher klarer brauner Likör mit Zucker, welcher einen Auszug aus wenig Kalmus, Ingwer, etwas mehr Anis und Spuren anderer gewöhnlicher Gewürze enthält. (Hager.)

1517. **Magnesia-Benz-Azetat,** von einem Spandauer Arzt erfundenes Mittel gegen Schwindsucht, ist benzoesaures Natrium resp. Magnesia.

1518. **Magnesiumpräparat** von Bohlig soll aus 72% Magnesia usta, 11,5% Magnes. carbon., 2% Kieselsäure, 10% Wasser und 4% unlöslicher Substanz zusammengesetzt sein.

1519. **Magnetic-Elixir** von Low besteht aus 90,0 Terpentinöl, 110,0 Capsicumtinktur, 960,0 Kampherspiritus, 90,0 Salmiakgeist, 180,0 Alkohol von 0,820 spez. Gew., 6,0 Sassafrasöl und 40,0 Sassafrasfluidextrakt.

1520. **Magnetisch-heilkräftig bereitetes Wasser** von Dr. Kuhlmann in Berlin soll durch körperlichen Magnetismus heilkräftig gemachtes Wasser sein.

1521. **Mahlers Epilepsiemittel** ist mit Honeohols Epilepsiemittel (siehe dieses) identisch.

1522. **Maikurtee** von Rodauer & Wöß in Salzburg besteht aus Sennesblättern, Sarsaparille, Fliederblüten, Fenchel, Süßholz, Kornblumen, Ringelblumen, Kamillen und verwittertem Glaubersalz. (Wittstein.)

1523. **Maikurtee** ist eine Mischung von je 1 T. rotem Santelholz und Fenchel, je 2 T. Sennesblättern, Süßholz, Bittersalz, Quecken und Riedgraswurzel. — 30 T. Sennesblätter, 4 T. Süßholz, 2,5 T. Kamillen, 12 T. Bittersalz, 2 T. Fenchel.

1524. **Maizo-Lithium** ist ein Lithiumsalz der Maissäure, welche aus Green Corn gewonnen wird. Anwendung findet es bei Blasen- und Harnröhrenkatarrh, sowie Tripper. Bezugsquelle: Pharmacal Co. in Louisville Ky.

1525. **Makao-Tropfen** von Dr. C. Schoepfer (Dr. Robertson), äußerlich und innerlich gegen alle Krankheiten, sind ein Gemisch aus 1 T. Tinct. Aurant. Fruct. und 10 T. Spirit. aether. 80 g = *M.* 1,50. (Schädler.)

1526. **Makrobion,** ein lebenverlängerndes Nährsalz der Firma Julius Hensel in Stuttgart besteht im wesentlichen aus einem Gemisch von Kochsalz und Kieselgur mit geringen Mengen von Glaubersalz, Natriumbikarbonat und -phosphat. (Beythien.)

1527. **Malaria-Pastillen** sind dragierte Pastillen aus salzsaurem Chinin und arsensaurem Natrium (auf je 1 g Chinin 2 mg arsensaures Natrium).

1528. **Malaricida „Ciaburri“,** ein Mittel gegen Sumpffieber, das sowohl als Flüssigkeit wie auch in Pastillenform im Handel ist, enthält Eisen, Chinin und Arsen.

1529. **Malco,** Heilmittel und Präservativ gegen die Pest, von Berlin vertrieben, ist kohlensaures Ammon mit etwas Rosenöl und Karbolsäure in einem flachen Lederbeutelchen, welches um den Hals getragen werden soll.

1530. **Maltabonbons** gegen Seekrankheit sind Trochisci Natrii bicarbonici mit Mentha aromatisiert.

1531. **Maltocrystol** ist Malzextrakt in Kristallform. Fabrikant: Dr. Chr. Brunnengräber in Rostock i. M.

1532. **Maltoglobin** enthält Eisenpeptonat, Hämoglobin und Malzextrakt. Dasselbe wird auch mit Arsenik, von dem 1 Teelöffel 1 mg enthält, geliefert. Fabrikant: Squire & Sons in London W, 413 Oxford-Street.

1533. **Malto-Yerbine** ist ein Malzpräparat mit Herba Santa; es wird gegen Hals- und Lungenleiden empfohlen. Fabrikant: Maltine Company in Brooklyn, New-York.

1534. **Maltsanta** sind Tabletten aus Malzextrakt und Yerba Santa. Fabrikant: Malt-Diastase Co. in Brooklyn N.-Y.

1535. **Maltzym** ist ein kohlensäurehaltiges Malzextrakt, das als nahrhaftes Tafelgetränk empfohlen wird. Fabrikant: Johann Hoff, Werke Stadlau bei Wien.

1536. **Maltzyme** ist ein Malzextrakt der Malt-Diastase Co. in Brooklyn N.-Y. Dasselbe wird auch mit Lebertran, Hypophosphiten, Phosphor, Eisen, Chinin, Strychnin und Cascara sagrada geliefert.

1537. **Malzextrakt** von R. Zimmermann in Berlin ist ein mit dem Hoffschen Fabrikat dieses Namens im wesentlichen übereinstimmendes Bier, aber mit etwas mehr Alkohol- und Malzbestandteilen und etwas weniger Zucker. (Hager.)

1538. **Malzextrakt-Gesundheitsbier** von Johann Hoff in Berlin. Ursprünglich ein schlechtes oder verdünntes untergähriges Bier (Bayrisches Bier), versetzt mit dem Bierauszuge von Bitterklee, Kardobenediktenkraut, Faulbaumrinde mit kleinen Zusätzen von Zuckerkouleur, Koriander, Kardamom, Zimt, Anis, Pottasche etc. Später wurde der Extraktgehalt des Bieres durch Kartoffelstärkesirup und etwas Glyzerin vermehrt. Obgleich der Gehalt an Frangula von dem p. Hoff geleugnet, von allen Chemikern nicht gefunden ist, so ist er bis heute vorherrschend gewesen. Der Fabrikant hat einen oder den anderen der oben angegebenen Bestandteile zuzusetzen zuweilen übersehen. Es soll dies sogar oft vorgekommen sein, wie Zeugen versichern. Der scheinbare Bierextraktgehalt war im Anfange 4,5%, stieg dann auf 7, 8. 10, 12%. Der Weingeistgehalt hat immer 3% betragen. (Hager.)

1539. **Malzextraktseifen** zu dermatologischen Zwecken erhält man nach L. Sarason durch Beifügen von 10% Malzextrakt zu der möglichst neutralen, fertigen Grundseife, evtl. nach Zugabe arzneilicher Stoffe oder Emulgierung mit Lanolin.

1540. **Mammillarium,** Apparat für wunde, zarte und zu flache Brustwarzen, von Th. Pfizmann in Leipzig. In einer Schachtel sind enthalten ein Fläschchen mit ca. $8{,}_0$ einer braunen spirituösen Flüssigkeit, welche in einem schwachen Rumauszuge aus Gewürznelken und Wohlverleihblumen besteht, ein Glashut mit Gummisaugaufsatz und zwei aus Leinwand genähte, mittelst Draht steif gehaltene Brustwarzenhüllen, welche elastische Hüte genannt werden, aber nichts Elastisches an sich haben. Preis *M.* 6. (Hager.)

1541. **Mandrake Pills** von Schenk in Philadelphia enthalten Bestandteile des Cajennepfeffers, ein bitteres Extrakt und etwas gerbstoffhaltiges Kräuterpulver. 20 Pillen = *M.* 2. (Hager.)

1542. **Mannbarkeits-Substanz** von Dr. Koch in Berlin ist ein Gemisch aus braunem Sirup, Orangenwasser, Rosenwasser und Arak, ohne Eisengehalt. 200 g = *M.* 3. (Hager und Schädler.)

1543. **Marienbader Pillen** von Kleewein in Krems b. Wien bestehen aus: Extr. fuci vesiculosi $8{,}_0$, Sal. Marienbad. natural $2{,}_0$, Natr. taurocholic. $1{,}_0$, Ingluvini, Pulv. castorei mosc. aa 0,50, Extr. et Pulv. cascar. Sagrad. quant. sat. ut fiant Pilul. Nr. 50, obduct. c. Sacch. et tum fol Argent.

1544. **Marienbader Tabletten** bestehen aus 1,25 g Aloeextrakt, 1,25 g Rhabarber, 0,25 g Podophyllin, 0,5 g Cascara sagrada-Extrakt und 1,6 g Marienbader Salz. Daraus sind 50 Tabletten herzustellen und diese mit Keratin, Zucker oder Silber zu überziehen.

1545. **Marientee** einer Charlottenburger Firma ist nach Eduard Jung das Kraut von Galeopsis grandiflora.

1546. **Martinsche Pastillen** enthalten Diphtherieheilserum.

1547. **Matico-Sirup** von Grimault & Co. in Paris gegen Verdauungsbeschwerden wird dargestellt, indem 1 T. Maticoblätter mit soviel kochendem Wasser infundiert werden, daß 7 T. Flüssigkeit erhalten werden, worin man 9 T. Zucker auflöst. (Dorvault.)

1548. **Maukensalbe für Rindvieh** ist eine Mischung von Seife mit Terpentinöl. (Jacobsen.)

1549. **Mechoacin** ist ein körniges Pulver aus Rad. Mechoacanhae und wird in Mexiko als Mittel bei Dyspepsien und Magenerweiterung gerühmt.

1550. **Médecine du Curé de Deuil** besteht aus 3 l eines Infusum, bereitet aus: Herb. Cichorii, Rad. Taraxac., Rad. Althaeae je 15,0, Rad. Lapathi acuti 30,0, Rad. Rhapontic., Natr. sulfuric. und Fol. Sennae je 10,0 innerhalb 3 Tagen zu verbrauchen.

1551. **Medico** der Reichsapotheke in Berlin ist ein eisenhaltiger Eier-Kognak.

1552. **Meerrettig-Sirup, Sirop de Raifort composé** von Grimault & Co. in Paris gegen Skropheln, Rhachitis, Krebs etc. Je 50 T. frisches blühendes Löffelkraut, frisches Bitterkleekraut, frisches Brunnenkressenkraut, 60 T. frische Meerrettigwurzel, 40 T. frische bittere Pomeranzen werden im steinernen Mörser zerstampft, ein aus Zimtkassia 3 T. und weißem Wein 50 T. bereiteter Auszug zugemischt, das Ganze einen Tag lang verschlossen hingestellt, dann durchgeseiht, gepreßt, filtriert und in der klaren Flüssigkeit 250 T. weißer Zucker aufgelöst. (Hager.)

1553. **Meerrettig-Sirup, jodhaltiger, Sirop de Raifort jodé** von Grimault & Co. in Paris besteht aus 10 T. Jod, 5 T. Jodkalium und 800 T. Meerrettig-Sirup. (Hager.)

1554. **Meglins Pillen gegen nervöse Störungen** bestehen aus: Extr. Hyoscyam. sem., Extr. Valerianae, Zinc. oxydat. aa $7\frac{1}{2}$ grains (= 0,48) div. in X. pil. S. 1—2 Pillen täglich. (Gilbert.)

1555. **Mehanal** ist 40 prozentige Formaldehydlösung.

1556. **Mejaldyl** ist eine Flüssigkeit, die angeblich aus 3 T. Mitchella repens, 6 T. Actaea, 6 T. Viburnum opulus, 6 T. Cortex Chinae, 15 T. Sambucus, 1 T. Acidum hydrochloricum und 65 T. Spiritus dilutus dargestellt wird. Sie wird von einem Dr. med. Rau zur Erleichterung der Entbindung empfohlen. Eine Flasche, die meistens für einen Fall genügen soll, kostet einschl. der beiliegenden Broschüre *M.* 6.

1557. **Mélange de Grégory,** franz. Spezialität, ist rohes Methylal, welches Ameisensäure und Methylalkohol enthält.

1558. **Melasse de la Cochinchine** von W a r t o n in Paris gegen Verstopfungen ist gemeiner Zuckersirup. (C h e v a l i e r.)

1559. **Melithan** ist das wässerige Extrakt einer Ericacee. Es wird bei Zuckerkrankheit empfohlen.

1560. **Melpom** wird eine Honigfruchtlimonade, die für Schwache, Skrophulöse, Bleichsüchtige und Blutarme empfohlen wird, genannt. Fabrikant: M e l p o m f a b r i k in Dresden-A., Wintergartenstraße 61.

1561. **Dr. Melzers Katheterpurin** zum Bestreichen von Kathetern vor deren Einführung besteht nach L. C a s p e r aus: Tragac. 3 g, Aq. destill. 100 g, Glyzerin. puriss. 20 g, Hydrargyr. oxycyanat. 0,246 g.

1562. **Menschenfreund** oder **bittere Magentinktur,** Magenelixir von S t o u g h t o n in Leyden, wird dargestellt, indem je $25,_0$ Wermut, Pomeranzenschalen, Enzian, $10,_0$ Rhabarber, je $5,_0$ Cascarillrinde und Aloe mit $500,_0$ Weingeist und soviel Wasser digeriert werden, daß nach vollendeter Digestion $1000,_0$ Likör erhalten werden. (H a g e r.) — Nach der ursprünglichen Anweisung soll man getrocknete Wermutknospen, Gamander (Teucrium Chamaedrys), Enzianwurzel, bittere Pomeranzen, von jedem $24,_0$, Cascarillrinde $4,_0$, Rhabarber $16,_0$, Aloe $4,_0$, alles zerkleinert, mit 1 l Weingeist übergießen, unter öfterem Umschütteln 12—15 Tage in warmer Stube digerieren lassen und dann abklären.

1563. **Menthococa „Kurz“** sind Mentholdragées mit tetraborsaurem Kokainnatrium. Bezugsquelle: Zentralapotheke von C. H e r m a n n in Basel.

1564. **Menthol** von A n d t, ein Antineuralgicum, besteht aus Schwefelkohlenstoff mit Pfefferminzöl. Dazu ein Pinsel. Preis *M.* 3,20. (H. G u s e n b e r g e r.)

1565. **Mentholin-Mundwasser,** 2,5 Menthol, 5,5 ccm Nelkenöl, 57,5 ccm Pfefferminzöl, $35,_0$ Acidum boric., 135 ccm Tinct. Myrrhae, 60 ccm Lackmustinktur, Alkohol bis zu 1 l Gesamtmenge.

1566. **Mentholin-Schnupfpulver** ist ein Gemisch von gemahlenem Kaffee, Milchzucker und Menthol.

1567. **Menthol-Katarrh-Pastillen,** 80 Tabletten enthalten nach Angabe des Darstellers, der K ö n i g l. H o f a p o t h e k e in Dresden-A. 0,3 g Senegaextrakt, 0,06 g Menthol, 0,6 g Goldschwefel, 3 g Lakritzen, 3 g Gummi arabicum und 3 g Zucker.

1568. **Dr. Messens Magenwein** besteht aus 2 g China- und 2 g Pomeranzenextrakt mit 250 g Finzelbergscher Pepsinessenz.

1569. **Metakalintabletten** der E l b e r f e l d e r F a r b e n f a b r i k e n enthalten je 1 g feste Kresolseife, bestehend aus 20 T. fester Seife und 80 T. einer Verbindung aus 3 Mol. m-Kresol und 1 Mol.

m-Kresolkalium. Die Tabletten lösen sich leicht in Wasser und sollen an Stelle von Kresolseifenlösung gebraucht werden.

1570. **Metallbürste, volta-elektrische,** von I m m e ist eine veränderte Auflage der Goldbergerschen Rheumatismusapparate. Die Bürste steht mit einem volta-elektrischen Doppelelement in Verbindung, welches in der Tat die Multiplikationsnadel um ein sehr Geringes ablenkt, doch vermag ein so schwacher Grad von Galvanismus auf den Menschen durch das Medium der Oberhaut nur die oberflächlichste Wirkung auszuüben. Preis *M.* 12. (P. N i e m e y e r.)

1571. **Methylene Blue compound** (Dr. O r v i l l e H o r w i t z) besteht aus: 0,0648 g Methylenblau, 0,09 ccm Sandelöl und 0,03 ccm Methylsalizylat.

1572. **Methyl „Rhodin"** ist Azetylsalizylsäure-Methylester (Methylaspirin), der innerlich als Antirheumatikum Anwendung finden soll.

1573. **Dr. S. Meyers Kurmittel gegen Zuckerkrankheit,** verbessertes **Glykosolvol.** Die Fabrikanten geben folgende Verfahren an: „Wir bringen von paramilchsaurem und theobrominsaurem Trypsin, ebenso wie von gärungsmilchsaurem und benzoesaurem Calcium je 3 T. mit je 4 T. trocknem pulverförmigen Myrtillus, Syzygiumjambolanum- und Erikaextrakt, 3 T. Königs-Chinarindenpulver, 2 T. Pankreasextraktpulver, 1 T. Salizylsäure und 70 T. gemahlenen und gepulverten Früchten von Syzygiumjambolanum zusammen. Hieraus entsteht Dr. S. Meyers Kurmittelpulver. 100 T. des flüssigen Präparates enthalten je 4 T. der trocken hergestellten und wieder aufgelösten Extrakte von Myrtillus, Syzygiumjambolanum, Erika und Uva ursi, fernerhin je 3 T. paramilchsaures und theobrominsaures Trypsin, ebensoviel auch gärungsmilchsaures wie benzoesaures Calcium, 3 T. Königs-Chinarindenfluidextrakt, 2 T. Cascara sagrada-Fluidextrakt, 1 T. Salizylsäure und 70 T. Extr. Syzygii jambolani fluidum nach Art der Fluidextrakte des D. A.-B. letzter Ausgabe zubereitet. Aromatisiert werden Pulver und Extrakt mit $^{1}/_{10}$% einer Mischung von 50 T. Essigäther, 10 T. Pfefferminzöl, 5 T. Anis- und Zitronenöl unter Beifügung von 1 T. blausäurefreiem Bittermandelöl." Fabrikant: O t t o L i n d n e r in Dresden.

1574. **Michigan Ague-Cure** von P e t e r m a n n besteht aus $175,_{0}$ eines weingeistigen Rindenauszuges, welcher Chinoidin, Schwefelsäure und Zucker enthält. (C h u r c h i l l.)

1575. **Microbe Killer, Radams,** ist eine 0,25prozentige wässerige Lösung von schwefliger Säure, die zu innerlichem und äußerlichem Gebrauch als Universalmittel angepriesen wird, aber giftig wirkt.

1576. **Mielerts venezianischer Balsam** ist mit Zitronenöl versetzter Seifenspiritus.

1577. **Migräneelixir** von Apoth. S t u d e r in Bern besteht in 150 ccm einer hellbräunlichen Flüssigkeit, welche $12,_{0}$ salizylsaures Natrium und $15,_{0}$ Zucker enthält. Preis *M.* 3. (v. I t a l l i e.)

1578. **Migräneextrakt** des Destillateurs Schönfeld in Berlin ist ein spirituöser Auszug aus rohen Kaffeebohnen.

1579. **Migränemittel** von R. Wipprecht (Gold- und Silberarbeiter in Berlin) bestehen in 3 Flaschen homöopathischer Tinkturen, je $7{,}_0$, und zwar I. Spiritus mit Spuren gelöstem Schwefel, II. mit einer Spur Gerbstoff und III. einem Pflanzenauszug. Preis *M.* 1,50. (Hager.)

1580. **Migränepastillen** von Dr. Schlutius enthalten in je 1 Stück 0,3 Phenacetin, 0,015 salizylsaures Koffeinnatrium, 0,2 salzsaures Chinin, 0,005 salzsaures Morphium und 0,001 Saccharin, mit Schokolade geformt.

1581. **Migränepastillen** von Senckenberg enthalten in je einer Pastille 0,3 Antipyrin, 0,05 Antifebrin, 0,05 Rhabarber, 0,02 Kalmus und 0,03 Chinarinde.

1582. **Migränepulver** der Adler-Apotheke in Lissa sind Oblatenkapseln, welche $1{,}_0$ salizylsaures Natrium enthalten. (E. Heintz.)

1583. **Migränepulver** von Dr. Kriebel bestehen aus Chinin. sulfur. 1,6, Rad. Rhei 0,15, Sacchar. alb. $26{,}_0$ in 36 Teile geteilt. Preis *M.* 6. (Hager.)

1584. **Migränetabletten** nach Dr. Fuchs kommen in zwei Aufmachungen in den Handel. Die rot etikettierten Tabletten enthalten pro dosi 0,5 g Phenacetin, 0,06 g Kodein, 0,02 g Koffein und 0,2 g Guarana. Die grün etikettierten Tabletten enthalten pro dosi nur die Hälfte. Fabrikant: Wilh. Natterer in München II.

1585. **Migränewasser** von Wolff ist eine Mischung aus Lavendel-, Rosmarin- und Pfefferminzöl. (Gscheidlen.)

1586. **Migränol,** ein Kopfschmerzmittel von L. Stottmeister in Leipzig-R., besteht nach Kochs im wesentlichen aus einer etwa 10 prozentigen Auflösung von Menthol in Essigäther, der 4% Spiritus Dzondii, etwas Kampher, sowie wohlriechende ätherische Öle, wie Zitronenöl, Neroliöl, Nelkenöl und etwas Bergamottöl zugesetzt sind. (Apoth.-Ztg.)

1587. **Milchsirup, jodhaltiger, Sirop de Lait jodique** von Bouyer besteht aus 200 T. Kuhmilch und 60 T. Rohrzucker, versetzt mit etwas kohlensaurem Natrium und $^1/_6$ T. Jodkalium, auf 100 T. eingedampft. 200 g = *M.* 2,40. (Hager.)

1588. **Milchtreibender Sirup** soll aus 10 g wässerigem Galegaextrakt, 10 g chlorhydrophosphorsaurem Kalk, 10 g Fencheltinktur, 15 Tropfen römischem Kümmelöl und 400 g Zuckersirup bestehen. Es sollen davon viermal täglich ein Eßlöffel voll genommen werden.

1589. **Milzbrandmittel** des Oberamtmanns Kleemann ist 14 prozentige Essigsäure in Flaschen zu je $500{,}_0$. Flasche I ist farblos, Flasche II mit gebranntem Zucker wenig und Flasche III damit stark gebräunt. (Hager.)

1590. **Milzbrandpulver,** Heil- und Präservativmittel gegen Milzbrand oder Blutseuche der Schafe besteht aus 250,0 gröblich gepulverter Knochenkohle, je 2,0 Gyps und Chlorcalcium, 1,0 kohlensaurem Eisenoxydul und 4,0 Glaubersalz. (F. L. Bley.)

1591. **Mimi-Tabletten,** ein von E. Luigart in Stuttgart hergestellter hygienischer Frauenschutz, besteht im wesentlichen aus Borsäure, Chinin, Alaun und Rohrzucker. (Aufrecht.)

1592. **Mineralbrunnen-Präparat, Wildunger,** von Dr. med. C. W. Koch in Berlin. 30 T. Zucker mit Wasser übergossen und gekocht, bis sich die Zuckerlösung zu bräunen beginnt, dann diese in 35—40 T. Brunnenwasser gelöst und mit 25—30 T. künstlichem Arrak versetzt. 260 g = *M*. 3. — Ein früherer Kommis des Koch gab als nähere Bestandteile an: 10 Flaschen Wildunger, 4 Flaschen Rettigsaft, 5 Kilo Zucker und 1 l Alkohol, woraus 100 Flaschen hergestellt werden sollen. (Hager.)

1593. **Mineral-Nährmittel** von Reynoso in Paris besteht aus ca. 15,0 Kalklactophosphat, 0,75 Fluorkalium, 6,0 ammoniakalischem Eisenzitrat, 1,0 zitronensaurem Mangan, 1,0 zitronensaurem Kalium, gelöst in 300,0 Wasser.

1594. **Miraculo-Injektion** von Stahn in Berlin ist Bittermandelwasser mit einer Auflösung von schwefelsaurem Zink und einer alkaloidhaltigen Tinktur in geringer Menge, anscheinend Opiumtinktur. (Bischoff.)

1595. **Miraculopillen** von Stahn in Berlin enthalten schwefelsaures Eisenoxydul, Altheewurzelpulver und Kino. (Bischoff.)

1596. **Miraculo-Präparate** des Medizinalrat Dr. Müller bestehen aus 2 Flüssigkeiten im Quantum von je 170 ccm. Flüssigkeit I, hellgelb gefärbt, ist eine weingeistige Lösung verschiedener ätherischer Öle, in welcher harzartige braune Flocken suspendiert sind. Die II. Flüssigkeit, grünlich-schwarz, ist ein mit etwas Zucker versetzter bitterer Likör, der von Orangenschalen, Walnußschalen und anderen bitteren Pflanzenstoffen durch Ausziehen mit wässerigem Alkohol unter Zusatz von Eisen bereitet wurde. Preis *M*. 8,50. (Karlsr. Ortsges.-Rat.) **Miraculopillen** sind Pillen aus Aloe, Pflanzenpulver (Enzianwurzel etc.), mit Zimtpulver bestreut. (Bischoff.)

1597. **Mittel, diätetisch-kosmetische,** der Anstalt Villa Annaburg, unter Direktion des Spezialisten J. Hensler-Maubach, bestehen aus 2 Fläschchen Tropfen und einem Pulver. I. enthält eine der Tinct. amara ähnliche Tinktur von etwas milderem Geschmack, II. ist Tinct. salina Hallensis mit einem fruchtätherähnlichem Parfüm, und III. ist ein Salzgemisch, bestehend aus Kochsalz, Glaubersalz, doppeltkohlensaurem Natrium und Zucker Preis *M*. 20, bei Wiederholung *M*. 16. (Jacobsen.)

1598. **Mittel, elektrohomöopathische,** von F. Schnee in Berlin, gegen Reißen, Taubheit und Ohrensausen bestehen I. in Streukügelchen aus Zucker und Weizenstärke und II. in Zuckerpulver ohne sonstige erkennbare Bestandteile. (B i s c h o f f.)

1599. **Mittel gegen Morphinismus:** das aus Amerika bezogene Mittel war eine mit etwas Wein oder Kognak, Glyzerin und Salizylsäure versetzte 2½ prozentige Lösung von Morphinsulfat. (A. R e i n s c h.)

1600. **Mittel, stärkende,** von F. R u c k e r in Navasola (Texas) enthalten Chininsulfat, Chinoidin, verdünnte Schwefelsäure, Eisenvitriol, Bittersalz und Pfefferminzöl, gelöst in konzentriertem Quassiawasser.

1601. **Mixtura antarthritica** von R o l l in Amsterdam besteht aus $200,_0$ Decoct. Lignorum, $10,_0$ Tinct. Aconit., $5,_0$ Tinct. Opii crocat. und $15,_0$ Tinct. Valerian. Täglich drei- bis viermal einen Teelöffel voll.

1602. **Mixtura antasthmatica Green** besteht aus: Kal. jodatum $8,_0$, Decoct. herb. polygoni amar. $10,_0$: $140,_0$, Tinct. Lobeliae, Tinct. Op. benzoic. aa $10,_0$. (A v e l l i s.)

1603. **Mixtura stomachico-hepatica, Stärkungstrank,** von Hofrat B a r t h o l o m ä u s v. G o m b o s in Pest gegen Cholera, Durchfall etc. ist Weißwein. 200 g = *M.* 2. (H a g e r.)

1604. **Mollin** nach L i e b r e i c h. Je 50 T. Fett und Kokosöl werden mit 20 T. Ätzkali und 46 T. Wasser kalt verseift und nach einigen Stunden der fertigen Seife 17 T. Fett zugesetzt.

1605. **Möllersches Augenwasser** ist nach Dr. R u m p e l eine 3,5 prozentige Lösung von Zinksulfat mit weingeistiger Fenchelessenz versetzt.

1606. **Moospflanzenzeltchen** aus der Apotheke „Zur Mutter Gottes" von J. S e i c h e r t im Molkenkurorte Roznau am Radhost in Mähren sind 1,5 mm dicke, verschieden große, rhombische Tafeln, mit Cochenille rot gefärbt, bestehend aus: Zucker, Schleim (jedenfalls Carragheenschleim), mit einer Spur Süßholzextrakt. Preis *M.* 1. (H a g e r.)

1607. **Morrison Pills** gibt es in 2 Stärken. Englische Vorschriften dazu lauten nach L o r e n z e n (Pharm.-Ztg.) für Nr. I: Extr. Aloes 3,5, Tart. depurat., Fol. Sennae plv. aa 1,8. Pil. 50. — Für Nr. II: Extr. Aloes 2, Pulv. Colocynth. 1,5, Tart. depurat. 1, Gi. gutti 1,5, Res. jalap. 1. Pil. 50.

1608. **Morveum** vom Tierarzt B a r t h in Marburg in Steiermark, zum Heilen von Wunden und Hautausschlägen bei Tieren, besteht aus $32,_0$ Wasser, $12,_0$ Spiritus und $2,_0$ Chlorkalk mit $1,_0$ Ultramarin gut gemischt. 45 g = *M.* 2,40. (H a g e r.)

1609. **Mother Seigles operating Pills** von A. J. W h i t e in New-York bestehen im wesentlichen aus Benzoesäure, Aloe, Enzianpulver und Zucker. (A u f r e c h t.)

1610. **Mother Seigles Curative Sirup for Dyspepsia** von A. J. W h i t e Ltd. in London und New-York, trübe kaffeebraune Flüssigkeit, bestehend aus Benzoesäure, Kochsalz je 5%, ferner Aloetinktur, Pimpinellextrakt, Süßholzextrakt, Zucker und Wasser. (Aufrecht.)

1611. **Müllers Entkalkungstabletten** gegen Arteriosklerose enthalten ein Salzgemisch aus Chloriden, Sulfaten, Karbonaten, Phosphaten etc.

1612. **Multitoxin** nennt J. Aulde eine Mischung aus 10 T. Alexine, 1 T. Formalin und (heißem) Wasser 19 T., welche bei der Behandlung der Tuberkulose subkutan angewendet werden soll. Dosis 1,5 ccm. Unter Alexinen sind hier die sog. Ehrlichschen Komplementkörper des Tuberkuloseserums zu verstehen, d. h. diejenigen Teile, welche die Bazillen aufzulösen vermögen.

1613. **Mousettes Pillen** enthalten je 0,0002 g kristallisiertes Aconitin und 0,05 g „Quinium" (Chinaextrakt). Fabrikanten sind F. Comar, fils et Cie., Paris 803, rue des Fossés-St. Jaques 20.

1614. **Musculosine-Byla** ist reiner haltbarer Muskelsaft. Fabrikant: Byla jeune, Apotheker in Gentille (Seine).

1615. **Mustang-Liniment** der Amerikaner gegen Verrenkungen, Rheumatismen, Frostbeulen etc. ist eine Mischung von Petroleum, Salmiakgeist und Weingeist. (Vorwerk.)

1616. **Mustard Paper** oder **Sinapine tissue** von Cooper in England ist ein 13 cm langes, 7,8 cm breites Blatt dünnes Velinpapier, durchscheinend und kaum gefärkt, mit einer gumminösen Lösung getränkt, welcher die scharfen Stoffe der Capsicumfrucht und des Euphorbium inkorporiert sind. (Hager.)

1617. **Mutter-Anna-Blutreinigungstee der Hofapotheke in Dresden** soll bestehen aus 30 T. Bohnenhülsen, 16 T. Sennesblättern, je 8 T. Waldmeister, Schafgarbe, Guajakholz, Sassafras, Sandelholz, Süßholz, je 4 T. Pfefferminze, Anis, Fenchel, Flieder, je einem Teil Ringelblumen, Kornblumen, Stiefmütterchen, Löwenzahn, Quekken, Hauhechel und Bittersüß.

1618. **Mutterkolik-Essenz** der Königseer Olitätenhändler besteht aus $15,_0$ unreifen Pomeranzen, je 7,5 Zedoaria, Serpentaria, Zimtkassie, Rhabarber, je $4,_0$ Gewürznelken, kanadischem Bibergeil und $2,_0$ Safran mit 1 l 60prozentigem Alkohol digeriert und filtriert. (Richter.)

1619. **Mycodermine Déjardin** ist ein aus reiner Bierhefe gewonnenes Extrakt, welches ebenso wirksam wie frische Hefe ist. Es kommt in Gestalt von Pillen und Tabletten in den Handel. Vier Pillen entsprechen der Wirkung eines Kaffeelöffels von natürlicher Bierhefe. Fabrikant: Apotheker E. Déjardin in Paris.

1620. **Myelocene.** Ein angeblich aus Knochenmark hergestelltes Präparat. Anwendung: In Mischungen mit Mandelöl (bis 50%) bei Psoriasis. Fabrikant: J. F. Macfarlane & Co. in Edinburg.

1621. **Mylius Ointement** besteht in $28,_0$ einer braunen Salbe, aus ungefähr $6,_0$ schwarzem Mutterpflaster, $4,_0$ Harz, $4,_0$ Wachs, $12,_0$

amerikanischem Schweinefett und 1,3 präzipitiertem Schwefel. Preis *M.* 2,10. (H a g e r.)

1622. **Myrtillapastillen** enthalten die wirksamen Bestandteile der Heidelbeeren und den natürlichen Gerbstoff derselben an Eiweiß gebunden. Die Pastillen, welche außer diesem Extr. Myrt. cps. noch Zucker und Kakao sowie etwas Vanille enthalten, leisten gute Dienste bei Diarrhöen und Darmerkrankungen speziell der Kinder, aber auch bei Erwachsenen. Fabrikant: Dr. S c h ü t z & Dr. v. G l o e d t in St. Vith (Rhld.)

1623. **Nähr- und Heilpulver** von Dr. K o e b e n, gegen englische Krankheit etc., ist ein blaß schokoladenfarbenes, graues, mittelfeines Pulver, bestehend aus $65{,}_0$ weißem Zucker, $30{,}_0$ präpariertem Kakao, $25{,}_0$ Pulver aus Griesmehl und $10{,}_0$ Eichelkaffee. 125 g = *M.* 2. (H a g e r.)

1624. **Narcoform (Somnoform)** ist ein Lokalanästhetikum, welches aus 60% Äthylchlorid, 35% Methylchlorid und 5% Äthylbromid besteht.

1625. **Narcyl** ist Äthylnarceïnchlorhydrat ($C_{25}H_{31}NO_8HCl$); es wird als krampfstillendes Mittel bei Husten angewendet.

1626. **Narkotil** wird in England das als Lokalanästhetikum längst bekannte und angewendete Methylenchlorid genannt.

1627. **Nasenpolypen-Pulver** des Hofrat B a h r ist ein Schnupfpulver, dessen Hauptbestandteil Galläpfelpulver bildet. 24 g = *M.* 6. (H a g e r.)

1628. **Naturheilmethode** von F r a n z O t t o in Berlin gipfelt in der Anwendung eines Apparates, ausgerüstet mit kleinen feinen Nadeln, mit welchem künstliche Poren in die Haut geprickelt werden. Diese werden alsdann mittelst eines Pinsels mit einem heilkräftigen Öl eingeölt, das kleine Bläschen hervorruft und jedenfalls scharfe Stoffe (Euphorbium, Seidelbastrinde, Krotonöl oder dergl.) enthält. (J a c o b s e n.)

1629. **Naturheilmethode, blutreinigende,** von E. Z e r l i n g in Braunschweig. Die Arzneisendungen bestehen in je 2 oder 3 Päckchen Tee und 1—2 Päckchen Pulver, signiert mit „Dr. M o r p h y s U n i v e r s a l k r ä u t e r - H e i l t e e“ und „Dr. M o r p h y s U n i v e r s a l - b l u t r e i n i g e n d e s K r ä u t e r p u l v e r“ Ein Päckchen Tee wiegt ca. 75 g, der Inhalt eines Päckchens Pulver ca. 41 g. I. Der Tee besteht aus Fenchel, Klatschrosen, Kamillen, Reinfarn, Stiefmütterchen, Eibischkraut und Eibischwurzel, Süßholz, Faulbaumrinde, Isländisch Moos, einigen Safranfäden, viel Ringelblumen, Malvenblüten, Schafgarbe als Kraut und Blumen, Queckenwurzel, weißem Andorn, Tausendgüldenkraut und Sennesblättern. II. Das Pulver ist ein Gemisch aus Sennesblättern, Enzianwurzel, etwas Anis, Schwefelblumen und kleinen Mengen doppeltkohlensaurem Natrium. 9 Pakete Tee und 10 Pakete Pulver kosten ohne Porto *M.* 28,50.

1630. **Naturheilmittel** gegen Nieren- und Blasenleiden von S i e g m u n d F r ä n k e l in Berlin besteht in etwas über 200 g geschnittenen Bärentraubenblättern. Preis *M.* 9. (H a g e r.)

1631. **Naturheilmittel** von G. P a t h e m a n n in Unterbarmen bestehen I. in 3 Flaschen flüssiger Arznei zu je 50 g Inhalt, zusammengesetzt aus einem pottaschehaltigen Rhabarberaufguß, entsprechend $4{,}_0$ Rhabarber, bitteren Magentropfen, Zucker und ca. $3{,}_0$ Aloe; — und II. in 3 Töpfchen Salbe von 40—60 g Masse, als doppeltstarkes Pflaster, mittelstarkes Pflaster und Einreibung unterschieden. Die salbenförmige Masse in einem der Töpfchen besteht aus $2{,}_0$ Cantharidenpulver, Fichtenharz, Wachs und Baumöl; das zweite Töpfchen ist ein Gemisch aus fein zerteiltem Quecksilber, Bleioxyd, Bolus, Fettsubstanz und Harz, darstellbar aus $20{,}_0$ Quecksilberpflaster, $5{,}_0$ Drachenblut und brauner Basilikumsalbe; das dritte Töpfchen entspricht einem Gemisch aus Bleipflaster, schwarzem Pech, etwas Teer und $5{,}_0$ grob gepulvertem schwarzem Senf. Preis *M.* 12. (H a g e r.)

1632. **Nebulate** sind Flüssigkeiten, die mit Hilfe von Druckluft und besonderer Apparate zerstäubt und inhaliert werden sollen. Es werden folgende Präparate in den Handel gebracht: Nr. 1. M e z i: 1,5 g Eukalyptusöl, 0,10 g Zimtöl, 1,2 g Menthol, 4 g Peru-, 4 g Tolubalsam und 4 g Myrrhe werden mit absolutem Weingeist zu 100 g Flüssigkeit digeriert. Anwendung: bei einfachem Katarrh der Nase, des Halses und der Luftröhre. — Nr. 2. M e k a m c o: 1,8 g Menthol, 1,8 g Kampher, 0,9 g salzsaures Kokain, je 4 g Peru- und Tolubalsam, sowie Myrrhe, absoluter Weingeist zu 100 g. Anwendung: bei starker Entzündung des Halses und der Luftröhre, Diphtheritis und Lungenschwindsucht. — Nr. 3. P i j o k r e o: 0,09 g Nelkenöl, 1,5 g Buchenholzkreosot, 1,5 g Pix liquida, 1,8 g Jod, je 4 g Peru- und Tolubalsam, sowie Myrrhe und absoluter Weingeist zu 100 g. Anwendung: bei Lungen- und Kehlkopftuberkulose. — Nr. 4. J o t a n: 1,8 g Tannin, 1,8 g Jod, je 4 g Peru- und Tolubalsam, sowie Myrrhe, absoluter Weingeist zu 110 g. Anwendung: bei chronischem Katarrh der Nase, des Halses und der Luftröhre. — Nr. 5. C h i b r o m a n c o: 3,1 g bromwasserstoffsaures Chinin, 1,5 g Kamphermonobromid, 0,9 g salzsaures Kokain, 0,9 g Antipyrin, je 4 g Peru- und Tolubalsam, sowie Myrrhe und absoluter Weingeist zu 100 g. Anwendung: bei Asthma, Keuchhusten, Heufieber, akuter Luftröhrenentzündung und akuten Halskrankheiten. — Nr. 6. M e n i o c a r: 1,2 g Jod, 1,2 g flüssige Karbolsäure, 3,1 g Menthol-Kampher, 1,5 g Essigäther, 3,1 g Sassafrasöl, 5 g geraspeltes Kakaoöl, 10 g Toluöl, 85 g flüssiges Paraffin. Anwendung: bei Mittelohr, Nasen- und Halskatarrh. — Nr. 7. M e z i c o: 0,1 g Zimtöl, 3,1 g Menthol-Kampher, 0,5 g salzsaures Kokain, 5 g Kakaoöl, 10 g Toluöl, 85 g flüssiges Paraffin. Anwendung: bei Halsschmerzen, heftigen Erkältungen der oberen Luftwege. —

Nr. 8. Pizikreo: 1,2 g Nelken-, 0,1 g Zimtöl, 1,5 g Buchenholzkreosot, 1,5 g destilliertes Steinkohlenteeröl, 5 g Kakaoöl, 10 g Toluol, 85 g flüssiges Paraffin. Anwendung: bei Tuberkulose der Lungen und des Halses. — Nr. 9. Jodcartan: 5,4 g Jod, 13,7 g Kaliumjodid, 8,6 g Tannin, 4,2 g flüssige Karbolsäure, sowie zu 70 g Gesamtgewicht soviel als nötig ist von einer Mazeration aus 5 g Caragheen, 5 g Isländisch Moos mit 10 g Wasser und 90 g Glyzerin. Anwendung: bei chronischem Rachenkatarrh, Kehlkopfentzündung und skrophulöser Drüsenschwellung. — Nr. 10. Aldesar: 1,7 g 40 prozentige Formaldehydlösung, 4,6 g zusammengesetztes Sarsaparilla-Fluidextrakt, zu 18,9 g (180 g? Ref.) die nötige Menge von einer Mazeration aus 5 g Caragheen, 5 g Isländisch Moos mit 10 g Wasser und 90 g Glyzerin, sowie 75 g Wasser. Anwendung: bei Diphtheritis und Mandelentzündung. — Nr. 11. Chlorbromeco: 1,2 g Chloreton, 0,8 g Kamphermonobromid, 0,7 g Menthol-Kampher, 1,8 g salzsaures Kokain, 0,8 g Anis- und 0,8 g Bittermandelöl, ferner zu 50 g Gesamtgewicht von einer Mischung aus: 5 g Kakaoöl, 10 g Toluol, 85 g flüssigem Paraffin. Anwendung: bei Asthma, Luftröhrenentzündung und Keuchhusten. — Nr. 12. Chloriokreo: 3,1 g Chloreton, 2,5 g Jod, 3,1 g Buchenholzkreosot, 4 g Peru- und 4 g Tolubalsam, 4 g Myrrhe, sowie absoluter Alkohol zu 100 g. Anwendung: bei Tuberkulose mit quälendem Husten. — Nr. 13. Euterpen: 4,6 g Terpentin- und 1,5 g Eukalyptusöl und von einer Mischung aus 5 g Kakaoöl, 10 g Toluol und 85 g flüssigem Paraffin zu 100 g Gesamtgewicht. Anwendung: bei katarrhalischen Zuständen. — Nr. 14. Chloreusar: 0,3 g Chloreton, 0,4 g Beta-Eukain, 17,8 g Extractum antispasmodicum compositum und 35 g zusammengesetztes Sarsaparillaextrakt. Anwendung: bei Asthma, Heufieber, Keuchhusten und Luftröhrenentzündung. — Nr. 15. Latschenöl. — Fabrikant und Bezugsquelle: Elektrizitätsgesellschaft Sanitas in Berlin NW. 3 und Einhorn-Apotheke in Berlin C, Kurstraße.

1633. **Nektar** von Dr. Engel, ein Kräuterwein, soll nach Angabe des Fabrikanten aus Samos 200,$_{0}$, Malagawein 200,$_{0}$, Weinsprit 50,$_{0}$, Rotwein 100,$_{0}$, Ebereschensaft 100,$_{0}$, Kirschsaft 200,$_{0}$, Schafgarbenblüte 30,$_{0}$, Wacholderbeeren 30,$_{0}$, Wermutkraut 30,$_{0}$, Fenchel, Anis, Helenenwurzel, Enzianwurzel, Kalmuswurzel, Kamillen je 10,$_{0}$ bestehen. Bezugsquelle: Hubert Ulrich, Leipzig.

1634. **Nektartrank** des Hygienologen K. Jacobi in Berlin ist ein rotgefärbter, mit Glyzerin, Zucker und aromatischer Tinktur versetzter vergohrener Fruchtsaft von abführender Wirkung. (Karlsr. Ortsges.-Rat.)

1635. **Neoferrum** ist eine Flüssigkeit, die Eisen- und Mangan-Maltopeptonat, Maltine, Sherry und geringe Mengen arseniger Säure enthält. Verwendung findet sie bei Blutarmut, Bleichsucht und

Malaria zur Blutverbesserung. Fabrikant: The Maltine Company in New-York.

1636. **Neoquinine Falièrs** ist Chininglyzerophosphat. Fabrikant: Clin & Comar in Paris, 20 rue des Fossés Saint Jaques.

1637. **Nervenbalsam** des Apoth. O. Nauenburg in Neu-Gersdorf ist Weingeist, aromatisiert mit Bergamottöl, Zitronenöl etc. 30 g = *M.* 0,50. (Wittstein.)

1638. **Nervenessenz** von Dr. Hoesch in Berlin ist eine alkoholische, rot gefärbte Lösung von ätherischen Ölen. (Bischoff.)

1639. **Nerven-Extrakt** von Dr. Behr ist ein Gemisch aus 9 T. Baumöl 1 T. Lavendelöl, 1 T. Terpentinöl und 5 T. Spiritus. 30 g = *M.* 2. (Wittstein.)

1640. **Nervengeist,** Antoni Tonossis, von Gustav Hautschek in Berlin, gegen Gicht, Krampf und rheumatische Leiden ist ein Gemisch von $2,_0$ Rosmarinöl, $2,_0$ Lavendelöl und $100,_0$ Weingeist. Preis *M.* 1,60. (Schädler.)

1641. **Nervenheilöl** ist Olivenöl mit etwas Ammoniak und Terpentinöl.

1642. **Nervenkapseln** von F. G. Lafosse in Paris, gegen Epilepsie etc., werden in zwei Sorten, helle und dunkle, ausgegeben, von denen abwechselnd eine helle und eine dunkle einzunehmen ist. Der Inhalt der hellen ist ein mit Sabinaöl versetzter Lebertran, die dunklen enthalten Kampher, spirituöses Strychnosextrakt, Lebertran und Sand. 100 Stück = *M.* 20. (H. Ferrein.)

1643. **Nerven-Kraft-Elixir** von Prof. Dr. Lieber ist ein aus Aloe, Rhabarber, Tausendgüldenkraut, Kalmus, Enzian und anderen bitteren und aromatischen Pflanzenstoffen mittels 30 prozentigem Alkohol bereiteter Auszug. ½ Fl. = *M.* 5. (Karlsr. Ortsges.-Rat.)

1644. **Nervenleidenmittel** von G. H. Braun in Hamburg bestehen I. in einem Kopfwasser, eine stark mit Wasser verdünnte weingeistige Lösung ätherischer Öle darstellend, und II. homöopathischen Tropfen, in denen keinerlei wirksame Bestandteile nachgewiesen werden können. Preis *M.* 9. (Karlsr. Ortsges.-Rat.)

1645. **Nervenpillen** von Hilton bestehen in 2 Arten mit Zimt bestreuter Pillen. I. **Schwächere** sind fast 0,12 g schwere Pillen aus Süßholz, Lakritzensaft, Baldrianpulver und Alaun. Die Pille enthält 0,01 wasserleeren Alaun. II. **Stärkere** sind fast 0,12 g schwere Pillen aus 1 T. Aloe und 3—4 T. Theriak, Süßholzpulver etc. 100 Stück = *M.* 3. (Hager.)

1646. **Nerventee** von Paul Garms in Leipzig soll aus Herba Veronicae montanae bestehen

1647. **Nervus Tabak en poudre,** Schnupfpulver von Richard Schulz in Leipzig gegen Nervenschwäche, ist gewöhnlicher Schnupftabak, mit Bergamottöl parfümiert. 25 g = *M.* 2,50. (Karlsr. Ortsges.-Rat.)

1648. **Neumeiers Asthmapulver und Zigarillos** von Apoth. Neumeier in Frankfurt a. M. Bestandteile: Nitrierter Stechapfel 40, Lobelienkraut 30, Grindel. robust. 20, Brachycladuskraut 10. Nach einer anderen Angabe enthalten die Cigarillos Herba et Radix Brachycladi, Cannabis indica, Grindeliae robustae, Folia Eucalypti globuli und Folia Stramonii nitrata. Sie besitzen keine Papierhülle, sondern sind in ein Pflanzenblatt der Gattung Nicotiana tabacum, dem sowohl der geringe Nikotingehalt, als auch die harzigen Bestandteile nach einem besonderen Verfahren entzogen sind, eingewickelt.

1649. **Neuraline,** ein in Amerika vorkommendes Geheimmittel gegen Nervenschmerzen, Kopfreißen, Rheuma etc. hat wahrscheinlich eine verschiedene Zusammensetzung. Eine derartige Mischung enthielt ca. 10,$_0$ Tinct. Aconiti, 3,$_0$ Tinct. Opii, 5,$_0$ Chloroform und 5,$_0$ Spir. Menth. pip. Dosis 30—40 Tropfen. (Hager.)

1650. **Neurilla,** ein Fluidextrakt aus Scutellaria und anderen aromatischen Pflanzen, soll bei Nervosität Anwendung finden.

1651. **Neurogen** ist ein von Dr. Alwin Müller in Leipzig fabriziertes Badesalz, welches nach den Angaben des Fabrikanten aus 73% Chloriden, 25% Sulfaten und 2% einer Verbindung (?) von Eisenoxydul und Glyzerin bestehen soll. Die Zusammensetzung des Neurogens ist wahrscheinlich folgende: Kochsalz 79,8%, Natriumsulfat 12,5%, Calciumsulfat 2,3%, Eisensulfat 0,6%, Wasser und organische Substanz 4,8%. (Aufrecht.)

1652. **Neuroguajacol** enthält in einem Eßlöffel 0,1 g Calciumglycerophosphat und 0,15 g Guajacol.

1653. **Neurosin Prunier.** Unter diesem Namen kommen ein Sirup, Granules und Oblaten in den Handel. Sie enthalten alle glyzerinphosphorsauren Kalk. Hauptniederlage ist die Firma Chassaing & Cie. in Paris, 6 Avenue Victoria.

1654. **Neuroxylin** von Apoth. Herbabny in Wien soll ein mit Terpentinöl versetzter Opodeldok sein. (Innhauser.)

1655. **New-York-Pillen** Dr. Sampsons sind 50 Pillen, zusammen 5,$_0$ wiegend, mit Lycopodium bestreut, bestehend aus Coca-Extrakt und 2,5 Eisenpulver. Jede Pillenart *M.* 3. (Hager.)

1656. **Nicofebrin(a)** besteht aus arseniger Säure, den wirksamen Bestandteilen von Trifolium fibrinum und der Chinarinde. Es wird gegen Sumpffieber, wie überhaupt gegen Fieber empfohlen. Fabrikant: Apotheker Luigi Bagini in Pavia.

1657. **Nicol.** 1. Milcheiweiß „Nicol" wird gewonnen, indem sterilisierte Magermilch mit Säure gefällt, der Niederschlag in Soda gelöst und wiederum gefällt wird. Das Kaseïn wird durch abwechselnde Behandlung mit Salzsäure und Natron in einen löslichen Zustand übergeführt. — 2. Sanitätseiweiß „Nicol" ist ein Gemisch von Milcheiweiß „Nicol" mit einem Erzeugnis aus Rinderblut, welches organisch gebundenes Eisen enthält. Anwendung findet es bei Blutarmen. Fabrikant: Chemische Fabrik Oscar Nicolai in Jüchen, Rheinland.

1658. **Niéraline** wird ein Adrenalin bzw. Suprarenin französischer Herkunft genannt.

1659. **Niers Duflot-Wein:** Rotwein mit einer geringen Menge von Jodkalium, vielleicht auch anderweit gebundenem Jod und Spuren von alkaloid- bzw. glukosidartig reagierenden Extraktivstoffen, vielleicht Scillaextrakt.

1660. **Nimrod Powder** aus Paris ist ein salpetersaures Kalium enthaltendes Pulver der Blätter des Stechapfels. (Österr. Minister. v. 27. Juli 1893.)

1661. **Nitro-Ozona** von Löwe & Weißflog in Chile ist eine Lösung von salpetersaurem und salpetrigsaurem Natrium in mit gebranntem Zucker gefärbtem Trinkwasser, und ein Papierbeutel mit $50{,}_{0}$ Zitronensäure.

1662. **Noffkes Pessarien** bestehen aus ungefähr 0,03 g salzsaurem Chinin, 1,17 g Aluminiumoxyd, 0,03 g Borsäure und 1,1 g Kakaoöl.

1663. **Novavitapräparate** siehe Novozon.

1664. **Novozon.** Unter diesem Namen wird von dem Berliner Institut für Sauerstoffbehandlung „Novavita" ein weißes, geruch- und geschmackloses Pulver in den Handel gebracht, welches in Wasser unlöslich ist. Nach Angabe des Fabrikanten soll es ein hochprozentiges Magnesiumsuperoxyd darstellen. Nach Untersuchung von Aufrecht ist es ein Gemenge von etwa 20% Magnesiumsuperoxyd und 80% Magnesiumkarbonat. — Nach Mitteilung des Ortsgesundheitsrates in Karlsruhe hat das Mittel folgende Zusammensetzung: I. Novozon-Eiweiß besteht aus einer Mischung von dextriniertem Maismehl, Magnesiumsuperoxyd und Milchzucker. — II. Brausendes Novozon hat dieselbe Zusammensetzung und enthält außerdem noch die Bestandteile des gewöhnlichen Brausepulvers. — III. Novozon-Pepsin enthält noch Pepsin neben den bei I. angegebenen Substanzen.

1665. **Nucleogen** von Hugo Rosenberg ist nach Aufrecht wahrscheinlich ein Gemisch aus 20% Eisenoxyd, 3% Chlornatrium, 30% einer eiweißhaltigen Substanz (vermutlich Hämoglobin), 10% Zucker und 17% eines stärkemehlhaltigen Pflanzenpulvers (vermutlich Süßholz).

1666. **Nursingsirup** aus Nordamerika von Mrs. Wheeler ist zusammengesetzt aus Sacchar. $35{,}_{0}$, Liq. Calcis $11{,}_{0}$, Extr. Papaveris fluid. $4{,}_{0}$, Extr. Podophylli aquos. 0,5, Ol. Anisi 0,12 und Spiritus $2{,}_{0}$.

1667. **Nußschalensirup, eisenhaltiger, Sirop de brou de noix ferrugineux,** des Apoth. Fred. Golliez in Murten (Morat) Schweiz, als Ersatz des Lebertrans empfohlen, ist eine klare grüne Komposition von süßbitterem Geschmack, mit ¼% Eisenoxyd. 500 g = *M.* 4. (Hager.)

1668. **Nutrin** wird ein fast 51% Olivenöl enthaltendes gezuckertes Fettalbuminat genannt, welches zur Kräftigung bei Zuckerkrankheit, als gallentreibendes Mittel und Lebertranersatz Anwendung finden soll. Fabrikant: J. E. Stroschein in Berlin SO.

1669. **Nutrinum pulveratum** ist ein aus frischen Hühnereiern, Kakao und Zucker bereitetes Nährmittel. (Nicht zu verwechseln mit vorstehendem Nutrin.) Bezugsquelle: G. & R. Fritz in Wien.

1670. **Nutrolactis** wird ein Fluidextrakt von Galega officinalis genannt, welches zur Beförderung der Milchsekretion eßlöffelweise mehrmals täglich genommen werden soll. Fabrikant: Nutrolactis Co. in New-York.

1671. **Obermeyers Panakeia-Seife,** welche gegen die verschiedensten Hautkrankheiten der Tiere empfohlen wird, besteht nach dem Prospekt des Fabrikanten J. Gioth in Hanau a. M. aus 88% Seife, 3% Knoppern, 2% Eisenkraut, 3% Kalmus, 1¾% Aloe, 1½% Erdrauch und ¾% Kreolin.

1672. **Obron** ist ein Hefeextrakt.

1673. **Obstruktionspillen, hallische,** sind 0,12 g schwere, mit Lycopodium konspergierte Pillen aus 4 T. Extr. Rhei comp., 2 T. Aloe und 1 T. Eisenpulver.

1674. **Oculin** von Carl Reichel in Veitshöchheim ist eine Augensalbe aus 100 g 3 prozentiger roter Präzipitatsalbe, 3 g echtem Eieröl, 1,5 g Bienenwachs, 2 g Tutia, 1,5 g Kampher-Salbei, Fenchel, Käsepappelkraut in feinster Pulverform zu gleichen Teilen.

1675. **Oculino** der Haarhändler Joachim und Siegmund Stein ist eine mit 5% Glyzerin versetzte 1 prozentige Borsäurelösung. (Endemann.)

1676. **Odda** besteht aus entfetteter Milch, Eidotter, Kakaobutter, Mehl, Zucker und Molken. Fabrikant: Deutsche Nährmittelwerke in Berlin.

1677. **Öl, antirheumatisches und antikatarrhalisches,** Acerbos, Einreibung für Pferde, wird erhalten, wenn man 10,0 gepulvertes Euphorbium, 10,0 stärksten Weingeist und 80,0 Olivenöl 24 Stunden im Wasserbade digeriert, bis zum Verdampfen des Weingeistes, hierauf kocht und dann koliert. 100 g = *M.* 4. (Hager.)

1678. **Öl, Harlemer, holländischer Balsam,** besteht aus 4 T. Terpentinöl, 1 T. Schwefel, 3 T. Wacholderholzöl (Vial.) — **Harlemer Öl, echtes,** von Dr. Arnal erhalten, bestand aus gleichen Teilen Wacholderholzöl und Wacholderbeeröl. 8 g = *M.* 0,50. — In Frankreich trifft man Mischungen aus Ol. animale foetid. und Ol. Terebinth. mit und ohne Kampher an.

1679. **Öl, Harlemer,** der Königseer Olitätenhändler ist zusammengesetzt aus 1 Kilo Schwefelbalsam, $125,_0$ Mohnöl, $60,_0$ Olivenöl, $8,_0$ ätherischem Wacholderöl, je $2,_0$ Rosmarin-, Zimt- und Nelkenöl. (R i c h t e r.)

1680. **Ölgeist,** L e c h n e r s, von H u g o S c h u s t e r in München ist aus 24,5 starkem Spiritus und 1,5 verschiedenen flüchtigen Ölen zusammengesetzt, unter denen ein wahrscheinlich mit Terpentinöl verfälschtes Lavendelöl neben geringen Mengen Thymian- und Rosmarinöl vorherrscht. 26 g = *M.* 1. (H a g e r.)

1681. **Oenase** ist ein Weinferment, welches bei Appetitlosigkeit und Magenleiden gebraucht werden soll.

1682. **Dr. Oetkers Fructin,** welches mit wenig Wasser aufgekocht einen Honigersatz liefern soll, besteht aus schwach braun gefärbtem, mit etwa 0,3% einer Säure gemischtem Rohrzucker. (B e y t h i e n.) — Nach R i e ß besteht es aus Rohrzucker mit etwas Karamel und Weinsäure. (Arb. a. d. Kaiserl. Ges.-Amt XXII, Nr. 3.)

1683. **Dr. Oetkers Salizyl für die Küche** ist eine Mischung von Salizylsäure und Zucker. (Österr. Sanitätswes. 1905, Nr. 34.)

1684. **Oettingscher Lack** besteht aus 15 g venezianischem Terpentin, 12 g Mastix, 25 g Kolophonium, 8 g weißem Harz, 180 g Spiritus und 20 g Äther. Anwendung: zu Streckverbänden.

1685. **Ohrbaumwolle, präparierte,** von O e l s n e r in Berlin ist mit Provenceröl getränkte Baumwolle.

1686. **Ohrenbalsam, Gehörbalsam,** von T a y l o r ist ein koliertes Gemisch aus $50,_0$ Mandelöl und $5,_0$ Zwiebelsaft, mit Alkanna rot gefärbt.

1687. **Ohrenöl** des Apoth. N a u e n b u r g in Neu-Gersdorf besteht aus $8,_0$ Ol. camphorat. mit 8 Tropfen Ol. Caryophyll. Preis einschl. 1 Paketchen Gichtwolle *M.* 1,50. (S c h ä d l e r.)

1688. **Ohrenpillen, Gehörpillen,** von P i n t e r in Wien gegen Taubheit bestehen aus $4,_0$ Empl. fuscum, $2,_0$ Wachs und 0,3 Kampher zu 30 Pillen gemacht und zwischen Baumwolle gelegt. 60 Stück = *M.* 3. (H a g e r.)

1689. **Ohrtrommeln** von I. H. N i c h o l s o n in Berlin gegen Taubheit bestehen aus einem kleinen Metallstäbchen, das von einer Metallhülse umgeben ist; an dem einen Ende desselben ist zwischen zwei kleine Metallplättchen, am anderen Ende zwischen ein solches Plättchen und den Endknopf des Stäbchens je ein Kautschukplättchen eingeklemmt, das in seiner Größe ungefähr der Weite des äußeren Gehörganges entspricht. 1 Paar = *M.* [illegible]. (Karlsr. Ortsges.-Rat.)

1690. **Olane** sind Vasolimente, die keine Ölsäure und keinen Dzondischen Spiritus enthalten. Fabrikant: Chemische Fabrik Dr. W i l h e l m S t e r n b e r g in Eberswalde.

1691. **Oleum Jecoris Aselli aromaticum,** nach Dr. med. Standke hergestellt von Töllner & Bergmann in Bremen, wird mutmaßlich analog dem Ol. Ricini aromat. derselben Firma dargestellt. 500 g = *M.* 2, 250 g = *M.* 1,20.

1692. **Oleum jodatum concentratum Reboul** wird erhalten durch Verreiben von 5 g Jod mit 250 g Öl.

1693. **Oleum nurale** ist ein aromatisiertes Jodeisen-Sesamöl mit 0,1% Eisenjodür. Anwendung: als Lebertranersatz. Fabrikant: Apotheker Dr. Hering in Olbernhau i. Sachsen.

1694. **Oleum Ricini aromat.,** nach Dr. med. Standke hergestellt von Töllner & Bergmann in Bremen, wird dargestellt, indem „bestes Rizinusöl wiederholt mit heißem Wasser behandelt, dann mit soviel Saccharin versüßt wird, daß es wie ein dünner Sirup schmeckt. Minimale Mengen Aldehyd des Ceylonzimtöles und ein wenig Vanillearoma verdecken die letzten Spuren des ursprünglich kratzenden Geschmackes.“ 120 g = *M.* 1,20, 60 g = *M.* 0,75.

1695. **Oliophen** soll bestehen aus etwa 15% Salol und mit Pfefferminzöl versetztem Leinöl. Fabrikant: Vereinigte chemische Fabriken Julius Norden & Co., G. m. b. H. in Berlin O.

1696. **Omega,** Katarrhpastillen, von Rudolf Poscich in Rheinsberg vertrieben, sind ca. 0,5 g schwere Pillen, welche im wesentlichen Chlorammonium und Süßholzextrakt enthalten. Andere Bestandteile waren in dem untersuchten Präparate nicht zu ermitteln. (Aufrecht.)

1697. **Ophthalmol** ist ein Fischöl, welches durch S. Rahmer in Frankfurt a. M., Eiserne Hand 35, zu beziehen ist, sich aber als jodhaltifles Arachisöl erwiesen hat.

1698. **Ophthalmol,** ein Augenöl von O. Lindemann in Bottmingen bei Basel, welches als Spezifikum gegen Granulose empfohlen wird und in das Auge eingeträufelt werden soll, ist sterilisiertes Arachisöl. (Frank.)

1699. **Ops** von Apotheker Leonardi in Venedig ist ein als Liquore recostituante bezeichneter Schnaps.

1700. **Orffin** (Baumann-Orffsches Kräuternährpulver) soll aus unschädlichen Kräutern und Sennesblättern bestehen.

1701. **Osseomucoid** ist ein proteidartiger Bestandteil der Knochen.

1702. **Ossifatium** vom Apotheker Rademann in Forbach in Lothringen ist eine Mischung knochenbildender Substanzen für Kinder und junge Tiere, speziell Hühner, und besteht aus phosphorsaurem Kalk, phosphorsaurem Kalium, phosphorsaurer Magnesia und kohlensaurem Kalk.

1703. **Oviserum** von Turro ist eine Lösung von Hühnereidotter in Hühnereiweiß und hat sich bei Kaninchen als Schutzmittel gegen Milzbrand erwiesen.

1704. **Ovos** ist ein Hefeextrakt, als Ersatz für Fleischextrakt empfohlen.

1705. **Ovumin** der Ovumin-Gesellschaft m. b. H. in Hannover soll aus getrocknetem Speiseei bestehen, enthält aber zum größten Teil Maismehl mit einem Stärkegehalt von 65% und eine künstliche Eierfarbe.

1706. **Ozalin,** ein Desinfektionsmittel, von Hamburg in den Handel gebracht, besteht aus Gips, Magnesia und Ätzkalk. (Weller.)

1707. **Ozonatine** besteht aus: Ol. Terebinth. 250,$_{0}$, Ol. Eucalypti 2,5, Ol. Bergamottae 1,$_{0}$, Benzoes 2,$_{0}$, Balsam. tolutan. 1,$_{0}$, Ol. Cinnamom. cass. 1,$_{0}$, Macera et filtra. Die Mischung wird schwach gelb gefärbt. (Niederkorn.)

1708. **Ozonentwicklungspulver** von Dr. Lender in Berlin soll ein trockenes Gemisch aus 4 T. Oxalsäure, 2 T. Manganhyperoxyd und 3 T. Kaliumpermanganat gewesen sein. (Hager.)

1709. **Ozonerzeuger** von De Carvalho besteht in einer Röhre, welche für dunkle elektrische Entladungen eines Rumkorffschen Apparates eingerichtet ist, und einem damit verbundenen Aspirator. (Hager.)

1710. **Ozonogen, Ozonentwickler,** von C. Gärtner in Stuttgart ist ein Glasgefäß von ungefähr 180 ccm Inhalt mit Holzkohle gefüllt, welche mit deutschem Terpentinöl durchtränkt ist. Preis *M.* 3. (Hager.)

1711. **Ozontose,** Zusatz zur Wäsche, ist ein mit Weingeist versetztes, durch Stehenlassen an der Luft ozonisiertes Terpentinöl.

1712. **Ozonwasser** der englischen Drogisten ist eine einprozentige Kaliumpermanganatlösung. (Hager.)

1713. **Ozonwasser** von Krebs, Kroll & Co. in Berlin enthält Wasserstoffsuperoxyd, salpetrige Säure und unterchlorige Säure. Es wird aus einem mit Hyperchlorat verunreinigten Kaliumpermanganat und Schwefelsäure bereitet. (Hager, Kremer, Böttger, Behrens.)

1714. **Ozonwasser** von Dr. Lender ist schwaches Chlorwasser (0,22% Chlor im Liter). (C. Guldensteeden-Eggeling.)

1715. **Paglianopulver** von J. Braun in Berlin besteht aus 1 T. Jalapenwurzelpulver und 3 T. Scammoniumharz. (Bischoff.)

1716. **Paglianosirup** von J. Braun in Berlin besteht aus einem Süßwein mit Jalapenpulver und vielleicht etwas Tamarindenmus. (Bischoff.)

1717. **Paglianosirup** des Prof. Girolamo Pagliano besteht aus Infus. Senn. 60, Resin. Orizabae 17,5 Rad. Turpethi 1, Alkohol 9, Zucker 12,5. (B. Molle.)

1718. **Païcoline,** ein Magenheilmittel, wird aus den blühenden Zweigspitzen von Ambrina ambrosioïdes und Ambrina chilensis durch Erschöpfen mit Alkohol und Versetzen mit Zuckersaft bereitet.

1719. **Pain-Expeller** von F. Ad. Richter in Rudolstadt besteht aus $600,_0$ einer aus starkem Weingeist und $200,_0$ spanischem Pfeffer bereiteten Tinktur, welche mit einer Lösung von 22,5 Hausseife in $100,_0$ Wasser gemischt und mit $300,_0$ Salmiakgeist, $30,_0$ Kampher, je $10,_0$ Rosmarin-, Lavendel-, Thymian- und Gewürznelkenöl, 1,5 Zimtöl und $5,_0$ Zuckercouleur versetzt ist. (Gerhard.)

1720. **Pain-Expeller** von Sachs in Berlin ist eine ammoniakalische Tinctura Capsici mit Kampher. — Eine andere Analyse lautet: $50,_0$ Spiritus, $50,_0$ Wasser, $20,_0$ Kampherspiritus, $30,_0$ Salmiakgeist, $8,_0$ Spanischpfeffertinktur, $12,_0$ Arnikatinktur und 10 Tropfen Nelkenöl.

1721. **Pain Killer** von Perry Davis ist eine Mischung von Seifenlösung, Kampher und aromatischen Ölen, besonders Nelkenöl, in Alkohol mit Capsicumtinktur und starker Ammoniakflüssigkeit. (Fr. Hofmann.) — 1 T. Kampherspiritus, 1 T. Capsicumtinktur, 5 T. Guajakharztinktur. (Hager.)

1722. **Palatinophile,** ein Mittel gegen Asthma und Bronchitis, ist eine spirituöse Lösung von Cachou mit Zusatz von etwas Alaun.

1723. **Palmieritropfen** gegen Blasenleiden stellt man dar durch Kochen von 30 T. Schwefel und 500 T. Teerwasser bis zu dem Punkte, wo die Flüssigkeit eine schöne rubinrote Farbe angenommen hatte. (Vial.)

1724. **Palmyrena,** ein Brustmittel, besteht aus mehreren Stärkemehlarten, wie Sago, Arrow-Root, Reis und Kastanien mit gebranntem Kaffee, Kakao und Zucker zu einem Pulver gemischt. (Leuch.)

1725. **Panacea** von Swaim entspricht dem Sirupus Sarsaparillae compositus.

1726. **Panax-Extrakt, Dr. Rademanns,** vom Apoth. B. Fiebag in Breslau, gegen Stuhlverstopfungen und Unterleibskrankheiten etc., ist eine braune Tinktur, welche vorwiegend die Bestandteile der Tinct. amara und Tinct. Aloes comp., dann den Auszug aus einer kleinen Menge Schlangenwurz und eine Spur Pfefferminze enthält. 1 große Flasche = *M.* 2,75, eine kleine Flasche = *M.* 1,50. (Hager.)

1727. **Pankreaspastillen** und **Pankreaspulver,** Timpes, auch **Milchpulver** und **Milchplätzchen** genannt, enthalten eiweißlösende Substanzen, durch welche Kuhmilch leicht in einen zur Kinderernährung geeigneten peptonisierten Zustand übergeführt werden kann. (Schweißinger.)

1728. **Pan-Peptic-Elixir** enthält in einem Teelöffel ungefähr 0,06 g Pepsin, 0,06 g Pankreatin und 0,015 g Koffein mit Milchsäure und Sellerie versetzt. Es soll die Eßlust steigern.

1729. **Pan-Peptic-Tabletts** enthalten je 0,06 g Pepsin, 0,06 g Pankreatin und 0,015 g Koffein, sowie Calciumlactophosphat und Sellerie. Die Tabletts werden bei Verdauungsbeschwerden, Aufstoßen,

Seekrankheit und Übersäure des Magens verwendet. Fabrikant: Sharp & Dohme in Baltimore.

1730. **Papier** von Madame Poupier ist ein dem Papier Fayard-Blain ähnliches Sparadrap.

1731. **Papier chimique antiasthmatique** von Ricou in Paris besteht aus weißem groben Druckpapier, welches mit Salpeter getränkt ist, und welchem Kalkerde, Alaun, Gips, ferner eine Spur eines spirituösen Auszuges der Lobelia anhängen. Preis *M.* 10. (Hager.)

1732. **Papier chimique** von Fayard & Blain in Paris ist ein 40 cm langes und 30 cm breites Stück sehr feinen Seidenpapiers, durch Bestreichen mit geschmolzenem, kampherfreiem Mutterpflaster getränkt. Preis *M.* 1. (Hager.)

1733. **Papier épispastique, blasenziehender Taffet** von Albespeyre besteht aus je 1 T. Schiffspech und Schweineschmalz, je 4 T. weißem Pech und gelbem Wachs und 6 T. feinem Canthariden-pulver zusammengeschmolzen und auf Taffet gestrichen.

1734. **Papier de Wlinsy** ist ein dem vorhergehenden Papier ähnliches Präparat.

1735. **Paraganglin** wird ein Nebennierenpräparat italienischer Herkunft genannt, welches dem Adrenalin analog wirken soll.

1736. **Paraguai** der Königseer Olitätenhändler ist eine Tinktur aus $15,_0$ Bertramwurzel und $4,_0$ Schafgarbe mit $125,_0$ Alkohol ausgezogen und filtriert. (Richter.)

1737. **Paraguay-Roux** oder **Cheltenham Teeth Liquor** von Roux & Chaix in Paris gegen Zahnschmerz und Skorbut wird dargestellt, indem 1 T. Blätter und Blüten von Inula bifrons, 4 T. Blüten der Spilanthes oleracea und 1 T. Wurzeln von Anthemis Pyrethrum und 8 T. Weingeist von 33% 14 Tage digeriert, abgepreßt und filtriert werden. Preis *M.* 4,50. — Häufig wird ein Kunstprodukt untergeschoben, bereitet aus 125 T. Rad. Pyrethri, 15 T. Fol. Menth. pip., durch achttägige Digestion mit 1000 T. Spiritus und Filtration. (Hahn.)

1738. **Päsodzin** von J. Herbabny in Wien gegen Diphtheritis, Croup und Zuckerruhr, besteht aus einer Auflösung von Salizylsäure und Thymol in verdünntem Glyzerin. (Godeffroy.)

1739. **Pasta Michel,** ein Causticum, besteht aus 3 T. konz. Schwefelsäure und 1 T. gepulvertem Asbest.

1740. **Pastillen, aromatische,** von Steel, sind 1 g schwere Pastillen aus $5,_0$ Ferrosulfat, $1,_0$ Cantharidentinktur, $200,_0$ Zucker und Zimtwasser.

1741. **Pastillen** von Buisson, Verdauungspastillen von Pétrequin Burin-Dubuisson sind 100 Pastillen aus je $5,_0$ milchsaurem Natrium und milchsaurer Magnesia und $90,_0$ Zucker.

1742. **Pastillen für Sänger und Redner** von Dr. Hinkle gegen Heiserkeit enthalten in 100 Pastillen 0,15 Cubeben, 0,15 Benzoesäure,

0,005 salzsaures Kokain, 0,075 Eucalyptol, 0,075 Traganth, 1,5 Lakritzensaft, $5,_0$ Zucker, 0,015 Anisöl und die nötige Menge schwarzen Johannisbeersaft.

1743. **Pastillen, Hamburger,** aus der Rathaus-Apotheke von Br. Schmidt in Hamburg bestehen nach Angabe des Verfertigers aus Senega-Malzextrakt, Chinin, Goldschwefel, Süßholz etc.

1744. **Pastillen, Rottersche,** enthalten pro Stück Zinc. sulfocarbol., Zinc. chlorat. je 0,6, Acid. boric. 0,4, Acid. salicyl. 0,1, Acid. citric. 0,01, Thymol 0,01.

1745. **Pastillen gegen Hautkrankheiten, Flechtenpastillen,** von Dr. Kleinhaus in Kreuznach sind 50 Pastillen im Gewicht von je 0,5, pro Stück enthaltend 0,015 Jodarsen, 0,03 Herb. Conii pulv., je 0,01 Zimtpulver und Ingwerpulver, 0,02 Pomeranzenschalenpulver, Stärkemehl und Zucker. Preis *M.* 3. (Vigener.)

1746. **Pastillen** von Lepère gegen Husten enthalten pro Stück 0,003 Morphinhydrochlorat.

1747. **Pastillen** von Paterson gegen Dyspepsie und Gastralgie sind 100 Pastillen aus je $10,_0$ Wismutsubnitrat und gebrannter Magnesia, $90,_0$ Zucker und Pomeranzenblütenwasser.

1748. **Pastilles digestives** von Burin-Dubuisson enthalten 3,3 milchsaures Natrium, 3,3 milchsaure Magnesia, $3,_0$ Pepsin und Zucker, mittelst Tragantschleimes zu 100 Pastillen geformt.

1749. **Pastilles nutritives** von J. Meißner in Berlin gegen Unterleibsstockungen und zur Erhaltung und Wiedererlangung der Mannbarkeit bei Männern und Frauen bestehen aus Kartoffelstärkemehl, Zucker, etwas doppeltkohlensaurem Natrium und einer unbedeutenden Menge eines extraktartigen Körpers, welcher von Berberitze oder Ratanhia stammt. 36 Pastillen im Gewicht von 63 g = *M.* 3. (Hager.)

1750. **Pastilli Arsoferrini „Barber"** enthalten je 0,1 g Arsoferrin (arsenhaltiges Eisenparanukleïnat) und 0,05 g Enzianextrakt. Der Arsengehalt eines jeden Stückes entspricht einem Tropfen Fowlerscher Lösung. Fabrikant: Apotheke „Zum heiligen Geist" in Wien I, Operngasse 16. Bezugsquelle: H. Goetz in Frankfurt a. M., Schleusenstr. 17.

1751. **Pâte de Guimauve soufflée** von Madame veuve Hénault ist Pasta gummosa.

1752. **Pâte nutritive** sind Plätzchen aus Gummi, Gelatine und Zucker.

1753. **Pâte pectorale** von Baudry ist ein der Pasta gummosa ähnliches Präparat aus $3000,_0$ Gummi arabicum, $2030,_0$ Zucker, $8,_0$ Thridace, $40,_0$ Tolubalsam, $180,_0$ Pomeranzenblütenwasser, 4 Tropfen Zitronenöl und dem Weißen aus 4 Eiern.

1754. **Pâte pectorale balsamique** von Regnault ist eine süße, dunkelbraune, nicht harte Masse, bereitet aus einem Aufguß von $50,_0$ Species pectorales, $300,_0$ Gummi arabicum, $00,_0$ Mucilago

Althaeae, $30,_0$ Mucilago Sem. Lini, $600,_0$ Sacchar. alb. und der genügenden Menge Wasser.

1755. **Pâte pectorale de Mou de Veau** von Dogénetais war eine der Pasta gummosa einigermaßen ähnlich konsistente Masse, welche die Bestandteile des Kälberlungensirups und der Pasta gummosa nebst wenig Vanille enthielt.

1756. **Pâte pectorale** von Georgé in Epinal, gegen Husten, Heiserkeit und andere Affektionen der Respirationsorgane. Ein Auszug von 0,03 Safran, $12,_0$ Süßholz und $250,_0$ Wasser wird mit einer Auflösung von $200,_0$ arabischem Gummi in $400,_0$ Altheewurzeldekokt vermischt, die Mischung zum steifen Extrakt eingeengt, dann das zu Schaum geschlagene Weiße von 6 Eiern und zuletzt noch $165,_0$ gepulverter Zucker hinzugefügt. (Frickhinger.) — 12 kg arab. Gummi, 8 kg Zucker, $250,_0$ Süßholzwurzel, $5,_0$ salzsaures Morphin und 12 l Wasser. 30 g = *M.* 0,80. (Lahache.)

1757. **Pâte substantielle pectorale de Réglisse** von Saint Quentin entspricht der Pâte de Réglisse brune der französischen Pharmacopöe.

1758. **Pazosalbe** gegen Hämorrhoiden besteht nach Angabe des Fabrikanten aus: Paraff. 57 g, Talg 70 g, Petrol 151 g, Zitr. 96 g, Zink 24 g, Kamph. 12 g, Subcarb. fer. 3¼ g, Karbol 10¾ g und Perubalsam. (Hauptagentur: Paris, Medicine Cy in Frankfurt a. M.)

1759. **Pectaltabletten (Hustentod)** sind violett gefärbte, nach Veilchenwurzel riechende, süßlich kratzend schmeckende Tabletten, welche von E. Cornelius in Straßburg i. Els. hergestellt und gegen Husten, Heiserkeit und andere Krankheiten der Luftwege empfohlen werden. Sie enthalten nach Aufrecht Benzoesäure und Terpinhydrat, außerdem Zucker, Pflanzenpulver und violetten Farbstoff.

1760. **Pectoral,** Bocks, besteht aus Pastillen mit Malzextrakt, Süßholzpulver, Isländischem Moos, Altheewurzel, Traganth, mit Rosenöl parfümiert. Der Fabrikant gibt nachstehende Vorschrift: Je $2,_0$ Huflattich und Süßholz, 1,25 Isländ. Moos, je 0,75 römische Kamillen, Sternanis und Veilchenwurzel, je 0,6 Eibischwurzel, Schafgarbe und Klatschrose werden infundiert, abgepreßt, zum Extrakt eingedickt und mit 0,6 Malzextrakt, 0,05 Salmiak, 0,45 Traganth, 28,5 Zuckerpulver und 0,01 Vanillenextrakt und Rosenöl zu 60 Stück 0,33 g schweren Pastillen geformt. Preis *M.* 1.

1761. **Pectoral Drops** von Batemann sind Tinctura Opii benzoica mit Cochenille gefärbt.

1762. **Pectorin** von Dr. med. J. J. Hohl in Heiden (Appenzell) besteht aus Zucker, Dextrin und Stärkemehl. 24 Stück 2,6 cm lange, 1,3 cm breite, messerrückendicke (1 g schwere) Tabletten = *M.* 0,80. (Wittstein.)

1763. **Pectorin** von Dr. Kent gegen Verschleimungen des Halses etc. besteht aus $60{,}_0$ gestoßenem Zucker, $30{,}_0$ Gummi arabicum, $9{,}_0$ Anis, $1{,}_0$ Anisöl. (A. Spahn.) — 1 T. Kakaopulver, 2 T. Gummi arabicum, 4 T. Zucker. — 100 g = *M.* 1,50, nebst einer Broschüre, welche extra *M.* 0,75 kostet. (Hager.)

1764. **Peine-Wasser** von Dr. Olfer zur Beseitigung von Fußschweiß etc. besteht aus einer wässerigen Chlorkalklösung mit Spiritus vermischt. Preis *M.* 1. (Hager.)

1765. **Penny-Chinine** sind in England mit kleinen Chininpillen gefüllte Metallschächtelchen.

1766. **Pepsin** von Apoth. C. Heinersdorff in Culm in Westpr., gegen Kolik und Harnverhaltung der Pferde ist eine klare, braune schwach aromatisch riechende Flüssigkeit mit einem Gehalt von $2\frac{1}{2}\%$ essigsaurem Blei.

1767. **Pepsin** des Königl. Preuß. Kreistierarztes Simon in Mühlhausen i. Th., gegen Kolik der Pferde und das Aufblähen der Rinder, ist eine braune trübe Flüssigkeit, enthaltend die Bestandteile von $15{,}_0$ Bleizucker und 3,4 organischen Stoffen, von denen 2,3 möglicherweise Magensaft sind, der Rest einem Aufguß verschiedener Vegetabilien entstammt, unter denen die Koloquinte einen bescheidenen Platz einzunehmen scheint. 280 g = *M.* 1,50.

1768. **Pepsin Aseptic** ist ein geruchloses und haltbares Pepsinpräparat.

1769. **Pepsin Lactated** ist eine Kombination von Pepsin, Pankreatin, Acidum lacticum, Maltose, Diastase und Acidum hydrochloricum. Fabrikant: Parke, Davis & Co., London.

1770. **Peptikose** von Carl Riewe besteht aus Luftmalz, Mehl und Getreidemehl. (Hager.)

1771. **Peptodyne,** ein amerikanisches Präparat, ist dem Pankreaspulver ähnlich und wirkt schwach lösend auf Eiweiß, stark lösend auf Stärke ein. (Schweißinger.)

1772. **Pepule „Zymine" compound.** Jede Tablette enthält annähernd 0,12 g Zymin, 0,18 g Wismutsubnitrat und 0,006 g Ipecacuanhapulver. Darsteller: Fairchild Bros & Foster in New-York.

1773. **Perdynamin-Kakao** besteht aus chemisch reinem Hämoglobin und Kakao. Bezugsquelle: Barkowski, Berlin.

1774. **Perlèines de Gaiacacodyl Vigier** enthalten je 0,025 g Guajakolcacodylat. Zwei bis vier Perlen werden auf den Tag gegeben Fabrikant: Apotheker Charlard Vigier in Paris.

1775. **Perox o cop,** ein Bandwurmmittel von der Firma A. Dehlsen in Itzehoe, besteht nach J. Kochs aus 15 abgeteilten Pulvern, welche ausschließlich je 0,12 g Cuprum oxydatum nigrum enthalten.

1776. **Peroxydol** ist eine Wundcreme gegen Wundsein der Kinder und sonstige Hauterkrankungen und besteht aus Lycopodium, Zinc. oxyd., Lanolin und Perubalsam mit einem Zusatz von Hamamelidin und wird fabriziert im Laboratorium für Peroxydole Burg bei Magdeburg. (H. Schmidt.)

1777. **Persodine,** eine französische, zur Behandlung der Tuberkulose empfohlene Spezialität, besteht aus einem Gemisch von Natrium- und Ammoniumpersulfat.

1778. **Pesottapillen** enthalten als wesentlichste Bestandteile etwa 45% Kaliumseife und ca. 3% Lecithin. Der Rest besteht aus einem indifferenten Pflanzenpulver und Kakao, welcher zum Überziehen der Pillen gedient hat. (Aufrecht.)

1779. **Petroleum- und Hypophosphit-Emulsion Angier** wird als Ersatz des Lebertrans von der Firma The Angier Chemical Co. ltd. in London E. C. 31 und 32 Snow Hill empfohlen.

1780. **Pfefferminzextrakt** von R. Hayrwardt & Co. in Burlington U. S. soll Kaliumpermanganatlösung sein.

1781. **Pferdeessenz, chinesische,** ist eine Mischung von Natriumsulfat, Magnesiumsulfat, Stinkasant, Kamillen, Pfefferminze und Zitwerwurzel, teils in Wasser gelöst, teils aufgeschwemmt. (Gscheidlen.)

1782. **Pferdehufsalbe,** Barnleys, zum Einfetten der Pferdehufe, um das Spalten derselben zu verhindern, von Emil Karig in Berlin, ist eine Blechbüchse mit 110,0 einer aus 2 T. Elemi, 1 T. Talg und 1 T. Rüböl gemischten Salbe. Preis *M.* 1,50. (Schädler.)

1783. **Pferdekolikmittel** von E. Kreplin in Lehrte enthält Morphium und entweder noch einen homöopathischen Zusatz von Aconitin, oder es ist aus einem unreinen Morphiumsalze dargestellt. (Hager.)

1784. **Pferdepillen, englische, Horses purging balls,** sind 30,0 g schwere Pillen aus 500 T. Aloe, 50 T. Gutti, 120 T. Sapo, 15 T. Ol. Anisi, 10 T. Glyzerin und 5 T. Fruct. Anisi mit verdünntem Spiritus zu Pillen geformt. (Hager.)

1785. **Pfeuffers Calciumsirup** enthält ungefähr 2,6% Phosphorsäure an Calcium gebunden. Bezugsquelle: Ludwigs-Apotheke, München, Neuhauserstr. 8.

1786. **Pflanzenheilmittel** der Firma Brockhaus & Cie. ist nichts anderes als der von dieser Firma schon vorher vertriebene **Johannistee,** vor dessen Bezug schon im Jahre 1903 öffentlich gewarnt wurde. Im Inserat wird angegeben, daß der sog. Johannistee aus Galeopsis ochroleuca (früher hieß es Galeopsis ochroleuca vulcania) gewonnen wird.

1787. **Pflanzenheilpulver, spezifisches,** der Frau Franke in Berlin gegen Lungenschwindsucht etc. ist fein pulverisierte Schafgarbe mit Zusätzen einer stärkemehlhaltigen Substanz, anscheinend Leguminosenmehl. 250 g = *M.* 3.

1788. **Pflanzensaft, indischer, Balsamum antarthriticum Indicum** der Württembergischen Handelsgesellschaft in Stuttgart gegen Gichtschmerzen, Muskelrheumatismen und andere ähnliche Leiden ist Gurjunbalsam. (H a g e r.) — Nach B. H i r s c h hat der später in den Handel gekommene Balsam. antarthritic. Ind. mit Gurjunbalsam keine Ähnlichkeit, besteht vielmehr im natürlichen Zustande annähernd aus 1 T. Harzsäure, 2 T. eines ganz ausnahmsweise schweren und nicht verseifbaren Öls und etwas Fettsäure, auch Baldriansäure. 23 g = *M.* 1.

1789. **Pflaster** von D a l e wird dargestellt aus 6 T. Mennige und 15 T. Baumöl, zur Pflasterkonsistenz gekocht und je 3 T. Kolophon und gelbes Wachs hinzugefügt. (P r o c t e r.)

1790. **Pflaster, Hamburger,** ist Empl. fusc. camph. mit 2½% Bernstein-Zusatz.

1791. **Pflaster, indisches,** von A. S c h r a d e r in Stuttgart. Nr. I gegen Knochenfraß und Knochenkrankheiten etc., Nr. II gegen Gicht und rheumatische Schmerzen, Nr. III gegen Salzfluß, entzündete und offene Brüste, Wunden aller Art. Sämtliche drei Nummern sind in äußerer Form und Zusammensetzung ziemlich übereinstimmend. 150 mm lange, etwa 25 mm dicke Stangen, bestehend aus 35% Fettmasse, Baumöl und Wachs, 1% Bleiglätte, 20% Knochenasche, 42% Sand, 32% Gips, Thonerde, Eisenoxyd und Magnesia. 120 g, ohne Unterschied der Nummer = *M.* 3,40. (2 Fl.) (W i t t s t e i n.)

1792. **Pflaster** der K ö n i g s e e r Olitätenhändler besteht aus 8 T. schwarzem kampherfreiem Mutterpflaster, 3 T. Terpentin, 6 T. Harzpflaster und 3 T. Olivenöl. In Holzschachteln zu $20,_0$ Inhalt.

1793. **Pflaster, Kwietsches,** ist ein Zugpflaster nach Art des Emplastrum fuscum von schwachem Kampher- und Terpentingeruch. (B i s c h o f f.)

1794. **Pflaster, poröses, stärkendes,** von A l l c o c k , ist ein poröses gestrichenes Pflaster, dessen Masse durch Schmelzen von Kautschuk, burgundischem Harz, Weihrauch und Myrrhenharz unter Beihilfe von Terpentinölzusätzen dargestellt zu sein scheint. Ein Stück Pflaster von 12 cm Breite und 18,5 cm Länge = *M.* 1,50. (H a g e r.)

1795. **Pflaster** von R i t t e r in Magdeburg wird nur gestrichen abgegeben und bildet auf grober Leinwand einen fast messerrückendicken, gelblich weißen Überzug, welcher als Masse ein Cerat bildet, in dem $^1/_5$ seines Gewichts gepulverter Brechweinstein verteilt ist. (W i t t s t e i n.)

1796. **Phenolid,** eine amerikanische Spezialität, ist ein Gemisch aus 58 T. Azetanilid und 42 T. Natriumsalizylat. (F r. H o f f - m a n n.)

1797. **Phenolzelluloid,** ein Verbandmittel, ist eine Lösung von Kollodiumwatte in Karbolsäure und Kampher.

1798. **Phentozone,** eine als Antiseptikum und zu Inhalationen bei Katarrhen empfohlene Spezialität, besteht aus 52 T. Essigsäure, je

2 T. Phenol, Menthol, Kampher und Eukalyptusöl und 1 T. Lavendelöl.

1799. **Philanthropin** besteht nach Angaben des Herstellers L. Orloff-Paris aus einer Mischung von Ferrum reductum 48, Rhizom. Irid. pulv. 13, Herba Meliloti 24, Chinin 2, Fol. Sennae 8, Natrium et Calcium hypophosphorosum 5. Das Pulver soll bei Blutarmut und damit verbundenen Leiden Anwendung finden.

1800. **Philipps Milk of Magnesia** enthält nach Angabe des Darstellers 0,15 g MgH_2O_2 in 30 g. Verwendung findet dieses Präparat zur Abstumpfung überschüssiger Säure. Fabrikant: The Chas. H. Philipps Chemical Co. in London, Convent Garden.

1801. **Philoral-Halspastillen** von Apotheker Freund in Frankfurt a. M. enthalten als wirksame Bestandteile Nebennierensubstanz, Anästhesin und Kaffee-Extrakt.

1802. **Philosophisches Goldsalz** von Samuel Hahnemann (wurde von dem Erfinder der Homöopathie selbst verkauft) ist Borsäure. 4 g = *M.* 9,50 (1 Dukaten). (H. Rose.)

1803. **Phönixgeist** von B. Altstädter in Budapest gegen die verschiedenartigsten Krankheiten ist ein gewöhnlicher, mit Zimt- und Enziantinktur versetzter Getreidebranntwein. Preis *M.* 10. (Karlsr. Ortsges.-Rat.)

1804. **Phosphate de Fer soluble** von Dr. Leras, lösliches phosphorsaures Eisenoxydul, ist eine Flüssigkeit mit einem Gehalte von 0,175 g Eisenoxyd, dargestellt aus 10—$12,_0$ kristallisiertem Natriumpyrophosphat, $16,_0$ Ferrisulfatlösung von 1,317 sp. Gew. und Wasser ad $1000,_0$. 175 g = *M.* 2. (Hager.)

1805. **Phosphatine Fallière,** ein Nährpräparat, welches nach Untersuchungen von Aufrecht vermutlich aus einem Gemisch von entöltem Kakao, Stärke, Zucker und Kalkphosphat besteht. Ein diesem ähnliches Präparat liefert Apotheker E. Pfister in Chêne-Bourg (Schweiz).

1806. **Phospho-Kakao „Rex"** enthält Nährsalze, Glycerophosphate und Ovolecithin. Bezugsquelle: Emil Eberhard & Cie. in Genf.

1807. **Phospholeine** von Baud & Garot ist mit verdünntem Weingeist gewaschenes Mark aus der Wirbelsäule des Rindes mit Zucker zerstoßen, im Wasserbade eingetrocknet und gepulvert. (Royeil.)

1808. **Phosphorated Cod-liver Oil** von Savory & Moore ist Lebertran mit 0,06% Phosphor. Gesamtdosis auf den Tag bei Phthisis $8,_0$ g oder zwei- bis dreimal täglich einen Teelöffel.

1809. **Physic-balls, Abführpillen für Pferde** von Elliman & Co. 10 T. Aloe werden mit 1 T. Glyzerin und 1 T. Rizinusöl zusammengeschmolzen und aus der erkalteten Masse mit ½ T. Ingwerpulver und 8 T. Aloepulver Bissen von 10 g Gewicht geformt, wovon 3—4 Stück auf einmal gegeben werden.

1810. **Physiologisches Nähr- oder Blutsalz** ist eine Mischung, die in Tablettenform zu je 0,1 g in den Handel kommt, aus den Chloriden des Kalium und Natrium, den Phosphaten des Kalium, Natrium, Magnesium, Calcium und Eisen, den Sulfaten des Kalium, Mangan und Eisen, Natriumbikarbonat, Calciumfluorid und Kieselsäure in dem Verhältnis, wie sie im Blute enthalten sind. Es soll dem Blute die nötigen Salze zuführen. Fabrikant: C. Fr. Hausmann, Sanitätsgeschäft in St. Gallen.

1811. **Phytin** ist ein saures Kalk- und Magnesiumdoppelsalz, dessen Säure einer Anhydrooxymethylendiphosphorsäure entspricht und einen Gehalt von 26,08% Phosphor in organischer Verbindung besitzt. Dosis für Erwachsene 0,5 g zweimal täglich. Fabrikant: Gesellschaft f. chem. Iudustrie in Basel.

1812. **Phytoline** der Walters Pharmacal Co., ein Heilmittel gegen Fettsucht, wird vermutlich aus den Beeren von Phytolacca decandra dargestellt.

1813. **Pillen, abführende,** von Cauvin sind 30 Pillen, enthaltend 1,25 Gutti, $2,_0$ Aloe, $2,_0$ Tub. Jalapae, 0,6 Rhabarber. Jede Pille hat einen safranhaltigen Dextrin- oder Gummiüberzug. Preis *M.* 1,60. (Hager.)

1814. **Pillen, analeptische,** von Rob. James, gegen Rheumatismus, Indigestionen, Appetitlosigkeit, Schwindel etc. Rufsche Pillenmasse (aus 1 T. Safran, 2 T. Myrrha und 4 T. Aloe zusammengesetzt), Ammoniakgummi und Fieberpulver von James werden unter verschiedenartigem Hokus-Pokus zu Pillen geformt. (Wittstein.)

1815. **Pillen, antiherpetische,** von Kunkel, bestehen aus 10 T. Extract. Dulcamar, 5 T. Goldschwefel und 1 T. Aloe.

1816. **Pillen,** Dr. Airys, von F. Ad. Richter & Co. in Nürnberg, bestehen aus Eisenpulver, Jalapenpulver und Altheepulver mit etwas bitterem Extrakt geformt. Das Gewicht einer Pille ist 0,1 g. 60 Pillen = *M.* 1.

1817. **Pillen,** Ayers, 25 mit einem aus Zucker und Stärke bestehenden Überzuge versehene Pillen, aus Pfeffer, Koloquinten, Gutti, Aloe bereitet. (Hager.)

1818. **Pillen** von Blancard in Paris gegen Frauenkrankheiten und Bleichsucht. Eine aus 0,41 Jod bereitete Lösung von Eisenjodür wird mit $5,_0$ gereinigtem Honig zum Sirup verdampft, dazu 0,35 Altheewurzelpulver und 0,35 Süßholzwurzelpulver gesetzt und weiter verdunstet, bis die Masse sich zu Pillen formen läßt, welche mit Eisenpulver konspergiert und zuletzt mit einer atherischen Lösung des Tolubalsams überzogen werden. 100 g = *M.* 2,40. (Landerer.)

1819. **Pillen, blutreinigende,** von Möhricke in Neustadt a. d. Linde (Württemberg). Enthalten Leberaloe, Kalomel, Gutti, Scammonium, Jalapenharz, Safran und Koloquintenextrakt. 15 Pillen = *M.* 0,35. (W i t t s t e i n.)

1820. **Pillen,** B r a n d r e t h s. 1,3 Extract. Colocynth. comp., 9,$_0$ Aloe, 4,$_0$ Gutti, 2,$_0$ Sap. Hispanic., 2 Tropfen Ol. Menth. pip., 1 Tropfen Ol. Cinnamom. mit Mucil. Gumm. arab. und Glyzerin zu 80 Pillen geformt. Preis *M.* 1,10. (F r. H o f f m a n n.)

1821. **Pillen** des Apoth. D i t t e n in Christiania in Norwegen sollen bestehen aus 5,$_0$ Colocynth. praep., 2,$_0$ Sem. Strychni, 10,$_0$ Rad. Gentian., je 20,$_0$ Aloe und Extr. Rhei, 2,$_0$ Ferr. sesquichlorat., je 1,5 Ol. Carvi, Ol. Menth. pip., Ol. Caryophyllor. und der genügenden Menge Glycerolat. simplex. Die Pillen sind mit Mastix und Tolubalsam überzogen und feucht in einer Mischung von grob gepulvertem Zucker und Gummi gerollt.

1822. **Pillen der heiligen Elisabeth** bestehen aus Aloe und Enzianpulver.

1823. **Pillen gegen Fieber** von R o b. J a m e s wurden nach einer sehr absurden Vorschrift bereitet, bestehen der Hauptsache nach aus 1 T. rotem Quecksilberoxyd mit einer Spur Antimonoxyd und 30 T. Fieberpulver von James. (W i t t s t e i n.)

1824. **Pillen** von F o t h e r g i l l gegen Hautkrankheiten sind 0,1 g schwer und bestehen aus Extr. Colocynthid. mit etwas Antimon. diaphoretic.; früher engl. Patent.

1825. **Pillen der Franziskanerbrüder** in St. Mount bestehen aus Pfefferminzpulver und Enzianextrakt, mit grobem Süßholzpulver bestreut. (W i t t s t e i n.)

1826. **Pillen** von G r i s o l l e gegen Incontinentia Urinae haben folgende Zusammensetzung: Extr. Strychni. spir. 0,25, Ferr. phosphoric. 3,$_0$, Extr. Quassiae 2,$_0$, Rad. Gentian. q. s. ut fiant pilul. 25. D. S. Dreimal täglich eine Pille.

1827. **Pillen** von H o l l o w a y in England, nützlich gegen alle Krankheiten, bestehen in 1000 Pillen aus 40,$_0$ Aloe, 20,$_0$ Rhabarber, 5,$_0$ Zimt, 5,$_0$ Kardamom, 20,$_0$ Ingwer, 2,5 Safran, 5,$_0$ Glaubersalz, 10,$_0$ schwefelsaurem Kalium und der nötigen Menge Rosenkonserve. (H a g e r.) — Nach D o r v a u l t bestehen die Pillen aus 4,$_0$ Aloe, 1,7 Rhabarber, 0,45 Pfeffer, je 0,2 Safran und Glaubersalz auf 144 Pillen.

1828. **Pillen,** I m m a n u e l s, waren mit Silber überzogene 0,12 g schwere Pillen aus Aloe 3,$_0$, Gutti 1,$_0$ und Tub. Jalapae 1,$_0$.

1829. **Pillen, indische,** von D e l a c r o i x, enthalten Jalapenwurzelpulver und Aloe. (H a g e r.)

1830. **Pillen, indische** (auch **Antidysentericum**) enthalten Pelletierin, Myrobalani, Extr. Granator. und Extr. Rosae.

1831. **Pillen,** K e y s s e r sche, später fälschlich **Kaiserpillen** genannt. 100 Pillen bestehen aus 2,$_0$ Jalapenharz, 2,$_0$ Gutti, 2,$_0$ Scammonium, 2,$_0$ Aloe, 0,4 Koloquintenextrakt (0,4 Kalomel), 1,$_0$ Seife und 2,$_0$ Enzianwurzelpulver. (H a g e r.)

1832. **Pillen,** Knights, eine amerikanische Spezialität, bestehen aus 6 T. Aloe, 3 T. Scammonium und 1 T. Gutti. Eine Pille wiegt 0,27 g.

1833. **Pillen, magnetische,** in den Gehörgang zu stecken, sind mit Blattsilber überzogene, Fichtenharz, Kampher, Eisenpulver und Kamillenpulver enthaltende, 0,12 g schwere Pillen. (Hager.)

1834. **Pillen** von Morison. Es sind zweierlei Pillen in den Handel gebracht, von denen Nr. I die milder purgierend wirkenden sind. Nr. I: $10,_0$ Aloe, $5,_0$ Tartar. depurat. $5,_0$ Fol. Sennae werden zu 0,13 g schweren Pillen formiert und mit Tartar. depurat. konspergiert. (Bosredon.) — Die in Deutschland importierten Pillen fand Hager bereitet aus $10,_0$ Aloe, $4,_0$ Gutti, $2,_0$ Scammonium, je $10,_0$ Resin. Jalap., Tub. Jalap. und Rad. Althaeae zu 350 Pillen geformt, welche mit Tartar. dep. konspergiert sind. Nr. II bestehen aus $20,_0$ Aloe, $15,_0$ Colocynth., $15,_0$ Gutti, $10,_0$ Tub. Jalap., $10,_0$ Tartar. dep. zu 0,13 g schweren Pillen geformt und mit Tart. dep. konspergiert. (Bosredon.) — Die in Deutschland importierten Pillen fand Hager zusammengesetzt aus $20,_0$ Aloe, $2,_0$ Gutti, $12,_0$ Tartar. depurat., $10,_0$ Rad. Althaeae zu 350 Pillen geformt, welche mit einem Gemisch aus 3 T. Tartar. depurat. und 1 T. Rhizom. Curcum. konspergiert sind. Früher gab Hager als Zusammensetzung: Aloe, Resina Jalapae, Rad. Althaeae je $50,_0$, Gutti $20,_0$, Scammonium $10,_0$. Jede Pille enthält 3 cg Aloe. Mit Cremor Tartari bestreut.

1835. **Pillen,** Pserhofer-, bereitet man wie folgt: $2,_0$ Extr. Rhamn. Frang., $2,_0$ Extr. Rhei und q. s. Sap. med. et Extr. Taraxaci, ut f. pil. pond. 0,10 g. (Max Košiček.)

1836. **Pillen,** Redlingersche, der Königseer Olitätenhändler sind mit Lycopodium bestreute ca. 0,15 g schwere Pillen aus 13 T. Jalapenharz, 12 T. Kalomel, 6 T. Koloquinten, 4 T. Aloe, 2 T. Gutti, 2 T. Rhabarber und 1 T. venetianischer Seife. (Richter.)

1837. **Pillen, restaurierende,** zur Stärkung und Wiederherstellung der Manneskraft, sind mit pfefferminzölhaltigem Zucker kandierte und mit Sandelholz, dem weiße Senfkörner beigemischt sind, bestreute Pillen aus Fenchel, Anis, Süßholz, Venetianischem Terpentin und Eisenoxyd. Preis *M.* 4. (Klinger.)

1838. **Pillen** des Apoth. J. Schrader in Feuerbach-Stuttgart bestehen aus Aloe und Seife.

1839. **Pillen, Stuhl befördernde,** von E. Koeplinger in Würzburg, sind acht gelblich-weiße, 2,5 g schwere Kugeln, welche aus ca. 7 T. Kochsalz, 4 T. Weizenmehl und Wasser bereitet und dann getrocknet sind. Preis *M.* 1,50. (Hager.)

1840. **Pills for the Cough** von Dr. Airy sind zusammengesetzt aus wässerigem Extrakt von Sternanis mit unbedeutenden Milligrammteilen von Morphium hydrochloricum. Die Pillen sind kandiert.

1841. **Pilole universali Fattori** enthalten Cascara sagrada. Fabrikant: G. Fattori e Co. in Mailand, Via Monforte 16.

1842. **Pilulae antasthmaticae Quarin** bestehen aus: Ammoniac. $10,_0$ g, Sulfur. depuratum $5,_0$, Opium pulv. 0,25, Extr. bals. amar. q. s. (Avellis.)

1843. **Pilulae antisepticae Co. Warner** bestehen aus 1 Gran (0,0648 g) Natriumsulfat, 1 Gran (0,0648 g) Salizylsäure, 0,1 Gran (0,00648 g) Capsicumpulver, 1 Gran (0,0648 g) Pepsin, 0,125 Gran (0,0081 g) Brechnußextrakt. Empfohlen werden dieselben gegen Verdauungsbeschwerden. Fabrikant: R. Warner & Co. in Philadelphia.

1844. **Pilulae aperientes Epenstein:** 1,5 g Koloquinten, 3 g Aloe, 0,75 g Bilsenkrautextrakt, Süßholzpulver und -Saft zu 50 Pillen.

1845. **Pilulae aperientes Kleewein:** Extr. Rhei chinens. rec. par., Extr. Cascar. sagrad. rec. par. je 3,0, Podophyllini, Extr. Belladonnae je 0,5, Pulv. Cascar. sagrad. quant. sat. ut fiant. pil. Nr. 50.

1846. **Pilulae Chalybeate Co. Warner** enthalten 2,5 Gran (0,162 g) Massa Chalybeate (deren Zusammensetzung unbekannt ist) und 0,125 Gran (0,0081 g) Brechnußextrakt. Sie sollen zur Einverleibung von Eisen in Verbindung von Brechnuß dienen. Fabrikant: Wm. R. Warner & Co. in Philadelphia.

1847. **Pilulae Parai,** Dr. Cherwys, von Kietz & Co. in Duisburg, 36 Pillen enthalten gegen 1,4 Aloe, ca. $1,_0$ mit Stärkemehl verfälschtes Scammonium und 1,2 Chinarindenextrakt nebst kleinen Mengen eines schleimigen Pflanzenpulvers. (Hager.)

1848. **Pilulae tonicae Erb, Erbs Pillen.** Es wurden folgende Vorschriften angegeben: 1. Ferr. lactic. $5,_0$ g, Extr. Chinae aquos. $4,_0$, Extr. Strychni 0,5, Mass. pilul. $4,_0$, Spirit. saponat., Glyzerin aa q. s. ut f. pil. 100. — 2. Ferr. lactic. $5,_0$ g, Extr. Chinae aqu. 4,5, Extr. Strychni spir. 0,5, Extr. Gentian., Rad. Gentian. aa $2,_0$, F. pil. Nr. 100. — 3. Ferri lactici 3,5 g, Extr. Chinae aquos. sicc. (e cort. regiae) 3,5, Extr. Strychni P. 0,5, Extr. Gentian. $2,_0$, Succ. Liquirit. dep. 0,5, M. fiant pilul. Nr. 100. Consp. Cinnam.

1849. **Pilules Alègres** von Collas, pharmacien in Paris, ein Hämorrhoidenmittel, sind 90 nachlässig gefertigte versilberte Pillen im Gewicht von 0,05—0,15 g und von weicher Konsistenz, aus 0,6 des alkoholischen Extrakts von spanischem oder Cayennepfeffer, $6,_0$ Extract. Graminis und der nötigen Menge Altheepulver bestehend. Preis *M.* 4. (E. R.)

1850. **Pilules** von Barbier sind 100 Pillen aus $10,_0$ Aloe, $5,_0$ Extrakt aus brauner Chinarinde, $2,_0$ Zimtpulver und $3,_0$ Pomeranzenschalensirup.

1851. **Pilules** von Bouchardat gegen Chlorosis, Intermittens und Scrophulosis sind 50 Pillen aus $5,_0$ Eisenjodid, je $1,_0$ schwefelsaurem Chinin und Honig und der nötigen Menge Süßholzpulver.

1852. **Pilules** oder **Grains de vie** von Clérambourg sind den Pilules de Barbier ähnlich zusammengesetzt.

1853. **Pilules** von Madame de Crespigny bestehen aus $10,_0$ Aloe und $5,_0$ Chinaextrakt auf 100 Pillen.

1854. **Pilules Dehaut** sollen nach folgender Vorschrift hergestellt sein: Aloe plv., Fruct. Colocynth. plv., Scammon. plv. aa $10,_0$, Mel q. s. Ol. Caryophyllor. 0,05, f. pil. 200. Die Pillen sind mit Zucker überzogen und mit dem Namen des Verfertigers bedruckt.

1855. **Pilules** von Duchesne sind den vorstehenden Pillen ähnlich

1856. **Pilules du Docteur Laville** sollen als wirksame Bestandteile Extr. Physalis, kieselsaures und kohlensaures Natrium enthalten.

1857. **Pilules du Dr. Séjournet** gegen Diabetes enthalten pro dosi 0,025 g Santonin. Es soll dreimal täglich eine Pille genommen werden 15 Tage lang. Fabrikant: Dr. M. Leprince, Paris, Rue de la Toure.

1858. **Pilules orientales** der Pharmacie Ratié in Paris bestehen nach einer Bekanntmachung des Berliner Polizeipräsidenten aus bitterer Extraktmasse mit einer Füllung aus Stärkemehl, Maismehl, Weizenmehl, Kartoffelmehl, geringen Zusätzen eines aromatischen Samens, einem Eisenpräparate und sind „merklich arsenhaltig". Sie sind versilbert.

1859. **Pilules purgatives** von Chassaigne Beauséjour bestehen aus Extractum Colocynthidis compositum, Sapo und Kalomel.

1860. **Pilules vespérides Indiennes stomachiques** von Delacroix bestehen aus Chinaextrakt, Aloe und Zimtpulver.

1861. **Pinguin**, spezifisches Heilmittel gegen Tuberkulose, von G. Marpmann, enthält Lebertran, Peptone, Pankreasprodukte, Alantol, Alantsäure, ölsauren Kalk, phosphorsauren Kalk, Taurocholsäure, Salze etc. nach eigener Angabe des Verfertigers. Preis *M.* 1,60.

1862. **Pinkpillen**, Pilules Pink pour personnes pâles du Dr. Williams, sind nach Kuptsche den Blaudschen Pillen ähnliche Eisenpillen, die 0,1% Arsen (!) enthalten. Nach Angaben der Firma Gablin & Co. in Paris enthalten sie pro dosi 0,05 g Ferr. sulfuric., 0,07 g Kalium carbonic., 0,02 g Mangan. oxyd. und 0,05 g Neuraemin. Letzteres soll eine Verbindung (?) aus Lecithin, Smilacin und Haematin sein. Unter Neuraemin ist nach Zernik wahrscheinlich Lecithin oder ein lecithinhaltiger Körper zu verstehen.

1863. **Pink-Pills** bestehen aus Ferr. sulfuric., einem Alkalikarbonat, Süßholzpulver und Zucker und sind durch Karmin rot gefärbt.

1864. **Piquiabutter** wird aus den Früchten von Carysca Brasiliensis, einer in Brasilien und Guinea heimischen Rhinobalacee, gewonnen und als Ersatz für Lebertran gebraucht.

1865. **Pitjecor,** eine italienische Spezialität gegen Lungenleiden, ist eine Mischung von Lebertran mit dem ätherischen Öle von Abies Canadensis.

1866. **Pittylen** ist ein Kondensationsprodukt des Nadelholzteers mit Formaldehyd. Anwendung: statt Teer als 2- bis 10 prozentige Salbe, Streupulver und Pflaster oder als 5- bis 10 prozentige Schüttelmixtur. Fabrikant: Chem. Laboratorium Lingner in Dresden.

1867. **Plantaginbonbons** gegen Husten etc. von Dr. Roßberg und Strauß in Leipzig. Bestandteile: Malzextr. 0,2, Zucker $2,_0$, Schafgarbeabkoch. 0,2, Althae-Abk. 0,2, Wegebreit-Abk. 0,2, Salbei-Abk. 0,1, Senegawurzelabk. 0,1.

1868. **Plantal** (Plantar. Alkali) nennt sich ein von Dr. Hans Brackebusch in Berlin N. in den Handel gebrachtes Mittel gegen Zuckerkrankheit, Gallensteine, Gicht, Hämorrhoiden und andere Krankheiten. Ein dem Original ähnliches Präparat erhält man nach Aufrecht durch Mischen von etwa 45% Zitronensäure, 40% Natriumbikarbonat, 14,5% Natriumsulfat und 0,5% Kochsalz. Nach Angabe des Fabrikanten soll das Präparat auch noch Weinsäure enthalten. Nach Kochs enthält es Natriumbikarbonat 43,55%, Natriumsulfat 15,53%, Natriumchlorid 0,48%, Weinstein $23,_0$%, Weinsäure und Zitronensäure 14,01%, Eisenoxyd und Magnesia 0,13%, Wasser 33,%.

1869. **Pleasant Purgative Pellets** von Pierce. Jedes Fläschchen enthält 28—36 kleine überzuckerte Pillen von ungleicher Größe, deren abführende Wirkung von Podophyllin herrührt. (Lyons. Hoffmann. Polenske.)

1870. **Pocken-Heilumschlag,** Dr. med. Ottos, aus dem ärztlich-polytechnischen Institut von Druschke in Berlin, besteht aus $50,_0$ Glyzerin, $380,_0$ Wasser und $10,_0$ schlechtem Gummi arabicum. Preis *M.* 6. (Schädler.)

1871. **Pohls Familientee** ist Herba Galeopsidis. Bezugsquelle: Georg Pohl in Berlin, Brunnenstr. 157.

1872. **Poho,** gegen Kopfschmerz und Migräne von Theodor Dietrich in Berlin besteht aus den flüssigen Anteilen des japanischen Pfefferminzöls. Das kleinere Fläschchen zu *M.* 1,50 enthält ca. 25, zu *M.* 3 dagegen ca. 80 Tropfen. (Hager.)

1873. **Pohoäther** von J. Lederer in Wien ist das ätherische Öl einer einheimischen wild wachsenden Minzart.

1874. **Pois à Cautères, Fontanellkügelchen** von Le Perdriel, bestehen aus in Benzin geweichtem Kautschuk mit Seidelbastrindenpulver zusammengeknetet und zu Pillen von Erbsengröße geformt. (Hager.)

1875. **Polichresttee, spanischer,** ist eine Mischung aus Stiefmütterchenkraut, Huflattichblättern, Beifußblättern, Schafgarbenkraut,

Mohnköpfen, rotem Sandelholz, gerapseltem Hirschhorn, Süßholzwurzel, Sarsaparillwurzel, Seifenwurzel und Seggenwurzel.

1876. **Polyform**, Edisons, besteht aus 0,35 Morphiumsulfat, 30,0 Chloralhydrat, 30,0 Kampher, 60,0 Alkohol, 30,0 Chloroform, 30,0 Äther, 30,0 Tinct. Aconiti, 8,0 Pfefferminzöl.

1877. **Polypec**, Tee gegen Lungenleiden etc., der Polypec-Gesellschaft m. b. H. in Liebenburg, soll eine neue Form von Weidemanns Knöterichtee sein.

1878. **Polysolve** ist ein mehr oder weniger reines, sulforicinsaures Natrium. Es wird auch als Gemisch der Ammonium- und Natriumsalze der Sulforicinsäure bezeichnet und als Antiseptikum und Desinfiziens, sowie als Lösungsmittel für wasserunlösliche Stoffe (Phenol, Naphthol etc.) angewendet.

1879. **Pommade antiherpétique** von Bidot ist eine Mischung aus 1 T. Leim, 1 T. Stärkemehl, 3 T. Eisessig und soviel Glyzerin, daß eine salbenartige Masse entsteht. (Hager.)

1880. **Pommade Galopeau pédicure.** Gegen Hühneraugen. Ein Gemisch aus 1 T. Leim, 1 T. Stärkemehl, 3 T. Eisessig und soviel Glyzerin, daß eine salbenartige Masse entsteht. (Hager.)

1881. **Pommade ophthalmique** der Witwe Farnier entspricht dem St. Yves-Augenbalsam.

1882. **Pommade ophthalmique** des Apoth. W. Jensen-Vandiest in Mecheln besteht aus 16% rotem Quecksilberoxyd und 84% eines Fettkörpers, annähernd von der Zusammensetzung: 60—70 T. ungebleichtes Palmöl und 12—24 T. japanisches Wachs. 25 g = *M.* 6. (Gräger.)

1883. **Pommade ophthalmique** der Witwe Scherrer entspricht der Desaultschen Salbe.

1884. **Pommade selon la formule Nr. 12059** der Pharmazie Surbi in Paris entspricht der Flechtensalbe von Surbi.

1885. **Porenöl** oder **Balsam** von Kirchner gegen Hühneraugen, Ballen, eingewachsene Nägel, Fußschweiß, sowie Hautleiden aller Art ist eine Lösung von 10% Glyzerinseife in einem weingeistigwässerigem Zwiebelauszuge mit Bergamottöl parfümiert. (Schädler.) — Ein konzentrierter Seifenspiritus, gemischt mit Löffelkrautspiritus. (Bischoff.)

1886. **Porensauger** von C. Fischer in Berlin ist ein „verbesserter" Lebenswecker. 1 Stück *M.* 12.

1887. **Portugalöl** von Mallard besteht aus 1 T. Orangenblütenöl, 1 T. Vanilletinktur und 10 T. Weingeist.

1888. **Potobonum** ist ein aufgeschlossener Bohnenhülsentee, der als Heilmittel bei Gicht, Rheumatismus und Zuckerkrankheit empfohlen wird. Bezugsquelle: Paul Entz Nachf. in Rendsburg.

1889. **Poudre antiasthmatique** von Dr. Clery ist eine Mischung von gepulverten Salbeiblättern, Belladonnablättern und Salpeter. (Wefers-Betink.)

1890. **Poudre** von Ailhaud ist ein Pulvergemisch von ungefähr $8,_0$ Tub. Jalapae, $2,_0$ Guajakharz, 0,5 Scammonium, 0,5 Aloe, 0,3 Gutti und $40,_0$ Sennesblättern. (Goibourt.)

1891. **Poudre** von Iroe, ein Blutreinigungsmittel, sind Pulver im Gewicht von $5,_0$ g ungefähr bestehend aus 13 T. Jalape, 20 T. Cremor Tartari, je 4 T. Rhabarber, armenischem Bolus, Zimt und 2 T. Zucker.

1892. **Poudre** von Malin ist ein Gemisch von $1,_0$ Kalomel und 0,16 Jod.

1893. **Poudre de Pistoia** gegen Gicht, von einem Kloster in der Umgegend von Pistoia versendet, sind 365 Pulver zu 2—$3,_0$ g einer Mischung von 2 T. Tubera Colchici, 1 T. Rad. Bryoniae, 5 T. Herb. Betonic., 1 T. Rad. Gentian, 1 T. Flor. Chamomill. (Chastaing.)

1894. **Poudre** des Barons de Castelet ist eine ähnliche Komposition wie Poudre d'Ailhaud.

1895. **Poudre divine** von Magnant père, vertrieben durch J. Ricquier in Paris, ist gepulverter gebrannter Gips mit 20% flüssigem Steinkohlenteer. 100 g = *M.* 1,60. (Hager.)

1896. **Poudre Fèvre, Selterswasserpulver** von Rey in Paris, besteht aus je 3,75 Natriumbikarbonat und Weinsteinsäure in besonderen Papierkapseln. 20 Doppelpulver = *M.* 1,50. (F. L. Bley.)

1897. **Poudre hémostatique végétale** von Bennafoux, zur Stillung aller Art von Blutungen, besteht aus 4 T. Kolophonium, 3 T. arab. Gummi und 1 T. Holzkohle. (Wittstein.)

1898. **Poudre merveilleuse** von Vivier besteht aus 48 T. Jod, 8 T. Arsenik, 8 T. Brechweinstein und 1 T. Phosphor. (H. Bürchner.)

1899. **Poudre nutrimentive** von Corvisart. Nr. I (neutre): Pepsin. Germanic. 0,3, Amyli 0,7. Dentur tales doses decem. — Nr. II (acidulée): Pepsini Germanic. 0,3, Acid lactici 0,06, Amyli 0,6. Dentur tales doses decem. — Nr. III (à la morphine): Pepsini Germanic. 0,3, Morphin. hydrochloric. 0,001, Amyli 0,6. Dentur tales doses decem. — Nr. IV (à la strychnine): Pepsin. Germanic. 0,3, Strychnin. nitrici 0,0003, Amyli 0,6. Dentur tales doses decem.

1900. **Poudre purgative** von Rogé ist eine Pulvermischung aus $8,_0$ gebrannter Magnesia, $4,_0$ Magnesiumsubkarbonat, $26,_0$ Zitronensäure und $50,_0$ Zucker, mit etwas Zitronenöl aromatisiert. (Dorvault.)

1901. **Prairie-Flower** des Wunderdoktors Sequah gegen Rheumatismus, fabriziert in London, ist eine alkalische Rhabarbertinktur.

1902. **Präservativ, arsenikhaltiges,** gegen den Rotlauf der Schweine, in Ostfriesland verkauft, ist einfaches Brunnenwasser ohne jede Spur von Arsenik. $^3/_4$ l = *M.* 3. (F. Schrage.)

1903. **Präservativ-Crême** von Gerlach in Berlin ist ein Gemisch von mit Zinkoxyd verriebener Seife, mit Salizylsäure, Kampheröl und Karbolöl. (Bischoff.)

1904. **Prompto Allivio** von Dr. Radway in New-York ist $150{,}_0$ g einer rötlichen klaren ätherischen Flüssigkeit, welche in 100 T. enthält: 0,2 Kampher, 0,035 Capsicin (entsprechend 14,8 trockner Capsicumfrucht), 1,489 Fettsäure, 2,076 Kalium, 0,231 Natrium, $12{,}_0$ Ätherweingeist von 0,857 spez. Gewicht, $40{,}_0$ Weingeist von 0,950 spez. Gew. und 43,969 Wasser. Preis *M.* 9. (Peckolt.)

1905. **Prompto Allivio,** Zahntropfen nach Dr. John Yates von Albin Müller in Brünn, ist ca. $12{,}_0$ einer roten Flüssigkeit, bestehend aus 1,5 Kajeputöl, $2{,}_0$ Kampher und $9{,}_0$ Spiritus, gefärbt mit Rosanilin. (Hager.)

1906. **Protektor** wird ein Prophylaktikum gegen Gonorrhöe genannt, welches Quecksilbersalicylat enthalten soll. Fabrikant: E. Weeber in Aachen.

1907. **Protéol Doyen** ist eine als Antiseptikum empfohlene Eiweiß-Formaldehydverbindung. Bezugsquelle: G. & R. Fritz in Wien.

1908. **Prunitura** ist ein aus Pflaumen hergestelltes Abführmittel. Bezugsquelle: Kaiser Wilhelm-Apotheke in Berlin NO. 18.

1909. **Pulcherine** von Ackermann in Berlin gegen Flechten und Hautausschläge ist eine schwach spirituöse Flüssigkeit, etwas Perubalsam und Saponin aus Seifenrinde enthaltend, mit beträchtlichem Bodensatz aus Sand, kohlensaurem Kalk und Schwefel.

1910. **Pulmonalkapseln** von Dr. West gegen Schwindsucht etc. sind Gelatinekapseln mit einem Gemisch aus 9 T. Ol. Jecoris Aselli und 1 T. Benzin gefüllt. Jede Kapsel enthält 0 dg flüssige Substanz. 30 Stück = *M.* 3. (Hahn.)

1911. **Pulmonarine** ist ein Gemenge von 25 g Radix plantaginis, 16 g Radix cerefolii hispanici, je 10 g Radix cichorii, Lichen islandicus und Turiones pini, 17 g Saccharum malti, 7 g Flores farfarae, je 2 g Calcium- und Natriumhypophosphit, je 0,5 g Flores pruni und cerasi. Anwendung als Hustenmittel. Bezugsquelle: Ranke-Apotheke in Berlin W. 15.

1912. **Pulmonarine** der Pulmonarine-Werke in Mannheim ist ein Teegemisch, welches nach den Ergebnissen der chemischen und mikroskopischen Untersuchung vermutlich in der Hauptsache aus indifferenten Kräutern (Huflattich, Isländisch Moos, Lungenkraut u. a. m.) besteht, dem etwa 20% Malzzucker und etwa 4% Kalkphosphat beigemischt worden sind. (Aufrecht.)

1913. **Pulmonic Wafers** von Locock sind 0,5 g schwere Pastillen in Form von Oblaten, bereitet aus gleichen Teilen Zucker und

Stärke mit einer Mischung von arabischem Gummi, Lactucarium, Meerzwiebelsaft und Brechwurzelwein bis zur richtigen Konsistenz eingedampft. (Engl. Patent.)

1914. **Pulver gegen Fußschweiß** von Friedländer besteht aus 40% Antifungin und 60% Talkum.

1915. **Pulver, Harn- und schweißtreibendes** von Chable ist ein Pulvergemisch aus 10,0 Milchzucker, 0,5 Natriumkarbonat, 0,3 Salpeter, 40,0 Zucker und 2 Tropfen Zitronenöl.

1916. **Pulver, prolifisches,** zur Stärkung und Wiederherstellung der Manneskraft ist 85,0 eines braunen, gewürzhaften Pulvers, welches als wesentlichen Bestandteil 5—7 dg Canthariden, außerdem Cascarillrinde, Chinarinde, Cubeben, etwas Zimt und Zucker enthält. Preis *M.* 5. (Klinger.)

1917. **Pulver, radikales,** des Dir. D. Besser gegen Epilepsie, Magenkrämpfe, Rheumatismus, Gicht und Wassersucht ist eine Papierkapsel mit 1,4 Guaranapulver mit etwas Kochsalz versetzt. Preis *M.* 3. (Hager.)

1918. **Pulver, roborierendes,** von Simon besteht aus 8,0 Chinarinde, 10,0 Kalkhydrat, 5,0 Rhabarber und 4,0 Eisensubkarbonat.

1919. **Pulver** von Morison in London, **Limonadenpulver,** zur Reinigung des Blutes, besteht aus 50,0 weißem Zucker, 30,0 Cremor Tartari, 7,5 Zimt und 4,0 Ingwer. Preis *M.* 1,40. (Buchner.)

1920. **Pulver** von Paterson besteht aus 5,0 Wismutsubnitrat, 5,0 gebrannter Magnesia und 80,0 Zucker.

1921. **Pulver,** Spieß' gegen Hautkrankheiten, besteht aus Eisenoxyd, Schwefel und Knochenerde. (Versmann.)

1922. **Pulvis cinereus Dr. Egger** wird ein als Quecksilberpulver bezeichnetes Präparat genannt. Dasselbe wird in Säckchen getragen und dient zur Behandlung der Syphilis. Fabrikant: Reichspalatin-Apotheke in Budapest VI.

1923. **Pulvis Parai.** Ein Pulver von ca. 0,4 bestehend zu $^2/_3$ aus Schwefelblumen, zu $^1/_3$ aus Magnesia und gepulverter Hasel- und Schwalbenwurzel. (Hager.)

1924. **Pulvis Plantarum orientalis** von C. F. Reige in Berlin für Brust- und Lungenkranke sind 2 in kalte ungekochte Milch einzurührende Pulver. Nr. I besteht lediglich aus Zucker. Nr. II ist eine Mischung von unreiner Soda, unterschwefligsaurem und weinsteinsaurem Natrium und Zucker. (A. Gawalovski.)

1925. **Purgativ** von Dr. Oidtmann in Maastricht besteht im wesentlichen aus käuflichem gewöhnlichem Glyzerin; nach dem Darsteller aber aus Fluidextrakt von Rhamnus, Allium, Fructus Citri, sowie Alkohol und Essigäther.

1926. **Purgativ in Tabletten** besteht aus Jalapenpulver, Süßholzpulver, Gummipulver und Pfefferminzöl.

1927. **Pyrogastrikon** ist eine Digestion von 1000 T. 60 prozentigem Spiritus mit 100 T. Galgantwurzel, 50 T. Ingwer, 2,5 T. schwarzem Pfeffer, 25 T. Kalmuswurzel, 12,5 T. Zimt und 12,5 T. Nelken.

1928. **Quellenprodukt** der Stahlquelle in Überkingen von Apoth. Müller gegen Blutarmut, Leber- und Nierenleiden, Wassersucht etc., ist ein dünner, mit 20 T. 40prozentigem Spiritus bereiteter klarer, bräunlich gelber Auszug aus 2 T. Gottesgnadenkraut, 1 T. Liebstöckelwurzel und 1 T. Angelikawurzel, versetzt mit 1 T. Zucker. (Hager.)

1929. **Quina Laroche ferrugineux** ist ein guter Chinawein, in welchem 1% pyrophosphorsaures Eisen-Ammoncitrat gelöst ist.

1930. **Quininum Labarraque** des Apothekers Fournier-Paris, enthält auf $1000,_0$ g Malagawein, $4,_0$ Chinin, 0,5 andere Chinaalkaloide und $3,_0$ eines aromatisierenden Zusatzes.

1931. **Quionin,** als Ersatz für Chinin und andere Antipyretica von einer amerikanischen Firma angeboten, besteht aus sehr wenig Chinin und etwa 90% minderwertigen Chinaalkaloiden (Cinchonidin etc.). Es scheint sich also nur um Rückstände aus der Chininfabrikation zu handeln.

1932. **Radikal-Wurmpulver** und **Radikal-Wurmtabletten** von Fritz Großmann in Düsseldorf bestehen aus gepulvertem Herba Tanaceti.

1933. **Ramin,** ein Externum gegen Gicht und Rheumatismus, soll in einem halben Liter Flüssigkeit 10 g Natriumchlorid, 10 ccm Branntwein, 30 g Salmiakgeist und 0,25 g Kampher enthalten. (Pharm. C.-H.)

1934. **Rankunol** ist eine dem Myrrholin ähnliche Salbengrundlage, welche aus Myrrhe und Vaseline bereitet und von der Firma Dr. Otto Krause in Magdeburg dargestellt wird.

1935. **Raphael-Quinquina** von Lanique in Metz in Els. Lothr. vertrieben, ist nach einer vom Straßburger Polizeichemiker Dr. Amthor vorgenommenen Untersuchung ein Wein, welcher nur so geringe Spuren von Chinin aufweist, daß er den Namen Chinawein nicht verdient. (Verfügung des Bez.-Präs. in Metz v. 7. Jan. 1893.)

1936. **Rays Darm- und Leberpillen** sind lediglich als Abführpillen zu bezeichnen. (Karlsr. Ortsges.-Rat.)

1937. **Dr. Rays Darm- und Leberpillen** enthalten Leptandrin 0,01 g, graues Walnußrindenextrakt 0,03, Rhabarberextrakt 0,04, Aloeextrakt 0,06, medizinische Seife 0,02 und sind mit Silber überzogen.

1938. **Rays Nervol** enthält Bromsalze. (Karlsr. Ortsges.-Rat.)

1939. **Dr. Rays Nervol** gegen Schlaflosigkeit enthält nach Angabe des Fabrikanten: Päonienwurzel $10,_0$, Baldrianwurzel $50,_0$, Sennesblätter $10,_0$, Fliederblüten $10,_0$, Fenchel $20,_0$, Anis $20,_0$, Pomeranzen $20,_0$, kalifornisches Haferextrakt $50,_0$, Baldrianextrakt $20,_0$, Glyzerin $30,_0$, Zucker $30,_0$, Bromkalium, Bromnatrium, Bromammonium je $10,_0$.

1940. **Räucher- und Verdampfungskerzen** von Ernst Weidmann in Liebenburg a. H. (D. R.-P. 66 846) bestehen aus Stearinkerzen, denen ein Arzneimittel entweder in der Paraffinmasse selbst oder in hohlen Kanälen der Kerze oder in eingeschmolzenen, oben abgebogenen Glasröhren einverleibt sind.

1941. **Ready-Relief** von Dr. Radway gegen Gicht etc. besteht in $70,_0$ g einer rötlich gelben, nach Salmiakgeist und Kampher riechenden Flüssigkeit, welche 1,4 Seife, $4,_0$ 10 prozentigen Salmiakgeist, $64,_0$ weingeistigen Auszug aus Cayennepfeffer, 0,4 Kampher und 0,2 Rosmarinöl enthält. Preis *M.* 1,75. (Hager.)

1942. **Red Drops** von Kellog bestehen aus $45,_0$ g Kampherspiritus, $5,_0$ Origanumspiritus, $5,_0$ Sassafrasöl, $10,_0$ Terpentinöl, $5,_0$ Zuckercouleur und $10,_0$ Alkohol. (Pierron.)

1943. **Redlingersche Pillen,** in 15 Pillen vom Gesamtgewicht 1,02 g fanden sich Aloe, Jalapenharz und Quecksilberchlorür; letzteres in Mengen von 0,0035 g pro Pille. (B. Molle.)

1944. **Reduktionspillen** von Dr. med. Lazar Hirsch (Alleinvertrieb C. W. Barenthin in Berlin) sind nach Walter eine Nachahmung der Marienbader Reduktionspillen. (Apoth.-Ztg.)

1945. **Reduktionspillen, Marienbader,** von Dr. Schindler-Barnay, bestehen aus Extr. Rhei $6,_0$, Extr. Chinae frig. parat. $3,_0$, Extr. Equiseti $1,_0$, (sämtliche Extrakte mit Marienbader Mineralwasser hergestellt), Croci pulv. 0,1, Rad. Rhei q. s. ut fiant pilul. Nr. 50, Argento obduc.

1946. **Reduzin. Laarmanns Entfettungstee,** besteht nach Angabe von Gust. Laarmann in Herford aus 4 g Eibisch, 4 g Huflattich, 12 g Wollblumen, 3 g Haferflocken, 7 g sibirischem Wolfstrappkraut (Leonurus lanatus), 15 g Faulbaumrinde, 10 g Hagebutten, 5 g Heidelbeeren, 10 g Lindenblüten, 10 g Hollunderblüten, 2,5 g Pareirawurzel, 2,5 g Liebstöckelwurzel, 2,5 g Hauhechelwurzel und 2,5 g Wacholderbeeren.

1947. **Reebs Sagradapillen** der Storchen-Apotheke in Straßburg i. Els. enthalten pro dosi 0,1 g Extr. Cascarae sagradae.

1948. **Regenerationspillen** von Dr. R. Richard, sind 120 mit Lycopodium bestreute Pillen, aus 7,5 Kampher, $10,_0$ Enzianextrakt und $6,_0$ Althaeapulver. (Horn.)

1949. **Regenerationspillen** des Apoth. J. U. Tanner in Herisau (St. Gallen) bestehen aus $4,_0$ Eisenpulver, 1,66 schwefelsaurem Chinin und 7,5 eines indifferenten Harzes, zu 100 Pillen formiert. Preis *M.* 5,—. (Hager.)

1950. **Regenerator** von Dr. Liebaut ist ein mit einem Absud von etlichen unschuldigen Wurzeln und Kräutern versetzter Dextrin-

und Traubenzuckersirup von mäßig süßem und wenig aromatischem Geschmack. (Geißler.) — Nach Angabe des Fabrikanten werden 100 T. Sarsaparillwurzel, je 20 T. Quecken- und Seifenwurzel, 10 T. Chinawurzel, 60 T. Guajakholz und 500 T. Wasser 24 Stunden lang mazeriert, darauf 1 Stunde gekocht und gegen Ende dieser Zeit eine Mischung aus je 5 T. Sassafrasholz, Hopfenblüten, Enzianwurzel, Anissamen, Fenchel- und Kümmelsamen hinzugefügt, dann noch ½ Stunde lang mazeriert, und die Kolatur auf 280 T. eingedampft, darin 350 T. Zucker gelöst und nach dem Erkalten 2 T. Kathartinsäure, 5 T. Zuckerkouleur, 30 T. Weingeist und 4 T. Pfefferminzöl zugesetzt. 600 g = *M.* 6.

1951. **Regensburger „Schnellmast“** von Popp in Fulda: 15% Spießglanz, 8% Futterkalk, 6% Viehsalz, 2 % Glaubersalz, Foenugraecum, Süßholz, Fenchel, Anis und Enzian.

1952. **Regensburger Viehmastpulver „Bauernfreude“** von der Firma Lauser in Regensburg enthält nach der Analyse eines landwirtschaftlichen Laboratoriums 30% gereinigte Knochenasche und 5% Kochsalz. Die übrigen Bestandteile sind organischer Natur, zum Teil aromatische Kräuter, die aber keinen Nährwert besitzen. (Tretzel.) — Nach einer früheren Analyse von Dr. Rößler enthalten Kochsalz 20,56, Knochenmehl 25,52, Pflanzenpulver 53,92%. Die Untersuchung des Pflanzenpulvers ergab, daß dieses hauptsächlich aus gepulvertem Leinsamen und Fenchelsamenpulver besteht. Kleine Beimengungen anderer aromatischer Kräuter oder Pflanzenstoffe mögen vorhanden sein.

1953. **Regulating Pills** oder **Purgatif-Pillen** von Dr. Radway, gegen 32 verschiedene Krankheiten empfohlen, sind kandiert, von ungleicher Größe und verschiedener Form. Die Schachtel enthält 30 Stück, bestehend aus 0,5 Gutti, $2,_0$ Aloe, $1,_0$ Tub. Jalapae und 0,6 eines indifferenten Pulvers. Preis *M.* 1,10. (Hager.)

1954. **Reichels Augenbalsam** von Martin Reichel in Veitshöchheim b. Würzburg enthält nach Frobenius neben Quecksilberoxyd auch Kampher.

1955. **Reichels Malzeisenpulver** besteht aus 0,6% lösliches Eisen enthaltendem trocknen Malzextraktpulver. Fabrikant: Otto Reichel in Berlin SO. 33, Eisenbahnstr. 4.

1956. **Reichs Senega-Plätzchen.** Bestandteile: Decoct. Senegae aus $10,_0$ Rad. Seneg., Ol. Anisi und Sacchar. Malti. Für 24 Tabletten.

1957. **Reinerzer Brustkaramellen** enthalten das Salz der Reinerzer Laue-Quelle, sowie Spitzwegerich und Malzextrakt. Fabrikant: Apotheker Franz Eger in Reinerz i. Schl.

1958. **Reinigungspillen** von Dr. M. Lang in München: $5,_0$ Hydrarg. sulfurat. nigr., $1,_0$ Gutti, 0,5 Rad. Althaeae pulv. und Gummi arab. solut. zu 48 Pillen geformt, zusammen im Gewicht von 9 g.

Preis *M.* 2.10, (W i t t s t e i n.) Eine andere Analyse lautet: Kalomel, Kohle und Stärkemehl, gefärbt mit Florentiner Rot. (G s c h e i d l e n.)

1959. **Reinigungspillen** von S e i f f e r t sind 0,18 g schwere Pillen mit Lycopodium bestreut und als wesentliche Bestandteile Aloe, Süßholzsaft und Fenchel enthaltend. 30 Pillen = *M.* 2. (W i t t - s t e i n.)

1960. **Reinigungstee, Jerusalemer,** von S i g i s m u n d C a r s c h in Essen besteht aus groben Spänen des vom Harz befreiten Guajakholzes. Preis *M.* 1, 2 und 3. (S c h ä d l e r.)

1961. **Reinigungstee** von S t r o i n s k y ist das grob zerschnittene blühende Kraut von Centaurea Cyanus mit 4% Sennesblättern gemischt. 500 g = *M.* 1. (H a g e r.)

1962. **Reklussalbe** besteht aus 1 g Jodoform, 2 Salol, 5 Borsäure, 5 Antipyrin und 40 Vaselin.

1963. **Relief** von C h a m b e r l a i n besteht aus 20,$_0$ Capsicumtinktur, 16,$_0$ Kampherspiritus und 12,$_0$ Guajaktinktur. Preis *M.* 1,40. (P i e r r o n.)

1964. **Relief** von F l a g g besteht aus 4,$_0$ Nelkenöl, 6,$_0$ Sassafrasöl und 36,$_0$ Kampherspiritus. Preis *M.* 2. (P i e r r o n.)

1965. **Remède du Curé** d e C h a n c é gegen Wassersucht ist eine Tinktur aus ungefähr 20,$_0$ Jalape, ebensoviel Rhabarber und Irisrhizom und 1000,$_0$ Branntwein.

1966. **Remède Leroy, Purgatif Leroy, Médecine de Signoret** wird in vier Abstufungen bereitet. Nr. I besteht aus 48 T. Scammonium, 24 T. Rad. Turpethi, 190 T. Tub. Jalap., 6000 T. Spiritus Frumenti, 190 T. Fol. Sennae, 750 T. Wasser, 1000 T. Farinzucker. — Nr. II, die gebräuchlichste, aus 64 T. Scammonium, 32 T. Rad. Turpethi, 250 T. Tub. Jalapae, 6000 T. Spirit. Frumenti, 250 T. Fol. Sennae, 1000 T. Wasser, 1250 T. Farinzucker. — Nr. III aus 95 T. Scammonium, 48 T. Rad. Turpethi, 375 T. Tub. Jalapae, 6000 T. Spirit. Frumenti, 375 T. Fol. Sennae, 1500 T. Wasser und ebensoviel Farinzucker. — Nr. IV aus 125 T. Scammonium, 64 T. Rad. Turpethi, 500 T. Tub. Jalapae, 6000 T. Spirit. Frumenti, 500 T. Fol. Sennae, 1500 T. Wasser und 1750 T. Farinzucker. (D o r v a u l t.)

1967. **Remedy Alberts** enthält Opiumtinktur, Colchicumtinktur und Jodkalium. (A u f r e c h t.)

1968. **Renovating Resolvent** von Dr. R a d w a y ist ein etwas trüber zur Gärung neigender, mit Zucker versetzter, kardamomhaltiger Ingwerauszug. 175 g = *M.* 1,50. (H a g e r.) — 2,$_0$ Jodkalium, 15,$_0$ konzentriertes Sarsaparilladekokt, 10,$_0$ Bittermandelwasser, 30,$_0$ Zuckersirup, 90,$_0$ Parrishs einfaches Elixir, Karamel soviel zur Färbung notwendig und destilliertes Wasser soviel, daß die ganze Mischung 250 g wiegt. (H e n r y B. P a r s o n s.)

1969. **Resolvierseife** des k. k. Obertierarztes Franz Pichler in Prag von Wasilewski und Pileski in Warschau wird in viereckigen Blechkästchen in Stücken von $130,_0$ und $50,_0$ verabfolgt und besteht aus einer braunen Masse, in welcher verschiedenfarbige viereckige Stücke eingesprengt sind. Die braune Masse ist Harzseife, die buntfarbigen Stücke sind gewöhnliche Abfallseife; in den grün gefärbten konnte eine geringe Menge Lorbeeröl nachgewiesen werden. (Jacobsen.)

1970. **Restitutor** von Reinhard in Basel, Schutzmittel gegen Cholera etc., ist ein Gemisch aus 40 T. Zucker, 50 T. Weizenstärke, 2 T. Veilchenwurzel und 8 T. Pflaumenmus. 55 g = *M.* 1. (Wittstein.)

1971. **Restitutor** von A. T. E. Vogel in Berlin, **weiniger Blutreinigungs-Kräutertrank,** ist ein Gemisch aus 90 T. Wein, 5 T. Tinct. aromatica und 20 T. Infusum Herbae Violae tric. 250 g = *M.* 1. (Hager.)

1972. **Restorine** von Borick, ein Freßpulver für Pferde, besteht aus Mehl von Cerealien mit beträchtlichen Mengen von Bockshornsamen und geringen Mengen von Johannisbrotmehl; Salmiak ist in Spuren vorhanden, Salpeter fehlt. — Nach Schmieder gepulverter Bockshornsamen mit wenig Süßholzpulver.

1973. **Retterspitzwasser,** ein Externum gegen Blinddarmentzündungen etc. von Retterspitz in Fürth, ist nach Zernik eine der Aqua vulneraria spirituosa ähnliche, noch etwas Milcheiweiß enthaltende Mischung. (Apoth.-Ztg.)

1974. **Rhabarberpillen,** Blumes, sind identisch mit Dr. Strahls Hauspillen.

1975. **Rheumapapier,** welches laut Aufdruck der Umhüllung Rheumatismus, Gicht, Leib-, Brust- und Rückenschmerzen, Hexenschuß, Hüftweh, Magenschmerzen und chronische Gliederbeulen vertreiben soll, enthält pro Blatt durchschnittlich 4 g einer Pflastermasse aus Pech, etwas Terpentin und Wachs. (Beythien.)

1976. **Rheumatikon,** ein Rheumatismus- und Gichtmittel von Hch. Fricke in Berlin, Danzigerstr. 93/94, soll enthalten: Natr. phosphor. 0,005, Colchic. 0,05, Aconit. 0,01, Cocc. cact. 0,1% und Spir. Vin. aquos. In der Flüssigkeit ließen sich aber weder Colchicin, noch Aconitin, noch Natriumphosphat, noch auch irgend welche anderweiten starkwirkenden Bestandteile nachweisen. Beim Eindampfen hinterblieb lediglich ein schwach rötlich gefärbter Rückstand, der sich als Milchzucker erwies. Zernik hält demnach das Präparat für eine rotgefärbte indifferente homöopathische Zubereitung. (Apoth.-Ztg.)

1977. **Rheumatismus-Amulette, orientalische,** sog. **Rückenkratzer,** sind Täfelchen von Pappe mit Leim bestrichen und mit grober Eisenfeile bestreut.

1978. **Rheumatismusapparat** von E. D a n n e c k e r in Kolmar ist eine aus Zink- und Kupferdraht geflochtene Kette mit einer aus den gleichen Metallen hergestellten Kapsel. (Karlsr. Ortsges.-Rat.)

1979. **Rheumatismusapparat** von Frau E m i l i e W i n t e r besteht aus einem Kettchen von Zink- und Kupferdraht mit daran gehängter Kapsel von Zink- und Kupferblech. Preis *M.* 9.

1980. **Rheumatismus-Einreibung** S e q u a h s ist eine Mischung aus Olivenöl, Terpentinöl, Menthol, Anisöl und Sassafrasöl.

1981. **Rheumatismusextrakt** von J o s e p h B ö h l e n in Bayreuth besteht aus je 7,5 Chloroform, Terpintinöl, Petroleumäther, $2,_0$ Senföl, $1,_0$ Kampher und einigen Tropfen einer spirituösen Rosanilinlösung. Preis *M.* 2,50. (S i e m e r i n g.) — $22,_0$ Chloroform, $16,_0$ Spiritus, $8,_0$ Terpentinöl, $1,_0$ verharztes Lavendelöl, $1,_0$ Rosmarinöl, gefärbt mit etwast Alcanna. 48 g = *M.* 1,75 (H a g e r.)

1982. **Rheumatismusfluid** von B r a u k m a n n & C i e. in Gelsenkirchen, ein Tee, der aus „sorgfältig getrockneten“ Blättern der schwarzen Johannisbeere besteht.

1983. **Rheumatismusheil** von Dr. S c h u h m a c h e r in Berlin ist ein Gemisch aus Kaliumseife, Harz, Kampher, Lorbeeröl, Ammoniak, fettem Öl, Alaun und Talg. (B i s c h o f f.)

1984. **Rheumatismusmittel** von B i e s t e r in Berlin sind Streukügelchen ohne spezifische Bestandteile. (B i s c h o f f.)

1985. **Rheumatismusmittel** von E. F r a n c k e in Berlin ist eine mit etwas Römisch-Kümmelöl versetzte konzentrierte Aloetinktur. Preis *M.* 0,85. (B i s c h o f f.)

1986. **Rheumatismusmittel** des Drogisten Dr. L ö w e n t h a l in Berlin bestehen I. in einer 4 prozentigen Lösung von salizylsaurem Natrium mit etwas Zuckersirup und II. in einer Einreibung aus Petroleum, fettem Öl, Terpentinöl und Bernsteinöl. (B i s c h o f f.)

1987. **Rheumatismusmittel** des Drogisten F e l i x M e y e r in Berlin ist eine Mischung von Lindenblüten, Hollunderblüten, Königskerzenblüten, Bärentraubenblättern, Sennesblättern, Buccoblättern, Bittersüßstengeln, Faulbaumrinde, Fenchel, Hauhechelwurzel, Süßholz, Sarsaparille, Altheewurzel und Liebstöckel. (B i s c h o f f.)

1988. **Rheumatismusmittel** von H. R o d e r w a l d in Magdeburg bestehen in zwei Einreibungen, I. einer Mischung von fetten Ölen mit stinkendem Tieröl, und II. einer ähnlichen Mischung mit Salmiakgeist, dazu III. ein Gemisch von Schwefelnatrium mit Schwefeleisen zu Fußbädern. (Karlsr. Ortsges.-Rat.)

1989. **Rheumatismusöl** von C a r l A r n d t in Bromberg enthält Benzoe in Vermischung mit Perubalsam, Pfefferminzöl, Thymianöl, Kampher. 30 g = *M.* 1.

1990. **Rheumatismuspomade** von J. B r a u s e in Berlin ist ein Gemisch von Kokosöl, Seife, Lorbeeröl, Salmiakgeist, Kampher, Rosmarinöl, Thymianöl, Spiritus. 27 g = *M.* 1,50. (H a g e r.)

1991. **Rheumatismustee,** G e b h a r d t s , besteht aus Radix Liquiritae, Radix Ononidis, Radix Pimpinellae je 1 T., Lignum Guajaci, Lignum Sassafras, Lignum Quassiae je 2 T. und Folia Sennae 3 T.

1992. **Rheumatismustinktur** von K ö n i g ist eine Mischung aus fettem Öl, Kampher, Terpentinöl, Senföl, Spiritus und Wasser.

1993. **Rheumatismustinktur** des Drogisten F e l i x M e y e r in Berlin ist eine 1½ prozentige Jodkaliumlösung in indifferentem Pflanzendekokt, anscheinend eine Spur Wein enthaltend. (B i s c h o f f.)

1994. **Rheumon,** P a p i e r R h e u m o n, von T. P a r a s k o w i c h & C i e. in Wien, ist ein dem Gichtpapier ähnliches, bei Rheumatismus, Neuralgie etc. empfohlenes Präparat.

1995. **Rhinole,** Mittel gegen Schnupfen von C a r l W i e d e m a n n , Apotheker in Biel (Kanton Bern) ist ein mit Fuchsin schwach rosa gefärbtes und mit Veilchenparfüm aromatisiertes Glyzerin. 50 g = *M.* 0,80. (C. W. S t e i n und B e r t s c h i n g e r.)

1996. **Rhomnol** wird in Frankreich eine aus der Thymusdrüse des Kalbes gewonnene Nukleinsäure bezeichnet, die in Form von Pillen anstatt Lecithin oder Glyzerophosphaten empfohlen wird. Bezugsquelle: Dr. L e p r i n c e, Paris, Rue de la Toure.

1997. **Rhubarb Mentel** sind Granules aus 1 T. Rhabarberpulver und 3 T. Zucker mit etwas Altheeschleim. (R e v e i l.)

1998. **Richters Asthmatropfen** bestehen aus Extr. Stramonii 0,1, Tinct. Digitalis $4,_0$, Aqu. Valerianae $30,_0$. (A v e l l i s.)

1999. **Richters Kongopillen** enthalten nach Pharm. Ztg. medizinische Seife, Rhabarber, sowie die Extrakte von Aloe, Wermut, Kalmus und Rhabarber.

2000. **Richters Loxapillen** bestehen nach Pharm. Ztg. aus Chininsulfat, Cinchonidin, Eibisch- und Enzianwurzel.

2001. **Ricord-Tinktur** gegen veraltete syphilitische Ausschläge von F r. S c h w a r z l o s e in Berlin ist eine Salbe aus gelbem Wachs, Fett und Olivenöl. 40 g = *M.* 6. (H a g e r.)

2002. **Rigolos Geheimmittel gegen Epilepsie** soll nach folgender Vorschrift dargestellt werden: Rp. Rad. Paeoniae $30,_0$, Rad. Dictamni albi 22,5, Rad. Valerianae 22,5, Visci querni 22,5, Pulv. hb. Belladonnae, Pulv. rad. Belladonnae aa 50,4, Olei Cajeputi gutt. 120, Olei Valerianae gutt. 20, Olei Rutae gutt. 12. Je nach dem Alter 3—4 mal täglich eine Messerspitze bis einen Teelöffel voll zu geben. (Wegen des Gehalts an Belladonna Vorsicht!)

2003. **Rinderpestmittel** von Dr. G. M ü l l e r in Breslau war eine Latwerge aus Teer, Karbolsäure, Kohle, Kochsalz, aus den Samen von Doldenblüten, aus Enzian, Kalmus etc. 1 kg = *M.* 18. (H a g e r.)

2004. **Rindviehpulver** der A d l e r - A p o t h e k e in Emmerich a. Rh. enthält in 100 Gewichtsteilen 66,34% kristallisiertes Glaubersalz, 13,13% (wasserfreies) kohlensaures Natrium, in Form von oberflächlich verwitterter Soda vorhanden, 14,63% Wasser, 3,9% Ziegelmehl und Sand, 2% Angelikawurzel. 250 g = *M.* 0,40. (U. K r e u s l e r.)

2005. **Ringolin,** eine Heilsalbe in Tuben, besteht nach Angabe des Fabrikanten aus Lebertran, Glyzerin, Zinkoxyd und Perubalsam. Fabrikant: A. S t e i n jr. in Berlin NW. 7.

2006. **Ringolinum** ist eine Zinkoxyd und Perubalsam enthaltende Paste mit Lebertran und Glyzerin. Sie wird zur Behandlung von Ausschlägen und Prurigo und als Salbengrundlage empfohlen. Aus dem Ringolin wird **Ringolin-Toilette-Creme** unter Zusatz von Duftstoffen hergestellt. Fabrikant: I n d u s t r i a , G. m. b. H. in Köln, Hansaring 133.

2007. **Rino-Salbe** besteht aus 15 g Wachs, 15 g Naftalan, 20 g Walrat, 5 g Benzoefett, 5 g venezianischem Terpentin, 5 g Kampherpflaster, 5 g Perubalsam, 30 g Eigelb und 0,5 g Chrysarobin. Die Salbe wird gegen Flechten, Geschwüre und Wunden empfohlen. Fabrikant: R i c h a r d S c h u b e r t & C o. in Weinböhla-Dresden.

2008. **Rippsche Heilsalbe** gegen Schuppenflechte, Bartflechte, skrophulöse Hautausschläge, offene Beine etc. stellt ein Gemisch von Terpentin, Eigelb, Paraffin, Wachs, essigsaurer Tonerde, Perubalsam, Borsäure, Salizylsäure und Riechstoffen dar. (B e y t h i e n.)

2009. **Roachs Sea-Sickness Draught,** ein Geheimmittel gegen Seekrankheit, ist eine wasserklare Flüssigkeit von süßem Geschmack und vom Geruch des Orangenblütenwassers. Das spez. Gewicht beträgt 1,0465, die Reaktion ist neutral. Das Mittel kommt in Kartons à 6 Fläschchen à 25 ccm in den Handel. Preis des Kartons *M.* 4,80. — Es soll eine Lösung von 2,8% Chloralhydrat in Aqua florum aurantii sein. (B e r t r a m.)

2010. **Roborantium** von G r o l i c h , Mittel gegen Kahlköpfigkeit, ist verdünnte Eau de Cologne mit etwas Glyzerin. (B i s c h o f f.)

2011. **Rocco-Pflaster** gegen Rheumatismus: Ätherextrakt von $30,_0$ spanischem Pfeffer mit $30,_0$ Veilchenpulver, $20,_0$ Dammarharz, $20,_0$ Kautschuk, $20,_0$ Kolophonium, $10,_0$ Weihrauch kunstgerecht zum Pflaster gemischt und auf Leinwand gestrichen.

2012. **Rongoasalbe** gegen Flechten etc. enthält: 2,5 Extract. Sophorae tetropterae, $30,_0$ Lanolin, $25,_0$ Vaseline weiß, 2,5 Borsäure, 2,5 Rosenwasser, 0,3 Perubalsam.

2013. **Roob Boyveau Laffecteur** entspricht dem Sirup. Sarsaparill. comp.

2014. **Roob Laffecteur de Girandeau de St. Gervais** entspricht einem dünnen Sirup. Sarsaparill. comp., in welchem auf 100 T. ca. 20 T. Fliedermus und 10 T. Wacholderbeermus gelöst sind.

2015. **Rosenbalsam** von Rudolph Gohl in Berlin gegen schlimme Brust der Wöchnerinnen und offene Wunden ist schwarzes Mutterpflaster mit wenig Wachszusatz. 50 g = *M.* 1,50. (Hager.)

2016. **Rosenbalsam, Poitrinage de Rose,** von Joh. Wilhelm Becker in Fredeburg (Westfalen) gegen alle möglichen Leiden: 40 T. Baumöl, je 20 T. Schweinefett, ungesalzene Butter, Talg, Wachs und Bleiglätte werden bis zur braunen Farbe gekocht und noch 5 T. Schwarzpech zugeschmolzen. 30 g = *M.* 0,75. (Hager.)

2017. **Rosen- und Wunderpflaster,** Christs, ist Empl. fusc. camph. mit 3% Bernstein, 1% gebranntem Alaun und 5% Perubalsam.

2018. **Röst-Maltin** ist im Vakuumapparat schaumig getrocknetes Malzextrakt, welches in Form von 10—15 mm im Durchmesser starken Kugeln in den Handel gebracht wird.

2019. **Roter englischer Blister** (Stevens Ointmont) ist eine 13% Quecksilberjodid enthaltende Spatsalbe.

2020. **Rotlaufmittel** von dem Apoth. M. Fuchs in Mohrungen ist eine Mischung von holzessigsaurem Eisen und Holzteer. (P. Lohmann.)

2021. **Rotlaufmittel** für Schweine von Tierarzt Hediger besteht vorherrschend aus Foenum Graecum, daneben enthält es 30,8% Mineralsubstanzen, wie Kreide, Sand und Tonerde. (Berner Kantonchemiker.)

2022. **Rotlaufmittel** besteht aus 16,9 T. Eisenchlorid, 24,2 T. offizineller Salzsäure, 0,1 T. Salizylsäure, 5 T. 90 prozentigem Alkohol und 53,8 T. Wasser. (K. Thümmel.)

2023 **Rotlaufsalbe** A. Leberechts von Herm. Musche soll aus Wachs, Fett und Pech bestehen. Buchse *M.* 0,75.

2024. **Rotlaufschutz** von Ad. Haugk in Gnadenberg i. Schl. ist ein Auszug von indifferenten Vegetabilien, Arnika- oder Angelicawurzel mit 35 prozentigem Alkohol. 5 g = *M.* 1. (O. Richter.)

2025. **Rotlauftinktur** A. Leberechts von Herm. Musche in Magdeburg soll ein Auszug aus Agosturarinde mit Campeche- oder Pernambukholzzusatz sein. 20 g = *M.* 1.

2026. **Rotzkrankheit-Mittel:** I. Ammoniac. dep. $300,_0$, Stibium sulfuratum aurantiacum $40,_0$, Hepar Antimonii $300,_0$, Sulfur sublimatum $150,_0$, Asa foetida $200,_0$, Radix Gentianae $400,_0$, Extractum Taraxaci soviel als hinreicht, um eine Pillenmasse zu bilden, aus welcher 44 Pillen geformt werden. Morgens und abends zwei Stück bei guter Nahrung. — II. Ammoniac. depuratum $250,_0$, Stibium sulfuratum nigrum $300,_0$, Sulfur sublimatum $250,_0$, Asa foetida $200,_0$, Semen Phellandrii, Radix Gentianae, Fruct. Juniperi je $200,_0$. Morgens und abends $30,_0$ unter das Futter getan und 4—6 Wochen anhaltend gebraucht. (Dürchnor.)

2027. **Rotzkrankheit-Präservativ** ist ein Pulver aus je 2 T. Sem. Foenugraec., Summ. Sabinae und Fruct. Juniperi, 8 T. Stibium sulfuratum nigrum und 3 T. Kal. carbon. (Bürchner.)

2028. **Rohrzucker, Herforder Stop-Bonbons,** Präservativ- und Heilmittel gegen Durchfall der Säuglinge enthalten neben Zucker eine sehr geringe Menge Gerbstoff, vielleicht von Potentillaarten herrührend. (Hager.)

2029. **Royal Embrocation,** Elimans, besteht aus 1 T. Ätzkali, 13 T. venezianischer Seife, 24 T. Terpentinöl, 18 T. Thymianöl, 6 T. Bernsteinöl und 700 T. Wasser.

2030. **Rückenmarksleiden-Heilmittel** von Dr. Hartmann, Wien I, Lobkowitzplatz 11, besteht in vier Medikamenten. I. Einreibung: Parfümierter Seifenspiritus. II. Tropfen: Äpfelsaure Eisentinktur und aromatische Tinktur gleiche Teile. III. Pulver zum Einnehmen: Bromkalium. IV. Badepulver: Doppeltkohlensaures Natrium mit einem eisenhaltigen Farbstoff. (Karlsr. Ortsges.-Rat.)

2031. **Ruhligs Heilstein** zum Heilen von Wunden: Zusammengeschmolzene Masse aus Alaun, Eisenvitriol und etwas Kupfervitriol.

2032. **Ruhligs Zahntropfen:** Ungleichförmige Mischung, die Kampher, flüchtige ätherische Öle, Alkohol und Ammoniak enthält.

2033. **Runzeln, Mittel dagegen,** in Berlin vertrieben, ist mit gebranntem Alaun verriebenes Mark einer Kernfrucht (vielleicht Nußmark).

2034. **Russisch-Bitter-Kamillengeist** aus Wien ist ein weingeistiger Auszug von Kamillen, Ingwer und Rhabarber. (Innhauser.)

2035. **Saccharosolvol** ist ein Salizylsäure enthaltendes Organpräparat aus Rückenmarksubstanz.

2036. **Safe Cure Medicines,** Warners, sind **Safe Kidney Cure** für Nieren-, Blasen- und Leberleiden, **Safe Pills, Safe Nervine, Safe Diabetes Cure, Safe Rheumatic Cure, Safe Yeast and Tippecanoe** für Dyspepsie, Malaria und Schwindsucht. — Die **Safe Kidney Cure** ist eine braune Flüssigkeit in flachen Flaschen zu $500{,}_0$ Inhalt, welche ein Infusum von etwa $30{,}_0$ Fol. Hepatic. trilob. und vielleicht noch von den Blättern von Gaultheria procumbens darstellt, in welchem nahezu $15{,}_0$ Kalisalpeter, $45{,}_0$ Glyzerin, $60{,}_0$ Alkohol und etwas Wintergreenöl gelöst sind. (Stearn.) — **Safe Cure,** Warners, enthält nach Angabe des Fabrikanten virg. Wolfsfußkraut $20{,}_0$, Edelleberkraut $15{,}_0$, Gaultheria-Extr. 0,5, Kalisalpeter 0,5, Weingeist $80{,}_0$, Glyzerin $40{,}_0$, dest. Wasser $375{,}_0$. — Goldmann fand in 100 T. Glyzerin 5,2, Alkohol 7, Kaliumnitrat 4,7, Extrakt 1,2 T. Das letztere zeigte die Eigenschaften von Extr. Liquirit. Ob statt dessen der Auszug der Blätter von Anemone hepatica oder triloba beteiligt ist, läßt sich nicht entscheiden. Parfümiert ist die Salpeterarznei mit Wintergrünöl. — **Safe Pills,** Warners, sind Pillen aus Aloe, medizinischer Seife, Altheepulver und Süßholzextrakt; dieselben enthalten 4,72% Feuchtigkeit, 25,49% Rohrzucker, 12,53%

Stärkemehl und einzelne Pflanzengewebteile, 58,02 harzige (aloehaltige) Bestandteile. Jede Pille enthält im Durchschnitt 0,12 g Aloe.

2037. **Sagradabohnen** von C. Stephan, Dresden, sind Dragées, die je 0,5 g Cascara-Sagrada-Extrakt enthalten und mit Kakao überzogen sind.

2038. **Salbe** des Abbé Du Bec ist Unguentum basilicum.

2039. **Salbe** des Abbé Pipon entspricht dem Unguentum basilicum.

2040. **Salbe, gelbe,** von Delort, entspricht dem Unguentum flavum.

2041. **Salbe gegen Beinwunden** von Brüning enthält 75% Bleikarbonat und Bleiwasser und 25% Fett. (L. van Itallie.) (Apoth.-Ztg.)

2042. **Salbe gegen Fallsucht,** von Frau F. Dozfay in Pest besteht aus 32% Zucker, 68% gekochtem Bilsenkrautöl, parfümiert mit etwas Zitronenöl. Preis *M.* 100. (Molnar.)

2043. **Salbe gegen Hautausschlag** des Drogisten Naedgeler in Berlin ist eine Chrysarobinsalbe. (Bischoff.)

2044. **Salbe gegen Spath der Pferde** vom Tierarzt Ernst aus Halle enthält 0,5 Sublimat, 0,2 Knochenkohle, 0,6 Jodkalium in 7,5 Cantharidensalbe. Preis *M.* 3. (Hager.) — Jodquecksilber 0,6, Cantharidensalbe 0,6, Schweinefett 4,$_0$. (Merk.)

2045. **Salbe** von Holloway wird bereitet aus 10 T. Cera flava, 10 T. Cera alba, 25 T. Resin. Pini alba, 50 T. Adeps suillus und 75 T. Ol. Olivar. — Ein Gemisch von 125 T. Cera alba, 30 T. Cera flava, 30 T. Terebinthina, 250 T. Resina alba, 30 T. Cetaceum, 500 T. Adeps, 625 T. Ol. Olivar. (Dorvault.)

2046. **Salbe** des Tapezierers Müller in Berlin gegen Hämorrhoiden etc. ist ein Gemisch aus ungefähr 3,$_0$ Baumöl, 1,5 Wachs, 1,$_0$ Kolophonium, 1,$_0$ Talg, 5 Tropfen Rosmarinöl, 2 Tropfen Thymianöl. Preis *M.* 0,75. (Hager.)

2047. **Salbe** von Pidérit, zum Reifen der Geschwüre, ist ein Gemisch aus 25 T. Honig, 25 T. Zwiebelmus, 5 T. Wachs, 5 T. Fichtenharz und 5 T. schwarzer Seife.

2048. **Salbe** von Singleton ist ein Gemisch aus 5,$_0$ Schwefelarsen und 120,$_0$ Schweinefett.

2049. **Salbe** des Einsiedlers Johann Treitler, **Einsiedlersalbe,** besteht aus 3 T. kampherhaltigem Mutterpflaster, 1 T. Baumöl oder ungesalzener Butter und 3 T. Teer. (Hager.)

2050. **Salbe** Schlumbergers besteht aus je 4 T. gepulvertem Wermutkraut und Kalmusrhizom und 1 T. gepulvertem roten Sandelholz mit 40 T. Schweineschmalz.

2051. **Sal electro-chemicus** zu den elektro-chemischen Bädern besteht aus 500,$_0$ trockenem kohlensaurem Natrium, 100,$_0$ Chlornatrium, 20,$_0$ phosphorsaurem Natrium, je 10,$_0$ trockenem schwefelsaurem

Natrium und Borax, je $2,_0$ Bromkalium, Jodkalium und Eisenvitriol, $1,_0$ Rosmarinöl, $1,_0$ Thymianöl und 0,5 Lavendelöl.

2052. **Sal Grégory** besteht aus salzsaurem Morphium und salzsaurem Codein.

2053. **Salogen** ist ein eisenhaltiges Mutterlaugen-Badesalz.

2054. **Salsepareille-Cambresy** von Apoth. C a m b r e s y in Luik gegen Krankheiten der Geschlechtsorgane, besteht aus einem Dekokt von Sarsaparille und Sassafras mit einem Zusatz von Jodkalium und etwas Spiritus.

2055. **Salseparilla of Bristol** ist ein Gemisch von Sirup. Sarsaparill. comp. mit Selterwasser, aromatisiert mit Gaultheriaöl.

2056. **Salud,** eine englische Spezialität gegen Harnkrankheiten, soll das Fluidextrakt aus Jacaranda lancifolia sein.

2057. **Salzseife** von A c k e r m a n n gegen allerlei Hautübel ist eine aromatisierte und mit Kochsalz versetzte Seife.

2058. **Salztinktur, Tinct. salina** der K ö n i g s e e r Olitätenhändler besteht aus 1½ l Spießglanztinktur, 1 l Hölzertinktur, je $15,_0$ Bernsteinöl und Sassafrasöl, $8,_0$ Perubalsam. (R i c h t e r.)

2059. **Salviol** ist eine weingeistige Essenz aus Salbeiextrakt, Ratanha, Salol und Glyzerin. Anwendung: bei Kehlkopf-, Hals- und Mundkrankheiten zum Gurgeln. Fabrikant: Engelapotheke in Mühlheim a. Ruhr.

2060. **Samariter,** Universallikör Dr. H u f n a g e l s von E. K r e p l i n in Lehrte besteht aus $25,_0$ Weingeist, $16,_0$ Zucker, $161,_0$ Wasser und einem Auszug aus Galgant und Zitwerwurzel nebst rotem Fruchtsaft. (H a g e r.)

2061. **Sanct-Jacobsöl** von A. V o g e l e r & C o. in Baltimore gegen Rheumatismus etc. ist Terpentinöl, mit etwas Rosmarin- und Lavendelöl versetzt und mit Alcanna oder Santel schwach rot gefärbt. 100 g = 50 Cents = *M.* 2,20. — Eine Auflösung von je 1 T. Kampher, Äther, Dostenöl, 2 T. Terpentinöl, ¼ T. Catechu in der nötigen Menge Alkohol. (W. W y m a n n.) — 2 T. Capsicumpulver mit 32 T. Chloroform ausgezogen, in der filtrierten Tinktur 32 T. Kampher gelöst, dann 32 T. Sassafrasöl, 32 T. Olivenöl und 192 T. Terpentinöl zugesetzt.

2062. **Sanct-Jacobstropfen** von O. A l b e r t s in Berlin sind ein spirituöser Auszug indifferenter Pflanzenstoffe mit etwas Rhabarbertinktur. (B i s c h o f f.)

2063. **St. Maria vegetabilisches Magenelixir** aus Wien ist eine stark alkoholische Lösung von Bitterstoffen (Enzian), Harzen und Zucker mit Chlorophyll, Zimtöl und Nelkenöl. (Wiener Stadtphysikat.)

2064. **Sanjana-Heilmethode** ist der Name eines angeblich von einem M i q u e l S a n j a n a erfundenen Heilverfahrens, dem durch eine in Egham in England bestehende Gesellschaft, Sanjana-

Company, allerwärts Eingang verschafft werden soll. Zwei solcher Mittel gegen Schwäche des Nervensystems, speziell der zentralen Teile Gehirn und Rückenmark, waren zwei Flüssigkeiten, die eine ein mit Chloroform parfümierter wässeriger Auszug von Faulbaumrinde, die andere eine mit Bittermandelöl aromatisierte Lösung von Bromammonium und Bromnatrium. (Karlsr. Ortsges.-Rat.) — **Nr. V** sind 196,7 g einer weingelben, klaren Flüssigkeit von salzig bitterem Geschmack, schwach weinigem Geruch, von neutraler Reaktion und 1,0357 spez. Gew., in 100 T. enthaltend 3,89 Alkohol, 3,05 Bromnatrium, 3,25 Bromammonium, 0,06 Chinin, 0,05 Farbstoff und 89,7 Wasser. — **Nr. VII** sind 212,9 g einer rotbraun gefärbten, trüben Flüssigkeit von 1,0120 spez. Gew., bittersüßem Geschmack und spirituösem Geruch, in 100 T. enthaltend 10,31 Alkohol, 4,68 Zucker, 3,21 frangulinhaltiges Extrakt, 0,09 Mineralbestandteile, 81,71 Wasser, so daß sie als ein mit Alkohol und Zucker vermischter wässeriger Auszug der Faulbaumrinde (1:10) bezeichnet werden kann.

2065. **Sanitas** ist eine 8 prozentige Albarginlösung. Anwendung: zur Verhütung von Tripper.

2066. **Sanitas-Antisepsis-Lozenges** für den innerlichen Gebrauch von der Sanitas Company in London sollen pro Stück 5% löslichen Kampher enthalten.

2067. **Sanitäts-Zigarren** von Schenkers in Berlin, attestiert von Dr. Ippel, sind gewöhnliche Cigarren mit Salmiaklösung besprengt. (Hager.)

2068. **Sanitor.** Die Füllung dieses in Bedürfnisanstalten aufgehängten sog. Desinfektionsapparates soll aus einem aromatisierten Mineralöle ohne irgend welche desinfizierende Stoffe bestehen.

2069. **Sannonstäbchen** gegen Harnröhrenleiden von Jankes Laboratorium in Altona: 25 Borozinco-mangan. alumin. an Gelatinegummi gebunden.

2070. **Sannonkapseln** sollen 3 T. Salizylphenyl (= Salol), 3 T. Kubebenöl und 10 T. Santelholzöl enthalten. Fabrikant: Jankes chem. Laboratorium in Altona a. d. Elbe.

2071. **Sanosal** ist ein Brausegemisch, das außer einem Geschmacksverbesserer die Bestandteile ungarischer Bitterwässer enthält. Fabrikant: Pelikan-Apotheke in Berlin W, Leipzigerstr.

2072. **Santal-Funck,** Gelatineperlen, je 0,25 g eines Gemisches aus 90% Santalol und 10% Salol enthaltend. Fabrikant: Apotheker E. Funck, Radebeul-Dresden.

2073. **Santal Groetzner.** 50 Perlen enthalten $14{,}_0$ Santelöl, $3{,}_0$ Kubebenextrakt. Generaldepot: Hofapotheke zu St. Afra in München.

2074. **Sapal** wird eine Spiritusseife genannt, welche in Form harter Stücke sowie salbenförmig in den Handel gebracht wird. Das

Präparat soll als Heilmittel (gegen Haarkrankheiten), als Hautdesinfiziens und als Waschmittel gute Dienste leisten. Fabrikant: Arthur Wolff jr. in Breslau X.

2075. **Sapalbin** ist ein von L. Sarason erfundenes Eiweißpräparat, das sich für alle nicht rein weißen Seifen bewährt haben soll. Es wird in Mengen von 5—10% trocken oder feucht zugesetzt und bindet reichlich Wasser.

2076. **Sapophthalum** (gebildet aus Sapo ophthalmicus neutralis) nennt P. v. d. Wielen eine neutrale Seifengrundlage für medizinische Zwecke.

2077. **Saposilic** ist eine 59% natürliches Kieselsäureanhydrid, 10% Natriumseife, gelbes Wachs, Lanolin, Borax und Stearinsäure enthaltende Seife. Anwendung: statt Schleichscher Marmorstaubseife. Fabrikant: Chemische Werke Hansa, G. m. b. H. in Hemelingen.

2078. **Sarepta-Balsam** ist ein mit Curcuma gefärbtes Destillat aus Kalmusrhizom, Lavendelblüten und 65% Weingeist. (Marggraff.)

2079. **Sarsaparillian Ayers** besteht aus einer Jodkalium enthaltenden Süßholz- und Sarsaparillwurzelabkochung, welche mit Alkohol, Zucker und geringen Mengen ätherischer Öle versetzt ist. (Aufrecht.)

2080. **Sarsaparillian** von F. Ad. Richter & Co. in Nürnberg ist a) ein mit Spiritus und Honig versetzter, 1% Jodkalium enthaltender Auszug aus Sarsaparilla und Chinawurzel. (Neuerdings ist der Jodkaliumgehalt ganz entschieden bestritten worden!) Preis *M.* 10, *M.* 4,50 und *M.* 2,50. — b) ein Dekokt, welches Smilacin und Chinaalkaloide, Pflanzengummi, Bittermandelöl, Spuren Blausäure und organische Säuren (Zitronensäure, Weinsäure) enthält.

2081. **Sauerkalk** von Dr. Schoepfer enthält Natriumbikarbonat und Calciumphosphat. (Paulcke.)

2082. **Sauerstoffwasser** von Krebs, Kroll & Co. in Berlin besteht in 340 ccm Wasser, welches 40,5 ccm Sauerstoff, 7,4 ccm Stickstoff und 8,7 ccm Kohlensäure enthält. (Kremer.)

2083. **Scabiol,** ein Krätzemittel, enthält 20% Styrax, Spiritus und Seife.

2084. **Scavuline** sind mit einer Zuckerhülle überzogene Pillen, welche pro dosi enthalten: Phthaléine-di phenylate, Extr. Cascar. sagrad. sicc. und Extr. Rhei comp. aa 0,05 g. Fabrikant: Gablin & Cie in Paris.

2085. **Schäfermittel der Grafschaft Glatz** ist Fett mit Glyzerin und Rosenöl. (Gscheidlen.)

2086. **Schafwolle, präparierte,** von G. Seifert in Dresden gegen Gicht, ist mit salizylsaurem Natrium imprägnierte Watte. 1 Paket = *M.* 3. (Karlsr. Ortsges.-Rat.)

2087. **Schamyl** des Drogisten Trantow in Berlin gegen Gicht und Rheumatismus ist eine Mischung aus flüchtigem Liniment mit ätherischen Ölen (Lavendelöl), Chloroform und einem Auszug alkaloidischer Stoffe ohne nähere Bestimmbarkeit (Opiumtinktur.)

2088. **Scheu-Fu** des Dr. Schöpfer soll aus geschnittener Artemisiawurzel mit etwas Curcuma vermischt bestehen. 500 g = *M.* 45.

2089. **Schlafpastillen** von F. Ochernal in Dresden sind kleine viereckige, 0,6—$1,_0$ g schwere Täfelchen, zu je 3 in Stanniol gehüllt, bestehend aus käuflichem Lakritzen. 60 Stück = *M.* 5. (Schädler.) — Nach anderweitigen Untersuchungen sollen die Pastillen neben anderen Bestandteilen Morphium enthalten.

2090. **Schlag- und Nervenwasser** des Kaufmanns August Hemme in Hannover, Vahrenwalderstr. 6, ist eine rot gefärbte alkoholische Lösung ätherischer Öle, namentlich Nelkenöl enthaltend. Preis *M.* 4. (Karlsr. Ortsges.-Rat.)

2091. **Schlagwasser** von Roman Weißmann in Vilshofen ist eine mit etwas Ratanhia- oder Kinotinktur versetzte Arnikatinktur. Preis *M.* 8.

2092. **Schlesischer Fenchelhonig-Extrakt** ist ein mit viel Stärkesirup vermischter Fenchelhonig. (Beythien.)

2093. **Schlossareks Eukalyptusbonbons** gegen Husten und Heiserkeit, Hauptniederlage bei C. Ackermann in Berlin, Oranienstraße 144. Bestandteile: Eukalyptusöl 2,5, Weinsäure 7,5, Gerstenextrakt 12, Kakao 50, Pfefferminzöl 1,2, Bonbonmasse 1070 zu 700 Bonbons.

2094. **Schmalbachs Magen- und Blutreinigungspillen** gegen Verdauungsbeschwerden, Blähungen, Sodbrennen, Stuhlverstopfung, sollen aus Chinarindenextrakt 2,5, Extract. Rhei comp. 1,5, Extract. Gentianae $3,_0$ bestehen. Fabrikant: P. Schmalbach in Montzen; Hauptdepot: Engel Apotheke in Aachen.

2095. **Schmerzstillende, nervenberuhigende Essenz** von C. L. Küster gegen Rheumatismus, Blutstockungen und schmerzende Nervenleiden besteht aus $1,_0$ Kreosot, $1,_0$ Rosmarinöl, $3,_0$ Gewürznelkenöl, $4,_1$ Spiritus und 2,5 Äther. Preis *M.* 1. (Hager.)

2096. **Schnellmastpulver** von R. Hübner in Kulm ist eine Mischung aus 7,56% Kochsalz, 8,08% kohlensaurem Kalk, 15,56% Schwefelantimon, 55,49% Anis, Fenchel, Süßholz und Getreidemehl neben 13,31% Feuchtigkeit. 500 g = *M.* 2. (Karmrodt.)

2097. **Schnupfpulver gegen Nasenkatarrh** von Aeschlimann besteht aus $25,_0$ fein gepulvertem Naphthalin, $25,_0$ Borsäurepulver, $1,_0$ Kamphorpulver, $1,_0$ Extrait de Violette, 0,01 Rosenöl und 0,01 Patschuliöl.

2098. **Schnupfpulver** von Léchelle besteht aus 0,5 Tannin und je $100,_0$ gepulverten roten Rosen und Zucker.

2099. **Schnupftabak, Schneeberger** der Königseer Olitätenhändler ist eine Mischung von 2 kg Mehl, $125,_0$ weißer Nießwurz, $8,_0$

Bergamottöl, 4,0 Zitronenöl, 2,0 Zimtkassienöl und je 1,25 Lavendel- und Sassafrasöl. (Richter.)

2100. **Schützes Ausschlagsalbe** soll 1% Hydrargyrum praecipitatum album, sowie Zinkoxyd und Perubalsam enthalten. Fabrikant: Ed. Wildt, Bad Köstritz.

2101. **M. Schützes Blutreinigungspulver,** fabriziert von Eduard Wildt in Köstritz (Reuß) besteht angeblich aus: Chlornatrium 5,0, Magnesiumsulfid 65,0, Natriumbikarbonat 25,0, Kaliumsulfid 35,0, Bismutsalizyl. 0,3, Lithiumkarbonat 0,3, Weinsäure 15,0. (Die Sulfide sind wahrscheinlich Sulfate!)

2102. **M. Schützes Universalheilsalbe.** Bestandteile: Cinnamyl-Salizylsäure 505,0, Siamharz-Benzoesäure 250,0, Perubalsam 240,0, Myrrhentinct. 105,0, amerikan. Vaseline 12,5 kg, officin. süß. Mandelöl 1,5 kg, Styrol 50,0, Zinkoxyd 2,5 kg, gerein. gelb. Bienenwachs 2,4 kg, konzentr. Vasogen 12,5 kg, M. f. l. a. ungt. molle.

2103. **Schutz, persönlicher,** von Laurentius in Leipzig. Eine versiegelte Broschüre für *M.* 4. Die empfohlenen Heilmittel bestehen in Flüssigkeiten und in Pillen, erstere nicht immer von gleicher Zusammensetzung. I. 3,75 Chinin. sulfuric., 7,5 Eisenchloridflüssigkeit, gelöst in 1200,0 Weißwein und 1800,0 Wasser. Preis einer Flasche *M.* 120. (E. Hoyer.) — II. Chinin sulfuric. 3,75, verdünnte Schwefelsäure 3,0, Cascarilltinktur 10,0, Chinatinktur 10,0, Weißwein 40,0, Hoffmannstropfen 30,0, Eisenchloridflüssigkeit 9,5, Wasser 1440,0. (G. Krause.) — III. Lärchenschwamm 0,5, Mastix 0,75, Aloe 1,85, Glyzerin 0,5 zu 60 Pillen geformt. Täglich 4—6 Stück.

2104. **Schutz- und Heilmittel gegen Cholera, Pocken und Blattern** von Carl Barthélemy in London, innerlich und als Klystier empfohlen, ist ein Auszug verschiedener Pflanzen, unter denen sich ein wenig Rhabarber mit Sicherheit nachweisen läßt. (P. Lohmann.)

2105. **Schutzmittel gegen geheime Krankheiten** von A. Wiedmer, approb. Apotheker und Naturarzt, besteht aus 180,0 Wasser und 4,0 schwefelsaurem Blei. Preis *M.* 3. (Schädler.)

2106. **Schwäbische Blutreinigungspillen** des Zentralsanitätsbazar zum roten Kreuz in Stuttgart von Th. Lutz Nachf. C. Nordhof. Zusammensetzung unbekannt.

2107. **Schwefelpuder,** gegen Acne von Schütz empfohlen, besteht aus gleichen Teilen Sulfur depur., Calc. sulfuratum und Calc. phosphoricum.

2108. **Schweinepulver** von Dr. Gustav Swoboda gegen laufenden Brand enthält 34 T. graues Schwefelantimon, 16 T. Kreide mit weißem Bolus, 5 T. Schwefelblumen, 30 T. Chilisalpeter, 8 T. Enzianpulver. Preis *M.* 1 und *M.* 2. (Hager.)

2109. **Schweizer Bergwurzel,** die gegen Zahn- und Kopfschmerzen und andere Leiden von Brand Schwolholm in Groningen empfohlen wird, ist Ingwerwurzel. (Pharm. Weekbl.)

2110. **Schweizer Alpenkräuterpulver** von Bruchartz Dr. Krüsi in Gais in Appenzell ist eine Mischung von gerbstoffhaltigen Pflanzenteilen mit Eisenoxyd, Zucker und weinsaurem Natrium. 150 g = *M.* 3. (Ortsgesundheitsrat Karlsruhe.)

2111. **Schweizerisches Einstreupulver für Kinder:** 15 T. gebrannter Alaun, 15 T. Borsäure, 150 T. Calciumkarbonat, 250 T. Stärke, 3 T. Karbolsäure und 5 Tropfen Zitronenöl werden innig gemischt. (Union pharmaceutique.)

2112. **Schweizer-Pillen** von Richard Brandt in Zürich wurden von dem Verfertiger zu verschiedenen Zeiten in ihrer Zusammensetzung verschieden angegeben. Die neueste Vorschrift soll lauten: 2,$_0$ Aloeextrakt, Pulver M/30, 2,$_0$ Wermutextrakt, 2,$_0$ Bitterkleeextrakt, 2,$_0$ Ivaextrakt (von Achillea moschata), 3,$_0$ Bergpetersilienextrakt (von Solinum Oreoselinum), q. s. Enzianwurzel, Pulver M/50. Man stellt 100 Pillen dar. Nach den Untersuchungen von Feldhaus enthalten dieselben etwa 37% Aloe (nicht Aloeextrakt) und 50% Enzianwurzelpulver, die mit Enzian-, Bitterklee- oder Wermutextrakt zur Pillenmasse verarbeitet sind.

2113. **Schweizer-Pillen,** verbesserte, von A. Brandt in St. Gallen sollen nach folgender Vorschrift bereitet sein: Extr. Cascar. sagrad. 2,$_0$, Aloes, Rad. Gentian. pulv. aa 4,$_0$, Extr. fol. Cocae 0,5, Extr. Rhamni Frangul., Sap. medicat. aa q. s. Ol. Santal. Ind. gutts. 11 ut fiant pilul. 80. Dosis 1—3 Pillen.

2114. **Schweizers antiseptische Pessarien** enthalten 0,03 g Chinosol, 0,03 g Chininsulfat und 1,8 g Kakaoöl.

2115. **Schweizer Universaltee** des Hof- und Med.-Rats Dr. Schwarz von der Firma H. A. Weinert besteht aus Folia Sennae, Cortex Frangulae, Flores Millefolii, Flores Lavandulae.

2116. **Schwindsucht- und Blutspeienmittel** von Moseley ist eine mit Cochenille rot gefärbte Lösung von 6 T. Zinc. sulfuric und 4 T. Alumen in 480—600 T. Aqua.

2117. **Schwindsuchtmittel** für Brust- und Lungenkranke, ist Tee und Brustgelée, letzteres aus mit Zucker versetzten, unreinlichen Pflanzenabkochungen bestehend. Preis *M.* 6. (Karlsr. Ortsges.-Rat.)

2118. **Schwindsuchtmittel** von Freytag besteht in einer Latwerge, welche im wesentlichen eine verdickte Abkochung von Malz, schleimigen Pflanzenstoffen und Obst enthält.

2119. **Schwindsuchtmittel,** Sherars, wird bereitet aus Extr. Cannabis Ind. 60,$_0$, Extr. Salicis Cort. 90,$_0$, Extr. Marrubii 8,$_0$, Extr. fol. Bucco 12,$_0$, Extr. Tormentillae 90,$_0$, Extr. Helenii 4,$_0$, Cort. Chinae pulv. 60,$_0$, Sacchar. 500,$_0$, mit 400,$_0$ siedendem Wasser übergossen, dann 200,0 kaltes Wasser und 300,0 Rum hinzugefügt, nach zweitägiger Mazeration abgepreßt und filtriert.

2120. **Schwindsuchtmittel** des Apoth. Melchior Stephan in Constadt, Oberschles., besteht neben geschriebener Gebrauchsanweisung aus 15 Paketchen Tee, jedes 22—23 g schwer und bestehend aus Isländischem Moos, Bittersüßstengeln, Tausendgüldenkraut und Ochsenzungenblättern. Preis *M.* 5. (A. Selle und Hager.)

2121. **Schwindsuchtmittel** von Winiker ist das trockene Kraut von Hieracium umbellatum. (Hager.)

2122. **Scotch Vats Essence,** eine in den Vereinigten Staaten als nervenstärkendes und Gehirn kräftigendes Mittel vielfach angepriesene Flüssigkeit, enthält über 0,12 g Morphin. (Eccles.)

2123. **Sedative Pills** von Gunther, ein nordamerikanisches Geheimmittel, bestehen aus 50 T. Asa foetida, 50 T. Baldrianextrakt, 3 T. Belladonnaextrakt, 1 T. Zinkoxyd, 2 T. Castoreum, zu Pillen geformt. Dosis 2—6 dg, zweimal täglich, bei Cholera.

2124. **Seemanns Heilmittel gegen Fallsucht:** Lösung von Bromkalium mit Alkohol und Extraktivstoffen von Baldrian und Spuren von Pfefferminzöl.

2125. **Seife, prophylaktische** von Pfeiffer ist eine steife Masse aus 5,0 Sublimat, 2,5 Salmiak, 5,0 Tannin, 40,0 Chlorkalk, 400,0 gepulverter Natronseife, 50,0 Thujatinktur, 2,0 Nelkenöl und der nötigen Menge Wasser.

2126. **Sel Boergrave** ist Bittersalz. 60 g = *M.* 0,60. (E. Pfeiffer.)

2127. **Sel désopilant** von Audin-Rouvière ist ein pulvriges Gemisch aus gleichen Teilen nicht gereinigten Kaliumsulfats und Natriumsulfats, versetzt mit $^1/_5$% Brechweinstein.

2128. **Sel désopilant** von Guindre in Paris ist wasserfreies Glaubersalz. 6 Päckchen à 125 g = *M.* 3,20. (Helmsauer.)

2129. **Sel martial** von Lagrésie ist ein Pulvergemisch aus 2 T. zerfallenem Ferrosulfat und 1 T. Kaliumkarbonat. (Dorvault.)

2130. **Sel de Rivière** ist Eisenvitriol.

2131. **Selbsthilfe** von Dr. Ernst in Wien gegen die Folgen geschlechtlicher Erkrankungen. Homöopathische Pulver und Pillen, in ersterem nur Milchzucker nachweisbar, die letzteren aus Streukügelchen bestehend. Preis *M.* 11,10. (Karlsr. Ortsges.-Rat.)

2132. **Selbstschutz,** ein Schutzmittel gegen geschlechtliche Ansteckung nach Dr. Grosse, besteht aus Quecksilberoxycyanidlösung 1 : 1000 und einer Mischung aus Lanolin und Vaselin. (D. Med. Wschr. 1905, Nr. 12.)

2133. **Senega-Pastillen** der Germania-Apotheke von Gustav Kötz in Leipzig sind Pastillen aus einem Gemisch von Zucker und Milchzucker mit dem Fluidextrakt der Senegawurzel bereitet. Schachtel *M.* 0,50.

2134. **Senfstifte** von W i t t i c h & B e n c k e n d o r f in Berlin sind 1,1 cm dicke, gelblich weiße, schwach durchscheinende Stifte in einem 6 cm langen, ca. 2 cm dicken lackierten Futteral mit Deckel in konischer Form. (H a g e r.)

2135. **Seng** ist eine Essenz aus Panax Schinseng, welche als Magenmittel gebraucht wird. Bezugsquelle: G. u. R. F r i t z in Wien.

2136. **Senna Cordial,** ein Abführmittel, von welchem 100 ccm 65 g von Folliculi Sennae alex. entsprechen. Fabrikant: P a r k e , D a v i s & C o.

2137. **Serapion-Zeltchen** von Dr. S c h l e m m in Berlin gegen Husten etc. sind 30 Zeltchen im Gewicht von 90 g, jedes Zeltchen in Form eines sechseckigen stumpfen Kegels in Stanniol gehüllt. Sie bestehen aus Dextrin, Gummi und Zucker, nebst Aufguß einer Spur Brusttee und Sternanis. Preis *M.* 1. (H a g e r.)

2138. **Sesamin** ist eine Sesamölemulsion, die als Lebertranersatz empfohlen wird. Fabrikant: Apotheker L. S c h e y e r in Ostrowo.

2139. **Shaker-Extrakt** von E l n a i n & C o. in Frankfurt a. M. ist angeblich ein Auszug von Iris versicolor, Leptandra virginica, Stillingia officinalis, Juglans regia, Gaultheria procumbens, Taraxacum, Actaea racemosa, Gentiana rubra, Hydrastis canadensis, Evonymus atropurpureus, Capsicum annuum, Aloe, Sassafras, versetzt mit Borax, Salzsäure, Zucker und Podophyllin. Ein ähnliches Präparat liefert nachstehende Mischung: Extr. Gentian. 20,$_0$, Extr. Centaurii min., Extr. Marrubii, Extr. Aurantii cort., Extr. Tormentill. je 7,5, Aloes 1,5, Borac. 2,5, Aq. Cinnam. 50,$_0$, Aq. Rosar. 100,$_0$, Tinct. Capsici 25,$_0$, Ol. Sassafras 5 Tropfen, Ol. Anisi stellat. 2 Tropfen, Acid. hydrochl. 5,$_0$. 60 g $= M.$ 2,50. (H a g e r.)

2140. **Siccin** des Apoth. C. S p i t z m ü l l e r in Wien, in die Nase zu stecken gegen Schnupfen, schädliche Ausdunstungen, Staub etc. ist ein 3 dg schweres, mit Anilin rot gefärbtes Bäuschchen Baumwolle. Preis *M.* 1. (P r i b r a m.)

2141. **Siegestropfen, deutsche,** von S c h m i d t sind 480,$_0$ einer braunen, angenehm süß, geistig und aromatisch schmeckenden Flüssigkeit, enthaltend 5% in verdünntem Weingeist lösliche Bestandteile der Nelken und Orangenschalen, 29% Zucker, 36% Alkohol, 30% Wasser, (W i t t s t e i n.)

2142. **Silajit,** ein orientalisches Heilmittel, kommt in dreifacher Art vor: 1. eine **braune,** die mehr oder minder verunreinigtes Aluminiumsulfat ist; 2. eine **schwarze,** die, obwohl sie viele mineralische Stoffe enthält, pflanzlichen Ursprungs sein soll. Hauptbestandteile der Asche sind die Karbonate von Calcium, Magnesium, Kalium und Natrium, der Hauptbestandteil der organischen Stoffe ist eine Säure, die der Huminsäure verwandt ist; 3. eine **weiße** ist unreiner Harnstoff, wahrscheinlich eingedickter Harn. Empfohlen wird es als Verdauungs- und Abführmittel, sowie zur

Anregung der Atmung und Aushustung als auch zur Regelung der Herztätigkeit und schließlich bei Leberleiden. (H o o p e r.)

2143. **Silberseife** (S a p o a r g e n t e u s), d. h. Vorbindungen von Silber mit verschiedenen Fettsäuren, hat A. G a w a l o w s k i in Raitz bei Brünn hergestellt. Er bringt ein Argentum oleopalmitinostearinicum, -oleinicum, -palmitinicum, -stearinicum, -linoleinicum und -oxylinoleinicum in den Handel und empfiehlt diese Präparate als Ersatzmittel für Argentamin und andere Silberverbindungen, sowie zu kosmetischen und photochemischen Zwecken.

2144. **Silin** ist ein als Hexamethylentetramin. citrosilicicum bezeichnetes Urotropinpräparat. Es wird bei harnsaurer Diathese in einem natürlichen, alkalisch-erdigen Brunnen getrunken. Infolgedessen kommt es als S i l i n b r u n n e n in den Handel. Dieser enthält in 1 l 3 g Silin, 8 g Natriumchlorid, 2 g Natriumbikarbonat, 2 g Calciumkarbonat, 0,5 g Magnesiumsulfat, 4,5 g freie Kohlensäure. Bezugsquelle: „P h a r m a c i a" in Bad Lippspringe.

2145. **Silphium Cyrenaicum,** gegen Brust- und Halskrankheiten, geprüft von Dr. L a v a l , eingeführt und bereitet durch die Apoth. D e r o d e & D e f f è s in Paris, besteht in $15,_0$ einer etwas trüben grünbraunen Flüssigkeit von mäßig bitterem Geschmack und ist der mit etwas Weingeist versetzte, frisch ausgepreßte Saft eines Laserkrautes, wahrscheinlich des Laserpitium Gallicum oder Ruthenicum. Preis *M.* 2. (H a g e r.)

2146. **Silvana-Essenz,** die mittels des Silvana-Desinfektors zur Verdunstung gelangt, um die Zimmerluft zu reinigen, enthält die ätherischen Öle verschiedener Nadelhölzer und ihrer Sprossen. Fabrikant: Chemische Fabrik M a x E l b , G. m. b. H. in Dresden.

2147. **Silvanol** nennt die Chemische Fabrik M a x E l b , G. m. b. H. in Dresden, ein Arnika-Benzoe-Glycerolat. Anwendung: zur Wundheilung 10—20 Tropfen auf ein Glas Wasser, zur Herstellung von Mundwasser 10 Tropfen auf ein Glas Wasser. (Pharm. C.-H.)

2148. **Siphoninpflaster,** Dr. J. A l b e r t s , gegen Gicht, Erkältung etc., enthält dieselben Bestandteile wie das gewöhnliche Emplastr. fuscum. Preis *M.* 1. (Karlsr. Ortsges.-Rat.)

2149. **Sirop antiarthritique** von D u b o i s ist ein Sirup, bereitet aus $30,_0$ Sarsaparille, $30,_0$ Guajakholz, $500,_0$ Zucker und Wasser, gemischt mit 0,3 Opiumextrakt, $8,_0$ Guajakharz, $6,_0$ Pottasche, $5,_0$ Herbstzeitlosenwein und 1 Tropfen Zitronenöl.

2150. **Sirop antidartreux** von B e r t h o m é ist ein Sirup aus Sarsaparille, Guajakholz, Chinawurzel, Sassafras, Rhabarber, Natriumbikarbonat und Zucker.

2151. **Sirop antigoutteux** von B o u b é e in Auch stellt eine filtrierte Mischung dar aus 20 T. konzentriertem Sarsaparilladekokt, 15 T.

Guajakharztinktur, 2 T. Jalapenharz, 10 T. Senfspiritus und 200 T. konsistentem Zuckersirup.

2152. **Sirop antigoutteux** von Severin gegen Gicht und Rheuma ist ein Sirup aus 625,$_0$ bestem grob gepulvertem Kaffee, 5,$_0$ Eschenblättern, 425,$_0$ Zucker, 3 Tropfen Karbolsäure und Wasser.

2153. **Sirop antiphlogistique** von Briaut sind 1000,$_0$ Sirup bereitet aus 60,$_0$ Species bechicae, 8,$_0$ Species pectorales, 4,$_0$ Flor. Rhoeados, 90,$_0$ Gummi arabic., 60,$_0$ Mucilag. Althaeae, 30,$_0$ Mucilag. Sem. Lini, 600,$_0$ Saccharum und der genügenden Menge Wasser.

2154. **Sirop antirhachitique** von Dr. Vanier und B. Dupuy besteht aus Jodkalium, Nußextrakt, Chinasirup, gereinigtem Honig, Zuckersaft und Anisöl. (Pharm. Weekblad, Jahrg. 14, Nr. 45.) Ol. Jecoris Aselli 125,$_0$, Extr. fol. Jugland. 15,$_0$, Mel. dep. 725,$_0$, Kal. jod. 5,$_0$, solut. in Aq. dest. 6,$_0$, Sirup. Chinae 375,$_0$, Sirup. simpl. 1125,$_0$, Ol. Anisi 1,$_0$. (Grimault.)

2155. **Sirop astringent** von Chable ist eine Lösung von 10 T. Ferr. citric. ammoniat. in 300 T. Sirup. Sacchar.

2156. **Sirop au Bromure de Potassium** von Henry Mure besteht aus 100 T. Sirup. Sacchari und 10 T. Kalium bromat. (Hager.)

2157. **Sirop Bretonneau** enthält Quecksilberbenzoat und wird gegen Syphilis angewendet. Ein bis zwei Eßlöffel während 24 Stunden. Fabrikant: Maison Lancelot & Cie. in Paris, 26 und 28 rue St. Claude.

2158. **Sirop de Calabre.** 60 T. Rhizom. Irid. flor., 30 T. Rad. Gentian. und 375 T. Vin. generos. alb. werden 24 Stunden mazeriert und der Kolatur 1000 T. Succ. Mercurial. ann. dep., je 250 T. Succ. Boragin. dep. und Succ. Anchusae nebst 1500 T. Mel hinzugefügt. (Pharm. Ztg. 1887, 414.)

2159. **Sirop de dentition** von Delabarre in Prag, **Zahnsirup,** zum Bestreichen des Zahnfleisches, ist Safransirup. (Küppen.) — Ein Gemisch aus Ipecacuanhatinktur, Belladonnatinktur, Safrantinktur, Mannasirup, Rhabarbersirup und gereinigtem Honig. 15 g = *M.* 2,80. (Jeßler.)

2160. **Sirop de Deutojodure de Mercure** von Gibert ist eine Lösung von 0,04 rotem Queeksilberjodid und 2,$_0$ Jodkalium in 100,$_0$ Sirup. Sacchari.

2161. **Sirop de Foie de Soufre** von Chaussier ist eine filtrierte Lösung von 3 T. Kalium sulfurat. in 30 T. Aq. Foenicul., vermischt mit 100 T. Sirup. Sacchari.

2162. **Sirop de Goudron de Norwège** der Saxonia-Apotheke in Dresden, als Hustensaft selbst bei hartnäckigen Fällen empfohlen, ist eine gelbbräunliche Flüssigkeit von starkem Teergeruch, die in Wasser löslichen Bestandteile des Teers und Zucker enthaltend.

2163. **Sirop d'Homs** ist ein salzsaures Morphin enthaltender Sirup, mit Pomeranzenblütenwasser und Kirschlorbeerwasser aromatisiert. (Hager.)

2164. **Sirop d'Jodure de Fer et de Quinine** von Bouchardat ist eine Mischung einer filtrierten Lösung von $5{,}_0$ Jod und $2{,}_0$ Eisenpulver in $20{,}_0$ Wasser mit $1120{,}_0$ Sirupus Sacchari, welcher $1{,}_0$ Chininsulfat, mit etwas Schwefelsäure in $10{,}_0$ Wasser gelöst, hinzugefügt werden.

2165. **Sirop dépuratif** von Devergie. Je 125 T. Rad. Bardan., Rad. Lapathi acuti, Rad. Saponar., 250 T. Lign. Guajaci, 200 T. Stipites Dulcamar., 30 T. Fol. Sennae werden durch zwölfstündige Digestion mit 5000 T. heißem Wasser erschöpft, die filtrierte Kolatur bis auf 700 T. eingedampft und mit je 650 T. gereinigtem Honig und Zucker zum Sirup gemacht. — Je 125 T. Radix Bardanae, Radix Lapathi acuti, Radix Saponariae, 250 T. Lignum Guajaci, 200 T. Stipites Dulcamarae, 30 T. Folio Sennae werden 12 Stunden lang mit 5000 T. heißem Wasser digeriert, die filtrierte Kolatur auf 700 T. eingedampft und mit je 250 T. Mel depuratum und Zucker zum Sirup gemacht.

2166. **Sirop dépuratif** von Larrey. $200{,}_0$ Radix Sarsaparillae, $50{,}_0$ Lignum Guajaci, je $5{,}_0$ Lignum Sassafras und Rhiz. Chinae, je $6{,}_0$ Folia Sennae und Herba Boraginis werden mit Wasser gekocht und infundiert, und in der filtrierten Kolatur im Gewicht von $700{,}_0$ $40{,}_0$ Succus Sambuci, $500{,}_0$ Sirupus communis und $800{,}_0$ Zucker durch einmaliges Aufkochen gelöst.

2167. **Sirop du Bon Samaritain** ist ein salzsaures Morphin enthaltender Sirup, mit Pomeranzenblütenwasser und Kirschlorbeerwasser aromatisiert. (Hager.)

2168. **Sirop Follet,** dargestellt von der Maison L. Frère (A. Champigny & Cie.) in Paris 19, rue Jacob, enthält $1{,}_0$ g Chloral in 1 Eßlöffel.

2169. **Sirop pectoral** von Deslaurièrs-Vauquelin ist ein Sirup, bereitet aus einer Kalbslunge, ferner aus Isländischem Moos, Brustfrüchten (fruits pectoraux), arabischem Gummi je 2 kg, Mohnköpfen, Brusttee, Schwarzwurzel je $500{,}_0$, Thridax $125{,}_0$, Veilchensirup 6 kg, Tolubalsamsirup 3 kg und Sirupus Sacchari 40 kg.

2170. **Sirop pectoral** von Lamouroux ist ein dem vorstehenden Sirup ähnliches Gemisch, enthält aber an Stelle von Thridax im kg 1 g Opiumextrakt.

2171. **Sirop tonique antinerveux d'Ecorces d'Oranges** von Laroze ist Pomeranzenschalensirup. Gegen Nervenleiden empfohlen. Preis *M.* 3.

2172. **Sirop** von Cuisinier ist Sirup. Sarsaparill. comp.

2173. **Sirop** von Desessartz, **Sirop pectoral incisif** von Deharambure, entspricht einer Mischung von 10 T. Sirup. Ipecacuanh.,. 20 T. Sirup. Rhoeados, 40 T. Sirup. Sennae, 5 T. Sirup. Aurant. flor., 1 T. Magnes. sulfuric.

2174. **Sirop** von F e r n e l ist eine Mischung von gleichen Teilen Sirup. Althaeae, Sir. Liquirit. und Sir. Papaveris.

2175. **Sirop** von F l o n , ist ein rotgefärbter Sirup, welcher angeblich Morphium enthält.

2176. **Sirop** von L a f f e c t e u r ist Sirup. Sarsaparill. comp.

2177. **Sirop** von L a r o z e sind mehrere im Handel. Der blutreinigende enthält 1% Kaliumjodid, der schmerzstillende Bromkalium, der eisenhaltige Ferrojodid. Die Grundlage bildet Pomeranzenschalensirup.

2178. **Sirop** von L e r a s ist eine Lösung von 0,5 Natriumbikarbonat, $1,_0$ Natriumferripyrophosphat in $50,_0$ Sirup. Sacchari und $50,_0$ Sirup. Aurantii Flor.

2179. **Sirop** von P a g l i a n o in Florenz, P a g l i a n o s i r u p. Im Anhang zur italienischen Pharmakopöe (1902) ist die Zusammensetzung des Sciroppo Pagliano, preparato dalla ditta Ernesto Pagliano di Napoli, wie folgt angegeben: Scammonea d'Aleppo p. 5,60, Radice di Turbit p. 0,56, Radice di gialappa Vera-Cruz p. 4,20, Sciroppo lassativo (infuso di sena $28,_0$) ed alcool q. b. An Stelle der Turpitwurzel dürfte, wenn sie nicht vorhanden ist, ohne Schaden entsprechend mehr Jalappenwurzel zu nehmen sein.

2180. **Sirop** von S a v a r e s i ist Sirup. Sarsaparill. comp.

2181. **Sirup, antispasmodischer,** gegen den blauen Husten (Keuchhusten) von Apoth. O. D e s a g a in Straßburg ist ein schwach mit Rosanilin gefärbter, etwas Alkalikarbonat enthaltender, angenehm süß und später wenig scharf schmeckender Sirup. (H a g e r.)

2182. **Sirup, lösender,** von P a u l K l o t z in Breslau ist ein 60% Zucker enthaltender weißer Sirup. Der Zucker ist zum Teil Rohrzucker, zum Teil Invertzucker. (B. F i s c h e r.)

2183. **Sirupus bromidorum** besteht aus 80 g Kalium-, 80 g Natrium-, 48 g Ammonium-, 21 g Calcium- und 8 g Lithiumbromid, 30 ccm Tinctura Persicorum composita, 600 g Zucker, 60 g Vanilletinktur und Wasser zu 1000 g. Die Salze werden in 450 ccm Wasser, und darauf in dieser Lösung der Zucker gelöst, alsdann kommt das Übrige hinzu.

2184. **Sirupus galactagogus.** Zusammensetzung: Extr. Galegae aquos. $10,_0$, Calc. chlorhydrophosphor. $10,_0$, Tinct. Foeniculi $10,_0$, Ol. Cumini gtts. XV. Sirup. simpl. $400,_0$. Anwendung: viermal täglich einen Eßlöffel voll.

2185. **Sirupus Koppii** enthält in 100 g 2 g guajakolsulfosauren Kalk, 5 g chlorhydrophosphorsauren Kalk und 5 g Zimtsäure als hauptsächliche Bestandteile. Er hat aromatischen Geschmack und wird leicht genommen.

2186. **Sirupus Thiocoli compositus Merck** enthält Thiokol, Dionin und Ammoniumhypophosphit. Anwendung bei Lungenleiden und Typhus. Fabrikant: M e r c k & C o., New-York, University Place.

2187. **Sirupus Trifolii compositus, Sirup Trifolium Compound,** ein Mittel gegen Syphilis, enthält in je 30 ccm: Flores Trifolii pratensis 2 g, Lappa 1 g, Berberis aquifolium 1 g, Xanthoxylum 1 g, Stillingia 1 g, Rad. Phytolaccae 1 g, Cascara amarga 1 g, Kalium jodatum 0,5 g. Fabrikant: Parke, Davis & Cie. in London.

2188. **Sirupus Valeriano-bromatus compositus Jahr** enthält nach Angabe des Fabrikanten Karl Jahr, Apotheker in Krakau, Brom, Baldrian, Phosphorsalze und Kola.

2189. **Slankal,** ein Entfettungsmittel, ist nach F. Zernik wahrscheinlich ein schwach rot gefärbtes Gemisch aus rund 30% Weinsäure, 16% Zitronensäure, 4% Weinstein, 14% Chlornatrium und 36% trockenem Natriumkarbonat. Nach Angabe des Fabrikanten soll es auch apfelsaure Salze enthalten.

2190. **Söhnlins Turricula** gegen Asthma und Bronchialkatarrh enthalten: Stramoniumkraut 66%, wirkt krampflindernd; Salpeter 33%, wirkt lösend; Menthol 1%, bezweckt, daß der Patient leicht aufatmet. Fabrikant: Apotheker Söhnlin, Scheessel (Prov. Hannover).

2191. **Solution antidiabétique** soll eine mit Cochenille rosa gefärbte Lösung von 2,5 T. Natriumbikarbonat und 10 T. Glyzerin in 87,5 T. Wasser sein.

2192. **Solution Coirée** ist eine Lösung von frisch und unter Abschluß der Luft gefälltem Kalkphosphat in verdünnter Salzsäure. (Hager.)

2193 **Solution de Capitan** ist eine Lösung von 5 g Ergotin Yvon, 0,04 g Morphinhydrochlorid, 1,5 g Antipyrin, 0,2 g Sparteïnsulfat, 0,002 g Atropinsulfat in 10 ccm Wasser. Die Lösung vird bei Bluthusten eingespritzt.

2194. **Solution Pautauberge** enthält das Chlorhydrophosphat des Kreosot-Calcium. Anwendung findet sie bei Tuberkulose und Lungenkrankheiten. Fabrikant: L. Pautauberge in Paris, 22 rue Jules-César.

2195. **Sommers Mate,** Nervösen, Magen-, Herz- und Zuckerkranken besonders empfohlen, von Friedr. C. Sommer, Forst i. Lausitz ist Paraguaytee (Fol. Ilicis paraguayensis).

2196. **Sommersprossensalbe** von Spitzer enthält Quecksilberoxyd- und Quecksilberoxydulsalze.

2197. **Soothing-Sirup** der Mrs. Winslow von Curtis & Perkins in New-York für zahnende Kinder besteht aus Zuckersirup mit einer Tinktur von Anis, Fenchel und etwas Kümmel oder mit einer Lösung der ätherischen Öle derselben in Alkohol und einem Zusatz von ½—1 Gran Morphium auf die Unze. (Fr. Hofmann.)

2198. **Soothing Powder** von Steedmann besteht aus Reisstärke.

2199. **Sorisin** wird vom Darsteller einmal als eine Lösung von 10%

para guajakolsulfosaurem Kalium in Pomeranzenschalensirup, zum anderen als eine Lösung von 6% ortho sulfoguajakolsaurem Kalium in Orangensirup, versetzt mit Orangentinktur angegeben. Demnach hat es eine dem Sirolin ähnliche Zusammensetzung.

2200. **Sousnitrate de Bismuth, Crême de Bismuth** von Quesneville in Paris ist das noch nasse präzipitierte Wismutsubnitrat, welches in kleinen Töpfchen in den Handel gebracht und gegen Durchfall, Kolik etc. gebraucht wird.

2201. **Souveräne-Kapseln** gegen Harn- und Blasenleiden (Ausfluß) bestehen aus Phenyl. salicyl. und Santalol je 0,25. Allein-Depot und Vers. Apotheke z. Eisernen Mann in Straßburg i. Els.

2202. **Spat-Einreibung** der Apotheke zu Lößnitz im Erzgebirge ist ein Gemisch von 40 T. Kienöl, 10 T. Teer und 50 T. canthariden-haltigem Leinöl. 500 g = *M.* 3. (Hahn.)

2203. **Spatliniment** von Martel soll Quecksilberoxyd, myristicinsaures Kalium und myristicinsaures Ammonium in stark alkalischer Lösung mit einem von der tierischen Haut leicht absorbierbarem Fette emulgiert enthalten. Von anderer Seite wurden angegeben: Lanolin mit Kampher, Terpentin, Ammoniak, Aloe und 11% metallisches Quecksilber.

2204. **Speciality for Diphtherie,** Dr. Whites, ist ein Capsicumauszug mit Önanthäther enthaltendem Rum. (Bischoff.)

2205. **Species antidiabeticae Kolluch (Asphalintee),** gegen Diabetes empfohlen, besteht aus Folia Myrtillorum und Fructus Phaseoli. Fabrikant: Mr. Ignaz Kolluch, Petrusapotheke, Wien III.

2206. **Specific** von Murray gegen Gicht und Rheumatismus besteht aus 26 T. schwefelsaurer Magnesia, 10 T. Capsicumtinktur, 140 T. Wasser und der nötigen Menge Cochenilletinktur.

2207. **Specificum gegen Harnsäure** von Catani ist ein Pulvergemisch aus 1 T. Lithiumkarbonat, 2 T. Natriumbikarbonat und 4 T. Kaliumzitrat.

2208. **Spenglers Mittel** gegen Wassersucht, Nierenkrankheiten, Leberdegeneration etc., besteht aus Tropfen und Pulver. Die Tropfen sind eine Auflösung von Terpentinöl in Ätherweingeist; die Pulver sind eine Mischung von Opium mit pulverisierter Ipecacuanhawurzel und Milchzucker, also Dowersche Pulver. (Karlsr. Ortsges.-Rat.)

2209. **Spergulamella** gegen Husten und Heiserkeit von Otto Schulz in Berlin W.: Bienenhonig mit Säften des russischen Knöterich.

2210. **Speripulver** gegen chronische Hautausschläge etc. besteht aus gleichen Teilen Ziegelmehl und Schwefel. (A. Müller.)

2211. **Spermathanaton-Pastillen** des chem. Laboratoriums „Nassovia" in Wiesbaden enthalten nach Angabe des Prospektes 80% leicht in Wasser lösliches Tetraborat, also wahrscheinlich das als Antiseptikum bekannte Natrium tetraboricum.

2212. **Spermatol** enthält neben vielen anderen Ingredienzien Koka-, Kola- und Kondurangoextrakt.

2213. **Spezial-Ambrosia**, ein Mittel zur Erleichterung der Entbindung, ist eine Salbe aus Kümmelöl und Schweineschmalz. Preis 125 g *M.* 3,75. (B e y t h i e n.)

2214. **Spezialtee** von C. L ü c k in Kolberg besteht aus Zucker, Süßholz, Fenchel, Sennesblättern (?), Lobelienkraut, Salbei und Schafgarben. (A u f r e c h t.)

2215. **Speziol**, ein Aromaticum, bildet ein braunes, feines Pulver aus Nelken, Zimt, Muskatnuß, geringen Mengen Maisstärke und wahrscheinlich Olivenschalenpulver.

2216. **Spirit Artus** gegen Glieder- und Zahnschmerzen von J. J. M ü l l e r in Berlin, enthält in 100 Teilen 4 T. scharfes Harz (vielleicht Euphorbium), 8 T. Kampher, 4 T. Rosmarin- und Lavendelöl, 0,88 T. Quecksilberchlorid in 70 T. wasserfreiem Weingeist. 35 g = *M.* 1. (H a g e r.)

2217. **Spirit of Mustard** von W h i t e h e a d ist eine Mischung aus $20,_0$ Ol. Terebinthin., $10,_0$ Ol. Rosmarin., $5,_0$ Kampher, $50,_0$ Spirit. Sinapis und $100,_0$ Spiritus.

2218. **Spiritus ammoniacalis** von H a w k i n s und **Spiritus anticephalicus** von W a r d gegen Migräne sind Lösungen von $10,_0$ Kampher in $50,_0$ Liq. Ammon. caust. spirit., $20,_0$ Eau de Cologne und $80,_0$ Spirit. Lavandulae.

2219. **Spiritus Bohemi** C a r d i n i s gegen Zahnschmerz ist eine weingeistige Lösung von Kampher und Nelkenöl. 15 g = *M.* 3. (L u d w i g.)

2220. **Spirone**, ein von England aus vertriebenes Mittel gegen Schwindsucht, ist eine schwach gelblich gefärbte Flüssigkeit, in welcher Chloroform, Glyzerin und Jodkalium nachgewiesen wurden; außerdem wird durch das Chloroform noch ein zweiter Riechstoff verdeckt, dessen Natur nicht bestimmbar war. 10 ccm = *M.* 60. (P. L o h m a n n.)

2221. **Spitzersalbe** besteht aus Fett, Kaliumseife, Bism. subnitr., Hydrarg. bichlorat. ammon., Odorans. (Unters.-Amt Budapest.)

2222. **Sporting-Liquid Nr. II.** von Dr. G. K r i e g e r gegen angeschwollene Füße und dicke Gelenke für Pferde ist eine Lösung von $60,_0$ Salmiak in ca. $360,_0$ Wasser mit einer Lösung von $30,_0$ gewöhnlichem Ätznatron in $50,_0$ Wasser vermischt, $15,_0$ gebrannter und mit Wasser gelöschter Kalk hinzugefügt, und die Flüssigkeit durch Absetzenlassen und Filtration geklärt. 360 g = *M.* 2,50. (H a g e r.)

2223. **Spudäus' Lebensbalsam** ist zusammengesetzt aus 120 g Enzian, 120 g Angelika, 80 g Kalmus, 580 g Aloe, 100 g Rhabarber, 20 g Safran und 10 g Spiritus. (Chemn. Unters.-Amt.) — Nach Angabe des Darstellers läßt man 30 g Enzian-, 20 g Kalmus-, 15 g Zitwer-, 30 g Angelika- und 25 g Rhabarberwurzel, 5 g Safran, 30 g Myrrhen, 100 g Aloe und 50 g Theriak mit 2 l Franzbranntwein übergossen 8 Tage stehen, preßt darauf ab und filtriert. Fabrikant: Apotheker E. Büttner in Reichenau i. S.

2224. **Stahlpulver** Menzers enthalten in einer blauen Papierkapsel 0,2 Ferr. sulfuric. und 0,5 Saccharum, in einer weißen Kapsel 0,2 Natr. bicarb. und 0,5 Saccharum. Die Pulver löst man getrennt in je einem halben Glase Wasser, gießt zusammen und trinkt dann sofort.

2225. **Stahlwein** Bansens, von Viel & Co. in Utrecht, ist nach der Behauptung des Fabrikanten eine Auflösung von ammoniakalischem Eisenweinstein in Wein, stimmt jedoch im wesentlichen mit der Tinct. Ferri cydoniata, ohne Zimtspiritus bereitet, überein. 200 g = *M.* 0,65. (Wittstein.)

2226. **Staphylase Doyen** ist Antistreptokokkenserum, welches auch als St. bromurée, granulée und jodurée in den Handel gelangt. Bezugsquelle: G. & R. Fritz in Wien.

2227. **Steges Kräuterwein** enthält in der Flasche etwa 450 g Flüssigkeit und 80 g zerschnittene Pflanzenteile. Das Präparat besteht nach J. Kochs aus einem nicht abgepreßten Auszug eines Weißweines mit verschiedenen Wurzeldrogen, wie Kalmus, Ingwer, Kurkuma, Angelika, Baldrian und Aloe.

2228. **Steiners orientalisches Kraftpulver** von dem hygienischen Institut D. Franz Steiner & Co. in Berlin SW. sollte nach einer im Januar 1901 veröffentlichten Warnung des Ortsgesundheitsrats Karlsruhe nur aus Hülsenfruchtmehl (Bohnen-, Erbsen-, Linsen- und Reismehl) sowie Zucker, Salz und Natrium bestehen. Diese Angaben hat Zernik durch eigene Untersuchungen bestätigt. Arsen war in dem Pulver nicht vorhanden.

2229. **Steinpillen** der Frau Stephens sind 0,2 g schwere Pillen aus Calciumkarbonat (gepulverten Eierschalen) und schwarzer Seife.

2230. **Sterntee** von Paul Weidhaas in Dresden-A. ist eine dem Brusttee ähnliche Mischung. Preis *M.* 1. (Karlsr. Ortsges.-Rat.)

2231. **Stettiner Wasser** ist ein Sublimat enthaltendes äußerliches Mittel. (Hager.)

2232. **Stevens Ointment** von Henry R. Stevens in London ist ein Gemisch aus salbenartiger Fettsubstanz (Adeps und Sebum) mit 20% Quecksilberjodid.

2233. **Stomachicum** von Oswald Beer ist ein 22% Zucker enthaltender Schnaps mit den extrahierten Stoffen aus Wermut, unreifen Pomeranzen, Ingwer, Zitwer, wenig Angelika, Anis und Pfefferminze. (Hager.)

2234. **Stomachin** des Dr. James von S. Mode in Berlin, gegen Unterleibskrankheiten ist eine gröbliche Pulvermischung aus 8 T.

Eisenvitriol, 50 T. weißem Farinzucker, 20 T. Kartoffelstärke, 13 T. vanillehaltiger Gewürzschokolade und 3 T. Zimtpulver. 125 g = *M*. 1,50. (H a g e r.)

2235. **Stomachin** von S m i t h ist ein Pulver aus 75,$_0$ Zucker, 140,$_0$ Kartoffelstärke, 30,$_0$ zuckerhaltiger Gewürzschokolade, 1,25 Zimt, 2,$_0$ Gewürznelken und 2,$_0$ Sandelholz. 250 g = *M*. 6. (H a g e r.)

2236. **Stomacin (D. Schöns Magenpulver)** von D. S c h ö n in Basel, besteht aus: Natr. bicarb. 15, Bismuth. salicyl. 5, Radic. Rhei 5, aromat. Pulver 3.

2237. **Stomakal Richters** ist eine versüßte Tinktur aus indifferenten bitteren Drogen.

2238. **Stoughton** der K ö n i g s e e r Olitätenhändler wird in zwei Arten fabriziert. I. **roter:** Je 125,$_0$ Radix Gentianae und Serpentariae, 60,$_0$ Cort. Cinnamom., je 30,$_0$ Fruct. Cardamomi, Sem. Amomi, Caryophylli, Rhiz. Zingiberis, Lignum Santalinum rubrum, je 50,$_0$ Radix Costi, Cort. Fruct. Aurantii, 15,$_0$ Piper longum und 25,$_0$ Radix Alkannae werden mit 10 l 40 prozentigem Weingeist digeriert und filtriert. — II. **grüner:** Je 125,$_0$ Rad. Gentianae und Serpentariae, Fol. Uvae Ursi und Herba Scordii, je 60,$_0$ Fruct. Cardamomi und Cort. Cinnamomi, je 30,$_0$ Costus und Rhiz. Curcumae, 150,$_0$ Radix Alkannae und 15,$_0$ Piper longum werden mit 10 l 60 prozentigem Alkohol digeriert und filtriert. (R i c h t e r.)

2239. **Strahlkrebsmittel** der Pferde von S c h l e g besteht aus 2 T. Eisenvitriol, 3 T. Kupfervitriol und 4 T. Tormentillenwurzelpulver.

2240. **Strakas Chininbonbons** enthalten in jedem Stück 0,25 g Chinintannat. Bezugsquelle: G. & R. F r i t z in Wien.

2241. **Strumpfbänder gegen Wadenkrampf** von Gebr. S e i d e l bestehen aus Schwefelblüten nebst etwas Kräuterpulver in seidene Bänder eingenäht und gesteppt.

2242. **Stuttgarter Wassersuchtstee.** Mit Stuttgarter Wassersuchtstee sind wohl die Spec. diuretic. Kreuser nach einer aus der K r e u s e r schen Apotheke in Stuttgart stammenden Vorschrift gemeint. Dieselbe lautet: Flor. Sambuci 10,$_0$, Fruct. Carvi, Fruct. Junip. aa 3,$_0$, Bulb. Scill., Fruct. Petrosel. aa 2,$_0$. M. f. spec.

2243. **Stypticum** von Prof. Dr. C o h n , für alle inneren und äußeren Krankheiten, speziell Syphilis, Geschlechtsleiden und Frauenkrankheiten, enthält 1,$_0$ Zinksulfat und 5,$_0$ Gummi arabic. in 120,$_0$ Brunnenwasser. Preis *M*. 3. (S c h ä d l e r.)

2244. **Stypticbalsam** von W a r r e n in Boston besteht aus je 7 T. Weingeist und Terpentinöl und 20 T. Schwefelsäure.

2245. **Styron** von Dr. B e a c h in Boston, empfohlen als Antisepticum und Desodorans bei eiternden Wunden etc., ist eine Mischung von Perubalsam und flüssigem Storax.

2246. **Styrone,** gegen Krätze empfohlen, besteht aus je 25 T. flüssigem

Styrax und Perubalsam, sowie je 10 T. Wasser und verdünntem Spiritus.

2247. **Styrosapon,** von Gebrüder E v e r s in Düsseldorf, ist eine neutrale, 25% Styrolin enthaltende Kaliseife.

2248. **Sudoral,** ein Fußschweißmittel, besteht aus einer Lösung von Benzoe-, Bor- und Weinsäure mit Alaun.

2249. **Sulfonsalbe** findet an Stelle von Senfpapier, Krotonölsalbe und dergl. als Reizmittel Anwendung, und ist ein Gemisch von 5 T. Schweinefett mit 1 T. Schwefelsäure.

2250. **Sulfor-Calcine,** eine amerikanische Spezialität, besteht angeblich aus Schwefel, Benzoesäure, Borsäure, Eukalyptusöl, Gaultheriaöl, Pankreatin und Kalk.

2251. **Sulfurine, geruchlose Schwefelbäder** von Dr. L a n g l e b e r s, (Foie de soufre cristallisé pour bains sulfureux dit de Barèges sans odeur) besteht aus Schwefel, Soda und Kaliumdichromat. (P ö h l.)

2252. **Svapnia,** eine amerikanische Spezialität, soll gereinigtes Opium sein.

2253. **Svenska Tanddroppar** von Dr. G u s t a f G r ä f s t r ö m gegen nervöses Zahnweh, fabriziert von H e i n r. L i o n in Breslau, besteht in 20 T. Nelkenöl, 15 T. Kajeputöl, 5 T. Pfefferminzöl, 20 T. Chloroform, 10 T. Essigäther und 2 T. Kampher mit der erforderlichen Menge Rosanilin rot gefärbt. 2,5 g = *M.* 0,60. (H a g e r.)

2254. **Swagatin,** ein Zahnschmerzmittel, ist gepulverter Borax.

2255. **Sympathie-Balsam** ist Tinctura Benzoes composita. (H a g e r.)

2256. **Sympathie-Pulver** von D i g b y soll zerfallenes Ferrosulfat, nach anderer Angabe Zinksulfat sein.

2257. **Syphilismittel** von Apoth. W i e d e m a n n besteht aus $100,_0$ Wasser mit $4,_0$ schwefelsaurem Blei. Preis *M.* 3.

2258. **Syphilis-Schutzmittel** von Dr. K i e n e l in Wien sind Lösungen von Salizylsäure in verschiedenen Flüssigkeiten, wie Spiritus, Öl etc. (I n n h a u s e r.)

2259. **Syphilis-Schutzmittel** des Dr. O e r e g von Wundarzt A l t in Wien ist gewöhnliches Öl, mit etwas Karbolsäure oder Kreosot gemengt. 4 g = *M.* 2.

2260. **Tablettes d'Emétine vomitives** von M a g e n d i e sind 100 Pastillen aus $2,_0$ Extract. Ipecacuanh. und Zucker im Einzelgewicht von je 1 g.

2261. **Tablettes pectorales du Dr. Churchill** enthalten Ammoniumhypophosphit. Fabrikant: Pharmacie S w a n n in Paris, 12 rue Castiglione.

2262. **Tablettes pectorales** von A l b i n D e f l o n sind getrocknete Tabletten aus $30,_0$ geschälten süßen Mandeln und $3,_0$ geschälten bitteren Mandeln, mit Wasser in einen zarten Brei verwandelt,

60,$_0$ Pomeranzenblütenwasser, 4,$_0$ Tragacanth, 250,$_0$ Zuckerpulver, 0,125 Morphiumazetat und 0,5 Ipecacuanha.

2263. **Tabloid Coffee Mint** besteht aus Natrium bicarb. 0,194, Ammon. carbon. 0,004, Extr. Coffeae 0,032, Cerii oxalic. 0,016, Ol. Menth. pip. qu. s. Fabrikant: Burroughs Wellcome & Cie. in London.

2264. **Tachysan,** ist eine Einreibung, die zur Schmerzlinderung dienen soll. Ihre Zusammensetzung ist unbekannt. Fabrikant: Paul Hentschel, Chem. Fabrik in Zwönitz.

2265. **Talisman,** elektrische Heilkette, von der Talisman Electric hygiean Chain Company, bestehend aus Zink- und Kupferplättchen, soll mit der Winterschen Gichtkette identisch sein. Preis *M.* 8.

2266. **Tallianine** ist ein ozonisiertes Terpin, das im Verhältnis von je vier Volumen Ozon auf ein Volumen Flüssigkeit Sauerstoff entwickelt. Anwendung: bei Seucheausbrüchen, verschiedenen Lungenleiden u. a. als intravenöse Einspritzung. Pferden und Rindern werden 10—20 ccm und Hunden 1—5 ccm eingespritzt. Fabrikant: Brigonnet Père & Fils in Paris, La Plaine, St. Denis.

2267. **Tamaquaré** (Tamaquary, Tamacoare), eine aus einer brasilianischen Myrospermumart gewonnene Flüssigkeit findet in der Augenheilkunde Anwendung als **Unguentum Tamaquaré** concentratum (10%), fortius (6%) oder mitius (3%) mit amerikanischem Vaselin verrieben. Bezugsquelle: Bruno Raabe in Wien.

2268. **Tannoformzement** ist eine Zahnplombe aus Tannoform und 40 prozentiger Formaldehydlösung.

2269. **Tannon** ist ein gegen Maul- und Klauenseuche empfohlenes Mittel unbekannter Zusammensetzung. Fabrikant: Mag. pharm. V. Dlabac, Drogist in Nymburg.

2270. **Tanzers Bruchbalsam** gegen Unterleibsbrüche: Ochsenmark 20,$_0$, Muskatbalsam 20,$_0$, Rosmarinblätter 20,$_0$, äther. Tieröle 5,$_0$, Butterschmalz 100,$_0$, werden längere Zeit erhitzt. Fabrikant: J. K. Rainer in Landsberg a. L.

2271. **Tarolinkapseln** enthalten Salol, Ol. Santali und Extr. Cubebar.

2272. **Taschenapotheke** von Dr. Blau in Dresden, früher in Langenberg bei Gera. Gegen Einsendung von *M.* 3 erhält man als Taschenapotheke in einer Papierkapsel ca. 12,$_0$ g eines grauweißen Pulvers, welches sich als ein Gemisch aus ca. 10,$_0$ weißer Magnesia, 0,5 gebranntem Alaun, 0,05 Quecksilberchlorid, besprengt und verrieben mit etwas Benzoe- und Myrrhentinktur und einer homöopathischen Spur Opiumtinktur, herausstellt. Dazu eine Broschüre von 12 Seiten in Sedezform. Am Schluß derselben wird gesagt: Wer sich mir in irgend einem der in dieser Broschüre angegebenen Krankheitsfälle anvertrauen will, schicke oder gebe mir eine genaue Beschreibung des Leidens, Alters, Standes, Gewerbes und der bisherigen Lebensweise im Essen, Trinken, Arbeiten usw. und er erhält sofort gegen Einsendung von *M.* 3 oder Postnachnahme die Heilmittel auf 2—3 Wochen oder auf Wunsch für mehrere Mark auf längere Zeit nebst Gebrauchsanweisung. (H a g e r.)

2273. **Tee, Blankenheimer,** siehe Liebersche Gesundheitskräuter.

2274. **Tee, böhmischer,** sind die Blätter von Lithospermum officinale, als grüner und als schwarzer Tee zubereitet. (A. V o g e l und A n t. B e l o h o u b e k.)

2275. **Tee, Chambard** gegen Verstopfung besteht nach Angabe des Fabrikanten aus Sennesbl. 45, Bingelkraut 15, Glaskraut, Malve, Althee, Münze, Melisse, Ysop je 5, Wundklee 6, Ringelbl. 2, Kornbl. 2.

2276. **Tee** der Witwe S a b i n e F r i t s c h e, geb. H e i n e m a n n in Roßla a. H. besteht aus den verschiedensten Waldwiesenkräutern.

2277. **Tee, Hamburger,** von F r e s e & C o. und von S c h ü ß l e r in Hamburg, besteht aus 32 T. Sennesblättern, 16 T. Manna, 8 T. Koriander und 1 T. Weinsteinsäure in feinen Spezies. 100 g = *M.* 1. (H a g e r.)

2278. **Tee gegen Krampfleiden** von B u c h h o l z in Berlin ist eine fein pulverisierte Mischung von vorwiegend Quendel- und Nußblättertee.

2279. **Tee gegen Leiden der Harnorgane und Blasenleiden** des Buchdruckereibesitzers G e i s t in Bad Wildungen besteht aus 10 T. Buccoblättern, 2 T. Sennesblättern, je 3 T. Stiefmütterchen und Erdrauch, je 2 T. Franzosenholz, Sassafrasholz, Sarsaparille und Hauhechelwurzel. 2 kleine Paketchen = *M.* 10. (S c h w e n d l e r.)

2280. **Tee,** R i c k e l s, bei Verstopfung, Blähungs- und Hämorrhoidalbeschwerden, Appetitlosigkeit, Magenverschleimung und ähnlichen Übeln, besteht aus je 3 T. Cassia lignea und Anis, je 4 T. Kümmel- und Fenchelsamen und 20 T. Sennesblättern. Sämtliche Samen sind unzerquetscht. 75 g = *M.* 1. (S e l l e und H a g e r.)

2281. **Tee,** S c h l u m b e r g e r s, besteht aus 4 T. Sassafrasholz, 2 T. Sarsaparillwurzel, 12 T. Holztee, 1 T. Sennesblättern und 2 T. rotem Santelholz.

2282. **Tee, Schrammscher,** besteht aus 3 T. Fol. Sennae mit je 1 T. Fruct. Anisi, Fruct. Foeniculi und Lign. Santalin. rubr.

2283. **Tee,** Prof. Dr. W a l b e r e r s, gegen Blasenleiden, ist Herba Herniariae glabr.

2284. **Tendriff,** ein Schnupfenmittel, besteht aus 84,27% Baumwolle (Watte), 7,5% teilweise invertiertem Rohrzucker, 1,44% schwefelsaurer Tonerde und 6,79% Wasser. 1 qcm dieser ca. 1 mm dicken Wattetäfelchen wiegt 18¼ g und kostet *M.* 0,80. (A G a w a l o v s k y.)

2285. **Terpinpflaster** von O. K ö h l e r Leipzig-Reudnitz gegen Rheumatismus besteht angeblich aus 3,5% venezianischem Terpentin, 3% Harz, 0,4% Wachs, 0,6% Olivenöl, 0,3% Roßmark, 1% Hammeltalg, 0,5% Pfeffertinktur, 0,2% Farbe, 0,3% Calcium- und 0,2% Eisenoxyd.

2286. **Tetralgin** enthält nach Z e r n i k als wirksame Bestandteile Koka, Lithium und Strontium. Anwendung: zur Nervenkräftigung.

2287. **Teufelsnüsse.** In Petersburg, namentlich aber im Kaukasus werden die Früchte der Trapa natans unter dem Namen Teufelsnüsse à Stück 1 Silberrubel nebst einer gedruckten Legende für 15 Kopeken verkauft. (C. S c h u p p e.)

2288. **Thallokos** ist ein den Augentropfgläsern gleicher Tropfapparat, der mit einer 2 prozentigen Höllensteinlösung oder 20 prozentigen Protargollösung gefüllt ist und als Vorbeugungsmittel gegen Tripper verwendet wird.

2289. **Thé de Santé** ist Spec. laxant. St. Germain.

2290. **Thé de Smyrne** besteht aus 4 T. St. Germaintee, 2 T. Manna und je 1 T. Herb. Hederae und Veronicae. (H a g e r.)

2291. **Thé Suisse** von Dr. L a n d o l t in Näfels gegen Husten etc. enthält die gewöhnlichen Ingredienzien des Brusttees. 30 g = *M.* 0,17 (W i t t s t e i n.)

2292. **The Murray Specific,** ein englisches Geheimmittel gegen Podagra, Rheumatismus, Gicht und Lendenschmerzen, besteht aus $26{,}_0$ Bittersalz, $10{,}_0$ Spanisch-Pfeffertinktur und $130{,}_0$ destilliertem Wasser mit Cochenilletinktur gefärbt. Preis *M.* 5,60. (H. B r u n n e r.)

2293. **Théobromade** und **Théobromine** von D u v a l, gegen Brustkrankheiten, ist zur Trockne gebrachtes wässeriges Kakaoschalen-Extrakt. (C h e v a l l i e r.)

2294. **Thermofuge** ist eine dicke Paste, die aus Tonerdesilikat, Glyzerin, Borsäure, Thymol, Eukalyptusöl und Jodammonium besteht. Angewendet wird sie als Umschlag, nachdem sie mit heißem Wasser etwas verdünnt worden ist, bei Wunden, Geschwüren, Verbrennungen ersten Grades und bei Insektenstichen.

2295. **Thermogène-Watte** ist eine mit spanischer Pfeffertinktur getränkte Watte. Fabrikant: Apotheker V e r g a n o v e n in Brüssel, Boulevard de Waterloo.

2296. **Thermogen-Gichtwolle** wird von C. D e g e n & C i e. in Frankfurt a. M.-Bockheim als Ersatz des Capsicinpflasters empfohlen.

2297. **Thermolin-Gichtwatte** enthält Capsicumtinktur. Fabrikant: P a u l H a r t m a n n, Verbandstoff-Fabrik in Heidenheim a. B.

2298. **Dr. med. Theuers Nerventee.** Unter dieser Bezeichnung wird das Kraut von Veronica montana in den Handel gebracht.

2299. **Dr. med. Theuers Viehmastpulver** besteht aus: 30% Fleischmehl, 10% Blutmehl, 25% Weizenkleie, 5% Steinnußmehl, 20% Viehsalz, 10% Knochenmehl. (B. Fischer.)

2300. **Thiocolin,** ein Mittel gegen Bronchitis und Lungenkrankheiten, enthält nach Angabe des Fabrikanten Guajacol. sulfuric. 6 T., Bismut loretinic. 1 T., Aqua dest. 60 T. und Sirup. compos. 33 T. Fabrikant: Chem. Fabrik Erfurt G. m. b. H. in Erfurt-Ilversgehofen.

2301. **Tic-Pills** von F. Earle in Hull gegen Gesichtschmerz sind 16 Pillen à 0,2 mit Lycopodium bestreut, pro Pille 0,09 Veratrin und 0,02 Opium, etwas bitteres Extrakt und Rhabarber enthaltend. (Hager.)

2302. **Tierheilpulver, arabisches und asiatisches,** Helunkiangs, von Apoth. J. Bittner in Gloggnitz und F. Wilhelm in Neukirchen, ist ein Gemisch aus 10 T. Enzian mit etwas Wermut, 6 T. Glaubersalz, 2 T. Mergel und 2 T. Schwefel. 250 g = *M.* 0,80. (Hager.)

2303. **Tillytropfen** bestehen aus Oleum Terebinthinae sulfuratum.

2304. **Tima,** ein Schwindsuchtsmittel aus Tampico in Mexiko, mit Niederlage in Bremen, sind die mit Zucker zu einem Sirup gemachten Früchte von Crescentia edulis. Preis = 3 Doll. (Walz.)

2305. **Tinctura confortativa** von Sicherer zur Erhaltung und Stärkung der geschwächten Manneskraft ist eine weingeistige Lösung verschiedener Harze, wie Storax, Perubalsam, Benzoeharz, und wahrscheinlich auch Cantharidin enthaltend. 50 g = *M.* 6. (Aug. Klinger.)

2306. **Tinctura Porigozzi,** gegen Cholera, von einem gewissen Fontanaci, Obsthändler in München, war eine Tinktur aus Rhus coriaria. (Hager.)

2307. **Tinctura Rusci compos.** von Dr. Schendel aus der Strauß-Apotheke von Max Friedländer in Berlin ist ein 1% Schwefelsalze enthaltender verdünnter Weingeist mit Birkenteeröl und Buchenteeröl versetzt.

2308. **Tinctura salina** der Waisenhaus-Apotheke in Halle ist eine im Dampfbade hergestellte Digestion von je 500 T. Pottasche und Wasser mit 125 T. unreifen Pomeranzenfrüchten; nach dem Kolieren mit einer Enzianabkochung versetzt. 60 g = *M.* 0,50. (Ernst.)

2309. **Tinctura stomachica Lentini** besteht aus 25 g Kalmus-, 25 g Galgant-, 25 g Enzian-, 25 g Zitwer- und 12,5 g Rhabarberwurzel, 4 g Cochenille, 6 g Kardamomen, 15 g Pomeranzenschalen (Flavedo), 25 g Kardobenediktenkraut und 1000 g verdünntem Weingeist.

2310. **Tip-top-tablet-Tea** von J. L. Musset ist in Tafeln gepreßter minderwertiger Tee. (Pharm. Ztg. 1890, 233.)

2311. **Tisana de Callac**, ein altes spanisches Geheimmittel, entspricht dem Zittmannschen Dekokt.

2312. **Tollwutmittel** für Menschen von Pastor Dreher, vertrieben von Hugo Klaffki in Berlin, ist eine Mischung von zerstoßenen Maiwürmern (Meloë proscarabaeus) mit einem nicht festgestellten Pflanzenpulver. 2 Pulver à 1,3 g = *M.* 10. (Geißler.)

2313. **Tollwutmittel** für kleinere Stubenhunde von Pastor Dreher, vertrieben von Hugo Klaffki in Berlin, ist eine Mischung von zerstoßenen Maiwürmern (Meloë proscarabaeus) mit einem Pflanzenpulver, wahrscheinlich narkotischer Natur (etwa Aconit.) 1 g = *M.* 3.

2314. **Tollwutmittel** von Marcus besteht aus Meloë majalis, getrocknet und gepulvert, nebst Salbei, Raute, Hundsrosenwurzel, Taxusbaumholz und Myrrhe zu gleichen Teilen.

2315. **Tolu Chewing Gum** besteht aus 4 T. Tolubalsam, 12 T. Burgunderharz, 1—2 T. weißem Wachs und ebensoviel Paraffin.

2316. **Tono Sumbul** von Wm. R. Warner & Cie. in London wird als nervenstärkendes, anregendes Mittel empfohlen; es enthält die wirksamen Bestandteile der Sumbulwurzel und Chinarinde, ferner Eisen und Phosphorsäure.

2317. **Tony purgatif** von Audin-Rouvière ist eine Tinktur aus ca. 10 T. Aloe, 10 T. Jalapenknollen, 5 T. Rhabarber, 1 T. Wermut mit 200 T. Weingeist von 40%.

2318. **Topique Indien** von Colmet d'Ange in Paris gegen Zahnweh und Gesichtsreißen besteht in zwei Fläschchen. Nr. I enthält $12{,}_0$ g einer Tinktur, durch Extraktion von Sternanis mit Weingeist und Versetzen des Auszuges mit einigen Tropfen Pfefferminzöl nebst wenigem Anilinrot bereitet. In dem II. Fläschchen liegen 12 rosarot gefärbte Baumwolle-Bäuschchen je von der Größe einer Schminkbohne, welche mit gestoßenem Pfeffer gefüllt sind. Preis *M.* 2,80. (Wittstein.)

2319. **Tot** ist der Name für ein Gemisch von 2 T. Isonaphthol, 2 T. Benzoyl-β-naphthol und 1 T. Abrastol (β-Naphthol-mono-α-sulfosaurem Calcium). In den Handel kommt es mit Pflanzenkohle (von Linde oder Pappel) gemischt auch in Oblaten eingeschlossen. Es wird als innerliches Antiseptikum gebraucht.

2320. **Trank, roter,** von Taylor ist eine Tinktur aus Cochenille und 50 prozentigem Weingeist, mit Majoranöl, Angelikaöl und Anisöl aromatisiert.

2321. **Trank,** Wardeleworths, gegen akuten Gelenkrheumatismus besteht aus $2{,}_0$ Kal. jodat., $20{,}_0$ Sirup. Croci, $160{,}_0$ Aq. Menth. pip. (Hager.)

2322. **Traubenbrusthonig, rheinischer,** von W. H. Zickenheimer in Mainz, besteht aus mit Zucker eingedicktem Traubensaft.

2323. **Traumasan** wird eine Salbe genannt, welche nach den Prospekten des Fabrikanten wie folgt zusammengesetzt ist: Ol. camphorat., Ol. carbolic., Plumb. tannic. pultiform., Ungt. boric. aa 50,0, Ungt. Zinci 100,0, Ungt. peruvian. 50,0. Als Salbengrundlage dient Lanolin. anhydric. Fabrikant: Chem. Laboratorium B. Krauß in Eßlingen am Neckar.

2324. **Trefusia** besteht aus dem eingedickten Blut junger Rinder in löslicher Form.

2325. **Triacol** soll eine aromatische Lösung aus Kalium und Natrium guajacolicum und Äthylmorphin-Guajacol sein, die bei Husten, Bronchitis, Tuberkulose etc. Anwendung finden soll.

2326. **Tribérane,** ein in Frankreich vertriebenes Abführmittel, besteht aus: Sacchar. alb. 70,0, Rad. Liquirit. pulv. 20,0, Fol. Sennae Spirit. depur. pulv. 20,0, Sulf. praecipitat. 10,0, Vanillin. 0,2.

2327. **Trochisques** von Vichot, Räucherungsmittel gegen Keuchhusten und Asthma, bestehen aus präparierter Kohle.

2328. **Trommelsuchtessenz** des Parfümeurs Russ besteht aus 16 T. Spiritus, 1 T. Pfefferminzöl und 4 T. Salmiakgeist. (Innhauser.)

2329. **Tropfen, antirheumatische,** von Roll in Amsterdam, bestehen aus einer Auflösung von weingeistigem Akonitextrakt in einem Queckenwurzeldekokt, welchem safranhaltige Opiumtinktur und Baldrianöl zugemischt sind. 100 g = *M.* 2.

2330. **Tropfen, Ballhauser,** I. Aloe, Lakritzensaft je 125,0, Rhabarber 90,0, Jalapenwurzel, Myrrha, Sennesblätter, unreife Pomeranzen je 60,0, Pomeranzenschalen, Benzoe, Enzianwurzel je 30,0, Zitronenöl 15,0, Mastix, Styrax, kohlensaures Kalium je 8,0 werden mit 6 l 60 prozentigem Weingeist und 250,0 weißem Sirup digeriert und filtriert. (Richter.)

2331. **Tropfen, Bielefelder,** von Bansi sind ein spirituöser Auszug aus Wermut, unreifen Pomeranzen, Rhabarber, Cascarillrinde, Gewürznelken und Enzianwurzel. (Hager.)

2332. **Tropfen, bittere** von Dr. Mampe sind ein Digest von je 2 T. Cort. Cinnamom, Cort. Aurant. expulp., Herb. Cardui benedicti, Rhiz. Galangae, Rad. Gentian. 4 T. Fruct. Aurant. immatur. und je 1 T. Rhiz. Zingiberis und Caryophylli mit 105 T. Spiritus und 55 T. Wasser. (Hager.)

2333. **Tropfen, Hamburger,** Familienmedizin Dr. Aug. Königs, ist verstärkte Tinct. Aloes composita. 30 g = *M.* 2,20.

2334. **Tropfen, holländische,** bei Lungen-Affektionen und äußerlich bei Geschwüren angewendet, bereitet man aus 3 T. Terpentinöl, 1 T. Schwefel und 1 T. Leinöl. (Vial.)

2335. **Tropfen, Riesenberger,** bestehen aus Calciumazetat, Alkohol, Äther, Wasser und Zucker. (Gscheidlen.)

2336. **Tropfen, Tinctura anticardialgica,** W i ß m a n n s , bestehen aus 22,5 Spirit. aether., 12 Tropfen Ol. Foenicul., 6 Tropfen Ol. Menth. pip. und 4,$_0$ Tinct. Opii simpl.

2337. **Tropfen** von W a d e bestehen aus 18,$_0$ Benzoe, 12,$_0$ Styrax, 6,$_0$ Tolubalsam, 3,$_0$ Aloe und 200,$_0$ Weingeist. (H a g e r.)

2338. **Tropfen** W a r b u r g s. 500,$_0$ Aloe, 15,5 Rad. Rhei, 15,5 Angelikafrüchte, 15,5 Theriak, 60,$_0$ Alant, 60,$_0$ Safran, 60,$_0$ Fenchel, 60,$_0$ geschlemmte Kreide, 30,$_0$ Enzian, 30,$_0$ Zedoarwurzel, 60,$_0$ Kubeben, 60,$_0$ Myrrha, 60,$_0$ Kampher, 60,$_0$ Lorbeeren und 15 l 10 prozentiger Sprit werden zwölf Stunden lang im Wasserbade digeriert und nach dem Auspressen in der Flüssigkeit 300,$_0$ Chininsulfat in der Wärme des Wasserbades gelöst.

2339. **Tropfen gegen Zahnschmerz, amerikanische,** von M a j e w s k y in Warschau sind verschieden zusammengesetzt gefunden worden. Die auf der Wiener Weltausstellung angeblich prämiierten Tropfen bestanden aus 5,$_0$ kochsalzhaltigem Franzbranntwein mit etwas Cochenille rötlich gefärbt. Preis *M.* 1,50. — Von den in Petersburg verkauften Zahntropfen enthält Fläschchen I eine spirituöse schwache Lösung wohlriechender ätherischer Öle, mit vorherrschendem Nelkenöl, etwas rötlich gefärbt, aber durchaus kein Morphin, Kreosot, Chloroform und Opium, da ein derartiger Zusatz in Rußland verboten ist. II. besteht ebenfalls aus einer ähnlichen Lösung mit Pfefferminzöl und Ratanhatinktur; außerdem existiert noch III., in einer vierkantigen Flasche von etwa 50,$_0$ eine verdünntere Lösung von II enthaltend. Alle drei Fläschchen in einer Schachtel kosten *M.* 9,70, in Rußland 3 Rubl. (H a g e r.)

2340. **Trunksuchtsmittel** von M a x F a l k e n b e r g in Berlin besteht in zwei Blechbüchsen, von denen die größere 313,$_0$ Enzianwurzelpulver, die kleinere 68,$_0$ Kalmuswurzelpulver enthält. Preis *M.* 10.

2341. **Trunksuchtsmittel** von E. F r a n c k e in Berlin ist ein Gemisch von gepulvertem Kalmus und Enzian. Preis *M.* 2. (B i s c h o f f.)

2342. **Trunksuchtsmittel** von H. G ü n t h e r in Altona ist ein weingeistiger Auszug der Haselwurzel mit Cascarillrinde. (W i t t - s t e i n.)

2343. **Trunksuchtsmittel** von H e y m a n n in Berlin ist ein schwach spirituöser Auszug von bitteren Drogen, namentlich Enzian.

2344. **Trunksuchtsmittel** des Spezialisten K a r r e r - G a l l a t i in Glarus besteht in zwei Flüssigkeiten. Die braune ist ein weingeistiger Auszug der Enzianwurzel, die zweite farblose eine 2,6-prozentige Lösung von Brechweinstein. Preis *M.* 12. (Karlsr. Ortsges.-Rat.)

2345. **Trunksuchtsmittel** von K e e l e y besteht aus I. 0,7 Goldchloridnatrium, 0,06 Strychninnitrat, 0,01 Atropinsulfat, 0,3 Chlorammon, 0,06 Aloin, 0,1 Hydrastinin, 30,$_0$ Glyzerin, 100 ccm Chinafluidextrakt, 30,$_0$ Kokafluidextrakt und 30,$_0$ destilliertem Wasser. — II. 2,$_0$ Goldchloridnatrium, 0,25 Strychninnitrat, 0,06 Atropinsulfat, $60,_0$ Glyzerin und so viel Chinafluidextrakt, daß die Gesamtmenge 500 beträgt. (R o b e r t s o n.)

2346. **Trunksuchtsmittel** des Drogist K e l m in Berlin sind 30 Pillen aus Enzianpulver und Enzianwurzelextrakt mit einer Spur von Eisenoxyd. Preis *M.* 8. (B i s c h o f f.)

2347. **Trunksuchtsmittel** von T h. K o n e t z k i in Berlin war anfänglich ein Gemisch von Angelika, Liebstöckel, Enzianwurzel, Bitterklee und Guajakholz; später aus Wermut, Angelika, Baldrian- und Enzianwurzel. Dazu ein Pulver aus Aloe, Aronswurzel und Enzian, oft nur Enzianwurzel. Außerdem noch Pillen aus Enzianpulver und Enzianextrakt. — Nach veröffentlichten Warnungen des Karlsr. Ortsges.-Rates bestehen die Mittel in einer Tinktur, einem spirituösen Auszug verschiedener, bittere Bestandteile enthaltender Pflanzenstoffe, darunter Aloe, Rhabarber und Safran, und einem Pulver bitterer Pflanzenstoffe, worunter Kalmus, Enzianwurzel und Lärchenschwamm. Preis *M.* 7., die Gebrauchsanweisung dazu *M.* 10,50. (Karlsr. Ortsges.-Rat.)

2348. **Trunksuchtsmittel** von A. K r a h m e r ist ein graugelbes Pulver, bestehend aus Eisen, Enzian und Süßholz. (H a i n b e r g.)

2349. **Trunksuchtsmittel** von Frl. K r e t s c h m e r in Berlin, Oderwasserstraße 13, besteht in einem Pulver, welches ein Gemisch aus ca. 75% doppeltkohlensaurem Natrium, 10% Weinsäure, 8% Schwefelblumen, 5% Haselwurzelpulver und 2% Päonienwurzelpulver ist. Preis *M.* 6. (H a g e r.)

2350. **Trunksuchtsmittel** von W. K r ö n i n g in Berlin besteht I. in einer Schachtel mit 200—300 Pillen aus Eisenpulver, Enzianpulver, Enzianextrakt und Altheepulver und II. in einem Paket mit Pulver, gemischt aus Kalmus und Enzian. Preis *M.* 6. (Q u e n z e l.)

2351. **Trunksuchtsmittel** von Dr. O s k a in Stein-Säckingen besteht in $70,_0$ Enzianpulver und $180,_0$ eines Teegemisches aus Enzianwurzel und Bitterkleeblätter. Preis *M.* 12. (Karlsr. Ortsges.-Rat.)

2352. **Trunksuchtsmittel** von J. H. R u n g e l in Wandsbeck ist eine wässerige Lösung von Brechweinstein mit $3\frac{1}{2}$% des letzteren und $\frac{1}{2}$% einer indifferenten organischen Substanz. 250 g = *M.* 8. (E. H a r m s.)

2353. **Trunksuchtsmittel** von Dr. S c h u l z e, königl. preuß. Oberarzt, durch die deutsche medizinische Buchhandlung in Rixdorf in Form autographierter Rezepte vertrieben. Dieselben lauten: Ferr. carb. sacch., Extr. Gentian., Pulv. Rad. Gentian. sing. $5,_0$ Muc. Gumm. arab. q. s. ut fiant pilul. Nr. 100. DS. N. B. 1 Rezept = *M.* 10.

2354. **Trunksuchtsmittel** von F r a n z S c h u m a c h e r in Köln ist Brechweinsteinlösung. Preis *M.* 3.

2355. **Trunksuchtsmittel** wird von dem Institut du Zexa in Paris, 9 rue du Faubourg Montmartre empfohlen. Dasselbe dürfte nach Prof. H. Wefers, Bettink einer Mischung aus 3 g Natriumkarbonat, 35 g Kalmuswurzel- und 22 g Enzianwurzelpulver entsprechen.

2356. **Trunksuchtspillen** des Drogisten Vollmann in Berlin sind Pillen aus Enzianwurzelextrakt und Enzianpulver, mit Lycopodium bestreut, dazu $40{,}_0$ feines Enzianwurzelpulver. Preis *M.* 10. (Bischoff.)

2357. **Tsa-tsin** des Dr. Schöpfer sind sehr klein geschnittene und glatt gestampfte Blätter einer Art römischen Kamille oder einer Art Gänsefuß; angegeben wird als Mutterpflanze Rhynchosia excavata.

2358. **Dr. Tschernichs Universal-Lungenkraut** setzt sich aus dem ganzen zerschnittenen Kraut des Hohlzahns, Galeopsis ochroleuca, zusammen. (Beythien.)

2359. **Thürpil** werden die Thüringer Pillen gegen Kälberruhr der Firma Cl. Lagemann in Erfurt genannt. Dieselben bestehen nach Angabe des Fabrikanten aus Pelletierin 0,133, Myrobalanen $10{,}_0$, Extr. Rosae $2{,}_0$, Extr. Granati $2{,}_0$, Gummi arab. $1{,}_0$. Sacch. $1{,}_0$ auf 24 Pillen.

2360. **Tuberkeltod,** auch Dr. Stickes **Eiweiß-Kräuterkognak-Emulsion** genannt, eine schwarzbraune, trübe Flüssigkeit von schwach alkalischer Reaktion, schwach zimtartigem Geruch und widerlich aromatischem Geschmack, besteht aus Hämoglobin-Eiweiß 3, Zucker 10, Eisentinktur 10, Weingeist 25, Wasser 52%. Zimtöl Spur. (Aufrecht.)

2361. **Tuckers Specific for Asthma** gegen katarrhalische Erkrankungen der Atmungsorgane ist eine rotbraune, schwach sauer reagierende Flüssigkeit und besteht aus Kokainchlorhydrat 1, Kaliumnitrat 5, Glyzerin 35, Bittermandelwasser 30, Wasser 25, Pflanzenextraktivstoffen 4%. (Aufrecht.)

2362. **Tuklin,** als sauer Formalinalkoholäther bezeichnet, wird mit ätherischen Ölen gemischt zu Inhalationen bei Erkrankungen des Rachens und der Luftröhre, sowie bei Lungenaffektionen empfohlen. Bezugsquellen: C. Fr. Hausmann in St. Gallen (Schweiz) und Apotheker P. Weinreich in Davos-Platz.

2363. **Turiolignin** ist eine dem Lignosulfit ähnliche, leicht getrübte braune Flüssigkeit, die aus der Kellnerschen Kocherlauge und zwar aus der Ablauge gewonnen wird. Zu seiner Einatmung bedarf man eines besonderen, säurefesten Turiolignin-Verdunstungsapparates. Angewendet wird es bei allen Erkrankungen der Luftwege. Fabrikant: Dr. med. Schalenkamp in Crombach, Roz. Arnsberg.

2364. **Tussiculin** ist ein Hustenmittel, welches die ätherischen Öle von Serpyllum und Persica vulgaris (?), sowie Kajeputöl und die wirksamen Stoffe von Alcanna tinctoria enthalten soll. Fabrikant: Dr. Wasserzug in Frankfurt a. M.

2365. **Tutamentum** von Dr. Heß in Berlin, Präservativ- und Schutzmittel gegen persönliche Ansteckung beiderlei Geschlechts, ist eine Mischung von 2 T. Glyzerin, 11 T. Wasser, 3 T. Javellescher Lauge und einer kleinen Menge Kampherspiritus. 125 g = *M.* 1. (Hager.)

2366. **Typhus-Tabletten.** Nr. I. Für den Anfang der Krankheit: bestehen aus 0,131 g Podophyllin, 0,077 g Kalomel, 0,077 g Guajakolkarbonat, 0,077 g Menthol und 0,033 g Eukalyptol. — Nr. II. Für den dritten und vierten Tag bestimmt: 0,131 g Podophyllin, 0,077 g Kalomel, 0,077 g Menthol, 0,077 g Thymol, 0,016 g Guajakolkarbonat und 0,033 g Eukalyptol. — Nr. III. 0,2 g Guajakolkarbonat, 0,066 g Thymol, 0,033 g Menthol und 0,165 g Eukalyptol.

2367. **Ungrol,** ein neues, von dem chemischen Laboratorium H. Unger in Berlin hergestelltes Prophylaktikum gegen Gonorrhoe und Syphilis, besteht aus Glyzeringelatine mit Sublamin.

2368. **Unguentum formentoli Bernatzik.** (Bernatziks Formaldehydsalbe) ist eine Salbe, welche einen Glyzerin-Stärke-Salbenkörper zur Grundlage hat, 5 bezw. 10% Formaldehyd und etwas Menthol enthält und namentlich gegen Fußschweiß Anwendung finden soll. Fabrikant: Apotheker K. W. Bernatzik in Mödling bei Wien.

2369. **Unguentum Helmerich.** Man löst 10 g Kaliumkarbonat warm in 10 g Wasser, verreibt 20 g sublimierten fein gepulverten Schwefel mit Mandelöl, fügt 100 g Schweinefett hinzu und mischt vollständig; nach und nach wird dann die alkalische Lösung untergearbeitet.

2370. **Universal-Arznei** von Bolliot in Paris enthält 41% Arsenik, 29% Schwefelsäure, 28% Kalk und 2% organische Substanz. (Vogt.)

2371. **Universalbalsam** vom Apoth. Falkenberg in Königssee ist eine bräunliche Flüssigkeit, in welcher Terpentin, Wacholderbeeröl und Anisöl nachgewiesen werden konnten. (Gscheidlen.)

2372. **Universalbalsam** von Grebehahn in Reichmannsdorf ist eine Auflösung von Schwefelbalsam in Leinöl. 12 g = *M.* 0,60. (Hager.)

2373. **Universalbalsam** von Joachim in Berlin, gegen Gicht, Rheuma etc. ist eine Salbenseife aus 3 T. Palmöl mit 1 T. Ätznatronlauge und etwas Rosmarinöl und Lavendelöl gemischt. 80 g = *M.* 1,50. (Hager.)

2374. **Universalbalsam** der Königseer Olitätenhändler besteht aus 4 kg Schwefelbalsam, $200{,}_0$ Copaivabalsam, $75{,}_0$ Fenchelöl, $30{,}_0$ Anisöl und $15{,}_0$ brenzlichem Wacholderöl. (Richter.)

2375. **Universalbalsam** der Frau M a a z in Berlin ist eine der Mixt. oleos.-balsamica ähnliche Mischung, in welcher Zimtöl, Nelkenöl, Bergamottöl, Pfefferminzöl und Alkohol zu konstatieren sind. (B i s c h o f f.)

2376. **Universalbalsam** von N o h a s c h e c k in Mainz ist Oleum. Terebinthinae sulfuratum. 8 g = *M.* 1,70. (W i t t s t e i n.)

2377. **Universalbalsam** von J. W e i n h o l d in Dresden ist eine spirituöse Lösung von Kampher, Krauseminzöl, Rosmarinöl, Kümmelöl und Thymian- oder Quendelöl, gefärbt mit Alkanna.

2378. **Universal-Blutreinigungs-Kräutertee, amerikanischer,** von Dr. K u h r besteht aus je 10 T. weißem Andorn, Eibischwurzel, Süßholz, Sassafras, je 5 T. Anis, Koriander, Fenchel; 4 T. Klatschrosen, 2 T. Lavendelblüten, je 1 T. Sennesblättern, Pfefferminze, Schafgarbenblüten und Baldrianwurzel. 40 g = *M.* 1. (K u h r und A. S e l l e.)

2379. **Universal-Blutreinigungstee** von S a n d r o c k in Berlin besteht aus Quecken, Faulbaumrinde, Lavendelblüten und Pomeranzenschalen. (B i s c h o f f.)

2380. **Universal-Bräune-Einreibung und Diphtheritis-Tinktur,** L a m p e r t s, besteht wahrscheinlich aus einem mit Nelkenöl versetzten Gemische von Holzteer, Kreosot, Sprit und Zucker. (A u f r e c h t.)

2381. **Universalgeist** von W i l d b r a n d in Berlin gegen Gliederreißen, Gicht und Podagra ist eine Auflösung von 2 T. Kochsalz, 2 T. Kampher und 30 T. Salmiakgeist in 180 T. Brennspiritus. 210 g = *M.* 1,50. (S c h ä d l e r.)

2382. **Universal-Gicht- und Blutreinigungs-Tee** von R. M a y r, Apotheke zur heiligen Dreifaltigkeit in Gleisdorf, Steiermark, 19 cm lange und 3 cm dicke zylindrische Päckchen mit je 50 g sehr kleingeschnittenem Tee; aus Sandriedgraswurzel, Süßholz, Wacholderholz, Sassafras, Blauholz, Guajakholz, Grindwurzel, Isopkraut, Malvenkraut, Eibischkraut, Gundermann, Johannisbrot, Bittersüß, Wacholderbeeren, von jedem ca. 10 T., Sennesblättern, Graswurzel, von jedem 25 T., Weinstein in senfkorngroßen Stückchen 9 T. Außer diesen waren noch sporadische Rudera vieler anderer Vegetabilien, wie Kanariensamen, Malvensamen, isländisch Moos, Stroh und dergl. zu entdecken. Preis *M.* 1,60. (H a g e r.)

2383. **Universalheilmittel bei Verbrennungen** von O t t o P o l a c k, praktischem Chemiker zu Bodenbach a. d. Elbe, ist eine tiefbraune, stark ammoniakalisch riechende Flüssigkeit, wahrscheinlich ein stark verdünnter Salmiakgeist, welcher durch organische Substanzen braun gefärbt ist. 65 g = *M.* 12. (G e i ß l e r.)

2384. **Universal-Heilsalbe** gegen Flechten, offene Füße etc. der Apotheke in Weinböhla (Sachsen). Bestandteile: 3 T. Benzoefett, Naphtalan, Eigelb je $20{,}_0$, Wachs, Walrat, venzianischer Terpentin je $5{,}_0$, Epikarin $2{,}_0$.

2385. **Universal-Heil- und Ausschlagsalbe** M. Schützes ist ein Gemisch von Vaselin, Zinkoxyd, weißem Quecksilberpräzipitat und etwas Perubalsam. (B. Fischer.)

2386. **Universal-Kräuter-Magen-Präservativ** nach Dr. Borhaver von Albin Müller in Brünn ist eine klare gelbbräunliche Flüssigkeit von angenehmem, bitter gewürzhaftem Geschmack, bestehend aus $70{,}_0$ 90prozentigem Spiritus, $38{,}_0$ Zucker, 0,5 Aloe, 11,5 Extraktsubstanz aus Zimt, Galgant, Zitwerwurzel, Angelikawurzel, Gewürznelken, Enzian, Quassienholz und $100{,}_0$ Wasser. (Hager.)

2387. **Universal-Lebensöl, Hamburger,** ist eine mit Alkanna rot gefärbte Mischung aus 4 T. Nelkenöl, 4 T. Pomeranzenschalenöl, 1 T. Sternanisöl, 150 T. Weingeist. Wird in länglichen Fläschchen zu $25{,}_0$ Inhalt abgegeben. (Hager.)

2388. **Universal-Likör,** Dr. Hufnagels, genannt **Samariter,** von E. Kreplin, ist eine rötliche klare Flüssigkeit, im Gewicht von $200{,}_0$, bestehend aus 25 T. 90 prozentigem Spiritus, 16 T. Zucker, 161 T. Wasser, 1,5 T. Stoffen aus Galgant- und Zitwerwurzel, welche mit einem 12prozentigen Spiritus daraus ausziehbar sind und einer Spur eines rotfärbenden Fruchtsaftes, wahrscheinlich der Blaubeeren. (Hager.)

2389. **Universal-Magenbitter** von Dr. Roback ist ein nicht unangenehm schmeckender klarer bitterer Likör von blaß bräunlichgelber Farbe, dessen Hauptbestandteile Enzian und Angelika neben kleinen Mengen mehrerer gewürzhaften Substanzen und Spuren Essigäther sind. Er enthält 36% Weingeist und 21% Zucker. $\frac{1}{4}$ Liter = *M.* 1,20. (Hager.)

2390. **Universal-Magensalz** von F. J. Wolter in Hamburg ist doppeltkohlensaures Natrium.

2391. **Universalmedizin** des Heilkünstlers William Becker in Berlin besteht in einem mit vegetabilischen Abführmitteln versetzten Sirup. (Karlsr. Ortsges.-Rat.)

2392. **Universalmittel** des früheren Mühlenbesitzers A. Glaser in Mauskow besteht in $20{,}_0$ Milchzucker. Preis *M.* 1. (Karlsr. Ortsges.-Rat.)

2393. **Universalmittel** von Harmsen in Berlin ist ein Pflanzenauszug, wahrscheinlich verdünnte Arnikatinktur. (Bischoff.)

2394. **Universalmittel gegen Rheumatismus** von J. Janke in Berlin besteht in $90{,}_0$ Flüssigkeit, welche sich in der Ruhe in zwei Schichten scheidet, bestehend aus Rüböl, Petroleum, Terpentinöl, Wacholderöl und Wasser. Preis *M.* 3. (Schädler.)

2395. **Universalmittel gegen Rheumatismus und Diphtherie** des Zimmermanns Eduard Pochler, Heilkünstler aus Gräfenberg bei Nürnberg, ist gereinigtes Leinöl.

2396. **Universalmittel gegen Zahnschmerz** der Jesuiten-Apotheke in Cöln ist eine gelbliche, klare, eigentümlich kampherartig riechende Flüssigkeit, bestehend aus Chloralkamphorat, Gelsemiumtinktur und einigen Tropfen eines ätherischen Öls, wahrscheinlich Kajeputöl. 12 g = *M.* 0,50. (Hager.)

2397. **Universalpillen,** Dr. Matthaeyis, von Fr. Jaspers in Cleve, gegen Nervenkrankheiten, Leibesverstopfung und Hämorrhoidalbeschwerden sind 200 Stück schwarze glänzende Pillen, hauptsächlich aus Ammoniakgummi, Guajakharz und Sennesblätterpulver bestehend. Preis *M.* 3. (Schädler.)

2398. **Universal-Reinigungssalz** von Bullrich in Berlin ist gepulvertes unreines Natriumbikarbonat. 500 g = *M.* 2.

2399. **Universal-Speisenpulver** von Dr. Gölis in Wien ist ein Gemisch aus 84 T. doppeltkohlensaurem Natrium, 6 T. Cremor Tartari, 1 T. Salmiak, 4 T. Schlämmkreide. 120 g = *M.* 1,10. (Hager.)

2400. **Universaltee, Berliner,** von C. J. H. Haberecht in Berlin ist eine Mischung von Fenchel, Anis, Zimt, Sennesblättern, Koriander und fremden Blattfragmenten, wahrscheinlich von einer Verfälschung der Sennesblätter herrührend. 20 g = *M.* 0,25. (Jacobsen.)

2401. **Universaltee, Radhorster,** aus der Apotheke „Zur Mutter Gottes" von J. Seichert im Molken-Kurorte Roznau am Radhorst in Mähren, besteht in 120 g eines Gemisches aus Quecken, Bittersüß, Weidenrinde, Eibischkraut, Huflattich, Betonika, Salbei, Mohnkapseln u. a.

2402. **Universaltee** von Frau Zeidler in Berlin enthält Koriander, Anis, Fenchel, Süßholz, Faulbaumrinde, Sennesblätter, Fliederblüten, Stiefmütterchen, weiße Taubnesselblüten, Huflattich und Manna. (Bischoff.)

2403. **Universal-Zahn-Aqua-Tinktur** ist Ätzammoniak und Extrakt aus Gewürznelken. (Gscheidlen.)

2404. **Universum, Breslauer,** Blut-Säfte-Reinigungs- und Stärkungsmittel aus der Fabrik chemischer Produkte von Oscar Silberstein aus Breslau besteht aus 25,$_0$ eines schwachen Spiritus mit einer durch Geruch und Geschmack kaum zu erkennenden Menge Löffelkrautspiritus oder Senfspiritus versetzt. Preis *M.* 3. (Hager.)

2405. **Unterleibspillen,** Dr. Meyers, gegen Magenschwäche, Leibesverstopfung und Hämorrhoidal-Beschwerden, von der Löwen-Apotheke in Berlin sind durchschnittlich 0,13 g schwer und bestehen in ihrer Hauptmasse aus 120 Pillen aus 7,$_0$ eingedickter Ochsengalle, 5,$_0$ Seife, 2,$_0$ Lakritzensaft, mit etwas organischem Pulver (Jalape, Rhabarber, Althaea) zur Masse gemacht. (Hager.)

2406. **Urbanuspillen** sind 0,12 g schwere Pillen aus je 1 T. Fruct. Anethi, Amomi, Anisi, Rhiz. Zedoar., Macis, Nuc. moschat., Caryophylli,

Cubebae, 8 T. Rad. Rhei, 24 T. Aloe, 8 T. Fol. Sennae und 11 T. Manna.

2407. **Urbanuspillen** von Kaufmann August Hemme in Hannover, Vahrenwalderstr. 6, enthalten Aloe, Rhabarber und Sennesblätter. 90 St. = *M.* 2,70. (Karlsr. Ortsges.-Rat.)

2408. **Ursin** stellt entweder eine Mischung von Chinasäure mit zitronensaurem Lithium dar oder chinasaures Lithium. Im Handel ist es zu haben als 50prozentige Lösung oder als Brausepulver. (Waljaschko.)

2409. **Valvin** ist eine durch Emulgierung einer ätherischen Silicium-Cerotinmasse hergestellte Creme. Das Präparat soll gegen Ausschläge und zum Schutz gegen Ansteckung bei Operationen angewendet werden.

2410. **Vanadioserum.** Von seiten des „Vanadiumdepot" in Vollmerhausen, Bez. Köln, werden zwei Vanadiumpräparate gegen Lungenschwindsucht empfohlen, das Vanadiol und Vanadioserum. Eine Analyse der Präparate liegt noch nicht vor.

2411. **Vaparoles** sind dünnwandige Glaskügelchen, gefüllt mit einem zum Einatmen bestimmten Heilmittel, umgeben mit einer dünnen Seidenhülle. Zum Gebrauche werden sie zerdrückt und auf einer Eisenplatte erwärmt.

2412. **Vapo-Kresolene,** eine Spezialität gegen Keuchhusten von der Firma v. Tubergen in Harlem, welche im Krankenzimmer verdampft werden soll, besteht nach v. d. Wielen aus unreinem, verflüssigten Phenol mit 93% Phenol und 5% Kresolen.

2413. **Vaseline Wilburine** ist eine den Anforderungen der österreichischen Pharmakopöe entsprechende gelbe Vaseline. (Laborat. des Allg. öst. Apoth.-Vereins.) Bezugsquelle: Louis Ritz & Co. in Hamburg.

2414. **Vaselon** ist eine Auflösung der Produkte der trockenen Destillation von Stearinsäure, bezw. Rinderfett mit Kalk und Vaselinöl. Das Präparat findet Anwendung als Ersatz für Vaseline.

2415. **Vaseptol** ist ein Vanadiumpräparat, das zur Wundbehandlung angewendet wird.

2416. **Vegetabilische Rheumatismus-Pastillen.** Je 0,2 g Urosin, eingedickter Zitronensaft, Lithiumzitrat, 0,5 g Aspirin und 0,3 g Zucker. Fabrikant: Salomonis-Apotheke in Dresden-A.

2417. **Venetian Horse Liniment,** Dr. Tobias', aus New-York, ist eine bräunlich gelbe, klare Flüssigkeit, bestehend aus $30,_0$ Salmiakgeist, $12,_0$ Kampher, $30,_0$ Tinct. Capsici, $200,_0$ Weingeist und $60,_0$ Wasser. Preis *M.* 4,20. (Schädler.)

2418. **Verdauungs- und Lebensessenz** von Dr. Netzsch ist ein Gemisch einer wässerigen Lösung von Lakritzensaft und einer schwach spirituösen Tinktur verschiedener Bitterstoffe und Drastika, unter denen Aloe und Rhabarber vorwiegend sind. (B i s c h o f f.)

2419. **Verdauungs-Magenlikör** aus Wien, angeblich von dem Professor der Chemie A u g u s t M ü l l e r in Berlin, besteht aus Spiritus, Zucker, Wasser und 9,55% eines Extraktes, in welchem Spuren von Maleïnsäure vorhanden sind, ferner aus kleinen Mengen flüchtigen Öles und Bitterstoffen. (I n n h a u s e r.)

2420. **Vermifuge** von S w a i m sind 300 g eines Infusum aus $15,_0$ Flor. Cinae, $4,_0$ Agaricus, $5,_0$ Rad. Rhei, 7,5 Rad. Valerian., gemischt mit einer Lösung von 8 Tropfen Ol. Tanacet. und 4 Tropfen Ol. Caryophyllor. in $100,_0$ Weingeist.

2421. **Veronicatee** gegen alle möglichen Krankheiten, besteht voraussichtlich nur aus Herb. Veronicae. Bezugsquelle: M a x i m i l i a n - D r o g e r i e in München.

2422. **Vésicatoire** von A l b e s p e y r e ist ein 20 cm breites und 1 m langes Sparadrap auf grüner Wachsleinwand, deren eine Seite mit einer ca. 1,15 mm dicken Pflasterschicht überzogen ist. Die letztere ist ein Gemisch aus je 30 T. Wachs, Kolophon und Schwarzpech, 5 T. Terpentin, 20 T. Leinöl, 40 T. Cantharidenpulver und 3 T. Perubalsam (K r o m b a c h) — oder von je 10 T. Rizinusöl und Lärchenterpentin, je 15 T. Schwarzpech und Kolophon, 35 T. Wachs und 45 T. fein gepulverten Canthariden. (H a g e r.)

2423. **Vichy chez soi** ist Sodawasser.

2424. **Viehheil, orientalisches,** von E. v. W a l k o w s k y in Berlin ist zerfallenes Glaubersalz $280,_0$, Alaunpulver $10,_0$, Schlämmkreide $70,_0$, Sem. Foeni graeci $60,_0$, Kamillen $18,_0$, rotes Sandelholz $18,_0$, Enzian $60,_0$, Roggenmehl $125,_0$, gemischt als mittelfeines Pulver. 650 g = *M.* 3. (H a g e r.)

2425. **Vieh-, Nähr- und Heilpulver, Korneuburger,** von Apoth. K w i z d a enthält 85 T. zerfallenes Glaubersalz, 10 T. Schwefelblumen und 5 T. Enzian als grobes Pulver. 375 g = *M.* 1. (A. S e l l e und H a g e r.)

2426. **Viehmastpulver, aromatisches englisches,** enthält 14,7% Rohprotein und 7,4% Fett und ist zusammengesetzt aus Erdnußkuchenmehl, Reisfuttermehl, Maisgries, sowie geringen Mengen Salz, Kümmel, Pfefferminze, Kamillen und Lavendel. 1 kg = *M.* 1,20. (B e n e c k e.)

2427. **Vinaigre aromatique antiputride** von B u l l y wird auf folgende Weise bereitet: 7 l Wasser, 4 l Spiritus, je $30,_0$ Bergamottöl und Zitronenöl, $10,_0$ Portugalöl, $25,_0$ Rosmarinöl, je $4,_0$ Lavendelöl und Pomeranzenblütenöl, $500,_0$ Melissenspiritus werden 24 Stunden mazeriert, dann je $60,_0$ Tolubalsaminfusum, Styraxinfusum, Benzoeinfusum und Gewürznelkeninfusum, hierauf 2 l destillierter Essig und zuletzt noch $90,_0$ Essigsäure hinzugesetzt. (R e v e i l.)

2428. **Vinegar-Bitters** von Joseph Walker in Natik, Mass., gegen Hämorrhoiden, wird fabriziert aus Trauben- und Apfeltrestern, Holzessig, Aloe und Wasser.

2429. **Vin antigoutteux d'Anturan de la Rochelle, Anturan-Wein,** ist ein Gemisch aus 60 T. Vin. Colchici, 10 T. Tinct. Aconiti, 5 T. Tinct. Digitalis und 500 T. Malagawein.

2430. **Vin de Boeuf** besteht aus Wein nebst Fleischsaft vom Rinde und anderen die Konservierung bezweckenden Zusätzen.

2431. **Vin Cardiaque du Dr. Saison** enthält Sparteinsulfat, Convallamarin und Kaliumjodid. Er wird gegen Erkrankungen des Herzens und der Atmungsorgane angewendet. Bezugsquelle ist in Paris, 11 Rue de la Perle.

2432. **Vin de Colombo composé** von Bouchardat ist eine mit zusammengesetzter Chinatinktur versetzte Auflösung von Colombo-extrakt, Enzianextrakt und Zucker in Weißwein.

2433. **Vin de Fordice** gegen Blenorrhagien ist ein Digest aus 100 T Calisaya-China, 4 T. Gewürznelken und 1000 T. Xereswein.

2434. **Vin Defresne à la Peptone** enthält die löslichen Bestandteile des Fleisches und der Muskelfasern, die durch Digestion verflüssigt und assimulierbar gemacht worden sind. Fabrikant: Apotheker Defresne in Paris, 4 Quai du Marche Neuf.

2435. **Vin de Moride** ist aus Meerpflanzen bereitet und enthält auf 1 l 1 g Jod. Die Wirkung entspricht der des Lebertrans. Fabrikant: Pharmacie Moride in Paris, 2 Rue de la Tacherie.

2436. **Vin Désiles,** als allgemeines Stärkungsmittel empfohlen, enthält nach Angabe der Lieferanten Henn & Kittler in Straßburg i. E. in einer Flasche die wirksamen Bestandteile von 5 g Chinarinde, 5 g Kolanüssen und 10 g Kokablättern neben 5 g phosphorsaurem Kalk, 1 g Tannin und Orangenaroma.

2437. **Vin de Vasseur** aus Paris ist ein arsenhaltiger, mit aromatischen Bitterstoffen versetzter Chinawein. (Österr. Ministerium 27. Juli 1893.)

2438. **Vin de Vial:** Nach dem Formulaire des médicins de Reims besteht das Praeparat, welches nach Angabe des Fabrikanten aus Fleischsaft hergestellt wird, aus 10 g Kola-Fluidextrakt, 10 g Koka-Fluidextrakt, 5 g Brechnußtinktur, 20 g Natriumphosphat, Zitronensäure q. s., 200 g Pomeranzenschalensirup, Malagawein bis zur Gesamtmenge von einem Liter.

2439. **Vin Duflot** gegen Gicht, Rheumatismus, Ischias ist ein schwerer Rotwein mit Meerzwiebelauszug und Jodkalium. $^3/_4$ l = *M.* 4. (Lindener und Nesemann.)

2440. **Vin fébrifuge** von Seguin ist ein filtriertes Digest aus 50 T. Königschina, 15 T. Angusturarinde, 10 T. Quassiaholz, 1 T. Opium, 1625 T. spanischem Wein und ebensoviel Weißwein.

2441. **Vin Mariani** soll ein weiniger Auszug der Folia Coca sein.

2442. **Vin Menut** ist aus Mate, Kola und Chinarinde hergestellt und enthält organische Phosphate (20 g auf 1 Liter), Jod und Tannin.

2443. **Vin Nourry** ist ein Lebertranersatz und enthält auf einen Eßlöffel 0,05 g Jod und 0,1 g Tannin. Fabrikant: C l i n & C o m a r in Paris, 20 Rue des Fossés-Saint-Jaques.

2444. **Vin toni-nutritif au Quinquina et au Cacao** von B u g e a u d. 100 T. Caracaskakaosamen werden geröstet, grob gepulvert und mit 400 T. Franzbranntwein übergossen. Nach zweitägiger Digestion werden hinzugefügt 120 T. Königschinarinde, 10 T. Zimtkassie, 200 T. Zuckersirup und 2000 T. spanischer Wein.

2445. **Viscin** ist ein aus der weißen Mistel hergestelltes medizinisches Klebmittel.

2446. **Vitulosal,** ein Schutzmittel gegen Kälberruhr von B. M e n g e in Tichau O.-S., ist nach A u f r e c h t (Pharm. Ztg. 1898, Nr. 99) eine trübe, hellgelb gefärbte und schwach alkalisch reagierende Flüssigkeit von eigentümlichem Geruche nach verdorbener Fleischbouillon und fadem Geschmacke. Das Filtrat gibt mit Alkali und Kupfersulfat die Biuretreaktion, auf Zusatz von absolutem Alkohol einen flockigen, grauen Niederschlag, beim Hinzufügen von Ferrozyankalium und Essigsäure eine deutliche Trübung. 100 g der Flüssigkeit enthielten neben Wasser und sehr geringen Mengen Salzen etwa 4,5 g Peptone und Albuminosen. Bei der bakteriologischen Prüfung wurden in dem Präparat folgende Spezies von Spaltpilzen gefunden: Bacterium vulgare β Zenkeri, Bacillus subtilis.

2447. **Vitulinuspulver** gegen Durchfall der Kälber von G. Z a c h r a u, Tierarzneilaboratorium in Militsch i. Schles. besteht aus Gerbsäure, Alaun, kohlen- und phosphorsaurem Kalk, Magnesia und einem vegetabilischen Pulver.

2448. **Vixol,** unter diesem Namen stellt eine Londoner Firma (The Vixol Syndicate London Brixton Hill S. W.) ein Mittel her, welches gegen asthmatische Leiden empfohlen, jedoch nur an Patienten gegen ein Honorar von *M.* 40 verabfolgt wird. 30 g des im Handel nicht aufzutreibenden Mittels kosten *M.* 4. Nach A u f r e c h t stellt das Vixol eine Art versüßten Fluidextraktes dar, dessen wesentliche Bestandteile Salpeter, Lobeliakraut und Cascara-Sagrada sind. Andere Bestandteile waren mit Sicherheit nicht nachweisbar. Nach K o b e r t enthält Vixol auch Atropin!

2449. **Vließseife** vom K. K. Obertierarzt F r a n z P i c h l e r in Prag, gegen Haar- und Hautkrankheiten der Schafe, aber auch als Kräftigungsmittel für Kinder, zur Erhaltung eines zarten rosigen Teints, gegen flechtenartige Hautausschläge, Sommersprossen, Hautdrüsen und als Barterzeugungsmittel empfohlen, ist braune Harzseife mit buntfarbigen Stücken gewöhnlicher Abfallseife in sehr zerkleinertem Zustande gemengt. (J a c o b s e n.)

2450. **Voltakreuz,** ist ein aus zwei aus Zink und Kupfer bestehenden Stäbchen gebildetes und auf ein Stück roten Filz befestigtes Kreuz. Preis *M.* 1,50.

2451. **Vomi-purgatif** von L e r o y ist ein Digest aus 282 T. Senna und 2000 T. Weißwein, in welchem auf je $125,_0$ $1,_0$ Brechweinstein aufgelöst ist.

2452. **Vulneralcrême,** ein von Apotheker G r u n d m a n n in Berlin gegen allerhand Leiden, insbesondere als Mittel gegen Flechten, Ausschlag u. a. m. angepriesenes Mittel, präsentiert sich als schmutzig-braune, schwach perubalsamartig riechende Salbe, welche aus etwa 6% Perubalsam und ca. 94% unverseifbarem Fett (Vaseline?) besteht. (A u f r e c h t.)

2453. **Wacholderbeerenöl** von I g. S c h u l t h e i ß N a c h f o l g e r in Gutenbach, als ausgezeichnetes Mittel gegen Gicht empfohlen, ist ein Gemisch von 2 T. ätherischem Wacholderbeeröl und 1 T. Wasser. 15 g dieser Mischung kosten mit Porto und Gebühr *M.* 3,10. (Karlsr. Ortsges.-Rat.)

2454. **Wachol,** R i e m e l s, der Augusten-Drogerie in München, wird als präpararierter Wacholderbeersaft bezeichnet.

2455. **Waldschneckensaft** von A n t o n i e K e f e r s t e i n in Ilfeld a. Harz ist ein gelbbrauner Sirup, welcher aus Honig und in Wasser gelöstem Gummi arabicum besteht. (J a c o b s e n.) — Nach Angabe der Darstellerin wird der Saft durch Kochen schwarzer Waldschnecken in Zuckersaft bereitet.

2456. **Waldwolle** von L a i r i t z ist gewöhnliche Baumwolle, durch Kiefernadelauszug riechend gemacht und gefärbt.

2457. **Walpurgisöl** entquillt den mit Saurierfett gesättigten Eichstätter Liasbänken und wird unter obiger Etikette dem zur heiligen Walpurgis wallfahrenden gläubigen Volke von den geistlichen Herren in Eichstätt verkauft. — Von der katholischen schlesischen Volkspresse wird diese Abstammung bestritten und angegeben, daß die dortigen Klosterfrauen das Walpurgisöl periodisch in einem Becken, welches in einer verschließbaren Nische des Walpurgisaltars unter dem Sarge mit den Gebeinen der heiligen Walpurgis aufgestellt ist, sammeln, und daß dasselbe in den bekannten kleinen Fläschchen an der Klosterpforte an jedermann abgegeben wird. — Analytiker geben dasselbe als aus Olivenöl mit etwas empyreumatischem Wacholderbeeröl bestehend, auch wohl mit Petroleum versetzt, an.

2458. **Warburgs Fevertincture** (Tinctura antiperiodica). Die Originalvorschrift dazu soll lauten: Aloes $543,_0$, Rad. Rhei $120,_0$, Sem. Angelicae $120,_0$, Confect. damacratis $120,_0$, Rad. Inulae $60,_0$, Croci $60,_0$, Sem. Foeniculi $60,_0$, Cretae praepar. $60,_0$, Rad. Gentian. $30,_0$, Rad. Zedoariae $30,_0$, Cubebar. $30,_0$, Myrrhae $30,_0$, Camphorae $30,_0$, Bolet. Laricis $30,_0$, Spirit. diluti 25 Pints (— ca. 14,21 Liter)

Confectio damacratis (unser Theriak) und Aloes sollen vielfach fortgelassen werden.

2459. **Wasserpillen** der Königseer Olitätenhändler enthalten Aloe, Jalape, Gutti, Scammonium, Kalomel, Koloquinten und als Ersatz der Jalapenwurzel oft auch Krotonöl. (Hager.)

2460. **Wassersuchtmittel** von Hans Weber in Stettin besteht aus 44 Pulvern zu je 2 g eines Gemisches von Sand und Kohle und den Verbindungen von Kalk, Magnesia, Kalium und Natrium mit Kieselsäure, Kohlensäure, Schwefelsäure, Phosphorsäure und Chlor, vielleicht auch einzelnen der genannten Basen in ungebundenem Zustande nebst Sand und Kohle. (Polizeipräsidium in Stettin.) — Nach Weller bestehen die Pulver lediglich aus Tabakasche. Preis *M.* 10.

2461. **Wassersucht-Universalmittel** von Dir. Dr. Besser in Berlin besteht aus $50,_0$ Stengeln und Blättern von Spartium Scoparium. Preis *M.* 1,50. (Schädler.)

2462. **Weckerlesche Sängerpastillen** bestehen aus Gummi arabicum und Lakritzen, versetzt mit Veilchenduft. Fabrikant: Weckerlesche Bonbonfabrik in Feuerbach-Stuttgart.

2463. **Wegscheiders Tee** besteht I. nach Maerker aus Fol. Jugland., Fol. Sennae aa $2,_0$, Fruct. Foeniculi $8,_0$, Rad. Althaeae $30,_0$, Rad. Liquirit. $15,_0$, Sem. Lini $43,_0$. — II. nach K. Schacht aus Fol. Sennae $10,_0$, Fruct. Foeniculi, Rad. Liquirit., Sem. Lini aa $20,_0$, Rad. Althaeae $30,_0$.

2464. **Weidentee** von P. Streller in Meißen gegen Gallenleiden angepriesen, besteht nur aus der zerkleinerten gewöhnlichen Weidenrinde, hat nach Mitteilung des Berliner Polizeipräsidiums keine Heilwirkung bei den angegebenen Leiden und bei einem Verkaufspreis von *M.* 3,75 einen reellen Wert von 20—30 Pf.

2465. **Weigands Rheumatismus- und Gichtgeist,** ein als Einreibung empfohlenes Mittel, besteht aus Terpentinöl 55, Kampherspiritus (mit denaturiertem Spiritus bereitet) 55, venezianischer Seife 5. Preis einer Flasche mit 115 g *M.* 2,50. (Zernik.)

2466. **Weigerts Castoreum-Bromid** (Sal. bromat. effervescens cum Valeriana et Castoreo) enthält brausendes Bromsalz, Baldrian und Castoreum. Fabrikant: Apotheker E. Weigert, Breslau, Äskulap-Apotheke.

2467. **Weinholds Dresdner Blutreinigungspulver** besteht nach Angabe des Darstellers aus 20 g Weinstein, 30 g Schwefelblüte, 50 g Zucker, 2 g Magnesiumkarbonat, 2 g Rhabarber und 0,3 g Zitronenöl. Nach anderer Angabe aus 2 kg Kremortartari, 200 g Rhabarber, 200 g Magnesia, 18 kg Schwefelblüte, 28 kg Zucker, 1350 g Sennesblättern, 50 g Pfefferminz- und Zitronenöl.

2468. **Weinholds Dresdner Universal-Balsam** besteht nach Angabe des Darstellers aus 0,5 g Pfefferminz-, 0,5 g Krauseminz-, 0,5 g Zitronen-, 1 g Rauten-, 1,5 g Lavendel-, 3 g Kümmel-, 3 g Rosmarin- und 8 g Wacholderbeerenöl, 5 g Arnikatinktur, 5 g Baldrianextrakt und 75 g Weingeist. Nach einer anderen Angabe aus 50 g Pfefferminz-, 50 g Krauseminz-, 50 g Zitronen-, 100 g Rauten-, 150 g Lavendel-, 300 g Kümmel-, 300 g Rosmarin- und 800 g Wachholderbreröl, 2,5 kg Vanillentinktur, 2,5 kg Kampherspiritus, 45 kg verschiedene Kräutertinkturen (darunter Arnika und Baldrian), 25 kg Spiritus und 23,2 kg destilliertem Wasser. Nach B e y t h i e n besteht der Balsam aus einem Gemisch von Arnikatinktur und Baldrianextrakt, das mit Pfefferminz-, Zitronen-, Lavendel-, Nelken- und Wacholderöl parfümiert worden ist. Fabrikant: W e i n h o l d s Dresdner Universalbalsam-Fabrik vorm. G e b r. W e i n h o l d in Dresden-A. 19, Wartburgstr. 39.

2469. **Weißer Fluß, Heilmittel** eines Arztes in der Nähe Münchens ist Acid. sulfuric. dilut. (J. A. B u c h n e r.)

2470. **Wenzel-Salbe** gegen Flechten, Hautausschläge etc. besteht aus: Myrrhe 2, Kampher 1,75, Weihrauch 1,75, Terpentinöl 1,05, Perubalsam 0,875, Bleiweiß 0,875, Olivenöl 10, Fett 9,6, Wachs 7, Rosenöl 0,01. Fabrikant: C h r. W e n z e l - Mainz.

2471. **Weplers Heilmittel gegen Epilepsie.** a) K r a m p f t e e besteht aus: Fol. Sennae, Viscum album, Flores Arnicae, Flores Chamomillae Romanae, Radix Paeoniae, Radix Valerianae, Radix Artemisiae, Cortex Frangulae, Kalium bromatum. b) K r a m p f p u l v e r besteht aus: Kalium bromatum (17,2 Gew.-Proz.), Magnesium carbonicum (4,2%), ferner: Rad. Dictamni, Radix Zedoariae, Radix Valerianae, Cortex Frangulae, Extractum Artemisiae, Extractum Visci, Oleum Valerianae, Oleum Cajeputi.

2472. **Westphals Pflanzenheilverfahren.** Der Ortsgesundheitsrat in Karlsruhe warnt vor dem „Pflanzenheilverfahren" des F r i t z W e s t p h a l in Berlin, Pritzwalkerstr. 16.

2473. **White Pinus Canadensis** K e n n e d y s besteht aus 10 T. Zinkvitriol, 20 T. Stärkesirup, 70 T. Wasser. (F r. H o f f m a n n.)

2474. **Dr. Whites Augenwasser** von T r a u g o t t E h r h a r d t in Ölze besteht aus 1,73% Zinksulfat, 2% Honig, 2,56% Alkohol und 0,204% Essigsäure als Acetum aromaticum. Außerdem ist die Flüssigkeit mit ätherischen Ölen parfümiert. (Chemnitzer Untersuchungsamt.) — Nach B e y t h i e n ist es eine mit Nelkenöl parfümierte, mit Zuckerkouleur braun gefärbte, schwach essigsaure Lösung von Zinkvitriol.

2475. **Wigands Rheumatismusgeist** (S p i r i t u s W i g a n d i c u s). Die Vorschrift lautet: Spirit. camphorat. $30,_0$, Spirit. Rosmarini $50,_0$, Spirit. Dzondii $10,_0$.

2476. **Wilberts Tablets (Cinnamol Tablets)** (alkaline antiseptic) hat folgende Zusammensetzung: Natr. bicarbon., Natr. biboracic., Natr. chlorat., Natr. sulfocarbolic. aa 0,25, Olei Cinnamomi 0,005.

2477. **Williams poröses Pflaster** besteht aus 10 g Kautschukpflaster, 0,05 g Arnikaextrakt, 0,1 g Zaubernußextrakt und 0,01 g Spanisch-Pfefferextrakt. Bezugsquelle: E n g e l - A p o t h e k e in Frankfurt a. M.

2478. **Wind- und Magentropfen** des Dr. H o f f m a n n in Brennporitschen, von Apotheker K a r l P o t u c e k, bestehen aus 3% Pfefferminzöl, Spuren Äther und Salpeteräther, größeren Spuren Ipecacuanha und sehr wenig Opium, neben 2,6% Harz (Jalapenharz und Myrrha.) 17,5 g = *M.* 0,80. (H a g e r.)

2479. **Winters Nature health restorer** von M. A. W i n t e r & Cie. in Washington wird nach den Prospekten der Fabrikanten hergestellt aus Sarsaparilla, Wald-Stillingia, Gelbem Duck, Rotem Klee, Goldlack, Türkischem Korn (Wurzeln), Guajacumholz, Cascara Sagrada, Süßholzwurzel, Chinarinde. Nach Z e r n i k besteht es aus mit dünnem Schokoladenüberzug versehenen Tabletten von etwa 0,38 g Gewicht, die viel Aloë, und daneben Rhabarber, Süßholz, sowie eine brennend scharfschmeckende harzige Substanz enthalten, die sich mit Schwefelsäure purpurrot färbt.

2480. **Wintersche Gichtkette** bestand aus einem kleinen Trockenelement, welches nach der Gebrauchsanweisung auf bloßem Leibe, und zwar ohne daß das Element geschlossen ist, getragen wird. Die Absicht des Heilkünstlers scheint die zu sein, daß die feuchte menschliche Haut die Schließung des Elementes bilden soll. (Breslauer Unters.-Amt.)

2481. **Winters Nährsalze** von A. W i n t e r in Lörrach i. Baden. Das hygienische Nervensalz besteht nach Z e r n i k aus einem Gemisch von Natrium- und Ammoniumphosphat. Das hygienische N ä h r s a l z I besteht aus Sulfaten, Phosphaten, Karbonaten, Chloriden und geringen Mengen von Tartrat des Natrium, Kalium und Ammonium. Das hygienische N ä h r s a l z II besteht aus Sulfaten, Phosphaten, Chloriden und Karbonaten des Natrium, Calcium, Magnesium, Kalium und Ammonium, sowie geringen Mengen von Tartraten und Silicaten, Eisen und Mangan. Das N ä h r s a l z III enthält neben 21% Milchzucker die gleichen Bestandteile wie Nährsalz II. N ä h r s a l z - M i l c h s c h o k o l a d e enthält neben Nährsalz II die gewöhnlichen Bestandteile der Schokolade.

2482. **Wizard Öl** von H a m l i n besteht aus [illegible]0,$_0$ Kampferspiritus, 10,$_0$ spirituösem Salmiakgeist, 10,$_0$ Sassafrasöl, 6,$_0$ Nelkenöl, 15,$_0$ Chloroform, 10,$_0$ Terpentinöl, und 50,$_0$ Weingeist. Preis *M.* 4. (P i e r r o n.)

2483. **Wohltäter, schweizer Alpenkräuterbitter,** enthält 90prozentigen Alkohol mit etwas vanilleartigem Parfüm.

2484. **Wolferstädters Lebenswecker** von G. W o l f e r s t ä d t e r in Straßburg i. Els. Aloe 2%, Rhabarber 4%, Lärchenschwamm 7%, Myrten 4%, Angelikawurzel 10%, Enzianwurzel 4%, Zitwerwurzel 8%, Kalmuswurzel 6%, Safran 1%, Kümmel 12%, Fenchel 12%, Schlangenwurzel 4%, Baldrianwurzel 2%, Meerzwiebel 2%, Chinesischer Zimt 2%, Kardamomen 1%, Myrrhe 1%, Honig 7%, Xereswein 6%, 500 g echter Branntwein.

2485. **Dr. Wolfstirns Heilmittel** gegen Gicht und Rheumatismus ist eine amerikanische Spezialität unbekannter Zusammensetzung. Bezugsquelle: J. W. Lausberg & Söhne in Krähwinklerbrücke a. d. Wupper.

2486. **Woods Lebenselixir** gegen sämtliche Leiden empfohlen von D. Schön in Preßburg (Ungarn). Zusammensetzung: Guajakharz $3{,}_0$, Ammoniakflüssigkeit 0,5, Herbstzeitlosensamen $10{,}_0$, Piperazin 0,1, salizylsaures Lithium $1{,}_0$, verdünnter Weingeist $75{,}_0$ ohne weitere chemische Zusätze.

2487. **Worm-Confection** aus Nordamerika. 3 g schwere Pastillen mit 0,01 Kalomel und 0,06 Santonin.

2488. **Wund- und Magen-Balsam, ungarischer,** von Seehofer ist eine Tinktur aus 4 T. Catechu, 8 T. Myrrha, 1 T. Aloe, 1 T. Safran, 2 T. Zimt, 3 T. Zitwerwurzel, 4 T. Zucker, mit 100 T. verdünntem Spiritus. 60 g = *M*, 0,70. (Hager.)

2489. **Wundbalsam** von Oelmann in Berlin ist eine Auflösung von venezianischem Terpentin in Alkohol. (Bischoff.)

2490. **Wundensalbe** von Dick in Zittau ist Empl. fusc. camphor.

2491. **Wunderbalsam, englischer,** ist Spiritus, gefärbt mit Sandelholz und versetzt mit ca. 10% Perubalsam und 5% Aloe. (Hager.)

2492. **Wunderbalsam, englischer,** existiert in zwei Verpackungen, die eine als Schmiere für den Menschen, die andere als Schmiere für das Vieh bezeichnet. Beide Flüssigkeiten sind gleich zusammengesetzt, von grüner Farbe und bestehen aus einer Mischung von 2 T. Olivenöl mit 1 T. Terpentinöl, welches mit Anilingrün gefärbt ist; letzteres ist durch eine Spur Anilinöl in Lösung gebracht. (Bernhard Jegel.)

2493. **Wunderbalsam, englischer,** von Dinkler in Oberweißbach ist zusammengesetzte Benzoetinktur, mit Sandelholz rot gefärbt. (Karlsr. Ortsges.-Rat.)

2494. **Wunderbalsam, englischer,** von Joseph Kriegl in Grätz ist Tinct. Benzoes comp. 20 g = *M*. 0,60. (E. Geißler.)

2495. **Wunderbalsam** von G. P. Gragge, gegen Gicht innerlich und äußerlich, ist ein Gemisch von Terpentinöl, Steinöl und Ziegelsteinöl. 15 g = *M*. 0,70. (Gulielmo.)

2496. **Wunderbalsam, schweizer, Baume Suisse, Baume Racine,** sind 65 mm lange, fast 15 g wiegende Stangen von Empl. fusc. camph. Preis *M*. 0,18.

2497. **Wunder-Kron-Essenz** ist ähnlich der Tinct. Aloes comp. zusammengesetzt. (Schwendler.)

2498. **Wundermittel** von Dr. S e q u a h bestehen in **Sequahöl** und **Prairie-Flower.** Ersteres besteht aus 2 T. Ol. Olivarum, 1 T. Ol. Terebinth. und einem kleinen Zusatz von Ol. Cajeput. und Ol. Caryophyllor. — **Prairie-Flower** ist eine alkalische Tinktur aus Rhabarber und Cayenne-Pfeffer. (S t e i n s.)

2499. **Wunderöl** des Chemikers W e b e r in Holtingen (Schweiz), gegen Flechten, ist eine Mischung von gewöhnlichem Terpentinöl mit etwas Bernsteinöl. 60 g = *M*. 4.

2500. **Wunderpflaster,** R a d e m a c h e r s, ist Empl. fusc. camph. mit 3% Bernstein und 1% gebranntem Alaun.

2501. **Wunderpflaster,** W a l t h e r s, ist ebenso zusammengesetzt.

2502. **Wundersaft,** Dr. J o h n J a c o b y s ist 300 g einer braunen, etwas trüben Flüssigkeit, bereitet aus gutem Apfelweine, Weingeist, Zucker und kleinen Mengen Tinct. aromatica und Tinct. amara, Spuren Bittermandelwasser und gefärbt mit indischem Sirup. Preis *M*. 1,70. (S c h ä d l e r.)

2503. **Wundersaft** oder **Nahrungssaft** von K o c h in Berlin ist 125 g weißer Zuckersirup, mit einer Spur Rettigsaft versetzt. Preis *M*. 1,50. (H a g e r.)

2504. **Wundersaft** von J o h. Z e i d l e r in Berlin existiert in 5 Nummern: I. gegen Gicht und Rheumatismus, II. gegen Brust- und Lungenleiden, III. gegen Magen- und Unterleibsleiden, IV. gegen Epilepsie, V. gegen Schwächezustände bei jung und alt. — Nr. I ist ein Gemisch aus $100,_0$ Farinzucker, $135,_0$ Wasser und $10,_0$ ammoniakalischer Guajakholztinktur. Nr. IV war ebenso zusammengesetzt, enthielt aber die doppelte Menge Guajakholztinktur. 1 Flasche = *M*. 3. (H a g e r.)

2505. **Wundersalbe** von J o h a n n T r e i t l e r, Einsiedler am Spittelberge bei Glatz, in der Strafanstalt für Geistliche zu Rehden in Westpreußen bereitet, ist Empl. fusc. camph. mit einem Zusatz von Olivenöl oder Pech.

2506. **Wundersalz,** H e r m a n n s, von T r a u g o t t F r i e d r i c h Q u a r i z i u s besteht aus 0,7 g Salpeter in einer kleinen Karaffe. Preis *M*. 1,50. (H a g e r.)

2507. **Wundertränklein** des J o h a n n T r e i t l e r, Einsiedler am Spittelberge bei Glatz, bereitet in der Strafanstalt für Geistliche zu Rehden in Westpreußen, mit der Aufschrift: „In Nazareth, bester Jerusalemer Balsam" ist Kalmusschnaps. Preis *M*. 0,30.

2508. **Wunderwasser,** A l t h o f f s, gegen torpide Geschwüre: 750 T. Weinessig, 100 T. Kupfervitriol, 25 T. Pottasche, 30 T. Salmiak, 8 T. Sauerkleesalz, 375 T. Franzbranntwein werden zusammen in einer Glasflasche einige Tage digeriert und hierauf aus einem gläsernen Kolben bis zur Trockne destilliert. (W i t t s t e i n.)

2509. **Wundsalbe** von H e i n e r ist ein Benzoesäure-Cholesterin-Ester.

2510. **Wundwasser** von K r a n t z läßt sich aus 25 Tropfen Spirit.

Aether. chlorat., $2{,}_0$ Liq. Ammon. acetici, $12{,}_0$ Acet. destillat. und $60{,}_0$ Spirit. dilut. zusammensetzen.

2511. **Wundwasser,** Ullrichs, ist eine Auflösung von Salmiak und Chlorkalium in Wasser mit etwas Kampherspiritus und Alkohol bis zur Klärung versetzt.

2512. **Wurmmittel** von Garbillon ist ein Pulver aus $100{,}_0$ Cinablüten, 12,5 Aloe und $10{,}_0$ Mandelkleie. Dosis 1—4 g.

2513. **Wurmöl, holländisches,** ist ein Produkt der trockenen Destillation aus 2 T. Aloe, 2 T. Myrrhe, 1 T. Olibanum und 18 T. Olivenöl. Zum Einreiben auf die Nabelgegend gegen Spulwürmer.

2514. **Wurmpastillen,** Dr. Kluges, sind rot gefärbte Santoninplätzchen.

2515. **Wurmpatronen,** Dr. Kluges, sind mit ätherischem Cina-Extrakt bereitete rot gefärbte Pastillen.

2516. **Wurmsalbe** für Pferde von Terrat besteht aus $5{,}_0$ Quecksilberchlorid, 6,0 gelbem Schwefelarsen, 2,5 Arseniger Säure, 2,5 Euphorbium und $30{,}_0$ Lorbeeröl. (Hager.)

2517. **Wutkrankheit-Latwerge** von Fr. Sonntag in Zwickau. Feilspäne einer Legierung von Blei, Zinn und Silber 2,5 T., feine Raspelspäne eines Holzes, wahrscheinlich von der Rottanne, Amylum und häutige Reste des Käfers Meloe Proscarabaeus 20 T., Honigzucker mit geringen Mengen Fett und scharf schmeckenden organischen Substanzen 64 T., pflanzensaurer Kalk 1,1 T., gummöse proteïnhaltige Substanz 12,5 T. (Wackenroder.)

2518. **Wutkrankheitsmittel** von B. Kowats in Siebenbürgen: Radix Vincetoxici $24{,}_0$, Cort. Crataegi torminalis $8{,}_0$ und der innere Teil von 9 Knoblauchzwiebeln werden in einen neuen Topf von ¼ Liter Inhalt getan, dieser mit Wasser angefüllt, nach 12 Stunden mit einem Deckel versehen, der Inhalt zum Kochen erhitzt, eine Stunde lang darin erhalten, dann durchgeseihet und der Absud getrunken. Obige Portion reicht für einen Tag hin. (Wittstein.)

2519. **Wyberttabletten,** Hustenmittel der Goldenen Apotheke in Basel, bestehen aus: Succus Liquirit. dep. $540{,}_0$ Sacchar. alb. pulv. $900{,}_0$, Ol. Menth. pip. $10{,}_0$, Gummi arab. pulv. $360{,}_0$, in dünne Tafeln ausgewalzt und in rhombische Stücke geschnitten. 1 Schachtel = *M.* 1.

2520. **Yanatas.** Ein Geheimmittel, gegen Seekrankheit, soll aus einer 1prozentigen Chloralhydratlösung bestehen, die mit Zucker versüßt und mit Vanillin und Zimtöl parfümiert ist. Gefärbt ist die Lösung mit Säurefuchsin. Yanatas kommt in Flaschen von 110 ccm Inhalt aus London in den Handel. Preis der Flasche *M.* 6. (Laborator. des Pharmakolog. Instituts in Bonn.)

2521. **Zaanvol,** ein Mittel gegen Zahnschmerz, bringt Ernst August Weidemann in Liebenburg in Form von Zahnwatte in den

Handel. Dieselbe riecht nach Nelkenöl und enthält als wirksame Bestandteile Kampher und Nelkenöl. Andere Bestandteile waren in der Watte nicht nachweisbar. (Aufrecht.)

2522. **Zahnamalgam** zum Ausfüllen hohler Zähne enthält 69 T. Quecksilber und 31 T. Kupfer. (F. L. Bley.)

2523. **Zahnbalsam** von Hoffmann in München, zur Stillung von Zahnschmerzen, besteht aus 5 T. Catechu mit 15 T. Alkohol ausgezogen und mit 1 T. Nelkenöl versetzt. 4 g = *M.* 1. (Rottmanner.)

2524. **Zahnbalsam, persischer,** aus Breslau, enthält als wesentlichen Bestandteil Succus Sorborum. (Hulwa.)

2525. **Zahn-Zigaretten** von J. v. Török in Pest, Mittel gegen Zahnschmerz, sind 9 cm lange Zylinder von der Stärke eines dünnen Federkiels, bestehend aus einem 7,75 cm breiten Stück chamoisfarbenen Papiers, welches mit etwas Styrax oder Benzoetinktur und wenig Salpeter getränkt ist. 8 Zylinder mit Pappkästchen = *M.* 2. (Hager.)

2526. **Zahnelixir der Benediktinermönche** ist eine stark alkoholische Lösung von Pfefferminzöl, Anisöl, Nelkenöl, gefärbt mit Cochenille. (Bischoff.)

2527. **Zahnengel** von Barheine in Berlin ist eine alkoholische Lösung von Salizylsäure. (Gscheidlen.)

2528. **Zahnessenz und Zahnbalsam** von Detroit ist Pfefferminzöl und Karbolsäure in Alkohol gelöst. (Gscheidlen.)

2529. **Zahnhalsbändchen** von E. Moll ist ein doppelt zusammengenähtes Sammetbändchen, welches einen mit Schwefelpulver beklebten Leinwandstreifen einschließt. (Pharm. Ztg.)

2530. **Zahnhalsbänder, elektromotorische,** von Gebr. Gehrig in Berlin, sind Sammetstreifen, in welche gelbes mit Schwefel bestrichenes Kattunband eingenäht ist. 1 Stück = *M.* 1. (Hager.)

2531. **Zahnhalsbänder, elektromotorische,** von K. Kauffmann in Berlin sind inbezug auf Größe und Form den Glatteschen fast gleich, nur ist der Sammet, statt von scharlachroter, von schwarzer Farbe. Innerhalb dieser Hülle befindet sich ein von beiden Seiten zusammengelegter Streifen gelben Nankings, dessen innere Fläche offenbar mit einem Brei aus Schwefelpulver und Leim überzogen ist. (Müller.)

2532. **Zahnhalsbänder, elektromotorische,** von Apoth. Julius Schrader in Munderkingen a. D., für zahnende Kinder, bestehen in drei auf einer Fläche mit Schwefel überzogenen Leinwandstreifen, welche in ein gewöhnliches doppeltes Sammetband eingenäht und, an dessen Enden Schnürchen zum Zubinden befestigt sind. (Wittstein.)

2533. **Zahnhalsbänder, elektromotorische,** von W. Zehle in Berlin ist ein schmaler Shirtingstreifen mit Hilfe von etwas Kleister mit

Schwefelpulver bestrichen, in einen schwarzen Sammetstreifen eingenäht. Das Zahnband ist 13 mm breit, 22,5 cm lang, an beiden Enden mit einem schwarzen Bande versehen. (H a g e r.)

2534. **Zahnhalsbänder** für Kinder von B. B u r c h e l l aus England bestehen aus 12 zylindrischen, 13 mm langen, in ihrer Mitte 4 mm im Durchmesser haltenden, nach den Enden sich schwach verjüngenden Perlen aus Knochen, auf einen seidenen Faden gereiht. Daneben befinden sich 1,3 g eines gelblich weißen Pulvers zum Eingeben, welches aus präparierten Austerschalen, mit Schlämmkreide durchmischt, besteht. Preis *M.* 9. (H a g e r.)

2535. **Zahnhalsbänder, galvanische,** des Chemikers O t t o G l a t t e in Berlin bestehen aus einem 25 cm langen und 3 cm breiten, roten Sammetstreifen, welcher der Länge nach zusammengenäht und an jedem Ende mit einem Bindeband versehen ist. Im Innern der so gebildeten Scheide befinden sich drei übereinander liegende, mit Leim überzogene Papierstreifen, von denen der eine mit grob gepulvertem Kupfervitriol, der andere mit Zinkvitriol, der dritte mit Braunstein bestreut ist. (K o l l o s s e r.)

2536. **Zahnhöhlentinktur** besteht aus einer Mischung von Kampher, Spiritus, Kreosot und Ammoniak. (G s c h e i d l e n.)

2537. **Zahnhöhlentinktur,** W i t z e l, Mischung aus Alkohol und Pfefferminzwasser, aa $250{,}_0$, Spir. sapon. $20{,}_0$ mit Zusätzen von Ol. Menth. und Ol. Caryoph. etc.

2538. **Zahnkissen** von Dr. H e i m zum Tragen für kleine Kinder zur Erleichterung des Zahnens sind Kißchen, gefüllt mit Tausendgüldenkraut, Veilchenwurzel und etwas Moschus.

2539. **Zahnkitt** von L a l l e m a n d ist eine Mischung aus Zinkoxyd mit gesättigter Chlorzinklösung. (H a g e r.)

2540. **Zahnkitt** O s t e r m a i e r s, ist ein Pulvergemisch aus 7 T. Ätzkalk und 6 T. glasiger Phosphorsäure.

2541. **Zahnkitt** von S o r e l in Paris ist basisches Chlorzink.

2542. **Zahnkitt, schmerzstillender,** aus Paris besteht aus $2{,}_0$ Mastix in $7{,}_0$ Chloroform gelöst, $2{,}_0$ Perubalsam zugesetzt und nach 12 bis 15 Stunden abgefüllt. 3 g = *M.* 2. (G a u d e t.)

2543. **Zahnmittel, patentiertes,** von T. L. S m i t s in Brüssel, besteht aus 950 T. Wasser, 12 T. Harnstoff, 0,4 T. Harnsäure, 7 T. fixen Salzen, 8,9 T. organischen Stoffen, wie harnsaurem, oxalsaurem, oxalursaurem Kalk, Cystin etc., durch Zusatz einer Essenz parfümiert, also im wensentlichen ein mit Wasser verdünnter Harn. (J a c o b s e n.)

2544. **Zahnperlen,** patentierte, für Kinder, von G e h r i g u. G r u n z i g in Berlin sind 25 cg schwere Perlen (Pillen) aus Guttapercha mit Schwefelgehalt. 36 Perlen aufgereiht auf eine Gummischnur, am Ende mit einem blauen Glasknopf = *M.* 1,50. (H a g e r.)

2545. **Zahnperlen** von R a m ç o i s in Paris (angeblicher, eigentlicher

Fabrikant August Leonhardi in Freiburg) sind gewöhnliche vom Drechsler gefertigte beinerne Kügelchen. 1 Schnur = *M.* 3. (Wittstein.)

2546. **Zahnpillen** von Schreyer & Co. in München bestehen aus 4 T. Kochsalz, 4 T. Pfeffer, 1 T. Zimt, 1 T. Nelken und 4 T. Gummi arabicum zu 5 dg schweren Pillen geformt. 2 Stück = *M.* 0,50. (Wittstein.)

2547. **Zahnschmerzmittel, Kölner,** ist eine Mischung von $2,_0$ Nelkenöl und $8,_0$ Äther. (Schädler.)

2548. **Zahnschmerzmittel** von Marie Danziger in Magdeburg ist eine 42 cm lange, 52 mm breite, wattierte und durchnähte Binde von blauem Tibet. Die Watte ist vorher mit Ol. Caryophyllor. besprengt und hier und da einige Gewürznelken in dieselbe gesteckt. Die beiden Döckchen, welche in den Gehörgang gesteckt werden sollen, bestehen aus einem, eine Gewürznelke enthaltenden, mit blauem Tibet überwickelten Wattenhäufchen. Außerdem $30,_0$ Spähne von Franzosenholz, welche mit Milch zu kochen und als Mundwasser zu benutzen sind. Preis *M.* 3.

2549. **Zahnschmerzmittel** von Golz in Berlin besteht aus geraspeltem Guajakholz, Guajaktinktur und einigen unkenntlichen Wurzelstücken. (Bischoff.)

2550. **Zahnschmerzmittel** von Gustav Traberth in Eisenach (mit elektrischem Strom) ist ein längliches Fläschchen von $15,_0$ Inhalt, am Boden mit einer kleinen Schicht rotgefärbter Baumwolle, getränkt mit Schwefelkohlenstoff und wahrscheinlich versetzt mit 1 Tropfen Senföl. 10 Tropfen der Flüssigkeit stehen über die Baumwolle hinweg. Preis *M.* 1,50. (Hager.)

2551. **Zahnschmerztropfen, Dobberaner,** bestehen aus gleichen Teilen Kajeputöl, Opiumtinktur und Äther.

2552. **Zahnsirup** von Marks in Berlin ist mit Safran versetzter Zuckersirup. (Bischoff.)

2553. **Zahntinktur** von Ancelot ist zusammengesetzt aus 2 T. Tinct. Pyrethri und je 1 T. Spirit. Lavandul., Spirit. Rosmarini und Spirit. Rosarum.

2554. **Zahntinktur** von Nik. Baké in Stuttgart ist eine mit schlechtem Branntwein bereitete Wermuttinktur, von welcher der Leidende so viel nehmen soll, bis er berauscht ist, — dann hört der Zahnschmerz auf. (Forster.)

2555. **Zahntinktur** von Dr. John Barel besteht in vier Fläschchen, jedes in einem Etui mit Gebrauchsanweisung nebst kleinem Porzellannäpfchen und zwei Federstückchen mit Bart. Ein Fläschchen enthält 2,7 einer rotbräunlichen klaren Flüssigkeit, welche Guajakharztinktur ist.

2556. **Zahntinktur, schmerzstillende,** von Javanowitz ist eine Lösung von 3 dg Tannin in 5 ½ g Paratinktur, aus 1 T. frischem blühenden Kraut und 2 T. Weingeist bereitet. (Hager.)

2557. **Zahntinktur, Mailänder,** von Dr. R a u. 5 T. Kino, 5 T. Zimtrinde, 500 T. Weingeist und ca. 1 T. Pfefferminzöl werden digeriert, filtriert und in Fläschchen zu $24{,}_0$ abgegeben. (L ö w.)

2558. **Zahntinktur** von Dr. R e i c h e l in Petersburg besteht aus Mekkabalsam, Perubalsam, Laudanum je 4 T., Kreosot 1 T., Tolubalsam 8 T., Nelkenöl 2 T., Alkohol 950 T.

2559. **Zahntinktur** von V o g l e r ist ein weingeistiger Auszug von Guajakholz, Sassafrasholz, Bertramwurzel, langem Pfeffer, Nelken und Sandelholz. (W i t t s t e i n.)

2560. **Zahntinktur** oder **Elixir antodontalgicum** von J. J. W a l k e r in Eßlingen. 1 T. Bertramwurzel wird mit 12 T. Weingeist extrahiert, in dem Auszuge je 1 T. Kampher und Guajakharz gelöst und filtriert. 15 g = *M.* 1,15. (B u c h n e r.)

2561. **Zahntinktur** von W e b e r ist eine Lösung von einigen Harzen und Kampher in Weingeist mit etwas Terpentinöl. 15 g = *M.* 1. (G. M a r t i n.)

2562. **Zahntinktur** von Professor L. W u n d r a m in Braunschweig ist ein Gemisch aus Kajeputöl, Rosmarinöl, amerikanischem Pfefferminzöl je 1 T., wasserfreiem Spiritus ½ T. 4 g = *M.* 0,50. (H a g e r.)

2563. **Zahntropfen** von B l a c e bestehen aus 1 T. Alaunpulver und 50 T. Äther.

2564. **Zahntropfen, chinesische,** von P u t t e n d ö r f e r in Berlin sind altes verharztes Pfefferminzöl. (B i s c h o f f.)

2565. **Zahntropfen,** Dr. D a v i d s o n s von E g g e r s in Breslau ist ein Gemisch von 3 T. Kajeputöl und 1 T. Nelkenöl. 4 g = *M.* 1,25. (H a g e r.)

2566. **Zahntropfen** von D i s t e l enthalten Kampher, Kreosot, Nelkenwurzel- und Zahnwurzeltinktur. (C. B u i s s o n.)

2567. **Zahntropfen** von G e i g e r aus der Mohrenapotheke in Graz sind zusammengesetzt aus 90 T. Chloroform und 1 T. ätherischem Senföl; nach anderen enthalten dieselben neben Chloroform essigsaures Morphium.

2568. **Zahntropfen** von O b e r l e u t e r ist eine dünne Lösung von Birken- oder Fichtenteer in Spiritus. 8 g = *M.* 0,50. (H a g e r.)

2569. **Zahntropfen, schwedische,** von Dr. G. G r a f s t r ö m bestehen in rot gefärbtem Pfefferminzöl. (W i t t s t e i n.)

2570. **Zahnwehmittel,** Dr. H u f n a g e l s, aus der Fabrik von E. K r e p l i n in Lehrte, besteht aus einer farblosen klaren Flüssigkeit, welche gegen 0,008 g Morphium enthält und mit 30% Spiritus versetzt ist. 8 g = *M.* 0,30.

2571. **Zahnwolle** von B e r g m a n n ist ein fingerlanges Strähnchen roter feiner Baumwolle in Stanniol gehüllt. Soll an einem Ende angezündet, dann ausgeblasen und der Dampf eingeatmet werden. Preis *M.* 0,25. (W i t t s t e i n.)

2572. **Zahnzement** von Dr. Robin besteht aus 1 T. Trioxymethylen, 100 T. Zinkoxyd und ferner Steinkohlenkreosot, sowie 40% Formaldehyd zu gleichen Teilen so viel, um eine weiche Paste zu erzielen.

2573. **Zambakapseln,** Lahrs, enthalten Salol und Sandelholzöl.

2574. **Zambelettis lösliches Eisenarseniat** ist lösliches arsensaures Eisen, das in Form von Pillen oder Tropfen eingenommen bzw. unter die Haut gespritzt wird.

2575. **Zechlinsches Mittel gegen Magenleiden** ist ein Kräuterschnaps, der aromatische Bestandteile u. a. von Rhizoma Calami, Radix Levistici oder ähnlichen Pflanzen aus der Gruppe der Umbelliferen enthält.

2576. **Zematone - Asthmapulver** der Einhorn-Apotheke in Frankfurt a. M. sollen nach früherer Angabe des Fabrikanten enthalten: Kal. nitric. 22, Hyoscyam. nig. 8, Datura Stram. 8, Solan. nigr. 4, Papav. oss. 5, Atrop. Bellad. 6, Grindelia robust. 15, Agaric. 5. Auf dem übergeklebten Zettel lautet die Zusammensetzung jetzt: $30,_0$ Grindelia, $12,_0$ Stechapfel, $8,_0$ Lärchenschwamm, $5,_0$ Mohn, $22,_0$ Salpeter. Es wurde aber trotzdem Fol. Belladonnae und Fol. Hyoscyami darin nachgewiesen. (Pharm. Ztg. 1905.)

2577. **Zematone-Asthma-Zigaretten** enthalten nach Aufrecht nur Salpeter und Stechapfelblätter.

2578. **Zeuners Hustenpastillen** enthalten Thymus vulgaris, Thymus Serpyllum, Resina Guajaci und Anästhesin. Fabrikant: Viktoria-Apotheke in Berlin SW.

2579. **Zomol,** ein auf kaltem Wege aus Fleisch bereitetes Mittel, soll zur Kräftigung bei Tuberkulose, Neurasthenie, Bleichsucht und Blutarmut dienen. 3 Kaffeelöffel voll repräsentieren den Saft von 200 g rohem Fleisch. Bezugsquelle: Paris, Rue Vivienne 8.

2580. **Zuckerfeind,** Höppeners, gegen Diabetes, von Otto Schädel in Lübeck. Bestandteile: Vacc. myrtill. 10,3, Ol. tereb. 25,7, Ol. citri 2,1, Spir. vin. 51,5, Aqua.

2581. **Zuckerharnruhrmittel** von Richard Berger in Dresden-Blasewitz besteht aus 4 Fläschchen mit je annähernd 25 g pulverförmigem Inhalt, aus fein pulverisiertem Milchzucker mit einigen Tropfen Kreosot; Nr. II und IV sind durch etwas roten Bolus schwach rötlich gefärbt. Außerdem werden 5 g Nußblättertee beigegeben. Preis *M.* 30. (J. Müller.)

2582. **Zuckerkapseln mit Eisensaccharat** des Chemikers Fleischer von Jordan & Timaeus in Dresden, in zwei Stärken, zu 0,004 und 0,0075 Eisengehalt, enthalten in Zuckersirup klar gelöstes Eisenoxydsaccharat.

2583. **Zuckerkrankheit-Heilmittel** vom Medizinalrat Dr. Johannes Müller in Berlin besteht in zwei Medikamenten, I. einer Einreibung aus 2% Perubalsam und Spiritus, und II. einer für den innerlichen Gebrauch bestimmten Lösung von wenig Glaubersalz und Salizylsäure in Zimtwasser mit einer wässerigen Abkochung unschädlicher bitterer Pflanzen. Preis *M.* 10. (B i s c h o f f.)

2584. **Zwieback-Essenz,** als Ersatz für Eier zu Bäckereizwecken empfohlen, erwies sich als eine Lösung von 11 g Kochsalz und 5 g Tropaeolin in 250 g Wasser. (B e y t h i e n.)

2585. **La Zyma** (C o m p r i m é s Z y m a) ist die Bezeichnung für ein von der Aktiengesellschaft L a Z y m a Bactériologie industrielle in Clarens-Montreux (Schweiz) hergestelltes Gallensteinmittel. Wie aus dem Prospekte der Firma ersichtlich ist, soll das Mittel folgende Bestandteile enthalten: Natrium choleinicum, Carduus marianus, Taraxacum, Nasturtium und China. A u f r e c h t fand darin viel Kartoffelstärkekörner, aber weder choleinsaures Natrium noch andere Gallenbestandteile. Auch die für Carduus marianus, Taraxacum, Nasturtium und China charakteristischen Elemente ließen sich auffinden.

2586. **Zymine** ist ein englisches Präparat, welches die verdauenden Stoffe der Pankreasdrüse enthält.

II. Spezialitäten und Geheimmittel für kosmetischen Gebrauch.

2587. **Adorin** ist ein festes Formalin enthaltendes Fußstreupulver der chemischen Fabrik auf Akt. vorm. E. Schering in Berlin.

2588. **Agathodont,** ein Mundwasser, ist eine aus $10,_0$ Herb. Chenopodii $5,_0$ Herb. Spilanth. oler., $3,_0$ Rad. Pyrethri und $100,_0$ Spiritus bereitete Tinktur mit 1% Salizylsäure.

2589. **Agathol-Mundwasser** ist eine spirituöse, mit Ponceaurot gefärbte, vanillinhaltige Pfefferminzlösung.

2590. **Agathol-Puder** enthält mit Cochenille gefärbtes Stärkemehl und Talkum, mit Rosenöl parfümiert.

2591. **Akazien-Gesichtscreme** besteht aus Kaliseife, Borsäure, Bismutum subnitric., Odorans. (Unters.-Amt Budapest.)

2592. **Alabaster, chinesischer,** von Shand ist Calciumkarbonat. (Chandler.)

2593. **Alabastertafeln, chinesische,** von John Swine bestehen aus Calciumkarbonat. (Chandler.)

2594. **Alaska** ist eine Lösung von 1,8% chlorsaurem Kalium in Wasser mit einer Spur von Pfefferminzöl und Thymol oder einem von beiden.

2595. **Albadermin** gegen Sonnenbrand und Sommersprossen besteht aus zwei Lösungen; I ist eine Auflösung von 7,5 Jodkalium und 0,35 Jod in 12,5 Glyzerin und $120,_0$ Rosenblumenblätteraufguß. II ist eine Lösung von $15,_0$ unterschwefligsaurem Natrium in $500,_0$ Rosenwasser.

2596. **Alfin** wird ein Blütenmundwasser von angeblich antiseptischer und erfrischender Wirkung genannt. Fabrikant: Alfa-Kompagnie, Dental-Manufactury G. m. b. H. in Eßlingen a. N.

2597. **Algontine,** Mund- und Zahnwasser, besteht aus einer wässerigen Lösung von Kalisalpeter, mit Pfefferminzöl, Myrrhentinktur und Zimttinktur aromatisiert. Unter dem gleichen Namen soll ein Gemisch von Karbolsäure und Chloroform als Zahnschmerzmittel gebraucht werden.

2598. **Alkathymol Parke** ist ein Antiseptikum für Mund- und Gurgelwässer, welches Borax, Menthol, Thymol, Eukalyptol, Natriumbikarbonat, -chlorid, -phosphat und -sulfat enthält.

2599. **Alkoholbimsteinseife** nach Professor von Mikulicz ist eine Vereinigung von Bimstein mit einem nach Angabe von Vollbrecht dargestellten festen Seifenspiritus und soll sich sehr gut zur Desinfektion der Haut und Hände eignen.

2600. **Alopecie-Haarwasser** ist eine mit Benzoetinktur parfümierte Auflösung von 8% Zuckerkouleur und Spuren eines Chininsalzes in Wasser.

2601. **Alpenkräuterseife,** eine gestempelte transparente Seife von gelbgrüner Farbe, enthält Kokosöl, Talg, Natronlauge, Zuckerlösung, Glyzerin und Spiritus, ist mit Urangrün gefärbt und mit Bergamottöl, Pfefferminzöl, Anisöl und Lavendelöl parfümiert.

2602. **Ambrosia** von Sterling, ein nordamerikanisches Haarfärbemittel, enthält nahezu 1% essigsaures Blei. (Chandler.)

2603. **Amykos** von H. Galen in Upsala, ein Schönheitsmittel, wird wie folgt bereitet: Ein wässeriger Auszug von Gewürznelken, bereitet durch Kochen von 15—$420{,}_0$ Nelken in einer Gallone Wassers, worin 15—$420{,}_0$ chemisch-reines Glyzerin gelöst werden, wird mit 15—$210{,}_0$ Borsäure versetzt. (Engl. Patent.)

2604. **Anadoli** von C. Kreller in Nürnberg (Zahnreinigungsmasse) ist ein Gemisch aus 42 T. Seifenpulver, 44 T. Stärkemehl, 12 T. levantischer Seifenwurzel, 2 T. ätherischen Ölen (Bergamott- und Zitronenöl.) 15 g = *M.* 1. (Wittstein.)

2605. **Anatherin-Mundwasser** von J. G. Popp in Wien wird erhalten aus $4{,}_0$ rotem Sandelholz, $2{,}_0$ Guajakholz, $5{,}_0$ Myrrhen, $3{,}_0$ Nelken, $1{,}_0$ Zimt, je 0,1 Nelkenöl und Zimtöl mit $290{,}_0$ 90prozentigem Spiritus und $125{,}_0$ Rosenwasser. 100 g = *M.* 3. (Hager.) — Das nach dem Erlöschen des Privilegiums veröffentlichte Original-Rezept lautet: Myrrha 1 T., Guajakholz 4 T., Salpeter 1 T. werden mit 120 T. Kornbranntwein und 180 T. Löffelkrautspiritus eine Nacht hindurch mazeriert, dann aus einer Blase 240 T. davon abdestilliert, in diesen Gartenraute 1 T., Löffelkraut 1 T., Rosenblätter 1 T., schwarzer Senf 1 T., Meerrettig 1 T., Bertramwurzel 1 T., Chinarinde 1 T., Bärlappkraut 1 T., Salbei 1 T., Vetiverwurzel 1 T., Alkannawurzel 1 T. 14 Tage lang digeriert, dann koliert, filtriert und je 120 T. des Filtrats noch 1 T. Salpeteräther-Weingeist zugemischt. Mit dem nach dieser Vorschrift bereiteten Mundwasser hatte das von Hager untersuchte kaum entfernte Ähnlichkeit. — Die niederländische Gesellschaft gibt folgende Vorschrift: Tinct. Myrrhae 160,0, Tinct. Catechu 80,0, Tinct. Guajaci, Tinct. Ratanhae je 40,0, Tinct. Caryophyllor. 30,0, Spirit. Cochlear, 20,0, Ol. Cassiae Cinnamom. gutt. 20, Ol. Rosar. gutt. 1, Spirit. (50%) 360,0.

2606. **Ankylotaphin** ist ein etwa 15 % Kresole enthaltendes Desinfektionsmittel, welches zur Großdesinfektion bei der Bekämpfung der Wurmkrankheit empfohlen worden ist.

2607. **Antipsilothron** von Hoflieferant Hegewald in Berlin, Mohrenstraße 31, gegen das Ausfallen der Haare ist ein filtrierter Auszug von 2,5 Galläpfeln mit einem Gemisch aus 50,0 Spiritus und 30,0 Wasser, mit mehreren ätherischen Ölen parfümiert. (Hager.)

2608. **Aqua amarella** ist ein Haarfärbemittel aus Bleizucker, Kochsalz und Wasser. (Siersch.)

2609. **Aqua primavera** des Fräulein Alwine Cotti in Berlin, ein Schönheitsmittel, ist parfümiertes Seifenwasser. (Bischoff.)

2610. **Aricin-Pommade** von Apoth. Jul. Bittner in Gloggnitz zur Erhaltung und Belebung des Haarwuchses ist eine gute weiße Pomade ohne jede Spur Aricin. 40 g = *M.* 1,20. (Hager.)

2611. **Aristodont** ist ein thymolhaltiger Zahncream.

2612. **Aromatisch-balsamisches Mundwasser** von Eduard Koch in Berlin stellt eine wahrscheinlich mit Alkannarot gefärbte Flüssigkeit dar, aromatisiert mit Pfefferminzöl, Zimtöl und Kümmelöl.

2613. **Aseptin-Cream** nennt die Firma Bergmann & Co., Radebeul-Dresden, einen von ihr hergestellten Bor-Glyzerin-Cream.

2614. **Atoleine** ist ein nicht entflammbarer Kohlenwasserstoff, der zur Haarpflege Anwendung finden soll.

2615. **Aureol** besteht aus zwei Flüssigkeiten: I enthält 1% Metol, 0,3% Amidophenolchlorhydrat, 0,6% Monoamidodiphenylamin, 0,5% schwefligsaures Natrium, 98% 95prozentigen Alkohol; II enthält eine 3prozentige Wasserstoffsuperoxydlösung.

2616. **Aureoline** zum Blondfärben der Haare enthält als wirksamen Bestandteil Wasserstoffsuperoxyd.

2617. **Auricomus** zum Blondfärben der Haare ist säurehaltige Wasserstoffsuperoxydlösung. (Jacobsen.)

2618. **Aurora-Pomade** soll aus Veilchenwurzelpulver und Kakaobutter bereitet werden. 15 g = *M.* 2.

2619. **Badetabletten** von Mack bestehen aus 27 T. Reisstärke und 73 T. einer Mischung aus gleichen Teilen Weinsäure und Natriumbikarbonat, beliebig parfümiert.

2620. **Balsamwasser** von Jackson (Zahn- und Mundwasser) ist ein mit Alkanna rotgefärbtes Destillat aus Benzoe, Guajakharz, Myrrha, Tolubalsam, Pomeranzenschalen, Angelikawurzel, Zimt, Vanille, Pfefferminze und versetzt mit Löffelkrautspiritus.

2621. **Barterzeugungs-Pomade** von Royer & Co. in Berlin ist eine

Salbe aus 2 T. gepulverter roter Chinarinde und 3 T. wachshaltiger Haarpomade. 30 g = *M.* 1,50. (H a g e r.)

2622. **Barterzeugungs-Tinktur** von B e r g m a n n in Rochlitz ist ein weingeistiger Auszug einer Baumrinde mit Zusatz von Rosmarin- und Thymianöl. 40 g = *M.* 1. (W i t t s t e i n.)

2623. **Barterzeugungs-Tinktur** von A. E. R o y e r in Berlin besteht aus 10,$_0$ Kochsalz, 150,$_0$ künstlichem Franzbranntwein und 2,$_0$ Muskatblütentinktur. Preis *M.* 3. (S c h ä d l e r.)

2624. **Bartfärbemittel** von Apoth. E l s n e r in Posen besteht aus zwei Flaschen Flüssigkeit, einer braunen und einer schwach bräunlichen. I enthält als Hauptbestandteil Pyrogallussäure, II besteht aus einer ammoniakalischen Silberlösung. Preis *M.* 3,50. (H a g e r.)

2625. **Barttinktur, ungarische,** von Prof. B a t j a n y, fabriziert vom Parfümeur G. S e i f f e r t, Berlin-Dresden, ist wahrscheinlich eine wässerige, mit etwas Alkohol und ziemlich viel Glyzerin versetzte Auflösung von Pyrogallussäure, vermischt mit Essig oder Essigsäure.

2626. **Barttinktur,** Dr. K r e l l s, von F e r d i n a n d N e t t e r in Köln besteht aus Lein- und Rizinusöl, Holzkohle, Salpeter, etwas Schwefel und zerstoßener Brotkruste. Preis *M.* 4,35.

2627. **Bartwuchspomade** von A n n a C s i l l a g ist gewöhnliche Fettpomade mit Spuren von Bergamottöl, Perubalsam und ähnlichen Zusätzen. (B i s c h o f f.)

2628. **Bartzwiebel** (zur Beförderung des Bartwuchses) ist eine gelbliche Flüssigkeit im Gewicht von 25,$_0$, bestehend aus verdünntem wohlriechend gemachtem Spiritus, gefärbt mit bitteren Magentropfen oder Enziantinktur. Preis *M.* 4,20. (H a g e r.)

2629. **Bay-Rum,** ein von den Amerikanern sehr geschätztes Waschmittel für den Kopf, bereitet man durch Destillation von Rum über Blättern von Myrcia acris. Gewöhnlich wird er durch Mischung von 1,$_0$ Myrcia-Öl, 16,$_0$ Jamaikarum, 64,$_0$ Weingeist und 48,$_0$ Wasser dargestellt. (H e n r y R. P a r s o n s.)

2630. **Beaume circassienne,** ein Wiener Haarfärbemittel, ist eine Lösung von Bleizucker in aromatischem Wasser unter Beigabe von Schwefelmilch.

2631. **Benzoe-Ratanhiamundwasser:** Acid. benz. 3,$_0$, Tinct. Ratanh. 15,$_0$, Alcoh. abs. 100,$_0$, Ol. Menth. pip. 0,75.

2632. **Benzoe-Thymolmundwasser:** Thymol 0,3, Acid. benz. 3,$_0$, Tinct. Eucalypt. 15,$_0$, Alkohol 100,$_0$, Ol. Menth. pip. 0,75; oder modifiziert: Acid. Thymici 0,25, Acid. benz. 3,$_0$, Tinct. Eucalypt. 15,$_0$, Alcoh. abs. 100,$_0$, Ol. Gaultheriae gtts. XXV. (M i l l e r.)

2633. **Berenizon** von Dr. C h a r l e s W o r t l e y (ein Haarwuchsmittel) besteht aus 3,$_0$ Perubalsam, 3,$_0$ Rizinusöl, 4,$_0$ Chinarindentinktur, 1,$_0$ Cantharidentinktur, 85,$_0$ Spiritus und 40,$_0$ Rosenwasser Preis *M.* 3. (S c h ä d l e r.)

2634. **Betulinar,** ein Kosmetikum, besteht aus 1 g Menthol, 0,5 g Salizylsäure, 0,5 g Cumarin, 4 g Borax, 15 g Glyzerin, 25 g Alkohol und Wasser bis zu 100 g. (Aufrecht.)

2635. **Birkenbalsam** von Dr. Friedr. Lengiel (ein Kosmetikum) besteht aus $5{,}_0$ Wasserglas, $2{,}_0$ Pottasche, $1{,}_0$ Seife, $5{,}_0$ Gummi arab., $10{,}_0$ Glyzerin und $400{,}_0$ Wasser. (Schädler.) — Nach neueren Untersuchungen ein Dekokt von Cort. Quillajae $400{,}_0$ mit $7{,}_0$ Wasserglas und $10{,}_0$ Glyzerin. Preis *M.* 4.

2636. **Blanc Camelia** (weiße Schminke) besteht aus $5{,}_0$ kohlensaurer Magnesia, $10{,}_0$ Wismutsubchlorid, $10{,}_0$ gefällter Kreide und $15{,}_0$ weißestem Asbest mit 0,5 % Ultramarinzusatz. (Prager Rundschau, 1889, 611.)

2637. **Blanc de Perles,** ein Schönheitswaschwasser, besteht aus einem wohlriechenden, mit Weingeist versetztem Wasser mit dichtem weißem Bodensatz von Kalomel und kohlensaurem Blei.

2638. **Blondeur** zum Blondfärben der Haare von Friseur Bomeyer in Berlin, ist eine 10prozentige Lösung von Wasserstoffsuperoxyd. 100 g = *M.* 3.

2639. **Bloom of youth** oder **Liquid Perl** von G. W. Laird in New-York. Eine Flasche mit ca. $90{,}_0$ farbloser Flüssigkeit und ca. $30{,}_0$ rötlichen Pulvers. Das Flüssige beträgt $75{,}_0$, enthält $2{,}_0$ Glyzerin und ist mit Bergamott- und Zitronenöl parfümiert. Der pulvrige Teil mit Karmin gefärbt, ist ein Gemenge von etwa $2{,}_0$ basischem Wismutchlorid, $8{,}_0$ kohlensaurem Zinkoxyd und $3{,}_0$ kohlensaurem Kalk. (G. J. Mitsch.)

2640. **Blüten-Tau** von Raus Erben (F. J. Weber) in Bamberg besteht aus $22{,}_0$ einer Lösung von Bergamottöl, Zitronenöl, Pomeranzenblütenöl und Rosenöl in starkem Weingeist. Preis *M.* 0,50. (A. Span.)

2641. **Bocyl,** ein Mundwasser, ist eine aromatisierte Lösung von Zimt- und Borsäure in Alkohol.

2642. **Bonalin** ist ein Zahnreinigungsmittel unbekannter Zusammensetzung.

2643. **Born des Lebens** ist ein Hamburger Haarfärbemittel mit Bleiazetat.

2644. **Brauns Schnupfpulver** ist Mentholin mit Borsäure und Kaffeesatz. (Beythien.)

2645. **Brillantine** von Ed. Pinaud in Paris besteht aus einer wohlriechenden, sich in zwei Schichten trennenden Flüssigkeit, deren untere, ca. ¾ des Inhalts darstellend, aus Olivenöl, die obere aus Weingeist besteht. (Jacobsen.)

2646. **Brockseife** von v. Hoeven enthält 49,5% Wasser, 32,1% Soda, 14,2% Fettsäuren, 2,42% gebundenes Natron und 1,78% Glyzerin und Unreinigkeiten.

2647. **Brockmanns phosphorsaurer Futterkalk,** Marke B, besteht nach

Angaben Brockmanns aus Calc. phosphoric. crud. 60 T., Sem. Foeniculi, Bacc. Juniperi, Rad. Calami je 4 T., Rad. Liquirit. 6 T., Sem. Faenugraeci 7 T.

2648. **Bukettseife** aus Wien ist eine parfümierte mit Ultramarin gefärbte Natronseife.

2649. **Calox** ist ein Zahnpulver, das derartig zusammengesetzt ist, daß durch den Speichel Sauerstoff zu 2% als Wasserstoffperoxyd frei wird. Fabrikant: Mc. Kesson & Robbins in New-York.

2650. **Capillin** ist ein Kondensationsprodukt aus Chininchlorhydrat und Resorcin (Ersatzmittel für Captol). In kaltem Wasser, Glyzerin, Chloroform und Äther ist es unlöslich, löslich in Alkohol. Für dessen Anwendung gibt Mindes (Pharm. Post) folgende Vorschriften: Capillinhaarwasser: Capillin., Chloral. hydrat. aa 1,$_0$, Acid. salicyl. 0,5, Spir. sapon. kalin. 2,$_0$, Spir. dilut. (70%) ad 100,$_0$, Ol. Mirban., Ol. Geranii, Ol. Lavandul. aa gtts. V. — Capillinhaaröl: Capillin., Chloral. hydrat. aa 2,$_0$, Spirit. 64,$_0$, Ol. Ricin. 30,$_0$, Ol. Mirban., Ol. Citri, Ol. Lavandul. aa gtts. III. — Capillinpomade: Capillin. 2,$_0$, Acid. salicyl. 1,$_0$, Spirit. 10,$_0$, Ol. Ricin. 27,$_0$, Butyr. Cacao 50,$_0$, Cetacei 10,$_0$, Ol. Mirban., Ol. Geranii, Ol. Citri aa gtts. V.

2651. **Capilliphor,** ein Haarwasser, besteht aus Wasser, Alkohol, Rumäther und Spuren eines Harzes.

2652. **Captol-Harwasser** besteht aus einer Lösung von Captol (ein Kondensationsprodukt aus Chloralhydrat und Tannin) in aromatisiertem verdünnten Spiritus. Fabrikant: Ferd. Mülhaus in Köln. Ein dem Original ähnliches Präparat soll erhalten werden aus Chloral. hydrati 2,$_0$, Acidi tannici 1,$_0$, Acid. tartarici 1,$_0$, Ol. Ricini 0,25, Spiritus 65,$_0$, Aqu. dest. 35,$_0$, Essentiae odor. Violae 5,$_0$.

2653. **Carminol.** „Mundwasser in Pulverform", enthält Karmin 0,5, Sacchar. lactis 95,$_0$, Natr. bicarbonic. 2,$_0$, Ol. Menth. 3,$_0$. Andere Bestandteile, denen eine desinfizierende Kraft zukommt, konnten nicht ermittelt werden. Fabrikant: Siegfried Landsberger-Berlin.

2654. **Carol** nennt sich eine Mundessenz, die wie Odol zusammengesetzt sein soll.

2655. **Cascarilla de Caracol de Persia** von R. u. C. A. Wright in Philadelphia, besteht aus Kalkkarbonat und einigen erdigen, in Säuren unlöslichen Stoffen (Tonerde oder Speckstein). (Chandler.)

2656. **Cherry Tooth Paste** von Gosnell & Co. in London besteht aus je 3,75 Zimtpulver und Nelkenpulver, 6,25 Veilchenwurzelpulver, 12,5 präzipitierte Kreide, 6,25 Bimsteinpulver, 6 Tropfen Nelkenöl und 25,$_0$ Honig, gefärbt mit ammoniakalischer Karminlösung. (Stearns.)

2657. **Chinahaargeist** gegen das Ausfallen der Haare besteht aus 10,$_0$

Chinarinde mit 100,$_0$ 75prozentigem Spiritus digeriert, mit 50,$_0$ Bay-Rum versetzt und beliebig parfümiert.

2658. **Chromacome:** I. Eine weingeistige Pyrogallussäurolösung; II. Eine Lösung von 12,$_0$ Silbernitrat in 88,$_0$ ammoniakalischem, etwas Zuckertinktur enthaltendem Wasser.

2659. **Chromacome,** von Haarmodist Terreur in Paris, Rue Montmartre 117, vertrieben durch Gustav Lohse in Berlin, Jägerstraße 46, besteht aus 2 Flüssigkeiten. I. „Le chrômacome, teinture superieure" im Gewicht von ca. 145,$_0$, ist Galläpfeltinktur. II. eine Lösung von Eisenazetat mit etwas Höllenstein. (Schädler.)

2660. **Circassia-Wasser** von A. Ruoff in Heilbronn ist ein Schönheitsmittel, bestehend aus 20 T. Alkohol, je 1 T. Zimtöl, Nelkenöl und Bergamottöl und je 0,5 T. Lavendelöl und Perubalsam. 5 g = *M.* 0,42. (Wittstein.)

2661. **Circassian Hair-Rejuvenator** von Pearson & Co. in Brooklyn b. New-York ist eine trübe, 4prozentige Bleizuckerlösung. (Chandler.)

2662. **Claridat** von Gustav Behrend in Wien, eine Naturhaarfarbe, ist eine Flüssigkeit, in welcher essigsaures Bleioxyd gelöst und Schwefelmilch suspendiert ist.

2663. **Colorigène,** Bonings, ein Haarfärbemittel, sind ca. 100,$_0$ einer schwach gelblich gefärbten und etwas parfümierten Flüssigkeit in einem viereckigen flachen Flacon, die neben Glyzerin Pyrogallussäure enthält; ein gelblich grauer Bodensatz besteht aus Schwefel. (E. Geißler.)

2664. **Comachrome,** zum Schwarzfärben der Haare, ist Höllensteinlösung mit Pyrogallussäure. (Reveil.)

2665. **Conservateur für Haarleidende** von Edm. Bühligen in Leipzig besteht aus 10,$_0$ Tinct. Arnicae, 5,$_0$ Glyzerin, 10,$_0$ Spiritus und 60,$_0$ Wasser. Preis *M* 6. (Schädler.)

2666. **Cosmeticum,** Dr. Henrys, ein Haarmittel, besteht aus 180 T. Spiritus, 3 T. Zitronenöl, 1 T. Bergamottöl, 1 T. Rosmarinöl und 1 T. Lavendelöl. 120 g = *M.* 3, mit Gebrauchsanweisung *M.* 3,75. (Hager.)

2667. **Cosmeticum** von Smierling, ein Kosmetikum, wird dargestellt, indem 30,$_0$ süße Mandeln und 15,$_0$ bittere Mandeln geschält und mit 330,$_0$ Wasser zu einer Emulsion angestoßen werden, zu welcher nach dem Kolieren 25,$_0$ Benzoetinktur und 15,$_0$ Zitronensaft hinzugefügt werden. (Wittstein.)

2668. **Cosmetic Vinegar** ist eine klare Mischung aus 60,$_0$ Tinct. Benzoes, 10,$_0$ Bals. Peruvian. je 150,$_0$ Aqua Colon. und Bals. Vitae Hoffm. und 300,$_0$ Essig.

2669. **Cosmetic Wash,** Kalydons & Gowlands gegen Sommersprossen, besteht aus 100,$_0$ bitteren Mandeln und 500,$_0$ Rosenwasser, zur Milch angestoßen, durchgeseiht, und mit einer Lösung von 0,1 Quecksilberchlorid und 7,5 Salmiakgeist in $15,_0$ Kirschlorbeerwasser und ebensoviel Alkohol versetzt.

2670. **Cosmétique-Pasta** von Rottmanner in Römhild besteht aus weißer Wachssalbe, etwas Schwefel, Wismutoxyd und Zinkoxyd. 35 g = *M.* 3. (Hager.)

2671. **Cosmorin** von G. Seifert, Parfümeur in Berlin-Dresden, besteht aus einer terpentinartig riechenden Flüssigkeit, die aus einer Auflösung von kohlensaurem Natrium, Glyzerin, viel Terpentinöl und etwas Perubalsam zusammengesetzt ist.

2672. **Cosmos-Pomade** von J. Pohlmann in Wien besteht aus 1,5 weißem Wachs, $3,_0$ Walrat, $2,_0$ Rizinusöl, $8,_0$ Mandelöl, $2,_0$ Glyzerin, $9,_0$ Resedaextrakt und 0,5 Eau de Cologne. (Hager.)

2673. **Crême de Beauté,** ein Schönheitsmittel, ist eine Emulsion aus bitteren und süßen Mandeln.

2674. **Crême du Liban,** ein Kosmetikum, ist eine Mischung aus $35,_0$ Olivenöl, $5,_0$ gelbem Wachs, $5,_0$ Walrat, $50,_0$ geschälten süßen Mandeln, $20,_0$ Wismutsubnitrat, $30,_0$ Talkum, $2,_0$ Benzoesäure, 10 Tropfen Perubalsam, 5 Tropfen Rosenöl, 5 Tropfen Pomeranzenblütenöl und soviel Olivenöl, daß eine derb breiige Masse entsteht.

2675. **Crême Grolich,** eine salbenartige Einreibung zur Verschönerung des Teints etc., besteht aus 0,37% Schwefel, 3,75% Zinkoxyd und 95,8% Coldcreme. (B. Fischer.)

2676. **Crême Iris** besteht aus 0,5% Borax, 2% Talksteinpulver, 10% Zinkoxyd, 87,5% Glyzerinsalbe, parfümiert mit Tuberosenextrakt. (B. Fischer.)

2677. **Crême Lefebure,** Mittel gegen Sommersprossen, ist nach dem Berichte des Berner Kantonchemikers eine gelbliche Salbe, aus Fett und gebleichtem Wachs bestehend, dem etwas Sublimat beigemengt ist.

2678. **Crême Simon** siehe Simons Waschcreme.

2679. **Custos,** Dr. Bernsteins „Schutzetui zur Verhütung geschlechtlicher Erkrankungen" enthält: a) Mittel zur Verhütung des weichen Schankers und der Syphilis: 1. Custos-Cream, aus Vaselin 5; Salizylsäure 0,25, Benzoesäure 0,05 bestehend, zum Einfetten; 2. Custos-Salz, aus Kaliumpermanganat $5,_0$ und Borax $1,_0$ bestehend, zum Waschen. b) Mittel zur Verhütung des Trippers. Protargolschutztropfen, bestehend aus Protargol $1,_0$, Wasser $3,_0$ und Glyzerin $1,_0$ zum Einträufeln. Custos wird nach Beschluß der Pharmazeutischen Kreisvereine in den sächsischen Apotheken nicht geführt.

2680. **Damenpulver (Gesichtspuder)** von Pagenkopf besteht aus $256,_0$ Stärke, $8,_0$ Magnesiumkarbonat und $2,_0$ Borax, letzterer in Wasser gelöst der Mischung zugesetzt, getrocknet und durch Seife gebeutelt.

2681. **Damenpulver** von J. Pohlmann in Wien ist ein Schminkpulver aus 14,0 Bleiweiß, 7,0 Talkstein, 1,0 Magnesia, mit etwas Karmin gefärbt und mit flüchtigen Ölen parfümiert. 60 g = *M*. 0,50.

2682. **Dentalin,** ein in Tuben gefülltes Zahnreinigungsmittel, besteht nach Mindes (Pharm. Praxis) aus 700 T. medizinischer Seife, 1000 T. Schlemmkreide, 50 T. Benzoesäure, je 10 T. Thymol und Myrtol, 40 T. Pfefferminzöl, 1400—1500 T. Glyzerin.

2683. **Dentaline,** nach Abraham, enthält Thymol 0,5, Natr. bibor. 50,0, Natr. bicarb. 40,0, Extr. Catechu 20,0, Ol. Menth. gtts. VI.

2684. **Dépilatoire (Enthaarungsmittel),** welches besonders den Damen zur Entfernung von Bärtchen empfohlen wurde, bestand aus einem Gemisch von Tonerdesilikat (Bolus) mit 11% Baryumsulfid. (Beythien.)

2685. **Dermatin,** ein hautschützendes Kosmetikum, besteht nach der schwedischen Patentschrift aus 5,5—7 T. Salizylsäure, 7—15 T. Stärke, 25—50 T. Talkpulver, 30—60 T. Kieselsäure und 3—9 T. Tonerde.

2686. **Dermol.** Unter diesem Namen bringt C. Fr. Hausmann in St. Gallen eine gegen aufgesprungene Haut anzuwendende Hautcreme in den Handel. Die Bezeichnung derselben ist sehr ungünstig gewählt, denn der Name Dermol findet bereits für chrysophansaures Wismut Anwendung.

2687. **Desinfektion** ist eine aus Naphthaabfällen gewonnene seifenartige Masse. Anwendung: zur Großdesinfektion. (Zernik.)

2688. **Desodor** ist ein Mundwasser. Zur Darstellung wird Ol. Menth. pip. mit wässeriger Formalinlösung kräftig geschüttelt, worauf die oberste Schicht des mit Formalin gesättigten Öles abgezogen wird.

2689. **Dralles Veilchen Malattineiss,** ein Glyzerin- und Honig-Gelee, das gegen spröde und aufgesprungene Haut empfohlen wird. Fabrikant: Firma Georg Dralle in Hamburg.

2690. **Dufttabletten** von Wolf & Sohn in Karlsruhe bestehen aus einem zusammengepreßten Gemisch von Reisstärke, Magnesiumkarbonat und Iriswurzelpulver, das mit Heliotrop-, Veilchen- oder Fliederduft getränkt wird.

2691. **Dye for the Whiskers,** Buckinghams, von R. F. Hall & Co. in Nashua, N. H. ein Backenbart-Färbemittel, besteht aus ca. 0,5 Silbernitrat, 2,5 Salmiakgeist und 40,0 Wasser. Preis *M*. 2,10. (Schacht.)

2692. **Eau Athénienne** von H. Bourgeois in Paris, Kopfwaschwasser, ist eine in Weingeist gelöste Kaliseife, mit etwas Pottaschelösung und aromatischem Öl. (Goppelsröder.)

2693. **Eau capillaire,** ein Haarfärbemittel, enthält Bleiazetat und Natriumthiosulfat. (Schlegel.)

2694. **Eau capillaire progressive,** Haarfärbemittel von Dr. R. Brimmeyer, in Echternach (Luxemburg), besteht aus 4,$_0$ unterschwefligsaurem Bleioxydnatrium mit unbedeutenden Wismutoxydmengen und 100,$_0$ Rosenwasser. Preis *M.* 4. (Schädler.)

2695. **Eau cosmetique** von Guerlain ist ein Gemisch von 30,$_0$ Bittermandelwasser, 600,$_0$ Rosenwasser, 10,$_0$ Bleiessig, 5,$_0$ Weingeist und 1 T. Benzoetinktur.

2696. **Eau d'Atirona,** flüssige Schönheitsseife, besteht aus 25,$_0$ eines weingeistigen Auszuges von Nelken und Zimt, 4,$_0$ Natronölseife und einigen Tropfen Pfefferminzöl. 30 g = *M.* 0,57 (20 Kr.). (Wittstein.)

2697. **Eau de Bahama,** zum Schwarzfärben der Haare, ist eine Lösung von Bleizucker, in welcher Schwefelblumen suspendiert sind, parfümiert mit Anisöl. (Reveil.)

2698. **Eau de Beauté** von August Renard in Paris besteht aus 122,$_0$ Orangenblütenwasser, 0,45 Quecksilberchlorid und 2,5 Kalomel.

2699. **Eau de Botot,** Mundwasser, wird dargestellt aus 500,$_0$ Zedernholztinktur, 125,$_0$ Myrrhentinktur, 125,$_0$ Ratanhiatinktur und 5 Tropfen Pfefferminzöl. (Winkler.)

2700. **Eau de Capille** von Kamprath & Schwartze, ein Haarfärbemittel ist ein Gemisch aus 16,$_0$ Glyzerin, 8,$_0$ unterschwefligsaurem Natrium, 1,$_0$ Bleizucker, 2,$_0$ präzipitiertem Schwefel und 130,$_0$ Wasser, durch einen geringen Eau de Cologne-Zusatz wohlriechend gemacht. 160 g = *M.* 2. (Hager.)

2701. **Eau de Capille** von J. F. Uffhausen in Neumünster i. Holst., Haar-Färbemittel, ist zusammengesetzt aus 1,8 präzipitiertem Schwefel, 18,5 Glyzerin, 1,$_0$ essigsaurem Blei und 100,$_0$ Wasser. Preis *M.* 3. (Hager.)

2702. **Eau de Castille** gegen Sommersprossen enthält Natriumhyposulfit und Bleiazetat.

2703. **Eau de Cythère,** ein Haarfärbemittel, ist eine Lösung von 4,$_0$ Chlorblei und 8,$_0$ unterschwefligsaurem Natrium in 88,$_0$ Wasser. 250 g = *M.* 8. (Hager.)

2704. **Eau de Fées,** Haar-Naturalisier-Präparat des Chemikers Lattke in Kiel, ist der Hauptsache nach eine starke Auflösung von salpetersaurem Bleioxyd. (Himly.)

2705. **Eau de Fées,** Haarfärbemittel von Sarah Felix, ist eine Lösung von 1,25 schwefligsaurem Bleioxyd in ca. 3,$_0$ unterschwefligsaurem Natrium, 7,75 Glyzerin und 88,$_0$ Wasser. 120 g = *M.* 4,80. (Hager.)

2706. **Eau de Figaro** wird in 3 Fläschchen verkauft. I enthält eine Lösung von Silbernitrat und Kupfervitriol; II eine Schwefelnatriumlösung und III eine Cyankaliumlösung, um von der Kopfhaut die Silberflecken zu entfernen.

2707. **Eau d'Espérance** von R o t h e, ein Schönheitswasser, besteht aus einer Lösung von Salizylsäure und Borax in Spiritus.

2708. **Eau de fleurs** aus Paris setzt sich zusammen aus 95,5 Rosenwasser, 2,7 Schwefelblumen und 2,8 Bleiazetat. (D u b r i s a y und C h a t i n.)

2709. **Eau de fleurs de Lys** aus Paris enthält Kalomel. (D u b r i s a y und C h a t i n.)

2710. **Eau de Fontaine de Jouvence** zum Blondfärben der Haare ist säurehaltiges Wasserstoffsuperoxyd.

2711. **Eau de Hébé,** Mittel gegen Sommersprossen, wird dargestellt, indem klein geschnittene Zitronen mit Essig, Lavendelessig, Alkohol und Wasser, nebst Zitronenöl und etwas Rosenöl in einer verschlossenen Flasche digeriert und dann filtriert werden.

2712. **Eau de la Floride,** von G a i s l a i n & C o. in Paris ist eine farblose Flüssigkeit mit einem zeisiggrünen Niederschlage, bestehend aus $50{,}_0$ Bleizucker, $20{,}_0$ Schwefelblumen und $1000{,}_0$ destilliertem Wasser. 150 g = *M.* 9. (F. E y m a e l.)

2713. **Eau de Lys de Lohse** von L o h s e in Berlin, ein Schönheitsmittel, setzt sich nach einer Mitteilung des Breslauer Untersuchungsamtes aus Talksteinpulver 8%, Zinkoxyd 8%, Glyzerin 6%, Rosenwasser 82% zusammen.

2714. **Eau de Lys de Paris** von G. L o h s e in Berlin besteht aus ca. $150{,}_0$ Rosenwasser, versetzt mit etwas Pomeranzenblütenwasser und 17,5 Wismutsubnitrat. Preis *M.* 3. (H a g e r.)

2715. **Eau de Montblanc** besteht I aus einer Auflösung von 2,55 Silbernitrat in 97,45 ammoniakalischem Wasser und II einer Lösung von 4,8 Schwefelnatrium in 95,2 Wasser. (H a g e r.)

2716. **Eau de Naples** ist eine Mischung aus $12{,}_0$ Borax, $100{,}_0$ Wasser, $50{,}_0$ Rosenwasser, $1{,}_0$ Kampher und $4{,}_0$ Benzoetinktur. 100 g = *M.* 2. (W. H i l d h e i m.)

2717. **Eau dentifrice aromatique** pour entretenir la beauté des dents ist eine Mischung aus Ratanhiaextrakt, Zimt-, Anis- und Pfefferminzöl. (G s c h e i d l e n.)

2718. **Eau dentifrice des Cordillères** (Rocotte indienne) wird dargestellt aus $360{,}_0$ Spiritus, $330{,}_0$ Wasser, 2,15 Extrakt. Chinae, $1{,}_0$ Zimtöl, $2{,}_0$ Nelkenöl, $3{,}_0$ Anisöl und $5{,}_0$ Pfefferminzöl. 35 g = *M.* 2. (H a g e r.)

2719. **Eau dentifrice** von Mme. d e B e a u m o n d ist eine mit Alkanna rot gefärbte und filtrierte Mischung aus $20{,}_0$ Myrrhentinktur, $5{,}_0$ Opiumtinktur, $5{,}_0$ Zimttinktur, $1{,}_0$ Kampherspiritus und $60{,}_0$ spirituösem Pfefferminzwasser. (H a g e r.)

2720. **Eau dentifrice** von L u b i n, **Eau dentifrice des Bénédictines** ist eine starke alkoholische Lösung von Ol. Menth. pip., Ol. Anisi, Ol. Caryoph. gefärbt mit Cochenille. Fabrikant: Paul Prot succésseurs Paris, Rue royale 11.

2721. **Eau dentifrice** von Mallard wird erhalten, indem je 8,0 Sternanis, gemeiner Anis, Zimt, Nelken, 10,0 Guajakholz, 6,0 braune Chinarinde, 5,0 Rosenblätter und 2,0 Muskatnüsse in einem Verdrängungsapparat mit einer Auflösung von 3,0 Cochenille in 12 bis 15,0 Wasser und dann mit 1000,0 Weingeist von 0,860 spez. Gew. übergossen werden. 1000 T. der zuletzt mit Wasser verdrängten Kolatur werden mit je 7,0 Pfefferminzöl, Löffelkrautspiritus und Benzoetinktur vermischt, absetzen gelassen und filtriert.

2722. **Eau dentifrice** du Dr. Pierre: Fructus Anisi stellati 15,0, Spiritus Vini (90°) 200,0 läßt man 3 Tage stehen, filtriert und färbt schwach rosa mit Alkannin; dann fügt man zu: Oleum Menthae piperitae, Oleum Anisi stellati aa gtts. 60.

2723. **Eau dentifrice** von Proudhomme. Ein Destillat aus je 25,0 Angelikawurzel und Anis, je 6,0 Zimtkassie, Muskatnuß, Gewürznelken, 9,0 Pfefferminzöl und 1000,0 verdünntem Weingeist wird mit je 6,0 roter Chinarinde, Ratanhia und Tolubalsam und je 3,0 Vanillentinktur und Cochenille digeriert und filtriert.

2724. **Eau de Princesses, Eau de Beauté, Eau de Paris sans pareille** von August Renard in Paris, Kosmetikum, besteht aus 2,5 Kalomel, 0,45 Quecksilbersublimat, durch die zugesetzten Parfüme in der Weise modifiziert, daß die gewöhnlichen Reagentien auf Sublimat fehlschlagen, und 122,0 Pomeranzenblütenwasser. (Hager.)

2725. **Eau de Quinine** wird dargestellt aus 2000,0 Franzbranntwein, 250,0 kölnischem Wasser, 250,0 95 prozentigem Alkohol, 100,0 Seifenspiritus, 50,0 Chinarindentinktur, 20,0 Perubalsam, 10,0 Bergamottöl, 10,0 süßem Pomeranzenöl, 3,0 Geraniumöl, 25,0 Cantharidentinktur mit Cochenillerot gefärbt. (Hisserich.)

2726. **Eau de Quinine** von Pinaud enthält weder Chinin noch eine andere Chinabase oder einen anderen charakteristischen Teil der Chinarinde; ebenso fehlen in demselben Metallsalze, Gerbstoffe, Salizylsäure und Canthariden. (Tscheppe.)

2727. **Eau de Quinine, Glyzerin-Haarwasser mit Chinaextrakt** von A. Heinrich in Leipzig besteht aus 2,0 Perubalsam, 6,0 Rizinusöl, 60,0 Rum, 35,0 Wasser und 5,0 Chinatinktur. Preis M. 2. (Hager.)

2728. **Eau dermophile.** 4000 g Spiritus, 800 g Glyzerin, 1,5 g Orgéol (ein nach Pomeranzenblüten riechender Körper von unbekannter Zusammensetzung), 4 g Bergamott-, 2,5 g Geraniumöl, 10 g Vanilletinktur, 1000 g Rosenwasser. Das ganze ist mit Safran gefärbt.

2729. **Eau de Rose,** ein in Berlin verkauftes Haarfärbemittel, ist eine

Lösung von 2,5 essigsaurem Zink in $120,_0$ Wasser mit 2,75 Schwefelblumen.

2730. **Eau des Perles** aus Paris, ein Kosmetikum, besteht aus $10,_0$ Kalomel, $10,_0$ Zinkoxyd und $110,_0$ Wasser. 38 g = *M.* 0,50. (W i t t s t e i n.)

2731. **Eau de Toilette Subin** besteht aus 0,5 g Iris-, 0,2 g Nelken-, 5 g Bergamott-, 3 g Lavendelöl, 3 g Moschus-, 70 g Tolubalsamtinktur und 500 g Spiritus.

2732. **Eau de Vienne,** ein Haarfärbemittel aus Paris, besteht aus zwei Flüssigkeiten, von welchen I. eine Lösung von salpetersaurem Silber in ammoniakhaltigem Wasser, II. Pyrogallussäurelösung ist.

2733. **Eau de X, chimiste,** besteht aus drei Fläschchen: I. 5,8 ammoniakalische Silbernitratlösung mit ammoniakalischer Kupfersulfatlösung; II. 3,7 Schwefelnatrium und 96,3 Wasser; III. Eau à détacher (Entfleckungswasser) ist eine Lösung von Cyankalium.

2734. **Eau de Zenobie** des Dr. R o y, von A. L e q u i n in Paris, besteht aus einer wässerigen parfümierten Lösung von Bleizucker und unterschwefligsaurem Natrium. 120 g = *M.* 6. (G e i ß l e r.)

2735. **Eau du docteur Sachs,** von G i e b e r t, Parfümeur in Berlin, Haarwaschwasser, ist eine Lösung von Rizinusöl in Spiritus, welche Pikrotoxin enthält. (C. S c h a c h t.)

2736. **Eau Egyptienne,** ein Pariser Haarfärbemittel, ist eine Auflösung von 1 T. Silbernitrat in 24 T. Wasser. (R e v e i l.)

2737. **Eau Figaro,** Haarfärbemittel der Société d'hygiène française der Sieurs V i g u i e r, enthält $125,_0$ einer mit Glyzerin versetzten Lösung von Bleizucker in einer schwachen Lösung von unterschwefligsaurem Natrium. Preis *M.* 4. (H a g e r.)

2738. **Eau fontaine de jouvence golden** von E. H. T h i l l a y, Parfümeur in London, ein Haarfärbemittel, besteht aus Wasserstoffsuperoxydlösung. 140 g = *M.* 5,60. (A. v. S c h r o e t t e r.)

2739. **Eau Lajeune,** Haarfärbemittel von L a j e u n e in Paris, Boulevard Montmartre 11, besteht in einem eleganten Pappkästchen, in welchem sich drei Flaschen mit Flüssigkeiten gefüllt und zwei knöcherne Zahnbürsten befinden. Flasche I enthält eine klare Flüssigkeit, bestehend aus 1,5 Pyrogallussäure, 0,3 Alkannafarbstoff, 17,5 Weingeist und $27,_0$ Wasser. Flasche II enthält 3,5 Silbernitrat, 4,5 Salmiakgeist, 2,5 Gummi arabicum oder einen ähnlichen Schleim, $23,_0$ Wasser. Flasche III signiert „Fixateur", enthält 7,5 Flüssigkeit, bestehend aus 0,5 Schwefelnatrium und $7,_0$ Wasser.

2740. **Eau magique** gegen Sommersprossen enthält Bleioxyd und Natriumhyposulfit.

2741. **Eau phénoménale, Melanocome, Kascha** und **Neri** sind Haarfärbemittel und bestehen aus getrennten Lösungen von ammoniakalischem Silber und Pyrogallol; „E n d l i c h" und Dr. W h i t e s

Haarwasser enthalten als wirksamen Bestandteil Wismutnitrat. Hero enthält eine nicht näher charakterisierbare organische Amidoverbindung.

2742. **Eau royale Windsor** gegen Sommersprossen ist eine Lösung von Borax in Glyzerin, nach anderen enthält es Glyzerin und Bleioxyd.

2743. **Eau tonique parachûte des cheveux** von Chalmin, gegen das Ausfallen der Haare, besteht aus 120,0 Digest von Veilchenwurzeln mit Rosenwasser, 0,2 Eisenvitriol, 3 Tropfen Essig, 1,3 Benzoetinktur, ebensoviel Perubalsam, 7,5 Olivenöl und 10 Tropfen Bergamottöl. 120 g = *M*. 3,20. (Casselmann.)

2744. **Eau Trémolières,** ein Haarfärbemittel aus Paris, Rue St. Denis, enthält Bleioxyd.

2745. **Edelweißsalbe** gegen Mitesser, Sommersprossen, Falten und Runzeln ist eine mit Portugalöl parfümierte pottaschehaltige Salbe.

2746. **Ehrlichs Hautcrême** besteht aus 80 g weißem Wachs, 80 g Walrat, 560 g Mandelöl, 0,2 g Alkannin, 280 g Wasser und 5 g Borax; zum Parfümieren wird eine Mischung aus 10 T. Jasminessenz, 1 T. Orangenblüten- und 1 T. Veilchenwurzelöl, sowie 5 T. Moschustinktur verwendet. (Ztschr. f. allg. österr. Ap.-Ver. 1904.)

2747. **Eispomade, haarkräuselnde,** von Bergmann, ist gewöhnliche Pomade.

2748. **Elixir dentifrice des Bénedictins** besteht aus Spiritus, Pfefferminzöl und Sternanis. (Gscheidlen.)

2749. **Enameline for the complexion,** Dr. Bradfords, ist eine farblose Flüssigkeit mit ca. 6,6% Zinkoxyd. (Chandler.)

2750. **Enthaarungsmittel, orientalisches,** besteht aus einer Mischung von Schwefelleber, Schwefelcalcium, Calciumkarbonat und Kohle. (Gscheidlen.)

2751. **Enthaarungsmittel gegen Damenbärte,** von Frau Agnes Teumel in Dresden, besteht im wesentlichen aus geschmolzenem Fichtenharz. (Stadtr. zu Dresden.)

2752. **Entomolseife** von Apotheker Leonardi in Venedig ist eine parfümierte desinfizierende Seife.

2753. **Ephelidène,** Violas, von August Obée in Frankfurt a. M., Schönheitswasser, ist ein angenehm parfümierter, schwach alkalischer und schwach weingeistiger Storaxauszug von braungelblicher Farbe. 105 g = *M*. 3. (Hager.)

2754. **Epidermaton,** Löhrs, gegen Flechten, Sommersprossen, Schinnen etc. besteht aus 300,0 einer fast klaren farblosen Flüssigkeit, welche Spuren von Ammon, Natrium, Kalkerde, etwas Tonerde und 0,08 Benzoesäure enthält, mit einem grauweißlichen, 0,83 wiegenden Bodensatz, größtenteils aus benzoeartigem Harze bestehend. Preis *M*. 2. (Hager.)

2755. **Epidermiton** von Merkel & Stiefel in Frankfurt a. M., Kosmetikum, besteht aus einer Flasche mit ca. 25 g Glyzerin, 1 Pinsel, 1 Schwamm und 2 ovalen, 1 cm dicken, rauh anzufühlenden Stücken einer harten, ca. 22,5 g schweren graurötlichen Masse, bestehend aus grobem, sehr gleichmäßigem Sande, durch Leim zu einer festen Masse vereinigt. (Geißler.) (Pharm. Zentralh.)

2756. **Epilatorium** von Dr. Robert Fischer ist eine farb- und geruchlose, sauer reagierende Flüssigkeit, welche schon in der Kälte reichlich Gas entbindet und besteht aus einer etwa $1^{3}/_{10}$-prozentigen Wasserstoffsuperoxydlösung mit einem Zusatz von Glykose. 100 g = *M.* 10. (A. Gawalowski.)

2757. **Epileine,** ein Haarentfernungsmittel, enthält Schwefelnatrium.

2758. **Esprit d'Amaranth.** Drei Sommersprossenmittel vom Apotheker Weinitschky. Die Analyse ergab in Flasche III, die zuerst angewendet werden soll, $1,_0$ Quecksilberchlorid und $30,_0$ fuselölhaltigen Spiritus; in Flasche II sind $2,_0$ und in I, welche zuletzt anzuwenden ist, $3,_0$ g Sublimat. Preis *M.* 6. (Traffehn.)

2759. **Esprit des cheveux** oder **vegetabilischer Haarbalsam** von Hutter & Co. in Berlin ist eine verdünnte Mixtura oleosobalsamica, deren bräunlich-gelbe Farbe von einigen damit geschüttelten Nelken herrührt. 100 g = *M.* 3. (Wittstein.)

2760. **Essenz, haarkräuselnde,** von Moras ist eine Lösung von 0,6 Kolophonium in $50,_0$ Weingeist, parfümiert mit Moschus und Bergamottöl. (Fink.)

2761. **Euchlorin-Toilette-Essig** oder **Préservativ-Cosmétique,** Schutz gegen Ansteckung aller Art, von E. Meitzen in Köln, besteht aus zwei Flüssigkeiten, von welchen die eine in bläulichem Glase mit dem Etikett Euchlorin aus einer Natriumkarbonatlösung, gesättigt mit Chlor und unterchloriger Säure (Eau de Labarraque) besteht. Die andere milchig weißliche Flasche mit dem Etikett Toilette-Essig enthält einen aromatischen Essig, versetzt mit etwas Benzoetinktur und filtriert. Zwei Flaschen mit je 100 g Inhalt = *M.* 3. (Hager.)

2762. **Eudont,** ein Mundwasser, ist eine Mischung von Ol. Caryoph., Spir. camphor. aa $2,_0$ Tinct. Jodi, Glycerini aa $3,_0$ Chloroform gtts. V.

2763. **Eugatol** ist ein ungiftiges Ersatzmittel für das zum Haarfärben benutzte Paraphenylendiamin. Fabrikant: Aktiengesellschaft für Anilinfabrikation in Berlin.

2764. **Eugénies Favorite** von M'lls. T. et L. Jouvin in Paris ist eine farblose Flüssigkeit mit 28% Bleikarbonat. (Chandler.)

2765. **Eukonia,** Rowlands, von August Obée in Frankfurt a. M., ein Puder für die Haut, ist ein schön weißes, zartes Pulver von geringem Vanillegeruch, herrührend von einer Spur Cinnameïn, und besteht aus Reisstärkemehl und anderen Stärkemehlarten, gemischt mit ca. 6% Wismutpräzipitat. 75 g = *M.* 1. (Hager.)

2766. **Extrakt, orientalischer,** von Rothe & Co. in Berlin, ein Enthaarungsmittel, besteht aus ca. 60 g einer grünlich-grauen, schwach nach Lavendelöl riechenden teigigen Masse, welche etwa 5% Calciumsulfhydrat enthält. Preis *M.* 3. (Schädler.)

2767. **Extrait de Camelias,** ein von Pariser Parfümeuren viel verkauftes Kosmetikum, enthält in Wasser fein zerteiltes weißes Quecksilberpräzipitat.

2768. **Extrait de Noix,** ein Haarfärbemittel, verdankt seine Wirkung einem Gehalt von Kalium-Bleioxyd. (Kämmerer.)

2769. **Face Bleach** von Mad. Ruppert besteht aus 0,5 Sublimat, $250,_0$ Wasser und 3,5 Benzoetinktur.

2770. **Feen-Wasser,** ein Kölner Haarfärbemittel, enthält in 100 T. 1,8 Bleizucker, 3,7 Natriumhyposulfit und 8,2 Glyzerin in parfümiertem Wasser gelöst.

2771. **Floridawasser** aus Nordamerika besteht aus $124,_0$ Lavendelöl, $124,_0$ Bergamottöl, 11,64 Zimtöl, 3,88 Nelkenöl, 7,76 Neroliöl, 0,25 Moschus mit 75 kg Eau de Cologne digeriert und filtriert.

2772. **Floriline,** vegetabilische Zahnpasta nach Dr. John Yates von Albin Müller in Brünn bildet eine rote, trockene, wenig harte Masse aus $20,_0$ Schlämmkreide, $10,_0$ Stärkemehl, $8,_0$ Glyzerin, $3,_0$ Bertramtinktur, 10 Tropfen Pfefferminzöl und der genügenden Menge Wasser, mit Florentiner Lack gefärbt. (Hager.)

2773. **Floriline,** vegetabilische Mundessenz nach Dr. John Yates von Albin Müller in Brünn, besteht aus ca. 85 g einer klaren, bräunlich-roten Flüssigkeit von angenehm aromatischem Geruch, welche sich als ein verdünnter, weingeistiger Auszug aus Bertramwurzel und anderen medizinischen Kräutern und Gewürzen, gefärbt mit einem alaunisierten Cochenilleauszuge erwies. (Hager.)

2774. **Fluide transmutatif noir,** Haarfärbemittel von Berger in Paris. I ist eine Lösung von 1,3 Kupfervitriol, 0,25 salpetersaurem Nickeloxyd in $30,_0$ destilliertem Wasser und $4,_0$ Salmiakgeist. II ist eine Lösung von Schwefelcalcium. III „Eau à détacher" ist Cyankaliumlösung. (W. Engelhardt.)

2775. **Formalincreme Eschig** besteht aus 20 T. Lanolin, 100 ozonisiertem Vaselinöl (?), 120 Wasser mit 5% Formalin. Es wird als Desinfektionsmittel und Stauböl verwendet.

2776. **Formysol** ist eine etwa 40prozentige wässerige Formaldehydlösung der Firma Th. Hahn & Cie. in Schwedt a. O.

2777. **Franzosenwasser** für die Haare ist eine Lösung von $2,_0$ Pyrogallussäure in $90,_0$ Wasser und $5,_0$ Spiritus odoratus.

2778. **Fricol,** Einreibung für lahme Pferde: Kampherspiritus, flüchtiges Liniment, Terpentinöl, Arnikatinktur.

2779. **Funkes Crinin,** ein Haarfärbemittel, ist eine ammoniakalische Silbernitratlösung. — **Funkes Kapillaröl A** ist eine alkoholische

Tanninlösung. — **Funkes Kapillaröl B** ist eine schwachblau gefärbte wässerige Lösung von Natriumthiosulfat.

2780. **Generateur universel des cheveux** de Mme. S. Allon ist zusammengesetzt aus 1,69 Schwefelmilch, 0,20 Zimtpulver, $32,_{0}$ Glyzerin, 2,65 Bleiazetat, 63,46 Wasser, parfümiert mit Nitrobenzol. (Masset.)

2781. **Gerbstoffpomade, Tanninpomade, Pommade tannique rosée,** von Filliol & Andoque in Paris, Haarfärbe- und Konservierungsmittel, besteht aus a) $30,_{0}$ talghaltigem parfümiertem Fett, 3,3 Schwefelblumen und 11,3 Bleizucker ohne jeden Gehalt an Gerbstoff. 160 g = *M*. 6. (Hager.) b) ein rötliches Fabrikat, bestehend aus $69,_{0}$ mit Alkanna rot gefärbtem Schweinefett, je $4,_{0}$ Stearin und gelbem Wachs, 4,5 Bleizucker, 7,5 Bergamottöl; 80 g = *M*. 9—10. (Hildwein.) c) 11,4 Bleizucker, 7,5 Schwefelblumen, $100,_{0}$ Fettsubstanz mit Parfüm. *M*. 4,80. (Manno.)

2782. **Gerlachs Präservativcreme** besteht aus Kampher, Karbolsäure, Zinkoxyd, Seife und Salizylsäure.

2783. **Gesundheitsblumengeist** von Wald in Berlin ist ein Gemisch aus $500,_{0}$ Spiritus, $5,_{0}$ Tinct. aromatica, je $2,_{0}$ Bergamottöl, Lavendelöl, Rosmarinöl, $3,_{0}$ Thymianöl und $1,_{0}$ Krauseminzöl. (Hager.)

2784. **Gesundheitsseife,** Oschinskys, ist ein Liniment aus etwa 12—15 T. Hausseife mit 88—85 T. Wasser, parfümiert mit geringen Mengen ätherischer Öle. (B. Fischer.)

2785. **Glycoblastol,** Haarwuchsmittel von Prof. Kletzinsky in Wien, ist ein Glyzerinauszug aus den Fruchtschalen des spanischen Pfeffers, mit etwas Wasser verdünnt und einer Spur wohlriechenden Öls nebst einem Anfluge Patschuli parfümiert. 160 g = *M*. 2. (Hager.)

2786. **Glycothan** der Apotheke zu Rixdorf bei Berlin soll als Zusatz zum Waschwasser Geschmeidigkeit der Haut bewirken und besteht der Hauptsache nach aus einer schwach alkalischen Auflösung einer Kaliseife in Glyzerin. (Jacobsen.)

2787. **Glyzerin-Hautbalsam** ist ein Gemisch aus $1000,_{0}$ Glyzerin, $120,_{0}$ Pomeranzenblütenwasser, $1,_{0}$ Neroliöl und $1,_{0}$ Bittermandelöl. (Hager.)

2788. **Goldelfenwasser.** Unter diesem Namen wird meist eine starke Lösung von Wasserstoffsuperoxyd verkauft.

2789. **Golden Hair Wash** zum Blondfärben der Haare ist eine säurehaltige Wasserstoffsuperoxydlösung.

2790. **Gold Feen Water,** Haarbleichmittel, enthält Wasserstoffsuperoxyd.

2791. **Gurkenmilch, Glycerin and Cucumber,** ist eine milchartige Flüssigkeit, welche stark nach Melissenöl riecht, etwas Alkohol und 20% Glyzerin enthält. Die milchige Trübung ist durch ein Harz (Benzoe) veranlaßt. (Schweißinger.)

2792. **Haarbalsam** von H a n g e r & L ö b e r in Berlin SW., enthält Bleisalze.

2793. **Haarbalsam** von L e p p e r t in Wien enthält essigsaures Blei und unterschwefligsaures Natrium.

2794. **Haarbalsam** von A. M a r q u a r t in Leipzig ist eine Mischung aus $83{,}_0$ Wasser mit Eau de Cologne parfümiert, $12{,}_0$ Glyzerin, 4,25 Schwefelmilch und 1,2 Bleinitrat. Preis *M*. 2.

2795. **Haarbalsam** von J. F. S c h w a r z l o s e S ö h n e in Berlin ist eine braungelbe, weingeistige, aromatische Flüssigkeit, welche ungefähr die Bestandteile der Eau de Cologne nebst flüssigem Storax, kohlensaurem Kalium und einem Fett, wahrscheinlich von Canthariden herrührend, enthält. 100 g = *M*. 1,25. (H a g e r.)

2796. **Haarbalsam,** Dr. W a c k e r s o n s in London enthält 0,05 Karmin, 1,25 Äpfeläther, 0,3 Koloquintenextrakt, 15 Tropfen CanthCanthatinktur, 10 Tropfen Perubalsam, verrieben mit etwas Spiritus in $50{,}_0$ Haarpomade. Preis *M*. 3. (H a g e r.)

2797. **Haarbalsam, Mustaches-Balsam,** von M i g a r g é e besteht aus Fett und Harz.

2798. **Haarbalsam der Franziskanerbrüder** in St. Mount ist eine parfümierte Lösung von 0,3 Silbernitrat in $25{,}_0$ Glyzerin und $134{,}_0$ Weingeist. (W i t t s t e i n.)

2799. **Haarbalsam, holländischer,** aus R. B r a n d t s Adlerapotheke in Paderborn, ist eine gelbbräunliche Lösung von $1{,}_0$ Gerbsäure in $75{,}_0$ gutem Weißwein und $10{,}_0$ Spiritus mit einer Spur Essigäther. 85 g = *M*. 2. (H a g e r.)

2800. **Haarbalsam, mailändischer,** von K a r l K r e l l e r in Nürnberg besteht aus $40{,}_0$ Rindermark, $5{,}_0$ Chinaextrakt, $1{,}_0$ Perubalsam, $1{,}_0$ Storax, $1{,}_0$ Bergamottöl und 0,5 Zitronenöl. 24 g = *M*. 1,50. (H a g e r.)

2801. **Haarbalsam** von M u l d e r soll wässeriger Rosenblätterauszug mit etwa 5% (0,5% Ref.?) Karbolsäure sein.

2802. **Haarbalsam, ostindischer,** von Dr. A y e r enthält Bleizucker, Schwefel, Glyzerin, Lavendelöl und Wasser.

2803. **Haarbalsam, vegetabilischer,** von J o h. A n d r. H a u s c h i l d in Leipzig ist eine mit Indigo grün gefärbte und mit etwa 20% Weingeist versetzte Klettenwurzelabkochung. 25 g = *M*. 1. (K ö n i g.)

2804. **Haarbalsam, vegetabilischer,** von A. M a r q u a r d t in Leipzig, besteht aus $42{,}_0$ Wasser, $6{,}_0$ Eau de Cologne, $24{,}_0$ Glyzerin und 1,8 Bleizucker. Preis *M*. 2.

2805. **Haarbalsam, vegetabilischer,** von Frau M a r i a S c h u b e r t in Hirschberg i. Schl. zur Wiederherstellung der natürlichen Farbe ergrauter Haare, besteht aus 5% Schwefelblumen, 2% Bleizucker und 93% Rosenwasser. 120 g = *M*. 2. (J a c o b s e n.)

2806. **Haar-Ernährungsmittel** von Prof. M. Langenbeck in Hannover. Feine Raspelhornspäne werden in kochendem Wasser erweicht, in verdünnter Ätzkalilauge gelöst, und der von der Ätzkalilauge gelöste Hornstoff durch verdünnte Salzsäure oder Schwefelsäure abgeschieden. 1 T. dieses Hornstoffes wird in 4,5 T. Ätzkali und 160 T. Wasser durch öfteres Umschütteln gelöst und koliert. 80 g = *M.* 3,50. (Hager.)

2807. **Haar-Erneuerungsmittel, sizilisches,** von Kochwitz, ist eine Lösung von Bleizucker in Wasser.

2808. **Haarerzeugung,** Mornys. I. „Haar-Essenz" ist wahrscheinlich eine mit Essig versetzte, dann aufgekochte, mit etwas Eau de Cologne parfümierte und kolierte Bierwürze aus Luftmalz. II. ist Haaröl. Preis *M.* 6. (Hager.)

2809. **Haarerzeuger „Rapid"** von John Craven Burleigh. Das in Blechschachteln von 30 g Fassungsraum zum Preise von *M.* 1 verkaufte Mittel besaß die äußere Beschaffenheit einer gelbgrünen, mit Bergamott- und Nelkenöl parfümierten Pomade, deren Grundmasse aus Schweinefett und Wachs bestand. Es enthielt Cantharidin. (Beythien.)

2810. **Haaressenz** von Moras besteht aus $20{,}_0$ Rizinusöl, $80{,}_0$ Alkohol, etwas Perubalsam, Thymianöl, Lavendelöl und Chinatinktur. (Raspe.)

2811. **Haarfarbe** von Leytens in Antwerpen besteht aus zwei Flüssigkeiten, wovon I eine mit Anilinblau leicht gefärbte Höllensteinlösung, II eine verdünnte Lösung von Fünffach-Schwefelcalcium darstellt. In jedem Fläschchen sind etwa $20{,}_0$ Flüssigkeit enthalten; beigegeben sind noch zwei schlechte kleine Bürstchen. Preis *M.* 4,50. (Geißler.)

2812. **Haarfarbewiederhersteller** von Herm. Janke in Berlin besteht aus einer mit Alkohol und Glyzerin versetzten ammoniakalischen Lösung von Silbernitrat. (Bischoff.)

2813. **Haarfarbewiederhersteller** von Elsner ist eine schwach alkalische Wismutnitratlösung mit suspendiertem Schwefel. (Hager.)

2814. Die **Haarfärbemittel Eau de Raffah** (Paris), **Kronen-Nußextrakt-Haarfarbe** (Nürnberg), **Nutin** (Nürnberg) und **Fenor** (Zürich) erwiesen sich als alkalische Lösungen von p-Phenylendiamin. (H. Kreis.)

2815. **Haarfärbemittel** des Chemikers Dr. Robert Fischer in Wien ist eine 1prozentige Lösung von salpetersaurem Blei mit Schwefelmilch.

2816. **Haarfärbemittel** von H. Glintz in Neustriesen bei Dresden ist ein reines Wismutpräparat ohne Blei. (Jacobsen.)

2817. **Haarfärbemittel, chinesisches,** von Gustav Becker in Berlin besteht aus zwei Fläschchen in einem Karton. I enthält etwas mehr als $30{,}_0$ einer 0,5 prozentigen ammoniakalischen Silberlösung, II ebensoviel Pyrogallussäurelösung. Preis *M.* 2. (J a c o b s e n.)

2818. **Haarfärbemittel, chinesisches,** von R o t h e & C o. in Berlin ist eine Lösung von ca. 2 T. Höllenstein und 1 T. Pyrogallussäure in Wasser. (H a g e r.)

2819. **Haarfärbemittel** des Parfümeur Dr. L e y r e r in Wien besteht aus zwei Flüssigkeiten, einer weißen milchigen und einer braunen. I bestand in Prozenten aus 10,15 Glyzerin, 6,42 Salmiak, 76,18 Wasser und 7,25 salpetersaurem Wismut. Die braune Flüssigkeit II ergab in Prozenten 1,05 Pyrogallussäure, 13,68 unterschwefligsaures Natrium, 85,27 Gaultheriawasser. (I n n h a u s e r.)

2820. **Haarfärbemittel** von N a q u e t wird dargestellt, indem $100,_0$ Wismut in Salpetersäure gelöst werden, eine starke Lösung von $75,_0$ Weinsteinsäure hinzugefügt und durch reichlichen Zusatz von Wasser gefällt wird. Der Niederschlag wird ausgewaschen, in Ammoniakflüssigkeit gelöst, in dieser Lösung $75,_0$ unterschwefligsaures Natrium gelöst und der filtrierten Lösung 2—5% Glyzerin hinzugefügt.

2821. **Haarfärbemittel,** Prof. W i l l i a m s, enthält Eisen und Pyrogallussäure. Das Kopf-Haarfärbemittel ist eine bleihaltige Wismutlösung. (B i s c h o f f.)

2822. **Haarfärbemittel, vegetabilisches,** des Dr. L e o p o l d B é r i n g u i e r, Arzt in Berlin, von R a y m o n d & C o. in Berlin. Flasche I enthält eine dünne wässerige Eisenchloridlösung, Flasche II eine Lösung von Pyrogallussäure in Eau de Cologne. (T r o j a n.)

2823. **Haarfärbepulver** existieren in verschiedenen Zusammensetzungen, z. B. gelöschter Kalk 15 T., Mennige 1 T., oder gelöschter Kalk 4 T., Mennige 1 T., oder gelöschter Kalk, Bleiglätte oder Bleiweiß gleiche Teile, oder gelöschter Kalk, Bleiweiß je 2 T., Talk 1 T. (W i t t s t e i n.)

2824. **Haarfärbetinktur** zum Schwärzen grauer Haare ist ein alkoholischer, mit ätherischen Ölen, vorzüglich mit Lavendelöl, aromatisierter Auszug grüner Walnußschalen. 30 g = *M.* 2. (B r a n d e s.)

2825. **Haarfärbetinktur** von A. E. R o y e r in Berlin besteht aus $150,_0$ Eichenrindenabkochung, welche mit etwas Soda versetzt ist. Preis *M.* 1,50. (S c h ä d l e r.)

2826. **Haarfärbewasser** von M. R i c h t e r in Berlin zum Schwärzen grauer Haare besteht aus 14,5 Bleizucker, $45,_0$ Glyzerin, $168,_0$ Wasser und $20,_0$ Spiritus. Preis *M.* 3. (H a g e r.)

2827. **Haarfärbungsbalsam** von T h. D a h m e n - K r ö l y s in Köln ist bleihaltig.

2828. **Haarfärbungsbalsam, vegetabilischer,** von Apoth. A. B e y e r in Berlin enthält $2\frac{1}{2}$% Blei und ebensoviel Glyzerin in stark parfümierter wässeriger Lösung neben einer reichlichen Menge präzipitierten Schwefels. (L o h m a n n.)

2829. **Haarfärbungsbalsam, vegetabilischer,** von Robert Böhme in Berlin, ist eine parfümierte Auflösung von Bleinitrat, welcher Schwefel zugesetzt ist; der Gehalt an metallischem Blei bewegte sich von 1—1,2%.

2830. **Haarfärbungsbalsam, vegetabilischer,** von Treu & Nuglisch in Berlin ist eine Auflösung von Chlorblei in Glyzerin, etwas parfümiert, mit Schwefelzusatz.

2831. **Haargeist** ist eine Lösung von 2,5% Wasserstoffsuperoxyd in Wasser, welche außerdem 0,7% Chlornatrium, aber keinen Alkohol enthält. (Unters.-Amt Budapest.)

2832. **Haarhersteller** von Bernhard Petzold & Co. in Dresden ist eine farblose, schwach sauer reagierende, wässerige Lösung von essigsaurem Blei, Glyzerin und Rosenöl, mit einem gelblichweißen Niederschlag, welcher aus Schwefel und kohlensaurem Blei besteht.

2833. **Haarherstellungspräparate** Siggelkows. I. Pomade aus $30,_0$ Schweinefett, $10,_0$ Kokosöl, $2,_0$ Katechutinktur, $1,_0$ Perubalsam und 10 Tropfen Essig. II. Balsam aus $200,_0$ Rotwein und $10,_0$ aromatischem Essig. III. Balsam, welcher nichts anderes als 2prozentige Karbolsäurelösung ist. Preis *M*. 30. (G. Krause.)

2834. **Haar-Konservierungs-Pomade** von Dr. John Brown in Wien besteht aus $50,_0$ Pomade mit $4,_0$ Pyrogallussäure und 10 Tropfen Kalilauge oder Kaliumkarbonatlösung schwarz gefärbt. Preis *M*. 4. (Schädler.)

2835. **Haarleiden-Heilmittel** von Plume in Berlin: I. Pillen aus weißem Bolus und Höllenstein; II. Pulver aus kohlensaurem Magnesium, doppeltkohlensaurem Natrium, Mehl und anscheinend Krappwurzel.

2836. **Haarlikör, chinesischer,** von Richard Hoffmann in Leipzig besteht im wesentlichen aus Silbernitrat in Ammoniak gelöst. Die dem Haarlikör beigegebene „Contra-Tinktur" ist bestimmt, Flecke, welche die Silberlösung auf Haut und Wäsche verursachte, wegzuschaffen, und besteht aus einer Jodkaliumlösung.

2837. **Haarmark, balsamisches,** ein von einem ehemals „berühmten Schäfer" der Grafschaft Glatz hinterlassenes Mittel, ist gelbe Vaseline mit Geraniumöl parfümiert. (Geißler.)

2838. **Haarmittel** von Bühligen sind wie folgt zusammengesetzt: I. „Braune Salbe" ist ein Gemisch aus $25,_0$ Adeps, $5,_0$ Kakaoöl und $1,_0$ Ol. aethereum. II. „Kleine Tinktur" ist Arnikatinktur. III. „Große Tinktur" besteht aus $10,_0$ Arnikatinktur, $5,_0$ Glyzerin, $10,_0$ Spiritus, $65,_0$ Wasser. Den Mitteln wird eine Tanninbalsamseife beigegeben. Zusammen *M*. 8,25. (G. Krause.)

2839. **Haarmittel,** Dr. Lococks, Lotion for the Hair, besteht aus

15 g Mußkatnußbutter, 7,75 g Olivenöl, 1,75 g stärkstem Salimiakgeist, 75 g Rosenwasser, 30 g Rosmarinspiritus.

2840. **Haarmittel** von Julius Scheinich in Löbau. I. Régénérateur. 120,$_0$ einer etwas wohlriechenden Flüssigkeit, welche sich in zwei Hälften geschieden hat, eine obere, aus Provenceröl bestehend, und eine untere violette, welche ein Gemisch aus gleichen Teilen Glyzerin und Spiritus ist; das Gemisch ist mit Perubalsam parfümiert und mit Anilinviolett gefärbt. — II. Präpariertes Papier. Ein sehr dünnes, nicht geglättetes Pergamentpapier. — III. Régénérateur. Ein Gemisch aus gelbem Palmöl mit etwas Wachs, teerartiger Substanz und einem nicht bitteren, gerbstoffhaltigen, pulverigen Körper. (Hager.)

2841. **Haarmittel** von Heinrich Siggelkow in Hamburg. I. „Haarbalsam Nr. 1" besteht aus einem 6% Alkohol enthaltenden Rotwein; II. „Haarbalsam Nr. 2" aus ebenfalls ordinärem Rotwein, worin 2% Tannin aufgelöst sind; III. „Haarpomade" aus einer Mischung von 1 T. spirituösem Chinaextrakt und 8 T. Schweinefett. (Wittstein.)

2842. **Haar-Naturalisierpräparat** des Chemikers Lattke in Kiel besteht aus einer verhältnismäßig starken Auflösung von Bleiazetat, in welcher zugleich Schwefelmilch in kleinerer Menge suspendiert ist. (Himly.)

2843. **Haar-Regenerator** von Rosetter, ein Haarfärbemittel, besteht aus 345,$_0$ Rosenwasser, 50,$_0$ Glyzerin, 2,$_0$ Schwefelmilch und 1,5 Bleizucker. Preis *M.* 6. (Hager.)

2844. **Haarrenovator** aus Wien enthält essigsaures Bleioxyd und unterschwefligsaures Natrium.

2845. **Haar-Restorer** von Apotheker Fr. Brabender in Cleve zum Färben der Haare besteht aus 380,$_0$ Flüssigkeit, enthaltend 5,$_0$ Bleizucker, 20,$_0$ unterschwefligsaures Natrium, 20,$_0$ Glyzerin und Pomeranzenblütenwasser. Preis *M.* 2,50. (Wittstein und Hager.)

2846. **Haarspiritus** von Lidloff ist eine Mischung von 1,2 Gerbsäure, 0,6 Kampher, 30 Tropfen Lavendelöl, 60 Tropfen Perubalsam und 180,$_0$ Rosmarinspiritus. Preis *M.* 3 (Quenzel.)

2847. **Haarspiritus** von Carl Wilm in Limbach i. S. stellt eine schwach weingelbe spirituöse, stark parfümierte (Zitronen-, Bergamott-, Nelkenöl etc.) Flüssigkeit dar, zusammengesetzt aus 40,$_0$ Alkohol, 1,4 Glyzerin und ca. 0,6 Tannin. (Jacobson.)

2848. **Haarspiritus** der Rosen-Apotheke von R. Woesch in Nürnberg besteht aus 100,$_0$ einer wässerigen Lösung von 0,4 Kupfervitriol und etwas Kochsalz. Preis *M.* 1. (Hager.)

2849. **Haarstärker** von D. Fischer in Wien, ein Haarfärbemittel, enthält neben Schwefelmilch 1% salpetersaures Blei. (Pharm. Ztg.)

2850. **Haarstärkungsfluidum** von Ludwig Koch & Co. in Bodenbach a. E. besteht aus einer Lösung von 22,0 Glyzerin, 1,25 Perubalsam, je 2,0 Bergamottöl, Zitronenöl, Lavendelöl, nebst einer Spur Essigäther in 75,0 Spiritus. (H a g e r.)

2851. **Haarstärkungsmittel** von L e w i s F o r b e s in San Francisco, Kalifornien. Tierische vom Haar befreite Häute werden mit Wasser zusammen erhitzt und das Destillat mit Alkohol und Salzen gemischt. (Amer. Patent.)

2852. **Haartinktur, indische,** von K e y l ist ein chrysophansäurehaltiger Pflanzenauszug. (G s c h e i d l e n.)

2853. **Haarwasser, englisches,** aus der Hof- und Feld-Apotheke von M a s c h k e in Breslau besteht aus Bleisalz, Glyzerin und Schwefel. (K u h r.)

2854. **Haarwasser, Lotion cosmétique,** von L a f o r e s t, zum Schwarzfärben der Haare, ist eine Abkochung von 360,0 Rotwein, 4,0 Kochsalz, 7,0 Eisenvitriol und 4,0 Grünspan, welcher noch heiß 7,0 Galläpfelpulver hinzugesetzt sind. (H a g e r.)

2855. **Haarwasser, ostindisches,** von E m i l L o n d o n in Berlin, besteht aus 1,5 Bleizucker, 200,0 Wasser, 60,0 Glyzerin und 3,0 präzipitiertem Schwefel. Preis *M.* 9. (H a g e r.)

2856. **Haarwasser Port Elizabeth** von G. D o r i z i o in Dresden ist eine aromatisch spirituöse Mischung, welche keine starken Reizmittel und auch keine Metalle enthält. (S c h w e i ß i n g e r.)

2857. **Haarwasser** von R e t t e r in München besteht aus einer parfümierten spiritushaltigen Glyzerinlösung, deren Asche auf einen Kalkgehalt hinweist.

2858. **Haarwasser, vegetabilisches,** H a r t u n g s, ist ein mäßig weingeistiger, mit Alkalien bezw. deren Karbonaten behandelter Pflanzenauszug, der leicht parfümiert ist.

2859. **Haarwasser** von S e e g e r in Wien enthält Kupfer- und Eisensalze, Pyrogallussäure und freie Salzsäure.

2860. **Haarwuchsbeförderer** von E r a s m u s W i l s o n enthält je 30,0 Mandelöl und Salmiakgeist, 3,5 Zitronenöl, 250,0 Rosmarinspiritus und 6,0 Cantharidentinktur.

2861. **Haarwuchsessenz** gegen Kahlköpfigkeit, aus Wien, enthält Ananasäther, Glyzerin, geringe Mengen Gerbsäure und Pflanzenschleim. (Wiener Stadtphysikat.)

2862. **Haarwuchsessenz, nervenstärkende,** von N e g a ist eine Mischung ätherischer Öle. (G s c h e i d l e n.)

2863. **Haarwuchsflüssigkeit** von E l i s e G a l e e r in Bienne (Schweiz) ist zusammengesetzt aus 250,0 destilliertem Wasser, je 15,0 Salmiakgeist, Glyzerin und Wacholderbeerspiritus und je 10 Tropfen Rautenöl und Lavendelöl. (A. S e l l e.)

2864. **Haarwuchspomade** von F. K ö g l e r in Hof besteht aus einem Kokosfett, welches neben Parfüm geringe Mengen eines schwefelhaltigen Öls (Senföl?) enthält. (A u f r e c h t.)

2865. **Haarwuchssalbe** des Apothekers Otto Selle in Zachan (Pommern) ist ein Gemisch von Wachssalbe mit einer konzentrierten Chinaextraktlösung, geringen Mengen Kino- oder Katechutinktur und Spuren Perubalsam. 90 g = *M.* 3,50. (Hager.)

2866. **Haarwuchswasser, syrisches,** ist ein spirituöser Auszug von gerbstoffhaltigen Vegetabilien.

2867. **Habys „Es ist erreicht".** Für dieses Schnurrbartwasser des Hoffriseur Haby in Berlin sind bisher folgende Vorschriften bekannt geworden: I. Dextrin $4,_0$, Acid. salicyl. 0,2, Spiritus $6,_0$, Aqu. Rosar. $90,_0$. — II. Extract. Malti $5,_0$, Spiritus 7,5, Acid. salicyl. 0,2, Aqu. dest. ad $100,_0$. — Nach Aufrecht und Levinsohn soll es aus ca. 4% parfümierter alkoholischer Dextrinlösung bestehen. Nach Beysen besteht es aus Malzextrakt, Spiritus und Salizylwasser. Ein Präparat von der Zusammensetzung: Malzextrakt $5,_0$, Spiritus 7,5, $2^0/_{00}$ Salizylwasser ad $100,_0$ soll vollständig denselben Zweck erfüllen.

2868. **Hair-Dye** von Abt in Wien, ein Haarfärbemittel, besteht aus drei Flaschen, von welchen die eine eine Pyrogallussäurelösung, die andere eine ammoniakalische Silbernitratlösung, die dritte eine dünne Schwefelleberlösung enthält. (Fr. Innhauser.)

2869. **Hair-Elixir** von William Lasson in Berlin besteht aus 5,6 Glyzerin, 1,4 Kochsalz und $83,_0$ Wasser, parfümiert mit Bergamottöl etc. Preis *M.* 4,50. (Schädler.)

2870. **Hair Grower** von John Craven Burleigh dürfte aus Lanolin, Ol. Cacao oder Cera flava nebst öligem Auszug von frischer Rad. Bardanae bestehen.

2871. **Hair-Regenerator, physiological,** von Gebr. Tebbett in Manchester ist eine trübe Flüssigkeit mit 1,5% Bleigehalt. (Chandler.)

2872. **Hair Renewer, vegetable sicilian,** von R. P. Hall & Co. in Nashua ist eine trübe Flüssigkeit mit 1,4% Bleigehalt. (Chandler.)

2873. **Hair Restorative,** Grays von Day, Hongland & Stiger in New-York, enthält in $100,_0$ eine Spur Blei in Lösung und 0,693 Blei im Bodensatze. (Chandler.)

2874. **Hair Restorative, vegetable american** von Dr. Chr. Lebert, ist ein Gemisch von $2,_0$ Schwefelmilch, 4,5 Bleizucker und $25,_0$ Glyzerin mit zitronenartig riechendem Wasser. 100 g = *M.* 2,80. (Wittstein.)

2875. **Hair-Restorative** von Kennuyon in Downers grove (Illinois) soll aus durch Eindampfen konzentriertem Weine, Kochsalz, Rizinusöl und Weingeist bestehen.

2876. **Hair-Restorative** Martha Washingtons von Simonds & Co. in Fitzwilliam ist eine trübe Flüssigkeit mit fast 2% Bleigehalt. (Chandler.)

2877. **Hair-Restorative** von S i n g e r in New-York ist eine trübe, Bleikarbonat enthaltende Flüssigkeit mit mehr als 3% Bleigehalt. (C h a n d l e r.)

2878. **Hair-Restorative** von O. J. W o o d & C o. in New-York ist eine trübe Flüssigkeit mit fast 0,65% Bleigehalt. (C h a n d l e r.)

2879. **Hair-Restorer of Amerika*)** von Dr. J. J. O. B r i e n in New-York enthält 0,2 essigsaures Blei in $30,_0$ einer parfümierten Mischung von Wasser, Glyzerin, Alkohol und präzipitiertem Schwefel.

2880. **Hair-Restorer** von B e r n h a r d W o r l d ist eine ammoniakalische Lösung von Höllenstein und Kupfervitriol. (G s c h e i d l e n.)

2881. **Hair-Tonique** von K n i t t e l in New-York ist eine trübe Flüssigkeit mit ca. 1,25% Bleigehalt. (C h a n d l e r.)

2882. **Hair Vigor** von J. C. A y e r & C o. in Lowel (Mussachusets) ist eine 3prozentige Bleizuckerlösung mit verdünntem Glyzerin und Schwefel. (B i s c h o f f.)

2883. **Hair-Wash** von Dr. N e v i l l e L e s l i e ist eine Mischung aus $120,_0$ Alcohol absolut., $15,_0$ Ol. Ricini, $1,_0$ Tinct. Cantharid., 2 Tropfen Ol. Macidis und 1 Tropfen Ol. Rosae.

2884. **Harasin,** ein Haar- und Barterzeugungsmittel, besteht aus einer chinosol- und pilokarpinhaltigen Chinapomade. (S c h l e g e l.)

2885. **Hautpomade** von V o l l m e r ist Vaselinsalbe mit etwas Fett, aromatisiert mit Lavendelöl, gefärbt mit Alkanna. (B i s c h o f f.)

2886. **Hebesin** von F. A. W e i d e m a n n in Liebenburg, Hannover, als ein Verjüngungs- und Verschönerungsmittel empfohlen, ist nach J. K o c h s eine Paste, die in der Hauptsache aus etwa 68% Rosenwasser, 12% Eiweiß (vermutlich Kasein), 16% Alaun, 2% Weinstein und etwas Magnesia besteht.

2887. **Hells neutrale Handseife** nach Prof. S ä n g e r enthält einen Sand, dessen Körnchen frei von scharfen Kanten und Ecken sind, so daß sie nicht ritzen können. Fabrikant: G. H e l l & C o. in Troppau.

---

*) H a i r R e s t o r e r s. Von 21 in England untersuchten Hair-Restorers enthielten 14 suspendierten Schwefel und Blei in veränderlicher, meist bedeutender Menge; 2 weitere Proben enthielten Schwefel aus Hyposulfit mit Blei und können hergestellt werden durch Zugabe von Natr. subsulfurosum zu einem gelösten Bleisalz; es entsteht zuerst ein weißer Niederschlag, der sich aber bei Überschuß löst und mit Jodkalium keinen Niederschlag gibt. In der Ankündigung wird aber gerade vor Bleibeimischungen in anderen Haarmitteln gewarnt, was durch Zugabe von Jodkalium zu entdecken sei. — Ein anderes amerikanisches enthielt sehr viel Blei, aber keinen Schwefel. — 3 Proben dienen zur Entfärbung der Haare; sie sind eine leicht saure Lösung von Wasserstoffsuperoxyd. Sie sind nicht giftig, zerstören aber die Haare. (The Lancet.)

2888. **Helma,** nach Dr. med. Ebner-Köln, ein Mundwasser, ist eine ca. 10prozentige Lösung von Benzoesäure in Spiritus (96%), parfümiert mit Ol. Menth. und rot gefärbt.

2889. **Hiawatha-Haarbalsam** Hoyts von David Wright in New-York ist eine ammoniakalische, 1prozentige Silbernitratlösung. (Chandler.)

2890. **Hoffmanns Creme** enthält Zink, Borsäure, Lanolin, Wasser, Öl u. a., sowie Duftstoffe. Fabrikant: Apotheker Georg Hoffmann in Dresden-A.

2891. **Honora,** Haarfärbetinktur (braun), besteht I. aus einer Flasche mit 20 ccm einer ammoniakalischen Lösung aus 0,546 Silbernitrat und II. einer Flasche mit 12 ccm einer Lösung von 0,3 bis 0,4 Kaliumpolysulfid. (R. Fischer.)

2892. **Honora,** mexikanisches Schönheitsmittel, ist eine bräunliche, nach Moschus riechende Flüssigkeit mit schwachem Bodensatz, in welchem Pflanzentrümmer nachweisbar sind. Die Flüssigkeit ist eine Auflösung von 4,307 g Pottasche in 50 ccm eines Vegetabilien-Auszuges, wahrscheinlich von Seifenwurzel und Veilchenwurzel, parfümiert mit etwas Moschustinktur. (R. Fischer.)

2893. **Huile de Floride** von Gaislein & Co. ist parfümiertes Olivenöl. 60 g = *M.* 4.

2894. **Hygienal,** ein Mundwasser, besteht aus Alkohol, Chloroform, Formalin, Saccharin, Natr. chlorat. und Ol. Menth. pip. Fabrikant: Chemische Werke G. m. b. H. (vormals Dr. C. Zerbe, Freiburg i. B.) (Herber).

2895. **Hygienic Vinegar** ist eine filtrierte Mischung von 1 T. Eau de Cologne und 2 T. reinem Essig.

2896. **Javol-Haarwasser** soll nach Aufrecht etwa nach folgender Vorschrift nachzuahmen sein: Rindstalg ca. $1,_0$, Zitronenöl ca. $5,_0$, Chinatinktur (?) $15,_0$—$20,_0$, Kaliumkarbonat 0,2, Wasser ad $100,_0$. Die Zusammensetzung des Präparates scheint später aber geändert worden zu sein, denn in Pharm. Ztg. 1901, Nr. 94 wurde mitgeteilt, daß das Präparat höchstwahrscheinlich Ammon. sulfoichthyolic. enthält und kein Zitronenöl.

2897. **Iriswasser** von S. Mode in Berlin, besteht aus einer wässerigen Lösung von Kochsalz mit Lavendel- und Zitronenöl und mit Schwefelblumen angerührt. 250 g = *M.* 3. (Wittstein.)

2898. **Juniperin,** ein Heilmittel gegen Haarausfall und Schuppen, enthält Alkohol, Glyzerin und Gerbsäure mit Wacholdergeruch.

2899. **Junonia, Seife der Juno,** ist ein bei Digestionswärme dargestelltes Gemisch aus $100,_0$ Tragantpulver, $50,_0$ Talkum, $200,_0$ Rosenwasser, $500,_0$ Glyzerin, $15,_0$ Benzoetinktur und 5 Tropfen Pomeranzenblütenöl. (Hager.)

2900. **Kahlkopfmittel** von Whitla enthält 0,3 Pilocarpin. hydrochlor., 8 Tropfen Ol. Rosae, $15,_0$ Ol. Rosmarini, $15,_0$ Linim. Canthar.

(Kantharid. und Ol. Tereb. 1:10), 30,$_0$ Glyzerin, 60,$_0$ Ol. Amygdal. dulc., 90,$_0$ Spir. camphorat.

2901. **Kaiser-Brandpulver,** zum Aufstreuen auf Brandwunden, enthält vorwiegend Lindenholzkohle, Weizen- und Linsenmehl, Eichenrinde und Wollblumen. (Beythien.)

2902. **Kaiserwasser** soll aus 220 g aromatischem Spiritus, 85 g Bergamott-, 55 Tropfen Pomeranzen-, 14 g Zitronen-, 10 g Rosmarinöl und 7000 g 70prozentigem Weingeist bestehen.

2903. **Kaiser-Zahnwasser** von Goldmann ist eine Mischung von Guajakholztinktur mit etwas Benzoetinktur. 75 g = *M.* 1. (Geißler.)

2904. **Kaiser-Zahnwasser** von Größler in Berlin ist verdünnte Guajakharztinktur, vielleicht Spuren von Benzoeharz enthaltend. (Bischoff.)

2905. **Kaiserin Eugenie-Fußwasser** besteht aus wässerigem Alkohol, Glyzerin, Fett und Seife.

2906. **Kaktus-Pomade, afrikanische,** von E. Wallwitz. Nach Angabe des Fabrikanten werden 125,$_0$ mit Stacheln versehene Kaktuspflanzen irgend welcher Art in einem Mörser zerquetscht und in einem nicht kupfernen Gefäße mit 2,5 kg Schweineschmalz und 500,$_0$ weißem Wachs gekocht unter Hinzufügung von Curcuma und Indigo, um eine grüne Farbe zu erzeugen. Die durchgeseihte Flüssigkeit wird bis zum Erkalten agitiert, mit 750,$_0$ Wasser, 60,$_0$ Glyzerin, 15,$_0$ Tannin (in 30,$_0$ Wasser gelöst), 7,5 Rosmarinöl und 4,$_0$ Fenchelöl und anderem Parfüm gemischt.

2907. **Kalicrême** besteht aus 60 T. Wasser, 35 T. Glyzerin und je 2,5 T. Kalium- und Natriumkarbonat mit Rosenöl parfümiert. (Unters.-Amt Breslau.)

2908. **Kalliston** von Joseph Burnett & Co. in Boston, ein Waschmittel, enthält keine schädlichen Metalle. (Chandler.)

2909. **Kallomyrin,** Haarfärbemittel von Dr. Ernest Hikisch und Karl Ruß in Wien, besteht aus 520 T. eines Gemisches aus Schweinefett und Kokosöl, 60 T. Stearin, 180 T. Glyzerin, 12 T. Perubalsam und Storax, 16 T. Schwefel, 20 T. Bleiweiß, 1 T. Eisenocker, 3 T. in Glyzerin löslicher scharfer Substanz (wahrscheinlich aus spanischen Fliegen). 50 g = *M.* 4. (Hager.)

2910. **Kaloderma** von E. Wolff & Sohn in Karlsruhe, nach Aufdruck der Etikette ein Glyzerin- und Honig-Gelee gegen rauhe und spröde Haut der Hände und Gesicht etc., erwies sich als ein Gemisch von Glyzerin, Zucker und etwas Kaliseife. (Beythien.)

2911. **Kalodont,** eine Glyzerin-Zahnseife von Sarg & Co. in Wien. Hierzu wurde folgende Vorschrift veröffentlicht: Cochenille-Karmin 1,$_0$, Liqu. Ammon. caust. 4,$_0$, Spirit. dilut. 6,$_0$ Calc. carb.

praecipitatum 100,0 verreibt man und trocknet bei Zimmertemperatur. Dann wird hinzugefügt: Calc. carbon. praecipit. 300,0, Rhizom. Irid. 100,0, Lap. Pumicis 50,0, Sacchar. Cumarini 5,0, Saccharin. 0,1, Ol. Menth. pip. gtts. 150, Ol. Aurantii flor. gtts. 50, Ol. Citri gtts. 50, Ol. Cinnamomi gtts. 30, Ol. Mirbani gtts. 15, Ol. Rosae gtts. 5, Ol. Menth. crisp. gtts. 5, Tinct. Vanillae gtts. 100, Eßbukett gtts. 150. Das ganze wird mit folgender Lösung angestoßen: Sapo medicat. 50,0, Glyzerin 200,0, Gummi arab. 200,0.

2912. **Kalosin,** Kosmetikum von T r e u & N u g l i s c h in Wien. In einem eleganten Pappkarton befinden sich drei gleich große Glasfläschen, jede mit 36—37 g einer farblosen klaren Flüssigkeit gefüllt. Die Untersuchung ergab 90prozentigen Weingeist, angenehm parfümiert, drei Chloride, Ammoniumchlorid, Zinkchlorid und Quecksilberchlorid, in Lösung haltend. Flasche I ergab 0,4, II 0,55 und III 0,65 g Verdampfungsrückstand. Das Quecksilberchlorid betrug 10% der Summe der Chloridmenge. (H a g e r.)

2913. **Kalulia,** Zahnreinigungsmittel von G e o r g K e k s c h, wird nach Angabe des Verfertigers dargestellt, indem 50 T. echter Franzbranntwein, 4 T. Ratanhiawurzel, 1⅛ T. Alaun, ¼ T. Sternanis, ⅛ T. Cochenille vier Tage digeriert, am fünften Tage 30 T. reines Flußwasser hinzugefügt, noch drei Tage digeriert, hierauf filtriert und mit 1/6 T. Pfefferminzöl, 1/6 T. Pomeranzenöl und 5/48 T. Sternanisöl vermischt werden.

2914. **Kammfett, destilliertes,** von A b t, zur Beförderung des Haarwuchses, besteht aus 10,0 Rizinusöl und 15,0 Olivenöl. Preis *M.* 2. (H a g e r.)

2915. **Karrak-Milchcrême** stellt ein mit Glyzerin versetztes Molkenpräparat dar, das sowohl als Reinigungsmittel wie als Kosmetikum für die Haut empfohlen wird.

2916. **Kiki, Haaröl der Kleopatra,** des Dr. med. Freiherrn von P e l s e r-B e r e n s b e r g, besteht aus 144,0 Rizinusöl, 48,0 96prozentigem Spiritus, 2,0 Zitronenöl, 2,0 Bergamottöl, 3,0 Geraniumöl, gefärbt mit Anilinblau. 40 g = *M.* 1,50. (H a g e r.)

2917. **Kleopatras Haarwiederhersteller** ist bleihaltig, indessen ist das Blei hier als Bleisulfat, daher im Niederschlag vorhanden. 5 g des Niederschlages enthielten 1,5 g metallisches Blei. (Breslauer Unters.-Amt.)

2918. **Kloster-Mundwasser:** 0,5% Salizylsäure, gelöst in Alkohol, mit einem roten Teerfarbstoff gefärbt. (Unters.-Amt Budapest.)

2919. **Kneifels Haartinktur** soll nach Angabe des Darstellers aus Balsam (?), präpariertem Zwiebelaufsatz (?), Arnika, Chinarinde und Weingeist, versetzt mit Wohlgerüchen, bestehen. Nach L. F r i e d r i c h, H a g e r und anderen enthält die Tinktur Zwiebelextrakt, Chinarindenextrakt, parfümiert mit ätherischen Ölen.

2920. **Kombella** wird eine Gurkencreme der Firma Georg Häntzschel in Dresden-A. 3 genannt.

2921. **Komosan** ist ein Haarwasser, welches als Kondensationsprodukt aus Chloraldehyd und Resorcin mit einem Zusatze von Chinagerbsäure und Jaborandiextrakt bezeichnet wird. Fabrikant: G. Hell & Co. in Troppau.

2922. **Kopfhaarfärbemittel,** Prof. Williams, von Apoth. E. Danziger in Berlin, ist eine vor dem Gebrauch gut umzuschüttelnde Flüssigkeit von stark saurer Reaktion, welche erhebliche Mengen Schwefel, 1,7% essigsaures Blei, 0,8% salpetersaures Wismut, mittelst eines geringen Überschusses von Salpetersäure in Lösung gehalten, sowie Glyzerin und ein dem Acet. aromat. ähnliches Aroma enthält, in blauen Glasflaschen zu $100{,}_0$ Inhalt. (Jacobsen.)

2923. **Kopfschuppenkräuteressenz, orientalische,** von St. C. Czene, Edler von Janostrala in Wien, ist ein Aufguß von Wegerich mit Borax, Soda und etwas Salmiak. (Hager.)

2924. **Kopfwasser** von Eckert in Breslau enthält Wasser, Alkohol, Glyzerin, Bleizucker, Fruchtäther und einen Bodensatz von ungelöstem Bleizucker und präzipitiertem Schwefel. (Gscheidlen.)

2925. **Kopfwasser** von Heller ist eine parfümierte, Glyzerin und Gerbsäure enthaltende Flüssigkeit. (Gscheidlen.)

2926. **Kosirol** ist ein Paraphenylendiamin enthaltendes Haarfärbemittel.

2927. **Kosmetikum, haarstärkendes Öl** des Haararztes Dr. Pinkas in Brünn, ist eine Lösung von Perubalsam und Walnußschalenextrakt, wahrscheinlich auch etwas Tinct. Cinnamomi in starkem Weingeist. Preis *M.* 2. (Gawalowski.)

2928. **Kosmin** besteht im wesentlichen aus Formaldehyd 0,327%, Alkohol, Gew.-Prozente 58,05%, Vol.-Prozente 65,81%, Wasser ca. $41{,}_{00}$%, Extrakt (Myrrha und Ratanh.) 0,32%, Saccharin 0,027%, ätherisches Öl 5,22%. (Aufrecht.) (Pharm. Ztg.) Nach einer Analyse des Wiener Stadtphysikats enthält das Präparat Spiritus, Pfefferminzöl, Formalin, einen roten Farbstoff (wahrscheinlich von rotem Sandelholz) und ist frei von Salizylsäure und Mineralsubstanzen. Fabrikant: Kosmin-Ges. m. b. H. in Berlin.

2929. **Kosmodont,** ein Mundwasser, enthält unter anderem Salol. (Aufrecht.)

2930. **Kräuter-Essenz** von Pleime in Köln gegen Ausfallen und Grauwerden der Haare besteht aus $50{,}_0$ Alkohol und $4{,}_0$ Olivenöl, mit wohlriechenden Ölen parfümiert. 60 g = *M.* 1. (Wittstein.)

2931. **Kräuter-Haarbalsam** von Frau Maria Schubert in Hirschberg i. Schl. zur Beförderung des Haarwuchses ist zusammengesetzt aus 100,0 Eichenrindenabkochung, 5,0 Glyzerin und 5,0 Rizinusöl. 120 g = *M.* 2,50. (Jacobsen.)

2932. **Kräuter-Haarwuchspomade, russische,** von R. Fischer in Berlin ist ein mit Hilfe von Pflanzen grüngefärbtes, ziemlich stark parfümiertes Schweineschmalz in sauber verpacktem, mit Metalldeckel verschließbarem Glasgefäß. Preis *M.* 3. (Jacobsen.)

2933. **Kräuteröl, schweizer,** von Karl Willer in Zurzach i. Schweiz ist durch Alkanna rot gefärbtes Olivenöl mit einigen Tropfen Bergamottöl vermischt. 30 g = *M.* 4,25. (Wittstein.)

2934. **Kräuterseife,** Dr. Borchardts in Berlin von Raymond & Co., wird erhalten aus 40 kg Cochinkokosöl, 21 kg Natronlauge von 38° B., 2 kg Storax, 2 kg Veilchenpulver, 1 kg Steinkleeblüten, 4,0 Moschus, 200,0 Lavendelöl, 60,0 Perubalsam, 1 kg Zinkgrün und 125,0 Katechulösung. 75 g = *M.* 0,60.

2935. **Krinochrom** von J. Berthol in Paris, Haarfärbemittel, besteht I. aus einer Lösung von 1,25 Pyrogallussäure in 41,0 45prozentigem Weingeist. — II. 1,5 Höllenstein gelöst in 37,5 destilliertem Wasser und 7,5 Salmiakgeist. (Hager.)

2936. **Krinochrom** von Karig in Berlin, Haarfärbemittel, besteht aus I. einer Lösung von 10,0 Pyrogallussäure in einem Gemisch aus je 500,0 rektifiziertem Holzessig und Weingeist, II. einer Auflösung von 30,0 Höllenstein in 900,0 destilliertem Wasser und soviel Salmiakgeist, daß der anfänglich entstehende Niederschlag wieder gelöst wird. (Hager.)

2937. **Kristallpulver** ist durch Umrühren in der Kristallisation gestörte und in Form von Toiletteseifenstücken gebrachten Soda. (Zwiek.)

2938. **Lait antéphélique** von Candes & Co. in Paris, Waschmittel gegen Sommersprossen, besteht aus 10,0 Quecksilbersublimat, 1,0 Salmiak, 140,0 Eiweiß, 7,0 schwefelsaurem Bleioxyd, 2,0 Kampher, 840,0 Wasser. 160 g = *M.* 4. (Wittstein.)

2939. **Lait antéphélique** eines anderen Fabrikanten aus Paris stellt eine mit Kampherspiritus vermischte Auflösung von salpetersaurem Quecksilberoxydul dar, aus der ein Teil des Quecksilbers mittelst einer Chlorverbindung als Quecksilberchlorür ausgefällt wurde. (Landerer.)

2940. **Lait de Hébé,** ein Sommersprossenmittel, wird wie folgt dargestellt: 250,0 Marseiller Seife werden in 500,0 Wasser, welchem etwas Pottasche zugesetzt ist, gelöst und so lange Bittersalzlösung hinzugefügt, als noch Seife ausgefällt wird. Der Niederschlag wird gesammelt, abtropfen gelassen, mit 900,0 Alkohol von 33% angerührt und 15,0 Benzoesäure, 15,0 Sternanisöl, 5,0 Kümmelöl, 5,0 Verbenaöl, 15,0 Zitronenöl, 5,0 Thymianöl und 10,0 Tolubalsamtinktur zugesetzt.

2941. **Lait de Manilla** gegen Sommersprossen enthält Borax, Kupfer, Benzoetinktur und Bittermandelöl. (Dubrisay u. Chatin.)

2942. **Lait de Ninon** gegen Sommersprossen enthält Wismut und Zink.

2943. **Lait des Perles,** ein Kosmetikum, besteht aus 120,$_0$ etwas Schleim haltendem Regenwasser und 15,$_0$ Bleiweiß. (D r a g o n d o r f.)

2944. **Lavendelwasser** der Königseer Olitätenhändler (Eau divine de Lavande) besteht aus 1,$_0$ Thymianöl, 2,5 Kassiaöl, 4,$_0$ Rosmarinöl, 5,$_0$ Nelkenöl, 20,$_0$ Zitronenöl, 10,$_0$ Lavendelöl, 50,$_0$ Bergamottöl, 2,5 Essigäther, 10,$_0$ Moschustinktur und 500,$_0$ Spiritus.

2945. **Lavender Ammonia for Smelling Bottles,** Lavendel-Riechfläschchen. Man bereitet sich eine Lösung aus 250,$_0$ Alkohol, 10,$_0$ Lavendelöl, 10,$_0$ Bergamottöl, 4,75 Nelkenöl, 4,75 Ceylonzimtöl, 1,$_0$ Rosenöl, 10,$_0$ Moschustinktur und 250,$_0$ Ätzammoniak. Mit dieser Lösung wird das in den Flaschen befindliche Ammoniumkarbonat (in Stückchen) übergossen.

2946. **Lenticulosa,** ein Kosmetikum von H u t t e r & C o. in Berlin, ist eine filtrierte Lösung von 4,$_0$ Zucker oder Honig und 3,$_0$ gereinigter Pottasche in 50,$_0$ Orangenblütenwasser und 4,$_0$ Weingeist. 100 g = *M.* 3. (H a g e r.)

2947. **Life for the hair** von C h e v a l l i e r, ein Haarfärbemittel, besteht aus 200,$_0$ Wasser, 100,$_0$ Glyzerin, 15,$_0$ Schwefelmilch, 0,8 Schwefelblei und 0,1 Schwefeleisen mit Rosmarin- und Geraniumöl parfümiert. (P i p e r.)

2948. **Lilienmilch** ist eine Mischung von Rosenwasser, Glyzerin und Magnesiumsilikat (G s c h e i d l e n) oder eine Mischung aus 20 T. frischgefälltem Zinkoxyd, die in 80 T. parfümiertem Wasser suspendiert sind. (Chemnitzer Unters.-Amt.)

2949. **Lilienmilch** von Frau M a r i a S c h u b e r t in Hirschberg i. Schl., ein kosmetisches Schönheitsmittel, ist eine Mischung von 3,$_0$ Borax, 2,$_0$ Benzoetinktur und 95,$_0$ Wasser. (J a c o b s e n.)

2950. **Lilionese,** ein Kosmetikum, ist eine schwach weingeistige Lösung von kohlensaurem Kalium mit Borax, mit einigen ätherischen Ölen oder Eau de Cologne parfümiert, gewöhnlich mit einem Bodensatz von Talkum. (H a g e r.)

2951. **Lily White superior** besteht aus kohlensaurem Kalk mit wenig kohlensaurer Magnesia. (C h a n d l e r.)

2952. **Lippenfarbe** aus Paris. a) etwa 10,$_0$ einer etwas dicklichen glyzerinhaltigen Flüssigkeit mit Cochenille stark gefärbt. In elegantem Etui mit kleinem Pinsel = Frcs. 10. b) ein Präparat in ähnlicher Aufmachung, die Flüssigkeit reichlich mit Rosenöl parfümiert, der Farbstoff: Eosin. 1 kleines Etui mit Pinsel = Frcs. 10. (S c h w e i ß i n g e r.)

2953. **Liqueur transmutative,** Haarfärbemittel von F a i v r e in Paris. Drei Flüssigkeiten. I. ist eine Lösung von 2,$_0$ Silbernitrat in 60,$_0$ destilliertem Wasser; II. von 4,$_0$ Schwefelleber in 80,$_0$ Wasser und III. von 10,$_0$ Kaliumjodid in 20,$_0$ destilliertem Wasser.

2954. **Lovacrin,** ein „amerikanisches“ Haarwasser, soll nach den Angaben des Herstellers, in St. Ludwig in E. (früher in Dresden), aus Naphtol, Eigelb, Tannin, fettem Jasminöl, Arnika- und Salbeibestandteilen und Kognak zusammengesetzt sein. Nach L. Weil enthält es keinen einzigen spezifisch amerikanischen Bestandteil und wird in Deutschland fabriziert.

2955. **Lucien-Waschwasser** von Wilhelm in Neunkirchen und Bittner in Gloggnitz, ein Kosmetikum, aus 0,5 Borax, $4,_0$ Glyzerin, $70,_0$ destilliertem Wasser, mit Spuren Pomeranzenblüten- und Petitgrainöl parfümiert. Preis *M.* 2. (Horn.)

2956. **Luftäther** von August Schöne in Berlin gegen Kopfschmerzen ist eine Auflösung von Essigäther und Pfefferminzöl in alkoholischem Ammoniak. Preis *M.* 0,50. (Bischoff.)

2957. **Magnolia Balm** Hagans von Demas, Barnes & Co. in New-York, ist eine farblose Flüssigkeit mit 23,7% Zinkoxyd. (Chandler.)

2958. **Maitau-Waschwasser, May-Dew-Lotion,** Mittel gegen Gesichtsfinnen, besteht aus einer Lösung von $3,_0$ Borax, $8,_0$ Natriumsulfat und $15,_0$ Glyzerin in $150,_0$ dreifachem Rosenwasser und $300,_0$ destilliertem Wasser.

2959. **Maiwuchs-Extrakt-Pomade, vegetabilische,** von Ludwig Koch gegen Ausfallen der Haare, angeblich aus frischem Anwuchs der Tanne, Kiefer und Fichte bereitet, ist eine Muskatnußöl enthaltende grüne Salbe. Preis *M.* 1. (Hager.)

2960. **Makassaröl** ist das Öl von Schleichera trijuga. Es sind jedoch mannigfache Nachahmungen dieses ziemlich teuren Öles im Handel. Eine solche ist z. B. Sonnenblumenöl $100,_0$ Gänsefett, Kammfett je $15,_0$, flüssiger Styrax $8,_0$, Eieröl $8,_0$, Thymianöl $8,_0$, Kakaobutter $8,_0$, Neroliöl $4,_0$, Perubalsam 0,6, Rosenöl 0,05. (Henkenius.)

2961. **Malthus-Präparate,** antikonzeptionelle Mittel, sämtlich analysiert von Aufrecht:

Agonoplasmin, „verbesserte" Sicherheitsovale von St. in Charlottenburg, bestehen aus je einer Schachtel Pulver und sechs zylindrisch geformten Suppositorien. Das erstere erwies sich bei der Untersuchung als gepulvertes Kaliumpermanganat (12 g = *M.* 0,50), während die letzteren im wesentlichen Kakaoöl und geringe Mengen Paraffin enthielten (1 Schachtel = *M.* 2,50). In dem Prospekt wird noch besonders auf die desinfizierenden Eigenschaften des Mittels hingewiesen.

Amphoin, in Tagesblättern als „idealer hygienischer Schutz" empfohlen, stellt eine gelbliche, klebrige, stark sauer reagierende Masse vor, welche annähernd folgende Bestandteile enthält: Borsäure 25,45%, Alaun 24,46%, Kohlehydrate (Rohrzucker) 32,76%, Wasser 17,33%. Als Verunreinigung: Spuren von Zinn (von den Tuben herrührend).

Engels verbesserte Pessarien: Borsäure 5 T., Stärkemehl oder Traganth 15 T., Rohrzucker 72 T., Wasser 8 T.

Erota. Hygienischer Frauenschutz, von M. Arndt, Berlin. Das Mittel besteht aus 6 elastischen, in der Wärme klebrigen, in Form von Brusthütchen gefertigten Platten, deren Zusammensetzung aus nachstehenden Zahlen erhellt: Gelatine ca. 0,806, Wasser ca. 4,023, Borsäure ca. 0,348.

Hygienische Sicherheitsovale, hergestellt von der Hygienischen Sozietät, Rerlin N. 54, bilden merkwürdig geformte, nach unten zu sich verjüngende Suppositorien, welche vorzugsweise folgende Bestandteile enthalten: Borsäure 0,03, Weinsäure 0,04, Kakaoöl 1,75.

Leicht lösliche Pessarien „nach Prof. Kleinwächter" von Engel in Berlin zeigen folgende Zusammensetzung: Weinsäure 0,25, Borsäure 0,25, Gummi arabicum 0,05, Zucker 0,50, Wasser 0,10. Zylindrische, an den Enden sich verjüngende Stäbchen, welche bei schwachem Drucke auseinanderbröckeln.

Noffkes Pessarien, zubereitet von Noffke in Berlin, bestehen in der Hauptsache aus Chinin. muriat. ca. 0,03, Borsäure ca. 0,03, Kakaoöl ca. 1,10.

Pessarien von Ketzer & Co.: Ol. Cacao 1,12, Spirit. 0,05, Chinin. muriat. 0,025, Borsäure Spuren.

Schweizers antiseptische und lösliche Pessarien enthalten: Chinosol 0,03, Chininsulfat 0,03, Kakaoöl 1,8. Das Mittel kommt in Scheibenform in den Handel.

Sicherheitspessarien von Apotheker Henke in Berlin bestehen aus Ol. Cacao 0,95, Chinin. sulfuric. 0,05.

Sicherheitsovale Marke M. & Co. in Patronenform: Kakaoöl 1,302 im Mittel, Spuren einer organischen Säure (Weinsäure?), Sand und andere Schmutzpartikelchen.

Suppositoires Malthus (Préservatif des dames): Ol. Cacao 2,0, Chinin. muriat. 0,035, Thymol. 0,025.

Therapie, das „gesundeste Schutzmittel der Welt, ärztlich empfohlen und begutachtet", ist wie folgt zusammengesetzt: Borsäure 0,01, Chinin 0,02, Weinsäure Spuren, Kakaoöl 1,25. Jede Schachtel enthält 12 zylindrisch geformte Zäpfchen

Tutelol, System Dr. Smittson, besteht aus Kakaoöl und geringen Mengen von Weinsäure.

Ungers Sicherheitsovale haben Scheibenform und enthalten: Borsäure 0,035, Chininsulfat 0,015, Chinosol 0,03, Kakaoöl 1,50.

2962. **Manikure-Pasta** ist eine Paste aus Zinkoxyd, Karmin und Bergamottöl. (Aufrecht.)

2963. **Manikure-Pulver** werden durch Verreiben von Zinnoxyd (Stannum oxydat. des Handels) mit etwas Karmin und Bergamottöl dargestellt. Die Masse bildet eine feuchte Paste von rosa Farbe und angenehmem Geruch.

2964. **Margit-Creme** besteht aus Kaliseife, Bismut subnitricum und einem Odorans. (Enthielt kein Hydrarg. bichlor. ammon.) (Unters.-Amt Budapest.)

2965. **Melanogene** von Dicquemare in Rouen zum Schwarzfärben der Haare ist I. eine Lösung von 1,0 roher Pyrogallussäure in 50,0 schwachem Weingeist, II. eine Lösung von 1,0 Höllenstein in 8,0 Wasser, 3,0 Ätzammoniakflüssigkeit und einigen Tropfen der Flüssigkeit I. Beide je 50,0 haltende Gläser nebst zwei Bürsten *M.* 6. (Wittstein.)

2966. **Menyl** von A. Nieske in Dresden, ein kosmetisches Mittel, um rote Nasen weiß zu machen, besteht aus einer Flüssigkeit I und einem Pulver II. I ist eine spirituöse, etwas parfümierte Lösung von Benzoesäure, Salizylsäure und Thymol, II ist eine Mischung aus Zinkweiß, Talkpulver und einer Spur Phenol. Preis *M.* 5. (Geißler.) — Ein anderes Menyl bestand aus wässerigem Auszug von Veilchenwurzel mit einem nicht unbedeutenden Bodensatz von reinem Kalomel. 10 g = *M.* 2.

2967. **Mexican Hair-Renever** von H. C. Callup in London besteht aus 1,0 Bleizucker, 3,0 Schwefelmilch, 32,0 Glyzerin und 165,0 Wasser. Preis *M.* 4,50. (Hager.)

2968. **Mitesserbeseitigungsmittel** Albert Mertens' von Chemiker G. Merkel in Frankfurt a. M., ist eine weingeistige mit Eau de Cologne parfümierte Flüssigkeit, in welcher Leim aufgelöst ist. Preis *M.* 4.

2969. **Moth and Freckle Lotion** von Dr. B. C. Perry in New-York ist eine farblose Flüssigkeit mit etwas weißem Bodensatze. Die Lösung enthält 0,72% Quecksilbersublimat und 0,85% Zinkvitriol, der Bodensatz geringe Mengen Quecksilber, Blei und Wismut. (Chandler.)

2970. **Mundseife, aromatische,** von Zahnow. 500,0 neutrale Seife wird in destilliertem Wasser ohne Erwärmen aufgelöst, der Auflösung 100,0 feingesiebte Ossa Sepiae hinzugefügt und das Ganze mit einem Zusatz von 250,0 Rosen- oder Orangenblütenwasser eingedampft. Nach erfolgter Verdampfung und Eintreten der erwünschten Härte werden 3,0 Pfefferminzöl, 3,0 Salbeiöl, 3,0 Jungfernhonig, 3,0 Weinessigextrakt oder Limonenessenz hinzugefügt, das Ganze bei fortwährendem Umrühren einen Augenblick aufgesotten und vor völliger Abkühlung in beliebige Formen oder Gefäße gefüllt. Farbstoff kann nach Belieben hinzugefügt werden.

2971. **Mundtabletten:** Ol. Anis. gtts. IV, Ol. Cinn. gtt. I, Ol. Citri gtts. V, Ol. Laurocerasi gtt. I, Tinct. Moschi gtts. X, Ol. Caryoph. gtts. IV, Ol. Menth. pip. gtts. V, Gummi. arab. pulv. 5,0 Sacchar. pulv. 25,0 werden ohne jeden weiteren Zusatz zu Tabletten gepreßt.

2972. **Mundtinktur der Mme. de Vrillière:** Cassiae Cinnam. 62,$_0$, Caryoph 24,$_0$, Flavedin. Citr. rec. 46,$_0$, Ros. gall. sicc. 31,$_0$, Herb. Cochl 250,$_0$, Alkohol litr. I. Macera per horas 24 et destill.

2973. **Mund- und Zahnessenz** von A. Ott in Augsburg ist eine Auflösung von Krauseminzöl in Weingeist. 15 g = *M.* 0,50. (Wittstein.)

2974. **Mundwasser, antiseptisches,** von Galippe, besteht aus 370,$_0$ Spiritus, 10,$_0$ Karbolsäure, 5,$_0$ Thymol, 15,$_0$ Pfefferminzöl und 100,$_0$ Anistinktur.

2975. **Mundwasser** des Wundarztes Fr. Bier in Wien ist ein filtriertes Gemisch aus ca. 5 Tropfen Pfefferminzöl, 42,$_0$ Weingeist und 67,$_0$ schwachem wässerigem Aufguß aus Melissenkraut. Preis *M.* 2. (Hager.)

2976. **Mundwasser** von Ebermann ist eine Mischung von Ratanhiaextrakt, Alkohol, Nelken- und Pfefferminzöl. (Gscheidlen.)

2977. **Mundwasser** von Dr. Hartung in Berlin ist eine mit Pfefferminzöl versetzte weingeistige Auflösung von Karbolsäure. (Bischoff.)

2978. **Mundwasser** von Jackson. Zur Bereitung desselben werden je 50,$_0$ frische Pomeranzenschalen, frische Zitronenschalen und Angelikawurzel, 150,$_0$ Guajakholz, je 60,$_0$ Tolubalsam und Benzoe, 20,$_0$ Perubalsam und 15,$_0$ Myrrha mit 2500,$_0$ Spiritus eine Woche mazeriert und hierauf aus dem Wasserbade bis fast zur Trockne abdestilliert. Dem Destillat werden noch hinzugefügt je 250,$_0$ Löffelkrautspiritus und Pfefferminzspiritus.

2979. **Mundwasser** von J. Pohlmann in Wien wird in drei Sorten bereitet. I: Spiritus Anisi compositus 320,$_0$, Cochenilletinktur, Benzoetinktur, Myrrhentinktur, Veilchenwurzeltinktur, Iwarancusatinktur, Spilanthestinktur je 160,$_0$, Bertramwurzeltinktur 20,$_0$, Perubalsam 1,$_0$, Pfefferminzöl 4,$_0$ werden gemischt, einige Tage bei Seite gestellt und filtriert. — II ist eine filtrierte Tinktur aus: Gemeinem Anis und Sternanis je 16,$_0$, frischem Spilantheskraut, Bertramwurzel je 1,$_0$, Benzoe, Myrrha je 2,$_0$, Iwarancusawurzel 4,$_0$, Veilchenwurzel 8,$_0$, Cochenille 3,$_0$, Weingeist 256,$_0$, Pfefferminzöl 1,$_0$, Zimtöl 0,25. — III ist eine filtrierte Mischung aus Spiritus Anisi comp., Baldrianwurzeltinktur je 480,$_0$, Veilchenwurzeltinktur 1920,$_0$, Benzoetinktur, Myrrhentinktur je 1000,$_0$, Spilanthestinktur 720,$_0$, Bertramwurzeltinktur 60,$_0$, Perubalsam 20,$_0$, Zimtöl 3,$_0$, Nelkenöl 4,$_0$, Pfefferminzöl 15,$_0$, Cochenilletinktur 240,$_0$. — Spiritus Anisi compositus zu obigen Vorschriften ist ein 26,$_0$ betragendes Destillat aus je 1,$_0$ gemeinem Anis und Sternanis, 20,5 Weingeist und 5,$_0$ Wasser, in welchem nachträglich 0,02 Zimtöl aufgelöst werden. — Die benötigten Tinkturen werden durch Digestion bereitet und zwar Cochenilletinktur aus 1,3 Cochenille und 27,$_0$ Weingeist, Benzoe- und Myrrhentinktur aus 1,$_0$ Benzoe- resp. Myrrhe und 27,$_0$

Weingeist, Veilchenwurzeltinktur aus 1,0 Veilchenwurzel und 13,5 Weingeist, Iwarancusatinktur aus 1,3 Iwarancusawurzel und 54,0 Weingeist, Spilanthestinktur aus 1,0 frischem blühenden Herb. Spilanth. oleraceae und 54,0 Weingeist. (H a g e r.)

2980. **Mundwasser** Dr. P r i e s t l e y s: 6 kg Spir. 90%, 1500 kg Wasser, 15,0 Ol. Cedri, 40,0 Pfefferminzöl, 10,0 Fenchelöl, 25 Tropfen türk. Rosenöl.

2981. **Mundwasser** nach P u t z e: Thymol, Menthol aa 0,5, Alcoh. absol. 50,0, Tinctur. Ratanh. 30,0, Hydrog. peroxyd. (12%) 120,0. Einige Tropfen auf 1 Glas Wasser.

2982. **Mundwasser** von Dr. P f e f f e r m a n n ist eine Tinktur aus 36,0 Sternanis, 4,5 Gewürznelken, 4,5 roter Chinarinde mit 864,0 80 prozentigem Spiritus und 1,0 Pfefferminzöl. Preis *M.* 2,80.

2983. **Mundwasser** von R i ß b e r g e r in Dresden ist 2,5 prozentige Alumiumazetatlösung. 600 g = *M.* 5. (G e i ß l e r.)

2984. **Mundwasser** von Dr. S a c h s enthält Ratanhiaextrakt, Pfefferminzöl, Myrrhen und Alkohol. (G s c h e i d l e n.)

2985. **Mundwasser** von R ö ß l e r ist eine Lösung von Thymol in parfümiertem Alkohol.

2986. **Mundwasser** von S c h e i b l e r. I. 20,0 Aluminium sulfuricum, 25,0 Natr. aceticum löst man in 300,0 Aqua destillata, läßt unter öfterem Umschütteln 12 Stunden stehen, mischt dann 100,0 Spir. und je 5 Tropfen Ol. Menthae pip. und Ol. Salviae durch kräftiges Schütteln hinzu und gibt zu dem Filtrat schließlich noch 200,0 Aqu. dest. — II. ist eine wässerige parfümierte Lösung von wechselnden Mengen von Aluminium und Natrium sulfuricum.

2987. **Mundwasser** von H e r m a n n T h i e l in Berlin ist ein filtriertes Digest von Krauseminze, 2,0 Salbei und 4,0 Sandelholz mit 160,0 Wasser und 40,0 Spiritus. (H a g e r.)

2988. **Mundwasser** von U l l r i c h in Berlin ist eine Auflösung von Salmiak und Chlorkalium in Wasser, welche mit etwas Kampherspiritus und Alkohol bis zur Klärung versetzt ist. (B i s c h o f f.)

2989. **Mundwasser** von V i a u: Salizylsäure 1,0, Chloroform, Benzoetinktur, Zimttinktur aa 10,0, Arom. Weingeist 130,0.

2990. **Mustachebalsam** zur Beförderung des Bartwuchses, enthält Fett, Wachs und Parfüm. (G s c h e i d l e n.)

2991. **Myrrhen-Extrakt-Mundwasser** ist das reine Extrakt der Myrrhe in Alkohol.

2992. **Myrrhine** der Madame d e B e a u m o n d, Pasta zum Putzen und zur Konservation der Zähne von J. B. G e o r g e in Paris, besteht aus 33,0 Glyzerin, 7,0 Myrrhenpulver, 5,0 Arrow-Root, 54,0 Schlämmkreide und 1,0 Zimtöl. 70 g = *M.* 4. (H a g e r.)

2993. **Nail-Powder** zum Bereiben der Fingernägel ist ein parfümiertes Gemisch aus 20,0 Zinkoxyd und 0,2 Karmin.

2994. **Neapolitan Hair-Dye** von Wm. Rieger besteht aus 2 Fläschchen; I. aus 1,198 Silbernitrat, 0,6 Salmiakgeist und 11,6 destilliertem Wasser, II. aus $12,_0$ Spiritus (spez. Gew. 0,837) und 1,0495 Tannin. (Brommer.)

2995. **Nerin** von Ad. Az in Wien. Drei Mittel um die Haare blond, braun und schwarz zu färben. I. (blond) nicht untersucht. — II. (braun) ist eine schwarzbraune, undurchsichtige, aber klare, aromatisch riechende, aromatisch laugenhaft schmeckende Flüssigkeit, dargestellt durch Behandlung von schwarzem Torf oder Braunkohle mit einer Auflösung von Pottasche und Vermischen dieses Auszuges mit einigen ätherischen Ölen (Lavendel-, Bergamott-, Zimt., Nelken-, Senföl). 100 g = *M.* 4. — III. (schwarz), im wesentlichen ebenfalls eine durch Behandeln von torf- oder braunkohlenartiger Substanz mit Pottaschelösung und Zusatz ätherischer Öle bereitete Flüssigkeit. 100 g = *M.* 4. (Wittstein.)

2996. **Nielsens echter russischer Bartbalsam** besteht aus Vaselin, Canthanridentinktur, Farbstoff und Parfüm. Vor den Anpreisungen des Balsams wurde mehrfach gewarnt.

2997. **Nim Sock,** chinesisches Wunderwasser, ist ein geruchloses Mittel zur Warzenvertilgung von unbekannter Zusammensetzung. Bezugsquelle: Firma Chinateeimportgesellschaft in Berlin SW., Alte Jacobstr. 24 c.

2998. **Noircir,** Haarfärbemittel von R. Schumann in Leipzig, besteht aus 3 Fläschchen. I enthält ca. $60,_0$ einer wässerigen 1,2 prozentigen Pyrogallussäurelösung, zum größten Teil zersetzt und mit schwarzem Bodensatze; II enthält $30,_0$ einer klaren 1,15 prozentigen ammoniakalischen Höllenstein- und Silberchloridlösung und III eine 1 prozentige, zum größten Teil aber zersetzte, klare, gelbliche Schwefelalkaliverbindung. Preis *M.* 3. (Hager.)

2999. **Noirogène** des Chemikers Karl Kreller in Nürnberg besteht in 2 Fläschchen, ca. $30,_0$ fassend, I mit einer Auflösung von Höllenstein, II mit einer Pyrogallussäurelösung. Dazu gehören 1 Stückchen weiße Seife (gewöhnliche Kokosseife) und 2 Kämmchen mit ausführlicher Gebrauchsanweisung. (Geißler.)

3000. **Nötköl** (Volapük-Name für Nußextrakt-Haarfarbe) von C. G. Krause in Dresden war früher eine Lösung von Kupferchlorid und Pyrogallussäure in Wasser und ist jetzt Mangansulfat und Pyrogallussäure. (Schweißinger.)

3001. **Nucin** und **Nutin,** angeblich Haarfärbemittel aus Nußextrakt, enthalten keine Nußbestandteile, sondern Paraphenylendiamin, sind also für den Gebrauch an lebendem Haar schädlich. (Dresdn. Journ.)

3002 **Nuß-Extrakt,** Braun von A. Maszuski und **Nuß-Extrakt** von P. V. Ardeliano, Wien, enthalten beide Kupferchlorid und Eisenchlorid und wahrscheinlich Pyrogallol. (B. Fischer.)

3003. **Nußhaarfarbe** von Schwarzlose in Berlin. Die verschiedenen Nüancen bestehen aus Lösungen verschiedener Konzentration von p.-Phenylendiamin, und dessen Derivaten (Dimethyl-p-Phenylendiamin, Tolylen-p-Phenylendiamin usw.) Das Färben von Federn und Haaren mittels dieser Stoffe war Dr. Erdmann in Halle patentiert. (D.-R.-P. 47349.) Die Präparate sind von vorzüglicher Färbekraft, und es läßt sich damit je nach Wahl der Konzentration das hellste Blond und das tiefste Schwarz erzielen. Der Färbeprozeß geht unter Zutritt des Luftsauerstoffes vor sich. Zum Schwarzfärben wird eine Lösung von $20,_0$ Para-Phenylendiamin und $14,_0$ Ätznatron in 1 l Wasser verwendet, und die Haare darauf noch feucht mit 3 prozentiger Wasserstoffsuperoxydlösung gewaschen. Die Prozedur muß eventuell wiederholt werden. — Zum Braunfärben verwendet man anstatt des Wasserstoffsuperoxyds eine 5 prozentige Eisenchloridlösung.

3004. **Nußöl-Extrakt,** Haarfärbemittel von H. Müller in Leipzig, ist Mandelöl mit getrockneten grünen Walnußschalen digeriert und mit Bittermandelöl, Bergamottöl und Lavendelöl parfümiert. 25 g = *M.* 0,50. (Wittstein.)

3005. **Nußschalen-Extrakt** von Ad. Hube in Stettin, Haarfärbemittel, ist ein wässeriges Extrakt grüner Walnußschalen und unreifer Pomeranzen mit einem gleichen Teil Glyzerin vermischt. 60 g = *M.* 1. (Wittstein.)

3006. **Odalin** von A. T. E. Vogel in Berlin, Waschwasser gegen Sommersprossen etc. ist eine mit Rosenöl parfümierte, mit Anilinrot schwach gefärbte Lösung von wenig Borax in dünnem Glyzerin. 100 g = *M.* 0,75. (Hager.)

3007. **Odiot-Zahn-Mundwasser** des Dr. Walliß, von G. C. Gorgas in Berlin, gegen Zahnschmerz und als Mundwasser, ist Benzoetinktur mit Nelkentinktur und einer Spur Perubalsam. 9 g = *M.* 0,50. (Hager.)

3008. **Odol** soll enthalten nach Aufrecht: 89% Alkohol, 8% Wasser, 2% Menthol, 0,5% Salol, 0,05% Saccharin, 0,5% Pfefferminzöl, 0,1% Nelkenöl. Andere Analysen geben etwas andere Mengenverhältnisse an. Pruys stellte seinerzeit folgende Vorschrift auf: Spiritus Vini $97,_0$, Salol 2,5, Saccharin 0,04, Ol. Menth. pip. 0,5, Ol. Caryophyllor., Ol. Carvi Spuren. Nach Nägeli-Akorblom: Salol 3,5, Alkohol 95% $90,_0$, Aqua dest. $4,_0$, Saccharin 0,2, Ol. Menth. pip. gtts. LX (?), Ol. Anisi, Ol. Foenicul. aa gtts. VI, Ol. Caryoph. gtts. II, Ol. Cinnam. gtt. I. Nach Zentralstelle für öffentl. Gesundheitspflege in Sachsen: 16,68 Wasser, 79,04 Alcoh. absol., 1,95 Menthol, 2,33 nicht flüssiger Rückstand; darin 0,041 Saccharin, 0,018 Salizylsäure, 0,02 Mineralstoffe, 2,051 einer Substanz, welche zu $^2/_3$ aus Salol und zu $^1/_3$ aus salizylsaurem Mentholäther besteht. Nach neueren Mitteilungen von v. Heurk und Anderen enthält das Odol kein Salol, sondern eine diesem ähnliche Verbindung.

3009. **Odontosmega** von J. Hafner, Zahnarzt in Agram, zur Reinigung und Erhaltung der Zähne. Zwei aus Zinn gedrehte Schachteln mit eleganten Etiketten enthalten je $37,_0$ eines rosaroten Zahnpulvers, bestehend aus präparierten Austerschalen, Magnesia und Seife, stark mit Pfefferminzöl versetzt. Preis *M.* 4. (Hager.)

3010. **Oleagine,** Hautverschönerungsmittel, ist eine gewöhnliche Seife aus Schweinefett und Natron mit Stärkemehl und wohlriechenden Ölen. (Leuch.)

3011. **Oliophen** besteht nach Zernik aus etwa 15% Salol und mit Pfefferminzöl versetztem Leinöl. Fabrikant: Vereinigte chem. Fabriken Julius Norden & Cie. in Berlin.

3012. **Ölkraftpomade** von Peter Sockel wird nach Angabe des Fabrikanten hergestellt, indem 1 Pfd. Mark, 1 Pfd. Lendenfett, ½ Pfd. Wachs geschmolzen und durchgeseiht, mit 1 Pfd. Eieröl und dem nötigen Parfüm Rosen-, Jasmin- und wenig Nelkenöl vermischt werden.

3013. **Opiate pour les dents** von Pinaud, eine Zahnlatwerge, besteht aus $70,_0$ mit Anilinrot gefärbtem Zuckersirup, $21,_0$ Kreide, 7,5 Gips und 1,5 Magnesia. (Pribram.)

3014. **Orientalischer Extrakt,** Enthaarungspulver von W. Kraus in Köln, enthält neben Weizenstärke 26,9% Ätzkalk und 13,2% Schwefelarsen.

3015. **Origo,** Haarfärbemittel des Pharmazeuten Waldemar Jorgensen in Kopenhagen, ist eine stark mit Rosenöl parfümierte, mit etwas Glyzerin versetzte ammoniakalische, 3,9 prozentige Wismutlösung, in welcher eine reichliche Menge präzipitierter Schwefel suspendiert ist.

3016. **Papillin** besteht aus einem Auszug von 15 g Iriswurzel mit 100 g Weingeist, dem 50 g Lavendelspiritus und 13 g Benzoetinktur zugesetzt sind. Es wird gegen Haarausfall angewendet.

3017. **Paraffinseife,** Dr. Licks, von F. A. Wolff & Söhne in Heilbronn, ist eine gelbliche Kokosölseife, welcher auf $100,_0$ ein Gemisch aus ca. $5,_0$ Paraffinöl, $15,_0$ Paraffin und $10,_0$ Talkstein beigemischt ist. Preis *M.* 0,85. (Hager.)

3018. **Pasta cosmetica** von Drogist Rother in Berlin gegen Gesichtsfinnen ist eine Schwefel, Fett und Storax enthaltende Salbe. (Bischoff.)

3019. **Pasta di Roma** von Apotheker Gruber, Schönheitsmittel, besteht aus 50% eines Gemisches von Schweinefett und Kakaoöl, 6% Seifenpulver, 10% eines sehr unreinen Glyzerins, 3% weißem, geschlämmten Bolus, ca. 5% einer Schleimsubstanz (Gummi arabicum), ca. 1,5% Storax oder Benzoe, 2,5% Wasser, mit diversen ätherischen Ölen wohlriechend gemacht. 25 g = *M.* 2,40. (Hager.)

3020. **Pasta Mack,** ein Toilettemittel, besteht aus 27% Reismehl und 73% Brausepulver. 50 g = *M.* 2. (Eckenroth.)

3021. **Pasta Pompadour** von Dr. A. Rix Wwe., gegen Sommersprossen, Leberflecke etc., ist ein Gemisch fein geriebener geschälter bitterer Mandeln mit Coldcream oder Wachspomade. 25 g = *M.* 3. (Schädler.)

3022. **Pâte d'Ambroise,** ein Haarfärbepulver, besteht aus $3{,}_0$ gelöschtem Kalk und $2{,}_0$ Bleiglätte. (Wittstein.)

3023. **Pâte de Cimara,** ein Haarfärbepulver, besteht aus $12{,}_0$ gelöschtem Kalk und je $1{,}_0$ Bleiglätte und Bleiweiß. (Wittstein.)

3024. **Patent-Birkenöl-Balsam** von Alwin Nieske in Dresden, attestiert von Dr. Theobald Werner in Breslau als unschädliches, eine Lösung von südamerikanischem Birkenmark enthaltendes Haarfärbemittel, ist ein hellrosa gefärbtes, schwach sauer reagierendes, nach Patchouly riechendes Liquidum, aus einer wässerigen Lösung von essigsaurem Blei bestehend, mit einem 10% betragenden Niederschlag eines Gemenges von kohlensaurem Blei und Schwefel.

3025. **Pearl-Cream,** eine amerikanische Spezialität, besteht aus 20—$30{,}_0$ feinst verteiltem Zinkoxyd in $100{,}_0$ einer Mischung aus $1{,}_0$ Glyzerin in $7{,}_0$ Wasser, mit 0,06 Karmin und 2 Tropfen Bergamottöl.

3026 **Peruwasser,** Haarwaschmittel gegen Schinnen, besteht aus $3{,}_0$ Rizinusöl, $3{,}_0$ Perubalsam, $4{,}_0$ Ratanhiatinktur und $100{,}_0$ Alkohol.

3027. **Petroleum-Haarwässer, Pétrole Hahn,** besteht aus je 10 T. weißem, geruchlosem Petroleum und Zitronellöl, 5 T. Rizinusöl, 50 T. 90 prozentigem Weingeist und 75 T. Wasser.

3028. **Pétroline oder Pétroléine** enthält 0,6 g Chininsulfat, 4 g aromatische Essigsäure, 30 spanische Fliegentinktur, 30 g Chinatinktur, 60 g Rosmarinspiritus, 90 g Melissenwasser, 120 g Bayrum, 150 g Weingeist, 1000 g Wasser, aber kein Petroleum. Ein drittes „Wasser" besteht aus 1 T. reinstem Petroleum und 2 T. Mandelöl.

3029. **Pflanzenextrakt, vegetabilisches,** von E. Göbel in Hannover, Haarfärbemittel, besteht aus 9,5% Bleiazetat, 2,65% präpariertem Schwefel und 87,85% parfümiertem Wasser.

3030. **Philocome** besteht aus $100{,}_0$ gelbem Wachs, $100{,}_0$ Olivenöl, $150{,}_0$ Jasminöl und 3 Tropfen Rosenöl, gelöst in $5{,}_0$ Weingeist, bei gelinder Wärme gemischt und bis zum Erkalten agitiert.

3031. **Philodermine, Pommade antipelliculeuse** von Demarson, Chetelat et Cie. in Paris besteht aus Schweinefett und Kokosöl, parfümiert und zu $^1/_5$ versetzt mit einem Gemische aus Schwefel, calciniertem Eisenvitriol und Magnesia. 40 g = *M.* 3. (G. Krause.)

3032. **Phönixpomade** ist eine Mischung von Fett mit einem flüchtigen Öl. (J. van Italli e.)

3033. **Physichrom,** Haar-Regenerierungsmittel von Apotheker Dr. Joh.

L a m a t s c h in Wien, besteht I. aus 120,$_0$ einer klaren wasserhellen Flüssigkeit, bereitet aus 1,2 kristall. Wismutnitrat, 14,$_0$ Glyzerin, 18,2 unterschwefligsaurem Natrium, 0,8 schwefelsaurem Natrium, 2,8 salpetersaurem Alkali, 1,3 Ätzalkali und 81,7 Wasser — und II. einer Vorbereitungsflüssigkeit aus 0,9 Kochsalz, 3,1 Ätznatrium, 1,8 kristall. kohlensaurem Natrium und 74,2 Wasser. Preis *M.* 6. (H a g e r.)

3034. **Pilocarpin** oder **Dr. Krells Tinktur** von F. N e t e r in Frankfurt a. M. gegen Haarleiden, besteht I. aus einer hellgelben trüben Flüssigkeit, welche durch Kochen von Quittenkernen mit Wasser bereitet ist, und II. einer dicken, schwarzbraunen Flüssigkeit, einem Gemisch von Holzkohlenpulver, Schwefel und Salpeter mit Öl und einem schleimreichen Pflanzenstoff. (Karlsr. Ortsges.-Rat.)

3035. **Pneumadol,** ein Mundwasser, ist eine mit 40,$_0$ Weingeist versetzte und filtrierte Lösung aus 1,$_0$ Chlorkalk und 400,$_0$ Wasser.

3036. **Poliermittel für Fingernägel** besteht aus Zinnoleat, welches mit Karmin rosa gefärbt und mit Rosenöl parfümiert ist. Man stellt es dar, indem man eine 10prozentige Zinnchlorürlösung zu einer Lösung von weißer Ölseife hinzufügt. Das sich abscheidende Zinnoleat wird gesammelt und nach dem Waschen und Trocknen gefärbt und parfümiert.

3037. **Pommade contre le pityriasis du cuir chevelu,** Salbe gegen die Schuppen der Kopfhaut, von Dr. A l a i n in Paris, ist aus Schweinefett mit 2% Eisenoxyd und 2% Quecksilberoxyd bereitet. 60 g = *M.* 3,40. (W i t t s t e i n.)

3038. **Pommade des Châtelaines,** haarstärkende Salbe von C h a l m i n in Paris, ist ein Gemisch von Schweinefett mit etwas Harz, Gummi-Gutti, Benzoe und einigen ätherischen Ölen. (A. C a s s e l m a n n.)

3039. **Pommade Mandarin** ist Mohnöl mit Gipsmehl innig zu einer emulsionsartigen Masse gemischt und parfümiert. (H a g e r.)

3040. **Pommade** von Dr. L e h m a n n ist ein Kosmetikum aus 20,$_0$ Mandelöl, 10,$_0$ weißem Wachs, 5,$_0$ Walrat, 1,$_0$ Wismutsubnitrat, 1,$_0$ weißem Quecksilberpräzipitat, 3,$_0$ Glyzerin und etwas Parfüm.

3041. **Portugalöl** von M a l l a r d ist eine Mischung aus 10,$_0$ Neroliöl, 100,$_0$ Spiritus, 10,$_0$ Vanilletinktur.

3042. **Poths weiße Teerseifen** sind aus von Pech befreitem Teer hergestellt. Die weiße Teerseife enthält 10% Teer, die Teerschwefelseife 8% Teer und 5% Schwefel.

3043. **Poudre d'Adonis** von A l b i n M ü l l e r in Brünn besteht aus 60,$_0$ präpariertem Talkstein, gefärbt mit etwas Krapplack und schwach parfümiert. Preis *M.* 0,60. (H a g e r.)

3044. **Poudre de Chine** ist ein der Pâte de Cimara ähnlich zusammengesetztes Haarfärbemittel. (W i t t s t e i n.)

3045. **Poudre de Pulveol** enthält Menthol, Eukalyptol, Terpinol und Terpentinöl. Anwendungen: zu Einatmungen. (Zernik.)

3046. **Poudre de Riz de Java** von Bourgeois in Paris enthält 25,5 % Zinkoxyd und 74,5 Talk. 90 g = *M.* 2,25 (1 Rubel). (Bukowski.)

3047. **Poudre dépilatoire** von G. C. Brüning in Frankfurt ist ein trockenes mit Moschus parfümiertes Schwefelkalium.

3048. **Poudre Paterson** von Apotheker Dethan in Paris, 23 rue Baudin, enthält Bismut und Magnesia.

3049. **Poudre pilivore,** Enthaarungspulver von Laforest, soll bestehen aus $60,_0$ Quecksilber, $30,_0$ Schwefelarsen, $30,_0$ Bleiglätte und $30,_0$ Stärke.

3050. **Poudre pour l'entretien des cheveux,** ein Mittel gegen Haarparasiten von Ferdinand Vandaele in Brüssel, ist ein weißes, geruchloses, kristallinisches Pulver, bestehend aus Salizylsäure 5, Borsäure 50, Borax 45%. (Aufrecht.)

3051. **Poudre ravissante** der Mme. Rosa Schäffer-Wien dürfte aus ungefähr 40% unreinem Zinkoxyd und 60% Speckstein bestehen. (Aufrecht.)

3052. **Präparat, bleifreies,** von Apotheker Elsner in Posen, Haarfärbemittel, ist eine schwach alkalische Wismutlösung mit suspendiertem Schwefel. Preis *M.* 3. (Hager.)

3053. **Preston-Salz,** englisches Riechsalz, ist durchsichtiges kohlensaures Ammoniak in kleinen Stückchen in einem Flacon mit weiter Öffnung und mit Ammoniak, Rosenöl, Zimtöl, Lavendelöl und Nelkenöl durchtränkt. (Dalpiaz.)

3054. **Prima,** ein Haarfärbemittel aus einer Wiener Apotheke, enthielt 7—8% salpetersaures Blei und Schwefelmilch in wässeriger parfümierter Flüssigkeit. (Innhauser.)

3055. **Psilothrum,** ein von Jacobsen in Charlottenburg dargestelltes Enthaarungsmittel, besteht nach Aufrecht aus etwa 8% Kolophonium, 40% Elemi, 10% Benzoe, 10% gelbem Wachs und 30% Bleipflaster.

3056. **Puderbücher** sind Hefte zu 40 Blättern, von denen jedes mit einer die Gesichtshaut geschmeidig machenden Masse versehen ist. Für jeden Einzelfall genügt ein Blatt. Fabrikant: Chemische Fabrik Helfenberg A.-G. vorm. Eugen Dieterich in Helfenberg.

3057. **Pulcherin,** ein Kosmetikum, ist ein klarer, schwach spirituöser Auszug aus einer saponinhaltigen Substanz (Seifenwurzel oder Quillajarinde), parfümiert mit etwas Zimtöl und Rosenöl. 60 g = *M.* 1,60. (Hager.)

3058. **Puralin** ist ein Eukalyptus-Zahnwasser.

3059. **Puritas,** Haarfärbe- und Regenerationsmittel von Otto in Wien, bestand aus essigsaurem Blei, Glyzerin und Schwefel. (Gawalowsky.)

3060. **Puritas.** Haarverjüngungsmilch von Otto Franz & Co. in Wien, besteht a) aus 40,$_0$ Glyzerin, 106,$_0$ Wasser, 3,$_0$ kristallisierter Soda (unterschwefligsaures Natrium enthaltend), 15,$_0$ Schwefelkadmium und 1,3 Schwefelzink. Preis *M.* 4,50. — b) Nach einer neueren Untersuchung besteht das Mittel aus salpetersaurem Wismut und Schwefelmilch und ist mit Nitrobenzol parfümiert. (Hager.)

3061. **Puritas, spezifische Mundseife,** von Dr. Carl Maria Faber, besteht aus 6,$_0$ Seifenpulver, 10,$_0$ Schlämmkreide, 3,$_0$ Florentiner Lack oder Karmoinsinlack und 1,$_0$ Alaun, parfümiert mit wohlriechenden Ölen. 20 g = *M.* 2. (Hager.)

3062. **Radebeuler Sana-Seife** ist eine Karbolteerschwefelseife, die von E. Vier & Co. in Radebeul bei Dresden in den Verkehr gebracht wird.

3063. **Radlauers antiseptische Mundperlen** von der Kronenapotheke in Berlin W.: eine Kombination von je 0,001 Thymol, Menthol, Saccharin, Eucalyptol und Vanillin.

3064. **Raupol** ist ein Mundwasser in Pulverform. Dasselbe soll den Mund durch Verseifung des Schleimes reinigen und alle Miasmen und kleinen Lebewesen töten. Seine Zusammensetzung ist nicht bekannt. Bezugsquelle: Mr. Raupenstrauch in Wien II.

3065. **Rauschs Haarwasser** besteht nach Ley aus Spiritus 47,5%, Wasser 50,15%, Rückstand 2,35%. Im Rückstand war die Anwesenheit von Glyzerin, Chinin und einem scharfen Bestandteil, welcher aber nicht näher identifiziert werden konnte, nachzuweisen. Ley stellte eine Imitation nach folgender Vorschrift her: Extr. Chin., Tinct. Canthar., Glyzerin. aa 1,$_0$, Apu. dest. 47,$_0$, Spirit. 50,$_0$, Ol. Bergamottae gtt. X, Ol. pimenti (Bayöl) gtt. I, Tinct. sacchar. gtt. II, Chlorophyll. (spirituslöslich) gtt. VII filtr.

3066. **Ray-Seife.** Im Laufe einer Kontroverse erklärte der Fabrikant dieser Toilettenseife, daß dieselbe aus einer nach allen Regeln der Technik hergestellten, gesottenen Grundseife bereitet ist; dieselbe ist am Schlusse der Fabrikation so genau abtitriert, daß sie neutral sein muß. Die getrocknete Grundseife wird hierauf mit 25% Ei-Inhalt (Eiweiß und Dotter) verarbeitet.

3067. **Recamier-Cream** von Harriet Hubbard Ayer ist eine Mischung von Zinkoxyd mit Glyzerin, mit Rosenölspiritus parfümiert und einem geringen Anteil Quecksilberchlorid.

3068. **Récréation** von Friseur F. Röstel in Hamburg zur Beförderung des Haarwuchses ist eine 10 prozentige Lösung von Glyzerin und Pottasche in Wasser. 200 g = *M.* 8. (C. Heerlein.)

3069. **Régénérateur universel,** Alexander Taillandiers, ist 270,$_0$ Flüssigkeit, bestehend aus Bleizucker, unterschwefligsaurem

Natrium, Glyzerin und Wasser (setzt bald einen schwarzen Bodensatz von Schwefelblei ab). Preis *M.* 6. (Kuhr.)

3070. **Règne végétal, Haarbalsam von Pflanzenstoff** von Hanvy de Buwler in London, ist eine Lösung von 12% Bleizucker in mit Eau de Cologne parfümiertem Wasser mit 6% Schwefelpräzipitat, Glyzerin und etwas Pyrogallussäure. 100 g = *M.* 2. (Godeffroy.)

3071. **Remedium miraculosum,** Kosmetikum von Apotheker Steingräber in Roßleben, besteht aus $5,_0$ Zinc. oxyd., $20,_0$ Sulf. praec., $70,_0$ Aqua, 2,5 Spirit. camph. und 2,5 Eau de Cologne. 45 g = *M.* 1. (Schädler.)

3072. **Renol** ist ein Zahnpulver unbekannter Zusammensetzung, das von dem Renol-Werke in Leipzig in den Handel gebracht wird.

3073. **Reseda-Kräusel-Pomade** von Carl Polt in Wien ist eine Salbe aus gelbem Wachs, Kokosöl und Olivenöl. Sie ist von Butterkonsistenz und angenehmem Geruch nach Reseda, Pomeranzenblüten etc. In breitem Glastopf mit Deckel von Blech. 130 g = *M.* 3. (Hager.)

3074. **Restorative for the Hair** von C. G. Clark & Co. enthält in 100 g 0,023 Blei in essigsaurer Lösung. (Chandler.)

3075. **Rhusma,** Enthaarungsmittel von Edm. Bühligen in Leipzig, ist ein Gemisch aus $2—3,_0$ Schwefelarsen und $15,_0$ gepulvertem Ätzkalk. Preis *M.* 3. (Hager.)

3076. **Riechplättchen** von L. Legrand in Paris sind kleine, länglich viereckige Plättchen aus feinem gelblichem, porösem Steingut, welche mit Parfüm imprägniert sind.

3077. **Rizon** ist ein mit Talkum und Zinkoxyd versetzter, mit Rosenöl parfümierter Reispuder.

3078. **Roborantium, Haarwuchs- und Barterzeugungsmittel** des Haararztes Dr. J. Pinkas in Brünn ist ein mit Salpetrigsäureäther, Essigäther, Liquidambar, Rosenwasser und Spuren Nelkenöl parfümierter und spurenweise mit Glyzerin versetzter mäßig starker Spiritus. Preis *M.* 2. (Gawalowski.)

3079. **Roborantium** von Grolich, Mittel gegen Kahlköpfigkeit, ist verdünnte Eau de Cologne mit etwas Glyzerin. (Bischoff.)

3080. **Romarin** ist ein Haarwasser, das alkoholfrei sein und dabei genügend Fett enthalten soll. Fabrikant: Dr. R. Jeschke & Co., Berlin W.

3081. **Rosalinde** der Mrs. Pray von Mrs. Cobb in New-York, ein Kosmetikum zum Färben von Gesicht, Fingern und Lippen, besteht aus $10,_0$ Eosin, $30,_0$ weißem Wachs, $30,_0$ Walrat und $410,_0$ Vaseline. (Stearns.)

3082. **Rosawangen ohne Schminke** der Parfümeriewarenerzeugerin Sichorl in Wien besteht aus pulverisiertem Kieselschwamm.

3083. **Rosenmilch, orientalische,** ist eine Aufschwemmung von Zinkoxyd und Cochenille in mit Rosenöl parfümiertem Glyzerin. (Wiener Stadtphysikat.)

3084. **Rotterin,** ein Mundantiseptikum, soll aus Zincum sulfocarbolicum und chloratum, sowie aus Borsäure, Zitronensäure und Thymol bestehen.

3085. **Saccharin-Benzoe-Mundwasser:** Saccharin 2,5, Acid. benz. $3,_0$, Tinct. Ratanh. $15,_0$, Alkohol $100,_0$, Ol. Menth. pip., Ol. Cinnam. aa 0,5. (Miller.)

3086. **Saccharin-Mundwasser:** Saccharin $2,_0$, Spir. $200,_0$, Ol. Menth. gtts. X. — Anderer Provenienz: Acid. salicyl. $6,_0$, Saccharin 1,5, Natr. bic. 1,5, Aqua colon. ad 300.

3087. **Sachet à l'Héliotrope** von Piesse ist ein grobes Pulver bestehend aus $200,_0$ Rhiz. Irid., $100,_0$ Flor. Rosae centifol., $50,_0$ Fab. Tonka, $25,_0$ Vanill., $1,_0$ Mosch., 0,1 Ol. Amygd. amar.

3088. **Sandmandelkleie** von W. Kirchmann in Ottensen-Hamburg besteht aus je $24,_0$ Kleie von süßen Mandeln und Weizenmehl, je $10,_0$ Boraxpulver und Glyzerin, $5,_0$ Veilchenwurzelpulver, $25,_0$ Kieselguhr, und $2,_0$ Specksteinpulver.

3089. **Sandmandelkleie** von Prehn ist zusammengesetzt aus $60,_0$ Infusorienerde und je 7,5 Mehl, Seife und Glyzerin.

3090. **Sarah Bernhardt-Puder,** La Diaphane, besteht aus $50,_0$ Speckstein pulv., $50,_0$ Reismehl, $25,_0$ Zinkweiß, parfümiert für Weiß mit $3,_0$ Bergamottöl, $2,_0$ Ylang-Ylangöl, $2,_0$ Neroliöl, $20,_0$ Eau de Cologne; für Rosa mit $3,_0$ Bergamottöl, $2,_0$ Rosenöl, $2,_0$ Extrait White Rose, 10 Tropfen Ceylonzimtöl, 10 Tropfen Moschustinktur, Farbstoff: Karmin; für Gelb: $3,_0$ Bergamottöl, $1,_0$ Nelkenöl, $1,_0$ Zedernholzöl, $1,_0$ Patschuliöl, $20,_0$ Extrait New mown hay, Farbstoff: helles und dunkles Kadmiumgelb zu gleichen Teilen; für Schwarz: $4,_0$ Portugalöl, $1,_0$ Petitgrainöl, $1,_0$ Lavendelöl, $15,_0$ Extrait Ess-Bouqet, 20 Tropfen Moschustinktur, Farbstoff: feinst präpariertes Rebenschwarz.

3091. **Schminkwasser** von J. Pohlmann in Wien enthält auf 8 T. eines aromatischen Wassers 1 T. Bleiweiß.

3092. **Schneewittchen** von G. Seifert, Parfümeur, Berlin-Dresden, ein Schönheitsmittel, ist eine wässerige, mit Rosenholzöl oder ähnlichen rosenartig riechenden Ölen parfümierte Auflösung von Borax und Glyzerin.

3093. **Schönheitscrême, orientalische,** ist eine gelblichbraune Pasta von sauerteigähnlichem Geruch. Sie enthält verschiedene Mehl- bzw. Kleiebestandteile, besonders reichlich gequollene Stärkekörner und geringe Mengen Säuren, unter denen Essigsäure vorherrscht.

3094. **Schönheitsextrakt** von Gebhardt besteht nach einer Bekanntmachung des Berliner Polizeipräsidiums aus gleichen Teilen Glyzerin und Rizinusöl.

3095. **Schönheits-Maitau, Rosée de beauté** von Felix v. Mizersky in Lemberg, ist aus 100,$_0$ Alaun in Wasser gelöst und gefällt durch eine Lösung von 100,$_0$ kristallisierter Soda erhalten und ausgewaschen; der Niederschlag wird in 50,$_0$ konzentriertem Essig gelöst, mit 60—80,$_0$ feuchtem, frisch geschlemmtem Ton gemischt und mit 30,$_0$ Glyzerin und soviel Wasser versetzt, daß das Ganze 400,$_0$ beträgt, mit Eau de Cologne parfümiert. 160,$_0$ = *M.* 3. (Hager.)

3096. **Schönheitsmilch** von J. Pohlmann in Wien besteht aus je 7,5 Mandelöl, Glyzerin und Gummi arab. mit der erforderlichen Menge Erdbeerwasser zu 400,$_0$ Emulsion angerührt und mit 15,$_0$ Benzoetinktur und 4,$_0$ Essentia Calydor versetzt. Die Essentia Calydor ist zusammengesetzt aus 2,$_0$ Macisöl, 12,$_0$ Patschuli-Extrait, 12,$_0$ Jasmin-Extrait, 2,$_0$ Perubalsam, 1,$_0$ Tolubalsam und 2,$_0$ Benzoe.

3097. **Schönheitsmilch, orientalische,** von Albin Müller in Brünn besteht aus 12,5 präpariertem Talkstein, 10,$_0$ Glyzerin, 0,5 Borax, 12,$_0$ Eau de Cologne mit Moschus und 109,$_0$ Wasser rötlich gefärbt. 143 g = *M.* 0,60. (Hager.)

3098. **Schönheitsmittel** der Parfümeriewarenerzeugerin Sicherl in Wien enthält Kampher, Fett, Alkohol und eiweißähnliche Substanzen.

3099. **Schönheitspasta der Venus** von Dr. Hudson in Wien ist eine weiße, sehr weiche Salbe, bestehend aus 18,$_0$ weißem Wachs, 4,$_0$ Stearin, 50$^2/_3$% Rizinusöl, 18% Glyzerin, 1⅓% präzipitiertem Schwefel, 5% Feuchtigkeit und 3% wohlriechenden Ölen, namentlich Zitronen- und Bergamottöl. 50 g = *M.* 4. (Hager.)

3100. **Schönheitspasta, orientalische,** von Albin Müller in Brünn, ist eine Salbenmischung, welche von der Zusammensetzung des Cold-Cream wenig abweicht. (Hager.)

3101. **Schönheitsstaub Victoria** besteht aus 6 T. Reisstärke und 4 T. Borax. (Jahresschr. d. Unters.-Amts Breslau.)

3102. **Schönheits-Tauwasser** von Cornel Lewicki wird nach Angabe des Verfertigers wie folgt bereitet: auf einer Wiese gesammelter Tau wird destilliert und in ¼ Maß diese Taues werden 15,$_0$ Pimpinellen und 30,$_0$ pulverisierter Alaun geschüttet, eine Stunde gelinde gekocht und dann durch ein dichtes Tuch geseihet; andererseits werden in 50,$_0$ Weingeist und 100,$_0$ stärkstem Weinessig 4,$_0$ gebrannte Magnesia teilweise aufgelöst, so zwar, daß ein noch ungelöster Teil der Magnesia in dem Weinessig eine weiße Mixtur bildet, welche auch parfümiert werden kann. Beides wird gemischt.

3103. **Schönheitswasser** von Apotheker Rottmanner in Römhild besteht a) aus 1,5 Glyzerin, 4,7 Wismutsubnitrat und 2,$_0$ Talkum mit Cochenille gefärbt. 50 g = *M.* 3. (Hager.) — b) 5,$_0$ Schwefelmilch, 1,$_0$ Kampher und 50,$_0$ Rosenwasser. Preis *M.* 1,50. (Schädler.)

3104. **Schönheitswasser, russisches,** von Frau Schmarl in München, ist Rosenwasser mit 6% schwerspathaltigem Bleiweiß und mit Benzoetinktur versetzt. 125 g = *M.* 0,70. (Hollandt.)

3105. **Schönheitswasser, Wiener,** ist eine schwach saure Lösung von Kaliumnitrat und Chlorkalium mit einem Bodensatze von weißem Quecksilberpräzipitat. (Wiener Stadtphysikat.)

3106. **Schuppenessenz** von Apotheker Lautenschläger in Bischofsheim ist parfümierte Ammoniakseife in Alkohol und Glyzerin gelöst. (Gscheidlen.)

3107. **Schwefelseife, aromatische,** von Ed. Heger, zum Reinigen der Zähne und des Mundes, ist eine harte, außen gelblich beschlagene, innen etwas durchscheinende, graubraune Masse aus Seife mit 10% unterschwefligsaurem Natrium, parfümiert mit einer geringen Menge melissenähnlich riechenden Öles. Preis *M.* 0,25. (Hager.)

3108. **Sebalds Haartinktur,** ein gegen Schuppenbildung und Haarausfall empfohlenes Haarkonservierungsmittel, stellt einen mit verdünntem Alkohol bereiteten Auszug frischer Orangenschalen dar, welcher 5% Resorcin und 3% Perubalsam enthält. Nach dem Gebrauch ist mehrfach starke Rötung und Pustelbildung auf der Haut beobachtet worden. (Weller.) — Nach einer anderen Analyse enthält das Präparat: Resorcin $4{,}_0$, Caramel 0,6, Zitronenöl $2{,}_0$, Perubalsam 1,5, Spiritus $92{,}_0$.

3109. **Seborrhoe-Haarwasser** ist eine Auflösung von Ammoniak, kohlensaurem Natrium und Kochsalz in Wasser. (Beythien.)

3110. **Dr. Sedlitzkys Badetabletten** werden in zwei Größen aus der Mutterlauge der k. k. Saline zu Hallein und Kochsalz dargestellt und zwar: 1. Soolebad-Tabletten, 2. Fichtenbad-Tabletten, welche aus Fichtennadelextrakt mit Soolezusatz bestehen, 3. Schwefelbad-Tabletten, die in ihrer Zusammensetzung natürlichen Schwefelquellen entsprechen sollen, 4. Eisenbad-Tabletten sind aus Eisenoxydulsulfat und Soolesalz gewonnen, 5. Kohlensäurebäder- und 6. Kohlensäure-Soolebad-Tabletten à la Nauheim, von denen die ersteren kein Soolesalz enthalten, 7. Ischler-Schwefel-Schlamm-Tabletten sollen Fango ersetzen, 8. Moor-Eisenbad-Tabletten nach Dr. Heller. Die Tabletten 1 bis 4 einschließlich legt man zu ihrer Lösung unter den Hahn des heißen Wassers in die Badewanne. Außerdem stellt Dr. Sedlitzky in Hallein bei Salzburg noch Soole-Inhalationspastillen mit und ohne Latschenkieferöl dar.

3111. **Selenite perfectionné** aus Paris, zum Färben der Haare, ist eine alkalische Lösung von essigsaurem und salpetersaurem Blei.

3112. **Serailbalsam** aus Wien ist eine wässerige Glyzerinlösung.

3113. **Dr. Sernaus Haarfarbe Nr. III** ist eine ammoniakalische Auflösung von Silbernitrat und Kupfernitrat, und zwar enthält sie 0,41% metallisches Kupfer.

3114. **Servesta,** Haarwaschmittel, von N i t s i t, wird dargestellt, indem 0,09 Kupfervitriol und 0,12 Zinkvitriol in $8,_0$ Wasser gelöst, mit 0,6 kohlensaurem Ammonium und $40,_0$ Glyzerin, $80,_0$ Weingeist (60%) und einigen Tropfen Bergamottöl versetzt werden. 125 g = *M.* 1. (W i t t s t e i n.)

3115. **Shampoo, flüssiges,** ist eine Mischung aus 2 T. Quillajafluidextrakt, 1 T. Glyzerin, 2 T. Eau de Cologne, 4 T. Alkohol und 7 T. Rosenwasser.

3116. **Shampooflüssigkeit, amerikanische,** ein Haarwasser, wird bereitet aus $1000,_0$ Rum, $120,_0$ Weingeist, 3 T. Cantharidentinktur, $5,_0$ kohlensaurem Ammoniak und $10,_0$ Pottasche.

3117. **Shampoopulver** zur Bereitung von Shampooflüssigkeit (1 Pulver entspricht 1 Quart Flüssigkeit), ist eine parfümierte Mischung aus 22,5 Boraxpulver, $30,_0$ calcinierter Soda und $15,_0$ Quillajin. — In der Pharm. Ztg. wurde folgende Vorschrift empfohlen: 90 T. trockenes Hühnereiweiß werden mit 50 T. destilliertem Wasser, in welchem vorher 20 T. Ätznatrium gelöst sind, übergossen und bis zur Lösung stehen gelassen. Ist letztere erfolgt, wird dieselbe im Dampfbade bis zur Trockenheit eingedampft. Den Rückstand vermischt man mit 500 T. scharf getrockneter gepulverter Kokosölseife. Separat mischt man 10 T. Stearinsäure, 10 T. Stärkemehl und ca. 250 T. Natriumbikarbonat nebst 100 T. gereinigter Pottasche und bringt diese Mischung in die zuerst hergestellte, absolut trockene Mischung.

3118. **Simons Waschcrême** besteht aus einem mit Cochenille schwachgefärbten Gemische von Natronseife, Stärke und Glyzerin; S i m o n s g e l b e C r ê m e enthält Amylum, Zinkoxyd, Magnesiumsilicat, Spuren von Eisen und Glyzerin; S i m o n s M a s s a g e c r ê m e besteht aus mit Vanille parfümierter weißer Vaseline; S i m o n s S o m m e r s p r o s s e n f e i n d aus Borax, Benzoesäure, Glyzerin, Wasser und Oleum Neroli. (Wiener Stadtphysik.)

3119. **Simons Zahnpulver** enthält Kalkkarbonat, Amylum, Irispulver mit Cochenille rotgefärbt. (Wiener Stadtphysik.)

3120. **Sinodorzahnpasta** besteht aus 20 prozentiger Magnesiumazetatlösung mit 6% Magnesia usta versetzt, mit Magnesiumkarbonat stark verdickt und mit Pfefferminzöl parfümiert. (K u b e l.)

3121. **Sommers Ekzemin,** ein Mittel gegen Hautausschläge, Bartflechten etc., erwies sich bei der Untersuchung als ein Gemenge von 58,8% gefälltem Schwefel und 43,2% eines halbflüssigen Fettes, welches mit kleinen Mengen Alkannin rot gefärbt ist. (M a n n i c h.)

3122. **Sommersprossenmittel** des Prinzen A u r e n g - Z e d, auch Indiaextrakt genannt, ist eine weingeistige Tinktur von Pimpinelle etc.

3123. **Sommersprossenmittel** von H o e f e l d besteht aus I. $15{,}_0$ weißer Präzipitatsalbe mit etwas Wachs versetzt und II. einem Waschwasser aus 0,25 Kampher, $8{,}_0$ Benzoetinktur, $15{,}_0$ Seifenspiritus und $125{,}_0$ Rosenwasser. (W i t t s t e i n.)

3124. **Sommersprossenmittel** von E. K i m b a l l besteht aus $1{,}_0$ essigsaurem Kalium in $50{,}_0$ Wasser gelöst, mit etwas Weingeist und Rosenöl vermischt. 50 g = *M.* 1. (H a g e r.)

3125. **Sommersprossenmittel** von C h a r l o t t e S t a n g e n, geb. Schmidt, jetzt in Berlin, ist eine Auflösung von Mercuronitrat in Wasser von wechselndem Gehalt zwischen 0,5—1,2%.

3126. **Sommersprossensalbe** von M. R i e d l in Wien. Ein weißes Porzellantöpfchen mit Blechdeckel enthält ca. $30{,}_0$ einer bräunlich gelben weichen Salbe, welche sich folgender Vorschrift anschließt: $18{,}_0$ Paraffin und $5{,}_0$ Mandelöl werden geschmolzen, und der geschmolzenen Masse hinzugefügt 1,8 Schwefelmilch, $4{,}_0$ Glyzerin, $1{,}_0$ Tannin, $2{,}_0$ Koloquintentinktur, 10 Tropfen Rosmarinöl und 5 Tropfen Thymianöl. Preis *M.* 2. (H a g e r.)

3127. **Sommersprossensalbe** aus Wien ist durch Behandeln von Olivenöl mit salpetersaurer Quecksilberoxydullösung bereitet und enthält von letzterer Verbindung, in zum Teil zersetztem Zustande, gegen 10%. (W i t t s t e i n.)

3128. **Sommersprossenseife** von A. H. A. B e r g m a n n in Waldheim i. S. enthält 1% Salizylsäure, 2% Naphthol, 5% Borax und 10% Schwefel.

3129. **Sommersprossensalbe** von Dr. R o b e r t F i s c h e r in Wien ist Zinksalbe.

3130. **Sommersprossensalbe** von S p i t z e r enthält Sublimat und salpetersaures Wismut. (Chemn. Unters.-Amt.)

3131. **Sommersprossen- und Leberfleckemittel** von Fr. S o l b r i g in München ist eine Tinktur aus $30{,}_0$ weißer Nießwurzel, $30{,}_0$ Arnikawurzel, $30{,}_0$ Bertramwurzel, $8{,}_0$ Styrax Calamita, $500{,}_0$ Alkohol, mit etwas Bergamottöl und Zitronenöl aromatisiert. 30 g = *M.* 0,70. (B e d a l l.)

3132. **Sommersprossenwaschmittel** von R u ß besteht aus $1{,}_0$ Benzoetinktur, $2{,}_0$ Hoffmanns Lebensbalsam und $100{,}_0$ Rosenwasser. Preis *M.* 1. (O. Q u e n z e l.)

3133. **Sozodont** van B u s k i r k s von H a l l u. R u c k e l in New-York, Zahnreinigungsmittel. In einer viereckigen Schachtel befinden sich eine Flasche mit ca. $60{,}_0$ einer rötlichen Flüssigkeit I und eine Schachtel II mit einem ca. 6 g schweren Pulver. I besteht aus einer Lösung von $5{,}_0$ Ölseife in $6{,}_0$ Glyzerin, $30{,}_0$ Spiritus, $20{,}_0$ Wasser, aromatisiert mit einigen Tropfen Pfefferminzöl, Nelkenöl, Zimtöl, Sternanisöl, Wintergreenöl, mäßig tingiert mit Cochenille. II ist ein Gemisch aus kohlensaurem Kalk, Magnesia und Veilchenwurzelpulver, schwach parfümiert mit Nelkenöl. Preis zusammen *M.* 3. (S c h ä d l e r.)

3134. **Dr. Spitzers Gesichtspomade,** zu beziehen durch Mm. Frankl in Wien VIII, Kochgasse 28, enthält Quecksilberchlorid. (Österr. Sanitätsw.)

3135. **Steatine,** ein Kosmetikum, ist eine Mischung von Zinkstearinat mit Paraffinöl.

3136. **Stomatol,** ein Mundwasser, enthält nach Dr. Aufrecht: Flüssige Stoffe 94,27, Trockenrückstand 5,73, Mineralstoffe 0,22. Die flüssigen Stoffe bestehen aus Ol. Menth. pip. 2,$_{0}$, Alkohol 70,$_{0}$, Wasser 28,$_{0}$. Der Rückstand, nach A. vermutlich Terpinhydrat, ist aber das Harz von Abies excelsa D. C., Pinus abies Linné, einer in Schweden heimischen Fichtenart.

3137. **Styroglycerit** gegen aufgesprungene Hände besteht aus 4,$_{0}$ zusammengesetzter Benzoetinktur, 8,$_{0}$ Glyzerin, 1,$_{0}$ grüner Seife und 16,$_{0}$ Rosenwasser.

3138. **Sublimat-Benzoemundwasser (Miller):** 100 Alkohol, 3,$_{0}$ Acid. benzoic., 0,8 Hydrarg. bichl. corros.

3139. **Svelin,** Haarverjüngungsmittel von Carl Polt in Wien, enthält 1,7% Wismutsubchlorid, 11% Natriumhyposulfit, 21,3% Glyzerin und 66% Wasser. (Hager.)

3140. **Tablet of Alabaster** ist Kalkkarbonat mit Speckstein.

3141. **Tagpuder,** ein Kosmetikum, besteht aus sehr fein gepulvertem Talkstein, mit Cochenille zart rot gefärbt und mit Apfelsinenöl parfümiert. 230 g = *M.* 2,75. (Hager.)

3142. **Tannigene** von Eisenwein in Wien besteht aus I. einer ammoniakalischen Silberlösung und II. einer Pyrogallussäurelösung. (Innhauser.)

3143. **Tannigene** von Ruß ist ähnlich zusammengesetzt wie das vorstehende. (Innhauser.)

3144. **Tanninbalsamseife, Balsamseife** von G. G. Hülsberg in Berlin, ein Kosmetikum, besteht aus Kokosnußölseife mit etwas Fichtennadelextrakt und Talkum. 100 g = *M.* 1. (Hager.)

3145. **Tanninöl** von G. Gädicke in Berlin, ein Haarstärkungsmittel, ist eine Lösung von Tannin in Glyzerin, parfümiert mit Bergamottöl, Apfelsinenöl, Pelargonienöl u. a. (Hager.)

3146. **Tanninöl** von Charles Gaillard in Berlin, Mittel gegen Ausfallen der Haare, besteht aus 80,$_{0}$ Rizinusöl, 120,$_{0}$ Spiritus, 3,$_{0}$ Gerbsäure, 1,$_{0}$ Bergamottöl, 0,5 Zitronenöl und anderen ätherischen Ölen. (Hager.)

3147. **Tannol** soll ein bleifreies aus Henna und Reng dargestelltes Haarfärbemittel sein. Bezugsquelle: Ph. Mr. S. Ormezowski in Wien IV., Mayerhofgasse 5.

3148. **Tanno-Quinine,** Haarwuchs-Essenz, besteht aus 50,$_{0}$ Königschinarindentinktur, 50,$_{0}$ Galläpfeltinktur, 5,$_{0}$ Bergamottöl, 5,$_{0}$ Neroliöl und 250,$_{0}$ Alkohol mit Karminlösung schwach gefärbt.

3149. **Tee zum Kopfwaschen** von Anna Csillag besteht aus Kamillenblüten. (Bischoff.)

3150. **Teerolin** ist eine Karbol-Teer-Schwefel-Kräuterseife. Bezugsquelle: Hermann Roch in Dresden-A.

3151. **Teerseife, weiße,** von C. W. Poths Seifenfabrik in Wiesbaden soll die gebräuchlichen braunen Teerseifen ersetzen und aus neutraler Fettseife bestehen, der ca. 10% gereinigter und von Pech befreiter Teer zugesetzt sind.

3152. **Teinture americaine pour la barbe, amerikanische Barttinktur,** zum Schwärzen des Bartes, besteht aus drei Flüssigkeiten nebst einer Bürste. I. enthält eine Lösung von Gallussäure in Weingeist oder Galläpfeltinktur, II. eine ammoniakalische Höllensteinlösung mit 9% Höllenstein, III. eine Lösung von Schwefelnatrium. (Wittstein.)

3153. **Teinture de Venus** von Dr. Louis Bonnot, ein Haarfärbemittel, ist ein Gemisch aus Bleizucker, Schwefelmilch, Glyzerin und Franzbranntwein. 75 g = *M.* 2. (Hager.)

3154. **Teintures instantanées** sind Lösungen von Bleioxyd in Kalkwasser. (Dubrisay und Chatin.)

3155. **Teintures progressives** sind ammoniakalische Lösungen von Silbernitrat. (Dubrisay und Chatin.)

3156. **Teinture Richards,** Haarfärbemittel, von A. Seguin in Bordeaux, Dr. Richards instantaneous Dye, besteht aus drei Präparaten: a) Lösung von Pyrogallol, b) Silbernitratlösung, c) Schwefelkaliumlösung.

3157. **Tinctur. dentifr. arom. antisept.** (Dr. Römer): Thymol, Menthol aa 0,5, Saccharin 0,1, Alkohol absol. $70{,}_0$ Tinct. Myrrhae $10{,}_0$, Hydrog. peroxyd. $120{,}_0$.

3158. **Toilettengeheimnis, medizinisches,** von Dr. Martin Lesser, zur Herstellung der jugendlichen Frische und Schönheit des Teints. Ein Karton mit schwarzem Glanzpapier, enthaltend: einen gestrickten Seiflappen, eine Porzellandose mit $40{,}_0$ Toiletten-Waschcream, einem Gemisch aus Fett, Seifenpulver und Rosenwasser; ein Pulverglas mit $60{,}_0$ Toiletteneis, eine weiche kampherhaltige Salbe aus Fett, etwas Wachs und Walrat oder Kakaoöl; $100{,}_0$ Kräutermilch, bestehend aus Rosenwasser, etwas Glyzerin, Zinkoxyd und viel präpariertem Talkstein, und $60{,}_0$ Teint-Poudre, bestehend aus einem Gemisch von Talkstein mit einer geringen Menge weißer Magnesia, schwach rot gefärbt mit Cochenille. Preis *M.* 7,50. (Hager.)

3159. **Toilettenpulver** von Récamier ist eine Mischung von Zinkoxyd und Stärke.

3160. **Tolma,** Haarwiederherstellungsmittel, von Gustav Ziegler in Heilbronn, besteht aus $200{,}_0$ eines Gemisches aus Bleiessig (entsprechend 0,6 Bleizucker), $32{,}_0$ Glyzerin, $2{,}_0$ Schwefelmilch und der nötigen Menge Rosenwasser. Preis *M.* 2. (H a g e r.)

3161. **Trybol** (Kräutermundwasser) ist ein alkoholischer Auzsug verschiedener Kräuter (Kamillen, Arnika, Salbei u. a.) unter Zusatz von ätherischen Ölen (Nelken-, Pfefferminzöl u. a.) von hellbrauner Farbe. Es dient als Mundwasser. (Zeitschr. f. Zollwesen u. Reichssteuern 1901.)

3162. **Ubrigin** ist eine Pflanzenfaserseife, die auch mit medikamentösen Zusätzen in den Handel gebracht wird.

3163. **Uhlmanns Creme** gegen Fußschweiß, wunde Füße, aufgesprungene Hände, Riß- und Brandwunden und alle Hautunreinigkeiten bestand aus gelb gefärbtem, schwach parfümiertem Schweinefett. (B e y t h i e n.)

3164. **Universalseife,** O s c h i n s k y s. Eine weiße Porzellankruke mit $45{,}_0$ einer bräunlichen Masse von Talgkonsistenz. Asche = 0,3%, welche vorwiegend aus Bleioxyd besteht. Chlorophyll ist spektroskopisch nicht nachweisbar. — Das Präparat ist eine Salbe aus Fett (Palmfett), Wachs und 1—2% Empl. fuscum. Preis *M.* 1. (B. F i s c h e r.)

3165. **Unnas Natriumperoxydseife** wird durch Vermischen von 30 T. flüssigem Paraffin und 70 T. medizinischer Seife mit 2—20 T. Natriumperoxyd dargestellt. Sie dient zur Erweichung und Entfernung von Sommersprossen. (K. T ö l l n e r.)

3166. **Vegetabilien-Pomade** von E. K r e p l i n in Lehrte ist eine zusammengeschmolzene Mischung aus 30% Stearin und 70% Olivenöl, parfümiert mit etwas Bergamottöl. Preis *M.* 1,50. (H a g e r.)

3167. **Venusmilch** der G e b r ü d e r T e c k l e n b u r g in Leipzig, ein früher sehr berühmtes Mittel für alles, besteht aus $5{,}_0$ Benzoetinktur und $200{,}_0$ Rosenwasser. (O. Q u e n z e l.)

3168. **Violet concret** ist eine Mischung von grüngefärbtem Fett, Irisol und künstlichem Moschus.

3169. **Violettol** ist eine geschmolzene Mischung von 10% Jonon mit 90% Salizylsäure.

3170. **Vitalia** von P h a l o n & S o n s in New-York besteht aus zwei Flüssigkeiten. I. eine Natriumhyposulfitlösung, II. eine rötliche klare Flüssigkeit mit ca. 3% Bleigehalt. Die Gebrauchsanweisung schreibt vor, 1 T. der Flüssigkeit Nr. II mit 2 T. der Flüssigkeit Nr. I zu verdünnen. (C h a n d l e r.)

3171. **Vitaline,** Extrait d'herbes aromatiques, ein Haarwasser, besteht aus $90{,}_0$ einer klaren, gelblichen, angenehm riechenden Flüssigkeit, ähnlich Mixtura oleoso-balsamica mit 1% Gerbsäuregehalt.

3172. **Voorhof-Geest,** v a n d e r L u n d s Bart- und Haarerzeugungsmittel von A. R e n n e n p f e n n i g in Halle a. S., besteht aus $38{,}_0$ einer braungelben Flüssigkeit und ist a) ein Auszug aus

4,0 Cort. Nuc. Jugland. mit 30,0 Spiritus, 12,0 Rosenwasser, 15 Tropfen Cantharidentinktur, 3,0 Äther, 2 Tropfen Bergamottöl, 4 Tropfen Lavendelöl, 1 Tropfen Zimtöl. Preis *M*. 0,55. (Hager.) — b) Eine Lösung von Lavendelöl, Bergamottöl, Zimtöl, Nelkenöl und Perubalsam in Weingeist. 50 g = *M*. 0,70. (A. Span.)

3173. **Waschwasser** von Kummerfeldt, gegen alle Hautkrankheiten, ist eine wässerige Lösung von Kampher mit darin verteiltem, gepulvertem Schwefel, der $^1/_{20}$—$^1/_{60}$ vom Gewicht des Ganzen beträgt. 1200 g = *M*. 7. (Wittstein.)

3174. **Waschwasser** von Dr. Lehmann in Neusatz i. Ungarn besteht aus 12,0 Rosenwasser, 1,0 Glyzerin, 1,0 Bleiessig und 1,0 Benzoetinktur.

3175. **Wasser, orientalisches,** von Dr. Walker in London, ein Gichtmittel, ist schwache Eau de Cologne mit ca. 10% Essigsäure, 1,5% Ammoniumazetat und vorwiegend mit Moschus parfümiert. 70 g = *M*. 1,25. (Hager.)

3176. **Wiesbadener Quellsalz-Zahnpasta,** hergestellt von Ferd. Mülhens in Köln a. Rh., enthält 40% Quellsalz des Wiesbadener Kochbrunnens. Es ist eine weiche Paste, die in Zinntuben in den Handel kommt.

3177. **Dr. Whites amerikanisches Haarwasser** zum Färben ergrauter Haare, ist eine parfümierte Auflösung von Bleiazetat, welche Schwefel suspendiert enthält. Gefunden wurden im Filtrat 0,26 bis 0,32% Blei.

3178. **Witch-Hazel Bay.** Unter dieser Bezeichnung wird in Amerika eine Waschflüssigkeit, die zur Verwendung nach dem Rasieren bestimmt ist, verstanden, welche das destillierte Extrakt von Hamamelis virginica und Bay-Rum zu gleichen Teilen oder den einen oder den anderen Bestandteil im Überschuß enthält. (The Western Druggist 1902.)

3179. **World-Hair-Restorer** von L. A. Allen, zum Erneuern, Stärken, Zieren und Putzen des Haares besteht a) aus 5,6 Schwefel, 8,0 Bleizucker, 100,0 Glyzerin und 200,0 aromatischem Wasser. (Wittstein.) b) Schwefelpräzipitat 17 T., Zimt 2 T., Glyzerin 320 T., Bleiazetat 265 T., Wasser 630 T. Preis *M*. 6. (Masset.)

3180. **Wunderbalsam, englischer,** vom Friseur Berlinghof in Karlsruhe, Wilhelmstr. 44, ist mit Sandelholz rot gefärbte zusammengesetzte Benzoetinktur. (Karlsr. Ortsges.-Rat.)

3181. **Wuths Haarregenerator** ist eine Auflösung von Bleiazetat, welche Schwefel suspendiert enthält; Gehalt an metallischem Blei 0,2%.

3182. **Zahnmittel** von Leopold Höcker in Ronneburg besteht aus einer Tinktur und einem weißen Pulver. Die Tinktur ist eine Mischung aus 3,0 Gewürznelkenöl, 1,0 Kajeputöl und 2,0 stärkstem Weingeist. Das Pulver ist ein sehr fein geriebenes Gemisch aus

6—7,$_{0}$ doppeltkohlensaurem Natrium und 1,$_{0}$ Kochsalz. Preis *M.* 1,25. (H a g e r.)

3183. **Zahn-Mundwasser, zahnschmerzstillendes,** von E. H ü c k s t ä d t in Berlin, bestand ursprünglich aus 16,$_{0}$ Äther, 3,$_{0}$ Nelkenöl, 1,$_{0}$ Kajeputöl. 4 g = *M.* 0,50. (H a g e r.) Später bestand dasselbe in einer Auflösung von 1,$_{0}$ Kampher in 2,$_{0}$ Äther mit 18 Tropfen Nelkenöl. Preis *M.* 1. (S c h ä d l e r.)

3184. **Zahnpasta** von A. H. A. B e r g m a n n in Waldheim. 20,$_{0}$ feine Ölseife und 10,$_{0}$ weißer Zucker in 40% Weingeist bei gelinder Wärme gelöst, mit Pfefferminzöl und Anilinrot versetzt und in Formen gegossen. 30 g = *M.* 0,40. (W i t t s t e i n.)

3185. **Zahnpasta** d e V i l b i ß' besteht aus 10,$_{0}$ Magnesia, 7,5 Borax, 3,75 Seifenpulver, 5,$_{0}$ geschlemmter Kreide, 42,$_{0}$ Honig, 2,$_{0}$ Veilchenwurzelfluidextrakt, parfümiert mit Rosenöl, Nelkenöl und Geraniumöl und gefärbt mit ammoniakalischer Karminlösung.

3186. **Zahnpasta** von Hofzahnarzt P f e f f e r m a n n in Wien: 1000 g durch Schlemmen sorgfältig gereinigte, feinst gepulverte Austernschalen werden mit 12 g Cochenille so lange verrieben, bis die Farbe des Mehles eintönig wird; dann wird 1 g pulverisiertes hypermangansaures Kalium und 1 g pulverisierte Borsäure hinzugesetzt und so lange verrieben, bis eine vollständige Vermengung stattgefunden hat. 200 g venezianische Seife und 5 g Glyzerin werden feinst abgeschäumt und mit obiger Masse innig vermengt, sodann 150 g kochend abgeschäumter Honig löffelweise zugesetzt und auch mit der Masse verrieben, schließlich das Ganze mit 50 g Pfefferminzöl übergossen und noch einmal gut abgerührt. Die so bereitete Masse wird nun in einem Mörser eine Stunde lang gestoßen, weitere zwei Stunden mit den Händen geknetet und in Glasdosen gefüllt. (Pharm. Ztg.)

3187. **Zahnpasta, aromatische,** des Dr. S u i n d e B o u t e m a r d, Arzt in Rheinsberg, von R a y m o n d & C o m p. in Berlin, enthält 62,5% Ölseife, 6,5% Stärkemehl, 17,4% Kugellack, 7,35% kohlensauren Kalk, 0,95% schwefelsauren Kalk und 6,2% Bimstein nebst wenig Pfefferminzöl. 24 g = *M.* 0,60. (W i t t s t e i n.)

3188. **Zahnpulver, aromatisches,** von Dr. J o h n s o n besteht aus kohlensaurem Kalk, Alaun, Veilchenwurzel, Cochenille und Nelkenöl.

3189. **Zahnpulver,** B u r o w s, besteht aus 1,$_{0}$ Conchae, 2,$_{0}$ Rad. Iwarancusae pulv. und 4,$_{0}$ Carbo pulv.

3190. **Zahnpulver** von F r i k o w besteht aus je 20,$_{0}$ Ossa Sepiae und Lapides Cancrorum, 15,$_{0}$ Rhizoma Iridis, 5,$_{0}$ Lapis Pumicis, 0,6 Carminum rubrum, 0,15 Oleum Menthae piperitae, 0,05 Oleum Rosae.

3191. **Zahnpulver, Millers.** Calc. carbon. praecip. 120,$_{0}$, Cort. Chinae fuscae 60,$_{0}$, Conchae praep. 60,$_{0}$, Myrrh. pulv. 35,$_{0}$, Ol. Menth. pip. gtt. XV.

3192. **Zahnpulver** von Lorenz Ziesing in Bremen ist ein graues Pulver in eleganter Holzschachtel, welches zu seiner Basis Natriumbikarbonat, ferner Veilchenwurzel und andere aromatische Substanzen enthält. (Hager.)

3193. **Zahnpulver, vegetabilisches,** von J. G. Popp in Wien, besteht aus $20{,}_0$ Veilchenwurzel, $10{,}_0$ gebranntem Hirschhorn und $1{,}_0$ Florentiner Lack. 30 g = *M.* 1,80. (Hildwein.)

3194. **Zahn-Schöne** von Joh. Georg Kothe in Berlin zum Nachputzen der Zähne ist ursprünglich ein Gemisch von $1{,}_0$ Alaun und $3{,}_0$ kohlensaurem Kalk, parfümiert mit Pfefferminzöl, welches nach längerer Aufbewahrung infolge Umsetzung Gips enthält. (Schädler.)

3195. **Zahnseife** von O. Bergmann sind 0,09 cm dicke, 3,6 cm breite, durchscheinende, rotbräunliche Tafeln, welche aus einer Glyzerinseife, stark parfümiert mit Pfefferminzöl und versetzt mit aromatischen Auszügen bestehen. (Hager.)

3196. **Zahntinktur** von Grenough, ein englisches Geheimmittel, ist eine Tinktur aus $20{,}_0$ Brasilienholz, $20{,}_0$ Fichtensprossen, $10{,}_0$ Veilchenwurzel, $5{,}_0$ Cochenille, $5{,}_0$ Kleesalz, $5{,}_0$ Alaun, $100{,}_0$ Löffelkrautspiritus, $50{,}_0$ Bittermandelwasser und $1000{,}_0$ verdünntem Weingeist. Mit Wasser verdünnt zum Ausspülen des Mundes und zum Bürsten der Zähne und des Zahnfleisches.

3197. **Zahntropfen** von Blace bestehen aus $1{,}_0$ Alaunpulver, $40{,}_0$ Äther und $10{,}_0$ Weingeist. (Hager.)

3198. **Zahntropfen** von T. Louis Guthmann in Dresden zum Reinigen der Zähne und gegen das Umsichgreifen des Zahnbrandes sind eine gelbliche klare Flüssigkeit, deren Hauptbestandteile Weingeist, Pfefferminzöl, eine dem Tolubalsam ähnliche Substanz (1%) und Glyzerin (9%) bilden. (Hager.)

3199. **Zahn- und Mundwasser mit Salizylsäure** von Dr. L. Hoffmann in Budapest ist eine klare rote Flüssigkeit, welche aus ca. 3% Salizylsäure, den weingeistigen Auszügen gewürzhafter Substanzen und Pfefferminzöl besteht. 90 g = *M.* 1. (Hager.)

3200. **Zahnwasser** von Bergani besteht aus Myrrhen- und Benzoetinktur, etwas Ratanhiaextrakt und Pfefferminzöl. (Innhause.)

3201. **Zahnwasser** von Bergmann & Co. ist eine rötliche Flüssigkeit, enthaltend Alkohol, Pfefferminze und Anisöl. (Gscheidlen.)

3202. **Zahnwasser** von Julius Böcker in Ahaus ist eine trübe Flüssigkeit im Gewicht von 73 g, welche in der Ruhe einen starken braungelben Bodensatz bildet und aus 0,2 Alaun, 0,16 Kochsalz, $6{,}_0$ Benzoetinktur, $5{,}_0$ Spiritus und einem Pflanzenaufguß zusammengesetzt ist. (Hager.)

3203. **Zahnwasser** von Kaufmann. $100{,}_0$ 1 prozentiges Karbolwasser, schwach mit Cochenille gefärbt und mit Spuren von Pfefferminzöl aromatisiert. Preis *M.* 1.

3204. **Zahnwasser** von Joh. Georg Kothe, fabriziert von J. Grittner in Berlin, Prinzessinnenstr. 20, gegen Zahnschmerzen und den üblen Geruch des Mundes, ist eine Lösung von 0,3 Salizylsäure in $100,_0$ 65 prozentigem Alkohol, versetzt mit einigen Tropfen Pfefferminzöl. (Schädler.) — Nach neueren Untersuchungen soll es nur etwa 0,5% Pfefferminzöl, aber keine Salizylsäure enthalten.

3205. **Zahnwasser, Millers.** Thymol 0,25, Acid. benzoici $3,_0$, Tinct. Eucalypt. $15,_0$, Alcohol. absolut. $100,_0$, Ol. Gaultheriae gtt. XXV. 1 Kinderlöffel in ½ Weinglas Wasser.

III. Spezialitäten und Geheimmittel für diätetischen, technischen und wirtschaftlichen Gebrauch.

3206. **Acethylith** wird Calciumkarbid genannt, welches durch einen Zuckerüberzug vor äußeren Einwirkungen geschützt ist.

3207. **Acetogen,** Nährsalz zur Essigfabrikation, besteht aus 15 T. Calciumphosphat, 4 T. Dinatriumphosphat und 40 T. Ammoniumphosphat nebst kleinen Mengen Magnesiumphosphat und Kieselsäure als Verunreinigungen. (B. Fischer.)

3208. **Ackermanns Freßpulver** von Hummel in Koburg: 25% Viehsalz, 25% phosphorsaurer Futterkalk, 20% Spießglanz, verschiedene Pflanzenpulver.

3209. **Adsella** ist alkoholfreie Champagnermilch. Anwendung: als Nähr- und Erfrischungsgetränk. Fabrikant: Adsella-Vertriebgesellschaft Berlin, G. m. b. H. in Berlin O. 27, Schillingstraße 12.

3210. **Adurol,** ein Bromsubstitutionsprodukt des Hydrochinons, wird als photographischer Entwickler verwendet.

3211. **Agfa** nennt die Aktien-Gesellschaft für Anilinfabrikation in Berlin ihre photographischen Präparate, wie Platten, Entwickler, Verstärker etc.

3212. **Ahlemanns Badesalz,** gestoßene Paprikaschoten mit Kastanienmehl.

3213. **Akremninseife,** die zum Waschen der Hände etc. von Bleiarbeitern empfohlen wird, weil sie jede Spur noch anhaftenden Bleies durch Dunkelfärbung anzeigt, soll Schwefelwasserstoff beim Waschen entwickeln, enthält also wahrscheinlich ein Alkalipolysulfid (Kal. oder Natr. sulfurat.). Fabrikant: Dr. C. Zeihe in Freiburg i. B.

3214. **Albanin** ist nach Hupka eine Mischung aus Talkum, Dextrin und vielleicht etwas Borax. Das Präparat wird als Silberwäscheglanz von J. Klaschbrunn in Wien angeboten

3215. **Albit,** ein Kesselsteinmittel, enthält 38,9% Soda, 4% Ätznatrion, 1,52% Kochsalz, 20,46% Wasserglas, 35,12% Wasser. Es ist ein Gemisch von Soda, Natrion und Wasserglas, verunreinigt durch Kochsalz.

3216. **Albocarbon** ist Naphthalin.

3217. **Albolith** von W. Riemann in Breslau ist ein Zementpulver aus gebrannter Magnesia (aus Magnesit gewonnen) und Chlormagnesium bereitet. (Hager.)

3218. **Albumina.** Unter diesem Namen wurde von einer Stuttgarter Konservensalzfabrik ein Pulver in den Handel gebracht, das aus einer billigen Gummisorte (entweder Senegal- oder Ebariegummi), untermischt mit Borax, bestand. Von einem Eiweißgehalt war keine Spur nachzuweisen. (Untersuchungsamt Ulm.)

3219. **Alcho** nennt A. Gawalowski ein von ihm dargestelltes Aluminiumkarbonat, welches zu medizinischen und technischen Zwecken Verwendung finden soll. Es ist ein weißes, geschmackloses Pulver mit 40—45% Aluminium.

3220. **Algalia** ist eine Mischung von ca. 20% wirklichem Moschuskörneröl mit 80% Zedernholzöl oder Kopaivabalsamöl. 1 kg = *M.* 1400.

3221. **Algin** ist eine durch 24 stündige Mazeration von Laminaria mit Sodalösung erhaltene schleimige Lösung.

3222. **Alginose** enthält die wirksamen Bestandteile einiger Meeresalgen und wird als Kräftigungsmittel statt Lebertranpräparaten gebraucht.

3223. **Aliment complet Adrian** von Apotheker Adrian in Paris ist ein als Nährmittel empfohlenes trockenes Gemisch von gebratenem Fleisch, geröstetem Brot, Milchzucker, Gemüsen und Malz.

3224. **Alkofri** ist ein alkoholfreier Obstwein der Obstweinkelterei von Max Dönitz in Kl.-Zschachwitz bei Dresden.

3225. **Alpestre,** Alpenpflanzen zur Selbstbereitung von echtem Chartreuse, ist nach Zeitschrift für Spir.-Ind. ein Gemisch von 8 bis $9,_0$ Koriander und $1,_0$ Angelikasamen mit Spuren von Zimt, Wermut und Pfefferminze für gelben und von $6,_0$ Koriander, sowie $6,_0$ eines Gemenges von Angelikasamen, Ysop, Wermut, Minze und Zimt für grünen Chartreuse.

3226. **Alpha-Kakes** sind eine Eiweiß-Kraftnahrung für Kinder. Im Durchschnitt fand E. Rosenthal 2,12% Stickstoff, denen 13,6% Eiweiß entsprechen würden. Fabrikant: Kakesfabrik von E. Benkendorff in Radebeul-Dresden.

3227. **Alytoganoma** wird ein besonders widerstandsfähiger Universallack genannt.

3228. **Ambretteseedoil** besteht aus Kopaivabalsam, welchem eine kaum wahrnehmbare Spur von Moschuskörnergeruch anhaftet.

3229. **Ambrosia,** ein Nährmittel, ist eine Pulvermischung aus 455 T. echten Kastanien, 305 Kartoffelmehl, 125 T. Linsenmehl, 125 T. Bohnenmehl, 91 T. Vanillepulver.

3230. **Ambrosiasirup** der englischen Sodawasserfabrikanten ist eine Mischung gleicher Teile Vanille- und Erdbeersirup.

3231. **Ambrotine, Siccatif pâle,** von M. R. Schmidt fils in St. Denis-Paris, ist ein ganz brauchbarer Bernsteinlack (Siccatif).

3232. **American Nickel,** zum Vernickeln angepriesen, ist eine starke salpetersaure Lösung von Quecksilbernitrat.

3233. **Amidol,** ein photographischer Entwickler, ist Diamidophenolhydrochlorid.

3234. **Ammonin** von M. v. Kalkstein in Heidelberg, ein Waschmittel, welches Schwefelwasserstoff in kristallinischer Form enthalten soll, ist Soda, mit einem Kalk-Tonerdesilikat und etwas Schwefelcalcium. — Eine Analyse des Breslauer Untersuchungsamtes ergab folgende Daten: Feuchtigkeit 3,92%, Kieselsäure 25,95%, Calciumoxyd 23,22%, Natriumkarbonat (Na_2CO_3) 18,75%, Tonerde und Eisenoxyd 8,70%, Magnesiumoxyd 4,24%, Schwefelsäure (SO_3) 1,17%, Chlor 5,99%, Calciumsulfid 2,20%, nicht bestimmt 5,86%. Ammoniakverbindungen waren nicht nachweisbar. Das Präparat dürfte daher ein Neben- oder Zwischenprodukt der chemischen Industrie sein.

3235. **Ammonit,** ein Sprengmittel, ist eine Mischung aus 81,5 T. Ammoniumnitrat und 18,5 T. Mononitronaphthalin.

3236. **Ampelophile** von Laffon ist ein Reblausmittel, bestehend in einer Lösung von 5 T. Merkuronitrat in 10 000 T. Wasser und 10 T. Salpetersäure.

3237. **Amplosia** ist ein unvergohrener, fast alkoholfreier Traubensaft.

3238. **Amyko,** ein Desinfektionsmittel, ist eine Lösung von 20 T. Borsäure und 2 T. Borax in 10 T. Gewürznelkentinktur und 80 T. Wasser. (Hager.)

3239. **Anämosemilch** ist eine Jodeisen-Buttermilchkonserve, welche außer 0,15% Eisenjodür keinerlei konservierende oder aromatische Zusätze enthält und als Milchnahrung bei Bleichsucht und Blutarmut empfohlen wird. Fabrikant: W. Lakemeier in Bonn a. Rh.

3240. **Ang-Khak** ist ein chinesischer, roter Farbstoff, der durch das Wachstum eines Pilzes auf gekochtem Reis entstehen soll.

3241. **Animosa** ist ein alkoholarmes Getränk (1,5% Alkohol) einer Münchener Firma.

3242. **Ankara.** Unter diesem Namen kommt ein der Margarine ähnliches Ersatzmittel für Butter in den Handel, welches nach Fendler aus Kokosfett mit 10% Milch, etwas Eigelb, Salz und Farbstoff besteht.

3243. **Ankylotaphin** ist ein etwa 15% Kresole enthaltendes Desinfektionsmittel, welches zur Großdesinfektion bei der Bekämpfung der Wurmkrankheit empfohlen worden ist.

3244. **Annaline** von Busse & Rohrmann, Annenmühle bei Osterode, ist gemahlener Gips. (Jacobsen.)

3245. **Annalith** von Busse & Rohrmann, Annenmühle bei Osterode, eine Art Gipsbeton, besteht aus gebranntem und gemahlenem Osteroder Gips, welcher mit scharfem Sande, Kiesel, Steinen, Abfällen von Bruchsteinen, Ziegeln etc. zusammengegossen wird. (Jacobsen.)

3246. **Annatoine** von G. de Cordova in New-York, durch Beller & Braun in Hamburg eingeführt, ist ein Orleanextrakt, bestehend aus 82,66% Stärkemehl und Gummi, 5% Mineralstoffen, hauptsächlich kohlensaurem Natrium, 7,75% Wasser und 4,52% Farbstoff.

3247. **Anstrich, desinfizierender,** von Horst, besteht aus 2 T. Karbolsäure, 3 T. Braunstein, 2 T. Chlorcalcium, 10 T. Chinaclay, 4 T. Infusorienerde, 2 T. Dextrin und Wasser.

3248. **Anstrich, feuerfester,** von Dorn, besteht aus einem Gemisch von 29—34% Wasserglas und Pulver aus Schwerspat und Asbest.

3249. **Anstrich, wetterfester,** von Bruchhold, besteht aus 75% Silberschlacke, 24% Leinölfirnis und 1% Kreosotöl.

3250. **Anstrich** von Mathews für Metalldächer und alle Arten von Holzkonstruktionen, welche den Einflüssen des Wassers ausgesetzt sind, besteht aus einer Lösung von Kautschuk in Leinöl, welche mit Graphit zu einer dicklichen, leicht streichbaren Mischung zusammengerieben worden ist.

3251. **Anstrich,** Pavesis, zum Schutz der Mauern gegen Feuchtigkeit, besteht aus einer Mischung von 4 T. Glaspulver, 3 T. Kohle, 2 T. Bimssteinpulver, 3 T. Pech, 2 T. Schiffspech und 1 T. gekochtem Leinöl.

3252. **Anthion** ist Ammonpersulfat und wird als photographischer Abschwächer verwendet.

3253. **Antibacterid** zum Konservieren animalischer und vegetabilischer Nährstoffe ist ein Schmelzprodukt aus 84 T. Borax, 50 T. Glykose und 31 T. Borsäure.

3254. **Antibacterion** von A. v. Pistor in Wien, ein Desinfektionsmittel, besteht in einer wasserhellen Lösung von 1,306 spez. Gew., welche in 100 T. 40,67 T. schwefelsaures Zink und 3,85 T. Alaun enthält. (Ferd. Simann.)

3255. **Anticala,** ein Kesselsteinmittel, besteht aus 45% Soda, 3% Verunreinigungen, 16% Wasser und 36% organischen Stoffen.

3256. **Anticalcaire** von Maignen zum Weichmachen von Wasser soll aus Kalkhydrat, Alaun und Natriumkarbonat bestehen.

3257. **Anticampin** einer Cassler Firma gegen die Verheerung der Raupen und Würmer an den Bäumen ist ein Kreosot und Naphthalin enthaltendes Präparat.

3258. **Antifensterschweißpasta** ist eine flüssige Zusammensetzung aus 63% Weinspiritus und etwa 8 Unzen Glyzerin auf 1 Gallone Weinspiritus und etwas Essentialöl. (K e r b y.)

3259. **Antiferacid** von R u d e l zum Entfernen von Chlor, Säuren und Eisen aus der Papiermasse, ist eine Mischung von Natriumsulfat und Natriumphosphat.

3260. **Antiformin** von O s k a r K ü h n in Berlin ist eine stark alkalisch reagierende Lösung von unterchlorigsaurem Natrium, dessen Gehalt an „aktivem Chlor“ etwa 4,2% beträgt; es handelt sich also um weiter nichts, als das sogenannte „Eau de Javelle“ oder „Eau de Labarraque“. (W e s e n b e r g.)

3261. **Antifouling Boilerfluid,** ein Kesselsteinmittel, ist eine rotbraune, trübe Flüssigkeit von saurer Reaktion mit 2,75% Trockenrückstand, wahrscheinlich eine sehr verdünnte Lösung von Holzdestillationsprodukten.

3262. **Antifungin** von F r i e d l ä n d e r besteht aus 20% Borax, 80% Borsäure und Schwefelsäure.

3263. **Antigermin,** ein Mittel gegen Schwammbildung, welches Mauerfraß, Fäulnis und üble Gerüche beseitigen soll, soll das Kupfersalz einer schwachen, organischen Säure sein.

3264. **Antiglacid,** eine ölige Flüssigkeit, welche das Gefrieren von kleinen Gasapparaten etc. verhindern soll, besteht aus einer konzentrierten Lösung von Chlorcalcium. (Untersuchungsamt Ulm.)

3265. **Antikampin,** Raupenvertilgungsmittel, enthält Kreosot und Naphthalin.

3266. **Antikaustikon,** ein Wasserglaspräparat von K l u g & W o l f f in Dehnitz.

3267. **Anti-Kesselstein** von A d. M a k r o m in Berlin besteht aus fein kristallisiertem Chlorbaryum mit Salmiak und ca. 10% Eisenoxyd.

3268. **Anti-Kesselstein** von M e y n u. C o. in Berlin, Lieferungsgeschäft für Eisenbahn- und Fabrikbedarf, ist jedenfalls eine eingetrocknete Lösung von Witherit in roher Salzsäure, in 100 T. enthaltend 75,94 Chlorbaryum, 3,96 Salmiak, 16,60 Wasser, 0,48 Chlorcalcium, 0,14 Chlormagnesium, 2,88 unlöslichen Rückstand. 100 kg = *M.* 200. (F. B r o c k h o f f und H. S ü ß e n g u t h.)

3269. **Antikesselsteinkomposition** von P e t r i k & C o. in Bodenbach besteht zu $^{9}/_{10}$ aus wasserhaltiger Rohsoda, den Rest bilden organische Stoffe, darunter weinsaurer Kalk.

3270. **Antikesselsteinextrakt** von L. J a v a l f r è r e s in Hamburg ist eine glänzend braunschwarze ziemlich zähe Masse, welche irgend ein Pflanzenextrakt darstellt. 100 kg = *M.* 80. (F i s c h e r.)

3271. **Antikesselsteinlauge** von J. Hauff in Feuerbach bei Stuttgart ist eine rohe Natronlauge von gelblicher Farbe, welche 32½° Bé. wiegt und in 100 T. 23,09 Natriumhydroxyd, 0,80 Natriumkarbonat, 1,24 Natriumchlorid und 2,13 Natriumsulfat enthält. 100 kg = *M*. 48. (F. Brockhoff und H. Süßenguth.)

3272. **Antikesselsteinmittel** von Pelerü P. Keßler & Co. in Brüssel enthält etwas Nitrobenzol und besteht der Hauptsache nach aus feuchtem Torfpulver, Kaffeesatz u. dgl.

3273. **Antikesselsteinmittel** von Alex. Stock in Guben besteht aus Kochsalz und Borax.

3274. **Antikesselsteinmittel** von Levesque besteht aus 3 T. Alaun, 3 T. Zuckerpulver, 12 T. Soda, 12 T. Catechu, 9 T. Gummi arab. und 3 T. Pottasche.

3275. **Antikesselsteinmittel** von Klewitz besteht nach Ztschr. f. Spiritusindustrie aus wasserhaltiger, 56% Na_2CO_3 enthaltender Soda, welche mit Tabakbrühe versetzt ist.

3276. **Antikesselsteinmittel** von Marris besteht aus Wasser, Stärke und Paraffin. Der Wassergehalt beträgt ca. 57%, der Paraffingehalt zwischen 3,5 und 13,5%. (Prüssing, Tonerde-Ind.-Ztg.)

3277. **Anti-Korosen** zur Verbesserung des Petroleums, um die Explosion der Petroleumlampen zu verhindern, besteht aus Kochsalz, mit Ultramarin schwach blau gefärbt. (Wittstein.)

3278. **Antilapin,** ein Kesselsteinmittel, enthält Soda und Wasserglas.

3279. **Antilebetolith** von Martin von Lack, ein Kesselsteinmittel, besteht aus 74,7 T. Wasser, 8,3 T. Stärke, 14,8 T. Ätznatron und 1,6 T. Kochsalz. 100 kg = *M*. 70.

3280. **Antilithion,** ein Kesselsteinmittel, besteht aus 87,32% Wasser, 11,87% organischen Stoffen, 0,81% Asche. Das Mittel ist nichts anderes als ein 12½ prozentiger gerbstoffhaltiger Pflanzenextrakt (Katechugerbbrühe).

3281. **Antillenseife** von Delpierre u. Freymann besteht aus 2,5% Natrium, 7% Fettsäure, 23,5% Wasser, 5% Tonerde, 62% Kieselsäure.

3282. **Antimerulion** von Dr. H. Zerener in Magdeburg, hergestellt und vertrieben von Gustav Schallehn in Magdeburg, patentiertes Mittel gegen Hausschwamm, besteht in zwei Mitteln, einem vorbeugenden und einem bereits entstandene Schwammbildung beseitigenden. Das erstere besteht aus Kieselgur, 6 T. Chlornatrium und 3 T. Borsäure, das andere aus 87 T. Wasserglas, 6 T. Chlornatrium und 7 T. Borsäure. Empfohlen wird die gleichzeitige Anwendung beider Mittel, das Bestreichen der Hölzer mit der Lösung und die Umhüllung der bestrichenen Hölzer mit der präparierten Kieselgur.

3283. **Antimiasmaticum,** Desinfektionsmittel in Pulverform, ist Ätzkalk mit einer Eisenvitriollösung gelöscht und mit Torfasche vermischt, vielleicht auch etwas Karbolsäure enthaltend.

3284. **Antimiasmaticum, flüssiges,** ist eine Lösung von Eisenvitriol in brenzlichem Holzessig. 1200 g = *M.* 0,50. (Hager.)

3285. **Antimyceton** von A. Waßmuth & Co. in Barmen ist Liq. Natrii chloroboros. (Pharm. Ztg.)

3286. **Antinaphthalin** ist eine an Gasanstalten gelieferte Flüssigkeit, welche den Zweck hat, die Naphthalinansammlungen in den Gasleitungsröhren in Lösung zu bringen. Die Flüssigkeit bestand aus 40 Vol. denaturiertem Spiritus und 60 Vol. Benzol. (Breslauer Unters.-Amt.)

3287. **Antinonnin,** Mittel zur Vertreibung von Raupen und Insekten, sowie zum Trocknen feuchter Wände der Farbenfabriken vorm. Friedr. Bayer & Co. in Elberfeld, ist mit Seife und Glyzerin zur Pastenkonsistenz gebrachtes o-Dinitrokresolkalium (Viktoriagelb).

3288. **Antipetrin** von Stigzelius, ein Antikesselsteinmittel, ist ein gerbsäurehaltiger Pflanzenstoff, welcher zum größten Teile aus den Blättern von Arctostaphylus Uva Ursi besteht. (Bunte.)

3289. **Antiphylloxon,** Mittel gegen Blutlaus, besteht aus 2 T. crist. Soda, 1 T. Schwefelkalium, 2 T. Kolophon, 2 T. roher Karbolsäure und 12 T. Wasser.

3290. **Antipolypin** ist ein gegen Hausschwamm, Mauerfraß, Fäulnis etc. empfohlenes Desinfektionsmittel der chemischen Fabrik Victor Adler in Wien X.

3291. **Antiputrid Composition, Anti-mili und Maggot Composition,** ein Mittel, um Käse vor Fäulnis zu schützen, soll ein Gemisch aus je 100 T. Pfefferessenz, Wein und Essig und 10 T. Kochsalz sein.

3292. **Antiputrol,** ein Desinfektionsmittel, besteht aus der als Karbolöl bezeichneten Fraktion der Teerdestillation, in welcher die schwer löslichen Bestandteile durch eine alkalifettsaure Verbindung wasserlöslich gemacht werden. Es enthält ca. 65—70% Phenol und dessen Homologe und löst sich in Wasser in jedem Verhältnis. Fabrikant: G. Hell & Cie. in Troppau.

3293. **Antipyridinessenz.** I. eine Lösung von Mirbanessenz in Alkohol, II. ein Gemisch ätherartiger aromatischer Substanzen von schwachsaurer Reaktion. Beide Mittel zur Verdeckung des Geruches des durch Pyridinbasen denaturierten Alkohols. (Schweißinger.)

3294. **Antipyrogen,** vom Ingenieur Kühlewein angepriesen, besteht aus schwefelsaurem Ammoniak, Borax und freier Borsäure. (P. Rabe.)

3295. **Anti-Schweinfurter Grün** ist ein Anilinfarbstoff, als Ersatz jener giftigen Farbe angeboten. (Schweißinger.)

3296. **Antiseptic Fluid** von A. Morell ist stark arsenhaltig und wird bereitet, indem man 13,5 T. arsenige Säure und 6,9 T. Natriumhydroxyd in 15—20 T. Wasser löst und dann so lange Karbolsäure zusetzt, bis die vorher klare Flüssigkeit sich zu trüben beginnt. Man ergänzt dann das Ganze auf 100 Gewichtsteile.

3297. **Antisepticum** von L. H. Rose in Hamburg-Uhlenhorst zum Konservieren von Fleisch ist sehr fein pulverisierte Borsäure, welche durch 1% Tonerde und Kalk verunreinigt ist. 500 g = *M*. 2. (Polenske.) (Arb. a. d. Kais. Ges.-Amt.)

3298. **Antiseptoform** ist ein Desinfektionsmittel, welches Formalin enthält und in der Apotheke Bouchet in Poitier, nach anderen Angaben von der Firma Corbyse, Stacey & Comp. in London hergestellt wird.

3299. **Antisputol** von Dr. Gertler, ist ein antiseptisches Spucknapfpulver, welches aus mit Kupfersulfat und Formalin getränktem Torfmull besteht.

3300. **Antitartre** von Willermoz & Rieger in Lyon, ein Mittel gegen Kesselstein, ist eine braune alkalische, Gerbsäure, Soda, Ätznatron und Chlorkalium enthaltende Flüssigkeit. 100 kg = *M*. 48. (Dingl. Journ.)

3301. **Antitinein** von Weuber ist ein als wesentlichen Bestandteil Naphthalin enthaltendes Mottenmittel. (Industriebl.)

3302. **Antiverminiumsilicat** von Gustav Schallehn in Magdeburg, ist ein Desinfektionsmittel, welches gleichzeitig Feuerschutz gewähren soll.

3303. **Antizymotic Solution** von Wither, ein in Amerika als Desinficiens und Desodorans empfohlenes Mittel, enthält 0,207 T. Quecksilberchlorid, 0,084 T. Aluminiumchlorid, 0,048 T. Zinkchlorid, 0,087 T. Chlorkalium, 0,788 T. Chlornatrium, 0,06 T. freie Salzsäure und 99 T. Wasser. (Pharm. Ztg.)

3304. **Antonius,** ein Mast-, Milch-, Kraft- und Freßpulver von Beckenbach in St. Johann: 30 Fenchel- und andere Umbelliferensamen + 40 Haferschrot + 14 Süßholz + 8 Glaubersalz + 8 Futterkalk.

3305. **Apfelin** der Konservenfabrik Friedrichshafen (Schleich & Commerell), ist eine klare, rotbraune, sirupartige Flüssigkeit, die mit 8—10 T. Wasser verdünnt ein alkoholfreies Getränk, wie frischer Apfelsaft schmeckend, liefern soll. (Pharm. C.-H.)

3306. **Apfelnektar,** ein alkoholfreier Obstwein, enthält neben hohem Gesamtextrakt eine bedeutende Zuckermenge, Apfel- und Phosphorsäure. (Niederstadt.)

3307. **Apfelperle,** ist ein kühlendes, angenehm säuerliches, alkoholfreies, kohlensäurehaltiges Getränk. Sofern dasselbe gut pasteurisiert ist, wird es haltbar sein; es ist nach seiner Zusammensetzung vornehmlich ein mit Zucker und Kohlensäure versetzter Apfelsaft. (Niederstadt.)

3308. **Aphor** werden Tabletten aus Natriumbikarbonat mit verschiedenen Zusätzen genannt; sie sollen dem Badewasser zugesetzt lebhafte Kohlensäure entwickeln und natürliche Mineralbäder ersetzen. Bezugsquelle: Dr. Sedlitzky in Hallein b. Salzburg.

3309. **Apparat Hydro** zum Nachweis von Wasserzusatz zu der Milch besteht aus einem Blechkasten mit einigen Reagensgläschen, einer Flasche mit Schwefelsäure spez. Gew. 1,820 und einer Tropfflasche mit verdünntem Formalin 10:1000.

3310. **Apparatine** ist eine farblose, durchsichtige, zum Appretieren benutzte Substanz und wird gewonnen, indem 8 T. gelöste Pottasche in einen erwärmten Kleister von 10 T. Kartoffelstärke und 76 T. Wasser eingetragen werden.

3311. **Appretiermittel.** **Appretgummi** ist leicht angeröstete Kartoffelstärke. — **Volumin** ist eine Lösung von unreinem Stärkezucker. — **Glanzpulver** ist gewöhnliches Kochsalz. (Ambühl.)

3312. **Argented Tin,** eine amerikanische Legierung von sehr schön weißer Farbe, großer Härte und leichter Schmelzbarkeit, welche zu besseren Sorten von Messerheften Verwendung findet, besteht aus 91 T. Zinn, 4 T. Silber und 4 T. Kupfer. (Metallarbeiter.)

3313. **Argentid,** ein Putzpulver für Metall, ist wahrscheinlich gebrannter Dolomit. (Hager.)

3314. **Argentine-Wasser,** Versilberungs-Flüssigkeit, wird dargestellt durch Auflösen von 7 T. Silber in 13 T. Salpetersäure und Vermischen der erhaltenen Silbernitratlösung mit einer Lösung von 60 T. Cyankalium in 750 T. Wasser unter Zusatz von 13 T. Schlämmkreide.

3315. **Argentorat,** ein Aluminiumblitzpulver, besteht aus entfettetem Aluminiumpulver und Kaliumperchlorat.

3316. **Arguzoid,** eine als Surrogat für Silber aus England in den Handel gebrachte Legierung, enthält 4,03% Zinn, 3,54% Blei, 55,78% Kupfer, 13,41% Nickel, 23,20% Zink und Spuren von Eisen.

3317. **Armee-Neuton** besteht aus etwa 80—85 T. höchst fein gepulvertem Ton mit 10—15 T. Dextrin und Wasser zu Kugeln geformt.

3318. **Arrow-Root-Biscuit** von Huntley & Pahners enthält verdauliches Eiweiß 6,71%, Fett 12,21%, Kohlehydrate 73,67%, Wasser 6,53%, Mineralstoffe 0,88%, davon Phosphorsäure 0,236%. (Stutzer.)

3319. **Arsoenometer** oder **Kunstweinerkenner,** ein von der „Vorstehung des chem. techn. Laboratoriums in Wien" verkauftes Instrument, besteht in einer Senkwage mit einem einzigen Strich, welcher dem spez. Gew. des Wassers entspricht.

3320. **Arteminin,** antiseptisches Mittel zur Konservierung von Fleisch etc., ist eine Auflösung von 1 T. Apfelsäure und 11 T. Borsäure in Wasser.

3321. **Asbestin** für feuersichere Anstriche ist eine breiige Masse aus Asbest, gepulvertem Kieselstein, Ätzkali und Natronwasserglas, der beim Gebrauch noch Sand zugesetzt wird.

3322. **Aseptin** von G. Gahn in Upsala, als Konservierungsmittel für Milch, Fleisch etc. in den Handel gebracht, ist Borsäure.

3323. **Aseptin, doppeltes,** besteht aus 2 T. Borsäure und 1 T. Kalialaun. (Hager.)

3324. **Aseptinsäure** von A. von Busse in Linden enthält $3{,}_0$ Salizylaldehyd und $5{,}_0$ Borsäure in 1 kg Wasserstoffsuperoxyd von 1,534% Gehalt gelöst. (H. Thoms.)

3325. **Aseptol,** ein Desinfektionsmittel, ist Oxyphenylsulfinsäure Acid. orthooxyphenylsulfurosum).

3326. **Asiatischer Kaffee,** ein in Galizien der Landbevölkerung verkauftes Kaffeesurrogat, besteht aus ausgekochtem Kaffee, gemahlenem Ziegelstein und Bimstein, Asche und gebrannten Erdmandeln. (Jacobsen.)

3327. **Asphalin** ist ein Gemisch aus 36 T. pyroschwefelsaurem Kalium, 28 T. Kalisalpeter und 9,6 T. Glyzerin neben einem für sich gehaltenen Gemenge aus gleichen Teilen chlorsaurem Kalium und Kohle.

3328. **Astatki** sind Petroleumrückstände, die zur Kesselfeuerung Verwendung finden.

3329. **Astor** ist ein Gemisch von Johannisbrot, Wickensamen, Rispenhirse, Zuckerhirse, Bockshornsamen, Anis, Hanf, Salbeiblättern, Steinklee u. dergl. Es wird in England als Beifutter für Kühe verwendet.

3330. **Astralight** der Astralightcompany in London, ein Pulver, welches dem Petroleum zugesetzt werden soll, ist ein Gemisch von 4 T. mit Methylviolett denaturiertem Kochsalz und 1 T. Kampher.

3331. **Australian Salt** von Ohrtmann durch Glaser & Ehrlich in Berlin. Ein Papierbeutel, enthaltend ein weißes, in Wasser mit alkalischer Reaktion milchigtrübe lösliches Pulver, durchtränkt mit ½% eines dickflüssigen flüchtigen Kohlenwasserstoffs. In dem entölten Salz wurden gefunden in Prozenten 5,5 Natriumchlorid, 54 Borax mit 40,8 Kristallwasser. (Polenske.)

3332. **Avenacia** von Rademann in Bockenheim-Frankfurt a. M. enthält in 100 T. 7,13 Fett, 14,56 Protein, 66,23 stickstofffreie Stoffe (Dextrin etc.), 1,53 Cellulose, 7,39 Feuchtigkeit, 3,16 Salze. (Stutzer.)

3333. **Avenin** ist ein Hafernährpräparat. Fabrikant: Otto E. Heuschkel in Dresden-A.

3334. **Azurin,** ein Mittel gegen Mehltau des Weines, besteht aus einer Lösung von 1 kg Kupfervitriol in 4 l heißem Wasser, welcher nach dem Erkalten 1,5 l Ammoniak von 20% zugesetzt wurde.

Zum Gebrauche wird das Azurin auf 200 l mit Wasser verdünnt und auf die Weinstöcke gespritzt.

3335. **Babbit-Metall,** als Antifriktionsmetall zum Ausgießen der Lagerschalen empfohlen, besteht aus einer Legierung von 50 T. Zinn, 4 T. Antimon und 1 T. Kupfer.

3336. **Babyfood,** in Nordamerika patentierte Nahrung für kleine Kinder, besteht aus Weizenstärke und Milchzucker. 60 g = *M.* 2. (H e n r y B. P a r s o n s.)

3337. **Backhaus-Milch** wird folgendermaßen hergestellt: Vollmilch wird durch Zentrifugieren in Rahm und Magermilch geschieden. Die Magermilch wird bei 40° C. mit Trypsin und Alkali behandelt. Hierdurch wird das Caseïn zum Teil peptonisiert, zum Teil zum Gerinnen gebracht. Nach 30 Minuten werden die Enzyme durch Erhitzen auf 80° C. getötet, alsdann wird die Mischung durch Zusatz von Rahm auf den erforderlichen Gehalt von Fett und Caseïn gebracht, schließlich mit 1% Milchzucker versetzt, auf Flaschen gefüllt und sterilisiert. Bezugsquellen: „N u t r i c i a", Leipzig, Johannisplatz 4/5 und „N u t r i c i a", Zentrale für Backhaus-Milch, Berlin W. 57.

3338. **Backmehl, selbsttätiges,** vom Drogist G. L i e b i g in Hannover, besteht aus 8,4 T. doppeltkohlensaurem Natrium, 18,8 T. gereinigtem Weinstein und 1000 T. Weizenmehl.

3339. **Backpulver, german backing powder,** von B o r w i c k ist Brausepulver mit Maisgries gemengt. 1 kg = *M.* 4,40. (G ä d i c k e.)

3340. **Backpulver** nach B r e h o n, fabriziert in Berlin, wird erhalten durch Mischen von 180 T. Alaun, 75 T. doppeltkohlensaurem Natrium und 50 T. minder-basischem Kalkphosphat, dargestellt durch Übergießen von weißgebranntem Knochenmehl mit dem gleichen Gewicht 10prozentiger Salzsäure.

3341. **Backpulver** von C l o t w o r t h y in Baltimore besteht aus einem Gemisch von weinsaurem Aluminiumammonium und einem Alkalikarbonat.

3342. **Backpulver, patentiertes,** von G. E. D a v i s in Heaton Moor, ist saures Ammoniumphosphat mit Alkalibikarbonaten oder Calcium- oder Magnesiumkarbonat.

3343. **Backpulver** von J. G a e d i c k e & C o. in Berlin enthält sauren phosphorsauren Kalk und Magnesia, doppeltkohlensaures Natrium, etwas Kochsalz und Mehl. (C. R a a b e - G r a f.)

3344. **Backpulver** von G o o d a l besteht aus einer Mischung von Weinsäure und doppeltkohlensaurem Natrium, zu ⅓ mit Reismehl gemischt. (K. B o s c h a n.)

3345. **Backpulver, Yeast powder,** von Prof. H o r s f o r d in Cambridge in Nordamerika. Zwei Präparate in Pulverform, weiß, mehlartig und jedes für sich in einem Umschlage verpackt. Das eine enthält sauren phosphorsauren Kalk und Magnesia, gemengt mit einer gewissen Quantität Mehl, das andere ist doppeltkohlensaures Natrium mit etwas Chlorkalium. Beide Pulver sind mit Kartoffelstärke in dem Verhältnis gemischt, daß sich gleiche Teile zersetzen.

3346. **Backpulver Oetkers.** Nach dem D. R. P. 144 289 für Dr. Aug. Oetker in Bielefeld erhält derselbe aus 77 T. Weinsäure, 100 T. Mehl und 84 T. Natriumbikarbonat 261 T. Backpulver. Die Weinsäure wird in wässeriger Lösung mit dem Mehle eingetrocknet, so daß die Lösung in die Zellen des Mehles hineinzieht und eindunstet; das so präparierte Mehl vermischt man mit dem Natriumbikarbonat. So entsteht ein Weinsäurebackpulver, welches langsamer und gleichmäßiger reagiert als eine einfache Mischung der Einzelbestandteile.

3347. **Backpulver** von A. Peters in Brooklyn besteht entweder aus äquivalenten Mengen von Calcium-, Magnesium- oder einem anderen Karbonat einer alkalischen Erde und Natriumsulfat oder einem anderen Alkalibisulfat; oder ist eine Mischung von saurem Calciumphosphat und einem Karbonat von Magnesium oder Strontium.

3348. **Ballistit** ist ein aus löslicher Kollodiumwolle, Nitroglyzerin und Kampher bestehender Sprengstoff.

3349. **Barmenit, Natrium chloroborosum,** Dr. C. Rügers, von A. Wassmuth & Co. in Barmen, enthält in Prozenten 49,95 Natriumchlorid, 27 Borsäureanhydrid mit 22,50 Kristallwasser. (Polenske.)

3350. **Barmenitpökel I,** ein Fleischkonservierungsmittel, in 100 g wurden gefunden: 25,2 Salpeter, 46,8 Natriumchlorid, 25,7 Rohrzucker, 0,8 Gips, 0,1 Feuchtigkeit und Spuren Magnesia.

3351. **Barol** der chemischen Fabrik von Dr. H. Nördlinger ist ein Holzkonservierungsmittel, welches durch Behandeln von Karbolineum mit Kupferchlorid erhalten wird.

3352. **Bauernlust,** Milch- und Mastpulver: Süßholz, Meisterwurz, Enzian, Kohle aa 15 und Viehsalz, Glaubersalz, Futterkalk, Salpeter, Natrium bicarbon. aa 8.

3353. **Bauerntrost,** Kraftnährpulver, von Laudenbach in Schweinfurt: 6% Spießglanz, 20% Futterkalk, 3% Schwefel, Pulver von Umbelliferensamen und anderen Vegetabilien.

3354. **Bavarol** ist ein dem Lysol ähnliches Desinfektionsmittel.

3355. **Bellit** ist eine Mischung von ungefähr 4 T. Ammoniaksalpeter und 1 T. Dinitrobenzol.

3356. **Belmontin** ist ein Paraffin, von den Belmont-Quartier-Works in London nach dem Patent von Warren de la Rue aus Mineralöl fabriziert und zu Belmontin-Kerzen verarbeitet.

3357. **Belmontin-Oil, Sherwoodoil,** werden die Produkte der flüchtigen Anteile des Rohstoffs bei Bereitung des Belmontins genannt.

3358. **Bengalin** ist Kleie, die in eine Lösung von chlorsaurem Kalium eingetaucht worden ist, und zwar werden 3 T. Kleie auf 2 T. des Salzes genommen.

3359. **Benzinoform** ist Tetrachlorkahlenstoff, der an Stelle von Benzin als Fleckmittel empfohlen wird. Fabrikant: Chem. Fabrik Griesheim-Elektron bei Frankfurt a. M.

3360. **Benzolinar,** Fleckenreinigungsmittel von Rohloff & Co. in Leipzig (Inh. H. Meister), besteht aus 1 T. Schwefeläther, 4 T. Steinkohlenbenzol und einigen Tropfen Birnenäther. (Bischoff.)

3361. **Bercolin** ist ein Skiwachs, das vermutlich aus Vaselin, Wachs und Benzin besteht. Fabrikant: Berr & Co. in Wien VI, Mariahilfer-Str. 18.

3362. **Berliner Luftreinigungsmittel** soll ein Gemisch aus 20 Rosmarinöl, 5 Lavendelöl, 5 Thymianöl und 60 Salpetersäure sein. Ein damit getränkter Schwamm soll zum Verdunsten des Mittels in das Krankenzimmer gelegt werden.

3363. **Berlinit, konzentriert,** von Delvendahl & Küntzel in Berlin enthält in Prozenten 7,46 Natriumchlorid, 9,80 Borsäure, 45,75 Borax mit 36,80 Kristallwasser. (Polenske.)

3364. **Berlinit,** Pökel, von Delvendahl & Künzel in Berlin, enthält in Prozenten 45,92 Natriumchlorid, 32,80 Kaliumnitrat, 19,16 Borsäure, 2,28 Wasser. (Polenske.)

3365. **Biederts Ramogen** zur Herstellung von Kindermilch besteht aus Kaliumkaseïnat, Milchzucker und Milchsalzen. Nicht zu verwechseln mit Biederts Rahmgemenge = trinkfertige Kindermilch. Fakribant: Deutsche Milchwerke in Zwingenberg (Hessen).

3366. **Bieraroma, amerikanisches,** aus Philadelphia, wird in Flaschen zu 150 g verkauft als gelbes körniges Gemenge, bestehend aus zerkleinerter Veilchenwurzel, kristallisiertem Zucker und zerkleinerten Pichurimbohnen.

3367. **Bierkläre** von Sigerist in Mengen in Württemberg zur Wiederherstellung saurer und trüber Biere. Nr. I besteht aus 15 kg Natr. bicarbonic., welches 45% einfach kohlensaures Natrium enthält. — Nr. II ist eine gesättigte Weinsteinsäurelösung, gefärbt mit gebranntem Zucker, $500{,}_{0}$ Weinsteinsäure enthaltend. Nr. III besteht aus Kreide mit 40% Sand. — Nr. IV ist eine braune, sehr feste, mit Sand gemischte Masse, bestehend aus feinzerteiltem Leder, welchem ein Teil seiner Gerbstoffe durch Behandlung mit Soda entzogen ist, gemischt mit 25% Sand. Die ganze Masse beträgt ungefähr 2,5 kg. Preis 100 fl.

3368. **Bierkonservator,** ein in Süddeutschland verkauftes gelblich rotes Pulver, besteht aus Kochsalz, Tannin und einem gerbstoffhaltigen Farbstoff, wahrscheinlich Katechu. (Leyser.)

3369. **Biermasse** ist eine stark gehopfte, maltosereiche Masse, ähnlich einem konzentrierten Malzextrakt. Angeblich für den Export bestimmt. (Schweißinger.)

3370. **Bigarol,** ein Riechstoff, besteht aus 15 T. Nerolin und 85 T. Acetanilid.

3371. **Bilz' Limetta** ist nach Beythien im wesentlichen eine künstlich gelb gefärbte Auflösung von ca. 1,5% Weinsäure und ca. 70% Zucker in Wasser, die mit etwas Ananas- oder Himbeeressenz parfümiert ist.

3372. **Bioplastin** nennt Simriani ein Nähr- und Kräftigungsmittel, welches als wesentliche Bestandteile Lecithin, Eisen und die Phosphate des Eidotters enthalten soll.

3373. **Bioson** wird eine Eisen-Eiweiß-Lecithin-Verbindung genannt. Fabrikant: A. Diefenbach in Bensheim a. d. Bergstraße.

3374. **Bisulfit.** (Fleisch-Konservierungsmittel.) Nr. I trockenes Natrium bisulfurosum mit 50% schwefliger Säure. — Nr. II gelöstes Natrium bisulfurosum mit 20% schwefliger Säure. (Schweissinger.)

3375. **Black Pepsin** von N. S. Saly & Co. in New Concord in Amerika, zur Vermehrung der Butterproduktion, soll nach New-Yorker Pharm. Rundschau mit Orlean gefärbtes Kochsalz sein.

3376. **Blankol,** ein Universalfleckenreinigungsmittel ist mit etwas Mirbanöl parfümiertes, stark verdünntes Ammoniakwasser. (Jahresbericht des Kantonchemikers in St. Gallen 1902.)

3377. **Blatticidium** oder **Mottentod** von Macks besteht aus 3 T. Kampher, 1 T. Lavendelöl, 1 T. Spicköl, 1 T. Terpentinöl, 2 T. Benzin und 32 T. Spiritus. 330 g = *M*. 2. (Hager.)

3378. **Bleichflüssigkeit** von Carl Anton Martin in Wildenfels, soll in Deutschland patentiert sein, ist eine Mischung von Terpentinöl, Benzin, Schwefelsäure und einer Lösung von Natronsalpeter in Wasser.

3379. **Bleichpulver** besteht in der Hauptsache aus Natriumsuperoxyd und einem oder mehreren neutralen Erdalkalisalzen (Magnesiumsulfat, Magnesiumchlorid, Calciumchlorid etc.)

3380. **Bleichsoda,** wie sie von vielen Firmen derzeit in den Handel gebracht wird, ist meist ein Gemisch von 4 T. Kristallsoda und 1 T. Wasserglas.

3381. **Bleichsoda** von Henkel ist ein sodahaltiges Wasserglas.

3382. **Blitzähren, japanische,** enthalten ein inniges Gemisch von 3 T. Ruß, 8 T. Schwefelblumen und 15 T. Salpeter. Zu schneeflockenähnlichen Funken nimmt man 2 T. Lindenkohle, 4 T. Schwefelblumen, 7 T. Natriumsalpeter.

3383. **Blitzblank-Seifensand** aus Faunichts Laboratorium in Eidelstädt-Hamburg enthielt Seifenpulver, kalzinierte Soda, Tonerde und ca. 80% fein gesiebten Sand. (Unters.-Amt Ulm.)

3384. **Blitzfackeln** und **Theofackeln,** als Feuerlöschmittel empfohlen, sind mit einem gelben, aus Natriumbikarbonat und Eisenocker bestehenden Pulver gefüllt. (Pharm. Zentralh.)

3385. **Bloomless-Oil** von F l e m m i n g & C o. in Caroline Park Edinbourgh, ein Maschinenöl, wird in verschiedenen Qualitäten und verschiedenen spez. Gew. von 0,850—0,890 hergestellt und ist eine Mischung von Pflanzenölen und schottischem Braunkohlenöl. Preis *M.* 60—80.

3386. **Blumendünger** nach O. F ö r s t e r enthält 25% schwefelsaures Ammonium, 30% Spodiumsuperphosphat mit ca. 16% löslicher Phosphorsäure, 45% dreifach konz. Kalidünger von Staßfurt.

3387. **Blumendünger** von H e s s e enthält 4,22% gebundene Kohlensäure, 0,08% Chlor, 5,92% Wasser, 3,76% gebundene Schwefelsäure, 23,95% Kalk, 2,22% Magnesia, 10,55% Kalium und 12,70% Stickstoff.

3388. **Blumendünger** von F. H o y e r. 3 T. Kalisalpeter, 1 T. Bittersalz, 8 T. salpetersaurer Kalk, 2 T. Bakerguano werden in 24 T. Flußwasser gelöst und beim Gebrauch mit der 250fachen Menge Wasser verdünnt.

3389. **Blumendünger** von R e d e n b u r g & B l e e k e r in Uetersen i. H. besteht aus Phosphorsäure 3,5%, wovon nur wenig wasserlöslich ist, Kalium 7,56%, Stickstoff 6,66%.

3390. **Blumendünger** von Prof. K n o p besteht aus zwei Lösungen: I enthält $205,_0$ Bittersalz auf 3½ Liter Wasser, II in demselben Wasserquantum $400,_0$ salpetersauren Kalk, $100,_0$ Kalisalpeter, $100,_0$ Kaliumsuperphosphat, 26,11 freie Phosphorsäure. Je 1 T. jeder Lösung wird beim Gebrauch mit 100 T. Wasser verdünnt.

3391. **Blumendünger** von R a d i g & K ö h l e r besteht aus 6,10% Phosphorsäure, wovon 3,95% in wasserlöslichen Verbindungen vorhanden, 27,80% Kalium, ferner bedeutende Mengen von Salpetersäure, Schwefelsäure, wenig Chlor und Ammoniak.

3392. **Blumendünger** von R. S c h l e i c h e r in München riecht stark nach Fischguano und enthält Phosphorsäure 0,5%, Kalium 2%, Stickstoff 7,8%, wenig Schwefelsäure und Chlor, etwas Magnesia und Ammoniak. Wasserlösliche Phosphorsäure ist nicht vorhanden.

3393. **Bockbieressenz.** Zur Darstellung künstlichen Bockbiers ist eine Tinktur aus 1 T. Gland. Lupuli, 9 T. Acet. pyrolignos. und 8 T. Spiritus. (H a g e r.)

3394. **Bodins Eichel-Hafermehl,** ein neues Nährpräparat von M a x B o d i n in Leipzig, dürfte in der Hauptsache aus einem Gemenge von gerösteten Eicheln, Hafermehl und geringen Mengen Zucker bestehen. (A u f r e c h t.)

3395. **Bonal,** ein Konservierungsmittel, besteht nach A u f r e c h t aus Formaldehyd, Natriumsulfat, Natriumchlorid, Natriumphosphat und Milchzucker.

3396. **Bonbonrot** zum Färben von Konditoreiwaren und Früchtegelee, eine giftfreie, in Wasser lösliche rote Anilinfarbe, welche aber nicht lichtbeständig ist. (Unters.-Amt Ulm.)

3397. **Boraxine,** ein Waschpulver, soll aus 14,778 T. Wasser, 57,873 T. Natriumkarbonat und 23,727 T. Seife bestehen.

3398. **Bordelaiser Brei,** gegen die Kartoffelkrankheit, von Prof. K. Fasquelle, ist eine Lösung von 8 kg Kupfervitriol in 100 l Wasser, gemischt mit einer Kalkmilch aus 15 kg ungelöschtem Kalk und 30 l Wasser.

3399. **Borocat,** Konservesalz von Jannasch, besteht aus gleichen Teilen Kaliumchlorid, Natriumnitrat und Borsäure. (Hager.)

3400. **Boroglyzerinkonservesalz** von Rohkrämer & Sohn in Erfurt besteht aus einer Mischung von Boroglyzerin, Kochsalz und Salpeter. (Marpmann.)

3401. **Boroglyzerinlauge** von Rohkrämer & Sohn in Erfurt ist eine dicke süße Flüssigkeit, welche außer Boroglyzerin Zucker enthält. (Marpmann.)

3402. **Borolin** wird ein sogen. Dauerwurstsalz genannt. Bei seiner Untersuchung durch Günther wurden gefunden: 46,63% Rohrzucker, 23,3% Kochsalz, 13,25% Borsäure, 5,91% Borax, 9,84% Kalisalpeter und 0,27% Natriumsulfat.

3403. **Borotartrol** ist ein aus Borsäure und neutralem Natriumtartrat hergestelltes Konservierungsmittel.

3404. **Bovinine** ist ein nach Angabe der Fabrikanten in New-York 34,7% lösliche Eiweißstoffe enthaltendes, aus Rind- und Hammelfleisch bereitetes Fleischpräparat.

3405. **Bovril,** ein Nährmittel, ist ein mit unlöslichem Fleischmehl vermischtes Fleischextrakt.

3406. **Branntweinbasis** von Conrad Büttner in Leipzig enthält im Liter $3,_0$ Tannin, 3,6 Glyzerin, 6,67 freie Weinsäure, 1,87 freie Ameisensäure, 22,8 freie Essigsäure, 1,2 Ameisensäureäthyläther, 16,5 Essigsäureäthyläther, 3,12 Buttersäureäthyläther, $15,_0$ Essigsäureamyläther, Capsicumtinktur, Spuren von Zucker und Weinbeeröl, 15,6 Extrakt, 0,06 Asche. (Polenske.)

3407. **Branntweinschärfe** von Stephan in Schwerin ist ein alkoholischer Auszug von Capsicumfrüchten. (Polenske.)

3408. **Brassolin** ist eine Lösung von Zelluloid in Azeton und Amylazetat.

3409. **Brillantine** von Claon, ein Poliermittel, besteht aus 100 T. Guanoextrakt, 25 T. Tripel, 12 T. Weizenmehl, 10 T. Kochsalz bei 100° gemischt und nach dem Erkalten gepulvert. (Polenske.)

3410. **Briquet,** ein im Handel vorkommendes Feuerzeug, besteht aus zwei mit einander verbundenen Röhren aus Metall, die eine zur Aufnahme der Lunte dienend, die andere in einem kleinen Glaszylinder den Zündstoff enthaltend, als welcher eine bei gewöhnlicher Temperatur halbflüssige Kaliumnatriumlegierung dient. (H e l b i g.)

3411. **Brockmanns Futterkalk,** Marke B soll bestehen aus 58 T. Futterkalk, 17 T. Viehsalz und 25 T. Vegetabilien (Fenchel).

3412. **Bromchloralum** von T i l t o n & C o. in New-York, Desinfektionsmittel, ist eine Flüssigkeit von 1,43 spez. Gew. mit 27,5% festen Bestandteilen. Letztere bestehen in 18,5% Chloraluminium, in Kalk und ansehnlichen Mengen alkalischer Salze. Freies Brom ist nicht vorhanden. (H. E n d e m a n n.)

3413. **Bronolit** wird eine Mischung von pikrinsaurem Barytnatrium und pikrinsaurem Bleioxydnatrium mit Kalisalpeter und hoch nitriertem Naphthalin genannt.

3414. **Bronze, japanische,** soll aus folgender Mischung hergestellt werden: 1 T. Gold, 3—9 T. Quecksilber, 33—65 T. Zinn und 1272 T. Kupfer, während europäische Bronze gewöhnlich 1 T. Zinn auf 8 T. Kupfer und außerdem je nach Bedürfnis noch Zusätze von Blei und Zink enthält.

3415. **Bronzelack, Pariser,** zu enorm hohem Preise verkauft, ist eine Lösung von 1 T. Schellack in 8—10 T. Alkohol mit Zusatz von ¼ T. Kampher und einigen Tropfen Lavendelöl.

3416. **Bronzetinktur** zum Anreiben der Bronze ist eine gesättigte Lösung von Dammarharz oder Benzin, deren Säuregehalt durch Alkali abgestumpft ist.

3417. **Brumata-Leim** ist ein Gemisch aus 9 T. Teer und 1 T. Fichtenharz oder aus 30 T. Leinöl, 35 T. Fichtenharz und 1 T. festem Paraffin.

3418. **Brunnengräbers sterilisierter Fleischsaft** wird aus frischem Rindfleisch durch Pepsinsalzsäure-Verdauung und nachfolgendes Kochen im Papinschen Topfe gewonnen. Fabrikant: Dr. C h r. B r u n n e n g r ä b e r in Rostock i. M., Universitäts-Apotheke.

3419. **Brunoleïn,** ein Beizmittel für Eichenholz, besteht aus 75 T. Wachs, in 325 T. Sikkativ geschmolzen und 600 T. Terpentinöl.

3420. **Butterkonservierungsteig** aus Spaa besteht aus Kochsalz 52 T., Salpeter 23 T., Zuckersirup 25 T. 500 g = *M.* 2. (W i t t s t e i n.)

3421. **Butterfarben,** welche im Handel vorkommen, sind mehr oder weniger gereinigter Orlean.

3422. **Butterfarbe, deutsche,** von T h. H e y d r i c h in Wittenberg ist ein tief rotgelb gefärbtes klares Öl, welches den Farbstoff des Orleans gelöst enthält. (P o l e n s k e.)

3423. **Butterfarbe** aus Paris ist ein Gemenge von 40% Chromgelb und einem durch Orlean gefärbten Fett. (F l ü c k i g e r und W e i l.)

3424. **Buttermilchkonserve** ist ein Säuglingsnährpräparat, dasselbe soll eine rein milchsaure, kaseinarme, albuminreichere, fettlose Milch in jederzeit erhältlicher, nicht verderbender Form erlangen lassen. Nach einer Analyse von E. Wörner gibt die Konserve, mit 3 T. Wasser gemischt, eine Buttermilch mit 2,59% Eiweiß (mit 0,44 Albumin), 0,5% Fett, 8,3% Zucker (6% Rohrzucker und 2,3% Milchzucker), 0,5% Milchsäure, 0,58% Asche, 0,06% Kalk (CaO), 0,15% Phosphorsäure P_2O_5, bei einem Kalorienwert von etwa 500 Kalorien pro 1000 g der fertigen Mischung. Fabrikant: Deutsche Nährmittelwerke, Berlin-Strehlen.

3425. **Butterpulver** der Adler-Apotheke in Emmerich a. Rh. ist doppeltkohlensaures Natrium. 500 g = *M.* 0,80. (U. Kreusler.)

3426. **Butterpulver** von K. von Gimborn ist doppeltkohlensaures Natrium, dem einfach kohlensaures Natrium beigemischt ist. (P. Petersen.)

3427. **Butterpulver** von Lemmel, in Schleswig-Holstein vertrieben, ist mit Curcuma gefärbtes doppeltkohlensaures Natrium. 120 g = *M.* 0,45. (Hirschberg.)

3428. **Butterpulver,** Schürers, von Apoth. Emil Schürer in Mutzschen (Kgr. Sachsen), besteht aus doppeltkohlensaurem Natrium mit ½% Curcumapulver. 125 g = *M.* 0,50. (Peters.)

3429. **Butterpulver** von Tomlinson & Co. in Lincoln in England ist mit ¾% Orlean, bisweilen auch mit etwas Safflor gefärbtes doppeltkohlensaures Natrium. 1 Kiste à 4 kg = *M.* 7,50. 1 Dosis (160 g) = *M.* 1,20. (Karmrodt.)

3430. **Calcidum,** ein Mittel gegen das Einfrieren von Wasserröhren etc. ist eine konzentrierte, wässerige Lösung von Chlorcalcium. (Untersuchungsamt Altona.)

3431. **Calf Meal,** Patent Simpson, ein Futtermittel als Ersatz der Milch bei der Aufzucht von Kälbern und Jungvieh, ist ein Gemisch aus 9 T. Bohnenmehl und 1 T. Leinmehl. (Meißl.)

3432. **Caloricid** von M. A. Krause in Hamburg und I. Lewandowsky, ein patentiertes Schmiermittel bei heiß gelaufenen Zapfenlagern. 40,0 gelbes oder rotes Blutlaugensalz werden in wenig Wasser gelöst, 4,0 Eisenchlorid und 60,0 Schwefel hinzugesetzt, eingetrocknet und mit 200,0 Rüböl verrieben.

3433. **Camphoral,** ein geruchzerstörendes, fäulniswidriges Mittel, besteht aus 3% Wasserstoffperoxyd, 1% Kampher und 32% Weingeist.

3434. **Capokoel,** ein aus dem Samen von Eriodendron anfractosum gewonnenes Öl, welches dem Baumwollsamenöl ähnlich ist und zur Seifenfabrikation empfohlen wird.

3435. **Carbazotine** ist ein Sprengmittel, bereitet aus Kaliumnitrit, Schwefel, Gerberlohe, Ruß und Eisenvitriol.

3436. **Carboazolin** besteht aus Salpeter, Schwefel, Ruß, Gerbrinde und Eisenvitriol.

3437. **Carbolein** von W e s c h n i a k o f f in St. Petersburg ist ein Brennmaterial, bestehend aus schwarzen, ziemlich harten Stücken, welche 92% Steinkohle und 8% Fett enthalten. (K a i s e r.)

3438. **Carbolineum Avenarius** ist eine schwarzbraune Flüssigkeit, ein Gemenge schwerer Teeröle, wie sie bei der Gasbereitung erhalten werden, beim Stehen Bodensätze fester Teerbestandteile bildend. Spez. Gew. 1,14, Siedepunkt 295°. (G e i ß l e r.)

3439. **Carbolineum-Ersatz** besteht aus 100 T. Borax, 50 T. Ätznatron, 4000 T. Wasser, bis zum Kochen erhitzt, 450 T. Schellack darin gelöst, 200 T. Karbolsäure von 40—50% hinzugefügt und gut gemischt.

3440. **Car Bovis** ist angeblich ein von anderen Stoffen freies Pulver, das aus rohem Rindfleisch bereitet ist.

3441. **Carin,** ein Fleischkonservierungsmittel, besteht aus 10% Hexamethylentetramin, Kochsalz und Salpeter.

3442. **Carnat** von L. Z i f f e r in Berlin, ein Fleischkonservierungsmittel, enthält 18,9% Natriumsulfat, 30,1% Natriumsulfit, 40,1% Natriumchlorid, 1,6% Natriumkarbonat, 5,1% Rohrzucker, 0,7% Calcium- und Magnesiumkarbonat und 2% Feuchtigkeit. Je 5 kg Fleisch sollen mit 5,$_0$ gemischt werden. 590 g in Blechbüchse = *M.* 3. (P o l e n s k e.)

3443. **Carnecons,** ein Fleischkonservierungsmittel, In 1 Liter wurden gefunden: 10,5 Aluminiumoxyd und 22,$_0$ Essigsäure als essigsaure und basisch essigsaure Tonerde, 80,6 Rohrzucker, 47,5 Salpeter, 3,2 Schwefelsäure, 1,9 Kaliumoxyd, Spuren von Chlor, Kalk und Magnesia.

3444. **Carniform A.,** Fleischkonservierungsmittel. In 100 g wurden gefunden: 3,5 Dinatriumphosphat, 3,1 Kristallwasser, 68,4 Natriumchlorid, 24,9 Salpeter, Spuren Calciumphosphat, Magnesium und Schwefelsäure.

3445. **Carniform B.** In 100 g wurden gefunden: 22,6 Dinatriumphosphat, 17,3 Kristallwasser, 59,7 Salpeter, 0,6 Calciumphosphat, Spuren von Schwefelsäure und Magnesium.

3446. **Carnit,** eine ammoniakalische Karminlösung, dient zum Wurstfärben.

3447. **Carnit,** ein Fleischkonservierungsmittel, soll nach den Angaben von D a l e r aus Aluminiumazetat, Salpeter und Zucker bestehen. Nach A u f r e c h t wurden bei der Untersuchung des **Albo-Carnits** in 100 Gewichtsteilen u. a. festgestellt: Tonerde 1,62 g, Chlor 3,30, Zucker 9,50, Salpetersäure 3,92. Außerdem konnten nachgewiesen werden: Natrium, Kalium, Essigsäure und Spuren von Kalk, Eisen und Schwefelsäure. Die Zusammensetzung von Albo-Carnit dürfte somit wahrscheinlich folgende sein: Kochsalz 5,$_0$, Salpeter 8,$_0$, Zucker 10,$_0$, Aluminiumazetatlösung 50,$_0$, Wasser 50,$_0$. Außer Albo-Carnit existiert noch ein mit **Rubro-Carnit** bezeichnetes Konservierungsmittel, welches die gleiche Zusammensetzung zeigte, nur daß es durch Fuchsin rot gefärbt war.

3448. **Carno-Konservesalz.** In 100 g wurden gefunden: 51,2 kristallisiertes Natriumazetat, 47,8 Natriumchlorid, 0,3 Gips, 0,05 Eisenoxyd.

3449. **Carottine,** ein künstliches Butterfärbemittel, stellt ein orangegelbes Öl dar und läßt sich in der Weise herstellen, daß man $125,_0$ trockenen Orlean bei 100^0 mit $500,_0$ Öl digeriert. 15—20 g = *M.* 0,40. (S c h m i t t.)

3450. **Cassala-Salz,** M i c h e l s, ein Fleischkonservierungsmittel. In diesem teilweise verwitterten Salze wurden gefunden: 30,74% Natriumchlorid, 15,40% Natriumphosphat, 23,30% Kalium-Natriumtartrat, 16,90% Kristallwasser, 1,20% Aluminiumoxyd und 2,10% Essigsäure als basisch essigsaure Tonerde, 8,40% Zucker, 0,98% Benzoesäure, 0,50% Schwefelsäure, Spuren von Kalk.

3451. **Cassalin,** ein Konservesalz, von A d o l f M i c h e l -Kassel und Hannover bestand aus Zucker, Kochsalz, phosphorsaurem Natrium, benzoesaurem Natrium und Aluminiumsulfat. (M a t t h e s.)

3452. **Caustol,** ein Ersatz für Ätznatron, wird zur Reinigung von Bierdruckleitungen empfohlen und soll an der Luft nicht zerfließen. Fabrikant: Dr. J. T r o s t, Bad Ems.

3453. **Cellulith,** nicht zu verwechseln mit Zelluloid, entsteht durch lang andauerndes Stampfen des sog. Ganzzeuges in der Papierfabrikation, wobei man eine vollkommen gleichmäßige, feuchte Masse erhält, welche keine Spur mehr von Fasern erkennen läßt. Nach dem Trocknen stellt der Zellulosebrei eine hornartige Masse dar, welche beliebig gefärbt und ähnlich wie Horn, Ebonit, Zelluloid etc. verarbeitet werden kann. Vor letzterem zeigt das Cellulith den Vorteil, daß es unentflammbar ist.

3454. **Cellulose, alkalisierte,** von F. J a n s s e n s in Herten zur Verhütung von Kesselsteinbildungen, ist im wesentlichen eine Lösung von Soda und Natron, anscheinend durch Erhitzen von Natron mit etwas Zellulose erhalten. 180 Liter = *M.* 40. (F. F i s c h e r.)

3455. **Cellulose, alkalisierte,** von J. A. P i l g r a m in Barmen, enthält in 100 Gewichtsteilen 41,79 Wasser, 44,62 Soda, 2,71 Natriumhydrat, 11,49 Organisches (Stärkemehl, in Form von Kleie beigemischt.) 100 kg = *M.* 90, nach C. E. P u l l e r nur *M.* 22.

3456. **Cement-Mastix** ist eine bei Festungsbauten angewendete Mischung aus 40 T. Kolophonium, 80 T. Schlämmkreide und 100 T. gesiebtem Sand.

3457. **Cement,** R e n n e s, ist mit Alaunlösung angerührter, gebrannter und gemahlener Gips. Wenn die Masse erstarrt ist, wird sie nochmals bei dunkler Rotglut gebrannt und gemahlen und zum Gebrauche mit einer Lösung von 1 T. Alaun in 12—13 T. Wasser angemacht.

3458. **Cement,** S c h o t t s. Natürlich vorkommender Anhydrit wird zu Pulver gemahlen, mit 75,5% Kalkstein oder Kreide, gleichfalls gepulvert, vermischt und in einem Siemensschen Puddelofen geschmolzen und dann zerkleinert.

3459. **Cement,** S c o t t s, wird dargestellt, indem man auf Kalk, welcher bei Rotglut gebrannt ist, die Dämpfe von brennendem Schwefel einwirken läßt.

3460. **Cement,** S i n g e r s, Kitt zwischen Glas und Messing, aus 5 T. Harz, 1 T. Wachs, 1 T. Ocker und ¼ T. Gips bestehend.

3461. **Cement,** U r e s, besteht aus 6 T. Harz, 1 T. Ocker, ½ T. Gips und ¼ T. Leinöl. Ocker und Gips werden vorher kalziniert und dann zu den übrigen zusammengeschmolzenen Substanzen gefügt.

3462. **Cement,** V a r l e y s, besteht aus 16 T. gewöhnlichem Harz, 1 T. Wachs und 16 T. geschlämmter Kreide. Die beiden ersten Substanzen werden zusammengeschmolzen und dann die Kreide, welche vorher durch starkes Erhitzen völlig getrocknet ist, hinzugerührt.

3463. **Cement** von S o r e l besteht aus Chlormagnesium und gebrannter Magnesia.

3464. **Cerat,** eine Poliermasse für Photographen, ist eine Mischung aus weißem Wachs, Terpentinöl je $25,_0$ und Dammarlack $2,_0$ Teilen

3465. **Cervelatwurstgewürzsalz.** In 100 g wurden gefunden: 0,7 Feuchtigkeit, 3,5 Gewürze, meist aus Pfeffer bestehend, $89,_0$ Natriumchlorid, $5,_0$ Salpeter, 0,7 Gips, Spuren von Magnesium.

3466. **Cervelatwurstsalz (Gewürzsalz).** In 100 g wurden gefunden: 7,5 Gewürze, meist aus Pfeffer bestehend, 1,6 Feuchtigkeit, 81,6 Natriumchlorid, 2,5 Salpeter, 6,2 Rohrzucker, Spuren von Magnesium.

3467. **Césarine** ist nach F e n d l e r eine wahrscheinlich mit Hilfe von Kochsalz und Eigelb lediglich aus Kokosfett hergestellte Margarine.

3468. **China-Camphoran** ist ein Kamphierersatz der Fabrik Dr. J. T r o s t in Bad Ems.

3469. **China-Erhaltungspulver Minerva** aus der Fabrik für Erhaltungspräparate von L o u i s S c h u l t z in Berlin enthält in Prozenten 25 Natriumchlorid, 17,70 Borsäure, 38,84 Natriumsulfat, 9,20 Natriumsulfit, 9,40 Wasser. (P o l e n s k e.)

3470. **Chinaperlen,** Dr. S e y f e r t h s, als Zusatz zum Wasser, um darin aufbewahrte Blumen und Buketts lange frisch zu erhalten, sind Kügelchen, deren jedes 1,3 g der Chlorhydrate der Chinaalkaloide (Chinchonin, Chinin etc.) enthält. (J a c o b s e n.)

3471. **Chinesischer Kitt** für Porzellan besteht aus fein gepulvertem gebranntem Kalk 54 T., Alaun 6 T., frischem Blut 40 T.

3472. **Chiningaze** nach Art der 1prozentigen Jodoformgaze wird dargestellt aus 5 Chinin, 15 Weingeist, 170 Wasser und 500 Gaze. Verwendung und Wirkung ist dieselbe wie die der Jodoformgaze.

3473. **Chloraluminiumhydrat** von E h r h a r d t & A l e x a n d e r in New-York, zur Desinfektion, ist eine gelbe Flüssigkeit von 1,25 spez. Gew. mit 28% festen Bestandteilen, worunter 21% Chloraluminium, dann Chloreisen und Chlorcalcium. (H. E n d e - m a n n.)

3474. **Chloralum Powder** aus London, Präparat der Chloralum-Company in England, als Absorptionsmittel von organischen Verunreinigungen, als Antiseptikum und Adstringens in der Vermischung mit Weizenmehl genossen, sowie als Desinfektionsmittel der Eisenbahnwagen, Schiffe, Aborte, Ställe, Rinnsteine etc. empfohlen. Elegant ettikettierte Blechbüchsen mit ca. $530,_0$ eines weißen Pulvers, in 100 T. enthaltend 0,72 Chlorarsen, 0,55 Chlorblei, 0,37 Chlorkupfer, 52,43 Chloraluminium, 1,55 Chloreisen, 11,51 Chlorcalcium, 0,72 Gips, 32,15 Ton und Kieselerde. Nach F l e c k der bei Bereitung des Chloralums abgeschiedene Schlamm, welcher samt der anhängenden Flüssigkeit in Bleipfannen eingedampft und eingetrocknet wird. *M.* 0,50. — Nach H a g e r ist es ein trockenes, gelblich grauweißes Pulver, nur zum Teil in verdünnter Salzsäure löslich, schwach nach einer gereinigten Karbolsäure riechend, dargestellt aus einem tonhaltigen Mergel, welcher mit konzentrierter roher Salzsäure durchfeuchtet und dann mit soviel Tonmergel durchmischt ist, daß ein trockenes Pulver entsteht.

3475. **Chloralum-Wool and Wadding** aus London, Präparat der C h l o r - a l u m - C o m p a n y in England, empfohlen als Luftfilter, als blutstillendes Mittel und Antiseptikum bei frischen oder eiternden Wunden und Krebsgeschwüren, als Desinfektionsmittel für Särge und Leichen. Ein sauber etikettierter Beutel aus wasserdichtem Gewebe, enthaltend $35,_0$ einer mit 1,73 festem Chloralum oder mit 9,80 flüssigem Chloralum getränkten und getrockneten Watte im Preise von *M.* 2. (F l e c k.)

3476. **Chloridin,** ein Mittel, um porose Ziegel vor der Verwitterung zu schützen, besteht aus Chlorverbindungen von Eisenoxydul und Eisenoxyd, sowie Tonerde nebst geringen Mengen von erdigen Basen.

3477. **Chocolade, homöopathische,** mit Zucker ohne Gewürz Nr. 9, von E. K r e p l i n in Lehrte, welcher sie als ein rasch blutbildendes Stärkungs- und Nahrungsmittel rühmt, besteht aus 35% reinem Kakao, 20% schwach geröstetem Weizenmehl und 45% Zucker. (H a g e r.)

3478. **Chocoladenbutter,** in neuerer Zeit aus England als Ersatz der Kakaobutter angeboten, zeigt alle Eigenschaften (Jodzahl, Verseifungszahl, Schmelzpunkt) des Kokosfettes. (S c h w e i s - s i n g e r.)

3479. **Chresylatin,** ein Desinfektionsmittel, enthält Harzseife, Naphthalin und Kreosot.

3480. **Christophia** ist ein Magenaquavit oder Magenwein, bereitet aus

1500 T. weißem Wein, 20 T. Zimt, 10 T. Gewürznelken, 60 T. bitteren Mandeln durch mehrtägige Digestion, hierauf Zusatz von 300 T. Zucker und 500 T. Weingeist und Filtration. (H a g e r.)

3481. **Chromosot** von E. D r e s e l in Berlin, zur Erhaltung der Wurstfarbe angepriesen, besteht nach P o l e n s k e aus 90% eines Gemisches aus Natriumsulfit und Natriumsulfat, 8% Eiweiß, Spuren Farbstoffe, Kalk, Eisenoxyd, Tonerde und Chlor.

3482. **Chrysol** nennt der Ingenieur T o u x e in Lausanne (Zentral-Zeitung für Optik und Mechanik 1902) ein Vergoldungsmittel, dessen Zusammensetzung noch unbekannt ist.

3483. **Cibus** siehe unter Suppenwürzen.

3484. **Cidrase** werden besonders ausgewählte Sorten von Apfelweinhefe in Frankreich genannt. (Cider = Apfelwein.)

3485. **Citronellin** ist ein wohlschmeckendes Ersatzmittel für frischen Zitronensaft. Fabrikant: H e n s e l & P r i n k e in Görlitz.

3486. **Cocloin,** eine vegetabilische Milch, soll ein wässeriger Extrakt aus frischem Mais sein.

3487. **Cognacessenz** von Delvendahl und Küntzel in Berlin ist eine rötlichgelbe, sauer reagierende, alkoholische Flüssigkeit von 0,9283 spez. Gew. bei 15°, im Liter enthaltend 0,33 freie Äpfelsäure, 0,18 freie Essigsäure, 0,06 Weinbeeröl, Spuren Essigsäure- und Ameisensäureester und Vanillin, 9,26 Extrakt, enthaltend 6,73 Traubenzucker und 0,248 Asche, worin 20% Kalium und 6% Phosphorsäure. Der Alkoholgehalt betrug 54,92 Volumprozente, Fuselöl war in Spuren vorhanden. (P o l e n s k e.)

3488. **Cognacessenz, rheinische,** von Dr. L u d w i g E r k m a n n, enthält im Liter 0,54 Zitronenöl, 9,65 Weinbeeröl, 30,0 Essigsäureäthyläther, 21,8 Perubalsam, 0,2 Vanillin, Spuren von Buttersäure- und Ameisensäureester, 5,5 Perubalsam, 1,1 Asche, 77 Volumprozente Alkohol und 0,24 Volumprozente Fuselöl. (P o l e n s k e.)

3489. **Cognacessenz fine Champagne mit Bukett** von K ö l l i n g & S c h m i t t in Zerbst enthält im Liter 1,10 freie Buttersäure mit Spuren freier Essigsäure, 2,0 freie Ameisensäure, 0,03 Vanillin, 2,6 Weinbeeröl, 7,5 Ameisensäureäthyläther, 2,5 Buttersäureäthyläther mit Spuren von Essigsäure, 1,4 trocknes Extrakt, 0,04 Asche. (P o l e n s k e.)

3490. **Cognacfaçon** von D e l v e n d a h l & K ü n t z e l in Berlin ist eine rötlichgelbe, fast neutrale, nach Fruchtestern und Weinbeeröl riechende alkoholische Flüssigkeit vom spez. Gew. 0,886 bei 15°, im Liter enthaltend 0,06 Vanillin, 2,22 Weinbeeröl, 6,0 Essigsäureamyl- und Äthyläther, 1,6 Extrakt mit 0,32 Traubenzucker. Der Alkoholgehalt betrug 71,3 Volumprozente mit Spuren von Fuselöl. (P o l e n s k e.)

3491. **Cognacgrundstoff** von L o u i s M a u l in Berlin enthält im Liter

0,9 freie Essigsäure mit Spuren freier Buttersäure, 0,2 Vanillin, 1,3 Weinbeeröl, 0,96 Ameisensäureäthyläther, 3,83 Essigsäure-amyl- und- äthyläther, 2,0 Buttersäureäthyläther, 47,31 Extraktivstoffe und Zucker, 59,84 Volumprozente Alkohol. (P o l e n s k e.)

3492. **Coldens Liquid beef tonic** ist ein flüssiges, zusammengesetztes Fleischextrakt. Bezugsquelle: The Charles N. O r i t t e n t o n C o., New-York, 115—117, Fulton Street.

3493. **Collat,** ein in Berlin verkauftes Desinfektionsmittel, besteht aus 32% Eisenvitriol, 60% Sand, außerdem Eisenoxyd, Tonerde, kohlensaurem Kalk und wenig organischer Substanz (Braunkohlenmüll). (S c h u b a r d t.)

3494. **Collofin** der Collofin- und Appretin-Comp. in Dresden ist ein stark alkalisch reagierender Stärkekleister mit 81% Wasser als Ersatz des Dextrins angeboten. Preis *M.* 20 für 100 kg.

3495. **Compositionen** von S ä g h e r gegen Kesselstein. Nr. I besteht aus 1 T. Holzasche, 1 T. Holzkohlenpulver, 3 T. Harz und 5 T. Stearin. Harz und Stearin werden zusammengeschmolzen und darauf Asche und Kohle hinzugefügt, das ganze innig gemischt und zu Kuchen geformt. Nr. II besteht aus 3 T. Seife, 6 T. Talg und 1 T. einer Mischung aus 3/4 Holzkohlenpulver und 1/4 Ruß. Zur Anwendung werden die Stücke in den Dampfkessel gebracht und alle 4—6 Wochen die auf der Oberfläche des Wassers in dem Kessel angesammelte kalkige Masse aus dem Kessel entfernt und derselbe vollständig ausgewaschen.

3496. **Composition zur Verhütung der Kesselsteinbildung** von T h e o d o r H e i m e in Halle a. S. ist ein unreines Pflanzenextrakt, allen Anzeichen nach ein Auszug von Katechuabfällen. 100 kg = *M.* 110.

3497. **Condensed Beer** wird in England in großen Vakuumkesseln bei einer Temperatur unter 40° konzentriert und enthält 21,05% Alkohol und 41,43% Extraktivstoffe, stellt also ein diätetisches Mittel von hohem Nährgehalt und kräftig belebender Wirkung dar. (S p r i n g m ü h l.)

3498. **Condensed Beer** des Dr. B e r n a r d in Berlin ist mit Alkohol versetztes Malzextrakt. (B i s c h o f f.)

3499. **Conservesalz** von M. B r o c k m a n n in Eutritzsch bei Leipzig enthält in Prozenten 34,32 Natriumchlorid, 14,04 Kaliumnitrat, 15 Kaliumsulfat, 24,80 krist. Borax, 12 Borsäure. (P o l e n s k e.)

3500. **Conservesalz** der c h e m i s c h e n F a b r i k E i s e n b ü t t e l in Braunschweig, patentiert, ist ein zusammengeschmolzenes Gemisch von 4 Aeq. kristallisierter Borsäure und 1 Aeq. Natriumphosphat, welchem Salpeter und Kochsalz zugemischt werden.

3501. **Conservesalz, einfaches,** der H a g e n e r K o n s e r v e s a l z f a b r i k, ist ein weißes, etwas feuchtes, in Wasser mit geringer Trübung lösliches, alkalisch reagierendes Salzgemenge, welches neben Spuren von Kalk, Eisenoxyd und Tonerde in 100 T. enthält: 21,95 Borax mit 13,30% Kristallwasser, 33,10 Kaliumnitrat, 32,04 Natriumchlorid. (Polenske.)

3502. **Conservesalz, dreifaches,** der Hagener Konservesalzfabrik, ist ein feuchtes, weißes, in Wasser mit geringer Trübung lösliches, alkalisch reagierendes Salzgemenge, in welchem neben Spuren von Kalk, Eisen und Tonerde gefunden wurden: 0,80% Natriumchlorid, 55,50% Borsäure, 29% Borax mit 14,70% Kristallwasser. (Polenske.)

3503. **Conservesalz, einfaches,** von Theodor Heydrich & Co. in Wittenberg, enthält in Prozenten 15,50 Kaliumnitrat, 73,40 Natriumchlorid, 9,45 Borsäure, 1,23 Wasser. (Polenske.)

3504. **Conservesalz, dreifaches,** oder **Erhaltungspulver** von Theodor Heydrich & Co. in Wittenberg, enthält in Prozenten 55,5 Borsäureanhydrid mit 44,1 Kristallwasser. (Polenske.)

3505. **Conservesalz, Borocat,** von Jannasch, besteht aus borsaurem Kalium und Natrium, salpetersaurem Kalium und Chlornatrium und wird dadurch erhalten, daß gleiche Gewichtsteile Chlorkalium, salpetersaures Natrium und Borsäure in Wasser gelöst und nach der Filtration bei mäßigem Feuer zur Trockene eingedampft werden. 1 kg = *M.* 2.

3506. **Conservesalz, Frankfurter,** besteht nahezu zur Hälfte aus Kochsalz neben Borax als Hauptbestandteil. (J. Forster.)

3507. **Conservesalz, Magdeburger,** von Dr. G. Moeriës in Magdeburg, enthält in Prozenten 0,46 Calciumoxyd, 20,42 Natriumchlorid, 33,45 Borsäureanhydrid und 15 Borax mit 30 Kristallwasser. (Polenske.)

3508. **Conservesalz** der Stuttgarter Konservierungssalz-Fabrik ist Borax mit einer ganz geringen Menge Kochsalz. (Industriebl..)

3509. **Conservierungsflüssigkeit für Fleisch, Stuttgarter,** ist zurzeit eine Lösung von Calciumbisulfit mit einem Überschuß von freier schwefliger Säure von nur technischer Reinheit; Magnesium, Natrium, Chlor sind in ganz geringer Menge vorhanden, Salizylsäure, Borsäure und Arsen fehlen. (B. Fischer.)

3510. **Conservierungsflüssigkeit** von B. Jegel in Hof zum Konservieren kleiner Tiere. Dieselben werden in eine Lösung von $125,_0$ schwefelsaurer Tonerde und $10,_0$ krist. Karbolsäure in 1 Liter Wasser eingelegt, und die Flüssigkeit so lange gewechselt, bis sie farblos bleibt. Dann kommen die Tiere in eine Lösung von $200,_0$ schwefelsaurer Tonerde in 1 Liter Wasser, welcher eine Lösung von $5,_0$ arseniger Säure in $500,_0$ Kalilauge von 1,11 spez. Gew. und ½ Liter Glyzerin von 1,23 spez. Gew. zugesetzt wurde.

3511. **Contratinktur** zur Beseitigung von Silberflecken ist Jodkaliumlösung.

3512. **Cordit,** ein Sprengstoff, soll aus unlöslicher Schießbaumwolle, Nitroglyzerin und Vaselin bestehen.

3513. **Cornil** ist ein Fleischsaft, der von Dr. A. O e t k e r in Bielefeld dargestellt wird.

3514. **Corps et Fleur du Vin** ist eine stark spirituöse Katechu- oder Ratanhiatinktur, welcher noch Spuren ätherischer Zusätze (Önantäther) zugegeben zu sein scheinen.

3515. **Corrosiv,** gegen Kesselstein, von L. C o h n & C o m p. in Berlin, enthält in Prozenten Ätzkalk 33,28, kohlensauren Kalk 22,50, Ätznatrion 19,27, Eisenoxyd und Tonerde 4,50, Magnesia 0,75, schwefelsaures Natrium 2,59, Chlornatrium 0,56, Sand 1,48, Wasser 15,07, der Hauptsache nach also Kalk und rohe Soda. 100 kg = *M.* 97 (I. W e i n e c k.)

3516. **Crelium** oder **Sapol al Cresolo** von A. B e r t e l l i & C o. in Mailand ist eine Kresolseifenmischung.

3517. **Creolin** siehe **Kreolin.**

3518. **Crescat,** Dr. R i e t h s **Säuglingsnahrung,** enthält sämtliche Nährstoffe der Frauenmilch in Pulverform. Bezugsquelle: R e i c h s - a p o t h e k e in Berlin, Elsasserstr. 54.

3519. **Cresylatin** enthält neben Harzseifen noch Naphthalin und Kresol, und wird vermutlich durch Behandlung der naphthalin- und kresolreichen Anteile des Steinkohlenteers mit Harzseifen gewonnen.

3520. **Crystallin,** aus London in den Handel gebracht und zum Klären von Wein bestimmt, ist der Pharm. Post zufolge schwefligsaures Kalium.

3521. **Curry-Powder,** eine bekannte englische Gewürzmischung, besitzt nach Chem. and Drugg. folgende Zusammensetzung: Koriander $120,_0$, Kardamom $15,_0$, Kurkuma $90,_0$, Ingwer $12,_0$, Cayennepfeffer $12,_0$, Cyminumsamen $30,_0$, Foenum Graecumsamen $45,_0$, Zimt $60,_0$, Piment $8,_0$, schwarzer Pfeffer $4,_0$, langer Pfeffer $4,_0$, Nelken $4,_0$, Muskat $4,_0$.

3522. **Cyanit,** einzig wahre feuerfeste flüssige Anstrichfarbe, ist eine rohe Wasserglaslösung. (G e i ß l e r.)

3523. **Cylindrol,** ein Präparat, welches zum Aufbügeln der Zylinderhüte dient, enthält als wirksames Prinzip etwa 1% Paraffinöl neben Chlorkohlenstoff und Benzol. Fabrikant: C h e m. F a b r i k H e l f e n b e r g A.-G. in Helfenberg bei Dresden.

3524. **Cyllin** wird als ein verstärktes Kreolin bezeichnet, welches die J e y e s S a n i t a r y C o m p o u n d s C o. L t d. in London darstellt.

3525. **Cyssatit** ist eine aus der Auvergne stammende Erde, die mit Kieselguhr identisch sein soll.

3526. **Dalmatin** ist Insektenpulver, welches von der Insektenpulvermühle G e r m a n & G ü n t h e r in Triest, Via Belvedere 4, dargestellt wird. Eine Filiale befindet sich in Berlin W, Potsdamerstraße 64.

3527. **Daumin** ist eine von Apotheker D a u m in Wiesbaden erfundene Masse, die in ihren Eigenschaften denen des Schellacks aus Indien gleich sein und diesen ersetzen soll. Über die Zusammensetzung ist näheres nicht bekannt.

3528. **Dégras** ist eine Fettemulsion, welche bei der Sämischgerberei als Nebenprodukt gewonnen und zum Einfetten des Leders benutzt wird. Hauptbestandteile sind freie Fettsäuren. Das speziell fabrizierte Produkt enthält oft nicht zweckentsprechende Zusätze, wie Harz- oder Teeröl etc.

3529. **Dekrinin,** ein Enthaarungsmittel von Dr. G. L. H ü b n e r, besteht vornehmlich aus Baryumsulfid. (Österr Ob. San.-Rat.)

3530. **Demotogen** ist ein aus Pflanzeneiweiß und Nährsalzen bestehendes „Kraftnährmehl". Fabrikant: E. J. B a l z e r in Wien III, Hauptstr. 50.

3531. **Densol,** ein Lederkonservierungsmittel, besteht im wesentlichen aus Tran mit einem geringen Zusatz von Holzteer und Nitrobenzol.

3532. **Dermolin** ist ein flüssiges Petroleum-Paraffin; **Dermosin** ein festes Petroleum-Paraffin. Beide werden als Zusatz zu Lederschmieren empfohlen.

3533. **Désincrustant** von B o r g u i s & C o m p. in Turin ist eine braune, nach Terpentin riechende, schwach saure Flüssigkeit, welche 6% feste Stoffe, davon 2% Asche enthält. Wesentlicher Bestandteil ist Harzseife.

3534. **Désincrustant** von L. C o n s t a n t & C o m p. in Clichy-la-Garenne ist eine braune, alkalische, viel Ätznatrion nebst Katechu enthaltende Flüssigkeit.

3535. **Désincrustant Ragosine** von der S o c i é t é V. J. R a g o s i n e in Paris ist der Rückstand aus der Darstellung von mineralischen Schmierölen (Petroleumteer). 100 kg = Fr. 34 (27,2 *M.*)

3536. **Désincrustant Gras Ricour** gegen Kesselsteinbildungen bildet eine braune, stark alkalische, nach Harz riechende Flüssigkeit, welche aus einer Lösung von roher Soda und etwas Harz besteht.

3537. **Désincrustant végétal** von W a l t e f a n g l e in Besançon ist eine rote, stark schwefelsaure Flüssigkeit, welche schwefelsaure Tonerde, Eisen und etwas Kalk enthält. 100 kg = *M.* 60.

3538. **Désincrustant végétal liquide** von N i c o l a u in Lyon bildet eine braune, zähe, saure Flüssigkeit, welche wesentlich aus Melasse besteht. 100 kg = *M.* 60.

3539. **Desinfectant-fluid,** C o n d y s, ist eine Tonerdepermanganat- und -sulfatlösung.

3540. **Désinfectant Saint-Luc** besteht aus Chlorzink, Borsäure und Glyzerin.

3541. **Desinfektionsfluid** von D u n k e l & C o. besteht aus verdünnten wässerigen und spirituösen, aromatisierten Lösungen von Chlorzink und Sublimat. (B i s c h o f f.)

3542. **Desinfektionskerzen** von T h ü m m e l. (Patent.) Eine Mischung von Bernsteinpulver und 1% Salpetersäure wird zur teilweisen Verdunstung der letzteren in ein Sandbad gebracht. Das so behandelte Bernsteinpulver wird in Metallformen, welche der Gestalt einer Kerze entsprechen, so lange erhitzt, bis durch Verschmelzung des Pulvers sich eine konsistente Kerze gebildet hat.

3543. **Desinfektionsmasse** für Latrinen oder Kloakenwasser von S ü v e r n. Eine Mischung aus Steinkohlenteer mit Chlorkalium und Magnesiumhydrat, dargestellt aus Chlormagnesium und Ätzkalk.

3544. **Desinfektionsmittel** von B r u è r e ist das Doppelchlorür von Zink und Mangan.

3545. **Desinfektionsmittel** von M a c D o u g a l l für Pferdeställe etc. enthält 3,8% schwefelsauren Kalk, 14,5% schwefligsauren Kalk, 22,8% kohlensauren Kalk, 10,2% kohlensaure Magnesia, 14,2% Ätzkalk, 14,6% Magnesia, 7% Sand, 12,8% Wasser und flüchtige organische Stoffe, darunter Spuren von Karbolsäure. Also wahrscheinlich nichts anderes als Gaskalk. (N e ß l e r.)

3546. **Desinfektions- und Desodorisationsmittel** zum Konservieren von Nutzholz von K i n g z e l l & Z i n g l e r in London. Kolophonium wird mit etwas Kampher in Terpentinöl gelöst; die Lösung wird mit Harzöl gemischt und bei 60° einem Luftstrom 24 Stunden lang ausgesetzt und dadurch oxydiert. Durch Zusatz von Kalk oder Sägemehl wird daraus ein festes Produkt hergestellt.

3547. **Desinfektionsmittel** von V a l m a g i n i soll eine Lösung von Chlormagnesium sein.

3548. **Desinfektionspulver** von D u n k e l & C o. ist Karbolkalk mit wenig Quecksilberchlorid. (B i s c h o f f.)

3549. **Desinfektionspulver** von M a x F r i e d r i c h in Plagwitz-Leipzig besteht in Prozenten aus 4,30 Sand und Kieselsäure, 1,60 Eisenoxyd und Tonerde, 48,13 Gips, 32,65 Kalkhydrat, 0,82 Chlor, Spuren Magnesia, 0,62 Alkalien und Kohlensäure, 3,16 Ätherextrakt, 7,72 Naphthalin, Karbolsäure und Feuchtigkeit.

3550. **Desinfektionspulver** von L ü d e r s & L e i d l o f f in Dresden ist ein mehr oder weniger abgeröstoter Schwefelkies. Die Masse enthält ca. 12% in Wasser lösliche Schwefelsäure, die jedoch nicht ganz an Eisen, sondern zum Teil auch an Kalk gebunden ist. (F r a n k.)

3551. **Desinfektionspulver** von Dr. P e t r i in Berlin entspricht einem Gemisch aus 3 T. Torf und 2 T. Steinkohlengrus mit $^1/_{20}$ T. schwerem Gasteer, nach Belieben vermischt mit Sand oder anderen Abfällen. 50 kg = *M.* 7. (E. S c h ü r m a n n.)

3552. **Desinfektionspulver** von W a l t e r, vertrieben von V o e g l e r & K e ß l e r in Homburg v. d. Höhe, besteht aus Gips, Kieserit (schwefelsaurer Magnesia), Eisenoxyd und Teerprodukten. (E. H e r b s t.)

3553. **Desinfektionsschwärmer** von M a g i r u s in Ulm sind fingerlange, kleinfingerdicke Zylinder von steifem Papier, gefüllt mit einem Gemisch aus 60 T. Kalisalpeter, 34 T. Schwefel und 6 T. Kohle. (W i t t s t e i n.)

3554. **Desinfektionswasser** von Dr. P e t r i in Berlin ist eine alkalisch reagierende 4½prozentige Lösung von Chlorcalcium, etwas schwefelsaure Magnesia enthaltend und mit Nitrobenzol parfümiert. (E. S c h ü r m a n n.)

3555. **Desinfektol,** ein von Dr. B r u n o L ö w e n s t e i n in Rostock in den Handel gebrachtes Desinfektionsmittel, ist eine ölige schwarzbraune Flüssigkeit von 1,086 spez. Gew. bei 15° C., hauptsächlich aus Harzseifen und Natriumverbindungen von Phenolen bestehend. (W. M e y e r.)

3556. **Desinfizierendes Ozonwaschpulver** von Apotheker R. C u n r a d i in Neu-Ulm, ein lockeres gelbliches Pulver mit deutlich unterscheidbaren weißen Körnchen, besteht im wesentlichen aus 30% Wasser, 10% Ölsäurenatrionseife, 50% wasserfreier Soda und 10% Ton. 500 g = *M.* 0,40. (W. F a h r i o n.)

3557. **Diamantin,** in der Schweiz von Uhrmachern als Stahlpoliermittel gebraucht, ist ein schneeweißes Pulver und besteht aus reiner geglühter Tonerde.

3558. **Diamanttinte aus Amerika** zum Schreiben auf Glas in $8{,}_0$ fassenden, mit Asphalt überzogenen oder aus Guttapercha bestehenden Fläschchen ist ein halb flüssiges Gemenge aus 3 T. Bariumsulfat und 1 T. Fluorammonium mit Schwefelsäure. (J a c o b s e n.)

3559. **Dictamia** von G r o u l t & B o u t r o n R u s s e l, ein Kräftigungs- und Stärkungsmittel. 8 T. Arrowroot, 6 T. Mehl von Einkorn (Triticum monococcum), 4 T. Schokolade, ¼ T. Vanille. (R i c h t e r.) — Zucker 217 T., Spelzmus 92 T., Amylum 125 T., Karakaskakao und Maragnan 30 T., Vanille 1 T. (C h e v a l l i e r.) — Kakaomasse 60 T., präpariertes Gerstenmehl 100 T., Amylum 125 T., Zucker 225 T., Vanille 1 T. (H a g e r.) Das Pulver soll mit heißem Wasser oder heißer Milch zu einem Getränk gemacht und des Morgens genossen werden.

3560. **Diphenal,** ein photographischer Entwickler, ist Diamidooxydiphenyl.

3561. **Disinfecting Powder** besteht aus salpetersaurem Ammoniak in kleinen Kristallen, überstreut mit rotem Eisenoxyd. Behufs Gebrauchs soll eine kleine Quantität auf eine heiße Schaufel oder auf Kohlen gestreut werden. (H e n r y B. P a r s o n s.)

3562. **Dissolventin,** zur Reinigung industrieller Abwässer dienend, besteht aus 60 Schwefelnatrium, 30 Kartoffelbrei, 5 Wollfett, 5 Ammonoxalat.

3563. **Diulisis,** ein Bierklärmittel, besteht aus Hausenblase und Natriumbikarbonat. (Franz. Patent.)

3564. **Doppelsoda** der Firma Hoffmann & Schmidt in Leipzig enthält 10% Feuchtigkeit, 34% kohlensaures Natrium, 53% Chlornatrium, 3% Verunreinigungen. (Geißler.)

3565. **Dormial,** als bestes Konservierungsmittel für Holz von Wien aus in den Handel gebracht, zeigte ganz dieselben Eigenschaften wie das bekannte Karbolineum. (Unters.-Amt Ulm.)

3566. **Dualin** enthält 50% Nitroglyzerin mit Sägespänen und Kalisalpeter. (Niederstadt.)

3567. **Düngemehl** der Liebigs Extract of Meat-Company in Fray-Bentos ist ein Gemenge von 2 T. gedämpftem Knochenmehl mit 1 T. Fleischmehl. 100 kg = *M.* 21. (Tollens.)

3568. **Dünger** von Boutin in Paris ist eine blaugrüne Flüssigkeit, welche im Liter ca 190,0 feste Bestandteile enthält; diese sind Kupfervitriol, Eisenvitriol, Bittersalz, Glaubersalz, Salmiak, Kalisalpeter, Natronsalpeter, Kochsalz und keine oder nur Spuren von Phosphorsäure. Ein in der Ruhe sich daraus abscheidender blauer Satz ist Ultramarin. 10 Liter = *M.* 17,90. (Keller, Kamrodt und Neßler.)

3569. **Durit** ist ein mit Magnesiumkarbonat vulkanisiertes Kautschukersatzmittel.

3570. **Dustless Oil,** ein staubbindendes Fußbodenöl, soll eine Mischung von Mineral- und Pflanzenölen, Phenylalkohol und Phenylameisensäure sein. Letzterem Bestandteil soll desinfizierende Wirkung zukommen.

3571. **Dysiot,** Lagermetall von Rompel & Co. in Homburg v. d. H., besteht aus 62,30% Kupfer, 16,75% Blei, 10,42% Zink und Spuren von Eisen, und kann erhalten werden durch Zusammenschmelzen von 62 Gewichtsteilen Kupfer, 18 T. Blei, 10 T. Zinn und 12 T. Zink. (Uhlenhuth.)

3572. **Eau aimantée** gegen Kesselsteinbildungen von C. Defrance, L. Vernauchet & Vialet in Paris ist eine gelbe konzentrierte Sodalösung. 100 kg = *M.* 64.

3573. **Eau céleste** von Audoynaud, ein Spezifikum gegen Mehltau, sowie auch zur Bekämpfung anderer pflanzlicher Parasiten, ist eine Lösung von 1 T. Kupfervitriol und 1 T. Salmiakgeist in 100 T. Wasser.

3574. **Eau de Crystall,** ein im Handel vorkommendes Appreturmittel, besteht aus 36—48 T. schwefelsaurer Magnesia, Chlormagnesium, Dextrin und 50—52 T. Wasser.

3575. **Eau de Javelle cristallisée** von Brochoky & Co. in Boulogne sur Seine, Ersatzmittel für Chlorkalk, ist eine mit unterchlorigsaurem Natrium imprägnierte Soda.

3576. **Eau écarlate, Scharlachwasser,** von B ü r d e l, zur Reinigung roter Tücher und Wollstoffe, besteht aus 22 T. Oxalium, 16 T. Soda, 5 T. Pottasche und 1000 T. Wasser mit Cochenille gefärbt und schwach parfümiert. 100 g = *M.* 1,50. (S a u e r w e i n.)

3577. **Eau de Quinine Pinaud.** Ein dieser Spezialität gleichwertiges Präparat soll nach folgender Vorschrift erhalten werden: Tinct. Chinae simpl. 500, Spirit. vin. gallici 2500, Aqu. coloniensis 250, Rum jamaic. 100, Alkohol absol. 150, Spir. sapon. 100, Cort. Quillayae 20, Balsami peruv., Olei Bergam. aa 10, Ol. Geranii 3, Ol. Aurant. flor. 5, Tinct. Canthar. 25, Ol. Ricini 15, Rad. Anchusae 10, Rad. Curcum. 1, digere per dies 6, tum filtra.

3578. **Eau ozonisante** ist identisch mit Terpinhydrat. Beim Destillieren der Sprossen von Pinus maritima und australis im Vakuum bei möglichst niedriger Temperatur wird Tereben oder Australen erhalten. Mischt man dieses mit destilliertem Wasser und leitet durch das Gemisch einen Luftstrom bis zur Sättigung, so tritt Auflösung des Kohlenwasserstoffes ein, und die erhaltene Flüssigkeit besitzt hohen desinfizierenden Wert.

3579. **Eau Rolland** zum Reinigen von Geweben, Holz, Stein, Glas und Metall, besteht aus einer Abkochung von 500 T. Seifenwurzel in 8000 T. Wasser, welcher 80—90 T. Ammoniakflüssigkeit zugesetzt werden.

3580. **Ebenholz, künstliches,** von L a d r y, besteht aus feinen Sägespänen von harten Hölzern, durch starken Druck mit Tierblut gemischt. (W. S c h m i d t.) (Industriebl.)

3581. **Edinol, Paramol,** ein photographischer Entwickler, ist eine salzsaure Verbindung des m-Amido- o-oxybenzylalkohols.

3582. **Eierersatz** von M e y e r h e i m ist mit gelbem Teerfarbstoff gefärbte Maisstärke, der ein Backpulver zugesetzt ist.

3583. **Eikonserven und -surrogate** haben B e y t h i e n und W a t e r s in größerer Anzahl untersucht. E i p u l v e r, garantiert rein, bestand aus $^1/_5$ Eigelb, $^1/_3$ getrockneten Ganzei und der Rest wahrscheinlich aus Kasein. — O v o n von V o g e l e y, Ersatz für frische Eier, besteht aus gelb gefärbter Maisstärke mit etwa 3—4% Eigelb und etwas Natriumbikarbonat. Ähnlich war auch Ovumin zusammengesetzt. — L a c t o - E i p u l v e r ähnelt in seiner Zusammensetzung dem oben genannten Eipulver.

3584. **Eikonogen** von Dr. A n d r e s e n, photographischer Entwickler, ist das Natriumsalz der Amidobetanaphtolbetamonosulfosäure.

3585. **Eisenanstrich** von S p a n g e n b e r g besteht aus mit Leinölfirnis angeriebenem Eisenpulver.

3586. **Eisenbiskuit** der Freiberger Biskuitfabrik von G o t t s c h a l d enthält Fett 6,04%, Eiweiß 13,21%, Kohlehydrate 70,14%, Zellulose 0,08%, Feuchtigkeit 9,02%, Asche 1,14%, Eisenoxyd in löslicher Form, entspr. = 0,462% Fe. (Schweißinger.)

3587. **Eisenfarben, magnetische,** von Pulford, enthalten 25% Leinölfirnis, 15% Terpentinöl, 20% Kohle (Graphit?), 40% mineralische Stoffe (Eisen, Schwefel und Kalk.)

3588. **Eisenhärtungsmittel,** in langen schwarzen Stangen in den Handel kommend, besteht aus 25 T. gepulverter Tierkohle, 15 T. Chinarinde, 4 T. Kochsalz, 8 T. Blutlaugensalz und 6 T. Salpeter mit 40 T. Seife in Stangen geformt.

3589. **Eisenschießpulver** von A. W. Hoffmann ist ein Gemenge von 1 T. Schwefel, 2 T. Eisenfeilspänen und 3 T. Salpeter.

3590. **Eiweiß-Kakes,** Marke Leibniz. Die Untersuchung derselben ergab: 2,7% Feuchtigkeit, 7,3% Fett, 1,76% Nährsalze, 17,06% Eiweiß und 71,18% Kohlenhydrate. Fabrikant: Hannoversche Kakes-Fabrik H. Bahlsen in Hannover.

3591. **Electra,** ein gelbliches Waschpulver, wird aus 3 T. Olein, 53 T. calcinierter und 12 T. kaustischer Soda, sowie 32 T. Wasser hergestellt. (Geißler.)

3592. **Electric-Seife** von C. T. L. Dittmann ist Natronseife mit einem reichlichen Zusatz von Wasserglas. (Geißler.)

3593. **Electrolin** ist ein Petroleumdestillat, welches in Lampen mit einem Glühkörper gebrannt wird.

3594. **Electron** ist ein ozonisiertes Olivenöl.

3595. **Emailsoda** ist gepulverter Kryolith. (Wittstein.)

3596. **Eminent,** Zervelat- und Salamiwurst-Gewürzsalz von P. M. Rothschild, Eisenach. Zusammensetzung: ca. 85% Kochsalz, 5% Zucker, 5% Salpeter und 5% Gewürz, besonders Pfeffer.

3597. **Emmensäure,** ein Sprengstoff, entsteht durch Versetzen rauchender Salpetersäure mit überschüssiger Pikrinsäure.

3598. **Emulsin** ist ein weißes, geruch- und geschmackloses Pulver, welches mit der 20fachen Menge Öl mit oder ohne Zusatz von Wasser oder Glyzerin haltbare, weiße Emulsionen gibt. Fabrikant: Apotheker Dr. R. Brüggemann in Beverungen (Westf.).

3599. **Enantico,** ein Weinentsäurungspulver, das von einer Mailänder Firma in den Handel gebracht wird, ist gepulverter weißer Marmor.

3600. **Encre pour les Dames** von Quesneville in Paris ist eine wässerige Lösung von Jodstärke. (Hager.)

3601. **English Spled** zur Beschwerung des Leders ist Chlorbarium. (A. Gawalowski.)

3602. **Enos Fruit Salt** besteht aus Natrium bicarbonicum, Acidum tartaricum und Acidum citricum.

3603. **Entfärbungspulver** von A. Gawalowski in Brünn zum Entfärben von dunklem Bier oder Rotwein ist gereinigtes Satzpulver der Blutlaugensalzfabriken und enthält neben Wasser, Gips, Kieselsäure, phosphorsauren und kieselsauren Erden und Metallen 60% entfärbende Stickstoffkohle.

3604. **Entfuselungspulver** von Plattner besteht aus 2 T. Stärke, 1 T. Eiweiß und 1 T. Milchzucker. Dasselbe soll, fein gepulvert, zur Klärung und Entfuselung von Likören dienen.

3605. **Entomoctine,** ein Insektenvertilgungsmittel, von Breidieth, ist eine Tinktur aus spanischem Pfeffer und Insektenpulver.

3606. **Entomofobo,** ein Insektenvertilgungsmittel von Apotheker Leonardi in Venedig, ist nach Pharm. Post eine Pflanzentinktur, wahrscheinlich aus Pyrethrum- oder Chrysanthemumarten bereitet, welche, mittelst Sprayapparates zerstäubt, Ozon entwickeln soll.

3607. **Entscheinungspulver,** bestimmt, fluoreszierenden Ölen ihre Fluoreszenz zu nehmen, ist Nitronaphthalin. (E. Geißler.)

3608. **Erbsen-Malzmehl** von Rittergutsbesitzer Friedel auf Dahsau bei Herrnstadt ist ein Nahrungsmittel in Pulverform von hellgelber Farbe, angenehmem, aromatischem, brotartigem Geruch und Geschmack, in 100 T. enthaltend: 28,1% Legumin und Eiweiß, 50,94% Mehlkörper (Stärkemehl, Dextrin, Röstgummi, Pectin), 2,27% Fett, 8,02% Zellfaser, 2,55% mineralische Bestandteile (Asche), 8,12% Wasser. 500 g = *M.* 0,25. (Franz Hulwa.)

3609. **Erhaltungspulver** von Oppermann besteht nach dem Bericht des Hamburger Staatslaboratoriums aus Chlornatrium, Salpeter und freier Borsäure.

3610. **Erhaltungspulver** von Dr. H. Oppermann in Bernburg, bestimmt, Nahrungs- und Genußmittel bei gewöhnlicher Temperatur frisch zu erhalten, enthält als wirksamen Bestandteil Borsäure. 1 kg = *M.* 2.

3611. **Erhaltungspulver** von L. Ziffer in Berlin zur Konservierung von Fleisch ist ein weißes Pulver, enthaltend 28,3% Natriumchlorid, 70% krist. Borsäure und 1,7% Feuchtigkeit. 390 g in Blechbüchsen = *M.* 1. (Polenske.)

3612. **Ervalenta** von Warton, gegen Verstopfungen, ist ein Gemisch aus dem Mehl der in Frankreich angebauten roten Linse, Bohnenmehl, 3—6% Zucker und Salz, ist aber später in der Zusammensetzung verschieden abgeändert angetroffen worden. 500 g = *M.* 3,75. 4 kg = *M.* 10.

3613. **Es ist erreicht,** ein Konservesalz, von Adler & Kley, Meiningen, bestand aus wenig Salpeter, Kochsalz und Natriumphosphat. (Matthes.)

3614. **Essacine** ist ein aus Dinitroresorcin und Bisulfit erhaltener brauner Farbstoff.

3615. **Essence Lemoine** zum Reinigen von Uhren ist ein Destillat aus einem Gemisch von ca. 200 T. Steinkohlenbenzin, 10 T. Lavendelöl und 5 T. Bergamottöl. (Hager.)

3616. **Eukalyptus-Globulin** von Bense & Eicke in Berlin, ein Kesselsteinmittel von tief blauroter Farbe und dicker Konsistenz, ist der alkalische Auszug der Rinde und des Holzes des Blaugummibaums und enthält die wasserlöslichen Auszüge dieses Pflanzenstoffs, in Prozenten: 16,2 Tannin, 17,2 kohlensaures Natrium, 26,4 indifferente organische Stoffe und Pflanzenschleime und 40,2 Wasser. 100 kg = *M.* 60.

3617. **Euphrosia** ist ein aus Trauben hergestelltes Getränk.

3618. **Eutodome** von Sonntag in Weichselmünde, giftfreies Feldmäuse-Vertilgungsmittel, ist ein Gemisch aus Roggenmehl, Gerstenmehl, Meerzwiebelpulver, fettem Öl und rotem Bolus. 100 g = *M.* 1,50. (Hager.)

3619. **Excelsior, selbsttätiger Desinfekteur,** ist eine mit $40,_0$ rohem Naphthalin gefüllte Pappschachtel. Preis *M.* 0,75.

3620. **Excelsior,** ein Konservierungssalz, enthält 18,67% schweflige Säure, entsprechend 73,5% $Na_2SO_2 + 7H_2O$, außerdem Sulfate und Chloride. (Breslauer Unters.-Amt.)

3621. **Explosionsschutzpulver für Petroleumlampen** von Conrad Behne in Berlin, vertrieben durch Apoth. H. Schultz in Berlin, ist ein Gemisch aus $19,_0$ Kochsalz, 0,4 Natriumbikarbonat und etwas Ultramarin. Preis *M.* 1. (Hager.)

3622. **Explosionsschutzpulver für Petroleumlampen** von Dr. S. Louden in Philadelphia enthält 74,88 T. Natriumkarbonat, 21,34 T. Mannit, 1,31 T. Sand, 2,47 T. Wasser und Spuren von Mangan und Eisen. 45 g = *M.* 2.

3623. **Explosionsschutzpulver für Petroleumlampen** besteht aus 75% Soda und 21% Milchzucker. 50 g = *M.* 0,80.

3624. **Extract of Meat and Malt-Wine,** Liebigs, von Coleman, welches angeblich aus Portwein, Liebigs Fleischextrakt und Malzextrakt bestehen soll, ist ein stark salizylierter Portwein ohne jede Spur von Fleisch- und Malzextrakt.

3625. **Extradynamit** wird ein Sprengstoff, bestehend aus Nitroglyzerin, Nitrozellulose und Ammoniumnitrat, genannt.

3626. **Extrait de Koumys** von Edward, eine Pariser Spezialität, ist ein Kumisextrakt, welches etwas mehr Zucker und auch Milch enthält.

3627. **Extrait de Végétaline** von C. Compère & Comp. in Paris, ein Kesselsteinverhinderungsmittel, bildet eine braune, sirupöse, stark alkalische Flüssigkeit, enthält viel Seesalz, Ätznatron, kohlensaures Natrium und organische Stoffe. 100 kg = *M.* 18.

3628. **Extrait sec,** als Zusatz zu Weinen behufs Vermehrung der Trockensubstanz, enthält 28,72% käuflichen Stärkezucker, 38,40% Glyzerin, 4,10% Tannin, 3,14% Dextrin, 4,27% Borsäure, Spuren Weinstein, 21,37% Wasser und mineralische Bestandteile. (J a y.)

3629. **Fabingers Malzhafer-Zwieback,** für Schwache und Bleichsüchtige und alle empfohlen, die an Magenkrankheiten leiden, enthält auf Grund einer Untersuchung der k. k. Staatsgewerbeschule in Reichenberg 7,19% Wasser, 0,69% Fett, 12,56% stickstoffhaltige Körper, 5,92% Zucker, 71,8% stickstoffreie Extraktivstoffe, 1,25% Holzfaser und 1,35% Asche, die in der Hauptsache phosphorsaure Alkalien und Kalk neben Natriumchlorid, geringen Mengen Sulfaten und Eisenoxyd enthält. Fabrikant: V. Fabinger, Nährmittelerzeugung in Trautenau (Böhmen.)

3630. **Factis** werden Kautschukersatzmittel genannt, die im wesentlichen aus vulkanisierten Ölen bestehen.

3631. **Farina** ist ein sterilisiertes Kinderzwieback-Nährmittel mit Pflanzeneiweiß (Aleuronat), welches über 20% verdauliches Eiweiß enthalten soll.

3632. **Farine alimentaire Vigier** ist ein Kindernährmittel unbekannter Zusammensetzung. Fabrikant: Apotheker Carlard-Vigier in Paris.

3633. **Farmers Friend,** Downs. Pulver gegen Brand im Getreide, zur Beseitigung der Verheerungen der Schnecken, Erdflöhe und Würmer, zur Beförderung des Keimens und Wachsens des Getreides, besteht aus 67,5 T. Eisenvitriol, 18,5 T. Kupfervitriol, 13,8 T. arseniger Säure, 0,2 T. Sand. 1 Paket im Gewicht von 484,5 g = *M.* 1,50. (Heinrich.)

3634. **Farnesol** ist eine aus dem Kassiaöl isolierte Substanz von angenehmem, durchdringenden Blumengeruch, welche nach einem französischen Patente der Fabriques de Produits de Chimie organique de Laire dargestellt wird.

3635. **Fercao** ist eine als diätetisches Eisenpräparat empfohlene Mischung, die im wesentlichen aus Eisensaccharat und Kakao besteht. Fabrikant: Schokoladenfabrik Freia in Christiania.

3636. **Feronia** ist ein eisenhaltiges Brot von L. Feldmeiers Feronia-Brotfabrik in München-Laim.

3637. **Ferozon,** zur Reinigung von Abwässern, enthält Tonerde-, Eisen- und Magnesiumsalze, sowie Magneteisen in schwammiger Form.

3638. **Ferrofix,** eine Lötpaste für Gußeisen, besteht aus Kupferoxydul und Borax.

3639. **Ferrol,** ein Antikesselsteinmittel. Der wesentliche Bestandteil desselben besteht aus Petroleum, dem altbekannten Kesselsteinmittel. (Breslauer Unters.-Amt.)

3640. **Ferrolin** soll eine Art Zaponlack sein.

3641. **Ferronat,** ein Rostschutzmittel von Rosenzweig & Baumann in Kassel, stellt eine weiche, vaselinartige, nach Äther riechende Salbe dar.

3642. **Ferronit** ist Hartgummi, aus welchem Nägel hergestellt werden.

3643. **Ferrosin,** ein aus Eisenoxyd, Kalk und Eiweiß bestehendes Färbemittel für Papier, Kautschuk etc., wird auch zum Beschweren dieser Stoffe verwendet.

3644. **Fettlaugemehl** von Dr. E m b ist ein pulveriges Gemisch von Seife mit 9% Fettsäure, Natronwasserglas und 33% trockenem Natriumkarbonat.

3645. **Fettlaugemehl** von Dr. L i n k sind Gemenge von Palmöl-Seifenpulver mit Wasserglas oder Mischungen aus 10 T. Talkstein, 30 T. Talgseife, 5 T. Soda, welche an der Luft abgetrocknet und gepulvert worden sind.

3646. **Feuerlöschkomposition** von M a n n o n. In einem geschlossenen Kessel werden 20 T. Holzkohle mit 25 T. Schwefelsäure erhitzt; die dabei entstehenden Gase, welche als Hauptbestandteile schweflige Säure und Kohlensäure enthalten, leitet man nach dem Waschen etwa 4 Stunden lang in ein Gemisch von 150 T. Ammoniak und 270 T. Wasser, das sich in einem mit rotierenden Schlägern versehenen Reservoir befindet. Unter weiterem vierstündigem Durchrühren setzt man der so erhaltenen Flüssigkeit 100 T. Chlornatrium zu und zieht sie dann in die Aufbewahrungsgefäße ab.

3647. **Feuerlöschkomposition** von C. S c h ö n b o c k wird erhalten durch Vermischen von 20 T. Kaliumchlorat, 10 T. Kolophonium, 50 T. Salpeter, 50 T. Schwefel und 1 T. Braunstein.

3648. **Feuerlöschdosen** von B u c h e r bestehen aus 59 T. Salpeter, 36 T. Schwefel, 4 T. Kohle und 1 T. Eisenoxyd. (W i t t s t e i n.)

3649. **Feuerlöschgranate** von H a r d e n. Eine nicht ganz kugelige Flasche von blauem Glase im Gesamtgewicht von $900,_0$, enthaltend $555,_0$ einer gelblichen, schwach trüben Flüssigkeit mit 19,46% Chlornatrium und 8,88% Chlorammonium. 1 Dtz. = Fr. 65 (*M.* 52). (G e i ß l e r.)

3650. **Feuerlöschmittel, flüssiges,** besteht aus einer wässerigen Lösung von 5 T. Eisenvitriol, 2 T. Tonerdesulfat und 2 T. Kochsalz.

3651. **Feuerlöschmittel** des Bezirksarztes F i c k e r t in Frankenberg i. S. ist eine Auflösung von 1 T. Kochsalz oder Viehsalz und 4 T. Chlorcalcium in 20 T. Wasser.

3652. **Feuerlöschmittel** von H e e r e n ist flüssiges Schwefeldioxyd.

3653. **Feuerlöschmittel** von H. J o h n s t o n e in Philadelphia ist eine Mischung gleicher Teile Kaliumchlorat, Harz, Kaliumnitrat und Braunstein.

3654. **Feuerlöschmittel** von F. L i n k in München, patentiert. $20,_0$ Borsäure, $30,_0$ Alaun und $25,_0$ Eisenvitriol werden in $200,_0$ heißem Wasser gelöst, dann in eine kalte Lösung von $30,_0$ unterschwefligsaurem Natrium, $50,_0$ Wasserglas und $800,_0$ Wasser langsam unter fortwährendem Umrühren gegossen.

3655. **Feuerlöschpatronen** von T. v o n T r o t h a in Gansefurth, in

Österreich-Ungarn patentiert, enthalten in gesonderten Abteilungen 12 T. Natronalaun und 3 T. schwefligsaures Natrium.

3656. **Feuerlöschpatronen** von Schlippe in Moskau enthalten 343 T. schwefelsaure Tonerde und 142 T. schwefelsaures Natrium in 432 T. Wasser gelöst und wieder auskristallisiert. In einer Patrone aus gewalztem Blei oder Pergamentpapier befinden sich 4 T. dieses Doppelsalzes und darüber durch eine Querscheibe von Pergamentpapier getrennt, 1 T. schwefligsaures Natrium. Bei der Verwendung zerbricht man die Patrone und schüttet den Inhalt in das zum Löschen dienende Wasser.

3657. **Feuerlöschpulver, Münchener,** enthält 43% Kochsalz, 19,5% Alaun, 5% Glaubersalz, 3,5% Soda, 6,6% Wasserglas, 22,3% Wasser.

3658. **Feuerlöschpulver** von Bucher in Leipzig besteht aus Salpeter 59 T., Schwefel 36 T., Kohle 4 T., Eisenoxyd 1 T., 2500 g = *M.* 15. (Wittstein.)

3659. **Feuerlöschpulver** der k. k. privilegierten Feuerlöschpulverfabrik in Wien enthält in runden Zahlen Natriumchlorid 40%, Natriumbikarbonat 40%, Aluminiumhydroxyd 20%. 1 kg = *M.* 1,50. (Goldmann.)

3660. **Feuerlöschsalz** ist a) ein Gemisch von Kieselsäure, Kochsalz, schwefelsaurem und kohlensaurem Natrium, b) ein Gemisch von schwefelsaurem Natrium und schwefelsaurer Magnesia. (Schweissinger.)

3661. **Feuerschutzmittel** von Thouret zum Imprägnieren von Stoffen besteht aus einer Auflösung von 3 T. phosphorsaurem Ammonium, 2 T. Salmiak, 1 T. schwefelsaurem Ammonium und etwas Chlorkalium in 45 T. Wasser.

3662. **Feuertod** von Schönberg, **Feuerlöschflasche.** Eine kugelige Flasche von halbweißem Glase im Gesamtgewicht von 700,$_0$, enthaltend 440,$_0$ einer schwach trüben, fast farblosen Flüssigkeit mit 1,66% kohlensaurem Natrium und 6,43% Chlornatrium. 1 Dtzd. = *M.* 20.

3663. **Filmogen** ist eine Lösung von Kollodiumwolle in Azeton.

3664. **Flammenschutzmittel für Gewebe.** Imprägnierungsflüssigkeit von Versmann & Oppenheim: Eine Lösung von wolframsaurem Natrium von 28° Tralles mit 3% phosphorsaurem Natrium; von Nicoll: 6 T. Alaun, 3 T. Borax, 1 T. wolframsaures Natrium, 1 T. Dextrin in Seifenwasser gelöst; von Siebdrath: 5 T. Alaun, 5 T. phosphorsaures Ammoniak, 100 T. Wasser; von Patera: 12 T. Borax, 9 T. Bittersalz in 80 T. Wasser; von Martin: 16 T. schwefelsaures Ammoniak, 5 T. kohlensaures Ammoniak, 6 T. Borsäure, 4 T. Borax, 4 T. Stärke und 200 T. Wasser; von E. von Sommaruga: phosphorsaures und borsaures Ammoniak; von Gleichmar-Rudolstadt: 40 T. Salmiak, 10 T. Borax, 5 T. Kochsalz, 300 T. Wasser, in welcher kochend heißen Lösung die Gewebe 1 Stunde eingeweicht werden; für weiße Ballkleider: 30 T. Stärke, 1000 T. Wasser, 60 T. Salmiak, 15 T. Borax und 8 T. Kochsalz; von Judlin in Berlin: eine Mischung von phosphorsaurer Ammoniak-Magnesia und schwefelsaurem Ammoniak; von Prof. B. Hoff-Jaroslau: die vanadinsauren Salze; von Vendt & Herard zum Tränken von Holz: eine Lösung von 12 T. Alaun 2,5 T. Natriumhyposulfit, 5 T. Borax, 10 T. schwefelsaurem Kalium und 70,5 T. Wasser. (Dingl. polyt. Journ.) — Das schon von Gay-Lussac in Vorschlag gebrachte schwefelsaure Ammoniak in 7 prozentiger Lösung eignet sich sehr gut, erleidet aber im Lauf der Zeit eine Zersetzung, welche die Gewebe allmählich zerstört, doch scheint diese Zersetzung sehr langsam vor sich zu gehen. (Fleck.) (P. Rabe.)

3665. **Flavorone** ist eine Reinkultur einer Milchsäure erzeugenden Bakterie in Pulverform und kommt in Gelatinekapseln in den Handel. Verwendung findet es bei der Butter- und Käsebereitung. Fabrikant: Parke, Davis & Co. in Detroit. (Pharm. Zentralh.)

3666. **Fleckenwasser,** Brönners, zur Entfernung von Fett- und Schmutzflecken, ist angeblich Benzin.

3667. **Fleckenwasser, englisches,** zur Entfernung von Säure-, Harz-, Wachs-, Teer- und Fettflecken, ist eine Mischung aus $100,_0$ 95 prozentigem Alkohol, $30,_0$ Ätzammoniakliquor von 0,875 spez. Gew. und $4,_0$ Benzin. 120 g = *M.* 1. (Artus.)

3668. **Fleckkugeln** von Chaptal zum Entfernen von Fettflecken. 10 T. weiße Marseiller Seife werden in Alkohol gelöst, so daß ein flüssiger Teig entsteht, diesem 3 T. Eigelb und etwas Terpentinöl zugesetzt und schließlich so viel Walkerde zugeknetet, daß ein Teig entsteht, aus welchem Kugeln geformt werden.

3669. **Fleckwasser** von Fançois wird angeblich aus 64 T. getrockneter Seifenkrautwurzel, eben so viel getrocknetem Seifenkraute, 45 T. geklärtem Zitronensaft, 185 T. Weingeist von 34° Tr. und 1700 T. destilliertem Wasser in der Weise dargestellt, daß man die Wurzel gröblich zerstoßen eine Viertelstunde kochen läßt, dann die klein zerhackten Blätter hinzusetzt und noch weitere 20 Minuten kochen läßt, dann durchseiht, filtriert und erkalten läßt; anderseits wird der Zitronensaft dem Weingeist zugesetzt und das Ganze mit der Seifenkraut-Abkochung vermischt. Man bedient sich derselben kalt, besser lauwarm, indem man den Fleck hineintaucht, bei Seidenzeugen mit der Hand zu Schaum reibt, bei Baumwoll- und Leinenzeugen aber mit einer Bürste abbürstet. Man spült in reinem Wasser aus und bugelt dann.

3670. **Fleckwasser, flüchtiges,** von Kahler, ist Schwefelkohlenstoff.

3671. **Fleischfaser-Zwieback** fur Hunde, aus New-York, ein künstliches Futtermittel, wird angeblich dargestellt aus reinem Mehl, Fleischfaserstoff und Datteln.

3672. **Fleischfuttermehl** der Liebigs Extract of Meat-Company enthält im Durchschnitt 76% stickstoffhaltige Bestandteile, 11—14% Fett und 5% Asche. (Tollens.)

3673. **Fleischkonservierungsflüssigkeit** von Herzen besteht aus 30 T. roher Borsäure, 6 T. Borax, 3 T. Kochsalz, 1 T. Kalisalpeter und 400 T. Wasser. (Engl. Patent.)

3674. **Fleischkonservierungsmittel** hat E. Polenske untersucht: Dr. Göhlers Carnosot besteht etwa aus Natriumchlorid 49, Kaliumnitrat 15,5, Natriumazetat 10, Nairiumbenzoat 3, bas. Aluminiumazetat 3, Calciumsulfat 3,8, Rohrzucker 4,5, Hexamethylentetramin 0,75, Feuchtigkeit 8, Sand 2%, Spuren Alkalikarbonate. — Seethol besteht etwa aus Dinatriumphosphat (Na_2HPO_4) 46, Natriumsulfat 3, Kristallwasser 50%. Geringe Mengen Calciumsulfat, Chloralkalien und Aluminiumazetat. — Purose I. Kalium-Natriumtartrat 66, freie Benzoesäure 11,2, dextrinartige Substanz 5, Kristallwasser 17%. — Purose II. Natriumchlorid 79, Kaliumnitrat 0,6, Calciumsulfat 1, freie Benzoesäure 8,3, Rohrzucker 10%. — Müllers Hackfleisch-Konservesalz „Brillant" besteht aus teilweise verwittertem Dinatriumphosphat. — Herkuleskristall dürfte bestehen aus Natriumchlorid 7,6, Dinatriumphosphat 20, Kaliumazetat 4, Kaliumnatriumtartrat 29,7, Natriumbenzoat 14,7, Kristallwasser 23,3%. — Hansa-Konservesalz. Dem Original würde ungefähr ein Gemisch folgender Stoffe entsprechen: Natriumnitrat 6, Dinatriumphosphat 49,2, Kristallwasser 43,7%. — Dreifaches, nicht rötendes Konservesalz. Erhaltungspulver. Dem Original würde ungefähr ein Gemisch folgender Stoffe entsprechen: Natriumchlorid 76,6, Magnesiumoxyd 5, Magnesiumkarbonat 2,3, Magnesiumazetat 10,2, Calciumsulfat 1,9, Wasser 3%. — Einfach rötendes Konservesalz. Dem Original würde ungefähr ein Gemisch folgender Stoffe entsprechen: Natriumchlorid 37,2, Natriumnitrat 57,5, Magnesiumoxyd 1,6, Magnesiumkarbonat 1,1, Calciumsulfat 1, Wasser 1,4%. — Odin. Der aus 100 ccm Odin erhaltene Trockenrückstand entspricht etwa einem Gemische folgender Stoffe: Magnesiumazetat 21, Magnesiumformiat 0,1, Magnesiumoxyd und -karbonat 0,2%. Geringe Mengen von Chloralkalien und Calciumsulfat. Erhaltungssalz „Erreicht". Dem Original würde ungefähr ein Gemisch folgender Stoffe entsprechen: Natriumchlorid 28,6, Dinatriumphosphat 42,9, Kristallwasser 28,6%. Spuren Calciumsulfat. — „Moguntia für feinere Wurstsorten" Dem Original würde ungefähr ein Gemisch folgender Stoffe entsprechen: Natriumchlorid 54,5, Kaliumnitrat 26,3, Natriumkarbonat 3, Rohrzucker 13,5, Feuchtigkeit 0,7%. Geringe Mengen Calciumsulfat. — Cassalin. Dem Original würde ungefähr ein Gemisch folgender Stoffe entsprechen: Natriumchlorid 16,8, Dinatriumphosphat 16,8, Natriumazetat 7,2, Natriumbenzoat 10,2, bas. Aluminiumazetat 5,5, Zucker 13, Kristallwasser 29,2%.

3675. **Fleischpepton** von Denaeyer hat keine konstante Zusammensetzung; sein durchschnittlicher Gehalt an Gesamteiweiß erreicht die Hälfte von dem angeblichen Gehalt an trocknem Fleischpepton; es enthält kein wirkliches Pepton, sein Gesamteiweiß besteht neben Albumosen höchst wahrscheinlich noch aus Gelatine und außerdem ist es borsäurehaltig. (Niederhäuser.) Nach einer Analyse von Dr. Ulex enthält das Präparat 22,15% Trockensubstanz, wovon etwa 7% Albumosen und etwa 8% Pepton. Borsäure war in Spuren vorhanden.

3676. **Fleischpreservepulver** von H. Schramm & Co. in Berlin ist zersetztes Natriumbisulfit mit einem Gehalt von 43% Natriumsulfat. (Polenske.)

3677. **Fleurpaste,** ein Reinigungsmittel, soll aus alkalischer Schmierseife bestehen.

3678. **Fliegenpapier, giftfreies,** von Bergmann & Co. in Rochlitz, enthält reichlich Arsenik. (Hager.)

3679. **Fliegenpulver** von Markel früher Baumann in Österreich. 93—94% trockener, sandiger Eisenton (gewöhnlicher Lehm), getränkt mit einer Abkochung verschiedener bitterer Substanzen, wie Quassia, Enzian. 170 g = *M.* 0,60. (Hager.)

3680. **Fliegenteller,** zuerst von O. Troitsch in Berlin erfunden, sind mit Figuren bemalte Papierteller, welche angeblich mit Fliegengift-Abkochung von Quassia und langem Pfeffer getränkt sind.

3681. **Flohwasser** des Tierarztes Koch in Wien besteht aus 7 T. verd. Weingeist, 1 T. Benzoe und 1 T. schwarzer Seife. (Hager.)

3682. **Floricin** ist ein mit Mineralölen mischbares Destillationsprodukt aus Rizinusöl, welches zu technischen Zwecken sowie als vorzügliche Grundlage für Salben und Linimente Anwendung finden soll.

3683. **Fluate,** zur Härtung und Konservierung von Bausteinen, ist eine 40prozentige Lösung von Magnesiumfluorsilikat und eine 60prozentige Lösung von Zinkfluorsilikat.

3684. **Flüssigkeit, antiseptische,** von Hült, wird durch Behandlung von Lava mit Salzsäure hergestellt. Sie enthält: 61,75 T. Chloraluminium, 19,81 T. Chlorkalium, 15,9 T. Eisenchlorür, 2,13 T. Chlorcalcium und 1,22 T. gallertartige Kieselsäure.

3685. **Flüssigkeit zur Konservierung anatomischer Präparate** von Wickersheimer besteht aus 100 T. Alaun, 25 T. Kochsalz, 12 T. Kalisalpeter, 60 T. Pottasche, 10 T. arseniger Säure, gelöst in 3000 T. Wasser, filtriert und mit 1550 T. Glyzerin und 300 T. Methylalkohol versetzt. (Hager.)

3686. **Flüssigkeit zur Konservierung von Nahrungsmitteln** von Wickersheimer ist eine fast farblose, wässerige, schwach opalisierende.

dickliche, sauer reagierende Flüssigkeit vom spez. Gew. 1,0995 bei 20°, im Liter enthaltend 52,3 Borsäure, 18,25 Natriumchlorid, 22,8 Salizylsäure, 7,2 Natriumoxyd, 250,0 Glyzerin, letzteres teils frei, teils als Glyzerinborat. (Polenske.)

3687. **Flüssigkeit,** Puschkarowsche, zum Konservieren von Holz, ist Holzessigsäure, Eisenflüssigkeit mit etwas Zink und vielen Brandharzen. (Casselmann.)

3688. **Flüssigkeit,** Schdannowsche, ist eine trübe, dunkelbraune Auflösung eines Eisenoxydulsalzes (Eisenchlorür?) in Holzessig von 1,06 spez. Gew. (Casselmann.)

3689. **Force Food** ist ein Nahrungs- und Kräftigungsmittel, das aus Weizenkorn und Gerstenmalz bereitet ist. Bezugsquelle: Force Food Compagny in Hamburg, Brands-Awiek 42.

3690. **Formalinseife,** Hells flüssige, 10% Formalin enthaltend, wird als Desinfektionsmittel zum Reinigen der Hände, Instrumente und Operationsbehelfe und als desodorierendes Waschmittel verwendet. Fabrikant: Hell & Co. in Troppau.

3691. **Formalith** ist mit Formaldehyd getränkte Kieselguhr.

3692. **Formosulfit** von Lumière & Seyewetz ist eine Lösung von 3 T. reinem Trioxymethylen in 100 T. wasserfreiem Natriumsulfit, welche als photographischer Entwickler dienen und die Wirkung eines Alkalis und des Natriumsulfits vereinigen soll; es ersetzt den Alaun, indem es die Gelatine härtet.

3693. **Fortossan** ist ein Phytin enthaltendes Nährpräparat in Tablettenform. Fabrikant: Gesellschaft für chemische Industrie in Basel.

3694. **Freßlust** von S. Wurm & Cie., Regensburg. Gemisch von Futterkalk, Viehsalz, Mais, etwas Schwefel und den bekannten Drogen.

3695. **Freß- und Mastpulver** von einem Bautzener Drogisten: Glaubersalz, Schwefel, Spießglanz, Drogen.

3696. **Freß- und Mastpulver** von Krautheim & Künzel in Nürnberg: 20% Viehsalz, 5% Glaubersalz, 36% Futterkalk, Foenum graecum und verschiedene Wurzelpulver.

3697. **Frigorit,** ein Schutzmittel für Kühlröhren, erwies sich als eine filzartige Masse von Pflanzenfasern, Juteabfällen und Stroh, welche sich gegen Wasser und Säuren ziemlich widerstandsfähig erwies, von Alkalien aber leicht zerstört wird.

3698. **Fruchtcrème** von Sebastian & Co. in Wilsdruff ist ein aus Früchten unter Zusatz von Zucker vergorenes südweinähnliches Getränk, enthaltend Alkohol 8,14%, Extrakt 30,64%, Traubenzucker 18,52%, Rohrzucker 7,12%, freie Säure 0,54%, Mineralstoffe 0,18% und keine künstlichen Farbstoffe.

3699. **Fruchtextrakt Duvivier,** Hefenährstoff zur Herstellung von Tresterweinen, ist Bohnenmehl mit wenig Gerstenmehl und einem geringen Zusatz von kohlensaurem Kalk, phosphorsaurem Kalk und Kochsalz. 1 kg = *M.* 3. (K. Portell.)

3700. **Fruchtkaffee** von Buchmann sind geröstete Lupinensamen.

3701. **Fructol,** ein Konservierungsmittel für Fruchtsäfte, besteht nach Hoffmann im wesentlichen aus ca. 12% Ameisensäure neben etwas Schwefelsäure und vielleicht Zucker.

3702. **Frut** werden Konservierungsmittel für Fruchtsäfte genannt, und zwar soll Frut I ein Flußsäurepräparat und Frut II ein Kalkpräparat repräsentieren. Nähere Angaben über Zusammensetzung und Konzentration der betreffenden Präparate sind nicht gemacht worden. (D. Sandmann.)

3703. **Fulgurit Raoulit,** ein Sprengstoff, besteht aus verflüssigtem Stickoxydul und einem Gemisch organischer Flüssigkeiten, unter denen sich Methyläther und Alkohol befinden sollen.

3704. **Fullers Erde,** eine englische Spezialität (Fullers Earth), besteht aus Tonerde, Kieselsäure, Kalk, Magnesia, sowie Eisenoxyd und Wasser.

3705. **Fumigator for Hen-coops,** Räucherung für Hühnerställe, in Nordamerika verkauft, ist gewöhnlicher Steinkohlenteer. (Henry B. Parsons.)

3706. **Fungicid,** ein gärunghemmendes Konservierungsmittel für Süßweine u. dergl., besteht aus Natriumbikarbonat 7,98%, Natriumbenzoat 51,78%, Senfmehl 40,24%.

3707. **Fungivore** von Gensoul in Toulon zur Bekämpfung von Oidium, Anthracnose, Peronospora und anderen Pilzkrankheiten der Blätter der Rebe und anderer Obstarten besteht angeblich aus Schwefel und Eisenvitriol. 100 kg = *M.* 11,20.

3708. **Furon,** ein Wurstkonservierungsmittel, besteht aus Kalisalpeter und essigsaurer Tonerde.

3709. **Futtermehl für Forellen und Karpfen** von Louis Groos in Heidelberg besteht aus 30—35 T. Fleischmehl, 19—21 T. Raps-, Leinsamenmehl und dergl., 9—10 T. Mais, 18—22 T. Erbsen oder Wicken, Saubohnen etc., 18—22 T. Getreidemehl und Hafer, 1—2 T. Kochsalz. (Harz.)

3710. **Galactophyl,** ein von Wolfenbüttel aus in den Handel gebrachtes Milcherhaltungspulver, besteht aus 1 T. Borsäure und 4 T. Zucker. (C. Petersen.)

3711. **Galalith (Milchstein)** ist Formaldehydkasein, das aus dem Käsestoff der Magermilch hergestellt wird und in seinen Eigenschaften an natürliches Horn erinnert. Fabrikant: Vereinigte Gummiwarenfabriken Harburg-Wien.

3712. **Galazyme** nach Dujardin-Beaumetz erhält man, indem man $10{,}_0$ Zucker in 1 Liter Kuhmilch auflöst, $4{,}_0$ Hefe zusetzt und auf gut verkorkte und verbundene Flaschen abfüllt.

3713. **Galenit** von I. David in Paris ist ein durch andauerndes Rösten von Bleiglanz bei mäßiger Temperatur erhaltenes Produkt, als Ersatz der Mennige zum Anstrich von Metallen, sowie des Bleiweißes als erster Ölstrich bei Gebäuden empfohlen. Es ist ein Gemenge von schwefelsaurem Blei und Bleioxyd.

3714. **Gantein,** zum Reinigen lederner Handschuhe, besteht aus 200 T. Seife, 40 T. Wasser, 100 T. Natriumhypochloritlösung und 25 T. Ammoniak.

3715. **Gase-Insektenpulver** von Lesemeister ist ein Pulvergemisch aus 65 T. Schwefel und 35 T. Salpeter in einer Büchse von Schwarzblech. Es soll im dichtgeschlossenen Raume abgebrannt werden.

3716. **Gasolin** sind die zwischen 60 und 70^0 übergehenden Destillate des Rohpetroleums.

3717. **Gefriersalz** von H. Finzelberg in Andernach a. Rh. besteht im Mittel aus 20% Chlorcalcium, 20% Chlormagnesium, 6% Chlornatrium, 13% Chlorkalium und 4% Wasser. 100 kg = *M.* 4.

3718. **Geka,** ein Kesselsteinmittel, soll im wesentlichen aus einer wässerigen Lösung von 21% kieselsaurem Natrium und 10% Soda bestehen.

3719. **Gelose** von A. G. Jericke in Konstanz, zur Klärung der Würze auf dem Kühlschiff empfohlen, ist Agar-Agar. 1 kg = *M.* 8.

3720. **Gelosin** ist ein von Gelidium corneum, einer japanischen Alge, stammender Pflanzenschleim, welcher getrocknet in der Form sehr leichter weißlicher Fäden im Handel vorkommt.

3721. **Geolin** besteht im wesentlichen aus Ammoniak, ölsaurem Alkali, Schlämmkreide und wahrscheinlich Bolus neben Karmin als Färbemittel. Fabrikant: Siegel & Tegeler, A.-G. in Düsseldorf-Bilk. (Aufrecht.)

3722. **Gerdal** ist ein angeblich aus Fleischsaft, Eiweiß und Zucker bestehendes Kraftnährmittel.

3723. **Gesundheitskaffee, homöopathischer,** von E. Kreplin in Lehrte, bereitet nach dem Attest des (weiland) Dr. Arthur Lutze in Cöthen, ist gebrannter Roggen. 166 g = *M.* 0,15. (Hager.)

3724. **Gesundheitskaffee, homöopathischer,** von J. P. Moser in Trier besteht aus 8,65% Wasser, 3,73% Fett, 11,93% Protein, 73,24% Kohlehydraten und 2,45% Mineralstoffen. 4 kg = *M.* 3. (Neuhöffer.)

3725. **Gesundheitskaffee, homöopathischer,** von Arthur Lutze in Köthen erfunden, von Dr. William Schwabe in Leipzig verbessert, von L. Willig in Köthen hergestellt, soll bestehen aus einer Mischung von geröstetem Roggen, Mais, Erbsenmehl, Zuckerrüben, Kakao (?) nebst Salzzusatz.

3726. **Gesundheitssparkaffee** aus Braunschweig ist ein teils grobes, teils feines braunes Pulver, welches Getreidereste, Roggen oder Gerste, erkennen läßt.

3727. **Gethalin,** eine Lederschwärze, ist eine mit Nigramin schwarzgefärbte Mischung von Wachs und Terpentinöl. (Unters.-Amt Ulm.)

3728. **Girondin** von J o s. M e y e r in New - York, ein Desinfektionsmittel, ist eine hellbraune Flüssigkeit von 1,25 spez. Gew. mit 29,7% festen Bestandteilen, worunter 25% schwefelsaures Zinkoxyd und 1,4% schwefelsaures Kupferoxyd. (E. E n d e m a n n.)

3729. **Glacialia,** ein englisches Konservierungsmittel für Milch, ist nach einem Bericht des Hamb. Staatslaboratoriums Borax mit 2—3-prozentiger freier Borsäure; ein älteres gleichnamiges Präparat soll daneben Zucker und Glyzerin enthalten haben.

3730. **Glacialin,** ein Konservierungsmittel, soll bestehen aus 18 T. Borsäure, 9 T. Borax, 6 T. Zucker, 9 T. Glyzerin und 400 T. Wasser. (Engl. Patent.)

3731. **Glacialinsalz,** ein römisches Präparat zum Konservieren von Milch, Fleisch und anderen Nahrungsmitteln, ist reine Borsäure. 1 kg = *M.* 4.

3732. **Glanz-Elastic-Stärke, präparierte,** ist ein Gemisch von ungefähr 0,7—0,8 T. Stearin mit 100 T. Weizenstärke. (H a g e r.)

3733. **Glanzstärke** von W. Z w i c k. Zur Darstellung werden 4 T. Wachs und 4 T. Stearin zum Schmelzen erhitzt und der heißen Flüssigkeit unter Umrühren 1 T. Ammoniak zugesetzt, wodurch sofort eine dicke, weiche Masse entsteht. Bei weiterem Erhitzen wird dieselbe wieder dünnflüssig, worauf sie mit ca. 80 T. siedendem Wasser verdünnt und mit ca. 400 T. Stärke vermischt, in Formen gegossen wird.

3734. **Glasune,** ein Kitt für Glas und Metall, besteht aus einer dicken, schon in mäßiger Wärme fest werdenden Lösung von Asphalt in Teeröl, welcher etwas Glyzerin und fein pulverisierte Mennige zugesetzt werden.

3735. **Glättolin,** ein Plättmittel, besteht aus 50 T. Talkum, 50 T. Karnaubawachs, etwas Paraffin und 0,2 T. Benzaldehyd. (Z e r n i k.)

3736. **Gliricin,** Gift gegen Nagetiere von Apotheker H e i n e r s d o r f in Kulm, ist eine braungefleckte, konsistente, leicht schimmelnde Latwerge aus höchst klein geschnittener Meerzwiebel, Mehl, Wasser und Fett. 1 Blechbüchse mit 700 g = *M.* 3.

3737. **Globulin,** Kesselsteinmittel von B e n s e & E i c k e in Berlin, enthält 17,2% Natriumkarbonat, 16,2% Tannin, 26,4% Pflanzenschleim etc., 40,2% Wasser und besteht aus Sodalauge und Blauholzextrakt. 100 kg = *M.* 60. (Chem. techn. Prüf.-Anst., Karlsruhe.)

3738. **Globus-Putzextrakt** ist eine Schmelze von 4 Ceresin mit 43 Olein und 44 Neuburger Kreide.

3739. **Glorial,** ein Sohlenschutzmittel, ist eine Mischung von Leinöl mit Sand, die mit Nitrobenzol parfümiert ist.

3740. **Gluck-Gluck,** ein von einer Berliner Firma als Ersatz für Eier angepriesenes Präparat, ist ein künstlich gelb gefärbtes Gemisch von ungefähr 66,5% Milcheiweiß, 23,4% Maisstärke und 3% Natriumbikarbonat. (B e y t h l e n.)

3741. **Glutenbrod** von L. F r o m m in Dresden enthält Eiweiß 19,90%, Fett 39,38%, Kohlehydrate 22,26%, Zellulose 1,38%, Asche 2,95%, Wasser 12,45%. (S c h w e i ß i n g e r.)

3742. **Glutinin** ist eine Lösung von Stärkemehl in Ätznatronlauge.

3743. **Glycerine argentée** ist eine neutrale, klare, schwach gelblich gefärbte Flüssigkeit von 1,26 spez. Gew., eine gesättigte und mit Glykose verdickte Magnesiumsulfatlösung darstellend. (L a - j o u x.)

3744. **Glycerinsurrogat** aus Prag ist eine Mischung von Chlormagnesium, Stärkezucker und Dextrin neben Wasser. — Ein anderes Falsifikat war eine gesättigte Magnesiumsulfatlösung mit 160 g Glukose auf das Liter. (E. G e i ß l e r.)

3745. **Glycin,** ein photographischer Entwickler, ist Oxyphenylglykokoll.

3746. **Glyco-Thymique Bayard** von H y o n ist eine farblose Flüssigkeit von 1,214 spez. Gew., welche aus einer Lösung von Saccharose, Glykose und Glyzerin in Wasser besteht, mit wenig Thymol oder Thymianöl aromatisiert. (L. v a n I t a l l i e.)

3747. **Glyko-Gelatine** ist eine rötliche Masse, die aus 2 T. Gelatine, 6 T. Glyzerin, 5 T. Orangeblütenwasser und so viel ammoniakalischer Karminlösung, als zur Färbung nötig ist, bereitet wird. Verwendung findet sie zur Darstellung von Pastillen.

3748. **Glykolin** aus New-York ist ein niedrig siedendes, vollkommen geruchloses Paraffin vom spez. Gew. 0,8662.

3749. **Glykosin-Mastpulver** von B o l d t in Stettin: Anis, Fenchel, Kümmel, Eibischwurzel, Malzabfälle.

3750. **Dr. Göhlis' Speisepulver** soll bestehen aus Ammon. chlorat., Bol. alb. aa $1,_{0}$, Calc. carb. $4,_{0}$, Kal. Natrio-tartar. $12,_{0}$, Natr. bicarb. $82,_{0}$. (P u t z e.)

3751. **Goldlack** von C h e v a l l i e r besteht aus 750 T. Körnerlack, 500 T. geschmolzenem Bernstein, 3 T. Drachenblut, 6 T. Sandelholzextrakt, 6 T. Safran und 1500 T. Spiritus.

3752. **Gomfoom,** Mittel zur Schaumentwickelung in moussierenden Getränken, ist eine Quillaja- oder Saponariatinktur.

3753. **Gravesessenz** ist ein spirituöser Auszug von Johannisbrot und Honigkuchen, mit Bittermandelöl, etwas Önanthäther und ätherischen Ölen, von einem spez. Gew. von 0,977.

3754. **Grimers Pökelsalz** ist ein Gemisch von Kaliumnitrat, Natriumchlorid und Zucker.

3755. **Großers Waschstein:** Wasser $54,_{00}$%, Soda 38,21%, Borax 6,61%, Wasserglas 1,70%.

3756. **Grossin,** ein Zusatzmittel zu Rahm, welches bewirken soll, daß derselbe sich besser schlagen läßt, ist nach F. Reiß eine alkalische Zuckerkalklösung mit etwa 10,5% Rohrzucker und 5,5% Kalk.

3757. **Guhrolit** werden von der Firma Jencquel & Hayn, Hamburg, nach einem zum Patent angemeldeten Verfahren hergestellte Kieselguhrsteine genannt.

3758. **Gummi, unveränderlicher, hermetischer,** von A. P. Potel in Paris, zur Konservierung von Fleisch, Fischen, Früchten, Flüssigkeiten u. dergl. patentiert, besteht für die Dichtung gewöhnlicher Flaschen aus 3 T. Baumharz oder Gelatine und 1 T. Glyzerin oder Öl; für die Dichtung kohlensaurer flüchtiger Flüssigkeiten aus 6 T. Baumharz oder Gelatine, 1 T. Glyzerin oder Öl und 1 T. Wasser. Zur Einhüllung von Fleisch, Fischen u. dergl. soll eine auf 50—60° erwärmte Lösung von 5 T. Gelatine und 1 T. Glyzerin verwendet werden.

3759. **Gummicrême,** Schaumentwickler, ist eine saponinhaltige Tinktur aus Quillayarinde oder Seifenwurzel. (Schweißinger.) (Pharm. Zentralh.)

3760. **Gutalin** soll eine Lösung von Kautschuk, Asphalt und Harzöl in einer Mischung von Benzol und Benzin sein.

3761. **Guttalin.** Ein der Schuhcrême Guttalin sehr ähnliches Präparat erhält man, wenn man 25 T. Japanwachs und 25 T. Ceresin zusammenschmilzt, der flüssigen Wachsmasse dann 60 T. Terpentinöl einrührt und durch Zusatz von ½ T. fettlöslichem Lederinschwarz (Farbenfabrik Ocker a. Harz) oder Nigrosin färbt.

3762. **Guttaperchapapierersatz** wird durch Tränken von Geweben oder Papier mit Leimlösung und nachheriges Behandeln mit Formaldehyd hergestellt.

3763. **Habrosine,** ein diätetisches Mittel, ist eine Mischung aus ca. 15 T. Kakaomasse, 5 T. Guarana, 20 T. präpariertem Gerstenmehl, 20 T. fein gemahlener Hafergrütze, 20 T. Zucker und 30 T. getrockneter und fein gepulverter, gewürzloser Biskuittorte.

3764. **Hämakolade** ist Hämatogen-Nährkakao von F. Reichelt, G. m. b. H. in Breslau I.

3765. **Haematin** ist eine meist gute Sorte trocknen Blauholzextraktes. (Schweißinger.)

3766. **Hämatogen-Kakes „Haematoffa"** enthalten trocknes, unverändertes Hämatogen. Fabrikant: Apotheker K. Tschanter in Herischdorf bei Warmbrunn.

3767. **Härtemasse A** von Karl Kupfer in Biel in der Schweiz, zum Härten und zum Verbessern verbrannten Stahls, eine braunrote, fadenziehende Masse, besteht wahrscheinlich aus 50 T. Fischtran, 40 T. ordinärem Kolophonium und 10 T. Terpentinharz. —

3768. **Härtewasser B** enthält im Liter reinen, abgekochten, erkalteten und klar abgegossenen Brunnenwasser 25,0 eines Gemenges aus 40% Kalisalpeter und 59% Chlorammonium neben einer Spur Natriumsulfat. — **Stahlhärtepulver C** besteht aus 5% Natronsalpeter, 15% Chlorammonium, 25% gelbem Blutlaugensalz und 55% organischer Substanz (Klauenpulver). — **Härtewasser D** besteht aus einer konzentrierteren Salzlösung als B, und zwar werden auf 10 Liter 2 kg Pulver genommen und nach erfolgter Lösung 0,5 kg reine Schwefelsäure zugesetzt. Vielleicht ist das Pulver dasselbe wie jenes bei B verwendete.

3769. **Härtemittel für Stahl** von J. L. Bleichsteiner ist ein Gemenge von 3 T. blausaurem Kalium, 1 T. Borax, 1 T. Salpeter und ⅓ T. Bleizucker.

3770. **Haeussers Futterkalk,** Marke B: 49 Futterkalk + 11 trocknes Kochsalz + 40 Vegetabilien (Fenchel, Leinsamenmehl). (Dr. Weil, Straßburg.)

3771. **Hafer-Konserve** von Gustav Warnecke in Frankfurt a. M. besteht aus entweder 1. je 30 T. Hafermehl, dextriniertem Erbsenmehl, Roggenmehl und 10 T. Leinsamenmehl; oder 2. je 40 T. Hafermehl und dextriniertem Erbsenmehl und 20 T. Leinsamenmehl; oder 3. je 20 T. dextriniertem Erbsenmehl, dextriniertem Weizenmehl, dextriniertem Maismehl und Roggenmehl, je 10 T. geriebenem Brote und Leinsamenmehl; oder aus ähnlichen Mischungen.

3772. **Hallogenin,** zur Verhütung von Kesselstein, besteht aus 65 T. Salmiak, 17 T. Chlorbaryum und 18 T. Katechu.

3773. **Haloquin** von Ed. Fierman in Berlin, Mittel zur Verhütung der Kesselsteinbildung, bestand aus 92% Salmiak, Katechu, nebst einem guten Anteil von Schmutz. (Gräger.) Spätere Zusammensetzungen sind 65% Salmiak, 17% Chlorbaryum, 18% Katechu.

3774. **Hardidadik, asiatische Schokolade,** ist zusammengesetzt aus 42 T. Kakao, 180 T. Zucker, 112 T. Stärkemehl, 64 T. Reismehl, 3 T. Vanille. (Chevallier.)

3775. **Hardiella** ist ein Liquor Cresoli saponatus, der als Viehwasch- und Desinfektionsmittel von der Firma Gebr. Nahnsen, Hamburg, empfohlen wird.

3776. **Harjes Dampfkesselsteinlösung,** eine organische Stoffe enthaltende braune Flüssigkeit, welche 9,5% festen Rückstand, darunter 5,5% Soda und etwas Kochsalz enthält.

3777. **Hart-Benzin** wird in der Metallindustrie zur Entfernung von Fett- und Ölflecken etc. benutzt. Man löst es zum Gebrauch in 10 bis 15 T. Wasser. Es soll billiger als Benzin und nicht feuergefährlich sein. Fabrikant: Robert Schulz in Rheydt (Rheinland.)

3778. **Hartlötpulver** soll den zehnfachen Wert und die Wirkung von

Borax besitzen. Die Untersuchung ergab entwässerten Borax mit Anilinrot gefärbt. (Unters.-Amt Ulm.)

3779. **Havannatinktur,** mittelst welcher auch den geringsten Zigarren und Tabaken angeblich der Geruch und der Geschmack der echten Havannas beigebracht werden kann, ist Perubalsam in Spiritus gelöst.

3780. **Hedylgin** ist ein Körper zum Filtrieren und Entfärben von Zucker, Sirupen und andern Flüssigkeiten und wird nach einem patentierten Verfahren durch Erhitzen von Kieselguhr in Retorten unter Luftabschluß dargestellt.

3781. **Hefenmehl, Berliner,** besteht aus 4 T. gereinigtem Weinstein, 2 T. doppeltkohlensaurem Natrium und 1 T. Mehl. — Oder 15 T. Weinsteinsäure, 16 T. doppeltkohlensaures Natrium, 16 T. Stärkemehl und 2 T. kohlensaures Ammoniak.

3782. **Hefepulver** besteht aus 7 T. Weinstein und 3 T. Natriumbikarbonat.

3783. **Heliosa,** ein Haarfärbemittel, besteht aus einer mit Eau de Cologne aromatisierten, ammoniakalischen Silberlösung. (B e y - t h i e n.)

3784. **Heliosöl** ist ein schweres, bei der Paraffindestillation als Nebenprodukt gewonnenes, bei 230—300° C. siedendes Braunkohlenteeröl von 0,847 spez. Gew., dessen größter Vorzug vor Petroleum in seiner sehr großen Feuersicherheit liegt, da es erst bei 107° C. entflammbare Dämpfe zu entwickeln beginnt und erst bei Erwärmung auf 124° C., von außen her entzündet, selbständig fortbrennt.

3785. **Heliotropol** ist ein Gemisch von ungefähr 90 T. Heliotropin mit 10 Vanillin, 0,5 Jononlösung und einer Spur Rosenöl, nach anderen Angaben von 25 T. Heliotropin mit 75 T. Azetanilid.

3786. **Henkels Bleichsoda:** Wasser 36,16%, Soda 40,22%, Wasserglas 23,14%, Rest (Seife?) 0,48%.

3787. **Heraklin** besteht aus Sägespänen, welche mit Pikrinsäurelösung getränkt und darauf mit Kalium- oder Natriumnitrat und Schwefel gemischt sind.

3788. **Heveenoid** von H e n r y G e r n e r in New-York ist eine patentierte Kautschukmasse, welche den Vorteil größerer Biegsamkeit, Dauerhaftigkeit und Unlöslichkeit haben soll. **Weiches** Heveenoid besteht aus 2 T. Gummi elasticum, 2 T. Kampher, $^1/_{16}$ T. Kalk und $^1/_2$ T. Schwefel; **hartes** aus 3 T. Gummi elasticum, 2 T. Kampher, $^1/_2$ T. Glyzerin und 8 T. Schwefel.

3789. **Heureka** und **Sanil,** Mittel zum Reinigen von Bierleitungen, stellten sich als 8% bezw. 21% Ätzgatronlösungen heraus.

3790. **Hilpertin,** zum Waschen der Bäckerhefe ist eine aus zwei Schichten bestehende Flüssigkeit, deren untere eine etwa 35prozentige, mit Kochsalz verunreinigte Sodalösung und deren obere eine alkoholische Lösung von Zitronenöl bildet. (H a n o w.)

3791. **Hoffmanns Schnellmastpulver** von K r a n z in Karlsruhe: 55% Knochenmehl, 15% Viehsalz, 15% Fleischfuttermehl, 15% vegetabile Zusätze.

3792. **Holland Compound,** zum Weichmachen des Wassers, ist eine Lösung von ca. 5 T. Natronwasserglas und 1 T. kohlensaurem Natrium oder ein Pulvergemisch aus 3 T. kalzinierter Soda und 1 T. trocknem Kaliwasserglas. 10 g dieser Mischung reichen aus, um 100 Liter hartes Wasser in weiches Wasser zu verwandeln. (H a g e r.)

3793. **Holzpulver** von V o l k m a n n, **Kollodin, Nitropylin** besteht aus Sägespänen, Blutlaugensalz und Salpeter.

3794. **Honiggest** von E d. B o r c h e r s & C o. in Hamburg zum Backen von Zwieback und Korintenbrot besteht aus 40% ranzigem Schweinefett, 60% Stärkesirup und unreinem Honig; das Gemisch ist mit Soda zur Salbenkonsistenz verrührt und mit Butterfarbe gelb gefärbt. (L a n g f u r t h.)

3795. **Hopkos,** ein alkoholfreies Getränk, ist eine Mischung von Hopfen und Malzextrakt mit kohlensäurehaltigem Wasser, es kommt als Porter und Ale in den Handel.

3796. **Hornisiertes Pulver** ist Schießbaumwolle, die mit Essigäther oder Nitrobenzol getränkt ist, wodurch eine dichte für Wasser undurchdringliche Masse gebildet wird, die man in Körnerform bringt.

3797. **House preservatory,** Dr. K l i p p e l s, von O s c a r H o r n i g in Freistadt in Niederschlesien, gegen Hausschwamm, ist eine dunkelbraune stinkende Flüssigkeit, bestehend aus einem Gemisch von 10 T. roher Karbolsäure und etwa 3 T. Ätznatronlauge. 50 g = *M.* 1,25. (H a g e r.)

3798. **Hühnerpulver,** um die Hühner zu vermehrtem Eierlegen zu veranlassen, besteht aus 250 T. grob gepulverten Austerschalen, 38 T. Kreide, 38 T. Kalkphosphat, 4 T. schwarzem Pfeffer, 4 T. Paprika, 6 T. Eisenoxyd, 8 T. in Wasser löslichen Chloriden, Phosphaten und Sulfaten.

3799. **Hundekuchen** der Berliner Hundekuchenfabrik T e m p e l h o f bei Berlin enthalten Fleischfuttermehl, Weizenmehl und Roggenkleie. 50 kg = *M.* 17.

3800. **Hyalin,** ein Ersatzmittel für Zelluloid, besteht aus Schießbaumwolle, Kolophon, Kopal, Dammar, Terpentin oder ähnlichen Stoffen. Es kann durch Denitrierung unverbrennlich gemacht werden.

3801. **Hydramin,** ein photographischer Entwickler, ist eine Verbindung von Hydrochinon mit p-Phenylendiamin.

3802. **Hydrofugin** zum Wasserdichtmachen der Gewebe. Zur Herstellung werden 10 kg schwefelsaure Tonerde oder ebensoviel Alaun oder schwefelsaures Kupferoxyd oder Zinnchlorür in einem hinreichend geräumigen Gefäße gepulvert. In einem anderen Gefäß werden $400{,}_0$ Öl-, Stearin- oder Margarinsäure oder ebensoviel Seife oder verseifbare Substanz in 9 Liter Alkohol durch Erwärmen gelöst. Die Lösung wird dem gepulverten Salze zugemischt und bis zum Erstarren auf 40^0 gehalten. Um Zeuge von Flachs oder Baumwolle mit dem Hydrofugin wasserdicht zu machen, vermischt man 1 T. desselben mit 100 T. Wasser, läßt die Zeuge durch diese Mischung passieren und hängt sie dann aufgespannt zum Trocknen auf, worauf sie vollends vorgerichtet werden. Für die Präparation von Seiden- und Wollstoffen vermischt man 1 T. Hydrofugin mit 200 T. Wasser. (Menotti.)

3803. **Hydrol,** ein Schmier- und Rostschutzmittel, ist ein durch Behandlung mit Chemikalien wasserlöslich gemachtes Ölpräparat. Fabrikant: Dr. H. Nördlinger in Bockenheim.

3804. **Hydroleïne,** ein amerikanisches Nährmittel, soll aus mit Borax emulgiertem Lebertran mit Pancreatinzusatz bestehen.

3805. **Hydrolyne,** ein Kesselsteinmittel, von A. Nicolas in Paris, eine braune, alkalisch reagierende Flüssigkeit, welche $337{,}_0$ Trockenrückstand im Liter enthält, besteht aus ätzenden und kohlensauren Alkalien mit einer größeren Menge von Alkalioxalaten (Bunte und Maß).

3806. **Hydronaphthol,** als ausgezeichnetes Desinfiziens und Antiseptikum von Amerika aus empfohlen, ist Betanaphthol. (Jacobsen.)

3807. **Hydrosulfit,** ein neues Bleichmittel, von Dommergue empfohlen. Eine Lösung von Natriumbisulfat von 35—40^0 B. wird mit einer den vierten Teil des Gesamtgewichts nicht übersteigenden Menge von blanken Zinkabfällen etwa 1 Stunde lang unter Vermeidung von Erwärmung behandelt, dann abgegossen und nach 12 Stunden von dem abgeschiedenen schwefligsauren Zinknatrium getrennt.

3808. **Hyper-Samphire,** ein Eierkonservierungsmittel, besteht aus: Kochsalz 71,35%, Natriumsalizylat 9,58%, Salizylsäure 6,60%, Natriumbisulfit 1,10%, Natriumsulfit 4,75%.

3809. **Jamaika-Kaffee** ist der Name für verschieden zusammengesetzte, in den Handel kommende, wertlose Kaffeesurrogate; dergleichen Gemenge bestehen z. B. aus gebrannter und dann gemahlener Gerste oder aus gebranntem Bohnenmehl, Eichelschalen und Getreide, oder aus gerösteten Hülsenfrüchten und Eicheln.

3810. **Jaune végétal,** eine Teigfarbe, erwies sich als Zinnsäurehydrat $[Sn(OH)_4]$, welches mit einem gelben Chinolinfarbstoff versetzt war. (Fischer.)

3811. **Ichthyocolle française** wird aus Blutfibrin und Gerbsäure bereitet.

3812. **Jela,** eine schmelzbare Masse, in welche Fleischwaren eingetaucht werden sollen, um sie zu konservieren, besteht nach Polenske im wesentlichen aus 35% Paraffin (Schmelzpunkt 52—53^0), 62,8% Kolophonium und 2,2% Schlämmkreide.

3813. **Ignis** ist ein Anfeuerungsmittel, welches der Hauptsache nach aus Petroleum und Natronseife besteht, sog. Petroleumseife oder festes Petroleum.

3814. **Iguano, Desinfektions- und Insektenvertilgungsmittel** einer schottischen Gesellschaft, ist das flüssige Destillationsprodukt eines bituminösen Schiefers, Sauridon genannt. (Chem. u. Drugg.)

3815. **Iguano,** ein Destillat des bituminösen Schiefers Sauridon, dient zur Vertilgung von Insekten, besonders der Reblaus.

3816. **Imperial Boiler Compound,** ein Kesselsteinmittel, ist nach Zeitschr. f. Spiritusindustrie grob gepulvertes Ätznatron mit gerbsäurehaltigen Pflanzenteilen gemischt.

3817. **Imperialfeuerlöscher** der Imperial fire extinguisher Co. in London enthalten in einer dünnen kugelförmigen Flasche ca. 600 g einer wasserhellen Flüssigkeit, welche etwa 10,7% Chlorcalcium und 2,6% Chlorammonium enthält. 12 Granaten = *M.* 40. (A. Lübbert.)

3818. **Imperialsirup** der englischen Sodawasserfabrikanten ist eine Mischung gleicher Teile Himbeer- und Apfelsinensirup.

3819. **Indebile brown Ink for Outlines etc.,** von Winsor and Newton in London, unvergängliche braune Tinte für Skizzen, ist ein mittelst 45 prozentigem Weingeist bewirkter Katechuauszug, bis zur Verdampfung des Weingeistes im Wasserbade erhitzt und dann mit einer Spur gelben Chromsalzes versetzt.

3820. **Infallible Vermin and Insect-Destroyer,** unfehlbares Mittel gegen Ungeziefer und Insekten, von Hunter, besteht aus Strychnossamen, Zucker, Mehl und Smalte.

3821. **Ink Extractor** von Töllner u. Bergmann ist Oxalsäure in Stiftform.

3822. **Insectin,** ein Mittel gegen Schafzecken, besteht aus rohem Naphthalin $1000,_0$ und Sand oder besser Buchenholzasche $3000,_0$. (Evers.)

3823. **Insektenvertilgungsmittel, metallisches, zerstäubungsfähiges,** von Apoth. G. Calov in Koschentin, D. R. P. 55321, ist angeblich aus Zinkstaub und Magnesiumkarbonat zusammengesetzt, enthält aber auch noch 12—17% Insektenpulver. (Thoms.)

3824. **Insektenvertilgungsmittel,** patentiert für Pietro Leonardi Pietro Zen fu Giuseppe und Giuseppe Sardi in Venedig. Ein Extrakt aus Chrysanthemumpulver wird mit Wachs, Fetten und festen Kohlenwasserstoffen gemischt und in Form von Räucherkerzen gebracht.

3825. **Instantaneous Ink-Extractor** von Perry & Comp. sind Zedernholzröhrchen, ausgegossen mit geschmolzener Oxalsäure. Der Tintenfleck wird angefeuchtet und mit der Oxalsäure berieben, Eisentinte verschwindet. Daß der Fleck nach einiger Zeit wieder hervortritt, beruht in dem Ammongehalt der Luft, welcher die Oxalsäure sättigt. (H a g e r.)

3826. **Intensiv,** ein von Mainz aus vertriebener Rebendünger, soll aus 1 T. Pottasche, 2 T. Superphosphat und 2 T. Gips bestehen.

3827. **Jodogen** sind Räucherkerzen, welche beim Glimmen Jod entwickeln und zur Desinfektion von Wohnräumen gebraucht werden sollen. Sie bestehen zum großen Teil aus Kohle und jodsaurem Kalium.

3828. **Isoliermasse** für elektrische Leitungen, ist eine Masse von Pflasterkonsistenz aus 40% Kolophonium, 10% Talg und 50% konsistentem Mineralfett bestehend.

3829. **Isolith** nennt sich eine käufliche Masse, die zum Abgießen von Medaillen, Holzschnitten etc. empfohlen wird und dazu auch ganz gut geeignet sein soll. Sie besteht angeblich aus gelbem Ceresin (gereinigtem Erdwachs) mit 6—7% Petroleum und 4—5% Schwefel.

3830. **Isolvit,** patentierte Antikesselsteinkomposition, enthält nach Zeitschrift f. Spiritusindustrie 5¼% mineralische Bestandteile (Soda, Pottasche, Kochsalz) und 11% gerbsäurehaltige pflanzliche Stoffe in Wasser gelöst.

3831. **Jubiläumsbutter, Londoner,** besteht aus 35% Butterfett und 65% anderen tierischen Fetten.

3832. **Julischka,** zum Reinigen der Bierapparate, besteht aus 92% Ätznatron und Soda, Kochsalz und Wasser. (Chemnitzer Untersuchungsamt.)

3833. **Juniperol** von G. F r i t z e & C o., Berlin N. 20, ist ein Terpentinölersatz von unbekannter Zusammensetzung.

3834. **Junogen,** ein Nährpräparat, besteht aus einem schwach zuckerhaltigen Mehle, etwas reich an Fett und relativ arm an Stickstoffsubstanz, sehr arm an Mineralstoffen.

3835. **Käfertod** von I n w y l e r in Glarus ist Baryumkarbonat. (G. A m b u h l.)

3836. **Kaffee-Konserve, flüssige.** Zur Herstellung wird Kaffeepulver durch eine heiße Lösung von Stärkezucker, welcher $^1/_{10}$ ihres Gewichtes Pottasche zugesetzt ist, ausgezogen, der Rückstand noch einmal mit kaltem Wasser erschöpft und beide Auszüge gemischt.

3837. **Kaffee-Essenz, holländische, in Pulverform,** ist lediglich pulverisierter gebrannter Zucker. (S k a l w e i t.)

3838. **Kaffee-Extrakt, flüssiger,** von G u e u. C o l e - G r a n t. Zur Herstellung werden 4 T. gemahlener Kaffee wiederholt mit kaltem Wasser ausgezogen und auf diese Weise 4 T. Extrakt bereitet. Der vom Koffein und den flüchtigen Ölen auf diese Weise befreite Kaffee wird mit soviel Wasser ausgekocht, daß ebenfalls 4 T.

Extrakt resultieren. Dieses wird auf 1 T. eingedampft. Erkaltet werden beide Auszüge gemischt.

3839. **Kaffeeglasur,** zum Glänzendmachen des gerösteten Kaffees, eine völlig farb-, geruch- und geschmacklose klare ölartige Flüssigkeit, ist nach Filsinger Paraffinum liquidum.

3840. **Kaffeesubstitut** von Ernst August Grote in Freudenberg bei Siegen, in den Vereinigten Staaten Nordamerikas patentiert, besteht aus 18 T. geröstetem Roggenbrot- oder -teig, 6 T. geröstetem Roggen, einer beliebigen Menge gerösteter und gemahlener Kakaoschalen und Kaffeebohnen, 1 T. Natriumbikarbonat und 18 T. Karamel, bereitet aus 12 T. Melasse, 12 T. Rübenblättern, 3 T. Zucker und 1 T. Ammoniumkarbonat.

3841. **Kaffeesurrogat** von Behr wird aus Weizen und Kleie, Mais und Gerstengraupen bereitet und enthält in Wasser lösliche Bestandteile: 61,33 T. Stärke, Dextrin, Zucker, 57,85% Stickstoffsubstanz, 4,54% Asche. (Fresenius.)

3842. **Kaffeesurrogat** von Bering besteht aus gerösteten Lupinensamen, welchen vorher der Bitterstoff entzogen wurde.

3843. **Kaffeesurrogat** von E. A. Grothe in Dansweiler wird hergestellt, indem Roggenbrot dunkelbraun geröstet und 3 T. desselben 2 T. ebenfalls gerösteter und gemahlener Erbsen zugesetzt werden. Dem Gemisch ist soviel Karamel zugefügt, daß der Aufguß eine schöne braune Farbe erhält.

3844. **Kaffeesurrogat** von Pisoni. Trockenes Extrakt, durch Auskochen der gerösteten und gemahlenen Zichorienwurzel mit Wasser, Eindicken der Flüssigkeit zur steifen Masse und Austrocknen derselben bereitet. 125 g = *M.* 0,40. (Wittstein.)

3845. **Kaffeesurrogat** von F. Resag in Berlin enthält in Prozenten in Wasser lösliche Kohlehydrate 31,67, lösliche Proteinsubstanz 8,45, unlösliche Faserstoffe 30,73, unlösliche Proteinsubstanzen 3,45, Fett 1,30, Feuchtigkeit 20,40. ½ kg = *M.* 0,40. (Bering.)

3846. **Kaiffa, fécule orientale.** Kakao 500 T., Salep 750 T., Sago 1000 T., Reismehl 1250 T., Grütze 250 T., Moosgallerte 250 T., Amylum 2300 T., Zucker 6000 T., Vanille 50 T. (Chevallier.) — Ein feines Pulvergemisch aus annähernd 15 T. Kakaomasse, 20 T. Reismehl, 15 T. Sago, 10 T. Salep, 25 T. Kartoffelstärke, 5 T. Gelatine, 70 T. Zucker. Einen Löffel voll mit einer Tasse Wasser oder Milch. (Hager.)

3847. **Kaiserborax,** der mit so enormer Reklame angepriesen wird, erwies sich nach Zernik als ein den Anforderungen des Arzneibuches genügender Borax.

3848. **Kaisernatron** ist Natriumbikarbonat, das von Arnold Holste Wwe. in Bielefeld in den Handel gebracht wird. (Pharm. Zentralh.)

3849. **Kaiseröl,** nicht explodierendes Petroleum von Korff in Bremen, ist mit Fruchtäther parfümiertes Brennpetroleum von 0,786 spez. Gew. und einer Entzündungstemperatur von 50—51° C.

3850. **Kälberin,** ein Mastpulver, aus der N ä h r m i t t e l f a b r i k in Gerabronn: Leinsamenmehl, Bohnenmehl und Anis.

3851. **Kälbermehl** besteht aus 40 T. Erdnüssen, 18 T. Fleischfuttermehl, 16 T. Weizenmehl, 15 T. Kartoffelstärke, 10 T. Zucker, 1 T. einer wohlriechenden Droge. 50 kg = *M.* 22,50. (K ö n i g.)

3852. **Kalfroom,** ein Mittel, welches dazu dienen soll, die Magermilch für die Kälberernährung brauchbarer zu machen, besteht aus einer Mischung von frisch gefälltem Kasein, Rohrzucker und Baumwollsamenöl.

3853. **Kalisaline** dient zur Fleischkonservierung und besteht aus Kaliumsulfit mit geringen Mengen Kaliumsulfat.

3854. **Kalkanstrichfarbe, waschechte,** von J. R e s e n b e c k , besteht aus 3 T. Kieselsäure, 3 T. Marmorbruch und Sandstein, 2 T. gebrannter Porzellanerde und 2 T. gelöschtem Kalk mit Farbstoffen versetzt. Wird durch wiederholtes Begießen steinhart ohne an Porosität zu verlieren.

3855. **Kallenit,** ein Sprengstoff, der sich vom Dynamit dadurch unterscheidet, daß an Stelle der Infusorienerde Eukalyptusblätter und Rinde vom Tibaume verwendet werden.

3856. **Kalliston** von J o s e p h B u r n e t t & C o. in Boston ist ein Borax enthaltendes Waschmittel. (C h a n d l e r.)

5857. **Kallkolith,** Anstrichmaterial von O t t o K a l l in Heidelberg, ist eine dunkelbraune, schäumende, nach Ammoniak riechende Flüssigkeit aus gleichen Teilen frisch geschlagenem Blut und 3 T. zu Pulver gelöschtem Kalk, mit Wasser zur nötigen Konsistenz verdünnt.

3858. **Kalodal** ist ein Eiweißnährmittel, welches subkutan und per Klysma angewendet werden soll. Fabrikant: Chemische Fabrik von H e y d e n in Radebeul bei Dresden.

3859. **Kaltwasserseife** von G. F. L ü t t i c k e in London enthält 52,5 T. Fettsäure, 8,4 T. Natron, 31,5 T. Wasser, 0,3 T. Chlornatrium und 8 T. Füllung.

3860. **Karbolysin** von A r t m a n n & S t r e b e l in Aachen ist feste Karbolsäure in Würfelform.

3861. **Karlsbader Patentkitt** zum Kitten von Porzellan, Glas, Alabaster, Steingut, Marmor, Stein- und Gipsgegenständen. Zwei Fläschchen, von denen das eine Wasserglas von einem spez. Gew. von 1,340, das andere ein Gemisch aus 5% Schlämmkreide und 95% Kaolin enthält. Preis *M.* 1. (R. K a y s e r.)

3862. **Karnit** zum Färben der Wurst ist ammoniakalische Karminlösung. (B i s c h o f f.)

3863. **Kastanienextrakt zur Verhütung von Kesselsteinen** aus Esseg in Ungarn ist ein Extrakt von Roßkastanien.

3864. **Katharin,** unentzündliches Fleckwasser von W. S p i n d l e r in Berlin, ist Tetrachlorkohlenstoff.

3865. **Kautschin,** ein Lösungsmittel für Kautschuk, ist ein Produkt der trockenen Destillation des Kautschuks.

3866. **Kefirine** ist ein pulverförmiges Präparat, das zur Darstellung von Kefir Verwendung findet. 1 Liter auf 37° erwärmte Milch gibt mit 1 Eßlöffel Kefirine nach dem üblichen Verfahren Kefir. Fabrikant: J. B. R e g i s s e r , Straßburg i. Els.

3867. **Keimmehl,** dem Engländer R i c h a r d S m i t h patentiert, ist Mehl, welches durch Anwendung glatter Hartgußwalzen ohne Differentialgeschwindigkeit auf einfache Weise von seinen Keimen befreit wird.

3868. **Kellners Phosphorus,** ein Mastpulver von K e l l n e r - Salzuflen besteht aus 50 Knochenmehl + 25 Kreide + 10 Spießglanz + 5 Schwefel + 10 Vegetabilien.

3869. **Keramitstreupulver** von H u m a n n & T e i s l e r in Dohna, ein geruch- und geschmackloses Pulver zur Desinfektion von Kanälen, Aborten etc. besteht vorwiegend aus Gips und Fluorsalzen, neben geringen Mengen von Chlorcalcium, Tonerde und Eisenoxyd. (A u f r e c h t.)

3870. **Keramyl,** ein Desinfektionsmittel, welches zur Reinhaltung und Desinfektion von Schläuchen, Rohrleitungen, sowie zum Anstrich von Wänden, Bottichen und Fußböden empfohlen wird, stellt nach S t o c k m e i e r und W o l f s eine Lösung von freier Kieselfluorwasserstoffsäure und deren Salzen (besonders Eisen und Aluminium) dar.

3871. **Keratoid,** zum Überziehen von Pillen, wird gewonnen durch Lösen von Schellack in Boraxlösung, Eindampfen zur Trockne, Lösen in Weingeist, Abfiltrieren vom überschüssigen Borax und Eindampfen zur Trockne.

3872. **Kesselsteingegenmittel** von S. E n g e l in Posen ist ein Gemisch von ca. 80 T. unreiner Soda, 40 T. rohem Ätznatron und einem Auszug aus ca. 100 T. gerbsäurehaltigen Stoffen in 780 T. Wasser. 100 kg = *M.* 49.

3873. **Kesselsteingegenmittel mit Salzmischung** von S. E n g e l in Posen besteht zu ¾ aus unvollständig entwässerter unreiner Soda mit ¼ Kochsalz. 100 kg = *M.* 34.

3874. **Kesselsteinlösung, deutsche,** von P a t r o s i o in Bochum, besteht aus Soda 84,3 T. und Ätznatron 15,2 T. mit etwas Kochsalz 8,12 T. und Glaubersalz 5 T., vermischt mit einem Auszuge aus 27,168 T. gerbsäurehaltigem Stoffe (Katechu, Lohrinde, Torf), alles zusammen mit der sechsfachen Menge Wasser verdünnt. 1 Liter = *M.* 0,26.

3875. **Kesselsteinlösung** von J. W o r k m a n n in Hamburg besteht im wesentlichen aus Soda 41,3 T., kohlensaurem Baryt 16,2 T., Kochsalz 24,6 T. und Salmiak 6,7 T., vermischt mit einem Auszuge aus einem gerbsäurehaltigen Abfallstoffe, Gerberlohe u. dergl. 20,4 T., verdünnt mit der achtfachen Menge Wasser.

3876. **Kesselsteinlösung** von Knülle besteht hauptsächlich aus Phenolnatrium, etwas Phenolkalium, Chlornatrium, Soda, Ammoniak und Teer. (Prüssing.)

3877. **Kesselsteinlösungsmittel,** Patent Blaß, von der Firma Breitbarth & Co. in Breslau, besteht nach W. Niemand aus 71 T. Pottasche und 21,5 T. Soda, ferner Ätzkali, phosphorsaurem Kalium, Schwefelkalium und Lindenholzkohle. Scheint eine aus Schlempekohlenasche bereitete rohe Pottasche zu sein.

3878. **Kesselsteinmittel** von Baudet in Anzin, patentiert, besteht aus 15 T. Natriumthiosulfat, 10 T. Wasser und 10 T. Glyzerin. (Fischer.)

3879. **Kesselsteinmittel, patentiertes Magnesiapräparat** von E. Bohlig, besteht aus gebranntem Magnesit. (F. Fischer.)

3880. **Kesselsteinmittel** von Bursitt. Die feste Masse besteht aus 4 T. Galläpfeln, australischer Rinde und isländischem Moos mit $\frac{1}{4}$ T. Leim; die teigförmige und flüssige enthält noch 1 T. Soda und die entsprechende Menge Wasser. (Patentschrift.)

3881. **Kesselsteinmittel** von Neddermann in Straßburg ist ein eingedampfter Auszug von Katechuabfällen.

3882. **Kesselsteinmittel** von Riley in Chicago, patentiert, besteht aus Walnußrinde, Ätznatron, Soda und Eichenrinde.

3883. **Kesselsteinmittel** von P. Vigier ist Specksteinpulver.

3884. **Kesselsteinmittel** von S. Weber in Chemnitz enthält 50% unreine Soda neben ebensoviel anderen wertlosen Abfallprodukten. 100 kg = *M.* 80. (Fischer.)

3885. **Kesselsteinpulver** von A. Albert in Berlin besteht in 100 T. aus 26,14 Kreide, 21,04 Kochsalz, 24,13 Kalkhydrat, 8,17 Natriumhydrat, 8,28 Natriumsulfat, 1,22 Kieselsäure, 0,74 Eisenoxyd und Tonerde, 3,34 Wasser, 6,94 Leim.

3886. **Kesselsteinpulver** von I. C. Schwieger in Dessau besteht aus 67 T. krist. Soda mit 63% Wasser, 19 T. Sand und 14 T. Braunkohlenpulver. 100 kg = *M.* 40.

3887. **Kesselsteinspiritus** von W. Friede in Hamburg ist eine rotbraun gefärbte Lösung, welche im Liter 143,275 Kochsalz, 10,481 Salmiak, 3,317 Kaliumchlorid, 5,046 Kaliumkarbonat, 2,51 organische Substanz (Farbstoff), 4,55 Ammoniak, 0,89 Bariumkarbonat, 0,98 unlösliche organische Teile enthält.

3888. **Kesselsteinspiritus, Harburger,** ein Universalmittel gegen Kesselsteinbildungen, ist eine Lösung von 1,5—2 kg Katechu, 0,8 kg Natron und 6 kg Kochsalz in 100 l Wasser. 100 l = *M.* 100 (F. Fischer.)

3889. **Kesselsteinverhinderungsmittel, patentiertes,** von Cords und Deininger, ist kristallisierter Eisenvitriol.

3890. **Kesselsteinverhinderungsmittel** von Kolper. 50 kg Katechu werden mit Dampfkochung und einer Lösung von 30 kg caust. Soda (78%) bei 80⁰ R. extrahiert, sodann werden 20 kg frische Granatschalen mit Dampf extrahiert und filtriert, und beide Extrakte gemischt. (Moniteur des produits chimiques.)

3891. **Kesselsteinverhütungsmittel, patentiertes,** von Al. Stock in Guben, ist Borsäure oder Borax mit etwas Chlornatrium.

3892. **Kid-Reviver,** ein Glaéchandschuhreinigungsmittel. 1. In Breiform: $350,_0$ Chlorkalklösung, $30,_0$ Salmiakgeist, $450,_0$ geschabte Seife und $600,_0$ Wasser. Mit dieser weichen Masse werden die Handschuhe mittelst eines Flanelläppchens aufgefrischt. 2. In flüssiger Form: 1 T. Terpentinöl und 2 T. Benzin.

3893. **Kinderernährungspulver** von Apoth. Dr. Lehmann in Berlin ist ein Gemisch von gepulvertem Weizengebäck, Fleischextrakt, Kakao, Salep, Conchae und Zucker. 500 g = *M.* 2. (Hager.)

3894. **Kindermehl** von E. L. Mauersberger in Stollberg i. S. Die aus einem Eßlöffel voll ($16,_0$) Kindermehl und 10 Eßlöffel voll destilliertem Wasser ($144,_0$) hergestellte Suppe ergab in 100 Teilen: Mineralstoffe 0,166%, darin Phosphorsäure 0,055%, Fett 0,48%, Eiweißstoffe 0,96%, Kohlehydrate 7,92%. (Schweißinger.)

3895. **Kindermehl** der Anglo-Swiss Cond. Milk Co. enthält 10,02% Albuminate, 74,3% Kohlehydrate, 6,34% Feuchtigkeit, 1,75% Salze. (Gerber u. Radenhausen.)

3896. **Kindermehl** von Dr. F. Frerich & Co. in Göttingen ist ein rötlich gelbes zartes Mehl von angenehmen süßem Geschmack, 16,8% Proteinsubstanz, 53,2% in kaltem Wasser lösliche, 21,5% in kaltem Wasser nicht lösliche Kohlehydrate, ferner Natriumchlorid und Phosphate enthaltend. (Hager.) — 9,26% Proteinstoffe, 5,6% Fett, 77,4% Kohlehydrate, 5,3% Feuchtigkeit, 2,44% Asche. 1 Dose = *M.* 1,20. (Skalweit.)

3897. **Kindermehl** Dr. N. Gerbers in Bern enthält 5—6 Wasser, 2—3 Salze, 5—6 Fette, 17—18 Albuminate, 45—50 lösliche, 15—20 unlösliche Kohlehydrate. (Gerber.)

3898. **Kindermehl** von Gerber & Co. in Thum enthält 5,52 Wasser, 2,35 Salze, 4,42 Fette, 12,33 Albuminate, 44,32 lösliche, 31,56 unlösliche Kohlehydrate. (Gerber und Radenhausen.)

3899. **Kindermehl** von Giffey Schiele & Co. in Rohrbach im Amt Eppingen in Baden gleicht in Farbe, Geschmack und Gehalt vollständig dem aus der Schweiz kommenden Nestléschen Kindermehl. (Hager.)

3900. **Kindermehl, Göttinger,** von Faust & Schuster in Göttingen, ist ein feines, weißlich gelbes Pulver, reich an Milchbestandteilen, mit 12—13% Proteinstoffen, 76—79% Stärkemehl und Dextrin und bis zu 2% an Phosphaten reichen anorganischen Stoffen. (Hager.)

3901. **Kindermehl** von Lobb in London enthält 9,47 Wasser, 1,53

Salze, 6,21 Fette, 11,29 Albuminate, 35,21 lösliche, 34,59 unlösliche Kohlehydrate. (Gerber und Radenhausen.)

3902. **Kindermehl** von Neave enthält in Prozenten 1,26 Fett, 2,51 stickstoffhaltige Stoffe, Albuminate, 10,42 Kohlehydrate, 0,40 Salze, 0,08 Kalk, 0,13 Phosphorsäure. (A. Stutzer.)

3903. **Kindermehl, Farine lactée,** von Nestlé in Vevey, Nährmittel für Kinder, ist ein Backwerk aus Weizenmehl, kondensierter Milch und Zucker, welches in ein Pulver verwandelt ist und 40% Zucker und Milchzucker, 5% Fette, ca. 15% Proteinstoffe, 30% Dextrin und Stärkemehl enthält. Es wird dargestellt aus feinstem Weizenmehl, das bei einer Temperatur von 150° unter hohem Druck erhitzt wird, um die Stärke des Mehls in Dextrin umzuwandeln, sodann mit einer gewissen Menge Kuhmilch vermischt und bei niedriger Temperatur unter 40° eingetrocknet. 1 Schachtel zu 32 Portionen = *M.* 1,50. 1 Blechdose, 5 Schachteln enthaltend = *M.* 7,20. (Hager.)

3904. **Kindermehl, Nestlés,** von Franz Coblenzer in Cöln, ist ein Pulver im Geschmack und in der Farbe dem obigen Nestléschen Kindermehl ähnlich. Die Analyse ergab in Prozenten 5,6 Feuchtigkeit, 80 respiratorische Nährstoffe, 3,3 Faserstoff, 9,5 plastische Nährstoffe, 1,6 mineralische Bestandteile. (Hager.)

3905. **Kindermehl** von Oettli in Montreux, in Pulverform, enthält 6,07 Wasser, 1,65 Salze, 5,39 Fette, $11,_0$ Albuminate, $42,_0$ lösliche, 28,5 unlösliche Kohlehydrate; nach Oettlis Prospekt 5,1 Wasser, 2,2 Salze, 5,4 Fette, 11,8 Albuminate, 47 lösliche, 32,75 unlösliche Kohlehydrate. (Gerber und Radenhausen.)

3906. **Kindermehl** von Fr. A. Wahl in Neuwied enthält 1,88% verdauliches Eiweiß, 1,28% Fett, 86,37% Kohlehydrate, 10,14% Wasser, 0,33% Mineralstoffe mit 0,143% Phosphorsäure. (Stutzer.)

3907. **Kindernahrung, Ernährungspulver** von Justus von Liebig, ist eine Mischung aus 100 T. Weizenmehl, 100 T. geschrotenem Luftmalz, 3,5 T. doppeltkohlensaurem Kalium. 12 Dosen à 30 g = *M.* 0,75.

3908. **Kindernahrung** von Löfflund in Stuttgart, angeblich ein aus Weizenmehl, Gerstenmalz, Kali und Wasser bereitetes, im Vakuum konzentriertes Extrakt, enthält 3,33% verdauliches Eiweiß, 60,88% Kohlehydrate, 34,25% Wasser und 1,54% Mineralstoffe mit 0,514% Phosphorsäure. (Stutzer.)

3909. **Kindernahrung** von Savory & Moore, bei Theo Reuß in München, enthält die Bestandteile der v. Liebigschen Kindersuppe, aber staubfein gemahlen. Die vorgeschriebene Bereitungsweise ist irrationell. (J. v. Liebig.)

3910. **Kindernahrung aus Weizenkleie, Wheatphosphates** von Apoth. C. A. Jungclaussen in Hamburg, bildet ein weißliches, in Wasser trübe lösliches Pulver von süßem Geschmack. Die Analyse ergab in Prozenten 4,6 Feuchtigkeit, 88 respiratorische

Nährstoffe (Dextrin, Stärkemehl, Zucker), 5,8 plastische Nährstoffe (Proteinstoffe) in völlig löslicher Form, 1,6 mineralische Stoffe, bestehend aus Kalkphosphat, Magnesiumphosphat, Natrium- und Kaliumkarbonat. (H a g e r.)

3911. **Kindernährzwieback** von G. A. G e r l a c h in Bad Köstritz enthält Fett (Milchfett) 14,45%, Eiweißkörper 7,44%, Kohlehydrate 66,41%, Mineralstoffe 1,24%, Kalk 0,127%, Phosphorsäure 0,531%, Zellulose 0,93%, Feuchtigkeit 9,04%. (S c h w e i ß i n g e r.)

3912. **Kindersuppe** von J. v. L i e b i g. 15,0 Weizenmehl, 15,0 geschrotenes Malz und 0,5 doppeltkohlensaures Kalium werden mit 30,0 Wasser und 150,0 Milch bei sehr gelindem Feuer unter beständigem Umrühren erhitzt, bis die Mischung beginnt, dicklich zu werden, hierauf vom Feuer entfernt, 5 Minuten hindurch umgerührt, aufs neue erhitzt, bis wieder Verdickung eintritt, nochmals unter Umrühren beiseite gesetzt, endlich zum Kochen erhitzt und durchgeseiht.

3913. **Kinderzwieback** von O t t o C a s p e r in Dresden, enthält Fett 5,59, Eiweißstoffe 8,33, Kohlehydrate 75,20, Asche 1,51, Wasser 8,63, Phosphorsäure 0,62, Kalk 0,41%. (S c h w e i ß i n g e r.)

3914. **Kinetit,** ein von P e t r y und F a l l e n s t e i n in Düren erfundener Sprengstoff, wird aus Nitrokohlenstoffen unter Zusatz von einfachen Kohlenwasserstoffen erhalten.

3915. **Kitt** S e a l y s ist eine Mischung von Porzellanton mit ca. 15prozentiger Ätzkalilauge.

3916. **Kitt, siamesischer,** wird ein in Zwillingsflacons im Handel vorkommender Kitt genannt, welcher aus Schlämmkreide in dem einen Fläschchen und Kaliwasserglas in dem anderen besteht. (E. K ö g l e r.)

3917. **Klärkomposition für Spirituosen** sind zwei Flüssigkeiten, eine konz. 30° B. starke Auflösung von schwefelsaurer Tonerde und eine verdünnte (5° B.) von kohlensaurem Natrium, die, in genau äquivalenten Mengen der zu klärenden Flüssigkeit zugesetzt, Tonerdehydrat darin fällen. (F i l s i n g e r.)

3918. **Kleiolin** ist eine konzentrierte Lösung der Bestandteile der Kleie. (Eine Flasche Kleiolin = 6 kg Kleie.) Es wird als Zusatz zum Wasch- und Badewasser benutzt, soll das Sprödewerden der Haut verhindern und als würziges Erfrischungsmittel dienen. Es kommt auch als Kleiolinseife in den Handel. Fabrikant: Chemische Werke G. m. b. H. (vorm. Dr. C. Z e r b e) in Freiburg i. B.

3919. **Klopfers Nährpräparate** aus Weizenmehl werden nach S. W e i ß b e i n gewonnen, indem man das Mehl mit Wasser zu einer dickflüssigen, salbenartigen Masse verarbeitet und dann zentrifugiert. Hierbei wird die spezifisch schwere Stärke an den Trommelmantel geschleudert, während das Eiweiß und Nährsalze enthaltende Extrakt im Innern der Trommel bleibt. Das dann durch Trocknen erhaltene, sehr eiweißreiche „Kraftsuppenmehl" wird für Kindermehl und Diabetikerbrot besonders empfohlen. (Springer.)

3920. **Knallpräparat** von Benedict ist eine Mischung von 1 T. amorphem Phosphor, 4 T. Mennige und 1 T. chlorsaurem Kalium.

3921. **Knallpulver** von Berthollet besteht aus Pulver, in welchem der Salpeter durch chlorsaures Kalium ersetzt ist.

3922. **Knallsatz** von Horsley ist ein Gemenge aus 1 T. Galläpfelpulver mit 3 T. chlorsaurem Kalium.

3923. **Knodalin,** ein Mittel gegen Ungeziefer auf Pflanzen, besteht aus 2—3 T. Nitrobenzol, 10 T. xanthogensaurem Kalium, 400 T. Kaliseife mit etwa 60% Wassergehalt, 400 T. rohem Amylalkohol. (Barenthin.)

3924. **Kokosölpräparate.** Namen der gereinigten Kokosnußbutter, die zu Speisezwecken benutzt wird, sind: Vegetaline, Palmin, Cocotine, Nukoline, Nussin. Alle Sorten sind bei gewöhnlicher Temperatur fest, bis auf die Cocotine, die eine hellgraue Flüssigkeit ohne Geruch und Geschmack darstellt. Sie nimmt aber in Wasser gebracht, sofort butterartige Konsistenz an.

3925. **Kola-Kaffee** von der Dresdner Aktien-Zichorien- und Kaffeesurrogat-Fabrik ist ein wohlschmeckendes Kaffeesurrogat mit einem Zusatz von Kola-Nuß. Derselbe enthält Fett 3,26%, Proteinstoffe 11,38%, Kohlehydrate 66,21%, Wasser 6,4%, Mineralstoffe 4,0%, Zellulose 8,75%, ferner Koffein 0,32%. (Schweißinger.)

3926. **Kolarot** wird, nach einem L. Bernegau in Hannover patentierten Verfahren derart hergestellt, daß man den Kolanüssen zunächst durch Kochen mit Wasser die darin löslichen Bestandteile (Gerbsäure, Koffein, Stärke, Gummi, Eiweiß etc.) entzieht, den Rückstand mit etwa 90 prozentigem Alkohol extrahiert und das nach dem Abdestillieren des Alkohols zurückbleibende Extrakt durch Behandeln mit Petroleum-Benzin entfettet. Das so gewonnene Kolarot ist dickflüssig, hat eine rubinrote Farbe und ist in wenig Wasser, Weingeist und Glyzerin löslich. Das Kolarot soll in Verbindung mit Nahrungsmitteln, z. B. Milch, Eigelb, Kakao, Zucker, als Anregungsmittel, wie auch als Arzneimittel und Farbstoff verwendet werden.

3927. **Komposition Viktoria,** ein Kesselsteinmittel, eine schwarze Flüssigkeit, die ungefähr 15% Katechu und andere organische Stoffe neben 0,5% Mineralsubstanzen enthält.

3928. **Konservesalz** von Theodor Heidrich & Cie. in Wittenberg bestand aus benzoesaurem Natrium, Kochsalz und wenig Salpeter. Fast gleiche Zusammensetzung zeigte das Konservesalz von Dr. Keppler & Müller, Stuttgart. (Matthes.)

3929. **Konservesalz** von Zugi & Meßdorf in Hamburg bestand aus benzoesaurem, phosphorsaurem Natrium und Chlornatrium, Salpeter war nur in Spuren darin enthalten. (Matthes.)

3930. **Konservierungssalz, einfaches** (Pökelsalz). In 100 g wurden gefunden: 0,6 freie Benzoesäure, 58,2 Natriumchlorid, 29,9 Salpeter, 9,5 Rohrzucker, 0,6 Gips, 0,3 Feuchtigkeit, Spuren von Magnesia.

3931. **Kopulo** (vom Hygienischen Institut von Klappenbach & Co. in Leipzig) gegen Abmagerung und Kräfteverfall vertrieben, besteht nach gerichtlicher Feststellung aus gemahlenen Hülsenfrüchten, Zucker, englischem Salz und Natron.

3932. **Korison** ist ein Mittel zur Vertilgung der Wanzen, über dessen Zusammensetzung nichts bekannt ist. Fabrikant: W. Ackermann, Wahren bei Leipzig.

3933. **Kornbranntweinessenz** von Louis Maul in Berlin enthält im Liter 0,65 Essigsäure- und Buttersäureester, 0,16 Weinbeeröl, 6,14 Extrakt, enthaltend 0,75 Traubenzucker, 4,25 Rohrzucker, 1,14 harzartiges, in Äther lösliches Extrakt und 0,11 Asche. Der Alkoholgehalt beträgt 56,7 Volumprozente, mit Einschluß von 24,8 Volumprozenten Fuselöl. (Polenske.)

3934. **Körnerdüngungsmasse** von Franz Feichtmeier besteht aus 56,89% Chilisalpeter, 39,26% Kochsalz und schwefelsaurem Natrium und 3,85% Sand und anderen Unreinigkeiten. 50 kg = *M.* 37.

3935. **Korngrundstoff, Nordhäuser,** von Louis Maul in Berlin, enthält im Liter 0,44 freie Buttersäure mit Spuren von freier Ameisensäure, 0,4 Buttersäureester, 9,53 Extrakt, enthaltend 3,24 Traubenzucker, 0,23 Asche und 6,29 vegetabilisches Extrakt. (Polenske.)

3936. **Kornschärfe** zum Verstärken künstlichen Kornschnapses, ist a) ein Paprika-Auszug 1 : 10 mit 92—93 prozentigem Weingeist bereitet, b) ein Auszug aus 4 T. Paprikaschoten und 1 T. Paradieskörner mit 40 T. Weingeist von 92—93%.

3937. **Kornwürze, Nordhäuser,** von Delvendahl & Küntzel in Berlin, enthält im Liter 0,068 freie Ameisensäure, 0,924 freie Buttersäure, 0,64 Essigsäureäthyläther, 0,13 Ameisensäureäthyläther, 89,5 Extrakt, bestehend aus 52,5 Traubenzucker und 1,68 Asche. (Polenske.)

3938. **Korrosiv,** Kesselsteinmittel von L. Cohn & Co. in Berlin geliefert, besteht im wesentlichen aus Ätzkalk, kohlensaurem Kalk und Ätznatron nebst geringen Verunreinigungen. 100 kg = *M.* 97. (J. Weineck.)

3939. **Kraftfutter** von Pallas & Co., Patent-Kraftfutter-Fabrik in Dresden, enthält Wasser 13,1%, Asche 4,51%, Fett 5,82%, Eiweiß 14,44%, Kohlehydrate 57,46% und Zellulose 4,67%. (Schweißinger.)

3940. **Kraftgries** von T i m p e in Magdeburg enthält ca. 35% Farinzucker, 30—35% Griesmehl, 10% Stärke, 5% Kakao, 10—15% eines salepartigen Schleimstoffes. 115 g = *M.* 0,40. (H a g e r.)

3941. **Kraftgries-Schokolade** von T i m p e in Magdeburg, Muttermilchersatz, ist ein blaßbraunes Pulver von angenehmem Geruch und angenehm süßlichem Geschmack, welches neben den Bestandteilen des Nestléschen Kindermehles noch Kakaomehl enthält. Die Analyse ergab in Prozenten 6,8 Feuchtigkeit, 76,2 respiratorische Nährstoffe, 5,1 Faserstoff, Fett etc., 10,1 plastische Nährstoffe, 1,8 mineralische Bestandteile. (H a g e r.)

3942. **Kraftkleiebäder.** Unter diesem Namen bringt die Firma M a g g i & C o. in Zürich einen Badezusatz, der hauptsächlich zu Kinderbädern verwendet wird, in den Handel.

3943. **Kraftpulver, orientalisches,** eine Schachtel enthält etwa 200 g Pulver. Dasselbe besteht im wesentlichen aus Hülsenfrüchtenmehl (Bohnen-Erbsenmehl) und Zuckerpulver.

3944. **Kraft- und Mastpulver-Extrakt für Milchvieh** aus der sächs. Viehnährmittelfabrik in Dresden: Johannisbrotmehl mit Umbelliferensamenpulver parfümiert.

3945. **Kredibilit,** ein Mastpulver, besteht aus Kuchen aus Weizen-, Roggen- und etwas Gerstenabfall, 18% Viehsalz, 0,5% Zinkoxyd, Gewürze und Drogen.

3946. **Kreolin, flüssiges,** erhält man nach E. B a r o n i durch Erhitzen von 200 T. gepulvertem Kolophonium mit 90 T. Natronlauge (spez. Gew. 1,333), bis sich eine Seife gebildet hat, der man bei 70—80° nach und nach 780 T. Teeröl unterrührt. Man erhitzt dann das Ganze auf 100°, bis sich eine feine Haut auf der Oberfläche gebildet hat, gießt durch und läßt gut bedeckt erkalten.

3947. **Kreolin, festes,** nennt B a r o n i eine Mischung aus 70 T. venezianischem Terpentin, 60 T. Kolophonium, 80 T. Rindstalg, 90 T. Natronlauge (spez. Gew. 1,333) und 750 T. Teeröl (spez. Gew. 1,03—1,035), die wie vorher angegeben behandelt wird. Man erhält dabei eine seifenartige Masse, die sich in Wasser zu einer alkalisch reagierenden Emulsion löst, aber auch direkt als antiseptische Seife Anwendung finden kann.

3948. **Kreosozon,** ein Konservierungsmittel und Antiseptikum, ist verdünnte Schwefelsäure (1—4 : 100).

3949. **Krepin** von E. H. B o v e n d in Crefeld ist eine Flüssigkeit, welche gärtnerische, sowie land- und forstwirtschaftliche Schädlinge töten soll und besteht aus Alkohol, Wasser und Salizylsäure. (R e i d e m e i s t e r.)

3950. **Kresulfol** ist ein Mittel zur Großdesinfektion, welches aus 1 T. Kresol und 2 T. konzentrierter Schwefelsäure besteht. Es wird in dreiprozentiger wässeriger Lösung angewendet. Fabrikant: J. D. R i e d e l A.-G. in Berlin.

3951. **Kronenkaffee,** angeblich aus indischen Bohnen und Kraftmalz zusammengesetzt, besteht aus roten Rüben, Roggen, geröstetem altem Brot und Zichorien.

3952. **Kryptomalt** wird durch Aussaat von Sporen des Maisschimmels auf stärkemehlhaltige, in Wasser verteilte Stoffe erhalten. Der wässerige Auszug soll zur Bereitung der Würze oder zur Verzuckerung der Stärke in Brauereien und Brennereien gebraucht werden.

3953. **Krystallos,** photogr. Entwickler, ist eine Lösung von Ätznatron, Natriumsulfit, Hydrochinon und Ferrocyankalium.

3954. **Krystallschöne** zum Klären von Wein besteht aus etwa gleichen Teilen Gelatine und Alaun. 500 g, in 16 Päckchen geteilt, = *M.* 6. (J. Neßler.)

3955. **Krystallstaub** ist eine auf mechanischem Wege zu sehr feinen blattförmigen Teilchen verarbeitete Legierung von Kupfer und Zinn mit äußerst feinen scharfen Kanten.

3956. **Küchenessenz** ist Benzaldehyd in alkoholischer Lösung, (Schweißinger.)

3957. **Kunstkaffee** von Paul Gassen sind künstliche, den gebrannten natürlichen Kaffeebohnen sehr ähnliche Bohnen, welche enthalten 2,26% Wasser und Feuchtigkeit, 2,78% Ätherextrakt, 27,58% Wasserextrakt, 11,46% stickstoffhaltige Bestandteile (aus Lupinen herrührend), 1,94% Zucker, 1,77% Asche, 0,55% Koffein (aus Kolanüssen); die Glasur enthält viel eisenblaufärbenden Gerbstoff mit Harz. — K. Portele fand 1,46% Wasser und bei 100° flüchtige Substanzen, 2,53% Asche, 13,93% stickstoffhaltige Substanzen, 3,80% Ätherextrakt, 15,83% aschenfreie Rohfaser, 62,45% sonstige stickstoffreie Extraktivstoffe, 0,85% Gerbsäure, 0,71% Rohrzucker, 0,071% Koffein, 21,53% durch siedendes Wasser auslaugbare Stoffe, 50,02% durch Kochen mit verdünnter Schwefelsäure in Zucker überführbare Substanzen.

3958. **Kunstmehl** oder **Kunstweiß** von Heeremans & Co. in Rotterdam den Mühlenbesitzern der Rheinprovinz anempfohlen, ist Gips. 100 kg = *M.* 8,50 resp. *M.* 7,50.

3959. **Kupferkalkpulver** von H. Aschenbrandt in Emmendingen, gegen Blattkrankheiten, wird nach D. R. P. Nr. 65755 dargestellt, indem Kupfersulfat und gelöschter Kalk zusammen auf 100° C. erhitzt werden.

3960. **Lactin** von Gehrig & Grunzig in Berlin, sogenannte präparierte Muttermilch für Kinder, enthält in Prozenten 7,5 Feuchtigkeit, 2,1 Fett, 35,5 präpariertes Gerstenmehl, 48,2 Rohrzucker mit etwas Milchzucker, 6,2 Käsestoff und Eiweiß. Das Präparat erhält man, wenn man 27—30 T. Kuhmilch eindampft und mit 50 T. Zucker sowie 40 T. Gerstenmehl vermischt, austrocknet und pulvert. 100 g = *M.* 0,50. (Hager.)

3961. **Lactin** von Grob und Kunz in Wattwyll soll die Kuhmilch der Frauenmilch ähnlich machen und ist roher Milchzucker. (Vogel.) — Die Fabrikanten bemerken zu diesem Befunde, daß ihr Fabrikat 2,59% Aschenbestandteile enthalte, während gewöhnlicher Milchzucker nur bis 0,4% Asche liefere.

3962. **Lactina, schweizerische,** von Pauschaud & Co. in Vivis, künstliche Milch zur Ernährung junger Tiere, ist ein Gemisch von 43 T. Leinsamenkuchen, 50 T. Mais-, Hafer- oder anderem Getreideschrot, 4 T. Kochsalz, 3 T. Futterknochenmehl und etwas Fenchelöl. 50 kg = *M.* 30. (Neßler.) — Besteht hauptsächlich aus Hülsenfrucht- und Leinsamenmehl, außer welchem sie noch etwas Mais-, Getreide- und Reismehl, Knochenphosphat und als Aroma Fenchelöl enthält. 1 kg = 65 Cent (*M.* 0,52). (Fr. Bernecke.)

3963. **Lactine** ist reines Kokosnußfett.

3964. **Lactoleum** ist ein Fußbodenglanz, der haltbarer als Linoleum sein soll und stets frisch aus Korkmehl und einem öligen Bindemittel hergestellt wird. Der zähe Teig erhärtet in drei bis vier Tagen.

3965. **Lahmanns Nährsalzextrakt** besteht aus 28,32% Wasser, 4,9% Eiweiß, 3,91% weiteren Stickstoffkörpern, 9,14% Apfelsäure, 41,77% stickstoffreien Extraktstoffen und 12,06% Mineralstoffen. Es ist aus Pflanzenstoff hergestellt, Konsistenz, Geruch und Geschmack ähneln dem Fleischextrakt.

3966. **Lahmanns vegetabile Milch** ist aus Mandeln und Nüssen unter Zusatz von Zucker hergestellt.

3967. **Lakolin** von E. Dresel in Berlin, Fleischerhaltungsessenz, enthält in 1 Liter 6,8 Kaliumsulfat, 17,6 Natriumsulfat, $212{,}_0$ Natriumbisulfit und $96{,}_0$ Natriumsulfit, sämtlich als wasserfreie Salze berechnet, $25{,}_0$ Glyzerin, $6{,}_0$ krist. Borsäure und 3,6 Eisenchlorid. ½ l = *M.* 1,25. (Polenske.)

3968. **Laktokolle,** ein Weinklärungsmittel französischen Ursprungs, enthält nach Haas als wirksame Substanz ca. 77% Kasein.

3969. **Lakto-Malton-Präparate,** zur Hautpflege und als Nahrungsmittel empfohlen, sollen aus Mandelmilch und Malz bestehen.

3970. **Lamorini und Clorcorin,** zwei Reinigungsmittel für Bierpressionen, sollen aus gepulvertem Ätznatron bestehen. (H. Kreis-Basel.)

3971. **Lanesin** der vereinigten chemischen Werke in Charlottenburg besteht in der Hauptsache aus Lanolin und Aluminiumazetat und wird als Insektenstift verwendet.

3972. **Lanoleum** von Bum, Schmiermittel, Ersatz für Öl, ist ein Kalkwasserliniment.

3973. **Lappsches Bier** aus Leipzig enthält: Gesamtextrakt 9,80%, Maltose 5,73%, Aschensalze 0,212%, Gesamt-(Milch-)Säure 0,225%, Phosphorsäure 0,0700%, Stammwürze 10,60%. Al kohol fehlt. Fremde Bitterstoffe und Konservierungsmittel sind absolut abwesend. (Niederstadt.)

3974. **Larixolin** von L. Reisberger in München, ein Ersatz für Terpentinöl, ist ein Gemisch aus Petroleum und Kampheröl vom spez. Gew. 0,8535. (Polytechn. Notizbl.)

3975. **Larvicid**, ein Anilinfarbstoff, wird zur Tötung von Insektenlarven in den Sümpfen empfohlen.

3976. **Lauffers Kesselsteinvertilger**, dunkelbraunes, stark gerbstoffhaltiges Extrakt mit 44% Trockenrückstand, wovon 41% organische Substanzen.

3977. **Lavarit**, ein Waschmittel, besteht aus unreinem, sodahaltigem Ätznatron.

3978. **Lavoid** des Ingenieur Jomler ist ein Bindemittel, welches aus einigen Arten Quarz, Porzellan-, Marmor-, Glas- und Metallabfällen zusammengesetzt ist und ein gußeisen- und graphitähnliches Ansehen hat. (Peschl.)

3979. **Lederit**, ein Sprengmittel, von Joh. Waffen in Knittelfeld, soll aus 45 T. Kalisalpeter, 15 T. Schwefel, 20 T. Mennige, 18 T. Lederabfällen und 2 T. Pikrinsäure bestehen.

3980. **Legumin-Malzkakao** enthält Legumin-Malzmehl, das durch Diastase aufgeschlossen ist, und 24,5% Eiweiß in leicht verdaulicher Form enthält. Anwendung: als diätetisches Nährmittel. Fabrikant: Süßmann & Hoffmann in Erfurt.

3981. **Leguminose** von Hartenstein in Nieder-Wiesa bei Chemnitz. Mischung I, Eiweiß zu Nichteiweiß 1 : 2,3 enthält in Prozenten verdauliches Eiweiß 20,01, Fett 2,17, Kohlehydrate 64,87, Wasser 10,63, Mineralstoffe 2,32, davon Phosphorsäure 0,765. Mischung II, 1: 3,3 enthält verdauliches Eiweiß 18,64, Fett 1,72, Kohlehydrate 65,92, Wasser 11,92, Mineralstoffe 1,80, davon Phosphorsäure 0,813. Mischung III, 1 : 3,9 enthält verdauliches Eiweiß 14,61, Fett 1,38, Kohlehydrate 69,97, Wasser 12,47, Mineralstoffe 1,57, davon Phosphorsäure 0,653. (Stutzer.)

3982. **Leimpulver, vegetabilisches,** von M. Hochstetter in Langen, ist eine schlechte Sorte Kartoffelstärke. 50 kg = 25 Fl. (J. Geisse.)

3983. **Lepidolyd** von Gebr. Kolker in Breslau ist Soda 10—38 T. und Ätznatron 9—14 T. vermischt mit einem Auszuge aus 28—36 T. gerbsäurehaltigem Stoffe (Katechu, Lohrinde) und bis 89 T. Kochsalz in der 10—20fachen Menge Wasser. 1 l = *M.* 0,20.

3984. **Lessive Phénix,** ein Waschmittel, soll nach Wackenroder im wesentlichen aus wasserhaltiger Soda bestehen. Nach der französischen Patentschrift werden 560 kg Wasserglas, 300 l Wasser und 140 l Emulsion aus Kolophon und Fucusschleim (von Seetang) erhitzt und mit einer Mischung von etwa 30 kg Olein und 35 kg Soda versetzt. Dem Ganzen werden noch 800 kg

Soda und 40 kg Natronlauge zugegeben, gerührt bis zum Erkalten und gepulvert. — Nach Heller besteht Lessise Phénix durchschnittlich aus: Natronseife 2,35 %, freiem Ätznatron 1,60 %, Soda (wasserfrei) 53,50 %, Wasserglas (wasserfrei) 4,15 %, Kochsalz, Sulfat etc. etc. 1,12 %, Wasser 37,28 %. Den angeblich darin vorhandenen Schleim aus einer Tangart hat Heller nur in einem Falle ganz zweifellos feststellen können, er ist jedenfalls immer nur in Spuren darin enthalten.

3985. **Leuchtfarbe** von Balmain. Zur Herstellung werden Austernschalen mit warmem Wasser gereinigt, eine halbe Stunde ins Feuer gelegt, herausgenommen, erkalten gelassen, fein gestoßen und die wertlosen grauen Teile entfernt. Das Pulver wird abwechselnd mit Schwefelschichten in einen Tiegel gebracht, der Deckel aufgelegt und mit einem Kitt aus dickem Teige mit Bier angerührtem Sande verklebt. Nachdem der Tiegel eine Stunde geglüht und erkaltet ist, erscheint sein Inhalt weiß. Das Pulver wird sorgfältig gefärbt und mit Gummi und Wasser zur Anstrichfarbe gemischt.

3986. **Leukogen** zur nassen Wollbleiche ist doppeltschwefligsaures Natrium.

3987. **Leukonin,** ein zur Emallierung von Metallgefäßen empfohlenes Präparat, besteht nach Rasenack aus Natriummetaantimoniat 97,74, Natriumsulfat 0,53, Calciumsulfat 0,44, Eisenoxyd und Tonerde 0,22, in Weinsäure unlöslichem Anteil (Kieselsäure u. a.) 0,44, Wasser 0,6%, sowie Spuren von Arsen und Bleiverbindungen.

3988. **Lignolstreu,** ein staubbindendes Fußbodenreinigungsmittel, besteht aus Sägemehl, das mit Öl und flüssigen Paraffinen, denen noch geringe Mengen reinen Terpentins zugesetzt sind, imprägniert ist. Auch Desinfektionsmittel können dem Präparat beigemengt werden. Man bestreut mit dem Mittel zweimal wöchentlich die Bodenfläche, läßt einige Stunden liegen und kehrt aus.

3989. **Likör Bernhard** ist ein Fleckwasser, bestehend aus 10 T. Ochsengalle, 5 T. Pottasche, 100 T. Wasser und etwas Weingeist. (Hager.)

3990. **Limpidum-Pulver** von Perry in England, Verbesserungsmittel für Tinte, ist zerriebener entwässerter Eisenvitriol und trockene Gerbsäure. (Stickel.)

3991. **Liqueur de la Grande Chartreuse, Elixir végétal.** 100 T. frisches Melissenkraut, 20 T. frisches Pfefferminzkraut, 50 T. Angelikawurzel, 25 T. Zimtkassie, je 5 T. Safran, Muskatblüte und frische Zitronenschale werden mit 2000 T. verdünntem Weingeist eine Woche mazeriert, von der durch Auspressen gesammelten Kolatur 2000 T. abdestilliert, und das Destillat mit einer Lösung eines bis zur Tafelkonsistenz gekochten Zuckers (z. B. 500 T.) zu einem Likör mit 38—40% Weingeistgehalt gemacht. Es gibt mit dem obigen Namen mehrere verschiedene Liköre im

Handel mit weniger Zucker oder mit Safran gelb, oder mit Spinatblättern oder Kirschbaumblättern grün gefärbt. Einigen Sorten scheint man auch Himbeer- und Pomeranzenblütenwasser in kleinen Mengen zugesetzt zu haben.

3992. **Liqueur de Page,** Flüssigkeit zur Erzeugung einer gelblichen Brünierung, der sog. englischen Farbe, besteht aus 4,45 T. schwefelsaurem Eisenoxydul, 95,55 T. Wasser und Spuren von Salpetergeist und Äther. (Janikot.)

3993. **Liqueur de Tannin** von Gillet & Fils, Lyon-Vaise, für Gerberzwecke, ist Kastanienextrakt.

3994. **Liquide révélateur pour reconnaître si les vins sont naturels** von M. Dormoy, chimiste a Ladoix près Beaune (Côte d'or) ist eine Lösung von 2,5 Chlorbaryum in $100,_0$ Wasser. Preis 8 Frcs. *M.* 6,40. (H. Gusenberger.)

3995. **Liquido anticritogamico,** Mittel gegen Traubenkrankheit, ist konzentrierte Kalkschwefelleberlösung mit 10,45% Calciumoxyd und 15,4% Schwefel. — Nach der Gebrauchsanweisung wird 1 l Flüssigkeit mit 32 l Wasser gemischt und mit dieser Mischung die Reben kurz vor der Blüte und gleich nach derselben, später nach Bedarf mittelst eines Verstäubers, bespritzt. Die Flüssigkeit darf erst kurz vor dem Gebrauche mit Wasser gemischt werden.

3996. **Lithanode,** ein in Tafeln gepreßtes Gemisch von Bleisuperoxyd und Ammonsulfat, dient zur Herstellung von Sekundärbatterien.

3997. **Lithiciumextrakt** von André Stahl in Köln zum Reinigen der verschiedensten Gegenstände ist eine konzentrierte Lösung von rohem Ätznatron. 1125 g = *M.* 4. (Bartl.)

3998. **Lithin** ist ein Isoliermaterial unbekannter Zusammensetzung, welches an Stelle von Vulkanfiber und Hartgummi verwendet wird.

3999. **Lithofracteur** ist ein Gemisch von 52% Nitroglyzerin mit Kieselguhr, Steinkohle, Natronsalpeter und Schwefel. (Niederstadt.)

4000. **Lithoréactif** von Th. Raillard & Comp. in Basel, ein Antikesselsteinmittel, besteht aus einer Lösung von kohlensaurem und ätzendem Alkali mit organischen Extraktivstoffen, Katechu u. dergl.

4001. **Lithoréactif** von Weiß in Basel, Mittel gegen Kesselstein, besteht aus 16 T. Natronlauge (1,3 spez. Gew.), 1 T. Melasse, 1 T. Ätzkalk und 2 T. Wasser.

4002. **Litolein,** ein Antiseptikum und Antiparasitikum, ist ein dem Kreolin ähnliches Steinkohlendestillat von 0,88 spez. Gew.

4003. **Löschpatronen, patentierte,** von V. v. Schlippe in Moskau, sind aus Pergamentpapier oder gewalztem Blei hergestellte Hülsen, zunächst gefüllt mit 4 T. eines durch Mischen von 343 T. schwefelsaurem Aluminium und 142 T. schwefelsaurem Natrium mit 432 T. Wasser erhaltenen Doppelsalzes, dann durch eine Querscheibe von Pergamentpapier davon getrennt 1 T. schwefligsaures Natrium.

4004. **London Purple,** ein insektizides Mittel, ist ein feines Pulver von violetter Farbe, bei der Rosanilinfabrikation abfallend, in Wasser wenig löslich und in Prozenten enthaltend 12,46 Rosanilin, 43,65 arsenige Säure, 21,82 Calciumoxyd, 1,16 Eisenoxyd.

4005. **Luhns Waschextrakt:** Wasser 34,50%, Soda 25,33%, Seife 39,40% Rest (Kochsalz, Kieselsäure) 0,77%.

4006. **Luminol,** ein Teppichreinigungsmittel, soll eine 2prozentige, wässerige Lösung von Natronseife sein. (Schaffer.)

4007. **Lustrine alsacienne** von Hudingsfeld ist eine Appreturmasse für Wäsche und Tafelgut, bestehend aus je 50 T. Walrat, Gummi arabicum und Borax, 125 T. Glyzerin und 725 T. dest. Wasser mit etwas wohlriechender Essenz. (Moniteur des Fils et Fissus.)

4008. **Lustrine** von Raffin, Reinigungsmittel für Handschuhe, ist ein Gemisch aus Ölseife, Eiweiß, Salmiakgeist und Glyzerin. (W. Eitner.)

4009. **Lutecin** oder **Pariser Legierung** von Le Mat. Picard & Bloch (französ. Patent) ist eine Legierung von 80 T. Kupfer, 16 T. Nickel, 2 T. Zinn, 1 T. Kobalt, ½ T. Eisen, ½ T. Zink.

4010. **Lyddit,** ein Sprengstoff, enthält hauptsächlich Pikrinsäure.

4011. **Lyons-Asphalt** besteht aus 15 T. Bitumen, 35 T. Kohlenschlacke, 10 T. Kokspulver, 130 T. Kalk und 160 T. feinem Kies.

4012. **Macillin,** als Gewürz und Bindemittel für Wurstwaren angepriesen, ist ein gelb gefärbtes, mit Macisöl imprägniertes Gemisch von Weizen- und Kartoffelmehl.

4013. **Maclurin,** ein Farbstoff, ist Gerbsäure aus dem Holze von Morus tinctoria.

4014. **Machorka** ist ein aus billigem russischen Tabak dargestelltes Extrakt, welches in Wasser gelöst zum Töten von Insekten Verwendung findet.

4015. **Mäusegift** von Franz Träger in Hardheim, sind zwei Pakete, das eine ein grobes Capsicumpulver, das andere gepulverten weißen Arsenik enthaltend. In der beigegebenen Gebrauchsanweisung wird das eine Pulver ohne nähere Bezeichnung als sehr giftig bezeichnet.

4016. **Mäusegrütze** ist eine mit Kohlepulver grau gefärbte granulierte Mischung aus 5 T. Bariumkarbonat, 1 T. Zucker und 5 T. Weizenmehl.

4017. **Mäusemittel.** Mit Fernambuc rötlich gefärbtes Roggenmehl. 100 g = *M.* 4,25. (Reinsch.)

4018. **Maggi-Suppenextrakt** besteht nach einer Analyse des städtischen chemischen Untersuchungsamtes in Dresden aus Wasser 55,81, Trockensubstanz 44,19, Gesamtstickstoff 3,23, Ammoniak 0,79, Stickstoff in Säureamiden 0,05, Stickstoff in Amidosäuren 0,11, Protein 15,31, Fett 1,03, Asche 21,44, Phosphorsäure 0,72, Kaliumchlorid 1,70, Natriumchlorid 17,91%.

4019. **Magnalium** ist eine Legierung von 100 T. Aluminium mit 10 bis 25 T. Magnesium.

4020. **Maïsin** oder **Maïson** ist eine von D o n a r d und L a l b é aus getrocknetem und entfettetem Maismehl durch Extraktion mit Amylalkohol gewonnene Eiweißsubstanz von weißer Farbe, in kaltem und heißem Wasser unlöslich. Mais enthält $4{,}_0$—4,5% an Maïsin.

4021. **Maismon,** ein Nahrungsmittel für Kinder und Rekonvaleszenten ist entöltes Maismehl deutschen Ursprungs und Ersatz für Mondamin, Maizena, Arrowroot.

4022. **Maizena,** D u r e y a s , ein Nahrungsmittel, ist Maisstärkemehl (H a g e r.); — stammt von den Früchten der Carnauba — oder Wachspalme (Corypha cerifera), welche das brasilianische Palmenwachs liefert. (K a r l A n d r é e.)

4023. **Malerfarbe, prächtigste, flüssige,** ist eine spirituöse Lösung von Anilinfarbstoffen. 1 l = *M.* 27.

4024. **Malerleim, chemischer,** ist ein mit Ätzalkali aufgeschlossener Stärkekleister.

4025. **Majus,** ein Konservierungsmittel für Oberleder, ist ein Gemisch von Fischtran und Wollfett, das mit etwas Birkenöl versetzt ist, um ihm Juchtengeruch zu verleihen.

4026. **Maltokaffee** von B e h r besteht aus gerösteten Getreidesorten unter Zusatz von schwach geröstetem Malz.

4027. **Maltoleguminosenmehl** von S t a r k e r & P o b u d a, nach Vorschrift von H. v. L i e b i g bereitet, ist ein sehr angenehm aromatisch schmeckendes und äußerst leicht auflösliches Mehl mit 21—23% Eiweiß und nur einer geringen Menge unveränderten Stärkemehls, 2,5—3% Fett, 3,5% Nährsalzen (Phosphorsäure), 4—5% Wasser, Zucker und Dextrin. (H. F e t z e r.)

4028. **Maltose-Rahmkonserve** ist eine Fettnahrung für Kinder und Lungenleidende. Fabrikant: E d. L o e f l u n d & C o. in Grunbach bei Stuttgart.

4029. **Maltose,** ein künstlicher Zuckerhonig, ist im wesentlichen ein Gemisch von Honig mit 25% Rohrzucker. (B e y t h i e n.)

4030. **Malzbier der Löwenbrauerei** ergab folgende Zahlen: Stammwürze 17,04%, Extrakt 9,52%, Alkohol 3,76%, Phosphorsäure 0,117%, Mineral. Bestandteile 0,289%. Das Bier ist infolge des erheblichen Extraktgehaltes, verhältnismäßig geringen Alkoholgehaltes und großer Menge ernährender Substanzen als gutes Nahrungsmittel zu bezeichnen. (N i e d e r s t a d t.)

4031. **Malzextraktbier** von Behn, ein „alkoholfreies" Bier, gab folgende Resultate: Alkohol 1,36 Gew.-Proz. = 1,70 Vol.-Proz. Extrakt 3,66%, mineral. Bestandteile 0,14%, Maltose 1,29%, Phosphorsäure 0,049%, freie Säure (Gesamtsäure) 0,202%, ursprüngl. Würze 6,400%. Salyzyl- oder Borsäure abwesend. Fremde Bitterstoffe sind ebenfalls nicht gefunden worden. (Niederstadt.)

4032. **Malzextrakt-Gesundheitsbiere** existieren in großer Anzahl. Dieselben kommen dem englischen Porter in ihrer Zusammensetzung meist gleich, übertreffen denselben sogar. Der Alkoholgehalt schwankt zwischen 2,8 und 6,3%, der Extraktgehalt zwischen $5,_0$ und 18,4%, der Gehalt an Stammwürze zwischen 10,8 und 24,8%. (Schweißinger.)

4033. **Mandelbrot für Diabetiker** aus der Bäckerei von Hauswaldt in Dresden enthält Fett 62,86%, Eiweiß 13,00%, Asche 2,92%, Wasser 5,52%, Zellulose 2,40%. (Schweißinger.)

4034. **Mandelmilchextrakt** von Jul. Urban in Dresden, Humboldtstraße, ist ein sehr dicker Mandelsirup mit etwa 50% Zucker, ferner 7,5% Fett, 3% Eiweißstoffen und 35% Wasser. (Schweißinger.)

4035. **Mango,** eine in den öffentlichen Waschanstalten Englands Verwendung findende Flüssigkeit, ist Chlorkalklösung. (Wagner.)

4036. **Mannocitin,** ein Bostschutzmittel zum Einreiben von blanken Eisenflächen, z. B. bei größeren Maschinen, ist eine Auflösung von gleichen Teilen wasserfreiem Wollfett und leichtem Kampheröl.

4037. **Marcodurum,** ein Stopfbüchsenpackungsmittel von Benrath und Frank, Gelbe Mühle bei Düren, besteht aus Rohleinen und Hanfpapier, die aufeinander geklebt und mit Talg getränkt sind.

4038. **Marineleim (marine glue)** von Jeffery ist eine Lösung von 1 T. fein geschnittenem Kautschuk in 12 T. Terpentinöl, rektif. Stein- oder Steinkohlenteeröl **(flüssiger Marineleim),** zu welcher auf 1 T. Kautschuk 2 T. Schellack oder Asphalt zugesetzt sind **(harter Marineleim).**

4039. **Marmite** ist ein vegetabilisches Extrakt, dem dieselben ernährenden Eigenschaften zukommen sollen, wie sie das Fleischextrakt besitzt. Fabrikant: The Marmite Food Extract Co., Ltd. in London E. C., 40 Mincing Lane.

4040. **Marseillais-Kesselstein-Vernichter** ist ein stark gerbstoffhaltiges wässeriges Pflanzenextrakt.

4041. **Marsöl,** ein Lederkonservierungsmittel, besteht nach einer Mitteilung der deutschen Versuchsanstalt für Lederindustrie in Freiburg i. S. in der Hauptsache aus Tran, welchem zur Verdeckung des Trangeruches etwas Mirbanöl zugesetzt wird.

4042. **Mastic-Cement** ist ein Gemisch von Sand, Kalkstein, Bleiglätte und Leinöl. (Heeren.)

4043. **Mastic-Serbat** ist ein aus Frankreich kommender Kitt für Dampfleitungsrohre etc., welcher aus Bleioxyd, Manganhyperoxyd und Leinöl zusammengesetzt ist.

4044. **Mastpulver Superior,** Fabrik Striegau: Fleischmehl und Sesamkuchenmehl, Futterkalk und Viehsalz, wenig Erdnuß.

4045. **Mast- und Milchpulver „Furore"** von Züge in Leipzig: 12% Futterkalk, Fleischmehl, Süßholz, Anis, Fenchel, 6% Spießglanz.

4046. **Mast- und Freßpulver** von Krause in Langensalza: 5% Spießglanz, 10% Futterkalk, 5% Glaubersalz, 3% Kochsalz, außerdem Pulver von Süßholz, Enzian, Foenugraecum und Phellandrium.

4047. **Matadoröl,** das fette Öl der Kümmel- und Anisfrüchte wird zur Fabrikation von grüner Seife von tief dunkler Färbung, von grüner Naturkern-Elainseife und von sog. Hanfölseifen empfohlen.

4048. **Matscheko-Kunststein** aus Brünn besteht in einer kochsalzhaltigen Magnesiumchloridlösung und einem technischen Magnesiahydrate. (Gawalowski.)

4049. **Mattoleïn** für photographische Zwecke, ist eine Lösung von 40 T. Dammarharz, 20 T. Copaivabalsam, 5 T. Elemi in 85 T. Terpentinöl.

4050. **Mayol,** ein Fleischkonservierungsmittel, ist nach Than ein Gemisch von Borsäure, Glyzerin und Ammonfluorid mit Methyl- und Äthylalkohol.

4051. **Mealin,** ein Kesselsteinmittel, ist zusammengesetzt aus 32,13% Soda, 1,03% Ätzkali, 8,34% Kochsalz, 1,08% phosphorsaurem Natrium, 37,85% Wasser, 14,91% Ferrocyankalium, 4,16% oxalsaurem Natrium und geringen Mengen von Cyankalium und Schwefelnatrium. (Chemnitzer Untersuchungsamt.)

4052. **Meat Juice** von Valentine soll angeblich in $60{,}_0$ g den Saft von 2 kg des besten Ochsenfleisches ohne Fett enthalten, unterscheidet sich aber von dem Liebigschen Fleischextrakt nur durch einen beträchtlich höheren Wassergehalt und durch eine Spur von Eiweiß. (J. Forster.)

4053. **Meat Preserve Flüssigkeit** von E. Dresel in Berlin, enthält in 1 Liter 22 Natriumchlorid, 0,15 Vanillin, 73,5 Natriumsulfat, $171{,}_0$ Natriumsulfit und 34,5 schweflige Säure als Bisulfit, sowie $3{,}_0$ Eisenchlorid.

4054. **Meat Preserve-Pulver** von E. Dresel besteht aus Natriumbisulfit, welches 77% Natriumsulfat enthält. (Polenske.)

4055. **Mehl für Geflügel** aus New York, ein künstliches Futtermittel, enthält getrocknete Fleischfaser und beträchtliche Mengen strukturloser hyaliner Knorpelmassen neben einem Gehalt von 5,58% der lufttrockenen Substanz an kohlensaurem Kalk. 50 kg = *M.* 24. (E. Kern.)

4056. **Melanin,** waschechtes Schwarz zum Zeichnen der Wäsche, ist ein Pulvergemisch aus ca. 5 T. Kupfervitriol, 6 T. Kaliumchlorat, 6 T. Salmiak, 12 T. Anilinhydrochlorid und 5 T. Gummi arab.

4057. **Mellotinkaffee** ist eine Mischung von Kaffee, Dattelkernen und Zichorien.

4058. **Menthador** ist ein rollender, massierender und auswechselbarer Migränestift, der auch als Mentholeinatmer dient. Derselbe ähnelt mit seinem Halter einem rollenden Tintenlöscher. Fabrikant: Pharmazeutische Fabrik „Friedenau" Heinrich Sachs in Berlin-Friedenau.

4059. **Metal anglais** ist eine Legierung aus 440 T. gereinigtem Kornwallzinn, 10 T. russischem Kupfer, 1 T. Messing, 1 T. Schwefelnickel, ½ T. Schwefelwismut, 4 T. Antimon und 1 T. Wolfram.

4060. **Métal argentin** zu Löffeln, Gabeln, Teekannen besteht aus 85,5 T. Zinn und 14,5 T. Antimon.

4061. **Métal d'Alger** zu Tischglocken besteht in 100 T. aus 94,5 T. Zinn, 5 T. Kupfer und 0,5 T. Antimon.

4062. **Metall, Dörrsches,** ist eine Gußmasse aus Eisen, Schwefel und Asphalt vom spez. Gew. 3,2. 1 kg = *M.* 0,60.

4063. **Metallin** ist eine Legierung aus 35 T. Kobalt, 25 Aluminium, 10 Eisen und 30 Kupfer.

4064. **Metallputzseife** von A. C. Diedecks Sohn in Wien ist ein braun gefärbtes Gemisch aus 1 T. Seife und 2 T. kohlensaurem Kalk.

4065. **Methbier** (Methbräu) einer Leipziger Brauerei enthält nach Beythien keine Spur von Hopfen und Malz, sondern lediglich eine gelb gefärbte, mit Kumarin parfümierte Zuckerlösung.

4066. **Methon,** ein alkoholfreies Getränk ist in der Hauptsache eine mit Kohlensäure unter Druck gesättigte Invertzuckerlösung. Sie enthält 0,08% Alkohol, 6,02% Extrakt, 0,04% Mineralstoffe, 0,09% Säure, 4,57% Invertzucker, 0,04% Eiweißstoffe. (Beythien.)

4067. **Methylenchlorid** von Robbinson & Comp. in London ist Chloroform, mit Alkoholzusatz auf ein dem Methylenchlorid nahekommendes spezifisches Gewicht gebracht. (M. C. Traub.)

4068. **Microcidin,** ein französisches Antiseptikum, ist ein zusammengeschmolzenes Gemisch von Naphthol und Natriumhydrat in der dreifachen Menge Wasser löslich. (Industriebl. 1891, 181.)

4069. **Mikrosol,** ein Desinfektionsmittel, enthält neben ca. 75% rohem kristallwasserhaltigem Kupfersulfat etwa 10% phenolschwefelsaures Kupfer, 2,3% freie Schwefelsäure und 12% Wasser. Auf Grund dieser Analyse wurde die Nachbildung des Mikrosol versucht, wobei folgende Vorschrift ein Präparat lieferte, welches dem Original in jeder Beziehung gleicht. 5 T. roher 60—80 prozentiger Karbolsäure werden mit 6 T. konzentrierter roher

Schwefelsäure so lange auf 120—150° erhitzt, bis eine Probe sich klar mit Wasser mischt und ein intensiver Geruch nach schwefliger Säure sich bemerkbar macht. Nach dem Erkalten löst man das Reaktionsgemisch in 10 T. Wasser und sättigt die Lösung mit Kupferkarbonat; vom überschüssigen Kupferkarbonat wird abfiltriert. Die so erhaltene Lösung von phenolschwefelsaurem Kupfer wird mit 75 T. gepulvertem rohem kristallwasserhaltigem Kupfersulfat gemischt. Nötigenfalls wird noch so viel Wasser zugesetzt, als zur Erzielung der Konsistenz einer Pasta erforderlich ist. (Fendler.)

4070. **Milchfleischextrakt** von Dr. Eberhard. Aus fett-, kasein- und zuckerfreier Magermilch wird ein Extrakt dargestellt, mit demselben wird Rindfleisch extrahiert und der Auszug dann dick eingedampft. (Varges.)

4071. **Milchpräservierungspulver** enthält 80% Borax und 20% Borsäure. (Schweißinger.)

4072. **Milchpulver** von G. Hughes in London zur Konservierung der Milch enthält Borsäure.

4073. **Milchpulver** von Tomlinson ist Natriumbikarbonat. (Hager.)

4074. **Milchtafeln** von Blachfort, Milch in fester Form. 1000 T. frische Kuhmilch, 200 T. Zucker, 3 T. gepulvertes Natriumbikarbonat und 2 T. Borax werden im Wasserbade unter Umrühren eingedampft, bis eine kleine Menge der Masse erkaltet, eine derbe Pastakonsistenz annimmt. Dann mischt man der noch warmen Masse 50 T. gepulverten Zucker hinzu und bringt sie durch Pressen in die Form ca. 3 cm dicker Tafeln. Mit Stanniol überzogen werden sie in den Handel gebracht.

4075. **Milch- und Mastpulver „Germania“** von Wächtler in Dillenburg: 20% Futterkalk, 2% Schwefel, Umbelliferensamen und andere Pflanzenpulver.

4076. **Milk substitute for rearing calves and pigs,** manufactured only by Spouncer & Sons, Gainsboro in England, ein schwach rötliches Mehl, der Hauptsache nach Kartoffelstärke mit etwas Enzianwurzel, enthält in Prozenten 20,35 Feuchtigkeit, 2,87 Protein, 0,40 Fett, 74,85 Kohlehydrate, 1,03 Holzfaser, 0,50 Asche, worin 0,29 Phosphorsäure. (Voelcker.)

4077. **Mineralgeist** ist reines Steinkohlenbenzin.

4078. **Mineralin** ist gepulverter Speckstein, der in Amerika zur Mehlfälschung verwendet werden soll.

4079. **Mineraline,** Schmiermittel für Stopfbüchsen und Gebläsekolben, ist feinst gemahlener Graphit.

4080. **Mineralseife** von van Baerle & Sponnagel in Berlin besteht hauptsächlich aus Wasserglas.

4081. **Minlossches Waschpulver:** Wasser 38,00%, Soda 53,50%, Seife 2,65%, Wasserglas 4,55%, Rest (Verunreinigungen) 1,30%.

4082. **Minofor** zu Löffeln, Gabeln, Teekannen etc. enthält 67,53 T. Zinn, 17 T. Antimon, 8,94 T. Zink, 3,26 T. Kupfer.

4083. **Mistra,** ein Mittel zur Verbesserung des Trinkwassers, ist eine Lösung von 10,0 Sternanisöl, 10 Tropfen Orangenblütenöl und 5 Tropfen Rosenöl in 100,0 Weingeist.

4084. **Mittel gegen den Brand des Getreides** von Arkenbout in Gonda enthält 9% Kupfervitriol, ca. 35% arsenige Säure und 56% Eisenvitriol. ½ kg = *M.* 0,50. (Ad. Mayer.)

4085. **Mittel gegen den Brand des Getreides** von H. v. Gimborn in Emmerich enthält 23,1% Kupfervitriol und 76,9% Alaun und Eisenvitriol. ½ kg = 0,5 Frcs., *M.* 0,40. (Ad. Mayer.)

4086. **Mittel gegen den Sauerwurm** von Prof. Nessler besteht aus 40,0 Schmierseife, 60,0 Tabakextrakt oder einem Aufguß von 30,0 Tabak, 50,0 Fuselöl, 2 dcl Weingeist, mit weichem Wasser auf einen Liter gebracht. 1 l = *M.* 0,50.

4087. **Möbelglanz** von H. Pfeffer besteht aus 97 T. Schwefelkohlenstoff, 2 T. Lavendelöl und 1 T. Alkannin kalt zusammengemischt und 4—5 Stunden stehen gelassen.

4088. **Möbelpaste** von Frank English besteht nach Chem. and Drugg. aus 1,75 kg Ceresin, 2¼ l Terpentinöl, 250 g Harz und 30 g Vermillon.

4089. **Mogdad-Kaffee,** als Kaffeesurrogat empfohlen, sind wahrscheinlich die stark gerösteten Früchte von Cassia occidentalis, welche ein kakaoartiges Chromogen nebst Legumin und Gerbsäure enthalten. Zusammensetzung in Prozenten: Zellulose 21,21, fettes Öl 2,55, Pflanzenschleim 36,60, Gerbsäure 5,23, unorganische Salze 4,33, stickstoffhaltige organische Stoffe 15,13, stickstofffreie 3,86, Wasser 11,00. (Moeller.)

4090. **Molkenbrot** von Winklers Molkerei in Dresden, Reitbahnstraße, ist ein mit Molken statt mit Wasser bereitetes Brot und enthält Proteinstoffe 7,0%, Fett 0,1%, in Zucker überführbare Kohlehydrate 48,0%, Asche 0,5%, Wasser 41,5%. (Schweißinger.)

4091. **Mollisine** ist ein Gemisch aus 4 T. Vaselin und 1 T. gelbem Wachs.

4092. **Mondamin Corn Floor** von Brown u. Polson ist entöltes Maismehl.

4093. **Monopol** von L. Ziffer in Berlin, ein Fleischkonservierungsmittel, ist ein grobkörniges Pulver, enthaltend 43,3% Kaliumnitrat, 15% Kaliumkarbonat, 17,2% Kaliumchlorid, 1,2% Natriumchlorid, 20% Rohrzucker und 3% Feuchtigkeit. Auf je 50 kg Fleisch sollen 900 g des Präparates verwendet werden. 520 g in Blechbüchse = *M.* 2. (Polenske.)

4094. **Montanin,** ein Nebenprodukt der keramischen Industrie, stellt eine beinahe farblose und geruchlose Flüssigkeit dar, die als wichtigsten Bestandteil die antiseptisch wirkende Kieselfluorwasserstoffsäure enthält. Es kommt in erster Linie als Anstrichmittel für Kellerwandungen in Betracht; die Trockenlegung feuchter Wände durch Montanin beruht auf der Bildung von Flußspat, Kieselsäure und Tonerde. Ferner wird es als Imprägnierungsmittel empfohlen.

4095. **Montanit,** eine Metallfarbe, ist feinst gemahlener Spateisenstein.

4096. **Moor-Boraethyl** der Firma Gallus in Pest, erfunden von Julius Kolliner, fabriziert in Steinbruch, ist ein Konservierungsstoff, welcher konsistente Lebensmittel auf längere Zeit gegen Pilzbildung schützen soll. Das Mittel soll aus Pflanzenfasern bestehen und die Lebensmittel gegen die Einwirkung der größten Kälte sowohl wie der größten Hitze schützen.

4097. **Mortein** zur totalen Vernichtung und Ausrottung aller Wanzen, Flöhe, Schaben ist Insektenpulver mit Ultramarin graugrün gefärbt.

4098. **Moselblümchenessenz** ist eine grünbraune spirituöse Tinktur, anscheinend aus trockenen grünen Trauben durch Extraktion mit Alkohol gewonnen.

4099. **Mottenpapier** ist ein geleimtes Papier, auf einer Seite mit einem Überzug versehen. Letzterer wird aus 5 T. Gummi arabicum, 2 T. Quecksilber, 1 T. Zucker und Wasser dargestellt. Das Papier wird zwischen und in die Polster gelegt.

4100. **Mottenpulver** von Schütze besteht aus 50 T. Gewürznelken, 100 T. schwarzem Pfeffer, 100 T. Quassia, 20 T. Ammoniumkarbonat, 20 T. Veilchenwurzel, 2 T. Zimtöl, 2 T. Bergamottöl, 5 T. Kampher, 20 T. Äther.

4101. **Mottentinktur, chinesische,** ist eine Tinktur aus 1 T. Kampher, 8 T. Alkohol und 1 T. Koloquinten oder spanischem Pfeffer. (Wittstein.)

4102. **Mottentinktur** von Fuhrmann ist aus 1 T. Fruct. Colocynthid., 1 T. Fruct. Capsici, ½ T. Piper nigrum und 10 T. starkem Spiritus dargestellt und mit Ol. Caryophyllor., Ol. Lavandulae und etwas Kampher parfümiert. 250 g = *M.* 1,50. (Hager.)

4103. **Mottentinktur** nach P. Schütze. 1,45 T. Karbolsäure, 30 T. Kampher, 30 T. Rosmarinöl, 5 T. Nelkenöl, 5 T. Anilinrot, 2500 T. Spiritus. — 2,4 T. Terpentinöl, je 1 T. Nelkenöl und Bergamottöl, 2 T. Kampher, 16 T. Spanisch-Pfeffertinktur, 32 T. Spiritus.

4104. **Müllers Konservesalz Brillant** enthielt Aluminiumsulfat, Natriumbenzoat, Natriumphosphat. (Matthes.)

4105. **Dr. Müllers Mutterlauge,** ein Badesalz zur Bereitung von Solbädern zu Hause, enthält 73% Natriumchlorid, 25% Natriumsulfat, 2% Glyzerin mit Eisen. Es ist schnell wasserlöslich, fast nicht hygroskopisch, greift die Badewanne nicht an und soll die natürlichen Solbäder ersetzen.

4106. **Muntzmetall, schmiedbares,** oder **Neumessing** ist eine Legierung aus 60 T. Kupfer und 40 T. Zink oder 56 T. Kupfer, $43\frac{1}{4}$ T. Zink und $3\frac{3}{4}$ T. Blei.

4107. **Musalina,** ein Wurstbindemittel, bestand nach Dresdener Chem. Unters.-Amt aus 13,47% Wasser, 0,55% Fett, 70,65% Stickstoffsubstanz, 9,86% Asche und 5,51% Phosphorsäure.

4108. **Muscan** ist arsenfreies Fliegenpapier.

4109. **Muttermilch** von Voltmer ist Kuhmilch, welche durch geeignete Behandlung und Verdünnen mit Wasser, Zuckerzusatz und Peptonisierung des Kaseins der Muttermilch möglichst ähnlich gemacht ist. Sie enthält 18,30% Fett, 14,20% Eiweißstoffe, 49,30% Milchzucker, 3,10% Asche, 14,70% Wasser. (Schweißinger.)

4110. **Mykodermaticon** von G. Kirchberg in Greifswald zur Essigbereitung, fest und in Essigsprit gelöst in den Handel gebracht, ist in letzterer Form ein 10 prozentiger Essig, der 1,56% phosphorsaure Ammon-Magnesia und 0,17% indifferente organische Substanz gelöst enthält. Die darin vorhandenen geringen Mengen von Chlor, Schwefelsäure, Kalium und Natrium sind wohl nur als zufällige Bestandteile zu betrachten. (Dr. Schädler.) — Das Mykodermaticon in fester Form ist ein gröbliches, schmutzig weißes Pulver, bestehend aus Weinsäure, Phosphorsäure, Magnesia, Ammoniak, Zucker und Wasser. Preis *M.* 18. (C. Sommer.)

4111. **Mykothanaton** von J. Herrmann in Berlin, Mittel gegen Hausschwamm, ist eine grünlich-gelbe Flüssigkeit von starkem Salzsäuregeruch und stark saurer Reaktion, enthält in 1 Liter 1,16 Eisenoxyd und Tonerde, 1,47 Kupferoxyd, 16,72 Magnesia, 99,9 Schwefelsäure und freie Salzsäure, und ist die bei der Bereitung der Kohlensäure aus Magnesit und Schwefelsäure abfallende Lauge, welcher rohe Salzsäure und pro Liter ca. 3 g roher Kupfervitriol zugesetzt wurden. 50 kg = *M.* 25. (M. Ballo.)

4112. **Mykothanaton,** Mittel gegen den Hausschwamm von Johannes Müller, ist eine Auflösung von 750 T. Chlorcalcium, 1500 T. Glaubersalz, 60 T. Quecksilberchlorid in 5000 T. Wasser, welcher schließlich noch 2500 T. Salzsäure zugemischt werden. (Wittstein.)

4113. **Mykothanaton** von Vilain & Co. in Berlin, Mittel gegen Holz-, Haus- und Mauerschwamm, ist eine klare, fast farblose Mischung aus Kochsalz, Alaun, Schwefelsäure und Wasser, welche kleine Spuren Eisen und Arsenik enthält. 1 l = *M.* 1,50. (Hager.)

4114. **Myogen,** Plönnis, ein Eiweißpräparat, enthält in Prozenten: Wasser 12,2, Stickstoffsubstanz 13,32, auf Eiweiß berechnet 83,25, Ätherextrakt 0,2, Asche 1,2. Für den täglichen Bedarf sind Myogenkakes hergestellt, deren Zusammensetzung laut Analyse folgende ist: Wasser 9,3%, Stickstoffsubstanz 3,97%, auf Eiweiß berechnet 21,81%, Ätherextrakt 12,5%, Kohlehydrate 52,7%, Asche 1,1%. Das Präparat erreicht also im Eiweißgehalt das Fleisch, im Kohlehydratgehalt das Brot und im Fettgehalt bestes Gebäck. (Hygienisches Institut zu Kiel.)

4115. **Myrolin,** ein Speisefett, ist reines Kokosfett. (Beythien.)

4116. **Nadal,** ein Fleischkonservierungsmittel, ist nach Baier eine Mischung aus Benzoesäure und benzoesaurem Natrium.

4117. **Nagelglanz** bestand aus einer Mischung von Glyzerin, verdünnt mit Rosenwasser und mit Eosin leicht gefärbt. (Untersuchungsamt Ulm.)

4118. **Nährkaffee** Dr. Bilfingers von F. Lamp in Stuttgart besteht aus gebrannten Eicheln und gebrannten Getreidekörnern. 250 g = *M.* 0,25.

4119. **Nährlösung für Pflanzen:** Kaliumnitrat 10,0, Calciumkarbonat 5,0, Natriumchlorid 5,0, Calciumphosphat 5,0, Natriumsilikat 5,0, Eisenvitriol 1,5 in 100 l Wasser. (Am. Journ. of Pharm.) — 40 T. Ammonnitrat, 20 T. Ammonphosphat, 25 T. Kalisalpter, 5 T. Salmiak, 6 T. Kalksulfat, 4 T. Eisenvitriol. — 5 T. Salpeter, 5 T. Calciumkarbonat, 5 T. Kochsalz, 5 T. Calciumphosphat, 5 T. Natriumsalizylat, 1,5 T. Eisenvitriol.

4120. **Nährpulver** von Parmentier ist Brot, gedörrt und in Pulver verwandelt. (Hager.)

4121. **Nähr-Roborin** ist ein feines Gebäckpulver, das aus 10% Roborin (Calcium haemalbuminatum mit 0,49% Hämoglobin-Eisen, 0,118% Lecithinphosphor, 4% Calcium und 80% Eiweiß), 20% Hühnereiern, Weizenmehl, Kakao und Zucker bereitet ist. Fabrikant: Deutsche Roborinwerke in Friedrichsberg-Berlin.

4122. **Nährzwieback** Opels ist ein Zwieback in Scheibenform, welcher 9,76% Feuchtigkeit, 74,94% Nährstoffe einschl. 5,86% Zucker, 8,56% Proteine, 2,58% Fett und 4,16% anorganische Bestandteile einschl. 2,25% Calciumphosphat enthält. (Kohlmann.)

4123. **Nahrungsmittel in löslicher Form** von Paul Liebe in Dresden enthält in Prozenten: 36 Zucker, 26 Extraktstoffe, Dextrin und Fett, 8,2 Albuminkörper, 1,3 Asche mit 0,56 Phosphorsäure. Gefunden in Prozenten: 3,51 verdauliches Eiweiß, 70,65 Kohlehydrate (Dextrin, Zucker), 24,48 Wasser, 1,36 Mineralstoffe mit 0,298 Phosphorsäure. (Stutzer.)

4124. **Natronkaffee, deutscher,** von Thilo & von Döhren, besteht aus mit ca. 8% Natriumbikarbonat versetztem geröstetem Getreidekorn, Zichorien etc.

4125. **Natronwasserglaspulver** von Gebr. Bänsch in Dölau, ein Antikesselsteinmittel, besteht aus 2 T. Natronwasserglas und 3 T. Quarzsand.

4126. **Nectarsirup** der englischen Sodawasserfabrikanten

enthält Vanille-, Rosen- und Zitronenextrakt, Mandelemulsion (Orgeat) und Zuckersirup.

4127. **Nelsons Milch- und Mastpulver,** ein diätetisches Kraftfuttermittel: 85 Malzabfälle + 5 Futterkalk + 5 Glaubersalz + 5 Natriumbikarbonat.

4128. **Nematholyte** ist ein Füllstoff für Papier, der aus kieselsaurer Magnesia von faseriger Beschaffenheit besteht.

4129. **Neosot** ist ein aus Hochofenteer gewonnenes Konservierungsmittel, ein phenolhaltiges Gemenge.

4130. **Nessos Muschelkraft** von F. Reichelt in Breslau, ist ein aus Nordseemuscheln, bezw. Muscheltieren dargestelltes, dem Fleischextrakt ähnliches Präparat.

4131. **Neurol,** ein Nährpräparat von Apotheker C. G. Weiß in Hannover, enthält nach den Prospekten des Fabrikanten als wesentliche Bestandteile: 3% Hypophosphite, 17% Hyperoxyde, 5% Eisenverbindungen, 75% Kohlenhydrate und Stickstoffverbindungen.

4132. **Neu-Sebastin** von Fahnejelm, ein Sprengmittel, besteht aus 45—75% Nitroglyzerin, 15—30% Holzkohle, 5—25% salpetersaurem oder chlorsaurem Kalium oder Natrium, ½—5% kohlensauren Salzen und ½—5% Bindemittel.

4133. **Nitidin** ist ein Lack aus 77 T. Benzoe, 3 T. Gummilack, 50 T. Alkohol absol., 4 T. gekochtem Leinöl, 1 T. Alkanna und 1 T. Fuchsin.

4134. **Nitrocatactin,** ein Sprengstoff, besteht aus Pikraten der Nitrokohlenwasserstoffe (z. B. Mono-, Dinitrobenzol, Mononitronaphthalin) und Nitraten des Kaliums, Natriums und Ammoniums. (J. M. Andreae.)

4135. **Nitrophosphatdünger,** aus England eingeführt, für Deutschland von Wilckes in Deutz vertrieben, enthält 1,65% Stickstoff, 5,9% Phosphorsäure, 33% organische Stoffe. 100 kg = *M.* 17,50. (Märcker.)

4136. **Nitro-Phosphoric-Guano** von Marshall & Co. in Colchester bei London, vertrieben durch Eggers & Stallforth in Bremen, enthält 2,4% lösliche, 5,6% unlösliche Phosphorsäure und 2,3% Stickstoff, außerdem in bedeutenden Mengen das den Pflanzen schädliche Rhodanammonium (aus Gaswasser). (Berthold.)

4137. **Nixodel,** ein Präparat von desinfizierenden, desodorierenden, antiseptischen Eigenschaften, dient in Mischung mit Wasser zur Desinfektion von Ställen, Hürden, Viehwagen, Schiffskielräumen etc.; angenehm parfümiert ist es zur Desinfektion im Haushalt bestimmt. Fabrikant: Lawson & Co., Hove, Sussex.

4138. **Nizo-Lysol** wird nach demselben Verfahren wie Lysol dargestellt, doch sind die verwendeten Kresole durch ein besonderes Verfahren gereinigt und dadurch der Geruch verbessert. Fabrikant: Schülke & Mayr in Hamburg.

4139. **Non Olet** ist ein Desinfektionsmittel und Geruchzerstörer unbekannter Zusammensetzung. Fabrikant: Dr. H. Ostermaier, chemische Fabrik in München 23.

4140. **Nova-Konservekristall** für Hackfleisch von Max Fritzsch, Leipzig-Gohlis. Zusammensetzung: Technisch reines Natriumazetat. (Matthes.)

4141. **Novol,** ein von Dr. W. Sternberg in Eberswalde hergestelltes Mittel gegen Ungeziefer etc. dürfte als ein Gemisch von verschiedenen Kohlenwasserstoffen (Petroleum, Benzol u. a. m.) mit einer alkoholischen Lösung von ölsaurem Ammonium anzusehen sein. (Aufrecht.)

4142. **Nubian Blacking,** in England patentiert, besteht aus 126 T. Spiritus, 11 T. Kampher, 16 T. venez. Terpentin, 36 T. Schellack, 32 T. Schwärze, letztere zusammengesetzt aus 15 T. Anilinblau, 15 T. Bismarckbraun, 600 T. Spiritus. (Pharm. Rundschau.)

4143. **Nucoline** ist reine Kokosbutter. (Schaffer.)

4144. **Nural,** ein Speisefett, ist gereinigtes Kokosöl.

4145. **Nürnberger „Schnellmast"** von Gersdorf in Nürnberg: 20% Viehsalz, 20% Futterkalk, 4% Schwefel, Fenchel, Foenugraecum, Fleischmehl und verschiedene Wurzelpulver.

4146. **Nutricine** von Moride in Paris wird aus rohem Fleisch und nicht zu frischem Brote durch Mischen, Trocknen und Pulvern und nachheriges Formen zu Tafeln bereitet.

4147. **Obron** ist ein an Stelle von Fleischextrakt empfohlenes Hefeextrakt.

4148. **Odorol** ist geschmolzenes, durch Einfluß der Luft rotbraun gewordenes Naphthalin.

4149. **Oenoglukose** ist ein zur Weinverbesserung dienender, sehr reiner Traubenzucker.

4150. **Oenokrinepapier** von Lainville & Roy in Paris zur Erkennung echten Rotweins ist mit einer Bleizuckerlösung getränktes Filtrierpapier. 12 dünne Streifchen = *M.* 0,75. (Julius Müller.)

4151. **Ohnegor,** ein sog. alkoholfreies Getränk, ist als ein Gemisch von etwas Malzauszug mit viel wässeriger Zuckerlösung (5% Zucker) zu betrachten. (Beythien.)

4152. **Okertin** soll ein ockerhaltiges Wasser sein, welches aus einem Bergwerk gewonnen wird und gegen Flechten, Augenleiden, Frauenleiden usw. Anwendung findet. Nach Kochs Untersuchungen handelt es sich um ein mit Sulfaten stark beladenes Wasser, welches neben freier Schwefelsäure vornehmlich Mangan- und Magnesiumverbindungen enthält.

4153. **Oleat Maury,** ein Wollschmiermittel, ist eine Verbindung von Naphtha- oder reinen mineralischen Ölen mit vegetabilischen, die durch alkalische Karbonate verseift werden.

4154. **Oleo lavato** aus Worms, zum Einfetten der Wolle, ist unreines Glyzerin mit ein wenig Harzöl. 50 kg = *M.* 42,50. (Th. Haas.)

4155. **Oleonaphtha** von Ragusin & Co. in Nischny-Nowgorod (Balachna u. Jaroslaw) ist ein aus dem kaukasischen Petroleum hergestelltes Maschinenschmieröl. Es wird in hellen durchscheinenden und in dunklen undurchscheinenden Sorten fabriziert, die äußerlich durch die Art der Verpackung gekennzeichnet sind.

4156. **Orantia,** ein künstliches Butterfärbemittel, ist eine dunkelorangegelbe, urinartig riechende und alkalisch schmeckende wässerige Flüssigkeit von 1,030 spez. Gew. und läßt sich darstellen durch Einwirkung von $100,_0$ krist. Soda auf $50,_0$ Orleans in 1 l Wasser und Eindampfen zur Hälfte. (Schmitt.)

4157. **Ori** ist ein mit Quassia versetztes Insektenpulver.

4158. **Originalfeuerlöschhandgranate** von Hayward ist eine kugelige Flasche aus schwach grünem Glase im Gesamtgewicht von $1120,_0$, enthaltend $750,_0$ einer gelblichen schwach trüben Flüssigkeit mit 15,7% Chlorcalcium und 5,6% Chlormagnesium neben den gewöhnlichen Verunreinigungen dieser Salze. 1 Dtzd. = *M.* 46. (Geißler.)

4159. **Ortol,** ein photographischer Entwickler, ist ein Derivat des Orthoamidophenols.

4160. **Osmon,** ein neues Heizmaterial, wird aus Rohtorf gewonnen.

4161. **Osmose-Pergament** von A. Eckstein ist ein doppelt und dreifach zusammengelegtes Pergamentpapier, bei welchem die schlechten Stellen der einzelnen Lagen durch die einzelnen Blätter kompensiert werden.

4162. **Ossilite** sind Würfel von etwa 25 g Gewicht, die aus Kalium- und Natriumsuperoxyd bestehen und zur Sauerstoffentwicklung dienen sollen.

4163. **Ovo-Maltine** ist ein Stärkungsmittel, das aus reinem Malzextrakt, frischen Eiern, Milch und Kakao bereitet wird. Die Kakaostärke ist in Maltose übergeführt. Fabrikant: Dr. A. Wander in Bern.

4164. **Ovos** ist ein als Suppenwürze an Stelle von Fleischextrakt empfohlenes Hefeextrakt.

4165. **Oxo-Bouillon** ist eine gewürzte Fleischbouillon, welche aus Ochsenfleisch wie das Liebigsche Fleischextrakt bereitet wird. Man dickt aber die Fleischauszüge nicht so weit ein und würzt das flüssige Extrakt mit den üblichen Suppenkräutern.

4166. **Oxolin,** ein Kautschukersatz, wird aus Werg und Leinölfirnis bereitet.

4167. **Oxone** wird als eine Mischung der Peroxyde alkalischer Erden bezeichnet, welche in Berührung mit Wasser reinen Sauerstoff entwickelt und andererseits der Luft Kohlensäure entzieht. Es soll zur Erneuerung der Luft in abgeschlossenen Räumen, z. B.

in Unterseebooten, Anwendung finden. Fabrikant: Rößler & Haßlacher Chem. Co. in New-York.

4168. **Oxydasin** ist eine Lösung von 0,5 Vanadinsäure in 100 g Wasser und dient als Antiseptikum; nach anderen Angaben eine Mischung von 1 Raumteil einer 0,5 promilligen Vanadinsäurelösung und 2 Raumteilen Glyzerin.

4169. **Oxyliquid** nennt Linde ein Gemisch von flüssigem Sauerstoff mit gepulverter Holzkohle, welches als vorzügliches Sprengmittel zur Verbesserung der Luft empfohlen wird.

4170. **Ozalin** ist ein Nährmittel, das Milcheiweiß, Reis, Mandelöl und Magnesiumperoxyd enthält. Fabrikant: „Vitafer", G. m. b. H., chemisches Institut für Sauerstoffernährung in Berlin W.

4171. **Ozalin**, Desinfektionsmittel, von Hamburg in den Handel gebracht, besteht aus Gips, Magnesia und Ätzkalk. (Weller.)

4172. **Ozonal** ist nach „Ph. Post" eine Gallerte, die aus 90% Petroleum und 10% Seife besteht, in Würfelform in den Handel gelangt und als Putzmittel Anwendung findet.

4173. **Ozonogenpapier** von Apotheker Dr. Ropp in Straßburg, Luftreinigungspapier, ein aromatisches Desinfektionsmittel, soll angezündet und verbrannt die Luft desinfizieren.

4174. **Palamoud des Turcs** besteht aus 250 T. Kakao, 1000 T. Reismehl und Amylum, mittelst 30 T. Sandelholz rot gefärbt. (Chevallier.)

4175. **Panak**, angeblich eine Lösung (?) von Chlorsilber und Eisenammoniumcitrat, dient dazu, um Papier, Holz, Seide etc. für photographische Zwecke lichtempfindlich zu machen.

4176. **Panama-Essenz**, Fleckenreinigungsmittel, wird aus $\frac{1}{3}$ der nachstehenden Lösung Nr. I und $\frac{2}{3}$ der Lösung Nr. II zusammengemischt und mit einer entsprechenden Quantität aromatischer Essenz versetzt. Zur Herstellung der Lösung Nr. I werden 7 kg weiße Marseiller Seife und $600{,}_0$ kohlensaures Natrium in 100 l heißem Wasser gelöst und dazu $500{,}_0$ Panamaholzextrakt (Extrakt aus Quillajarinde) gesetzt. Lösung II erhält man, wenn man 15 l Ochsen- oder Schafsgalle mit $1\frac{1}{2}$ l Ammoniak von 22^0 mischt, erhitzt, abschöpft und nach dem Abkühlen mit 15 l Weingeist von 90^0 versetzt.

4177. **Panamin**, ein von Rozière in Paris bereitetes Fleckmittel, besteht aus Quillajarindenextrakt und Soda oder entwässertem Natriumsulfat, in Form von Toilettenseife gebracht.

4178. **Panklastit** von Turpin wird aus zwei Bestandteilen gebildet; der eine ist Untersalpetersäure, der andere Schwefelkohlenstoff, Nitrobenzol, Äther, Gasöl u. dergl.

4179. **Paralith**, ein von der chemischen Gesellschaft zu Solothurn verfertigtes Kesselsteingegenmittel, besteht der Hauptsache nach aus Chlormagnesium und Dextrin.

4180. **Paralithicon minerale** von L. Cohn & Comp. in Berlin, Mittel gegen Kesselstein, bestand anfangs aus Kalk, Leim und Soda, später aus Pfeifenton und Soda. (F. Fischer.)

4181. **Paralithicon minerale** von Bernhard Lehmann in Altona ist unreine Soda mit mehr als $\frac{1}{3}$ ihres Gewichts in Wasser und Salzsäure unlöslichen Substanzen, wie Ton, Kieselguhr u. dergl. 100 kg = *M.* 120.

4182. **Paramentine,** Schlichtpräparat, von Torlotin, 10 T. Gelatineleim, in möglichst wenig Wasser gelöst, 7 T. Dextrin, 2 T. Glyzerin, 2 T. Bittersalz und 2 T. Zinkvitriol.

4183. **Paramentine** von Treppel. 100 T. Glyzerin von 20^0 Bé., 1 T. kohlensaures Natrium, $^1/_{100}$ T. Alaun und $^1/_{100}$ T. Borax gelöst und mit 10 T. Weizen- oder Kartoffelstärke versetzt. Dieser Mischung kann nach Belieben noch Gelatine, Fettseifen, Stearin, Gummi arabicum oder Tragant zugesetzt sein.

4184. **Paramol,** ein photographischer Entwickler, ist nach Eichengrün der m-Amido-o-oxybenzylalkohol, der in seinen photographischen Eigenschaften zwischen den Entwicklern der Phenolklasse, Pyrogallol, Hydrochinon etc., und denen der Amidophenolklasse, den sog. Rapidentwicklern Rodinal und Metol, steht.

4185. **Parasitencream** von Geo Dötzer-Frankfurt a. M. besteht aus Leinöl mit Insektenpulver, etwas parfümiert. Man beseitigt damit wohl Flöhe der Hunde, vielleicht (?) auch ganz leichte frische Fälle von Sarcoptes-Räude, wenn dieselbe noch nicht ausgebreitet ist. Ein Mehr an Wirkung ist absolut nicht vorhanden. Ein Infusum von Insektenpulver beseitigt ebenfalls Flöhe und hat den Vorteil, daß die damit eingeriebenen Hunde nicht die Möbel der Wohnung beschmutzen. Das Öl verunreinigt Teppiche, Sofas etc. (Tietz.)

4186. **Parasitenhalsringe** der chemischen Fabrik Falkenberg sind je nach dem Preise an Umfang und Länge verschiedene Ringe mit einer äußeren Hülle aus rotem Flanell, in welchem eingenäht sich eine mehrfach zusammengewickelte Rolle grober Leinwand befindet, die reichlich durchtränkt ist mit einer gelbbraunen Salbe, bestehend aus Fett, metallischem Quecksilber und Ocker. (Geißler.)

4187. **Parisol** ist ein in Wasser lösliches Desinfektionsmittel, welches nicht giftig und nicht ätzend wirken soll. Fabrikant: Bense & Eicke in Einbeck.

4188. **Passerol,** ein Anstreichmittel, um feuchte Wände gegen Schimmelbildung zu schützen und so vorzubereiten, daß sie alsbald gestrichen werden können, erwies sich als eine Auflösung von 1 T. technischem Wollfett in 2 T. eines Petroleumdestillates, des sog. Putzöles. (B. Fischer.)

4189. **Pastilles Truffant** sind Kunstdüngerpastillen zum Gebrauch für Topfpflanzen.

4190. **Pâte antitartrique,** ein Kesselsteinmittel, ist eine ziegelrote körnige Pasta aus Seesalz, Soda, Sand, Eisenoxyd und Rückständen der Sodafabrikation.

4191. **Patentkitt, Karlsbader,** besteht 1. aus Wasserglas von 1,340 spez. Gew., 2. aus 1 T. Schlämmkreide und 29 T. Kaolin. Zum Kitten erwärmt man den betr. Gegenstand, mischt etwas von dem Pulver mit einer geeigneten Menge der Flüssigkeit zu einem dünnen Teig zusammen, bestreicht dann die Bruchteile damit, drückt dieselben fest aneinander und läßt 12 Stunden trocknen. Bei größeren Bruchflächen bestreicht man zuerst die Bruchfläche mit 1, läßt trocknen und verfährt dann erst wie oben angegeben.

4192. **Pearlett,** Füllmittel für die Papierfabrikation, ist Gips. (Schweißinger.)

4193. **Pearsons Antiseptic** ist die in England und dessen Kolonien übliche Bezeichnung für das von William Pearson in Hamburg hergestellte Kreolin.

4194. **Pectorin** ist eine Mischung von ca. 60 T. Zucker mit 30 T. eines Gemisches von Kartoffelmehl und Reismehl und 10 T. entölten Kakaopulvers.

4195. **Pediculin,** von Dr. W. Höveler in Bremen-Woltmershausen, ist ein Insektenvertilgungsmittel unbekannter Zusammensetzung, welches in Form von Pulver, Salben und Seifen an den Markt kommt.

4196. **Pedro-Vaseline** von Vigier ist ein klarer flüssiger Kohlenwasserstoff, der angeblich aus Petroleum durch Entziehung des vierten Teils festen Paraffins erhalten wird.

4197. **Pekusol,** ein Viehwaschwasser unbekannter Zusammensetzung wird gegen Rotz, Milzbrand, Räude u. dergl. angepriesen.

4198. **Pemzed,** von Alfred Schmidt, Greifenapotheke in Basel, soll ein phosphorhaltiger Milchzucker sein, der als Nährmittel empfohlen wird.

4199. **Pento-Epilatoire,** Enthaarungsmittel, ist eine gelbliche ätzende Flüssigkeit von 1,112 spez. Gew. bestehend aus Auripigment und Ätzkalk. (Eitner.)

4200. **Peperette,** ein in England vielfach gebrauchtes Verfälschungsmittel für Pfefferpulver, ist Pulver von teilweise gebleichten Olivenkernen. — Schwarze Peperette ist dasselbe Pulver, gemischt mit schwarzem Pfeffer.

4201. **Peptikose** von Carl Kiewe, bei J. F. Schwarzlose Söhne, Berlin, Ersatz für alle medizinischen Verdauungshilfsmittel, besteht in 220 g eines graugelblichen Mehls, welches ein Gemisch aus Luftmalzmehl und Getreidemehl ist. Preis *M*. 1,50. (Hager.)

4202. **Percoll** ist ein Heftpflaster, bei dem die Pflastermasse anstatt auf

Leinwand oder Shirting auf Pergamentpapier aufgetragen ist. Fabrikant: Chem. Fabrik Helfenberg, Akt.-Ges. in Helfenberg.

4203. **Pereat** ist garantiert reines Insektenpulver der Firma J. D. Riedel A.-G. in Berlin.

4204. **Pergament, flüssiges,** ist eine ätherische Lösung von Guttapercha zum Überziehen von Bildern und Karten, sowie zum Fixieren von feuchten Bleistift- und Krayonzeichnungen und zu diesem Zweck mittelst Zerstäubers aufzutragen. (Industriebl.)

4205. **Perlenessenz,** ein Präparat, welches Branntwein schön perlen läßt, ist eine starke weingeistige Lösung von Ammoniakseife, dargestellt aus Ölsäure und Ammoniak, oder eine Saponinlösung.

4206. **Perschmanns Antikesselstein,** braune nach Petroleum riechende Tafeln, die dem „Rapid" ähnlich zusammengesetzt sind.

4207. **Petragit,** ein Sprengstoff, besteht aus gleichen Teilen nitrierter Melasse und salpetriertem Holzmehl mit 56,4% Kalisalpeter.

4208. **Petralit,** ein patentierter Sprengstoff, ist zusammengesetzt aus 60 T. Nitrocetyl aus Walrat, Nitroceryl aus chinesischem Wachs und Nitroglyzerin in wechselndem Verhältnis zu einander je nach der beabsichtigten Wirkung, 16 T. Kalium-, Natrium- oder Ammoniumnitrat, 1 T. palmitinsaurem Cetyl (gereinigter Walrat), 1 T. kohlensaurem Kalk, 6 T. Nitrozellulose, 16 T. präp. Holzkohle.

4209. **Petrospermöl** ist die von 288—326° siedende Fraktion, die bei der Destillation des Petroleums nach dem von „The Halvorsen Process Comp." in New-York genommenen Patent erhalten wird.

4210. **Petrovasine** ist säure- und harzfreie Vaseline.

4211. **Pferdeschrotbrot** von F. W. Fischer in Berlin ist ein Gebäck aus einem Gemenge von Weizen, Roggen, Hafer, Gerste, Mais mit Häcksel und Sauerteig in Kommißbrotform.

4212. **Pflanzennährsalz** von Knop besteht aus 1 T. Kalkphosphat, 0,25 T. Kalisalpeter, 0,25 T. wasserfreiem Kaliumphosphat und 0,25 T. wasserfreiem Bittersalz.

4213. **Pflanzennahrung** von G. M. Hesse ist ein weißes hygroskopisches Pulver und enthält 4,22% Kohlensäure, 0,08% Chlor, 5,92% Wasser, 3,76% Schwefelsäure, 23,95% Kalk, 2,52% Magnesia, 10,55% Kalium, 12,70% Stickstoff, außerdem noch Spuren von Natrium und Eisen.

4214. **Pflanzennahrung, künstliche,** von Prof. Dr. Nobbe in Tharandt, enthält im Liter $25,_0$ Chlorkalium, $75,_0$ salpetersauren Kalk, $25,_0$ krist. schwefelsaure Magnesia, $25,_0$ einbasisch phosphorsaures Kalium und $10,_0$ phosphorsaures Eisenoxyd, letzteres frisch gefällt. 10 ccm dieser Lösung werden auf einen Liter Brunnenwasser verteilt.

4215. **Phellosine** wird eine Korkmasse genannt, die mit Hilfe einer Lösung von Nitrozellulose in Azeton aus Korkabfällen hergestellt ist.

4216. **Phenolein S. H.** ist eine Flüssigkeit, von der einige Tropfen irgend einem alkalischen, photographischen Entwicklungsbade zugesetzt werden sollen, wodurch sich das Arbeiten in der Dunkelkammer erübrigt, so daß man die photographischen Negative bei weißem Licht entwickeln kann. Wahrscheinlich handelt es sich um Phenolphthaleinlösung, welche zu gleichem Zwecke brauchbar ist. Fabrikant: Hamann und Schulze in Rabenau bei Dresden.

4217. **Phenolin,** ein Kresolseifengemisch, wird von Hubert Baese & Co., Teerproduktenfabrik in Braunschweig, hergestellt.

4218. **Phenylin** von A. Lieven ist eine Lösung von Karbolsäure und Eisenvitriol in Wasser. (Casselmann.)

4219. **Phlodaritt,** Fleischpreservepulver der Magdeburger Konservesalzfabrik von Adolph Dübecke, enthält 75% Natriumsulfat und 35% Natriumbisulfit. Auf 5 kg Fleisch sollen 10,0 des Salzes verwendet werden. 400 g in weithalsiger Kruke = *M.* 1. (Polenske.) — Nach einer späteren Angabe soll es aus 50 T. Natriumsulfat und 25 T. Natriumsulfit bestehen. (Arb. a. d. Kais. Gesundheitsamt, 1904.)

4220. **Phoenixessenz** von Marcus Pereles, ein Mittel, Gewebe, Papier etc. schwer verbrennlich zu machen, ist eine Lösung von 15 T. wolframsaurem Natrium, 10 T. flüssigem, kieselsaurem Natrium und 3 T. phosphorsaurem Natrium und etwas Gummi arabicum in 35 T. Wasser. (Hager.)

4221. **Phorxal,** Dr. Hofmeiers, ist ein aus Blut von Mastochsen hergestelltes wasserlösliches Albuminat, welches 0,25% Phosphor, entsprechend 0,57% Phosphorsäure, 6,63% Eisenoxyd, 3,09% Gesamtasche enthält. Der Phosphor des Präparats entstammt dem Lecithin und den Nucleoproteinen des Blutes, das Eiweiß und Eisen dem Hämoglobin.

4222. **Phosphatine Fallière,** hergestellt von Dr. Fallière in Paris, ist ein Nährpräparat, welches, nach den Ergebnissen der chemischen und mikroskopischen Untersuchung zu urteilen, vermutlich aus einem Gemisch von entöltem Kakao, Stärke, Zucker und Kalkphosphat besteht. Durch Analyse wurden ermittelt: Feuchtigkeit 5,72%, Stickstoffsubstanzen 3,86%, Fett 2,39%, Zucker 52,50%, Stärke 32,49%, Zellulose 0,46%, Mineralstoffe 2,58%; darin: Phosphorsäure 1,20 g, Kalk 0,64 g. (Aufrecht.)

4223. **Phosphatose Vaudin** ist ein knochenbildendes Nährmittel unbekannter Zusammensetzung.

4224. **Pictetflüssigkeit** ist ein Gemisch von verflüssigter schwefliger Säure und Kohlensäure.

4225. **Pictolin,** ein zur Vertilgung von Ratten und anderem Ungeziefer empfohlenes Präparat, ist ein Gemisch flüssiger Gase, dessen wesentlichster Bestandteil schweflige Säure sein soll. Fabrikant: Gesellschaft für flüssige Gase Raoul Pictet & Co., Berlin N.

4226. **Pimentmatta** ist das Pulver gedörrter Birnen. (Hanausek.)

4227. **Pine-Fibre** (Fichtenfasern) ist ein aus den Vereinigten Staaten von Nordamerika eingehendes, aus Fichtennadeln bereitetes, lockeres Fasergewirr von dunkelbrauner Farbe und aromatischem Geruch, welches als Polstermaterial verwendet werden soll.

4228. **Pineolium** von S. Rothenheim, 166 Easton Road, London, ein Holzgewebe, welches zu Tischbedeckungen, Rouleaux, spanischen Wänden etc. Verwendung findet, besteht aus einer Kette von Baumwollengarn, die mit Holzdraht durchschossen ist und in verschiedenen Farben und Dessins hergestellt wird.

4229. **Pinosol,** ein englisches Mittel unbekannter Zusammensetzung, dient in 3 prozentiger Verdünnung zum Vertilgen von Pflanzenläusen.

4230. **Pissoiröl** erwies sich als ein von Phenolen sorgfältig befreites Teeröl, Nebenprodukt der Destillation des Steinkohlenteers, vom spez. Gew. 0,983 bei 15° C. (Breslauer Untersuchungsamt.)

4231. **Plantan** soll eine Mischung von Formaldehyd und Kohlepulver sein.

4232. **Plantol** wird ein als Ersatz für Butter und Fett in den Handel gebrachtes, sehr reines Kokosfett genannt, also ein dem Palmin und ähnlichen Präparaten analoges Produkt.

4233. **Plastilin** ist gewöhnlicher Modellierton mit Zusatz von Glyzerin.

4234. **Platinafarbe** von Pflug besteht im wesentlichen aus Leinölfirnis, tonigem Eisenocker, Zinkweiß oder Zinkstaub, welche Bestandteile je nach der Nummer der Farbe in verschiedenen Verhältnissen gemischt werden, z. B. Nr. 15: 15% Leinölfirnis, 65% gelber toniger Eisenocker. — Nr. 11: 36,8% Leinölfirnis, 63,2% Zinkweiß. — Nr. 0: 26,7% Leinölfirnis, 73,3% toniger Eisenocker mit Zinkstaub. — Nr. 00: 22,7% Leinölfirnis, 74,3% toniger Eisenocker mit mehr Zinkstaub. (Filsinger.)

4235. **Platinoid** von F. W. Martino ist eine Art Neusilber mit einem Zusatz von 1—2% Wolfram. (Polit. Ntzbl. durch Industriebl.)

4236. **Plesioform** ist geschwefeltes Erdöl.

4237. **Pökelsalz** von E. Dresel in Berlin besteht nach Polenske aus 80% Chlornatrium, 8% Borax und 12% Kalisalpeter.

4238. **Politur-Reinigung** von Gustav Rummel besteht aus 50% Wasser, etwas Putzkalk, Petroleum von hohem Siedepunkt und etwas roter Farbe in himmelblau gelackter Flasche. Preis *M.* 1.

4239. **Poliment** dient zur Grundierung auf Papier, das mit Blattmetall belegt werden soll und ist ein mit Seife und Wachs hergestellter feiner Ton.

4240. **Polysulfin,** ein von einer Heidelberger Firma in den Verkehr gebrachtes Waschmittel. Nach einer sehr ausführlichen Analyse ist dasselbe nichts anderes als rohe Soda, und die Angaben über den Reinigungswert der Sulfide und Polysulfide entbehren jeder positiven Grundlage. (Breslauer Untersuchungsamt.) Von anderer Seite wird das Präparat als Gemisch aus Soda, Ätzalkali, ölsaurem Alkali und Seetanggallerte bezeichnet.

4241. **Pomerin,** ein Ersatzmittel für Zitronenessenz in der Limonadenfabrikation, besteht aus 61% Phosphorsäure, 7,25% Schwefelsäure, Saccharin, Fruchtäthern, Farbe u. a. m. (Farm. Notisbl.)

4242. **Pomril,** ein alkoholfreies Getränk, ist frei von Alkohol und Konservierungsmitteln, wie Salizylsäure, Borsäure. Ebenso ergab die Prüfung auf Metallverbindungen (Zinn) negatives Resultat. Hefezusatz bewirkt vollständige Vergärung des Zuckers. (Niederstadt.)

4243. **Pondarine** soll das Eierlegen der Hühner fördern und aus einer Mischung von Calciumkarbonat und Eisenoxyd bestehen.

4244. **Porcon,** Schweinenährpulver der Firma „Nutricia" in Berlin: Marke I = 60% Kasein + 40% geröstete Cerealienfuttermehl. Marke II = 75% Kasein + 25% Futtermehl.

4245. **Porkin,** Schweinemastpulver einer Wiener Firma: Hafer- und Gerstenschrot je 20 + Süßholz und Enzian je 10 + 40 Natr. sulfur. sicc.

4246. **Portanglin** wird eine Reklametafel mit englischem Heftpflaster in verschiedenen Aufmachungen von der chemischen Fabrik Helfenberg A.-G. in Helfenberg genannt.

4247. **Poteline** des Ingenieur Potel in Paris besteht im wesentlichen aus Gelatine, Glyzerin und Tannin und wird je nach der Bestimmung mit Schwerspat oder Zinkweiß versetzt oder mit vegetabilischen Stoffen gefärbt.

4248. **Poudre Algérienne,** ein Kesselsteinmittel, ist präzipitierter schwefelsaurer Baryt (Permanentweiß). 500 g = *M.* 1,40. (Wittstein.)

4249. **Poudre Algérienne** von Serbat gegen Kesselsteinbildung ist ein graues Pulver, welches aus Sand, Stroh, Sägespänen, Haaren, schwefelsaurem Blei, Tonerdesilikat und sonstigen völlig unwirksamen Stoffen besteht.

4250. **Poudre** von Delsaut ist ein Putzpulver für Silberzeug, welches aus Kreide, Weinstein und Quecksilber besteht. (Hager.)

4251. **Poudre** von Rubis zum Schärfen der Rasiermesser, Putzen von Elfenbein, Horn, Metall, ist gepulverter Bimstein. 8 g = *M.* 0,80. (Wittstein.)

4252. **Poudre de Bifteck Adrian** ist ein aus reinem französischen Ochsenfleisch hergestelltes Präparat. Zu beziehen aus Paris, 11 rue de la Perle.

4253. **Poudre de lentilles Adrian** ist aus Linsen hergestellt, die vorher mit Dampf gekocht wurden. Zu beziehen aus Paris, 11 rue de la Perle.

4254. **Poudre de viande Adrian** wird aus reinem amerikanischen Ochsenfleisch gewonnen. Zu beziehen aus Paris, 11 rue de la Perle.

4255. **Poudre italienne** von J. Lazare in Paris, ein Kesselsteinmittel, ist gemahlener Schwerspat. 1 kg = *M.* 2,80. (Hager.)

4256. **Poudre merveilleuse** von Vivier besteht aus 48 T. Jod, 8 T. Arsenik, 8 T. Brechweinstein und 1 T. Phosphor. (Bürchner.)

4257. **Poudre Vaspail,** Mittel gegen die Vegetation der Kleeseide, besteht aus 90% Sand, 5% Soda und 5% Gerbloheabfällen und Steinkohlengrus. 10 kg = *M.* 20. (Nobbe.)

4258. **Poudre Verrier,** ein Weinklärmittel, ist getrocknetes und zerriebenes Tierblut. (Neubauer.)

4259. **Präservierungssalz** von Gebr. Gause ist ein etwas feuchtes, krümliches, weißes, sauer reagierendes Salzgemenge, in 100 T. enthaltend 29,70 Borsäure, 37,80 Kaliumnitrat, 26,70 Natriumchlorid, 5,50 Wasser. (Polenske.)

4260. **Präservierungssalz** von R. Liesenthal in Köln, ist eine etwas feuchte, sauer reagierende Salzmasse, in 100 T. enthaltend 28,34 Borsäure, 9,58 Natriumchlorid, 57,35 Kaliumnitrat, 4,50 Wasser (Polenske.)

4261. **Präservierungssalz** von R. Liesenthal in Köln, nicht rötend, ist ein geruchloses, alkalisch reagierendes Salzgemenge, in 100 T. enthaltend 48,40 Borax mit 39% Kristallwasser, 3,44 Natriumchlorid, 9,10 Natriumbikarbonat. (Polenske.)

4262. **Precalit** ist Wasserglas und dient zur Seifenfüllung.

4263. **Preservaline** von L. Ziffer in Berlin, zum Bestreichen des Fleisches, Schutz gegen Springmaden, ist eine Flüssigkeit, enthaltend im Liter 206,7 Natriumchlorid, $185,_0$ Natriumsulfit und Natriumbisulfit, 14,2 Natriumsulfat und Spuren von Eisenchlorid (und Benzoesäure?). 1 Rotweinflasche voll = *M.* 1. (Polenske.)

4264. **Preservebutter** von Albert Schay & Co., Grünau b. Berlin, ist Margarine. 50 kg = *M.* 81. (Jacobsen.)

4265. **Prodigiosin,** ein Färbemittel, wird vom Bacillus prodigiosus erzeugt.

4266. **Prodromos,** ein zum Bestreichen von Backwaren empfohlener Eierersatz, enthält nach R. Sendtner keine Bestandteile des Eis, besteht im wesentlichen vielmehr aus gelb gefärbter Kartoffelstärke. (Ztschr f. Unters. d. Nahrungsm.)

4267. **Produkt, metallisches,** der Comp. anonyme in Villeneuve, als Kesselsteinverhinderungsmittel in den Handel gebracht, ist gepulverte Kreide. 100 kg = *M.* 195.

4268. **Proteinnahrungsmittel** in Gestalt von Graupen, Gries und Pulver nach Klencke, dargestellt von Dr. Franz Sautern in Ravelsberg, bestehen fast ausschließlich aus Stärkemehl. (Hager.)

4269. **Protole** sind den terpentinfreien, konzentrierten Ölen ähnliche ätherische Öle.

4270. **Pudi de Paris** ist ein von Flechtners Laboratorium in Dresden angepriesenes Antiseptikum, eine weiche in Tuben befindliche Salbe und enthält als wirksame Bestandteile Borsäure und Salizylsäure. Preis einer Tube *M.* 2. Die Vorschrift zu einem dem Pudi analogen Präparat dürfte nach den Ergebnissen der Analyse etwa folgende sein: Borsäure 5%, Salizylsäure 2%, Kakaobutter 10%, Paraffinsalbe 83%. (Aufrecht.)

4271. **Puffi,** ein Mittel gegen Kopfläuse, soll eine grün gefärbte Mischung aus Amylazetat und Petroleum sein. (Untersuchungsamt Altona.)

4272. **Pullicin** gegen Ungeziefer enthält Naphthalin mit Blüten und Blättern einer Menthaart neben geringen Mengen von Tonerde und Phosphaten.

4273. **Pulver gegen Schaben, Motten und Mücken** von Ries-Guttmann ist ein Gemisch von Insektenpulver mit grob gestoßenem Borax.

4274. **Pulver** von Bickford & Spooner ist nitrierter Hanf.

4275. **Pulver** von Coopal ist Nitrolignin und Nitrozellulose, wahrscheinlich aus Hanf oder Leinabfall hergestellt.

4276. **Pulver** von Designolle ist eine Mischung entweder aus gleichen Teilen Kalisalpeter und pikrinsaurem Kalium oder aus 45% des ersteren und 55% des anderen Körpers.

4277. **Pulver** von Erhardt wird hergestellt für Bomben aus gleichen Teilen chlorsaurem Kalium und Akazien-Tannin, für Artilleriewaffen aus denselben Bestandteilen und Salpeter in gleichen Mengen, zum Sprengen im Bergbau aus 4 T. Holzkohle, 2 T. Tannin, 1 T. Salpeter und 1 T. chlorsaurem Kalium.

4278. **Pulver** von Hahn ist zusammengesetzt aus 367 T. chlorsaurem Kalium, 168 T. Schwefelantimon, 18 T. Kohle und 46 T. Walrat.

4279. **Pulver** von Hasenegger ist eine Abart von Weißpulver.

4280. **Pulver** von Himly ist zusammengesetzt aus einem Gemenge von 1 T. Pech oder festem Kohlenwasserstoff, 3 T. Kalisalpeter und 4 T. chlorsaurem Kalium, welches mit Benzin gemischt, dann gepreßt, getrocknet und gekörnt wird.

4281. **Pulver** von Kellow & Short ist eine Mischung aus chlorsaurem Kalium und Kali- und Natronsalpeter, Schwefel und Sägespänen.

4282. **Pulver** von Knaffe ist zusammengesetzt aus 46 T. chlorsaurem Kalium, 26 T. Salpeter, 25 T. Schwefel und 10 T. ulminsaurem Ammoniak.

4283. **Pulver** von Lannoy, **Lithofracteur,** in Belgien hergestellt, ist ein Gemenge von Schwefel, Natronsalpeter und nitrierter Kleie.

4284. **Pulver** von Nisser ist eine Mischung von 45—60 T. chlorsaurem Kalium mit 40—55 T. Weinstein und einer geringen Menge gelben Blutlaugensalzes.

4285. **Pulver** von Sharp & Smith enthält chlorsaures Kalium, Salpeter, Schwefel, Weinstein und gelbes Blutlaugensalz.

4286. **Pulver** von Spencer enthält neben 40—60% chlorsaurem Kalium wesentlich Steinkohlenpulver, doppeltkohlensaures Natrium, Sägespäne, Holzkohle und Salpeter.

4287. **Pulver** von Weber besteht aus chlorsaurem Kalium mit Kohle, Öl und Pyroxylin.

4288. **Pulverine** von Appert, ein Weinschönungsmittel, ist gepulverter Leim. 500 g = *M.* 4. (Weidenbusch.)

4289. **Puratylen** soll zum raschen Reinigen des Azetylengases dienen und besteht aus porösen Stücken von Chlorkalk. (Untersuchungsamt Ulm.)

4290. **Puregg** ist ein aus frischen Eiern hergestelltes Produkt. Die Eischalen werden entfernt und der Eiinhalt entwässert, das Eiweiß verbleibt mit dem Dotter vermischt zurück. Der Nährwert und das Aroma der frischen Eier ist erhalten. Die Analyse ergab folgende Werte: Wasser 7,42%, Asche 3,56%, Eiweiß 46,38% Fett 35,60%.

4291. **Purganin,** ein Reinigungsmittel, ist eine Mischung von 14 prozentiger Natronlauge mit einer etwa 3prozentigen Lösung von Natriumhypochlorit. Ein anderes Reinigungsmittel war ammoniakalische Seifenlösung. (Hanow.)

4292. **Purin,** Fleckenwasser von Berndt & Co. in Berlin, ist das Produkt der Destillation aus Kampheröl mit Natronlauge und Alkohol.

4293. **Purinextrakt** von Berndt & Co. in Berlin ist der bei der Purinfabrikation verbleibende Rückstand und enthält mithin die Harzsubstanzen des Kampheröls in verseifter Form nebst freiem Alkali, sowie die schwerer siedenden Anteile des Kampheröls.

4294. **Purine,** Metallputzpomade von Berndt & Co. in Berlin, besteht aus den mit Englisch Rot und vermutlich Braunkohlenasche oder anderen geeigneten Zusätzen zu einer Pasta verarbeiteten Rückständen der Purinfabrikation.

4295. **Purofine,** ein amerikanisches, flüssiges Konservierungsmittel, soll eine 30prozentige, durch Eisen, Aluminium u. dgl. verunreinigte Chlorcalciumlösung sein.

4296. **Purolit,** ein Mittel zur Reinigung von Bierpressionen, besteht aus gepulvertem Ätznatron. (H. Kreis.)

4297. **Putzpulver, Pariser,** für Silberwaren, von rosa Farbe, ist eine innige Mischung von 6 T. kohlensaurer Magnesia und 1 T. Eisenoxyd (Polierrot.) (Th. Wegler.)

4298. **Putzpulver** von A. Viedt in Braunschweig ist fein abgesiebte Bogheadkohlenasche.

4299. **Putzstein** enthält 65% Kieselguhr und 35% Stearin. (Schweißinger.)

4300. **Putztücher.** 1. Metallputz: Rote Baumwolltücher. Ätherextrakt 0,75%, Asche 3,33%. Die Asche enthielt ein eisenhaltiges Poliermittel, mutmaßlich Haematit. Diese Tücher wirken also etwa in gleicher Weise wie die roten Lederlappen, welche Juweliere zum letzten Abputzen bereits blanker Gegenstände benutzen. — 2. Schuhputz: Gelbe Tücher. Alkohol-Ätherextrakt = 8%. Dieses Extrakt besteht aus einer Mischung von Ceresin mit Wachs und gelbem Farbstoff. Die Mischung ist in Form einer Terpentinauflösung den Tüchern einverleibt worden. Ein Tuch enthält etwa 2 g der Mischung. — 3. Möbelputz: Olivenfarbige Tücher. Enthalten etwa 10% Alkohol-Ätherextrakt, welches gleichfalls aus einer Ceresin-Waschmischung besteht. Ein Tuch enthält etwa 3 g der Mischung. (Breslauer Unters.-Amt.)

4301. **Pyraspys,** als eine feuersichere Holzanstrichfarbe angepriesen, bestand aus einer Auflösung von schwefelsaurem Ammoniak, Chlorammonium, schwefelsaurem Natrium und Chlorcalcium. (Unters.-Amt Ulm.)

4302. **Pyrethrumseife** von J o h a n n Z a c h e r l jun. in Unter-Döbling bei Wien ist eine Seife, welcher außer etwas Insektenpulver noch das Weichharz der Pyrethrumpflanze beigemischt ist.

4303. **Pyroextinctor** von R o m m e l besteht aus einer konzentrierten Lösung von Chlorcalcium. (C. Z u n d e l.)

4304. **Pyronone,** ein Sprengmittel, besteht aus 53% Natronsalpeter, 20% Schwefel und 27% Gerberlohe.

4305. **Pyropapier** besteht aus nitriertem ungeleimtem Baumwollen- oder Leinenpapier.

4306. **Pyxol,** ein Antiseptikum, besteht aus 3 T. Holzteer, 1 T. Seife und 3 T. einer 10prozentigen Sodalösung.

4307. **Quillajahaltige Seife** zum Reinigen feiner Stoffe wird nach D. R.-P. von H. B l o c h in Kopenhagen dargestellt, indem Quillajarinde mit destilliertem Wasser mazeriert, der Rückstand unter Dampfdruck mit siedendem Wasser bez. mit hochgespannten Dämpfen behandelt wird, dann die vereinigten Auszüge eingeengt, mit Ätzkali, oder Ätznatron verseift und endlich mit einer Kali- oder Natronseife gemischt werden.

4308. **Quillajarine** soll gepulverte, mit 10% Berlinerblau vermischte Gallseife sein. Reinigungsmittel auch gegen Ungeziefer.

4309. **Racahout des Arabes** besteht aus Salep 15 T., Kakao 60 T., Siliqua dulcis 60 T., Kartoffelstärke 45 T., Reismehl 60 T., Zucker 250 T. und Vanille 1,5 T. (C h e v a l l i e r.)

4310. **Racahout des Arabes** von d e L a n g r e n i e r in Paris enthält 4 T. Kakaopulver, 20 T. Zuckerpulver, 8 T. Stärkemehl, ½ T. Salep, 1/16 T. Vanille. (L. A. B u c h n e r.)

4311 **Rackarock** ist rot gefärbtes chlorsaures Kalium in Patronen, welche bei der Anwendung in Nitrobenzol eingetaucht werden, bis die Gewichtszunahme 33% beträgt.

4312. **Rackarock special** ist derselbe Körper, nur mit dem Unterschiede, daß das Nitrobenzol 12—16% Pikrinsäure enthält.

4313. **Radiertinte** von Adolf Renz ist eine gelbliche Flüssigkeit, eine filtrierte Lösung von Chlorkalk in 2 T. Wasser darstellend. 35 ccm = *M.* 0,75. (F. Fischer.)

4314. **Raettigs Mast- und Freßpulver** von Raettig & Co. in Wesenberg: 40% Natr. bicarbon., 5% Spießglanz, Rad. Liquir. und Gentian. pulv.

4315. **Ragi** ist eine aus Reisstroh gewonnene Hefe, welche Saccharomyces Vordermanni und Monilia javanica enthält; es dient zur Bereitung des Java-Araks.

4316. **Rahnin** zur Erhöhung der Leuchtkraft des Petroleums ist Naphthalin.

4317. **Ramogen** wird Biederts künstliches Rahmgemenge in haltbarer Form genannt. Fabrikant Apotheker Pizzula in Zwingenberg in Hessen.

4318. **Rapid,** ein Kesselsteinmittel, besteht aus in Blöcke geformter, durch organische Substanzen gefärbter Soda.

4319. **Rapoleïn,** ein bei der Rübölfabrikation gewonnenes Nebenprodukt, dient zur Herstellung von Schmierseifen.

4320. **Rasierschaum, chemischer,** der Rasierschaumfabrik in Dresden, ist 10prozentige alkoholische Kaliseifenlösung. 120 g = *M.* 1,50. (Geißler.)

4321. **Rathjensche Kompositionsfarbe,** eine wasserdichte Anstrichfarbe, zum Anstreichen von Hochreservoirs bestimmt, besteht aus 33 Gewichtsteilen Schellack, 41% fuselhaltigem Spiritus und 26% Eisenocker.

4322. **Räthit,** ein Kautschukersatzmittel, ist eine Mischung von vulkanisiertem Kautschuk mit Seidenfäden.

4323. **Rattengift** des Apoth. Kwizda in Korneuburg besteht aus 3 T. frischem Rindertalg und 1 T. grobgestoßenen Strychnossamen zu einer zylindrischen Stange von ca. 100 g Gewicht geformt. (Hager.)

4324. **Rattenpulver, giftfreies,** von Nissen, ist eine Mischung von 3 T. Roggenmehl mit 1 T. Gips. (A. Athenstaedt.)

4325. **Rattentod** von H. Immisch in Delitzsch ist ein Meerzwiebelpräparat.

4326. **Rattentod** von Inwyler in Glarus enthält neben Fett und Mehl Meerzwiebeln. (G. Ambühl.)

4327. **Räucherpastillen** von Rüssig zur Tötung der Insekten, bestehen aus Schwefel, Kohle, Salpeter, Kolophon und Kleister.

4328. **Real australian Meat Preserve** von Delvendahl & Küntzel in Berlin ist eine gelblich gefärbte Flüssigkeit von 1,0799 spez. Gew. bei 10° und enthält im Liter 20,7 Calciumoxyd, $100{,}_0$ schweflige Säure, außerdem Spuren von Schwefelsäure, Eisenoxyd, Tonerde. (P o l e n s k e.)

4329. **Real australian Meat Preserve** von H. R e i c h in Magdeburg ist wesentlich Calciumbisulfitlösung; Vorsicht bsi der Anwendung ist nach einem Bericht des Hamburger Staatslaboratoriums wegen einer dadurch bewirkten Vergiftung geboten.

4330. **Real australian Meat Preserve** von F r a n z H e l l w i g in Berlin ist eine fast farblose, klare, stark nach schwefliger Säure riechende Flüssigkeit vom spec. Gew. 1,0344 bei 19_0, im Liter enthaltend 9,5 T. Calciumoxyd, 36,32 schweflige Säure, $3,_0$ Schwefelsäure, 0,6 Eisenoxyd und Tonerde, 0,4 Kieselsäure, 1,3 Magnesia und Alkalien. (P o l e n s k e.)

4331. **Real australian Meat Preserve** von O h r t m a n n hat ein spez. Gew. von 1,0467 bei 19^0 und enthält im Liter 11,1 Calciumoxyd, 61,76 schweflige Säure, außerdem Spuren von Schwefelsäure, Eisenoxyd, Tonerde u. dergl. (P o l e n s k e.)

4332. **Reblausmittel** von B o y r e a u besteht aus 3 T. phosphorsaurem Natrium, 1 T. phosphorsaurem Ammonium, 4 T. Salmiak, 3 T. schwefelsaurem Kalium, 5 T. Soda, 6 T. Schwefelblumen, 178 T. Eisenvitriol.

4333. **Reblausmittel** von G a r n i e r sind gepulverte Hochofenschlacken, welche durch den darin enthaltenen an der Luft sich oxydierenden Schwefelgehalt wirken sollen.

4334. **Reblausmittel,** P a p a s o g l i s, an den Wurzeln: 6 T. Nitrobenzol, 10 T. Schwefelsäure und 180 T. Wasser; am Stamm, um die Eier zu töten: $15,_0$ Nitrobenzol, 1 kg Kalk und 4 kg Erde.

4335. **Reblaustod** aus Breslau von Dir. Dr. T h. W e r n e r besteht aus 98% Wasser und 2% Schwefelsäure. (Landw. Labor. Rütli bei Bern.)

4336. **Red Twill** ist eine Art Ölleinewand.

4337. **Reinigungsmittel** von J. B o w i n g ist eine feste oder teigige Masse, welche durch Versetzen von gelöschtem Kalk mit Soda oder Ätznatron und Wasserglas erhalten wird.

4338. **Reinigungsmittel für die Nägel,** vor dem Nagelglanz anzuwenden, bestand aus einer Lösung von Zitronensäure, untermischt mit kleinen Mengen Sprit. (Unters.-Amt Ulm.)

4339. **Remarcol** wird ein Weinkonservierungsmittel genannt, welches in der Hauptsache aus Fluornatrium besteht.

4340. **Resil** ist ein grobes, sich fettig anfühlendes Pulver, welches mit Amylazetat befeuchtet sein soll und zur Verhinderung der Staubbildung in geschlossenen Räumen als Kehrmittel Anwendung findet.

4341. **Revalenta Arabica** oder **La Revalescière** von D u B a r r y. Die Analyse gab zu verschiedenen Zeiten verschiedene Resultate. Sie wurde befunden als 1. das Pulver der Saubohnen (W i n c k -

l e r); — 2. das Mehl der hellsamigen Futterwicke (S c h n i t z - l e i n); — 3. Bohnenmehl, gemischt mit dem Mehl junger Erbsen und der in Frankreich heimischen roten Bohne, durch eine gelinde Röstung schwach chamoisfarben gemacht und mit ca. 3% Kochsalz versetzt (H a g e r); — 4. ein Gemisch aus 10 T. Mehl der roten Linsen, 5 T. Gerstenmehl und 1 T. Kochsalz oder aus 10 T. Erbsenmehl, 5 T. Maismehl, 1 T. Kochsalz (R e v e i l); — 5. ein Gemisch aus Erbsen-, Linsen-, Bohnen- und Reismehl mit 5% Kochsalz, 1% Natriumbikarbonat, 2% Zucker. 500 g = *M.* 3,50. (H a g e r.)

4342. **Richterol,** ein Mittel zur Verhütung von Benzinexplosionen, besteht aus ölsaurer Magnesia. Fabrikant: G e o r g P o r g e s in Hamburg.

4343. **Richters chemisches Kraftmehl** für Schweine von B e i e r & C o. in Frankfurt a.M.: 15% Futterkalk, 30% Glaubersalz, 10% Natrium bicarbon., Umbelliferensamen, Eibischwurzel und andere Pflanzenpulver.

4344. **Ricinutum** ist ein als Schmiermittel gebrauchtes oxydiertes Öl.

4345. **Rimmels desinfizierende Flüssigkeit** soll bestehen aus 20 T. Rosmarinöl, 5 T. Lavendelöl, 5 T. Tymianöl und 2 T. Salpetersäure. Es soll in Krankenzimmern zur Verdunstung gebracht werden.

4346. **Rixolin** von Reisberger in München, angeblich künstliches Terpentinöl, soll ein Gemisch von Petroleum mit Kampheröl sein.

4347. **Robigin,** ein Mittel zur Entfernung von Rostflecken aus Wäsche besteht aus 4 Oxalsäure, 16 Salzsäure und 80 Wasser.

4348. **Robin-Zwieback** enthält Milcheiweiß und wird als Kraftnahrung empfohlen.

4349. **Rodinal,** ein photographischer Entwickler, ist eine Lösung von Paramidophenolchlorhydrat.

4350. **Roseïn** ist eine Legierung von Nickel, Silber, Aluminium und Zinn.

4351. **Roseline,** Fleischkouleur von L. H. R o s e in Hamburg-Uhlenhorst, besteht aus 25,0 rotem Karminlack, 20,0 krist. Borsäure und 850,0 Wasser. Preis *M.* 3. (P o l e n s k e.)

4352. **Rostfleckzerstörer,** F r ü h a u f s, von O t t o R i c h t e r & C o., besteht aus Oxalsäure und oxalsaurem Kalium in Stangenform, mit Anilin schwach rosa gefärbt, mit Stanniol umhüllt und in rotes Papier gewickelt. (Q u o n z e l.)

4353. **Rostschutzmittel** von B e c h e r t wird aus Kautschuk und den aus Braunkohlen, Torf und anderen bituminösen Stoffen erhaltenen Rohölen, die nochmals destilliert werden, hergestellt; die dicke Masse wird dann mit Vulkanöl bearbeitet, und so eine klare fadenziehende Flüssigkeit erhalten, welche auf die Metallplatten mittelst Flanells aufgerieben wird.

4354. **Rotterin,** ein Antiseptikum nach Stabsarzt Dr. R o t t e r, besteht aus 6 T. sulfokarbolsaurem Zink, 6 T. Chlorzink, 4 T. Borsäure, 1 T. Salizylsäure, 0,1 T. Zitronensäure und 0,1 Thymol.

4355. **Rotweinfarbe zu Medoc,** giftfrei, von Schimmel & Co. in Leipzig, ist eine Persikotinktur. (Medicus.)

4356. **Rotweinfarbe** von Delvendahl & Küntzel in Berlin enthält im wesentlichen rosanilinsulfosaures Natrium. (Polenske.)

4357. **Rubrolin-Dauerwurstsalz.** In 100 g wurden gefunden: 53,5 g Salmiak und 45,2 Salpeter.

4358. **Rumfaçon** von Delvendahl & Küntzel in Berlin ist eine rötlich braune, sauer reagierende, nach Rumäther riechende alkoholische Flüssigkeit von 0,906 spez. Gew. bei 15°, im Liter enthaltend 0,12 Ameisensäureäthyläther, 10,35 Extrakt, bestehend aus 5,88 Traubenzucker, 1,74 Rohrzucker und 0,106 eisenreiche Asche. Der Alkoholgehalt betrug 64,54 Volumprozente mit kaum nachweisbarem Gehalt an Fuselöl. (Polenske.)

4359. **Rust preventive Composition** von Jones & Co. in Sheffield, Schutzmittel gegen Rost, ist eine Komposition aus Wachs, Fett, Terpentin und geringen Mengen von Eisenoxyd.

4360. **Rypophogonseife** besteht aus gleichen Teilen feiner weißer Seife und gelber Harzseife mit Anis- und Zitronellaöl parfümiert.

4361. **Sacarbolate,** eine blaßrote, dickflüssige Ware, dient zum Desinfizieren und Reinigen von Eisenbahn- und Straßenbahnwagen. Sie besteht (Zeitschr. f. Zollw. u. Reichsst.) aus einer Emulsion von Wasser, Seife und Teerölen, ist also ähnlich dem Kreolin zusammengesetzt.

4362. **Saghalin, Glyzerinseifenpulver, japanesisches Waschpulver** von Heinsius & Co. in Stuttgart, enthält 12 T. Seife, 66 T. kalzinierte Soda, 15 T. kieselsaures Natrium, etwas Ultramarinblau. 125 g = *M.* 0,25. (Hager.)

4363. **Saladinkaffee** von C. P. Schwing in Barmen ist ein patentiertes Kaffeesurrogat, in der Weise bereitet, daß Mais 4—5 Tage lang warmen Dämpfen von ca. 60° ausgesetzt wird, dann bei beginnender Keimung getrocknet und schließlich geröstet wird.

4364. **Salubrine,** ein Desinfektionsmittel, besteht aus Tafeln von rohem Naphthalin, die mit etwas Nitrobenzol parfümiert sind. (Schaffer.)

4365. **Salubrine** von Ch. Perrot in Genf, Konservierungsmittel, existiert in 3 Arten: I. **Salubrine culinaire** für Nahrungsmittel im allgemeinen, bestehend aus 58,40% Salizylsäure, 40,70% Kochsalz, 0,90% Feuchtigkeit. II. **Salubrine Oenosote** für Wein, Bier, Cider und alle gegorenen Getränke enthält 80,20% Salizylsäure, 18,70% Weinstein, 1,10% Feuchtigkeit. III. **Salubrine Saccharosote** für alle zuckerhaltigen Flüssigkeiten ist zusammengesetzt aus 69,8% Salizylsäure, 28,10% Weinstein, 2,1% Feuchtigkeit. 1 kg = *M.* 64 (80 Frcs.). (Schädler.)

4366. **Salvatose,** ein französisches Nährmittel, enthält wahrscheinlich nur Fleischpulver.

4367. **Salz, neues, für Gerber,** ist Chlorbaryum.

4368. **Sana** ist ein der Margarine ähnlicher Butterersatz, bei welchem die Verbutterung der geeigneten Fette aber nicht durch Milch, sondern durch Mandelmilch geschieht. Fabrikant: Sanagesellschaft in Cleve.

4369. **Sanitas,** ein englisches Antiseptikum, soll Terpentinöl und Wasserstoffsuperoxyd enthaltendes Wasser sein; dasselbe wird hergestellt, indem man Luft durch ein Gemisch von Wasser und Terpentinöl leitet.

4370. **Sanol,** ein Antiseptikum, soll eine Mischung von Fichtenextrakt mit Formaldehyd sein.

4371. **Sansa,** ein Fälschungsmittel für gemahlenen Pfeffer, besteht nach Haupt aus gemahlenen Olivenkernen.

4372. **Sapal** ist ein fester Seifenspiritus zur Händedesinfektion für chirurgische Zwecke. Fabrikant: Fabrik chemischer Produkte von Arthur Wolff jr. in Breslau.

4373. **Saparaform (Paraformseife)** erhält man nach Beyssen durch Auflösen von 3 oder 5% Paraform in flüssiger Kaliseife. Paraform löst sich in beträchtlicher Menge in der Seife auf, dem Anschein nach chemisch gebunden (Aldehydharz?). Diese Paraformseife, die beim Verdünnen reichlich Formaldehyd abspaltet, aromatisiert man am besten durch Zusatz von 10—15 g Melissenöl auf 1 kg. Die filtrierte Paraformseifenlösung ist klar und schäumt in wässeriger Verdünnung stark.

4374. **Sapocarbol** der chemischen Fabrik Eisenbüttel ist eine Auflösung von Seife in phenolhaltigen Teerölen.

4375. **Sapocetis** sind aus Walrat nach einem angeblich besonderen Verfahren von Guerlin in Paris hergestellte Seifen.

4376. **Sapoform** ist eine als Desinfiziens empfohlene Formaldehydseifenlösung amerikanischer Herkunft.

4377. **Sapokresol** und **Sapokresolin,** zwei Desinfektionsmittel, werden von Apotheker Schuhmacher in Greetsich in den Handel gebracht. Das Sapokresol ist chemisch mit Lysol identisch. Das Sapokresolin wird als Ersatz für Kreolin empfohlen und gibt, wie dieses, mit Wasser eine weißliche, milchige, emulsionsartige Flüssigkeit.

4378. **Sapolyt** der Bleiweiß- und Lackfirnisfabrik, vorm. Maynz & Wolff in Offenbach a. M., ein Seifenverlängerungsmittel, besteht aus Wasserglas mit wenig Seife und großen Mengen Chlorkalium.

4379. **Saponal,** ein Waschmittel, besteht aus 24,4% Seife, 60% Kristallsoda und Wasser.

4380. **Saponia** ist eine Lösung von Kalieife in Alkohol, vermischt mit Boroglyzerin und Nitrobenzol.

4381. **Saponine conservatrice** von L a n n o y , zum Reinigen von Lederhandschuhen, besteht aus gleichen Teilen venezianischer Seife in Weingeist gelöst, filtriert, etwas Wasser zugesetzt und bis zur Dicke einer Salbe eingedampft. 50 g = *M.* 1,50. (W i t t s t e i n.)

4382. **Saponitin I,** Füllungsmittel für Seifen, ist eine trübe, etwas körnige, zähe Flüssigkeit von stark alkalischer Reaktion, bestehend aus 11% Natronwasserglas, 2% Chlorkalium und 7% einer viel Stärke enthaltenden organischen Substanz, vermutlich Kartoffelmehl. (H. S a l z m a n n.)

4383. **Saponitin II,** Füllungsmittel für Seifen, ist eine klare und farblose, wässerige Flüssigkeit von saurer Reaktion, bestehend aus einer wässerigen Lösung von 11% Chlorkalium und 4% Ammoniakalaun. (H. S a l z m a n n.)

4384. **Saponoleïn,** ein Waschmittel für Gewebe, ist eine in Kohlenwasserstoffen, Äther, Tetrachlorkohlenstoff oder Chloroform gelöste saure Kali- oder Natron-Ölseife.

4385. **Sapophenin** ist eine Benzinseife.

4386. **Saposilic** ist eine Seife, die 59% natürlich vorkommendes kristallisiertes Kieselsäureanhydrid, 10% Natronseife und außerdem gelbes Wachs, Lanolin, Borax sowie Stearinsäure enthält. Sie wurde von W e s t h o f f als Ersatz der Schleichschen Marmorstaubseife und zwar besonders zur Händedesinfektion empfohlen. Fabrikant: Chemische Werke H a n s a G. m. b. H. in Hemelingen.

4387. **Saprol** von Dr. N ö r d l i n g e r in Bockenheim, zum Desinfizieren von Abortgruben, ist ein Gemisch von rohen Kresolen, denen noch große Mengen Pyridinbasen beigemengt sind, mit Kohlenwasserstoffen, welche wahrscheinlich der Petroleumraffinerie entstammen.

4388. **Satinweiß,** ein bei der Papierfabrikation gebrauchtes Präparat, soll aus 70% Baryumsulfat und 30% Tonerdehydrat, nach anderen Angaben aus Magnesiumkarbonat und Tonerdehydrat, bestehen.

4389. **Savonit,** Marke N. S., Füllungsmittel für Natronseifen, ist ein hellgelbe, leicht getrübte, stark alkalisch reagierende dicke Flüssigkeit, welche 2,6% Chlorkalium, eine 2,6% Ätznatron entsprechende Menge von freiem und kohlensaurem Alkali und 10% Kartoffelmehl oder Stärke enthält. (H. S a l z m a n n.)

4390. **Savonit,** Marke K. S., Füllungsmittel für Kaliseifen, ist eine hellgelbe, leicht getrübte, stark alkalisch reagierende Flüssigkeit, welche 0,26% Chlorkalium, eine 1,5% Ätznatron entsprechende Menge von freiem und kohlensaurem Alkali und 8,5% Kartoffelmehl oder Stärke enthält. (H. S a l z m a n n.)

4391. **Scagliol** ist eine Mischung von hydraulischem Calciumsulfat und Kalkhydrat, dem noch Sand oder Knochenasche beigemengt ist; es dient in Tafelform als Baumaterial.

4392. **Schafwaschpulver** von Cooper enthält 21,86% Arsen, davon 16,75% als Arsentrisulfid, ein anderer Teil als arsenige Säure und Arsensäure, 16,43% an Natrium gebunden, 8,57% als in Alkohol lösliches Arsenpentasulfidschwefelkalium, und 58% freien Schwefel. (G. Heppe.)

4393. **Schießbaumwolle, gekörnte,** von Mackie, ist ein gekörntes Gemisch aus 63 T. gemahlener Schießbaumwolle, 32 T. Zucker und 5 T. Salpeter.

4394. **Schio liao, chinesischer Blutkitt,** besteht aus 3 T. frischem, durch Schlagen defibriniertem Schweineblut und 4 T. frisch gelöschtem Kalk nebst etwas Alaun.

4395. **Schlichte** von Ducancel & Fortin ist eine Mischung von 60 l Wasser mit 10 kg Stärkemehl und einer Lösung von 20 l Wasser in 3 kg kaustischem Natron bei gewöhnlicher Temperatur zusammengebracht und nachträglich durch Zusatz von 1 l Schwefelsäure mit 20 l Wasser neutralisiert.

4396. **Schmiermaterial, pulveriges,** von Drechsler, ist Graphitpulver mit Eiweiß oder einer albuminhaltigen Flüssigkeit zusammengeknetet, dann im Wasserbade bis zum Gerinnen des Eiweißes erwärmt, und bei 90° C. getrocknet, dann pulverisiert.

4397. **Schmiermittel** von R. Irvine in Royston besteht aus Petroleumrückständen, Talg und anderen animalischen Fetten, von dem anhängenden Wasser durch Erhitzen befreit und mit getrockneter Seife zu einer plastischen Masse zusammengeschmolzen.

4398. **Schmieröl** von Otto Hiller in Berlin ist eine Mischung von rohem Rüböl mit 5—10% Paraffinöl.

4399. **Schnellmastpulver „Rapid"** einer Hamburger Firma: 55 Futterknochenmehl + 13 Viehsalz + 20 Fleischmehl + 10 Fenchel und Gewürze + 2 Natrium bicarbon.

4400. **Schuppenpanzerfarbe** soll aus 20 T. Leinölfirnis und 80 T. gepulvertem Eisenglanz bestehen.

4401. **Schutzmittel, um die Explosionsgefahr des Petroleums zu beseitigen,** aus Amerika stammend, ist ein meistens kristallinisches Pulver, bestehend aus 24,60 T. krist. schwefelsaurer Tonerde, 16,56 T. Natriumbikarbonat, 58,81 T. krist. Natriumsulfat.

4402. **Schwefelpräparat** von L. H. Rose in Hamburg-Uhlenhorst zum Konservieren von Fleisch durch die beim Verbrennen entstehenden Dämpfe, besteht aus 4 cm breiten und 22 cm langen Streifen, welche mit je 30,0 Schwefel überzogen sind. 60 Stück = *M.* 3. (Polenske.)

4403. **Schweine-Schnellmastpulver** aus einer Drogenhandlung in Bautzen: doppeltkohlensaures Natrium, Schwefel, Drogen.

4404. **Schweiß- und Lötpulver** für Eisen und Stahl von L i c t a r besteht aus 100 T. Eisenfeile, 30 T. Borax, 5 T. Kopaivabalsam und 7,5 T. Salmiak geglüht und in ein feines Pulver verwandelt.

4405. **Schweißpulver für Stahl** von P a u l H e r z o g ist ein Gemenge von Borax, Salmiak, blausaurem Kalium und rostfreien Eisenfeilspänen.

4406. **Sculein** von A. W a s m u t h, Mittel gegen Ratten und Mäuse, enthält als wirksamen Bestandteil bittere Mandeln; nach neueren Mitteilungen besteht es zumeist aus zerriebenen Meerzwiebeln.

4407. **Secolin,** Lack- oder Trockenöl von J o h a n n e s F o r r e r in Mannheim, ist Siccatif und wird ebenso wie dieses dargestellt.

4408. **Securo** ist ein Fleischkonservierungsmittel. In 1 l wurden gefunden: 3,8 g Aluminiumoxyd und $8,_0$ g Essigsäure als essigsaure und basisch essigsaure Tonerde, $62,_0$ g Rohrzucker, 41,8 g Salpeter, 0,13 g Schwefelsäure, 0,8 g Kaliumoxyd, Spuren von Kalk und Magnesia.

4409. **Seeleim, Marine Glue** von J e f f e r y wird erhalten, indem man 1 kg Kautschuk in 50 l Schwefelkohlenstoff löst, ein gleiches Gewicht Schellack hinzufügt und unter Erwärmen die Masse gleichförmig macht. Statt des Schwefelkohlenstoffes kann man auch gereinigtes Steinkohlenteer anwenden und davon soviel, daß der Kitt flüssig wird.

4410. **Seesalz, künstliches,** ist eine Mischung von 800 T. Kochsalz, 200 T. Bittersalz, 40 T. Chlorcalcium, 2 T. Jodkalium und 1 T. Bromkalium.

4411. **The Seeths neues Hacksalz,** ein Fleischkonservierungsmittel, besteht nach M a t t h e s und M ü l l e r aus rund 20% Natriumbenzoat, 75% Natriumphosphat und 5% Aluminiumtartrat. Ferner waren Spuren Schwefelsäure nachzuweisen. (Ztschr. f. Unters. d. Nahrungsm. 1905, Nr. 9.)

4412. **Seewasser, künstliches,** ist eine Lösung von $1325,_0$ Kochsalz, $100,_0$ Magnesiumsulfat, $30,_0$ Kaliumsulfat und $150,_0$ Magnesiumchlorid in 50 Litern möglichst harten Brunnenwassers.

4413. **Seife, Aachener** zu Jod- und Brombädern. 5 kg beste Elainschmierseife wird im Wasserbade dünnflüssig gemacht, hierauf eine Lösung von $700,_0$ bester Schwefelleber, $500,_0$ Jodkalium, $300,_0$ Bromkalium und $120,_0$ reinem Eisenvitriol zugesetzt, das Ganze gut agitiert und wieder zur Dicke abgedampft. (H. K a h l e.)

4414. **Seife Admiral** ist eine stark aromatisierte, mit Kreide und einem Chromgelb versetzte Seife.

4415. **Seifenextrakt** von H u d s o n ist ein Gemisch von kristallisierter Soda mit wasserhaltiger Natriumseife und enthält trockene Seife 14,3%, wasserleeres Natronkarbonat 30% und Wasser 55%. (S k a l w e i t.)

4416. **Seifenextrakt** von Carol Weil & Co. in Frankfurt a. M. enthält 17,65% Wasser, 34,3% Soda, 39,3% Fettsäuren, 5,03% gebundenes Natron und 3,72% Glyzerin und Unreinigkeiten. Es ist also lediglich eine Mischung aus Seife und Soda.

4417. **Seifenmehl** von Dr. A. Grupe besteht aus gepulverter Seife mit einem erheblichen Zusatz von Soda und Wasserglas.

4418. **Seifenspiritus Vesta** ist ein mit Natronseife festgemachter Spiritus, der eine durchscheinende hellgraue, in trockenem Zustande schwach rötlichgelbe, weiche, butterartige Masse darstellt.

4419. **Seifen- und Waschpulver,** wie sie von vielen Firmen in den Handel gebracht werden, bestehen vorwiegend aus 35—40% Soda in Verbindung mit mehr oder weniger Seifenpulver. Manche haben einen Gehalt von 2—5% Wasserglas. Manche sind mit Irispulver, andere mit Mirbanöl parfümiert.

4420. **Selbstschutz,** Reagens für jedermann zur Prüfung des Wassers für den Trinkgebrauch, von Apoth. Richard Otto in Quedlinburg, ist eine schwach spirituöse, etwa 25 prozentige Tanninlösung. 12 ccm = *M.* 0,40.

4421. **Sel de Paris** oder **Thyme rouge** wird ein Fleischkonservierungsmittel französischer Herkunft genannt, welches nach van der Pluijm aus rotgefärbtem Zinksulfat mit 1% Thymol besteht.

4422. **Selenigen,** ein Kesselsteinmittel, ist eine 33 prozentige Lösung von gleichen Teilen Soda und Melasse.

4423. **Semeline,** ein Lederkonservierungsmittel, ist eine Mischung aus etwa 88% Leinöl und 12% Vaselinöl, die mit Mirbanöl parfümiert ist.

4424. **Sentigowasser** ist eine aromatisierte Auflösung von Soda, Kochsalz und Glaubersalz, mit einem Trockensubstanzgehalt von 7,8%. (Boythion.)

4425. **Serpentina** war ein Gemisch von Kreide mit ammoniakalischer Silberlösung und Natriumthiosulfat. (A. Reinsch.)

4426. **Serum dépiquant.** Unter diesem Namen wird ein Präparat im Weinhandel empfohlen, durch welches saure Weine in süße verwandelt werden können. Dasselbe soll weiter nichts als gewöhnliche Pottasche sein.

4427. **Servator,** Spezial-Milch- und Butterkonservesalz, enthält 80,3% kristallisierte Borsäure, 10,7% Chlornatrium und 0,5% Benzoesäure. (Arb. a. d. Kaiserl. Gesundheitsamte 1904, XX, Heft 3.)

4428. **Serviette magique,** Putzlappen für blindgewordene Metallgegenstände, besteht aus rosa gefärbtem Kaliko, welcher mit einer Mischung aus 5 T. Seife, 3 T. Tripel und 25 T. Alkohol getränkt ist.

4429. **Seul véritable Extrait de Malt français de Déjardin** ist ein von E. Déjardin in Paris hergestelltes Malzbier, welches wahrscheinlich unter Verwendung von Farbsirup und glyzerinphosphorsaurem Kalk hergestellt ist. Der Geschmack deutet ferner auf die Möglichkeit eines Zusatzes von Hopfensurrogaten (vermutlich Pomeranzenessenz) hin. (Aufrecht.)

4430. **Sêve de Medoc** ist ein spirituöser Auszug stark gerbstoffhaltiger Drogen, mit höchster Wahrscheinlichkeit Katechu, parfümiert durch verschiedene ätherische Öle, Ätherarten und Iris florentina.

4431. **Sicherheitsbenzin** wird eine Mischung von 1 Raumteil Benzin und 2 Raumteilen Kohlenstofftetrachlorid genannt.

4432. **Sicherheitssprengstoff** von Köppel besteht aus chlorsaurem Kalium neben Kali- und Natronsalpeter und Schwefel.

4433. **Siderosthen-Lubrose,** ein Anstrichmittel, welches als vorzügliches Schutzmittel des Eisens gegen Rost, aber auch als inwendiger Anstrich gemauerter und abgeputzter Wasserbassins empfohlen wird, erwies sich als eine Auflösung von ca. 70 T. Steinkohlenteer in ca. 30 T. Leichtöl. Der Aschengehalt betrug rund 4%, die Asche bestand im wesentlichen aus Ton. Es ist vorauszusehen, daß ein solches Präparat die Eigenschaften eines Teeranstriches haben wird, welcher für die genannten Zwecke allerdings erprobt ist. (Breslauer Unters.-Amt.)

4434. **Silesit** ist ein in Österreich patentierter Sprengstoff aus 60 T. chlorsaurem Kalium, 10 T. Fünffach-Schwefelantimon und 30 T. Zucker.

4435. **Simmenthaler Schnellmastpulver** von Josias enthält 9,13 Protein, davon 5,67% verdaulich, und 7,53% Fett.

4436. **Sinapol** nennt die Firma Gebrüder Born, G. m. b. H. in Erfurt, fettes Senföl, welches als Ersatz für Olivenöl zu pharmazeutischen und kosmetischen Zwecken empfohlen wird.

4437. **Siloxikon.** Durch teilweise Reduktion von Kieselsäure im elektrischen Ofen hat Acheron einen Körper hergestellt, der aus Kohle, Silicium und Sauerstoff besteht, sehr feuerbeständig ist und von Säuren mit Einschluß von Flußsäure und alkalischen Lösungen nicht angegriffen wird. Durch Schmelzen oder Anwendung kohlenstoffhaltiger Bindemittel sollen aus ihm feuerfeste Körper und Geräte hergestellt werden, welche die aus Ton oder Ton und Graphit fabrizierten übertreffen, da sie unter den Gasen nicht zu leiden haben.

4438. **Sinodor** zur Beseitigung des Schweißgeruchs der Achselhöhlen und der Füße, ist ein dicker Brei aus 20% Magnesiumazetatlösung mit 4% gebrannter Magnesia. (Kubel.)

4439. **Sinoleum** von Franz Bauer in Strasburg-Neudorf i. E., ein Mittel, um den Geschmack des Weines zu verbessern, ist eine Mischung von Olivenöl und Holzkohlenpulver. 1 kg = *M.* 12. (Karlsr. Ortsges.-Rat.)

4440. **Sintenis-Mocca-Sacca-Kaffee** wird durch Rösten eines Gemenges von Gerste und Maté gewonnen. (W. Hildwein.)

4441. **Slavonisches Pulver** erwies sich als eine Mischung von Messingpulver mit Leguminosenstärke. Zu welchem Zweck diese Mischung hergestellt war, konnte nicht ermittelt werden.

4442. **Smaragdöl** ist ein dickliches, braun gefärbtes Schmieröl; es wird in der Kälte nicht fest und enthält kein fettes Öl. (Bayr. Ind.- u. Gew.-Bl.)

4443. **Soapine** ist eine Ölsäureseife mit einem starken Überschuß von freiem Alkali.

4444. **Sode de Taxe,** Entsäuerungsmittel, enthält Calciumkarbonat 47,75%, Magnesia 5,80%, Kaliumkarbonat 19,64%, Natriumkarbonat 2,24%, Eisenoxyd 0,70%, Sand und Ton 0,71%. Wasser und organische Substanz 24,80% mit Spuren von Schwefelsäure, Chlor und Phosphorsäure.

4445. **Solant,** ein von einer Breslauer Handlung verkauftes Mittel gegen Kesselstein, ist ungereinigte kalzinierte Soda. 50 kg = *M.* 84.

4446. **Solfing,** ein italienisches Universalmittel zur Bekämpfung von Oidium und Peronospora, ist der Hauptsache nach ein Gemisch von Schwefel mit gebranntem dolomitischem Kalk und etwas Teersubstanz. (Hanusch.)

4447. **Solphinol** findet in Frankreich als Antiseptikum Anwendung und soll ein Gemisch von Borax, Borsäure und schwefelsauren Alkalien sein.

4448. **Solvent** gegen Kesselstein, von A. Stahl in Köln, ist kalzinierte Soda mit etwas Rotholz gefärbt. 50 kg = *M.* 75.

4449. **Sozolith,** konzentriertes Fleischpräservesalz von Fr. M. Schultz in Berlin, enthält in Prozenten 37,27 Natriumsulfat, 21 Natriumoxyd, 39,68 schweflige Säure, 2,05 Wasser. (Polenske.)

4450. **Sparkol** von Theod. Helges in Mannheim, soll die Verbrennung beschleunigen und die Kohlen etc. besser ausnutzen lassen. Es besteht nach der Bad. Prüfungsanstalt in Karlsruhe aus: Kochsalz 58,1%, schwefelsaures Natrium 15,5%, Soda 0,6%, lösliche Eisen- und Kalkverbindungen als Sulfate gerechnet 4,7%, unlösliches Eisenoxyd, Gips, kohlensaurer Kalk 17,7%, Wasser 3,4%. Beim Gebrauch des Mittels Sparkol wird die Flamme der brennenden Kohlen infolge der Verflüchtigung der Natriumsalze glänzend gelb gefärbt. Dadurch erscheint die Verbrennung lebhafter als sie in Wirklichkeit ist. Eine Steigerung des Verbrennungsprozesses oder eine Erhöhung des Nutzeffektes wird durch das Mittel nicht erzielt.

4451. **Speisenpulver,** Dr. Gölis', ist ein Gemisch von 80% Natriumbikarbonat, 12% Kaliumbitartrat, 1% Chlornatrium, 0,1% Chlorammonium und 6,1% Calciumkarbonat. (Jahresber. d. Breslauer Untersuchungsamtes.)

4452. **Spencemetall** läßt sich herstellen durch Einrühren von 2 T. fein gepulvertem Schwefelkies in 1 T. geschmolzenen Schwefel. (M. Glasenapp.)

4453. **Sprengpatronen** von Dr. Kosmann in Breslau sind mit Schwefelsäure und Zinkstaub gefüllt.

4454. **Sprengpulver** von Brain enthält chlorsaures Kalium und Salpeter, Holzkohle und Sägespäne aus Eichenholz zusammen 6 T., auf 4 T. Nitroglyzerin.

4455. **Sprengpulver** von Prof. Himly in Kiel besteht aus Salpeter, Kaliumchlorat und Hartpech, mit Benzin zur innigen Mischung gebracht.

4456. **Sprengpulver** von Proudhomme besteht aus 60 T. Salpeter, 15 T. Gerberlohe, 5 T. schwefelsaurem Natrium, 15 T. Schwefel, 5 T. Kohle und Harz.

4457. **Sprengpulver** von Schulze ist Schulzes Weißpulver mit Holzkohle oder Zucker.

4458. **Sprengstoff** von Borlinetto besteht aus 10 T. Pikrinsäure, 10 T. Natriumnitrat und 8,5 T. Kaliumchromat.

4459. **Sprengstoff** von Bruyère in Frankreich und Abel in England zur Füllung von Granaten und für Handfeuerwaffen sind Mischungen von 54 T. Ammoniumpikrat und 46 T. Salpeter.

4460. **Sprengstoff** von Callon besteht aus einer Mischung von chlorsaurem Kalium und Auripigment.

4461. **Sprengstoff** von Devine in New-York besteht aus Nitrobenzol und chlorsaurem Kalium.

4462. **Sprengstoff** Favier besteht aus wechselnden Mengen Ammoniumnitrat und Mononitronaphtalin. Die Patronen explodieren nicht durch heftige Stöße, sondern nur durch Kapseln mit 1—2 g Knallquecksilber im geschlossenen Raume.

4463. **Sprengstoff** von Gruson besteht zu einem Teil aus Dinitrobenzol, zum anderen aus Salpetersäure.

4464. **Sprengstoff** von Nobel enthält gleiche Teile pikrinsaures Bleioxyd oder Kalium und Kalisalpeter mit einem Zusatz von 0,1% Gummi.

4465. **Sprengstoff** von [illegible] soll aus chlorsaurem Kalium und Schwefelkohlenstoff zusammengesetzt sein.

4466. **Sprengstoff** von Punshon & Vizer enthält Pikrinsäure in einer Patrone, während Salpetersäure in ein Glasrohr für sich eingeschlossen ist. Ähnlich zusammengesetzt ist Sprengels explosives Gemisch.

4467. **Sprengstoff** von Santlaville ist Zellulose, welche in eine kochende Lösung von chlorsaurem Kalium getaucht und getrocknet wurde.

4468. **Sprengstoff** von T s c h i r n e r in San Francisco besteht aus 1 T. Nitrophenol, 1 T. Teer und 5 T. chlorsaurem Kalium.

4469. **Sprengstoffe** von S a n d o z in Paris sind zusammengesetzt aus den Bestandteilen des Schwarzpulvers und in demselben Verhältnis neben chlorsaurem Kalium, Antimonmetall und Roggenmehl.

4470. **Sprengstoffe** von W a h l e n b e r g und von S u n d s t r ö m bestehen aus chlorsaurem Kalium mit nitrierten Kohlenwasserstoffen und Ammoniaksalpeter.

4471. **Stärkeglanz** von F r a n z C o b l e n z e r in Köln ist ein Gemisch von Reisstärke, einer Chlor enthaltenden Verbindung, geringen Mengen Borax und kieselsauren Verbindungen mit einem Aschengehalt von 18,7%. 50 g = *M.* 0,25. (E. H e i n t z.)

4472. **Stärkeglanz, flüssiger,** besteht aus 1 T. Walrat, 1 T. arabischem Gummi, 1 T. Borax, 2½ T. Glyzerin, 24½ T. Wasser. 3 Teelöffel auf ¼ Pfd. gekochten Stärkekleister.

4473. **Stärkeglanz** von P. J. K l o t t e n in Köln besteht aus 15 g schweren, 65 mm langen, 40 mm breiten und 25 mm dicken Täfelchen von himmelblauer Farbe, schwach lavendelartigem Geruch und mildem Geschmack, aus schwach parfümierter und durch Ultramarin gefärbter Stearinkerzenmasse hergestellt. 1 Tafel = *M.* 0,25. (W i t t s t e i n.)

4474. **Stärke, lösliche,** von Prof. D e b o v e , ist ein durch Erhitzen auf 180° dextriniertes Stärkemehl.

4475. **Stahlpulver Nr. 1** von A. S c h e n k e r s Ww. in Rheinfelden zur Verbesserung des Stahls und als Schweißpulver anwendbar, besteht aus ⅓ Borax, ⅓ Chlorammonium und ⅓ organischer Substanz (Harz, weißes Pech) mit einer Spur von Kieselsäure. — **Pulver Nr. 2** zum Schweißen von Gußstahl mit Hitze besteht aus 25% Eisenoxyd, 15% Chlorammonium, 50% Kieselsäure, 10% kohlensaurem Kalk. — **Pulver Nr. 3** nur zum Härten von Stahl, besteht aus 40% Kalisalpeter, 58% organischer Substanz, wahrscheinlich Klauenpulver und etwa 2% Kieselsäure. — **Pulver Nr. 4** sog. Eisenpulver zur oberflächlichen Härtung von Schmied- und Flußeisen, besteht aus 15% Chlornatrium, 25% Braunstein (20% Mangansuperoxyd und 5% Kieselsäure), 10% Natriumkarbonat und 50% organischer Substanz, wahrscheinlich Klauenpulver.

4476. **Stahlverbesserungsmittel** von A d a m S c h ä f e r in Philadelphia besteht aus einem Gemenge von Kolophonium, Leinöl, Glyzerin und gepulverter Holzkohle.

4477. **Stereoxylin** von R u d e l ist eine bräunliche, öldicke Flüssigkeit, die aus Wasserglas und einer fetten oder harzigen Substanz besteht und in der Papierfabrikation als Zusatz zur Papiermasse dient.

4478. **Sterilisol,** ein Weinkonservierungsmittel von Dr. A. Foelsing in Frankfurt a. M., enthält nach F. Mallmann im wesentlichen Formaldehyd und Kochsalz neben Spuren von Magnesium, Calcium, Kalium und Schwefelsäure. Nach Angabe des Fabrikanten enthält es nicht freien Formaldehyd, sondern unzersetztes Trioxymethylen. — Dazu bemerkt Aschoff, daß unter der Bezeichnung „Sterilisol" von demselben Fabrikanten sehr verschiedenartige Präparate in den Verkehr gebracht zu werden scheinen, flüssige und feste. So war ein Präparat eine ca. 2 prozentige Lösung von dithionsaurem Natrium, ein anderes eine 2,4 prozentige Formaldehydlösung.

4479. **Stern- oder Blitzähren** sind gefüllt mit folgender Mischung: 40 Getreidemehl, 15 Schwefelblumen, Kienruß und 10 Salpeter oder: 35 Mehl, 8 Salpeter, 5 Schwefel, 2 Kienruß. (Industriebl.)

4480. **Steroxylin,** ein Leimsurrogat für Papierfabrikanten, ist sirupdickes Wasserglas. (Hallwachs.)

4481. **Stomachierin** von Oswald Beer ist ein Digest aus Wermut, unreifen Pomeranzen, Ingwer, Zedoaria, Angelika, Anis und Pfefferminze mit 22% Zucker. (Hager.)

4482. **Stratenakitt** ist der sog. armenische Kitt aus Hausenblase, Ammoniakgummi und Alkohol.

4483. **Suberine** ist ein aus Abfällen bereitetes feines Korkpulver.

4484. **Sulfurin** zur Vertilgung von Pflanzenschädlingen, ist eine Lösung von basischem Calciumsulfid.

4485. **Sulfurine,** ein Gemisch von Schwefel, Soda und Kaliumchromat, dient zur Herstellung geruchloser Schwefelbäder.

4486. **Sulfurit** ist ein fluorhaltiges Weinkonservierungsmittel.

4487. **Superator** von J. H. Reinhardt in Würzburg ist ein Asbestfabrikat, eine Art Filz, welchem durch ein Drahtgewebe Biegsamkeit und Festigkeit, und durch Imprägnieren mit geeigneten Stoffen auch Wasserdichtigkeit verliehen wird.

4488. **Superol** ist Natriumsuperoxyd in Tabletten von 2,5 g; es darf nicht als ungefährlich zur Wäsche und zu Bleichzwecken verwendet werden. (Chemnitzer Untersuchungsamt.)

4489. **Suppenwürzen.** (Maggis Suppenwürze.) Über die Darstellung von Maggis Würze ist nie etwas bekannt geworden, nur eine ziemlich wertlose Analyse ist einmal davon gemacht worden. Dagegen macht Graff über die Darstellung der Suppenwürze „Cibus" Mitteilungen, die auch das Maggi-Rätsel zum Teil lösen dürften: Mohrrüben und Schalotten werden zu Würfeln geschnitten und in Butter angebraten, mit fein zerschnittener Sellerie, Petersilienwurzel, Porree, Blumenkohl, Spargel und Spinat vermischt und je 2½ kg dieser Gemüsemischung mit 1 l Wasser acht Stunden auf dem Wasserbade gekocht. Zu je 1 kg dieser Abkochung werden 150 g Kochsalz und ein wenig Zuckerkouleur gegeben. Nach dem Erkalten und Klären werden je 60 g Gewürzessenz (enthaltend weißen Pfeffer, Zimt, Gewürznelken, Muskatnuß, Macis und Lorbeerblätter) hinzugefügt. Zu je 10 kg der so bereiteten Mischung werden schließlich noch 1½ l einer durch Auskochen von 5 kg Rindermarkknochen, einem Rinderherz, 3 kg Ochsenfleisch und einem Huhn hergestellten Fleischbrühe zugegeben. (Ztschr. f. Unters. d. Nahrungsm. 1904, Nr. 7.)

4490. **Sussagin,** Schweineschnellmastpulver, von Greulich & Herschler in Mannheim: 25% Futterkalk, 13% Viehsalz, 5% Glaubersalz, 6% Spießglanz, Fenchel und verschiedene Wurzelpulver.

4491. **Syndetikon, Fischleim.** 100 T. gebrannter Kalk werden mit 50 T. Wasser gelöscht und das überstehende Wasser abgegossen. Hierauf löst man 60 T. Meliszucker in 180 T. Wasser auf, setzt der Lösung 15 T. gelöschten Kalk zu, erwärmt auf 75° und stellt unter wiederholtem Umschütteln einige Tage beiseite. In 255 T. dieser klaren Lösung werden 60 T. Kölner Leim gelöst. — Nach der Pharm. Ztg. soll es eine Mischung sein von 10 T. Gummi arabicum, 30 T. Zucker und 100 T. Natronwasserglas.

4492. **Syndetikon** von O. R. Ring & Co. in Berlin ist mit Essigsäure verflüssigter eingedickter Leim, hat also mit „Fischleim" nichts zu tun. (Bosetti.)

4493. **Tartarette,** ein englisches Präparat, um weißes, lockeres Gebäck zu erzielen, wird dargestellt, indem man 1500 T. krist. Alaun durch Glühen auf 1000 T. eintrocknet, fein pulverisiert und mit 60 T. Mehl vermischt.

4494. **Tartarine,** ein englisches Präparat, um weißes lockeres Gebäck zu erzielen, ist eine Mischung von 14 T. gebranntem Alaun und 2 T. Mehl.

4495. **Tartarine,** ein Ersatz für Weinstein, bestand aus gemahlenem Kieserit ($MgSO_4 + H_2O$). (H. Kreis.)

4496. **Tartrifuge** von Tronète & Ducoux, Mittel gegen Kesselstein, ist eine Mischung aus Magnesit, Getreidemehl, Bohnenmehl, Blauholzextrakt und kalzinierter Soda je 100 T., Schweinefett 200 T. und Glaubersalz 300 T.

4497. **Teinte de Fisme,** ein Weinfärbemittel, ist eine Flüssigkeit, hergestellt aus 2 T. Hollunderbeersaft, 1 T. gewöhnlichem Rotwein und 5—6% Alaun.

4498. **Teinte gros noir,** Cloves Pulver, zum Rotfärben des Weins, ist ein Gemenge dreier Farbstoffe, von welchen der eine Indigokarmin ist, während die beiden anderen Azofarbstoffe der Naphthalinreihe, und zwar Sulfoverbindungen zu sein scheinen. (König.)

4499. **Tektrion,** patentierte Füllmasse für Wasserheizungen von der Staßfurter Chem. Fabr. Aktiengesellschaft vorm. V o r s t e r & G r ü n e b e r g , ist eine Lauge von Chlormagnesium, welche eine Konzentration von 30—33° B. und ein spez. Gew. von 1,263—1,297 besitzt.

4500. **Temperin,** rosafarbige Kristalle, welche als Zusatz für Petroleum, Solaröl, Rüböl etc. höchste Leuchtkraft erzeugen sollen, bestehen aus Naphthalin. (Chemnitzer Untersuchungsamt.)

4501. **Tempol** ist ein flüssiges Fruchtsaftkonservierungsmittel, welches nach J u c k e n a c k und P a s t e r n a c k Salizylsäure (8,25%), Borsäure 8,0%), Glyzerin (etwa 35%) und Chlornatrium (3%) enthält und vor dessen Verwendung demnach gewarnt werden muß.

4502. **Tergolith** stellt eine mit Nitrobenzol parfümierte Seife dar, welcher besonders wertvolle Eigenschaften zum Beseitigen von Flecken etc. zukommen sollen. Gefunden: Wasser 24%, Seife 52%, in Alkohol unlöslich 24%. Der in Alkohol unlösliche Rückstand enthielt Kieselsäure, Kalk, Tonerde, Calciumsulfid, Soda und dürfte mit dem Ammonin identisch sein. (Breslauer Untersuchungsamt.)

4503. **Testalin,** ein Steinschutzmittel zur Herstellung wetterbeständiger Häuserfassaden, besteht aus einer alkoholischen Lösung von Ölseife und einer Lösung von essigsaurer Tonerde. (Allgem. Chem.-Ztg.)

4504. **Theobrom** nennt L e f è b r e ein aus Zuckerrüben gewonnenes Getränk, welches mit Theobroma Kakao aber nichts gemein hat.

4505. **Theobromade** oder **Theobromine** von D u v a l besteht aus dem gepulverten trockenen Extrakt der Kakaoschalen. (C h e v a l l i e r.)

4506. **Theobrominat** zur Aufbesserung des eigentlichen Kakaoaromas, ist eine Lösung von 15% Korianderöl in Spiritus.

4507. **Theolin,** ein Benzinersatzmittel, ist das Destillat einer amerikanischen Pinusart.

4508. **Therapogen,** ein Antiseptikum und Desodorans, wird als wasserlösliche Verbindung verschiedener Terpene mit der Naphthalingruppe bezeichnet. Fabrikant: Apotheker M a x D o e n h a r d t in Köln a. Rh.

4509. **Thermit** ist eine Mischung von Metalloxyden und Aluminium und dient zur Erzeugung hoher Temperaturen zwecks Zusammenschweißens von Eisenrohren und Eisenbahnschienen und zur Gewinnung chemisch reiner, kohlenstoffreier Metalle.

4510. **Dr. Theuers Mastpulver** enthält Wasser 8,73, Asche 32,13, Stickstoff 5,77, Phosphorsäure 5,16%. Es besteht aus 30% Fleischmehl, 10% Blutmehl, 25% Weizenkleie, 5% Steinnußmehl, 20% Viehsalz und 10% Knochenmehl. (B. F i s c h e r.)

4511. **Thial,** oxymethylsulfosaures Formin, ist ein weißes, geruchloses, in Wasser leicht lösliches Pulver. Es soll entwicklungshemmend auf Mikroben wirken und als ungiftiges Desinfiziens für Wunden,

Waschungen und Ausspülungen dienen. Fabrikant: G l ö ß in Solothurn.

4512. **Thialfluid,** ein Antiseptikum und Desinfiziens, soll eine 50 prozentige wässerige Lösung von „oxymethylsulfosaurem Formin" sein. Fabrikant: P. G l o e ß in Solothurn (Schweiz.)

4513. **Thiocamf** von E m e r s o n R e y n o l d s, ein Desinfektionsmittel, enthält als wesentlichsten Bestandteil die beim Zusammenbringen von Kampher mit schwefliger Säure resultierende Flüssigkeit.

4514. **Tineol,** zur Vertilgung von Wanzen, Schwaben, Motten, Flöhen etc., besteht aus Insektenpulver und Schweinfurter Grün. (H a g e r.)

4515. **Tinkalin** von W. E n g e l j o h a n n in Berlin ist entwässerter Borax. 1,38 g = *M*. 1.

4516. **Toddy,** von K o t h é, ein Aquavit, soll ein Destillat aus Fichtennadeln enthalten. — Einen mit aromatischer Tinktur aromatisierten Rum nennt man in Nordamerika auch Toddy.

4517. **Tonit, Potentit, Liverpool Cotton Powder,** ist eine Mischung von feinkörniger Schießbaumwolle mit Baryumnitrat zu ungefähr gleichen Gewichtsteilen und zu einer weißen dichten Masse zusammengepreßt.

4518. **Tonquinol** ist Trinitroisobutyltoluol und wird als Moschusersatz gebraucht.

4519. **Tonsor, Rasierpulver:** Calciumoxysulfid, Calciumkarbonat, Stärke, ein flüchtiges Öl, Spuren von Arsen und Eisen. (Untersuchungsamt Budapest.)

4520. **Topasole** sind Gemische verschiedener Metallsulfate, welche als Desinfektionsmittel Verwendung finden. Topasol I oder A n t i p e r o n o s p o r i n ist Zinkkuprisulfat. Topasol II oder A n t i c o r n u t i n ist Zinkkupriferrosulfat. Topasol III oder A n t i m u c o r i n ist Ferrozinksulfat. Topasol IV oder A n t i c o r n u t i n ist Ferrozinkcalciumsulfat. Topasol V oder A n t i c o r v i n ist Ferrozinkmagnesiumsulfat.

4521. **Tord-Boyaux,** Rattengift von G u é r a r d & C o. in Paris, ist ein Gemisch von 2 T. Meerzwiebelpulver und 3 T. braunem Bratenschmalz in Form kleiner Würste.

4522. **Tord Tripe** von A. C o u s s e a u in Marseille, Traverse Garzinos, zum Vernichten von Ratten, Mäusen, Maulwürfen u. dergl., ist ein Gemisch aus Kleie, Zucker, Meerzwiebel, Gips und Mutterkorn.

4523. **Torleys Milch- und Mastpulver** besteht aus 1—2 T. Johannisbrot, 2 T. Mais, 1 T. Gerste oder Malz und 1 T. Erbsen oder Bohnen in grob vermahlener Form.

4524. **Treuenit,** ein Fleischkonservierungsmittel von W o l f in Treuen, besteht aus Natriumbisulfit und Glaubersalz.

4525. **Triastase** zum Klären von Bier ist grobgepulvertes Natriumphosphat.

4526. **Triplitestpapier,** ein Reagenspapier, welches drei Streifen Lackmus rot, Lackmus blau und Kongorot, nebeneinander enthält. Das Papier wird für Magenuntersuchungen verwendet, da Kongorot in gewissen Konzentrationen, wie sie hier in Frage kommen, nur von Chlorwasserstoffsäure gebläut wird, während organische Säuren, wie Essigsäure, Milchsäure, ohne Einfluß sind. Fabrikant: Chem. Fabrik vorm. E. Dieterich, Helfenberg.

4527. **Tripolith** von Gebr. von Schenk in Heidelberg, ein für chirurgische Zwecke verwendetes und auch zu Bauzwecken empfohlenes, in England patentiertes Material, besteht aus 955 T. Gips, 100 T. Kohle und 60 T. Eisenhammerschlag. — Nach C. Treumann und Dr. Petersen ein gebranntes Gemenge von Gips mit $^1/_{10}$ Kohle oder Koks.

4528. **Tritin.** Diesen Namen führt jetzt das früher unter der Bezeichnung Tutulin in den Handel gebrachte Präparat der Firma C. Raupenstrauch in Wien II.

4529. **Triumphmastpulver** von Glogauer-Breslau: Fleischmehl, Roggen-, Weizen- und Gerstenabfall, Viehsalz, etwas Fenchel und Kohle. (Landwirtschaftliche Versuchsstation Pommritz.)

4530. **Triumph-Salmiak-Terpentin-Waschpulver** bestand aus rund 35% Seifenpulver und 65% verwitterter Soda. Möglicherweise sind auch ursprünglich Terpentinöl und Salmiakgeist zugesetzt worden, diese werden alsdann allmählich der Verflüchtigung anheimgefallen sein. (Breslauer Untersuchungsamt.)

4531. **Triumphsalz,** ein Konservierungsmittel für Hackfleisch, enthält Benzoesäure.

4532. **Trophonin,** ein Nährmittel, enthält die Nährstoffe des Fleisches, Weizengluten, Nukleo-Albumine und die Enzyme der Verdauungsdrüsen. Fabrikant: Reed & Carnick, 42—46 Germania Avenue, Jersey City, N. J.

4533. **Tropil** ist ein wohlschmeckendes, alkoholfreies Erfrischungsgetränk mit dem Geschmack der Ananasfrüchte. Fabrikant: Tropil-Gesellschaft m. b. H. in Emmerich a. Rh.

4534. **Tutulin,** ein Nährpräparat, soll chemisch reines Pflanzeneiweiß darstellen. Fabrikant: Nahrungsmittelwerke Althen & Mende in Halle a. S.; Hauptvertrieb: Tolhausen & Klein in Frankfurt a. M.

4535. **Typenpulver,** ein zum Waschen gebrauchter Lettern und Klischees gebräuchliches Pulver, ist ein Gemisch aus Soda, Seifenpulver und 10—15% Ätznatron.

4536. **Tyrabus Oribasci** von Henry in Paris ist ein aus Bariumkarbonat, Zucker und Mehl bestehendes Mäusegift. (Quenzel.)

4537. **Überlinger Kälbermehl:** 55 geröstetes Hafermehl + 40 Leinsamenmehl + 2 Viehsalz + 3 Futterkalk.

4538. **Universal-Dauer-Wurstgewürz** von Börner, besteht aus 70 T. weißem Pfeffer und 30 T. Cayennepfeffer (kleinfrüchtiger Art), beide fein gepulvert. (T. F. Hanausek.)

4539. **Universalgewürz** von Andreae, besteht aus schwarzem Pfeffer, Cayennepfeffer, Muskatnuß, Gewürznelken und reichlich 50% Herb. Saturejae; sämtlich fein gepulvert und mit Kochsalz gemischt. (T. F. Hanausek.)

4540. **Universalkitt, chemisch-hydraulischer,** von Friedrich Reinöhl in Stuttgart, Leimpulver und Metallkitt für Eisen, Kupfer und Messing, ist eine Mischung von gebranntem Marmor mit Gummi arabicum. 500 g = *M.* 6. (Hager.)

4541. **Universal-Waschmittel** von Henkel & Co. in Aachen besteht aus Natronwasserglas (64,14%), das infolge der Einwirkung der atmosphärischen Kohlensäure teilweise zersetzt ist, und dem geringe Mengen Stärkemehl (1,30%), Seife (1,08%) und als zufällige Bestandteile etwas Eisenoxyd sowie Tonerde (1,79%) beigemengt sind. Wassergehalt 31,69%. (Richard Meyer.)

4542. **Universal-Weingeistlack** von Miller besteht aus einer Auflösung von $250{,}_0$ Sandarac, $250{,}_0$ Mastix, $15{,}_0$ Kampher in $500{,}_0$ Alkohol. Man befördert die Auflösung im Wasserbade zu einem farblosen glänzenden Lack, der sich schön polieren läßt.

4543. **Universalzement, weißer,** von Krakow, ein Kitt für Glas, Meerschaum etc., besteht aus Hausenblasenlösung.

4544. **Urkraft,** Görlitzer Viehmastpulver: 10 Fenchel + 10 Enzian + 10 Sassafras + 10 Futterkalk + 7 Schwefel + 53 Pulvis Herbarum.

4545. **Urpin** ist ein wasserlösliches Teerpräparat und dient zur Stalldesinfektion.

4546. **Ursol D.** Unter diesem Namen wird in der Rauchwarenfärberei das bekannte Paraphenylendiamin angewendet.

4547. **Usego** ist ein japanisches Pflanzenpapier.

4548. **Vacaca, Wakaka des Indes,** ostindische Schokolade, besteht aus 125 T. Zucker, 45 T. Kakao, 40 T. Vanillezucker und 4 T. Zimt. (Chevallier.) — Ursprünglich ein mit Orleans tingiertes Pulvergemisch aus 50 T. Kakaomasse, 150 T. Zucker, 25 T. Vanillezucker und 6 T. Zimtkassie der Chesebrough Manufacturing Company in New-York.

4549. **Valose** ist ein aus Fleisch, Fleischmehl u. dergl. hergestelltes Eiweißpräparat.

4550. **Valvoline** ist Mineralöl von dicker Konsistenz zum Schmieren der Maschinen. (Schweißinger.)

4551. **Vaselin-Bleichschmierseife, weiße parfümierte,** von Carl Koch in Freiburg i. B., ist ein 4—5 fach getriebener Seifenleim aus Talg, mit etwas Mirbanöl. 500 g = *M.* 0,25.

4552. **Vegetalin** von Streubel in Paris ist nach einem patentierten Verfahren unverbrennlich, undurchdringlich und unveränderlich gemachte Zellulose.

4553. **Vegetaline,** ein Speisefett, ist reines Kokosöl. (Beythien, Ber. d. Dresdener chem. Unters.-Amtes 1900.)

4554. **Végétaline naturelle** von C. Compère & Comp. in Paris, als Mittel gegen Kesselstein empfohlen, sind Meeresalgen. 100 kg = *M.* 32.

4555. **Venos** soll nach J. M. Andreae, Frankfurt, aus 60 g Olivenöl, 25,5 g Terpentin, 12 g gelbem Wachs und 2,5 g Pikrokarmin bestehen.

4556. **Vermin Killer** von Battle und Gibson, Pulver gegen Ratten und Mäuse, enthält Strychnossamen.

4557. **Vernicklungsäther** von B. Wieland in Wien ist eine Quecksilbernitratlösung. 6 Fl. à $^3/_4$ l = *M.* 36. (Jacobsen.)

4558. **Vernolith,** eine Desinfektionsmasse für Aborte etc., ist eine dicke, schmierige Masse, in welcher kleine Stückchen von Ätzkalk bemerkbar sind. Sie besteht aus 1 T. Gasteer und 4 T. gelöschtem Kalk. (Breslauer Untersuchungsamt.)

4559. **Verrin** wird ein Staubentfernungsmittel genannt, welches, frei von Ölen und Fetten, sämtlichen Staub festhält, wenn es, ähnlich wie Sägespäne etc., beim Kehren Anwendung findet. Fabrikant: Apotheker M. Leuchter in Berlin.

4560. **Viandal I,** ein Fleischkonservierungsmittel. In 1 l wurden gefunden: 9,7 g Aluminiumoxyd und $20,_0$ g Essigsäure als essigsaure und basisch essigsaure Tonerde, 74,3 g Rohrzucker, 37,4 g Salpeter, $3,_0$ g Schwefelsäure, 1,2 g Kaliumoxyd, Spuren von Chlor, Kalk und Magnesia.

4561. **Vianders Wanzentod** besteht aus Ol. petrae mit 5—10% Nitrobenzol.

4562. Vier **Viehmastpulver** der Sächsischen Viehnährmittelfabrik Radeberg. Drei Sorten, für Schweine, Pferde, Rinder, sind Gemenge von Futterkalk mit Johannisbrot, Leinmehl und Drogen (Wacholder, Bockshorn, Süßholz), eine Sorte, für Kühe, ist Futterkalk.

4563. **Viehmastpulver, schweizer,** besteht aus Bockshornkleesamen, Rapssamen, Getreidespreu, arsenhaltigem Schwefelantimon 2%, Kochsalz 1,5%, Calciumkarbonat und Salpeter. (Neßler.)

4564. **Viehmastpulver** von Gregory und Bataglia in Zug ist grob gepulverter Maissamen. (Benecke.)

4565. **Viehpulver** von Friedländer besteht aus gleichen Teilen Pulver zur Konservierung von Nahrungsmitteln und Kochsalz mit Terpentinöl.

4566. **Viehpulver** von Ambros. Schieffer in Köln wird als Milch- und Freßpulver und als Freß- und Mastpulver in den Handel gebracht. Es besteht aus 28 T. unverbrennlichen Bestandteilen, vorzugsweise Kochsalz, Antimon und Eisen, und 72 T. Wasser und verbrennlichen Stoffen, bestehend aus viel Schwefel, Anis und anderen Pflanzenstoffen. (Neßler.)

4567. **Viehpulver** Thorleys enthält 14,2% Protein, 4,4% Fett und 15,8% Zucker und ist dargestellt aus Mais, Leinsamen, Bockshornkleesamen und Johannisbrot. 50 kg = *M.* 45.

4568. **Vigoral** ist ein flüssiges Fleischextrakt der Firma Armour & Cie.

4569. **Vigorit** von Björkmann ist nitrierter Sirup mit chlorsaurem Kalium, Salpeter und Zellulose.

4570. **Viktoriaröte I,** ein Fleischfärbemittel, besteht aus dem Pulver der Capsicumfrucht, dem ein großer Teil seiner Schärfe entzogen worden ist.

4571. **Vinogen,** dessen Zusammensetzung unbekannt ist, ist eine Essenz, die mit Wasser, Weingeist und Zucker gemischt ein Getränk (Wein) geben soll. Fabrikant ist Richard Scherres, Fabrik pharmazeutischer Präparate in Rössel (Ostpr.).

4572. **Vino Vermouth di Turino** besteht aus 8 T. Wermuttinktur (Assenzio minore o pontico der Italiener), 2 T. Pomeranzenschalentinktur, 20 T. Zucker, 70 T. italienischem Wein. (Hager.)

4573. **Viscoid** wird nach D. R.-P. 70 999 von Croß, Bevau & Beadle in London dargestellt, indem die bei der Einwirkung kaustischer Alkalien auf Zellulose entstehende gequollene, durchscheinende Masse durch 3—4 stündige Mazeration mit Schwefelkohlenstoff in eine wasserlösliche schleimige Masse übergeführt wird.

4574. **Viscosin,** ein Mittel zur Erzeugung von Schaum auf Bier etc., besteht aus Seifenwurzelextrakt, welches mit Zuckerfarbe oder Farbmalzauszug versetzt ist.

4575. **Vitalin,** ein Desinfektionsmittel, bildet ein braune Flüssigkeit mit starkem Harzgeruche, jedoch ohne Parfüm und besteht im wesentlichen aus einem Gemisch von Harznatronseife und Harzöl, in welchem sich auch noch Harz unverseift befindet. Mit Wasser gibt es gleich dem Kreolin eine bleibende Emulsion. In dünner Schicht auf eine Glasplatte aufgetragen, trocknet es ähnlich wie Lackfirnis ein. (Ztschr. f. Zollwesen u. Reichsteuern.)

4576. **Vriel** ist Schießpulver, in welchem ein Teil des Salpeters durch chlorsaures Kalium ersetzt ist.

4577. **Vulcanfiber** besteht aus Jute und Eisenoxyd und wird als elektrischer Nichtleiter empfohlen. Unter Vulcanfiber versteht man auch eine durch Tränkung von dünnem, ungeleimtem Papier mit Chlorzinklösung gewonnene wasserdichte Pappe.

4578. **Vulite,** ein Kesselsteinmittel, ist eine tiefbraune Flüssigkeit. Die Trockensubstanz betrug 37,8%, worunter sich 35,1% organische Stoffe und 2,7% Mineralstoffe befinden. Die sodafreie Ware stellt ein stark gerbsäurehaltiges, wässeriges Pflanzenextrakt dar, dessen hoher Zuckergehalt (15,4) aus der Pflanze stammt und durch Eindicken karamelisiert ist.

4579. **Wagenschmiere** von Persoz ist ein Gemisch aus je 30 T. Paraffinöl, Harzöl, Talg und Ölsäure mit 1 T. Kalkhydrat und 2 T. Natronlauge.

4580. **Wanzenmittel** von Kempe, angeblich aus Tabak bereitet, erwies sich, im gerichtlichen Auftrage untersucht, als aus Mistjauche bestehend. (Quenzel.)

4581. **Wanzentinktur** von Solbrig in München besteht aus 1 T. Kolophonium in 3 T. Weingeist gelöst. 100 g = *M.* 0,70. (Eckert.)

4582. **Wanzentod,** nach der Bolbo-Methode. In einem Couvert ist ein gedrucktes Blatt enthalten, worauf die Wanze beschrieben ist, und schließlich ein kochend heißer Absud von Zwiebeln zum Reinigen der Bettstellen empfohlen wird. Preis *M.* 1. (Hager.)

4583. **Wärmeschutzmasse, Wattenpapier** von F. Becker und H. Müller in Kohlenscheid bei Aachen besteht aus zwei Lagen zähen und starken Papiers, zwischen welche eine Watte von Baumwolle, Wolle, Haaren etc. derartig vermittelst eines Klebmittels gelagert ist, daß die beiden Papierlagen mit der zwischenliegenden Watte ein Stück bilden. Dieses wird schraubenförmig ein oder mehrere Male um das zu schützende Rohr herumgelegt und mit Bindfaden befestigt.

4584. **Wäscheglanz** von Huddingsfeld besteht aus $50,_0$ Walrat, $50,_0$ arab. Gummi, $50,_0$ Borax, $125,_0$ Glyzerin und $725,_0$ destilliertem Wasser.

4585. **Waschgallerte** von Baerle & Co. zur Reinigung alter Putztücher besteht aus Seife und Schwefelnatriumwasserglas.

4586. **Waschglanz** besteht aus 5 T. Stearinsäure mit 5 T. absol. Alkohol geschmolzen und mit 95 T. Weizenmehl verrieben.

4587. **Waschkristall** ist eine klare Lösung von Borax und kristallisiertem Natriumkarbonat zu gleichen Teilen in der zehnfachen Menge Wasser.

4588. **Waschkristall, englischer,** Waschmittel in Pulverform, enthält 6 T. Wasserglas, 29 T. trockene Soda, 60 T. doppeltkohlensaures Natrium und 5 T. Wasser.

4589. **Waschkugeln.** 3 T. Pfeifenton, 2 T. weißer Pfeffer, $^1/_5$ T. Stärke, $^1/_5$ T. Veilchenwurzel werden mit 2 T. Seife und Wasser gelöst, zusammengemischt und zu Kugeln geformt.

4590. **Waschlaugenpulver,** Rannersdorfer, von C. Girstl & Co., ist ein Gemisch gleicher Teile kalzinierter Soda und gelöschten Kalkes. 125 g = *M.* 0,10. (Gawalowski.)

4591. **Waschmehl, königl. bayrisches priv.,** besteht aus gleichen Teilen gepulverter gewöhnlicher Seife und kalzinierter Soda.

4592. **Waschmethode** von Franz Palme in Trautenau gipfelt in einem Waschpulver, bestehend aus 30% Borax, 61% halb verwitterter Soda, 4% Chlornatrium, 5% Mais- und Weizenstärke mit anhängender Klebersubstanz. 500 g = *M.* 2,40. (Hager.)

4593. **Waschmittel, insektentötendes,** von H. Harmann in Holton, Kansas, besteht aus gelöschtem Kalk, Wasser, Gasteer, Walfischtranseife und Lehm.

4594. **Waschpulver, englisches,** in Berlin verkauft, ist gepulverte gewöhnliche Soda.

4595. **Waschpulver** von Caroline S. Ely besteht aus 76 T. Soda, 6,5 T. Ammoniumsulfat, 2 T. Borax, 6,25 T. Hafermehl und 9,5 T. Weizenmehl.

4596. **Waschpulver, japanesisches,** in Stuttgart verkauft, ist gewöhnliche, an der Luft zerfallene Soda.

4597. **Waschpulver** von Hirsch ist ein Gemenge von gleichen Teilen Soda und pulverisierter Saponariawurzel.

4598. **Waschpulver** von Krug besteht aus Seife und kalzinierter unreiner Soda.

4599. **Waschpulver** aus Mannheim, empfohlen für die häusliche Wäsche als Ersatz für Soda, Seifensiederlauge etc., ist der Hauptsache nach kalzinierte Soda der geringsten Sorte. 125 g = *M.* 0,15. (Wittstein.)

4600. **Waschpulver, Pariser,** ist ein Reisstärkemehl mit einem kleinen Zusatz von gepulverter Seife. (Wittstein.)

4601. **Waschpulver.** Eine Anzahl von Waschpulvern des Handels ergab folgende Zusammensetzung: **Pearline.** Wasser 12,6%, Natr. carb. (anhydr.) 32,3%, Seife 35,1%. **Soapine.** Wasser 15,2%, Natr. carb. (anhydr.) 49,6%, Seife 35,2%. **Boraxine.** Wasser 14,8%, Natr. carb. (anhydr.) 57,9%, Seife 23,7%. **Goldstaub.** Wasser 8,1%, Natr. carb. (anhydr.) 49,0%, Seife 43,0%. **Ivorin.** Wasser 11,5%, Natr. carb. (anhydr.) 47,2%, Seife 38,3%. **Babbits 1776 Pulver.** Wasser 8,7%, Natr. carb. (anhydr.) 37,6%, Seife 53,8%. **Acme.** Wasser 15,4%, Natr. carb. (anhydr.) 58,5%, Seife 26,1%. **Gillets Pulver.** Wasser 17,1%, Natr. carb. (anhydr.) 82,9%. **Shirrells Kullujun.** Wasser 53,8%, Natr. carb. (anhydr.) 46,2%. (Haselstein.)

4602. **Waschsoda** von Henckel & Co. ist ein Gemenge von Wasserglas mit Soda.

4603. **Washing and Cleaning Crystal** von Harper Twelwetrees & Sons ist reine kristallisierte Soda mit 0,3% Sand; — mit 1—2% Borax. (Hager.)

4604. **Washing Fluid** ist eine Lösung von 90 T. verwitterter Soda, 10 T. kristallisiertem Natriumsulfid und 2 T. Borax in Wasser. (Augsb. Seifens.-Ztg.)

4605. **Wasserglaskomposition** von van Baerle u. Sponnagel in Berlin besteht aus 1 T. Natronseife, 9 T. Wasserglas und eingeblasener Luft. 1 kg = *M.* 0,70. (G. Merz.)

4606. **Weinfarbstoff** von Ch. Firmenich in Genf ist ein aus den Rückständen der Fuchsinfabrikation gewonnener Farbstoff. (Jacobsen.)

4607. **Weinkonservierungsflüssigkeit** von J. Wickersheimer besteht aus 2 Flüssigkeiten, einer 10 prozentigen alkoholischen Lösung von Salizylsäure und einer Lösung von Borsäure in Glyzerin. 37 ccm der ersteren und 63 ccm der zweiten Lösung zusammen auf 1 hl Wein. 100 ccm = *M.* 1,50. (J. Moritz.)

4608. **Weinkonservierungsmittel** von Franz Bauer in Straßburg-Neudorf i. E. besteht aus Kochsalz, Borsäure und Kaliumsulfat. (Karlsr. Ortsges.-Rat.)

4609. **Weinkonservierungsmittel** von John Frosser in London, in Österreich-Ungarn patentiert, ist eine Mischung von 16 T. Salizylsäure und 32 T. Glyzerin mit 144 T. Weingeist. (Weinlaube durch Industriebl.)

4610. **Weinprüfer** ist ein kleiner mit Zinkscheibe und Gummiplatte unten verschlossener, oben mit einer Spirale versehener Glaszylinder. Man soll denselben zuerst mit Rotwein füllen, darauf in ein Glas mit Wasser tauchen und das Ventil öffnen. Entfärbt sich der Wein oder sinkt er nach unten, so soll derselbe gefälscht sein. (Schweißinger.)

4611. **Weinverbesserungsmittel, Veroneser,** enthält 16,172% Weinsäure, 1,52% Fuchsin und 63,4% Zucker.

4612. **Weinverbesserungspulver** besteht aus 37 T. Galläpfel, 2 T. Weinsteinsäure, 1 T. Iriswurzel, sämtliches grob gepulvert. (E. Vinasse.)

4613. **Weißpulver, Pulver** von Augendre & Pohl, **Pulver** von Reveley, **deutsches Weißpulver, amerikanisches Pulver,** besteht aus ungefähr 2 T. chlorsaurem Kalium, 1 T. Zucker und 1 T. gelbem Blutlaugensalz.

4614. **Weißpulver, Spahnpulver, Wood Gun Powder** von Schultze in Potsdam. Fein gekörntes hartes Holz wird mit Chlorkalk gebleicht und mit Sodalösung gereinigt, alsdann nitriert, schließlich mit Salpeter- und Blutlaugensalzlösung behandelt, welche man nach dem Kollodieren mehrmals eintrocknen läßt.

4615. **Wellenöl** zum Glätten der Wogen, von Richter, ist nach Warnecke rohe Ölsäure mit etwa 10% Amylalkohol.

4616. **Dr. Wenders Viehmastpulver** von Dr. Wender & Co. in Breslau: 10% Viehsalz, 20% Knochenmehl, Fleischmehl, Blutmehl, Kleie, Steinnußmehl.

4617. **Werderol,** ein Konservierungsmittel für Fruchtsäfte von Gebr. Radecke in Werder a. Havel, ist nach Otto und Tolmacz eine etwa 10 prozentige Ameisensäurelösung, die mit etwas Fruchtsaft (Himbeersaft?) und wahrscheinlich auch mit etwas Frucht- (Himbeer-) Äther und natürlichem Farbstoff versetzt ist. Die konservierende Wirkung dieses Mittels ist lediglich der Ameisensäure zuzuschreiben.

4618. **White Pinus canadensis** Kennedys ist eine Lösung von 10 T. Zinksulfat und 20 T. Stärkesirup in 70 T. Wasser aromatisiert mit Fichtennadelöl. (Tscheppe.) (Rundschau New-York.)

4619. **Wienit,** ein Konservierungsmittel für frisches Fleisch, besteht aus Salizylsäure, Borsäure und Borax, für geräuchertes Fleisch aus Borsäure, Kochsalz und Salpeter. (Wiener Stadtphysikat.)

4620. **Wildfutterpulver, vegetabilisches,** von Holfeld, ist ein Gemisch aus Kleie, Kochsalz, Melilotus, Foenum graecum und Leinsamen.

4621. **Wilsons echt amerikanisches Kraftnährpulver** aus dem Nährmittel-Laboratorium München ist eine Mischung aus rohem Bohnenmehl, Zucker, Kochsalz und Natriumbikarbonat. (G. Ambühl.)

4622. **Wistariaöl** ist eine braune balsamisch riechende Flüssigkeit, bestehend aus einem Gemisch von Kopaivabalsam, türkischem Geraniumöl, Perubalsam und etwas Ylang-Ylangöl.

4623. **Wittenberger Pökelsalz.** In 100 g wurden gefunden: 58,6 g Natriumchlorid, 40,5 g Salpeter, 0,5 g Gips, Spuren Feuchtigkeit und Magnesia.

4624. **Wohlgedeih,** Mast- und Freßpulver von Schmitt in Saargemünd: 20 Futterkalk + 10 Kreide + 10 Glaubersalz + 5 Viehsalz + 9 Schwefel + 46 Leinsamenmehl und andere Vegetabilien.

4625. **Wohlin** ist ein den Anforderungen des neuen Fleischschaugesetzes entsprechendes Konservierungsmittel. Es besteht aus ganz wenig Salpeter und das übrige ist Organisches, jedoch keine Salizylsäure, auch keine Benzoesäure. Dagegen ist ziemlich viel Zucker darin enthalten. (Aufrecht.)

4626. **Wollentschweißungsmittel** von Schlieper ist eine Lösung von 20 T. Soda, 5 T. Ölsäure und 5—10 T. Salmiak (bei feiner Wolle die größere Menge Salmiak). (Max Vogel.)

4627. **Wollmars Desinfektionsmittel** ist ein Eisenchloridpräparat, welches gewonnen wird, indem eisenoxydhydrathaltige Mineralien mit Salzsäure und Sägemehl zu Haufen aufgeschichtet sich selbst überlassen werden. Die aussickernde Flüssigkeit ist Wollmars Desinfektionslösung, der Rückstand Wollmars Streupulver. Beide enthalten wesentliche Mengen Eisenchlorid und Eisenchlorür.

4628. **Wollwaschkomposition** von Krimmelbein ist eine pulverige Mischung von 35 T. entwässerter Soda, mit ca. 3% Natriumhydrat, 10 T. Seifenpulver und 10 T. Salmiak. (Hager.)

4629. **Wollwaschmittel** von Ward ist eine Mischung aus 90 T. zerfallener Soda mit 10 T. Seifenpulver. (Hager.)

4630. **Wollwaschpulver** von Hirsch ist ein Gemisch von 96 T. wasserfreiem kohlensaurem Natrium, 3 T. schwefelsaurem Natrium und Chlornatrium, 18 T. Wasser und 23 T. Quillayarindenextrakt. (Hager.)

4631. **Wolsiffers Mast- und Freßpulver** soll bestehen aus 45% Futterkalk + Spießglanz + Glaubersalz, 55% Liquiritia und Gentiana pulv.

4632. **Wundermittel als Milchersatz für Kälber, englisches,** enthält in Prozenten 18,09 Feuchtigkeit, 3,81 Protein, 0,66 Fett, 76,03 Kohlehydrate, 0,63 Holzfaser, 0,78 Asche mit 0,29 Phosphorsäure und besteht dem Anschein nach größtenteils aus Kartoffelstärke mit etwas Enzianwurzel. (Städt. Kont.-Stat. Kiel.)

4633. **Wuk** ist ein ähnlich wie Fleischextrakt zu verwendendes Hefeextrakt. Sein Name ist zusammengesetzt aus den Anfangsbuchstaben von „Würze und Kraft". (Weil.)

4634. **Xyloidin, Nitrostärke, Pyroxam,** Uchaliussches **Weißpulver,** wird gewonnen durch Auflösen von Kartoffelstärke in rauchender Salpetersäure, hierauf folgenden Zusatz von Schwefelsäure und schließliches Waschen mit Sodalösung und Wasser.

4635. **Yermeth** ist ein alkoholfreies, kohlensäurehaltiges Getränk, das aus Paraguaytee oder Mate hergestellt ist und außerdem etwas zitronensaures Natrium und Natriumkarbonat enthält. Es ist reich an Stoffen, die den Wert des Mate bedingen, Kaffein, Kaffeegerbsäure und Pflanzeneiweiß. Das schädliche Teeöl ist beseitigt. Das Getränk wirkt außerordentlich belebend und wird sich unter anderem auch vorzüglich zum Füllen der Feldflaschen der Touristen, Radfahrer etc. eignen. Fabrikant: Obst in Bayreuth.

4636. **Zacherlin** von J. Zacherl in Wien ist fein gemahlenes Insektenpulver in Glasflaschen.

4637. **Zanzibar-Carbon** dient zur Fleischkonservierung und besteht aus 75% Kochsalz und 25% Bismarckbraun, neben ätherischen Ölen.

4638. **Zeiodelith** von Böttger besteht aus 10 T. Schwefel, 1 T. Graphit und 9 T. Kieselpulver. (Industriebl.)

4639. **Zeiodelith** von Merrik besteht aus 1 T. Schwefel und 2 T. Glaspulver.

4640. **Zeolith** von W. Herbrechter & Cie. Dortmund, enthielt in 100 T. rund 16,40% Wasser, 0,40% Fluornatrium, 15% phosphorsaures Natrium (Na_2HPO_4), 51% Chlornatrium und 17% essigsaures Natrium. (Matthes.)

4641. **Zinkalium** ist eine Legierung, welche aus Aluminium unter Zusatz geringer Mengen von Magnesium und Zink besteht. Es ist härter und billiger als Aluminium, besitzt aber eine geringere Beständigkeit chemischen Einflüssen gegenüber und leitet die Elektrizität schlechter.

4642. **Zinkfackeln** der Firma Gantsch in München sind 1,340 kg schwere, 1 m lange, 3 cm starke Zinkhülsen, welche mit einem Gemisch von Kalisalpeter, Schwefel und rotem Arsenik, 4,2% arseniger Säure entsprechend, gefüllt sind.

4643. **Zopissakomposition** des englischen Obersten Szerelemy ist im wesentlichen eine Mischung aus Wachs und Harz.

4644. **Zündröhren** von Abel enthalten chlorsaures Kalium und Phosphorkupfer.

4645. **Zylonit** ist Papier aus einer dem Zelluloid ähnlichen Masse; es dient als Filter bei quantitativen Wägungen.

Register.

Die beigesetzten Zahlen bedeuten die fortlaufenden Nummern.

A.

C. (siehe auch **K** und **Z.**)

D.

G.

I. (Siehe auch J.)

J. (Siehe auch I.)

K. (siehe auch **C.**)

M.

N.

O.

Q.

R.

S.

T.

U.

V.

W.

GPSR Compliance

The European Union's (EU) General Product Safety Regulation (GPSR) is a set of rules that requires consumer products to be safe and our obligations to ensure this.

If you have any concerns about our products, you can contact us on ProductSafety@springernature.com

In case Publisher is established outside the EU, the EU authorized representative is:

Springer Nature Customer Service Center GmbH
Europaplatz 3
69115 Heidelberg, Germany

Batch number: 10682534

Printed by Printforce, the Netherlands